U0351404

DVD ROM

别怕，就这样玩转 Office 办公

金阳美 / 编著

清华大学出版社
北京

内 容 简 介

本书完全从“读者自学”的角度出发，从零开始，力求使初学者“学得会”与“用得上”，并且还要“玩得转”，结合工作与生活中的实际应用，系统并全面地讲解了 Office 2013 办公综合应用的相关知识，力求使读者在快速学会软件技能操作的同时，还能掌握 Office 高效办公应用的思路、经验与技巧。全书分为 2 部分，共 19 章。第 1 部分为 Office 技能应用篇（第 1 ～ 15 章），在本部分中全面系统地讲解了 Office 2013 入门操作、Word 2013 办公文档编排应用、Excel 2013 电子表格与数据处理应用、PowerPoint 2013 演示文稿应用等内容。第 2 部分为应用实战篇（第 16 ～ 19 章），在本部分中结合 Office 常见的应用领域，分别讲解了 Office 2013 在行政文秘、人力资源、市场营销、财务管理等行业领域中的实战应用。

本书内容图文并茂，重视设计思路的传授，并且在图上清晰地标注出了要进行操作的位置与操作内容，对于重点、难点操作均配有同步教学视频教程，以帮助读者快速、高效地掌握相关技能。

本书既适合初学 Office 的读者学习使用，也适合有一定基础，但缺乏实战操作经验与应用技巧的读者学习使用。同时也可以作为计算机培训班、职业院校相关专业的教材用书或参考书。

图书在版编目（CIP）数据

别怕，就这样玩转 Office 办公 / 金阳美编著 . -- 北京：清华大学出版社，2015
ISBN 978-7-302-40190-2

Ⅰ . ①别… Ⅱ . ①金… Ⅲ . ①办公自动化－应用软件 Ⅳ . ① TP317.1

中国版本图书馆 CIP 数据核字 (2015) 第 101586 号

责任编辑：陈绿春
封面设计：潘国文
责任校对：胡伟民
责任印制：刘海龙

出版发行：清华大学出版社
网　　址：http://www.tup.com.cn，　http://www.wqbook.com
地　　址：北京清华大学学研大厦 A 座　　**邮　　编：**100084
社 总 机：010-62770175　　**邮　　购：**010-62786544
投稿与读者服务：010-62776969，c-service@tup.tsinghua.edu.cn
质量反馈：010-62772015，zhiliang@tup.tsinghua.edu.cn

印 刷 者：清华大学印刷厂
装 订 者：北京市密云县京文制本装订厂
经　　销：全国新华书店
开　　本：188mm×260mm　　**印　　张：**18.75　　**字　　数：**660 千字
（附 DVD1 张）
版　　次：2015 年 10 月第 1 版　　**印　　次：**2015 年 10 月第 1 次印刷
印　　数：1 ～ 3500
定　　价：49.00 元

产品编号：061032-01

前言
PRAFACE

Office 2013 是微软公司推出的市面上使用最广泛的办公软件，其界面友好、操作简便、功能强大。其中，Word、Excel、PowerPoint 是 Office 中最常用、最核心的三大组件。Office 软件被广泛应用于日常办公、行政文秘、市场营销、财务管理、数据分析等相关领域。

本书完全从“读者自学”的角度出发，从零开始，力求使初学者“学得会”与“用得上”，并且还要“玩得转”，结合工作与生活中的实际应用，系统并全面地讲解了 Office 2013 办公综合应用的相关知识，力求使您在快速学会软件技能操作的同时，又能掌握 Office 高效办公应用的思路、经验与技巧。

本书内容介绍

全书分为 2 部分，共 19 章，系统并全面地讲解了当前使用最广泛的 Office 办公组件的相关技能与使用技巧。具体章节安排如下：

第 1 部分 Office 2013 技能应用篇

第 1 章 Office 2013 操作入门
第 2 章 Word 文档的录入与编辑
第 3 章 Word 文档的格式编排
第 4 章 Word 文档的图文混排
第 5 章 Word 文档中表格的应用
第 6 章 Word 应用高级技能
第 7 章 Excel 表格的创建与编辑
第 8 章 Excel 表格的格式编排
第 9 章 Excel 中公式和函数的应用
第 10 章 Excel 中数据的分析与处理
第 11 章 Excel 中图表和透视图表的应用
第 12 章 PowerPoint 演示文稿的制作
第 13 章 PowerPoint 幻灯片的动画与交互
第 14 章 PowerPoint 幻灯片的放映与输出
第 15 章 Office 2013 高级应用篇

第 2 部分 Office 2013 应用实战篇

第 16 章 行业案例——Office 在行政办公中的应用
第 17 章 行业案例——Office 在人力资源管理中的应用
第 18 章 行业案例——Office 在市场营销领域中的应用
第 19 章 行业案例——Office 在财务管理中的应用

第 1 部分：Office 技能应用篇（第 1~15 章），在本部分中全面系统地讲解 Office 2013 入门操作、Word 2013 办公文档编排应用、Excel 2013 电子表格与数据处理应用、PowerPoint 2013 演示文稿应用等内容。

第 2 部分：Office 2013 应用实战篇（第 16~19 章），在本部分中结合 Office 常见应用的领域，分别讲解了 Office 2013 在行政文秘、人力资源、市场营销、财务管理等行业领域中的实战应用。

为了方便初学读者学习，本书采用“详细的步骤操作讲述 + 图上操作位置与步骤序号标注”方式。读者只要按照步骤讲述的方法，对应图上标注的位置去操作，就可以一步一步地做出与书中相同的效果。真正做到简单明了，直观易学。

精心的结构安排，让您快速学会并轻松玩转

在基础技能讲解部分，每章都安排了3个小节，在“基础入门——必知必会”小节，主要为读者讲解该章必知必会的相关技能，让读者快速掌握本章的入门知识；在“实用技巧——技能提高”小节，主要总结了本章多个相关技能应用的操作技巧，让读者学到应用经验与使用诀窍；在“实战训练——相关实例”小节，主要结合本章所学知识与技巧，详细讲述了一个综合实例的制作方法与应用技巧。

配套赠送多媒体教学光盘

本图书还配套赠送了一张超大容量的多媒体教学光盘，通过教学光盘的操作动画演示和同步语音讲解完美配合，直接展示每一步操作，这样有利于提高初学读者的学习效果，加快学习进度。通过书盘互动学习，可让读者感受到老师亲临现场教学和指导的学习效果。

本书由金阳美主笔，参与编写的还包括：陈忠华、钟万华、潘贺财、刘洪云、谢金兰、王帆、杨英、张辉华、王冬夏、董召奇、杨成明、刘浪、王容等。

由于计算机技术发展非常迅速，加上编者水平有限，书中疏漏和不足之处在所难免，敬请广大读者及专家批评指正。

编 者

目　录

第 1 部分　Office 2013 技能应用篇

第 1 章

Office 2013 操作入门

本章导读

Microsoft Office 是日常办公的首选软件，而 Microsoft Office 2013 是微软公司继 Microsoft Office 2010 后推出的新一代计算机办公套装软件，并增加了许多功能。本章主要讲解了 Office 2013 的新增功能、安装和卸载、组件的添加和删除，以及 Office 2013 组件的启动、关闭，文档的新建、打开、保存、转换等共性操作。

知识要点

◆ Office 2013 的工作界面及新增功能
◆启动和关闭 Office 2013
◆转换 Office 文档
◆安装与卸载 Office 2013
◆新建和保存 Office 文档
◆选项卡和组的设置

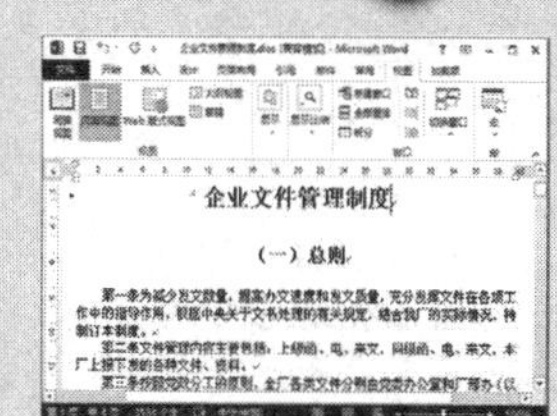

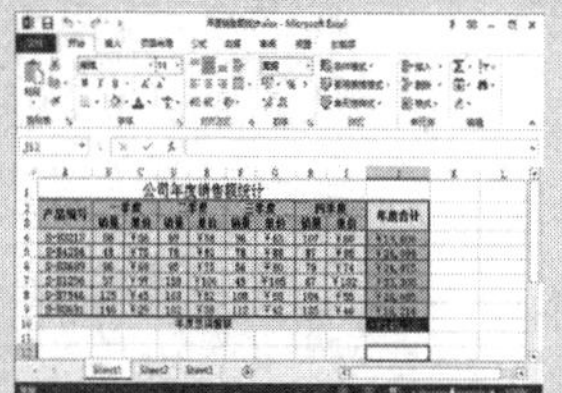

基础入门——必知必会

1.1　Office 2013 新增功能及工作界面

Microsoft Office 2013（又称为 Office 2013）是应用于 Microsoft Windows 视窗系统的一套计算机办公套装软件，是继 Microsoft Office 2010 后的新一代套装软件。微软在 2012 年 7 月发布了预览版，2012 年 12 月发布了 Microsoft Office 2013 RTM 版本（包括中文版），在 Windows 8 设备上可获得 Office 2013 的最佳体验。Office 2013 实现了云端服务、服务器、流动设备和 PC 客户端、Office 365、Exchange、SharePoint、Lync、Project 及 Visio 同步更新。

作为一款集成的套装软件，Microsoft Office 2013 由各种功能组件构成，其中最常用的 3 个组件是 Word、Excel、PowerPoint。

1.1.1　Office 2013 概述

相较 Office 2010 而言，Office 2013 做出了极大的功能改进，例如，改进了操作界面略显冗长甚至还有点过时的感觉，界面在延续了 Office 2010 的 Ribbon 菜单栏外，融入了 Metro 风格，整体界面趋于平面化，显得清新简洁；将 Office 2010 文件打开起始时的 3D 带状图像取消了，增加了大片的单一图像；将程序的“打开”和“打开最近使用的文档”两个功能合并在一起；将之前版本的多个共享功能集中在“共享”选项面板等，使得操作更加方便。Office 2013 除了改进了某些功能，还新增了部分功能，下面具体介绍。

1. 从模板开始

Office 2013 提供了很多的本地模板和在线模板。启动组件时，将显示一些精美的新模板，帮助用户创建漂亮的文档。下图分别为 Office 组件中的各种模板效果。

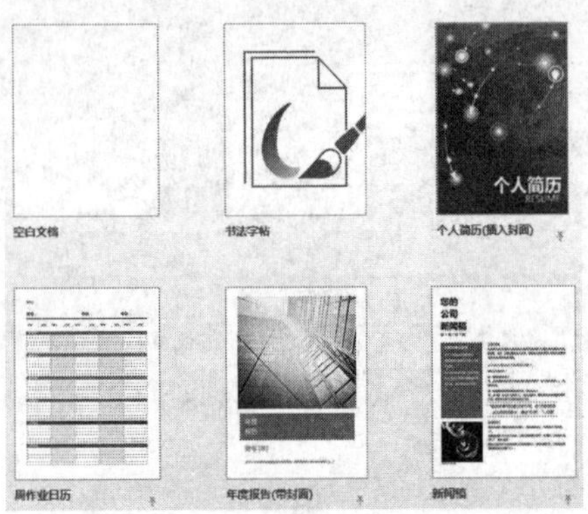

Word 2013 模板

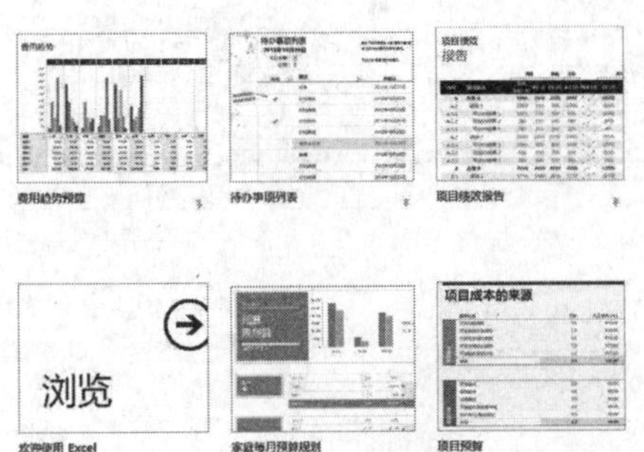

Excel 2013 模板

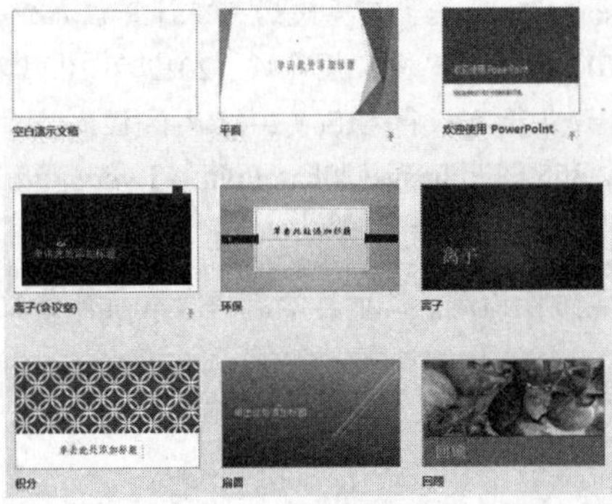

PowerPoint 2013 模板

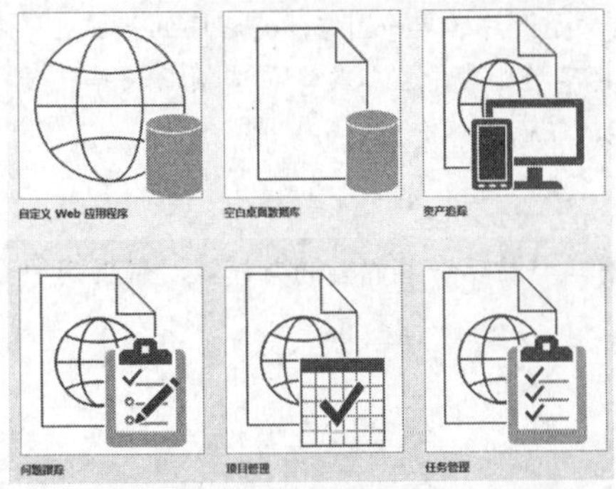

Access 2013 模板

> **高手指引——OneDrive 就是 SkyDrive**
>
> Office 2013 新版本的云存储服务为 OneDrive，之前是 SkyDrive。为了解决云存储服务与英国天空广播公司的商标雷同的案件，美国微软公司 2014 年 2 月 19 日在 YouTube 宣布将旗下的云存储服务 SkyDrive 更名为 OneDrive。因此之前的文档或书中描述为 SkyDrive。

2．触屏界面

Office 2013 为了适应移动终端的需要，专门设计了一款跨平台的触摸界面，扩大了 Office 的使用范围。触摸界面与普通用户界面差异不大，只是触摸界面的按钮更大了，方便用户用手指点击交互操作。要使用触屏界面 Office，需要先切换至触摸模式，下面以 Word 2013 为例进行介绍。

步骤 01 选择“触摸 / 鼠标模式”选项。❶在快速访问工具栏中单击“自定义快速访问工具栏”按钮；❷在下拉列表中选择“触摸 / 鼠标模式”选项，如下图所示。

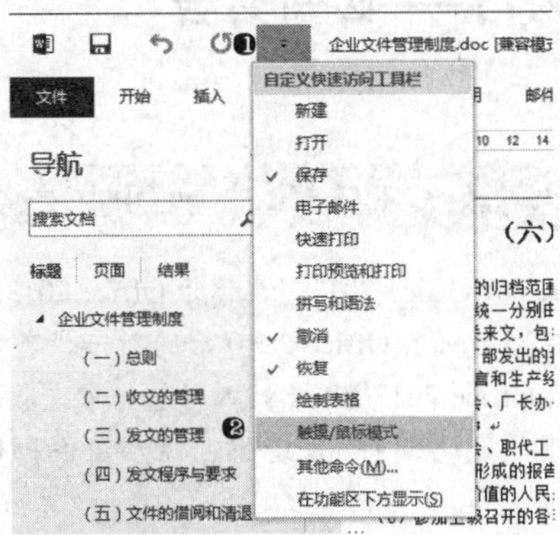

步骤 02 选择“触摸”选项。❶在快速访问工具栏中单击“触摸 / 鼠标模式”按钮，❷在下拉列表中选择“触摸”选项，如下图所示。

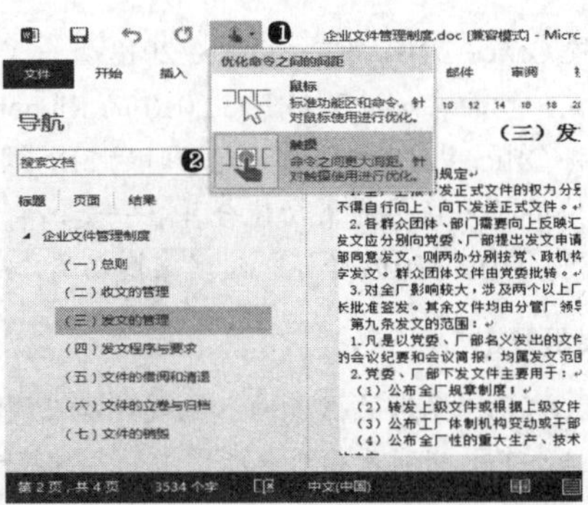

步骤 03 在触屏模式下工作。经过前面的 4 步，已经进入触屏界面模式，命令之间的距离自动增大，命令按钮图标也自动放大，用户可以完全用手指点击进行编辑操作。

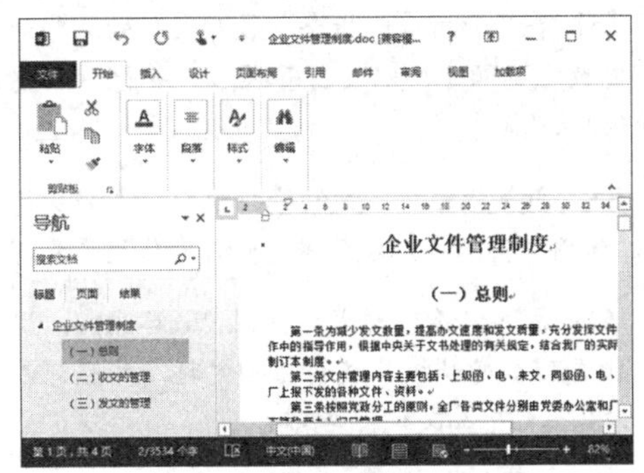

1.1.2　Word 2013 的工作界面

Word 是 Office 组件中使用最广泛的软件之一，是主要用于处理文字、各种图形、表格，以及文档排版的软件。

1．Word 2013 的工作界面

Word 2013 的工作界面由标题栏、功能区、编辑区和状态栏等部分组成，如下图所示。

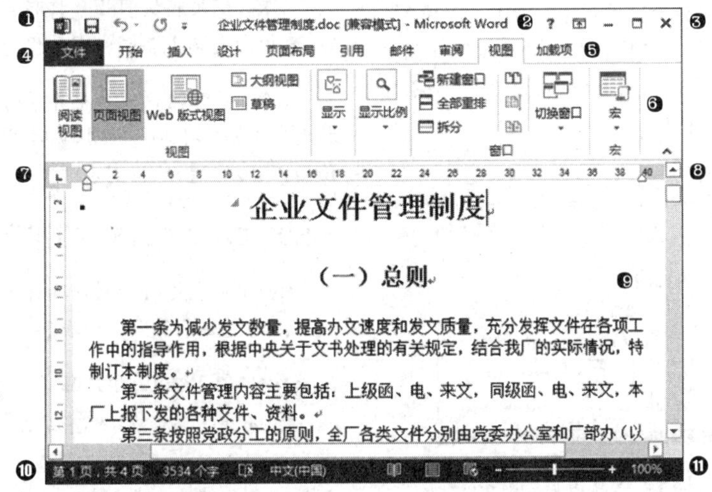

Word 2013 界面各区域功能说明如下表所示。

名称	功能说明
❶ 快速访问工具栏	用于放置一些常用工具，在默认情况下包括“保存”、“撤销”和“恢复”3 个按钮，用户可以根据需要进行添加
❷ 标题栏	显示文档的名称及类型
❸ 窗口控制按钮	包括最小化、最大化、关闭 3 个按钮，用于对文档窗口进行相应的控制
❹ 文件菜单按钮	用于打开文件菜单，菜单中包括“打开”、“保存”等命令
❺ 功能选项卡	用于切换选项组，单击相应的选项卡，即可完成切换
❻ 功能组	用于放置编辑文档时所需的功能，各按钮按照相应的功能整合成不同区域
❼ 标尺	用于显示或定位文本的位置
❽ 滚动条	用于向上 / 下或向左 / 右拖动查看编辑区未显示完的内容
❾ 文档编辑区	用于显示编辑文档内容或对文字、图片、图形、表格等对象进行编辑
❿ 状态栏	用于显示当前文档的页数、状态、视图方式及显示比例等内容
⓫ 视图控制区	用于切换文档视图方式和缩放文档查看比例

2．Word 2013 的新增功能

微软对 Word 2013 的改进重点是在阅读和写作的体验上，新增功能主要有以下几个：

（1）打开并编辑 PDF：在 Word 2013 中可以打开 PDF 文件并编辑其内容，可以编辑 PDF 文档中的段落、列表和表格，就像熟悉的 Word 文档一样，可以以 PDF 文件保存修改之后的结果或者以 Word 支持的任何文件类型进行保存。

（2）对象的缩放：在 Word 2013 的阅读视图中，用户可以用鼠标双击文档中的表格、图表和图像，使其填满屏幕，然后再次单击对象外部区域，以缩小对象并继续阅读。如果关闭文档，再次打开文档时，可在前次停止处继续阅读，即使用户在不同的计算机上重新打开联机文档，Word 也会记住用户上次的位置。

（3）回复批注并将其标记为完成。Office 2013 的批注功能新增加了“回复”按钮。用户可以在相关文字旁边讨论，轻松地跟踪批注，如下图所示。当批注已回复并且不再需要关注时，用户可以右击，选择“将批注标记为完成”命令。它将呈灰色显示以远离用户的视线，但是如果用户稍后需要重新访问它，那么对话将仍在那里。

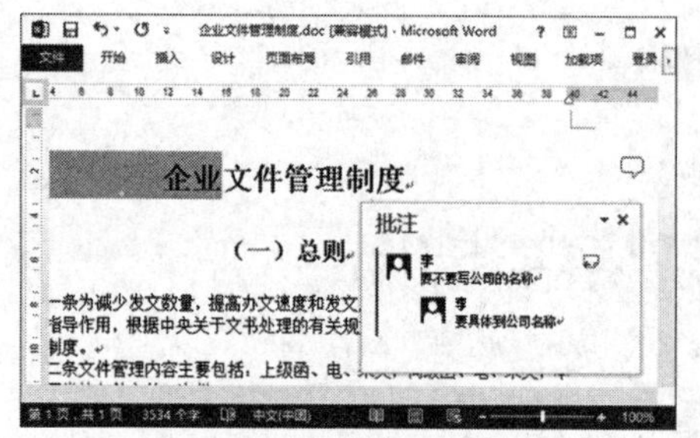

（4）联机视频：直接在 Word 中观看联机视频，无须离开文档，使用户可以专注于内容。

（5）展开和折叠：折叠或展开文档的某些部分，将摘要放在标题中，以便打开该节，并根据需要阅读详细信息。

（6）简单标记：全新的修订视图使文档变得整洁简单，但用户仍然可以在已进行修订的位置看到标记。

（7）添加修饰和样式：使用 Word 2013，用户可以创建更加美观和极具吸引力的文档，并且可以处理更多媒体类型（如联机视频和图片）。

（8）插入联机图片：将联机图片直接添加到当前 Word 中，无须先将联机图片保存到用户的计算机中。

（9）实时的版式和对齐参考线：在文档中调整和移动图片或形状时，获取实时预览。新的对齐参考线使用户可以轻松地将图表、图片、图示与文本对齐。

1.1.3 Excel 2013 的工作界面

Excel 主要是用于制作各种类型的电子表格、填充数据、通过公示和函数处理和分析数据的软件。

1. Excel 2013 的工作界面

Excel 2013 的工作界面与 Word 2013 有相似之处，也有不同之处，Excel 2013 也有快速访问工具栏、标题栏、功能区、状态栏等，不同之处在于编辑区，如下图所示。

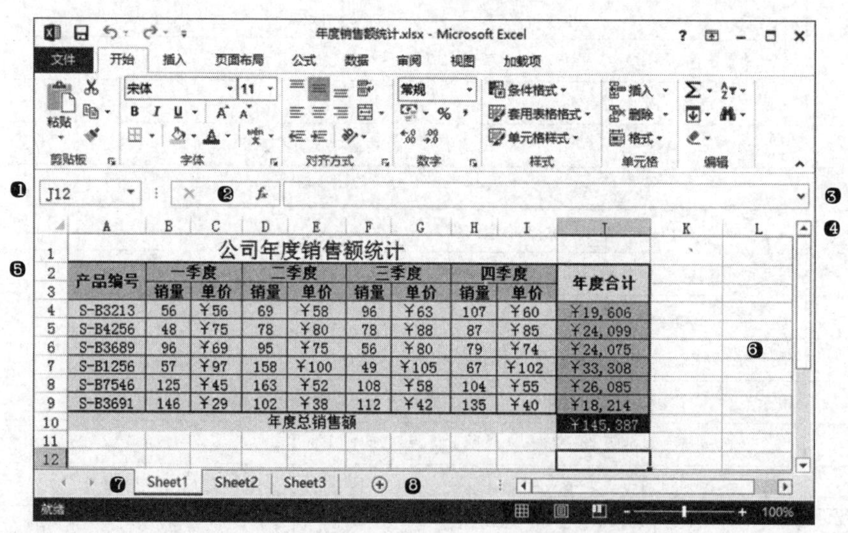

Excel 2013 工作界面各区域功能说明如下表所示。

名称	功能说明
❶ 名称栏	用于显示或定义所选择单元格或单元格区域的名称
❷“插入函数”按钮	用于打开“插入函数”对话框，选择所需函数

续表

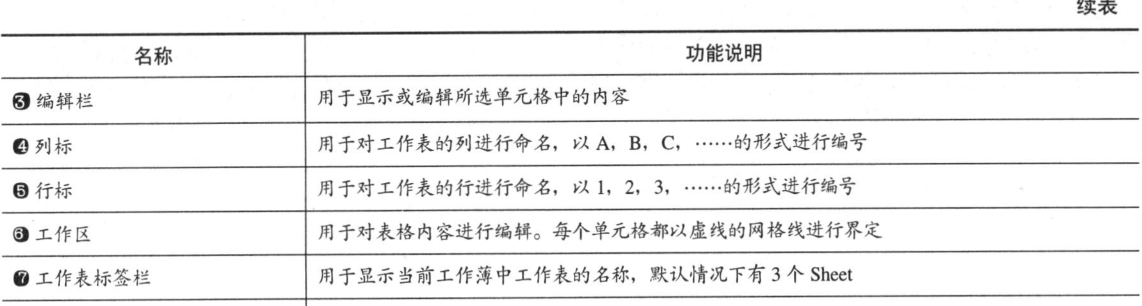

名称	功能说明
❸ 编辑栏	用于显示或编辑所选单元格中的内容
❹ 列标	用于对工作表的列进行命名，以 A，B，C，……的形式进行编号
❺ 行标	用于对工作表的行进行命名，以 1，2，3，……的形式进行编号
❻ 工作区	用于对表格内容进行编辑。每个单元格都以虚线的网格线进行界定
❼ 工作表标签栏	用于显示当前工作簿中工作表的名称，默认情况下有 3 个 Sheet
❽ “插入工作表”按钮	用于插入新的工作表，每次单击一次插入一个工作表

2．Excel 2013 的新增功能

微软对 Excel 2013 的设计目标是：更加平易近人，让用户能够轻松地将庞大的数据图像化。新增功能主要有以下几个：

（1）即时数据分析：在 Excel 2013 中新增的“快速分析”工具，可以在短时间内将数据转换为图表或表格。此外，用户还可以预览使用条件格式的数据、迷你图或图表，并且仅需单击一次即可完成选择。

（2）瞬间填充整列数据：在 Excel 2013 中，快速填充就像数据助手一样，当检测到用户需要进行的工作时，会根据从用户的数据中识别的模式，一次性输入剩余数据。如姓名列中将姓提取到相邻单元格进行输入。

（3）为数据创建合适的图表：通过推荐的图表，Excel 可针对用户的数据推荐最合适的图表。通过快速查看数据在不同图表中的显示方式，然后选择能够展示用户想呈现的概念的图表。

（4）工作簿的独立窗口：在 Excel 2013 中，每个工作簿都拥有自己的窗口，从而能够更加轻松地同时操作两个工作簿。这样操作两台监视器的时候也会更加轻松。

（5）Excel 新增函数：在数学和三角函数、统计、工程、日期和时间、查找与引用、逻辑，以及文本函数类别新增了一些函数。同样新增了一些 Web 服务函数以引用与现有的表象化状态转变（REST）兼容的 Web 服务。

（6）网页中的嵌入式工作表数据：要在 Web 上共享部分工作表，用户只需将其嵌入到网页中，然后其他人就可以在 Excel Web App 中处理数据或在 Excel 中打开嵌入数据。

（7）保存为新的文件格式：现在可以用新的 Strict Open XML 电子表格（*.xlsx）文件格式保存和打开文件。此文件格式让用户可以读取和写入 ISO8601 日期以解决 1900 年的闰年问题。

（8）更加丰富的数据标签：用户可以将来自数据点的可刷新格式文本或其他文本包含在用户的数据标签中，使用格式和其他任意多边形文本来强调标签，并可以任意形状显示。数据标签是固定的，即使用户切换为另一类型的图表，用户仍可以在所有图表（并不仅仅只有饼图）上使用引出线将数据标签连接到其数据点。

（9）使用字段列表来创建不同类型的数据透视表：使用一个相同的字段列表来创建使用了一个或多个表格的数据透视表布局。通过改进字段列表以容纳单表格和多表格数据透视表，让用户可以更加轻松地在数据透视表布局中查找所需字段。通过添加更多表格来切换为新的 Excel 数据模型，以及浏览和导航到所有表格。

（10）在数据分析中使用多个表格：新的 Excel 数据模型让用户可以发挥以前仅能通过安装 PowerPivot 加载项实现的强大数据分析功能。除了创建传统的数据透视表以外，现在可以在 Excel 中基于多个表格创建数据透视表。通过导入不同表格并在这些表格之间创建关系，用户可以分析数据，其结果是传统数据透视表无法获得的。

（11）连接到新的数据源：要使用 Excel 数据模型中的多个表格，用户可以连接其他数据源，并将数据作为表格或数据透视表导入到 Excel 中。

（12）创建表间的关系：当用户从 Excel 数据模型的不同数据源的多个数据表中获取数据时，在这些表之间创建关系，让用户可以无须将其合并到一个表中即可轻松分析数据。通过使用 MDX 查询，用户可以进一步利用表的关系创建有意义的数据透视表报告。

（13）创建独立的数据透视图：数据透视图不必再和数据透视表关联。通过使用新的向下钻取和向上钻取功能，独立或去耦合数据透视图，让用户可以通过全新的方式导航至数据详细信息。

1.1.4 PowerPoint 2013 的工作界面

PowerPoint 2013 主要是用于演示和创建幻灯片的软件。通过集成文字、图形图像、声音、视频及动画，使信息以高效的方式传达出来。

1．PowerPoint 2013 的工作界面

PowerPoint 2013 简化了 PowerPoint 2010，将不常用的窗格取消或者以按钮形式进行控制，预留出最大的空间创建幻灯片内容。其工作界面也有快速访问工具栏、标题栏、功能区、状态栏等，这里仅对不同于其他组件的部分进行介绍，如下图所示。

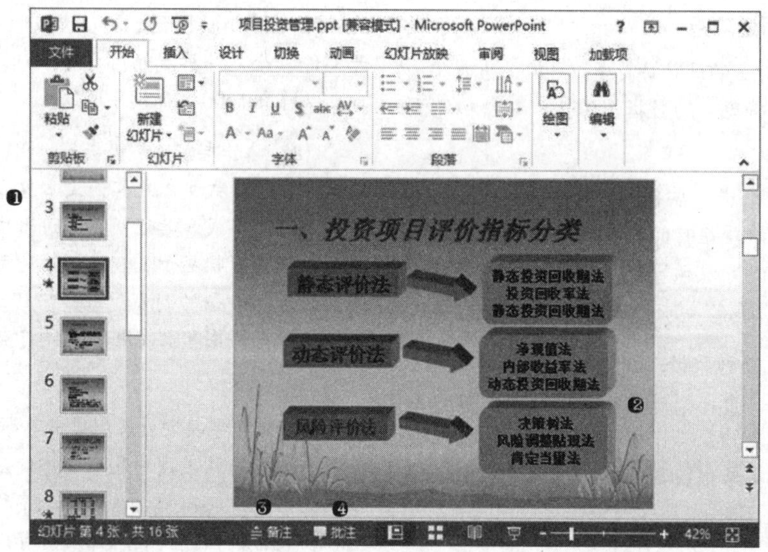

PowerPoint 2013 工作界面各区域功能说明如下表所示。

名称	功能说明
❶ 缩略图窗格	用于显示当前演示文稿中所有幻灯片的缩略图及其名称
❷ 编辑区	用于显示和编辑幻灯片中的中的文本、图片、图形等内容
❸ 备注按钮	用于显示或隐藏备注窗格
❹ 批注按钮	用于对所选对象添加批注信息

2．PowerPoint 2013 的新增功能

微软对 PowerPoint 2013 的界面做了简化，新增功能主要有以下几个：

（1）合并创建新的形状：在 PowerPoint 2013 中新增加了“合并常见形状”功能，在幻灯片上选择两个或更多常见形状，并进行组合以创建新的形状和图标。

（2）宽屏：目前许多电视和视频都采用了宽屏模式，PowerPoint 也是如此，它的幻灯片大小可设为 16 ：9，这种设置旨在尽可能地利用宽屏。

（3）动作路径改进：当用户创建动作路径时，PowerPoint 会向用户显示对象的结束位置，原始对象始终存在，虚影图像会随着路径一起移动到终点。

（4）改进的视频和音频支持：PowerPoint 现在支持更多的多媒体格式，例如，.mp4、.mov、H.264 视频和高级音频编码（AAC），以及更多高清晰度内容。PowerPoint 2013 包括更多内置编解码器。因此，用户不必针对特定文件格式安装它们即可工作。

1.2 Office 2013 的安装与卸载

要使用 Office 2013，就需要在计算机中安装该软件。Office 2013 的安装根据安装向导的提示逐步操作即可实现正确安装。同时，安装完成后的 Office 2013 还可以根据功能的需要对组件进行添加和删除，以及完全卸载。

1.2.1 Office 2013 的运行环境

无论是之前版本升级，还是全新安装 Office 2013，都必须确保硬件和操作系统符合安装的最低要求。

项目	要求
CPU（处理器）	1 GHz 或更高主频的 x86/x64 处理器，具有 SSE2 指令集
内存	1 GB RAM（32 位操作版本）/2 GB RAM（64 位版本）
硬盘	3.5 GB 可用磁盘空间
操作系统	32 位或 64 位 Windows 7 或更高版本；Windows Server 2008 R2 或更高版本，带有 .NET 3.5 或更高版本
显示器	图形硬件加速需要 DirectX 10 显卡和 1024×576 分辨率

特别提醒：Office 2013 无法在运行 Windows XP 或 Vista 操作系统的计算机上安装。

1.2.2 安装 Office 2013

要想充分发挥 Office 2013 的功能，必须对软件进行正确安装，这里以 Microsoft Office professional plus 2013 版本的安装为例进行讲解，具体安装方法和步骤如下：

步骤 01 运行安装文件。根据操作系统版本选择 Office 2013 对应的版本，双击安装光盘或双击程序包中的 setup.exe 文件进行安装。

步骤 02 启动安装。安装文件运行后，弹出下图所示的对话框，表明正在准备必要的文件。

步骤 03 接受安装协议。❶选中“我接受此协议的条款”复选项；❷单击“继续”按钮，如下图所示。

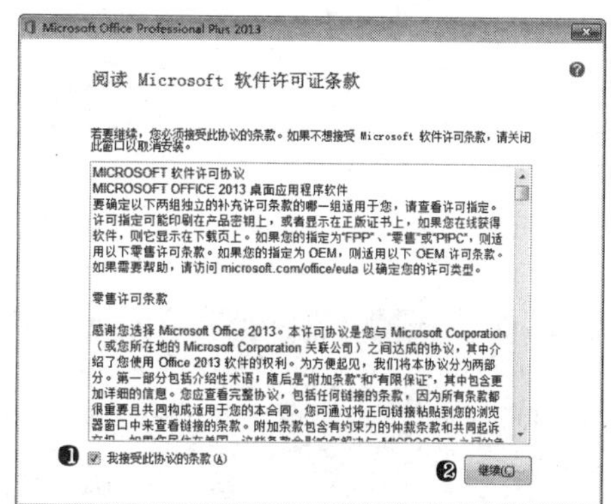

步骤 04 选择所需安装。一般都单击“自定义”按钮。

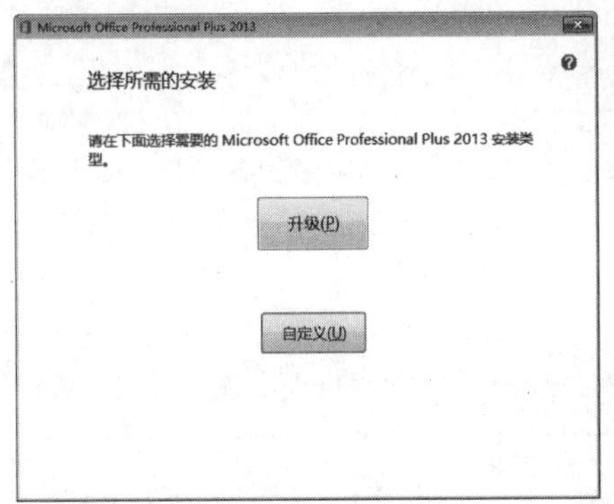

步骤 05“升级”选项卡设置。根据需要选择是否保留早期的版本或部分组件。如果没有特别的需要，建议选择“删除所有早期版本”单选按钮。

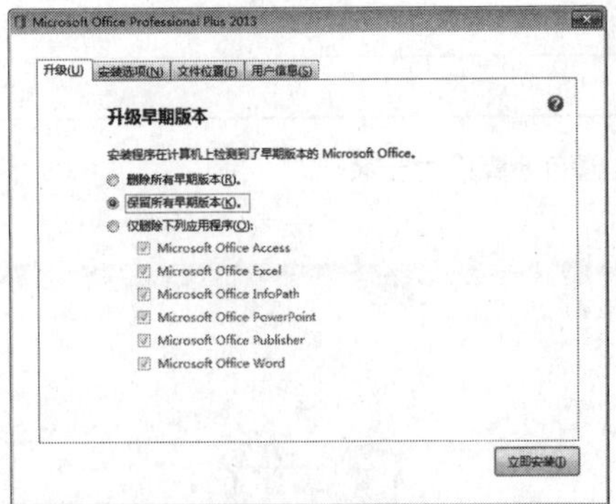

步骤 06 设置不需要安装的组件。❶单击“安装选项”选项卡；❷单击不需要安装组件名称左边的下拉按钮；❸选择“不可用”选项，如下图所示。

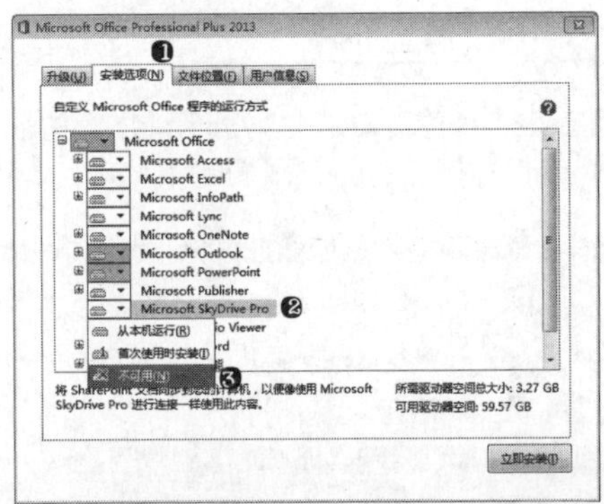

高手指引——升级还是全新安装根本就不是问题

如果应用软件功能和界面有大的变化，一定要升级。高版本软件一定能打开低版本的文件，也可以另存为低版本的文件。如果你现在使用的版本还是 Office 2003、Windows XP，早就该升级了。如果用户的计算机第一次安装 Office 办公软件，对话框将出现“立即安装”和“自定义”两个按钮。如果之前安装过低版本的 Office 办公软件，对话框则出现“升级”和“自定义”按钮。根据不同的情况进行选择。

微软公司所有的完整的各种版本的原版软件产品 ISO 安装文件，都可以从“MSDN，我告诉你”网站下载，网址为 http://msdn.itellyou.cn。下载时请注意操作系统版本和软件版本的对应。要么都是 X86（32 位）版本，要么都是 X64（64 位）版本。下载后的 ISO 文件用虚拟光驱加载或者直接解压使用。

步骤 07 设置软件安装位置。❶单击“文件位置”选项卡；❷单击“浏览”按钮选择软件的安装位置，如 D 盘，如下图所示。由于 Office 软件占用资源较多，不建议和系统装在一个分区。

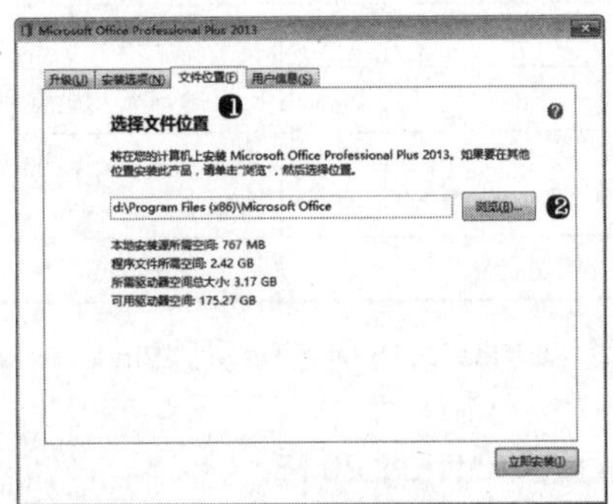

步骤 08 设置用户信息。❶单击“用户信息”选项卡；❷在文本框中输入信息；❸所有的选项卡设置完成之后，单击“立即安装”按钮，如下图所示。

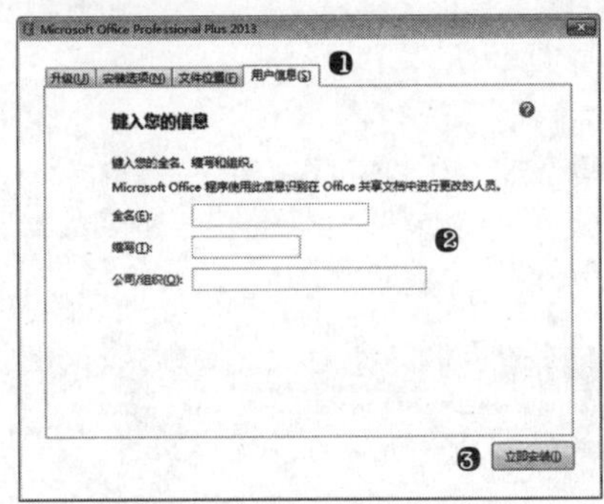

步骤 09 查看安装进度，等待安装完成。

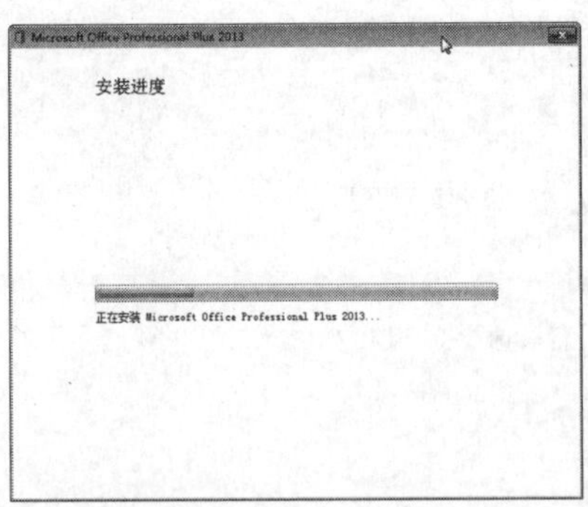

步骤 10 安装完成确认。单击“关闭”按钮，完成 Office 2013 的安装，如下图所示。

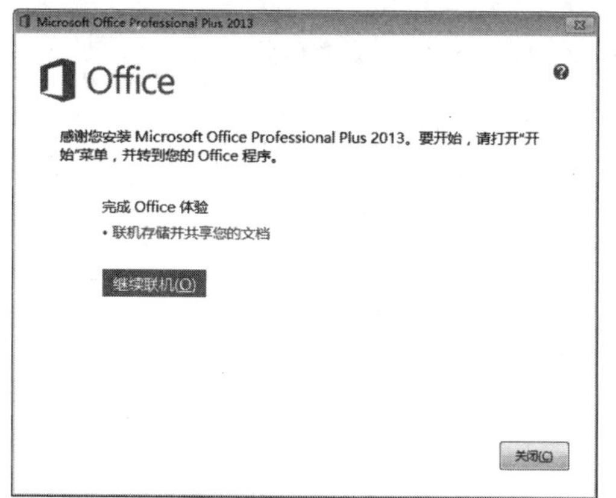

1.2.3 添加和删除 Office 2013 组件

由于开始安装时计划不周，或者因为特殊需要，需要增删 Office 2013 中的某些功能，如 Office 公式编辑器，就需要通过 Office 2013 自带的“添加或删除功能”来实现。与 1.2.1 中步骤 01 操作一样，双击运行安装程序光盘或文件，启动安装向导。

高手指引——从控制面板启动“添加或删除功能”

“开始”菜单→控制面板→程序和功能→选择“Microsoft Office professional plus 2013”程序→选择“更改”→在弹出的“更改 Microsoft Office professional plus 2013 安装”对话框中选择添加或删除功能。

步骤 01 选择更改安装选项。❶选择“添加或删除功能”单选按钮；❷单击“继续”按钮，如下图所示。

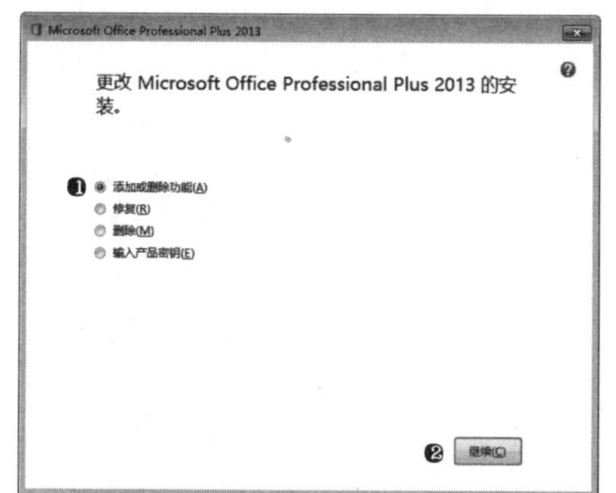

步骤 02 ❶单击“公式编辑器”左侧的下拉按钮；❷选择“从本机运行”选项；❸单击“继续”按钮。

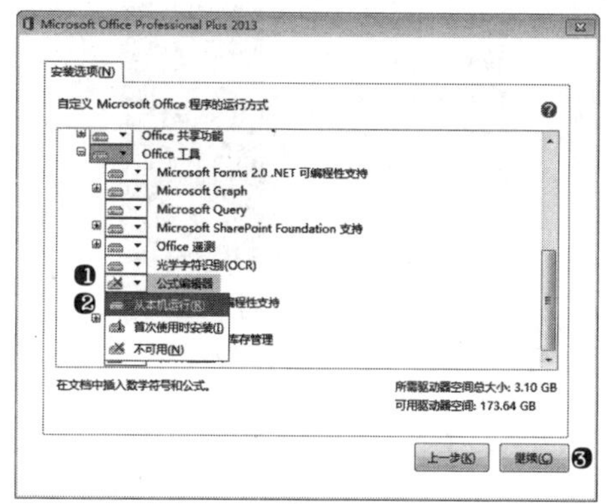

步骤 03 经过上步操作，系统开始配置文件。

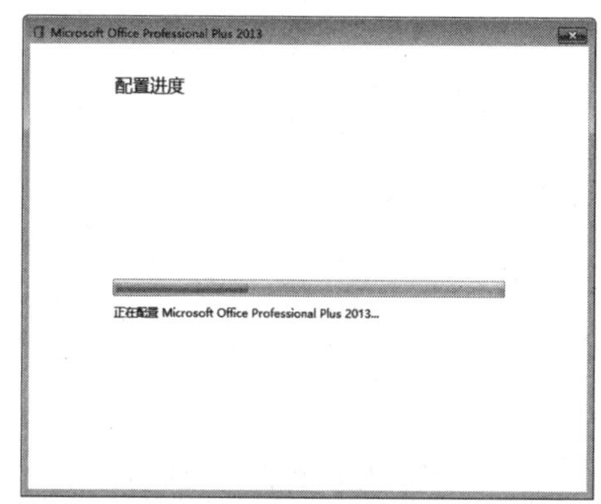

步骤 04 配置完成，单击“关闭”按钮。

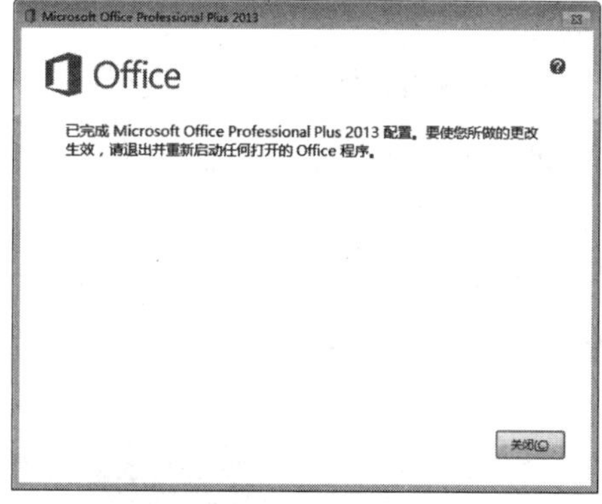

1.2.4 卸载 Office 2013

安装在计算机中的 Office 2013 可以完全卸载。卸载不仅删除所有安装的程序文件，还包括去除使用软件所需要的注册表信息和系统文件夹内的相关配置文件。操作步骤如下：

步骤 01 打开“控制面板”。❶单击“开始”按钮；❷选择“控制面板”命令。

步骤 02 选择要调整的设置。双击“程序和功能”图标。

步骤 03 选择要卸载的程序。❶ 选中需要卸载的程序并右击；❷ 在弹出的快捷菜单中选择“卸载”命令。

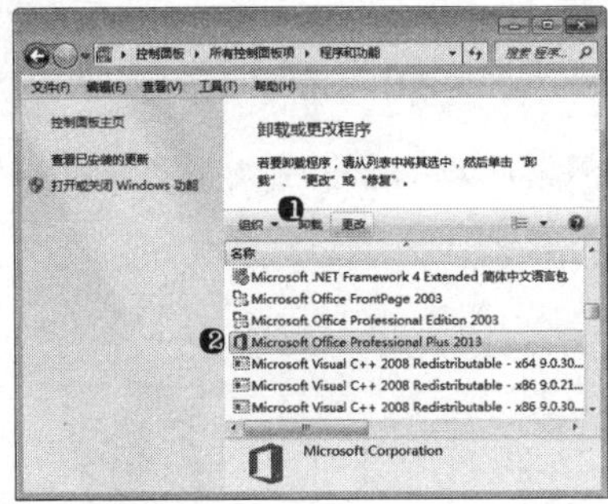

步骤 04 确认卸载。在启动的安装向导中，提示是否确定删除程序。单击对话框中的“是”按钮，执行卸载操作。

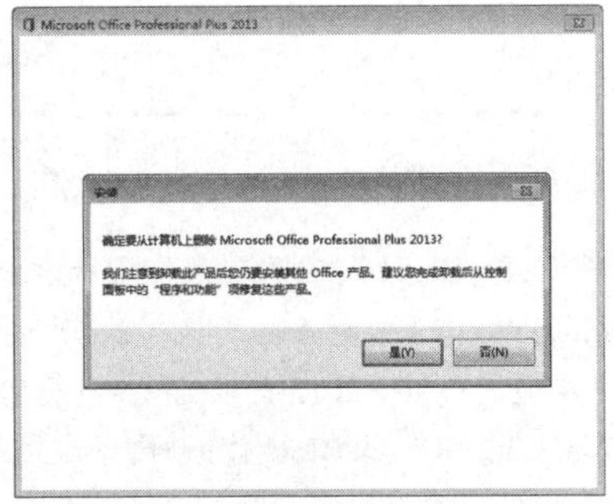

1.3 Office 2013 共性操作

Office 2013 共性操作是指适合 Office 2013 各个组件的通用的基本操作。在了解了 Office 2013 的工作界面之后，就可以学习其共性操作，如启动、新建、保存、关闭与退出等。下面以 Word 2013 为例，介绍具体的操作方法。

1.3.1 启动 Office 组件

要使用 Office 2013 中的组件完成不同的工作任务，首先要启动 Office 2013 程序组件。下面介绍常见的启动方法。

1．通过“开始”菜单启动

步骤 01 打开控制面板。❶ 单击“开始”按钮；❷ 展开“所有程序”命令组。

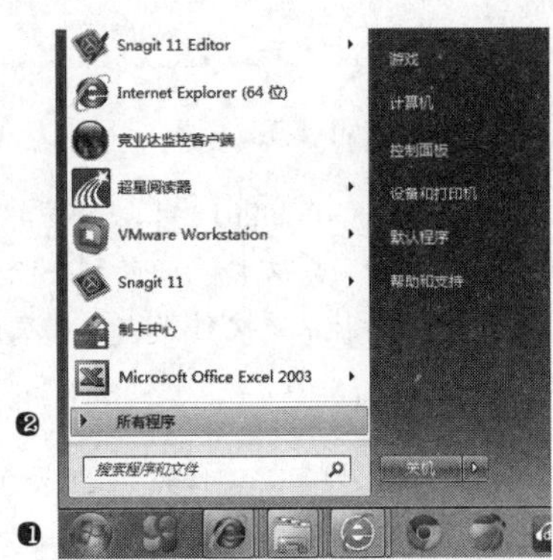

步骤 02 单击“Microsoft Office 2013”程序组，展开组件列表；选择“Word 2013”命令。

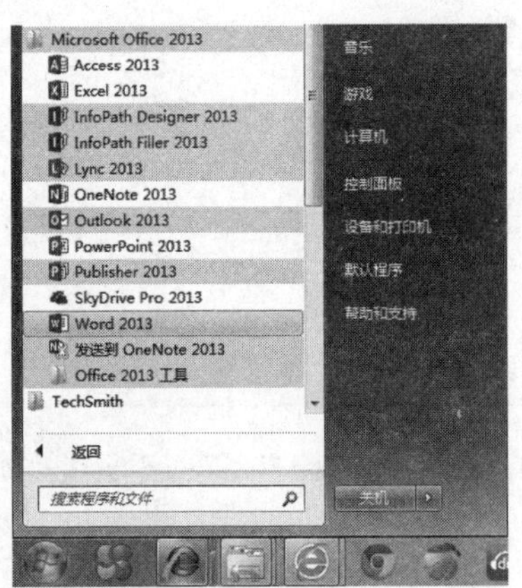

2．利用桌面快捷方式启动

Office 2013 安装完成之后并没有在桌面生成快捷方式，为了更便捷、更快速地启动程序，一般需要在桌面创建快捷方式，然后双击程序对应的快捷方式即可启动程序。创建快捷方式的方法很多，如直接在程序组列表拖到桌面，下面介绍一种传统的方法。

步骤 01 ❶单击“开始”按钮；❷展开“所有程序”命令组。

步骤 02 在桌面创建“Word 2013”的快捷方式。❶单击“Microsoft Office 2013”程序组，展开所属组件列表；❷右击“Word 2013”命令；❸选择“发送到”命令；❹选择“桌面快捷方式”命令。

1.3.2 新建 Office 文档

使用 Office 2013 程序完成某项工作前，先要新建文档。新建文档的方法有两种，一种是没有启动 Office 2013 应用程序的情况下新建；另外一种是启动 Office 2013 应用程序来新建。下面介绍具体方法。

- 不启动 Office 2013 应用程序新建文档。在桌面或文件夹的空白区域右击，❶在弹出的快捷菜单中选择“新建”命令；❷在级联菜单中选择“Microsoft Word 文档”命令。为该文档指定文档名后就创建了一个空白文档。

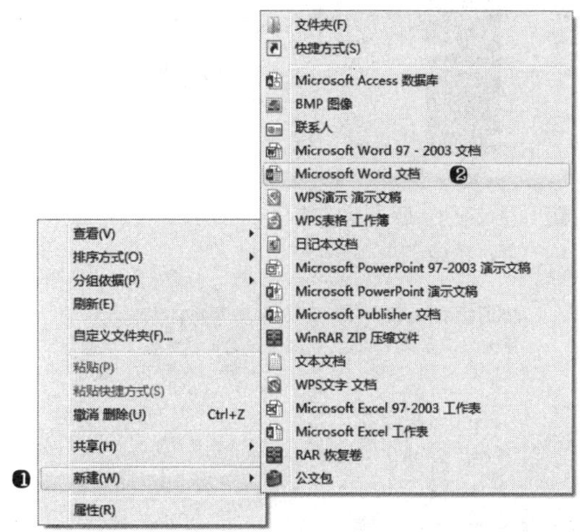

- 启动 Office 2013 应用程序新建文档。启动 Word 2013 后，根据向导或单击功能区的“文件”命令按钮，❶在选项卡中选择“新建”命令；❷在右边的模板区，根据需要选择空白文档或模板，然后根据向导提示就可以创建文档。

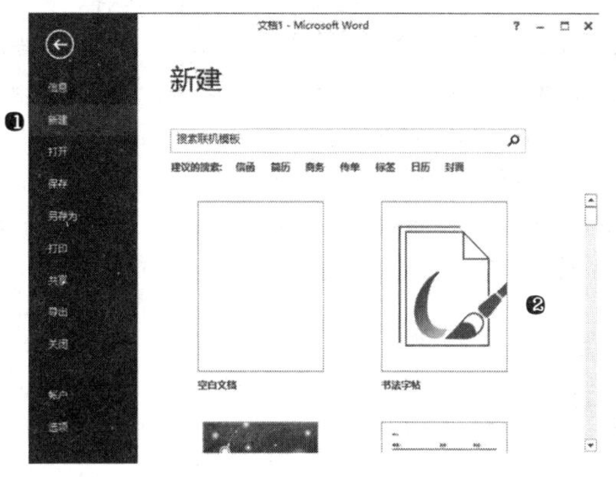

1.3.3 打开 Office 文档

要对现有的文档内容进行修改或补充，就需要打开文档。打开文档的方法最常见的是找到文档所在的文件夹，双击文档图标或者通过 Office 程序组件的“文件”菜单中的“打开”命令来实现。操作如下：

步骤 01 选择文档所在文件夹。启动 Word 2013 后，单击功能区的“文件”菜单按钮，❶选择卡中“打开”命令；❷选择“计算机”命令；❸单击“浏览”按钮。

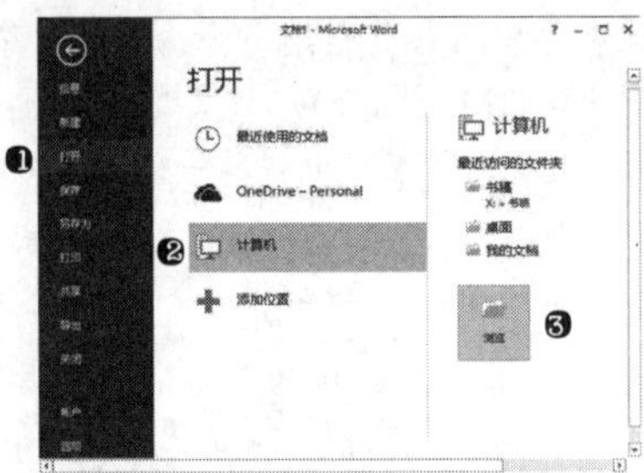

步骤 02 打开文档。❶在弹出的“打开”对话框中，选择需要打开的文档；❷单击“打开”按钮。

1.3.4 保存 Office 文档

为了避免在编辑过程中因操作失误或计算机故障等原因导致信息丢失，需要及时对文档进行保存。保存文档一般是通过“保存”和“另存为”命令并选择适当的存储位置来保存，如果是首次保存只能选择“另存为”命令。Office 2013 的存储位置有两个，一是本地计算机，二是个人账户分配到的 OneDrive 云存储空间。如果文件不是首次保存，可以用快捷键【Ctrl+S】或【F12】保存，当然也可以单击自定义快速访问工具栏中的按钮。

步骤 01 保存设置。在文档编辑窗口，单击“文件”菜单按钮，❶在选项卡中选择“保存”命令；❷选择“计算机”命令；❸单击“浏览”按钮。

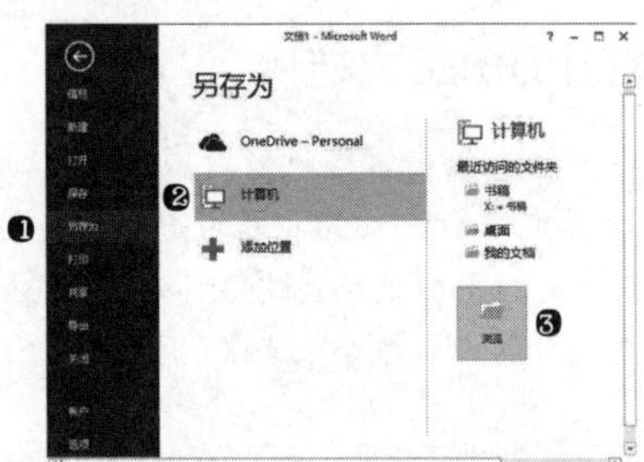

步骤 02 保存文档。❶在弹出的“另存为”对话框中，选择需要保存到的位置；❷输入文件名；❸在“保存类型”下拉列表中选择保存的格式；❹单击“保存”按钮。

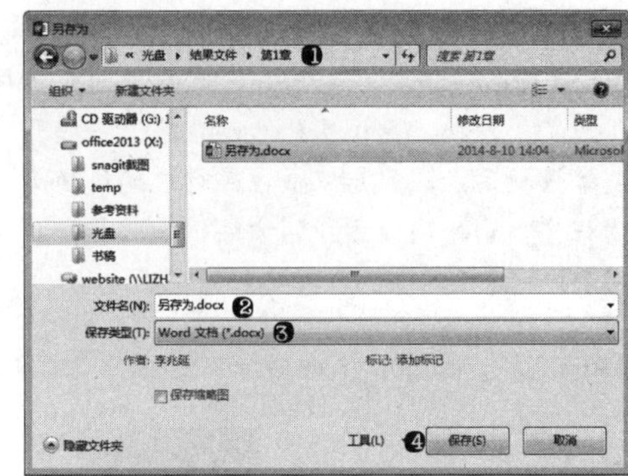

1.3.5 关闭 Office 文档

当完成对文档的编辑处理并保存后，需关闭 Office 文档，以减少计算机内存的使用率。退出各模块应用程序的方法也是一样的，可采用如下 5 种方法中的一种：

(1) 单击标题栏右端的 × “关闭”按钮。

(2) 按【Alt+F4】组合键。

(3) 单击左上角的 Office 按钮，从弹出的下拉菜单中选择“关闭”命令。

(4) 在编辑状态，单击“文件”菜单，在弹出的选项卡中选择“关闭”命令。

(5) 右击标题栏任意空白处，弹出快捷菜单，选择“关闭”命令。

1.3.6 转换 Office 文档

Office 2013 应用程序可以根据需要将文档保存为多种格式，如保存为 FrontPage 网页编辑工具制作的 Web 页面格式。同时 Office 2013 组件之间的文件也可以转换，详见 15.2 节 Office 2013 组件间的协同办公。

1. 将文档转换为网页

Word 2013、Excel 2013、PowerPoint 2013 和 Access 2013 都能将文档另存为网页，这种网页文件使用 HTML 格式。网页文件能够方便地在互联网上发布，被任何浏览器所识别并呈现，不需要 Office 的任何支持。将文档转换为网页文件很简单，利用“另存为”文件命令就可以实现。下面以 Word 为例介绍具体操作。

步骤 01 选择网页格式。❶在弹出的“另存为”对话框中，选择需要保存到的位置；❷输入文件名，为了更好地适应不同的浏览器，建议用不用中文；❸在“保存类型”下拉列表中选择“网页”格式。

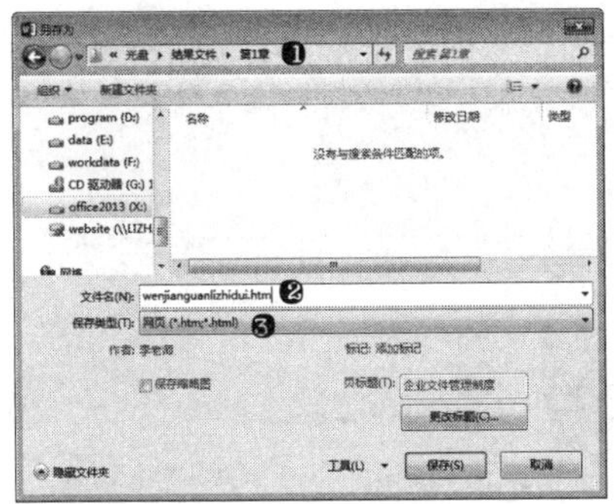

步骤 02 保存网页。❶单击“更改标题”按钮，弹出“输入文字”对话框；❷输入页标题；❸单击“确定”按钮；❹单击“保存”按钮。

步骤 03 保存后的文件为 HTML 格式，用浏览器就可以查看内容，如果要修改内容，继续用 Word 编辑。

2．将文档转换为 PDF 和 XPS 文档

PDF 和 XPS 是固定版式的文档格式，可以保留预期文档中的各种设置和格式，且支持文件共享。PDF 文档格式对于专业印刷很有好处。Office 2013 已经直接可以编辑和输出 PDF 和 XPS 格式，无须像之前版本需要安装相关加载项来实现格式转换。下面以 Word 为例介绍具体操作。

步骤 01 导出设置。在文档编辑窗口，单击“文件”菜单按钮，❶在选项卡中选择“导出”命令；❷选择“创建 PDF/XPS 文档”命令；❸单击“创建 PDF/XPS”按钮。

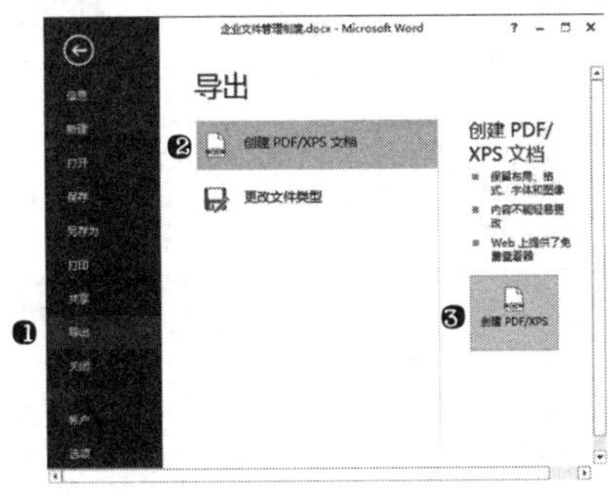

步骤 02 设置文档格式。❶在弹出的“发布为 PDF 或 XPS”对话框中，选择需要保存到的位置；❷输入文件名；❸在“保存类型”下拉列表中选择 PDF 格式。

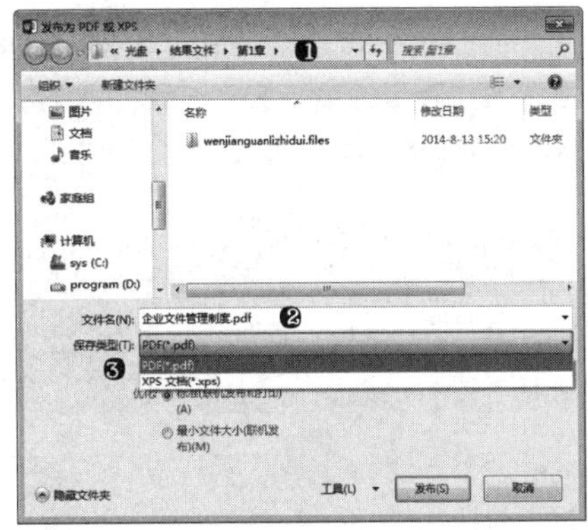

步骤 03 设置优化属性。如果文档需要高质量打印，则应选择“标准（联机发布和打印）”单选按钮；如果对文档打印质量要求不高，而且需要文档尽量小，则选择“（联机发布）”单选按钮。

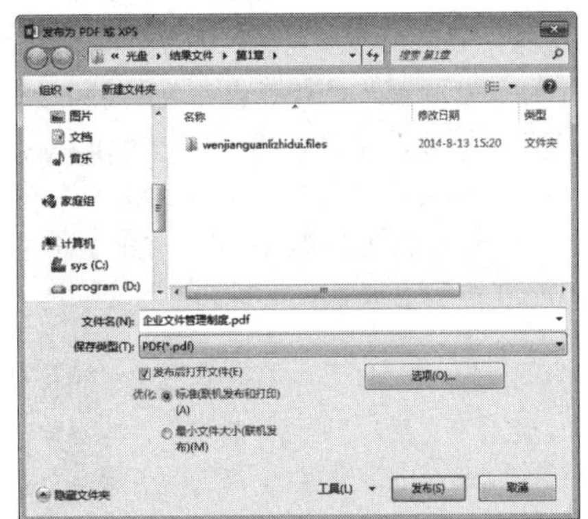

步骤 04 发布 PDF 文件。❶单击“选项”按钮，弹出“选项”对话框；❷设置相关属性后，单击“确定”按钮；❸单击“发布”按钮。

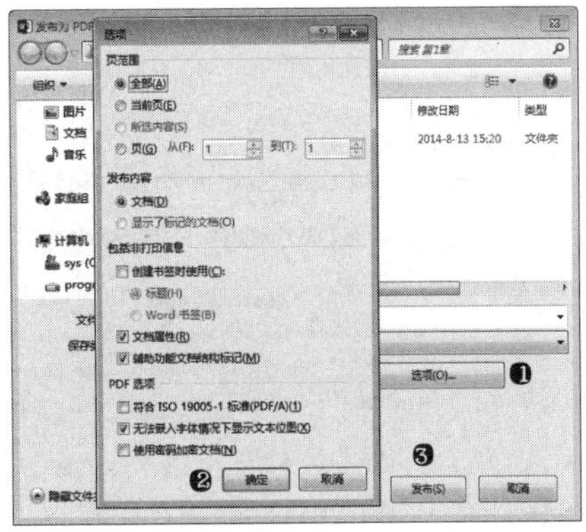

实用技巧——技能提高

通过前面知识的学习，相信初学者已经掌握了 Office 2013 入门操作的相关基础知识。下面结合本章内容，给初学者介绍一些实用技巧。

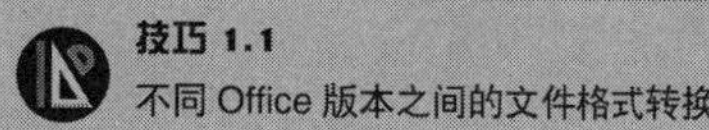

由于每个人的使用习惯不同、以及工作的特殊要求，生成的 Office 文档版本差异很大。为了解决这个问题，微软提供了 Office 2013 兼容包，使得低版本 Office 软件可以打开高版本 Office 创建的文档；同时高版本的软件可以生成低版本的文档。之前一直建议 Office 保持最新版本，这样可以打开任何文件，为了不给别人造成麻烦，这里也建议你每次保存的时候根据实际情况，保存为流行的、适合的版本。如你的单位大家都用 Office 2003，那就保存为 2003 就可以了。下面以 Word 为例介绍具体操作。

步骤 01 保存为低版本文档。打开高版本文档，单击“文件”菜单按钮，选择“另存为”命令；❶在“保存类型”下拉列表中选择“Word97-2003 文档”；❷单击“保存”按钮。

步骤 02 保存为高版本文档。打开低版本文档，标题栏会显示“兼容模式”，单击“文件”菜单按钮，选择“另存为”命令；同步骤 01 中的操作，选择“Word 文档”，单击“保存”按钮，在弹出的升级对话框中，单击“确定”按钮。

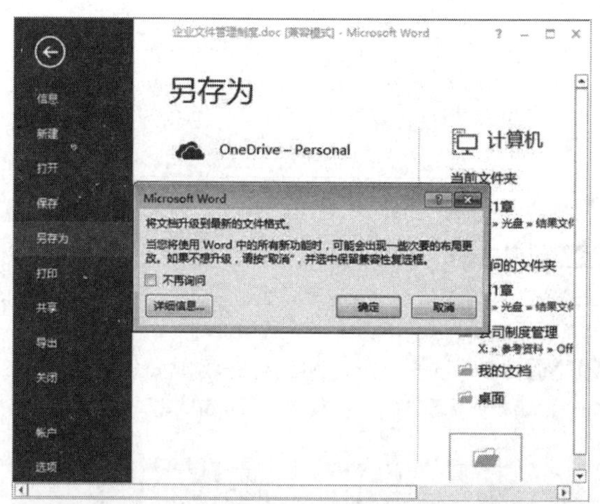

Office 2013 相比较其他版本，增加了一个“开始”屏幕功能，用户在启动程序时会自动显示“开始”屏幕界面，利用该功能可以快速地选择空白文档或各种功能的模板创建文档。如果用户不希望看到该显示，可以按照如下步骤操作，下面以 Word 为例介绍。

步骤 启动 Word 2013，显示“开始”屏幕界面；单击“空白文档”图标，打开 Word 2013 编辑窗口；单击“文件”菜单下的“选项”按钮，打开“Word 选项”对话框；在“常规”选项的“启动选项”选项组中取消选中“此应用程序启动时显示开始屏幕”复选框；单击“确定”按钮。再次启动 Word 2013 时将不再显示“开始”屏幕界面。

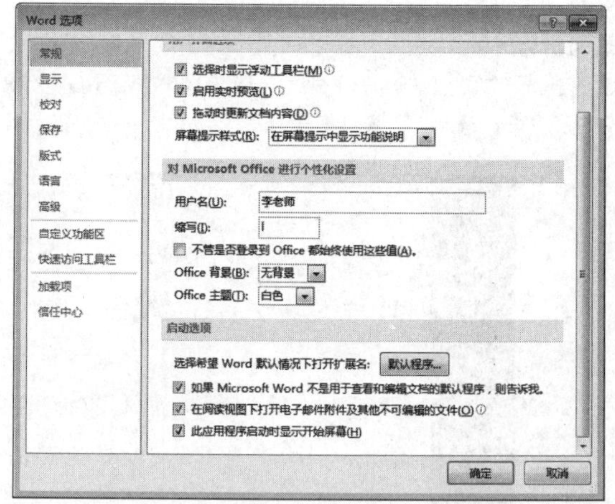

技巧 1.3
查看 Office 版本和激活状态

微软的产品一直在不断地升级，同时每个版本根据操作系统、功能不同又分很多种，了解版本才能更好地选择升级或增删功能。

步骤 01 查看激活状态和安装的组件。打开任意文档，❶ 选择"文件"菜单下的"账户"命令；❷ 为产品的版本；❸ 为安装的组件；❹ 单击"关于 Word"按钮。

步骤 02 查看 Word 2013 版本详细信息。❶ 为 Word 2013 版本详细信息；❷ 为产品的序列号。

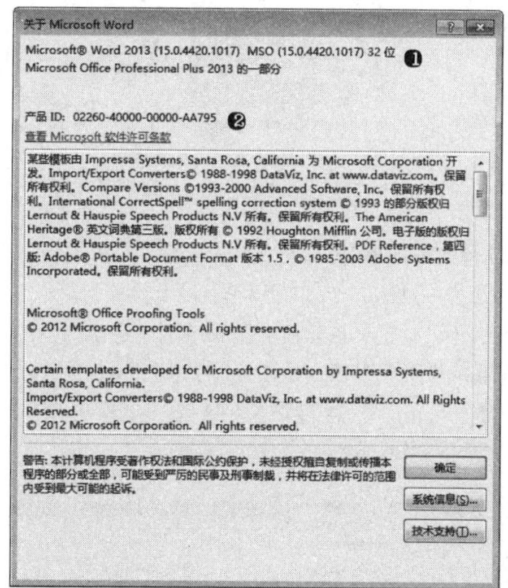

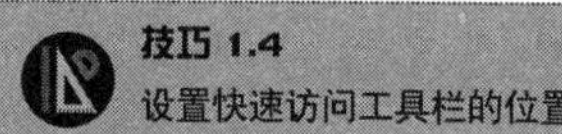

技巧 1.4
设置快速访问工具栏的位置

Office 2013 允许用户更改快速访问工具栏的位置，可以在功能区的上方，也可以在功能区的下方，用户可以根据需要来设定。下面以 Excel 2013 为例介绍基本操作。

步骤 01 设置快速访问工具栏在功能区上方。❶ 单击"自定义快速访问工具栏"按钮；❷ 选择"在功能区上方显示"命令。

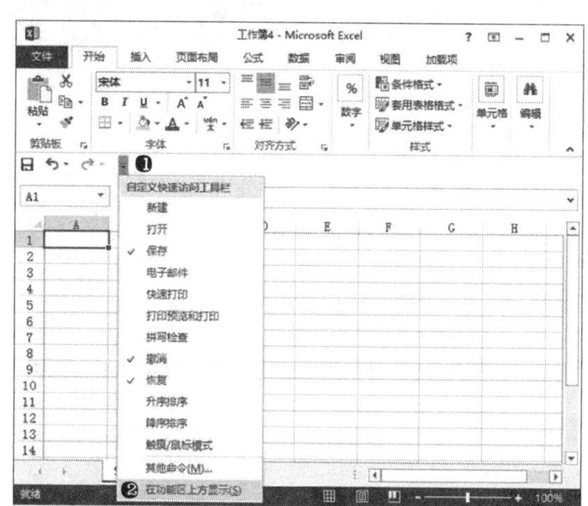

步骤 02 设置快速访问工具栏在功能区下方。❶ 单击"自定义快速访问工具栏"按钮；❷ 选择单击"在功能区下方显示"命令。

技巧 1.5
增删快速访问工具栏中的命令按钮

快速访问工具栏除了默认的 3 个命令按钮，用户可以根据需要增删命令按钮。下面以 Excel 2013 为例介绍基本操作。

步骤 01 快速添加命令按钮。❶ 单击"自定义快速访问工具栏"按钮；❷ 选中需要添加的命令。可以通过"其他命令"批量添加按钮（步骤 02）；也可以将功能区命令添加进来（步骤 03）。

步骤 02 批量添加命令按钮。在步骤 01 状态选择“其他命令”命令；❶选择需要添加的命令；❷单击“添加”按钮，将选中的命令添加到快速访问工具栏；在❸中查看增加的命令按钮；❹单击“确定”按钮，结束添加。

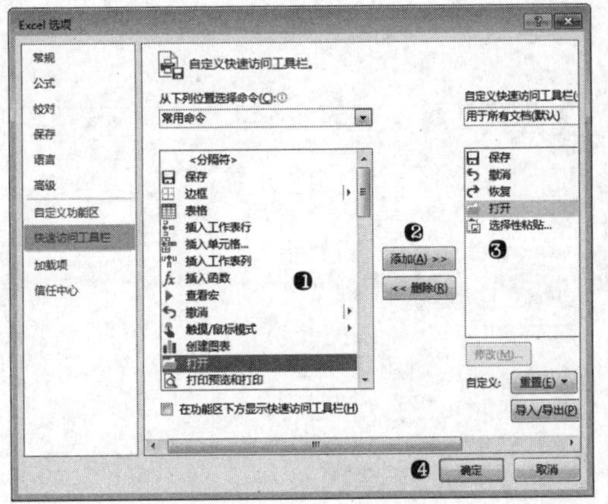

步骤 03 将功能区的命令按钮添加到快速访问工具栏。❶将鼠标移动到功能区需要添加到快速访问工具栏的命令按钮上右击，弹出快捷菜单；❷选择快捷菜单中的“添加到快速访问工具栏”命令，完成添加；❸为所有添加到快速访问工具栏的命令按钮。

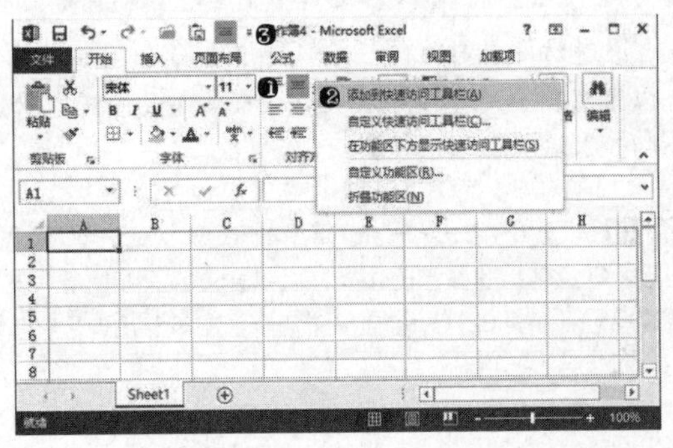

步骤 04 单个删除快速访问工具栏命令按钮。❶将鼠标移动到快速访问工具栏中需要删除的命令按钮上右击，弹出快捷菜单；❷选择快捷菜单中的“从快速访问工具栏删除”命令，完成该命令的删除。除了单个删除，也可以批量删除，操作见步骤 05。

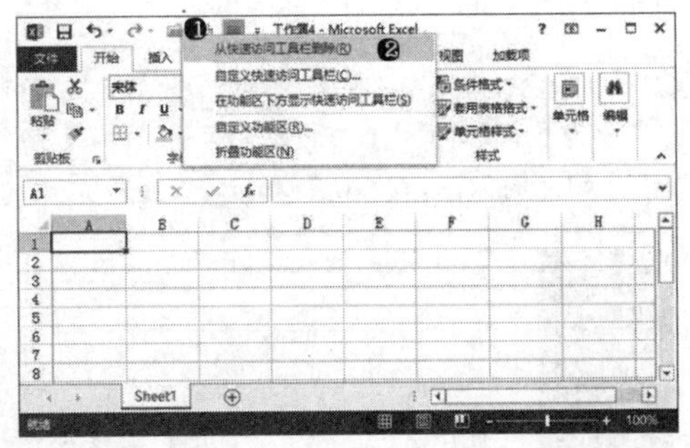

步骤 05 批量删除命令按钮。在步骤 01 状态选择“其他命令”命令；❶选择需要删除的命令；❷单击“删除”按钮；❸单击“确定”按钮，将选中的命令从快速访问工具栏中删除。

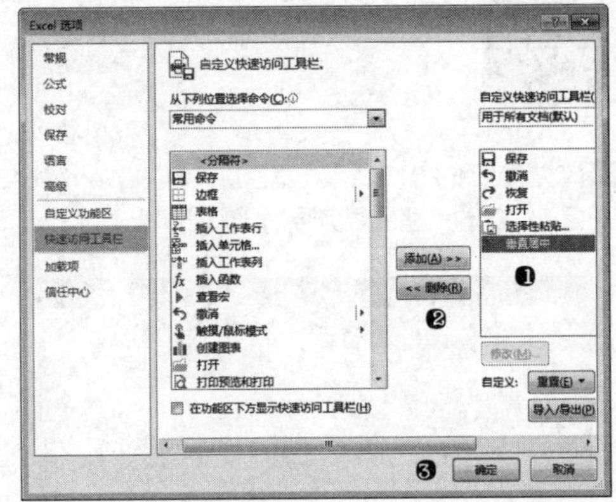

步骤 06 调整快速访问工具栏命令按钮的先后顺序。在步骤 01 状态选择“其他命令”命令，打开“Excel 选项”对话框。❶选中快速访问工具栏中要调整顺序的任意命令按钮；❷单击上移或下移的调整按钮，此处的上下顺序对应快速访问工具栏中从左到右的顺序；❸调整到需要的顺序后，单击“确定”按钮，完成顺序调整。

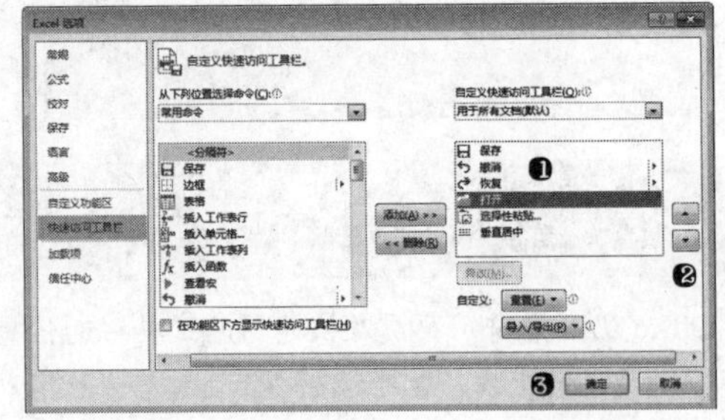

技巧 1.6
让 Office 程序自动保存文档

为了避免编辑过程中因操作失误或计算机故障等原因导致信息丢失，除了手动保存外，还可以设置自动保存，使其在间隔时间按照要求的格式、路径保存，如果发生意外，可以通过自动恢复文档，将损失降到最低。下面以 Word 为例介绍具体操作。

步骤 设置 Office 2013 自动保存。打开任意文档，选择“文件”菜单中的“选项”命令，打开“Word 选项”对话框；❶在“保存”选项的“保存文档”选项组中，选中“保存自动恢复信息时间间隔”复选框并调节或输入时间值。使得文档按照间隔时间自动保存；❷单击“浏览”按钮，设置自动恢复文件保存的位置；❸单击“将文件保存为此格式”右侧的下拉按钮，选择要默认保存的文档格式；❹单击“浏览”按钮，设置默认本地文件保存的位置。

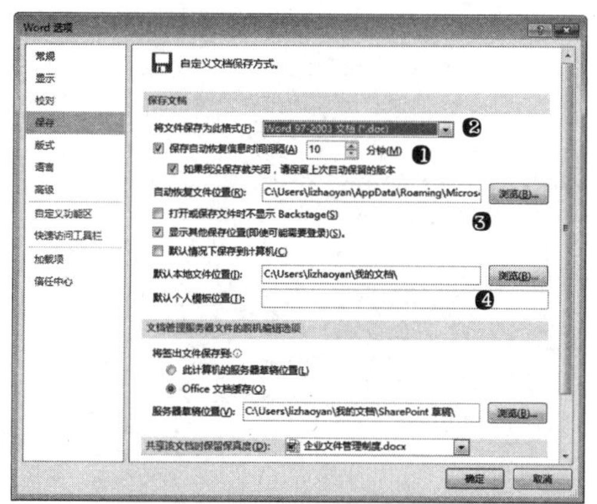

技巧 1.7
折叠或显示功能区

在 Office 2013 中，功能区按命令按逻辑进行了分组，最常用的命令放到了用户最容易看到的醒目位置，使得操作更加方便。但是在实际的操作中，功能区占了窗口的很大空间，为了使编辑区获得较大的空间，有时可以将功能区折叠起来。要隐藏和显示功能区的操作方法如下：

步骤 01 在文档打开状态，❶将鼠标指针指向功能区任意一个命令按钮右击；❷在弹出的快捷菜单中选择“折叠功能区”命令。

步骤 02 经过上步操作，功能区被折叠后，其程序界面只显示菜单选项卡。折叠功能区后的界面效果如右上图所示。

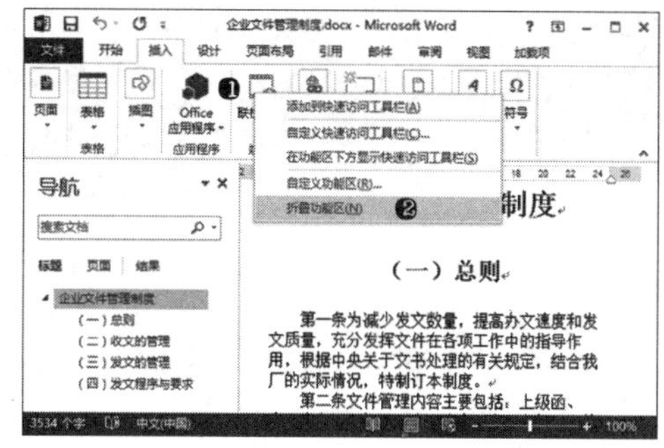

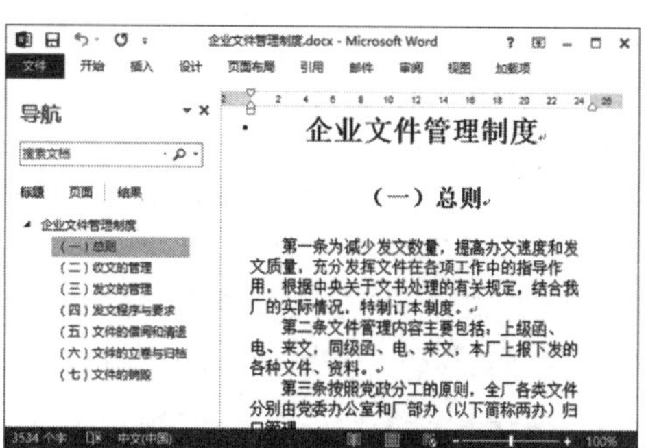

步骤 03 隐藏功能区后，单击相关功能选项卡后（如单击“设计”选项卡），功能区会显示出来，并显示出该功能选项卡的相关功能按钮。效果如下图所示。

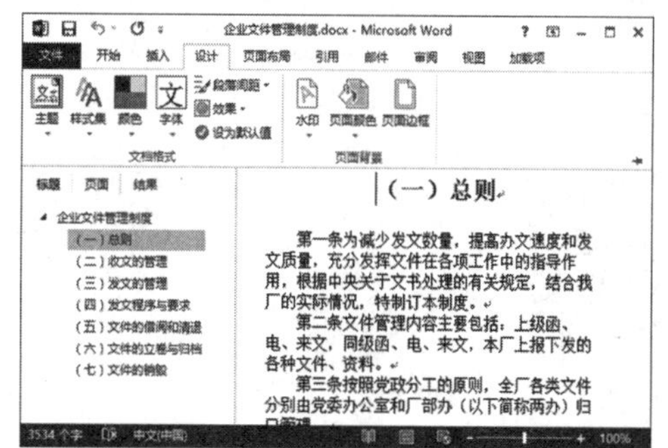

步骤 04 若要一直显示出功能区，❶可在功能选项卡上右击，弹出快捷菜单；❷选择“折叠功能区”命令取消“折叠功能区”前面的✓即可，操作如下图所示。

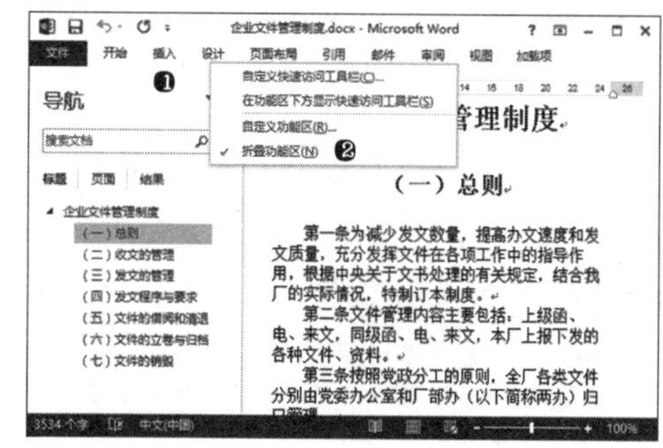

高手指引——快速折叠和显示功能区的方法

除了上面的方法外，功能区的折叠和显示还有如下两种操作方法：

（1）鼠标双击法。在功能区双击当前打开的选项卡，功能区将折叠；双击折叠后的功能区选项卡，折叠的功能区重新显示。

（2）快捷键法。按【Ctrl+F1】组合键可以折叠功能区，再次按【Ctrl+F1】组合键功能区将重新显示。

实战训练——创建和移植自定义功能区

在实际的工作中，用户一般需要自定义一个适合自己的工作环境，通过个性化的办公环境将常用的功能集中在一个选项卡中，可以极大地提高工作效率。同时 Office 2013 支持将个性化的工作环境移植到另外一台计算机。以 Word 中创建一个“文本处理”功能区为例，操作如下：

光盘同步文件

原始文件：无

结果文件：光盘 \ 结果文件 \ 第 1 章 \Word 自定义 .exportedUI

教学视频：光盘 \ 视频文件 \ 第 1 章 \ 实战训练 .mp4

步骤 01 打开 Word 文档，单击文档窗口功能区上方的“文件”按钮；❶在弹出的“文件”菜单中选择“选项”命令；❷弹出“Word 选项”对话框。

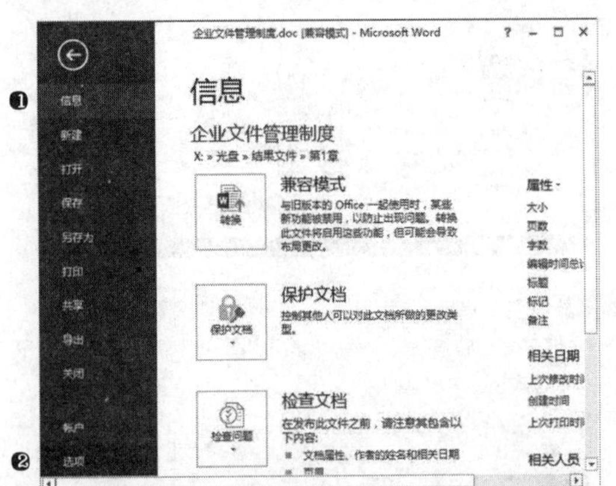

步骤 02 在新建选项卡，❶在“Word 选项”对话框中，选择“自定义功能区”选项；❷然后在“自定义功能区”列表框中单击“新建选项卡”按钮。

步骤 03 重命名选项卡。❶选中“新建选项卡（自定义）”复选框；❷单击“重命名”按钮；❸在弹出的“重命名”对话框中的“显示名称”文本框中输入“文本处理”；❹单击“重命名”对话框中的“确定”按钮。

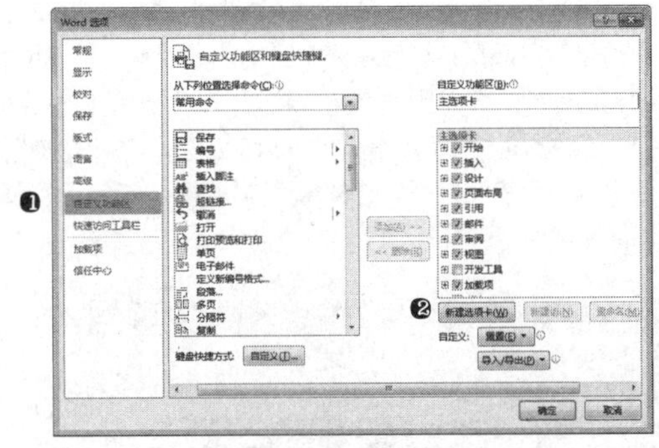

步骤 04 调整选项卡的位置。❶选中“文本处理（自定义）”复选框；❷单击“上移”按钮，直到处于“开始”选项卡之后。这样便于快速使用该选项卡。

步骤 05 为选项卡添加功能组。❶选中"字体"功能组；❷单击"下移"按钮，使"字体"功能组不断下移，直到处于"文本处理"选项卡下方。同样移动"段落"功能组，使得"字体"和"段落"功能组属于该选项卡。

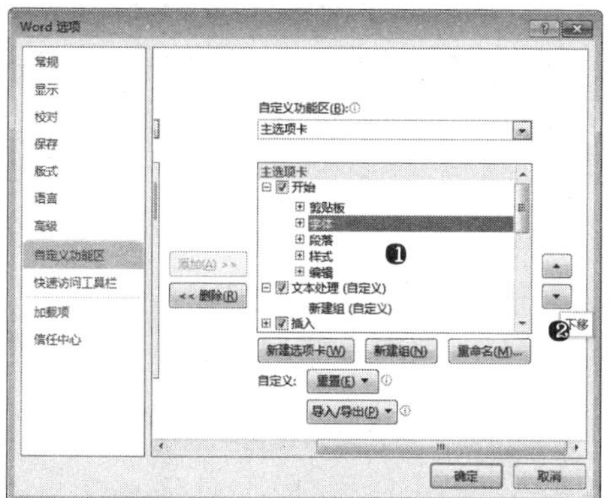

步骤 06 查看选项卡的功能组。至此"文本处理"选项卡有了 3 个功能组："字体"、"段落"、"新建组"。接下来，对"新建组"进行设置。

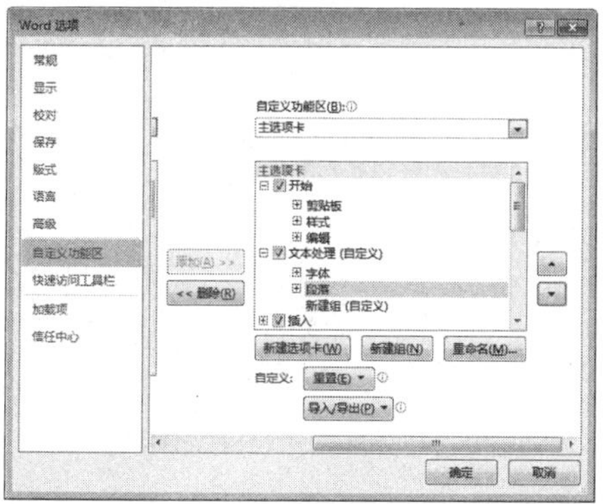

步骤 07 重命名"新建组（自定义）"。❶选中"新建组（自定义）"选项；❷单击"重命名"按钮；❸在弹出的"重命名"对话框中的"显示名称"文本框中输入"绘图工具"；❹单击"重命名"对话框中的"确定"按钮。

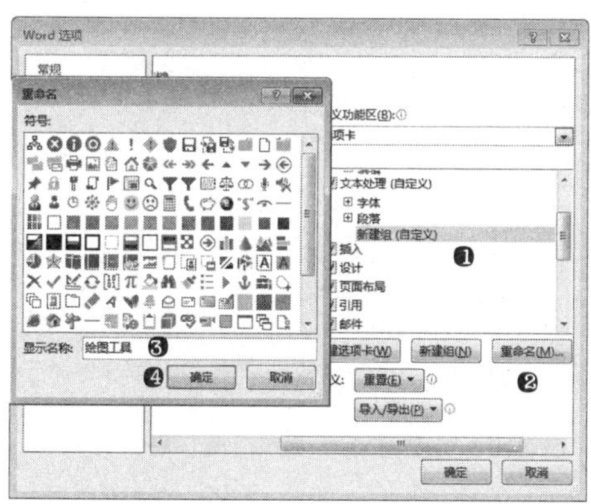

步骤 08 为"绘图工具"功能组添加命令按钮。❶在"从下列位置选择命令"下拉列表中选择"不在功能区的命令"选项；❷选中需要的命令；❸选择目标功能组；❹单击"添加"按钮，"插入图形"命令就成为"绘图工具"功能组的命令。

步骤 09 查看"文本处理"选项卡。❶单击"文本处理"选项卡；❷"字体"、"段落"、"绘图工具"3 个功能组都显示出来了。

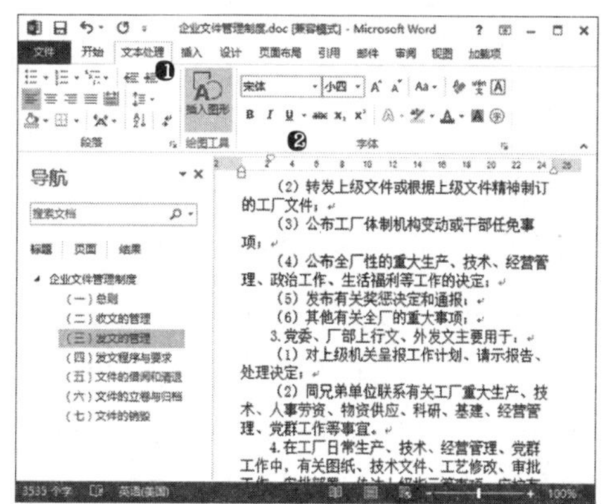

步骤 10 导出设置。❶单击"导入/导出"下拉按钮；❷选择"导出所有自定义设置"选项；❸单击"确定"按钮，保存文件，文件格式为 .exportedUI。同样，在另外一台计算机导入就可以将此功能区移植过去。

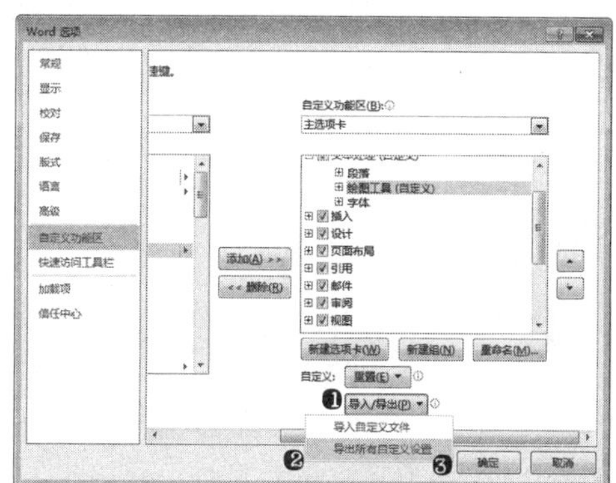

本章小结

本章主要讲述了 Office 2013 的新增功能、各个组件的工作界面，并通过案例介绍了组件的通用操作，以及 Office 2013 的安装、卸载和功能组件的添加和删除。通过本章的学习，让读者熟练掌握 Office 2013 的基本操作，以及应用程序的安装和卸载。

第 2 章

Word 文档的录入与编辑

本章导读

Microsoft Word 2013 是一款最实用、最流行的通用字处理软件之一，可以帮助用户轻松、快捷地创建各种类型的文档，如合同、简历、手册、规章制度等。通过本章的学习，读者可以根据不同的应用场景在 Word 2013 中熟练地输入不同的字符，并能对其进行基本编辑。

知识要点

◆ Word 2013 文件格式和 5 种视图
◆输入中英文字符、输入公式
◆插入符号和特殊字符
◆选择、移动、复制文本
◆查找、替换、删除文本
◆定位文档

案例展示

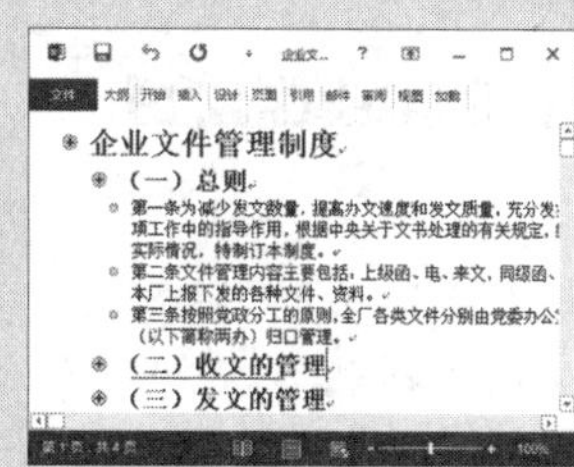

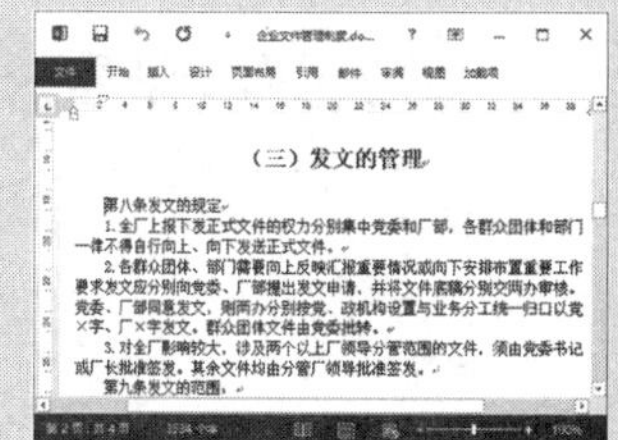

基础入门——必知必会

2.1 录入文档内容

一般来说，Word 文档制作流程是：新建文档→页面设置→录入文档内容→对文档进行格式化→利用图表美化文档→高级处理（生成目录、插入域等）→打印或输出文档，因此创建文档一定要录入文本。

当用户启动 Word 2013，选择空白文档新建文档后，会看到一个看起来像一张纸的空白文档，占据了屏幕的大部分空间，在文档中有一条闪烁的竖线等待用户的输入，此时用户可以根据需要输入不同的字符。

2.1.1 认识 Word 2013 的文档格式

Word 2013 与以往 Word 版本中的文档格式不同，Word 2013 以 XML 格式保存。其新的扩展名是在以前文件扩展名后增加 x 或 m。x 表示不含宏的 XML 文件，而 m 表示含宏的 XML 文件，具体类型如下表所示。

Word 2013 文件类型	扩展名
Word 2013 文档	.docx
Word 2013 启用宏的文档	.docm
Word 2013 模板	.docx
Word 2013 启用宏的模板	.docm

2.1.2 选择文档编辑视图

视图是指文档的显示方式。在编辑过程中，用户可以利用不同的视图来突出文档中的某一部分内容，以便有效地对文档进行编辑。Word 2013 的视图模式有页面视图、阅读视图、Web 版式视图、大纲视图和草稿 5 种。

1．认识视图

不同的视图模式代表从不同的角度，以不同的方式来显示文档，具有不同的工作特点，选择适合的视图模式可以极大地提高文档编辑效率。下面分别介绍这 5 种视图。

（1）页面视图。

页面视图的使用频率最高，是 Word 的默认视图，具有“所见即所得”的效果。在页面视图方式下显示的页面效果与打印效果完全一致，可对各种对象（包括页眉、页脚、水印和图形等）进行编辑操作。页面视图的显示效果如下图所示。

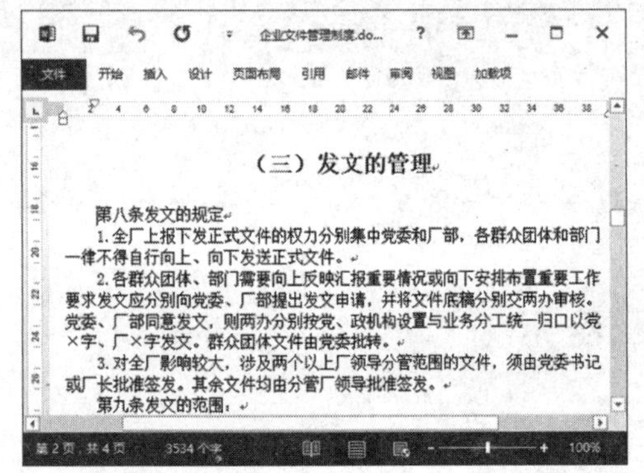

（2）阅读视图。

阅读视图是为了更方便地查看和阅读文档。在阅读视图方式下，隐藏了不必要的选项卡，以“视图”工具栏来调节显示比例、布局等，但不允许对文档进行编辑（可以更改页面颜色来方便阅读）。阅读视图的显示效果如下图所示。

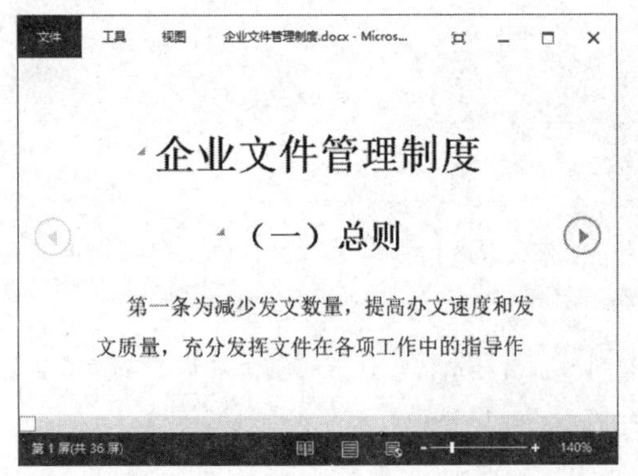

（3）Web 版式视图。

Web 版式视图主要用于 Web 页，最大的优点是阅读和显示文档的效果极佳。在此视图下的显示效果与浏览器看到的一样，并自动换行适应窗口大小。页面视图的显示效果如下图所示。

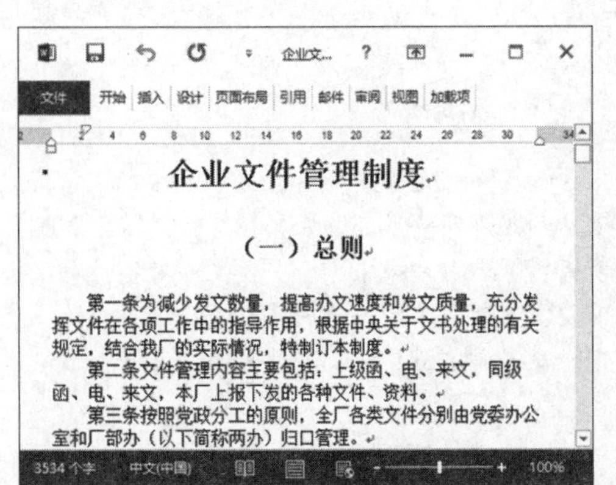

（4）大纲视图。

大纲视图用于显示、修订或创建文档的大纲，能够突出文档的主干结构。可以通过大纲工具对分级显示的标题进行大纲级别的升降。大纲视图的显示效果如下图所示。

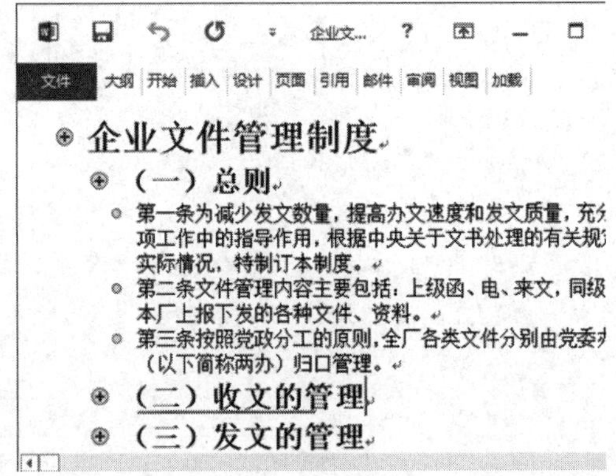

（5）草稿。

草稿是一种显示文本格式设置或简化页面的视图模式。该模式能对文档进行大多数的编辑和格式化操作，但简化了页面布局，不显示页边距、页眉 / 页脚、背景及图形对象。页面视图的显示效果如下图所示。

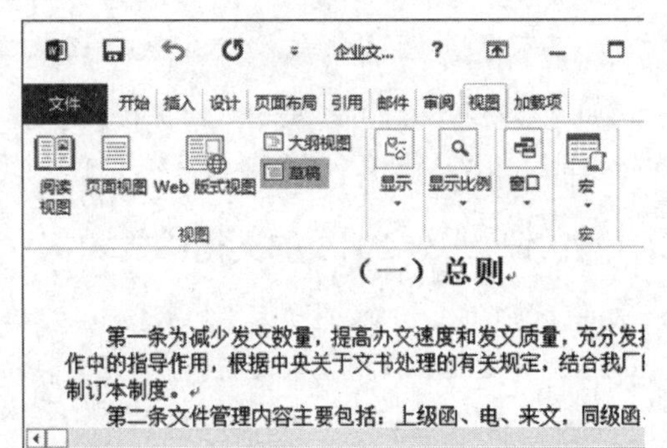

2. 切换视图

在编辑和浏览文档时，用户可以根据文档内容和视图模式的特点，为不同的文档选择一个最佳的视图模式。切换视图常见的方法有两种。下面以视图模式切换到“Web 版式视图”为例介绍操作过程，切换到其他视图的操作方法与此一样。

- 方法一：使用功能区视图按钮切换。在文档编辑状态，❶选择“视图”选项卡；❷单击“Web 版式视图”按钮，文档显示方式将切换为“Web 版式视图”，操作如下图所示。

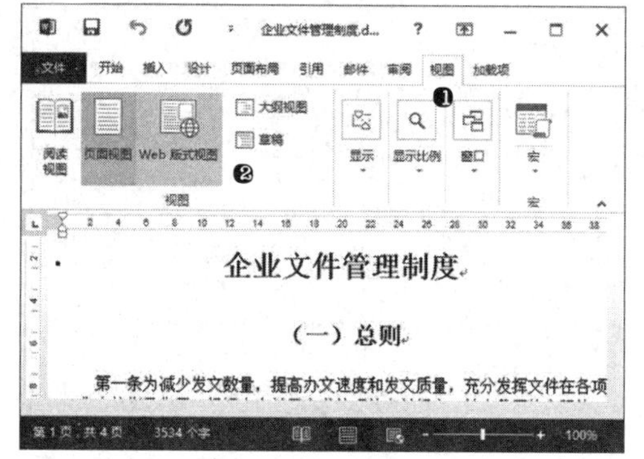

● 方法二：使用状态栏视图按钮切换。单击“视图快捷方式”中的“Web 版式视图”按钮，文档显示方式将切换为“Web 版式视图”，操作如下图所示。

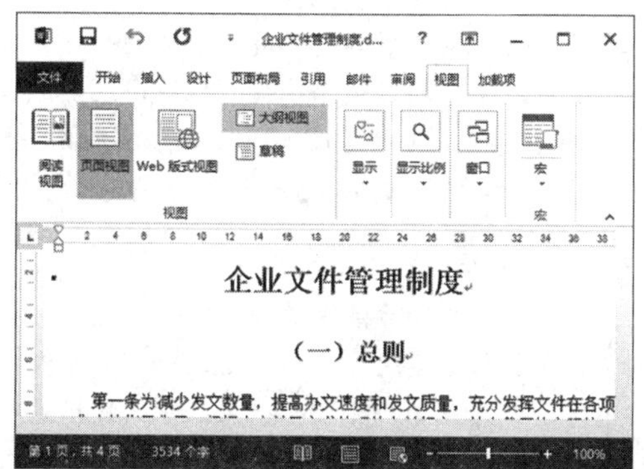

高手指引——用“文档结构图”快速定位文档

在“视图”选项卡的“显示”功能组中选中“导航窗格”复选框，就会在文档左侧打开导航窗格。导航窗格依据文档中定义的标题级别的高低显示文档结构图，通过单击结构图的节点，可以快速定位文档。

2.1.3 输入中英文字符

在 Word 文档中，直接利用键盘上的字符结合输入法就可以输入中英文字符，如汉字、英文、标点符号等。

1. 输入汉字

汉字是用户制作文档时输入最多的内容，要输入汉字需要先切换到中文输入法状态下，然后根据输入规则进行输入，最后选择需要的汉字。这里以“搜狗输入法”为例介绍输入汉字的方法，具体操作步骤如下：

步骤 01 定位插入点。新建 Word 文档，此时在文档窗口编辑区有一条闪烁的竖线，此为插入点光标，如右上图所示。

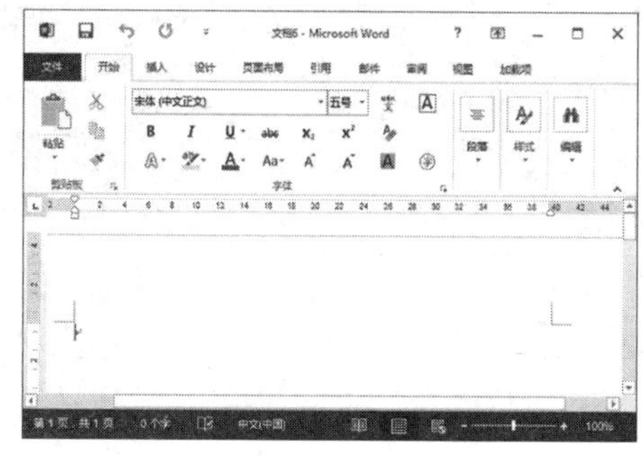

步骤 02 切换输入法。按键盘上的快捷键【Ctrl+ 空格键】进行中英文输入法的切换，如果安装多个中文输入法用快捷键【Ctrl+Shift】依次切换到熟悉的输入法，这里切换到搜狗输入法。

说明：输入法比较常见的是五笔输入法和拼音输入法。而拼音输入法比较常用的是搜狗输入法和百度输入法，在拼音输入法中一般用【Shift】键切换中英文。

步骤 03 输入文本。在中文输入法状态下，输入拼音“qiyewendangguanlizhidu”，此时将出现文字“企业文档管理制度”，如下图所示。

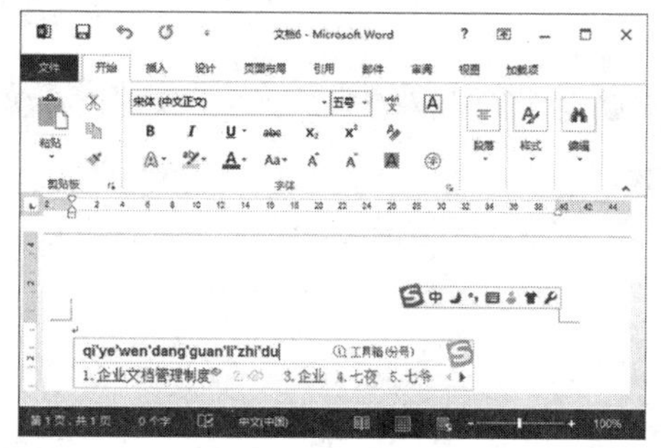

步骤 04 确认输入文本。按键盘上的空格键，此时“企业文档管理制度”将显示在插入点处，此时光标将跟在文字之后，如下图所示。

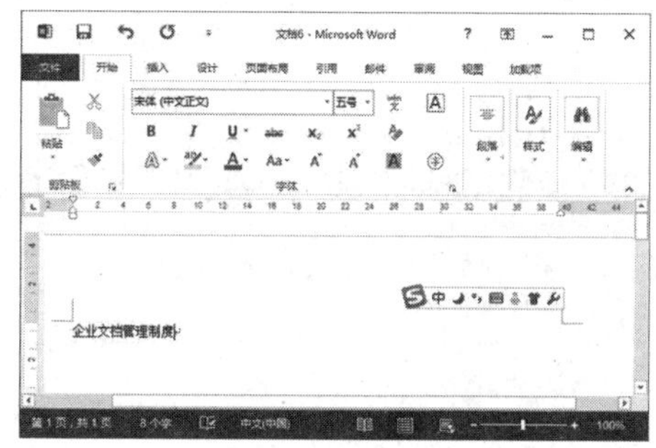

步骤 05 换段。一个自然段结束，按【Enter】（俗称“回车键”）键，插入点光标跳入下一个段落，如下图所示。

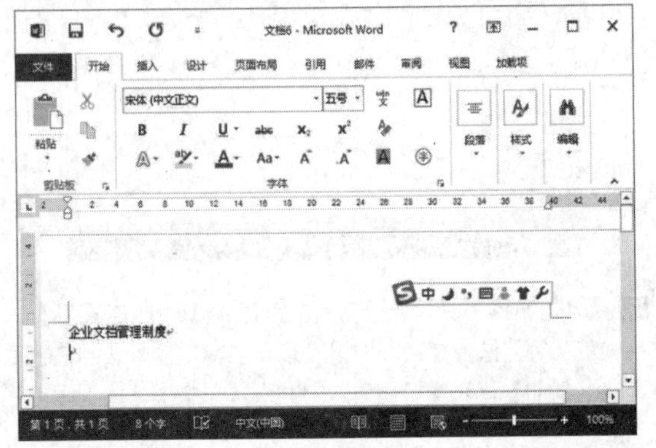

步骤 06 空格定位缩进。在光标处连续按 4 次【Space】键（俗称“空格键”）键，使得首行缩进 2 个字符，如下图所示。

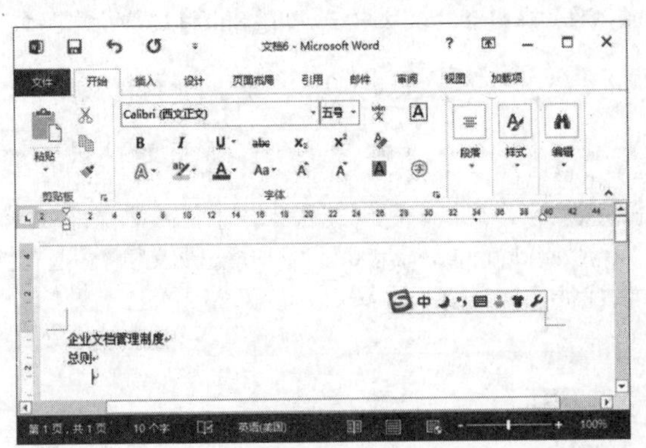

步骤 07 自动换行。当输入内容超过文档的宽度时，文字自动换行，如下图所示。不能通过按【Enter】（俗称“回车键”）键换行，这样不利于后期文档的格式化。

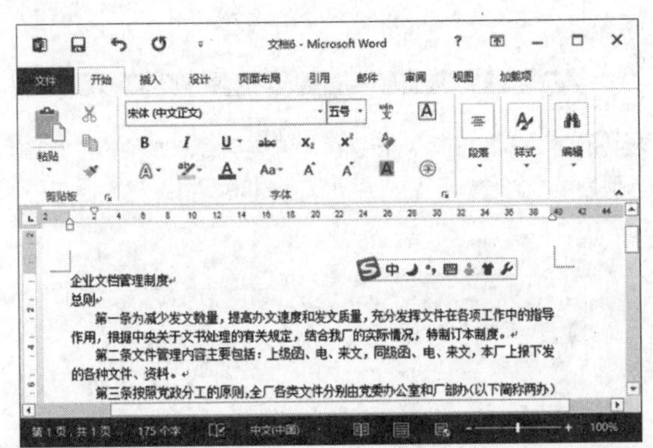

步骤 08 输入完毕并保存。内容全部输入完毕后保存文档，如右上图所示。

企业文件管理制度

（一）总则

第一条为减少发文数量，提高办文速度和发文质量，充分发挥文件在各项工作中的指导作用，根据中央关于文书处理的有关规定，结合我厂的实际情况，特制订本制度。

第二条文件管理内容主要包括：上级函、电、来文，同级函、电、来文，本厂上报下发的各种文件、资料。

第三条按照党政分工的原则，全厂各类文件分别由党委办公室和厂部办（以下简称两办）归口管理。

（二）收文的管理

第四条公文的签收

1.凡来厂公启文件（除厂领导订启的外）均由厂收发员登记签收（通讯员直送机要室的机要文件除外）后分别交两办机要秘书拆封。在签收和拆封时，收发员和机要秘书均需注意检查封口和邮戳。对开口和邮票撕毁函件应查明原因，对密件开口和国外信函邮票被撕应拒绝签收。

2.对上级机要部门发来的文件，要进行信封、文件、文号、机要编号的"四对口"核定，如果其中一项不对口，应立即报告上级机要部门，并登记差错文件的文号。

第五条公文的编号保管

1.两办机要秘书对上级来文拆封后应及时附上"文件处理传阅单"，并分类登记编号、保管。须由工厂承办或归档的厂领导亲启文件，厂领导启封后，也应分别交两办办理正常手续。

2.本厂外出人员开会带回的文件及资料应及时分别送交两办机要秘书进行登记编号保管，不

2. 输入英文

输入英文的方法和输入中文的方法是相同的，在英文输入状态，按键盘上相应的字母键就可以完成。输入大写英文字母时需要用大小写切换键【CapsLock】转换。

有时候需要制作中英文字符混合文档，此时通过不断切换输入法来输入就很麻烦，但是现在主流的拼音输入法都提供了在中文状态输入英文的方法：输入英文字符后，直接按【Enter】键即可完成英文的输入。

3. 输入标点符号

输入标点符号的方法也很简单。如果要输入英文的标点符号，就在英文输入状态进行；如果输入中文标点符号，就要切换到中文输入法。中文的标点符号除了直接按键盘上对应的符号，还有两种特殊情况。

一是键盘上有两个标点符号，输入下方的符号直接按键盘上相应的键，输入上方的符号就需要按【Shift+符号键】，如冒号（：）和分号（；）在同一个键上，输入分号直接按【：；】键，而输入冒号就需要按快捷键【Shift+：；】。

二是一些特殊符号已经定义，但为直观显示需要记住，如省略号，就需要在中文输入状态按快捷键【Shift+6】完成输入。当然，一些拼音输入法已经做得很好，在中文状态输入全拼“shengluehao”或简拼“slh”都可以在输入栏中选择需要的标点符号。可以通过键盘上的【-】和【=】键在中文输入状态翻页选取需要的汉字，也可以通过【，】和【。】键或【PgUp】和【PgDn】键来翻页。

高手指引——用键盘快速删除错误字符

在文字输入的过程中，如果发生错误，随时可以用键盘上的 Backspace 键（俗称“退格键”，位于主键盘上的右上角）删除插入点之前的字符，而用键盘上的 Del 或 Delete 键（俗称“删除键”）删除插入点之后的字符。

2.1.4 插入符号和特殊字符

在编辑文档的过程中，有的时候需要输入一些键盘上没有的字符，如希腊字母、图形符号、版权所有符号等，这个时候就需要通过 Word 的插入符号功能来实现，具体操作方法如下：

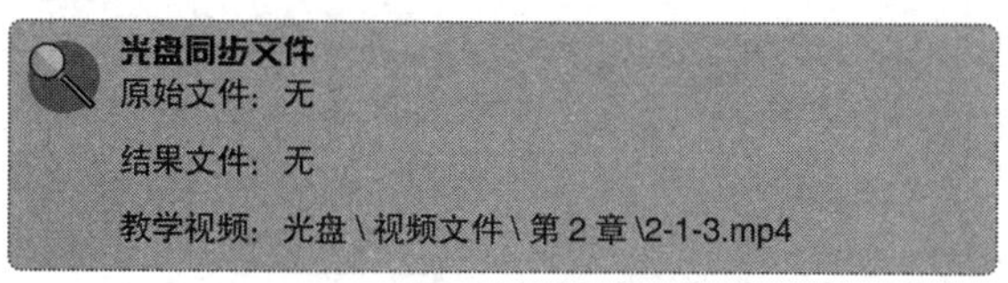

光盘同步文件
原始文件：无
结果文件：无
教学视频：光盘 \ 视频文件 \ 第 2 章 \2-1-3.mp4

步骤 01 启动插入符号功能。❶将光标定位在需要插入符号的位置；❷在“插入”选项卡中单击“符号”组中的“符号”按钮；❸在弹出的菜单中选择“其他符号”命令，如下图所示。

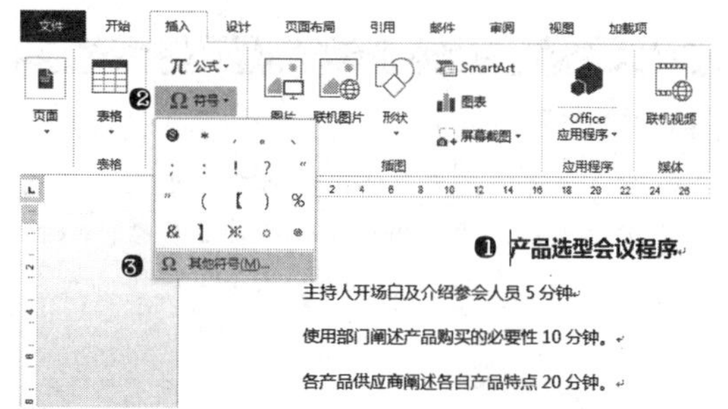

步骤 02 选择符号类型。❶在“符号”对话框中单击“符号”选项卡；❷在“符号”选项卡的“字体”下拉列表中选择插入符号所属类型，如“Wingdings”类型，如下图所示。

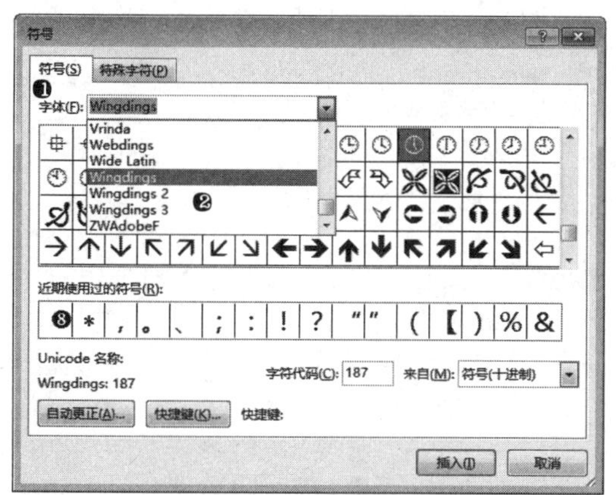

步骤 03 选择插入的符号。在“字体”下方的列表框中，拖动滚动条，寻找需要的符号，找到后单击鼠标选中该符号，如下图所示。

步骤 04 插入符号。选中符号后，单击“插入”按钮，将选中的符号插入当前文档，如右上图所示。

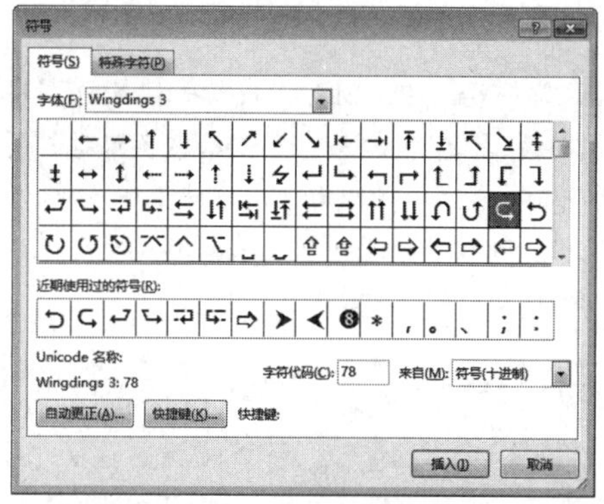

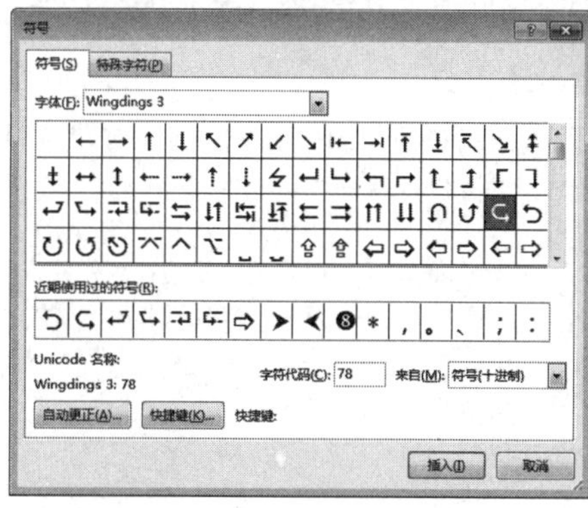

步骤 05 插入符号后的效果。依次操作，将所需要的符号全部插入文档。插入符号后的效果如下图所示。

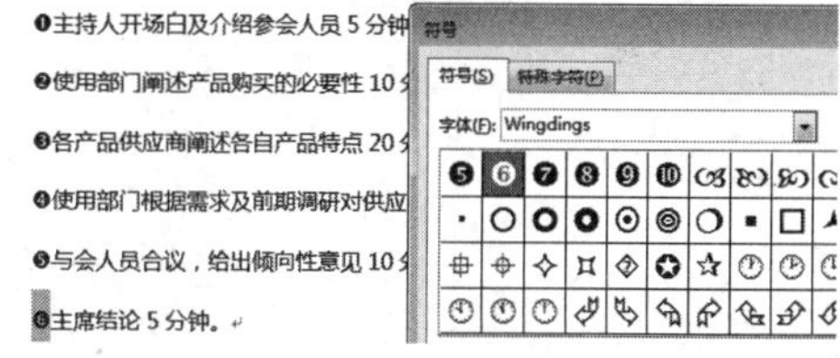

步骤 06 插入特殊字符。❶在“符号”对话框中单击“特殊字符”选项卡；❷在“字符”列表框中选中需要的字符；❸单击“插入”按钮，将选中的字符插入当前文档，如下图所示。

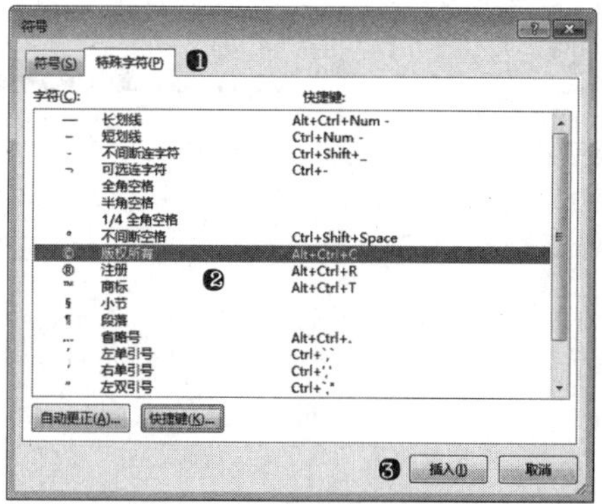

2.1.5 输入公式

在编辑一些工程、财务、数学等涉及自然科学的文档时，往往需要输入公式。这些公式不仅结构复杂，而且特殊符号繁多，使用普通的方法很难完成，Office 2013 提供了强大的公式输入工具，用户可以根据需要选择或自定义需要的公式插入文档。

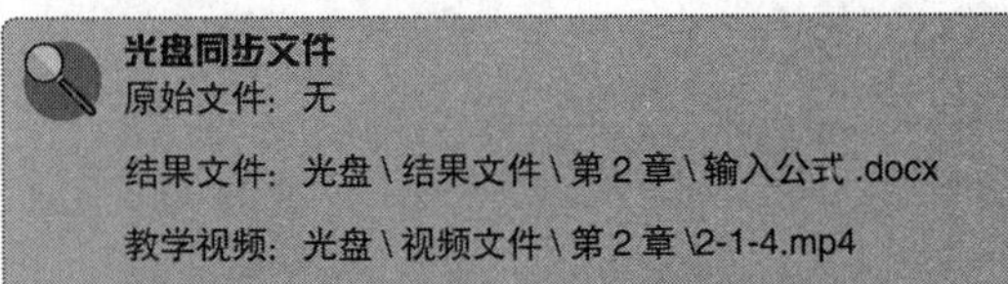
光盘同步文件
原始文件：无
结果文件：光盘\结果文件\第 2 章\输入公式 .docx
教学视频：光盘\视频文件\第 2 章\2-1-4.mp4

1．选择公式

常见的公式 Office 2013 已经内置，可以直接选择后插入使用，操作步骤如下：

步骤 01 启动插入公式功能。❶将光标定位在需要插入符号的位置；❷在“插入”选项卡中单击“符号”组中的“公式”按钮；❸在弹出的“内置”列表框中选择需要的“二次公式”，如下图所示。

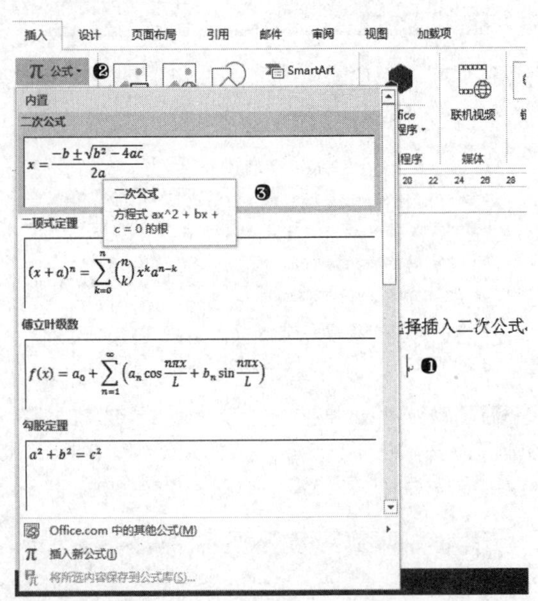

步骤 02 输入公式后的效果。选择需要的公式后，选中的公式被插入到光标闪烁处，此时公式处于可编辑状态，可以修改。插入公式后的效果图如右上图所示。

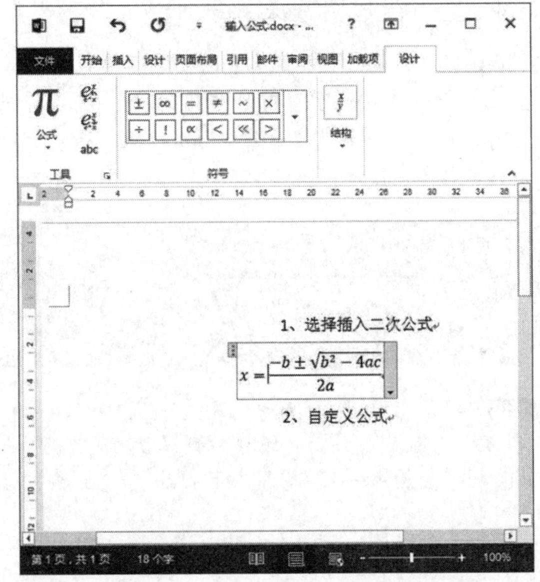

2．自定义公式

对于一些特殊应用，Office 2013 内置公式可能不能满足需要，就需要利用公式编辑器来完成，以输入公式 S（t）$=\sum_{i=1}^{\infty}x_i^2(t)$ 为例介绍如何自定义公式，操作步骤如下：

步骤 01 启动插入新公式功能。❶将光标定位在需要插入符号的位置，先输入“S（t）=”；❷在“插入”选项卡中单击“符号”组中的“公式”按钮；❸在弹出的命令菜单中选择“插入新公式”命令，如下图所示。

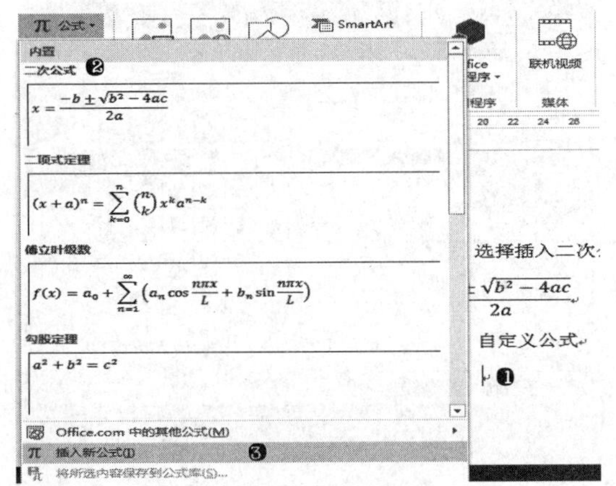

步骤 02 显示占位符。插入新公式后出现公式占位符“在此处键入公式”，显示占位符的效果如下图所示。选中该占位符后，根据要输入的公式选择公式模型。这里举例的自定义公式属于“大型运算符”。

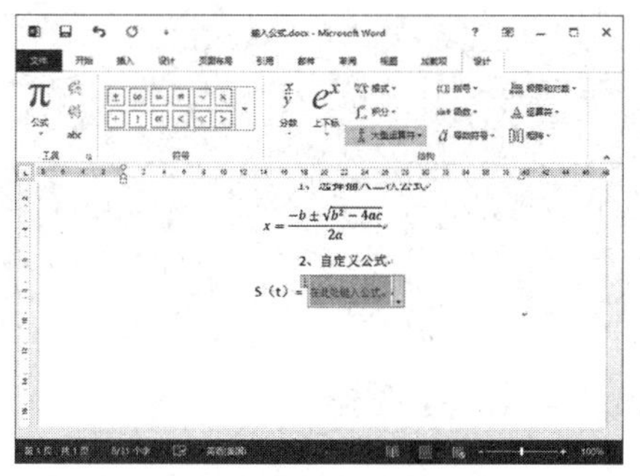

步骤 03 选择公式模型。❶在“设计”选项卡的“结构”功能组中单击“大型运算符”按钮；❷在展开的库中选中对应的模型并单击。此时占位符中插入了选择的公式模型，如下图所示。

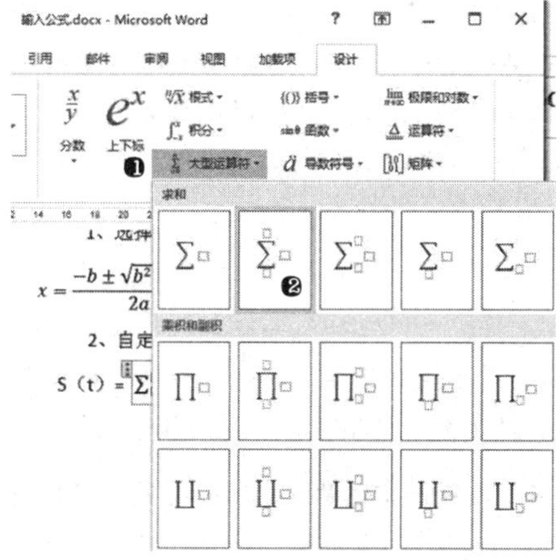

步骤 04 完善公式。依次选中公式中不同的位置进行公式的完善，❶在求和符号下限中输入“i=1”；❷在“设计”选项卡的“符号”组中选择“无穷大”符号，单击将其输入；❸单击上下标按钮，从库中选择上下标样式并输入需要的信息，如下图所示。

步骤 05 保存自定义公式。设计好自定义公式后，可以保存以便后期的使用或修改，❶单击公式占位符右下角的按钮；❷在弹出的命令菜单中选择“另存为新公式”命令，如右上图所示。

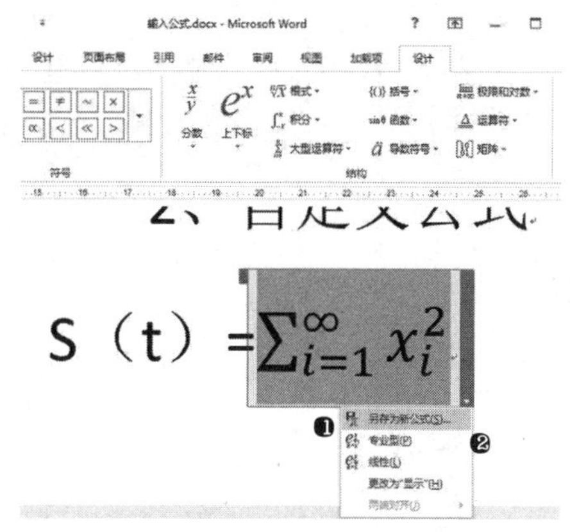

步骤 06 设置自定义公式保存属性。❶在弹出的“新建构建基块”对话框中，设定各种属性；❷单击“确定”按钮，完成新公式的保存，如下图所示。

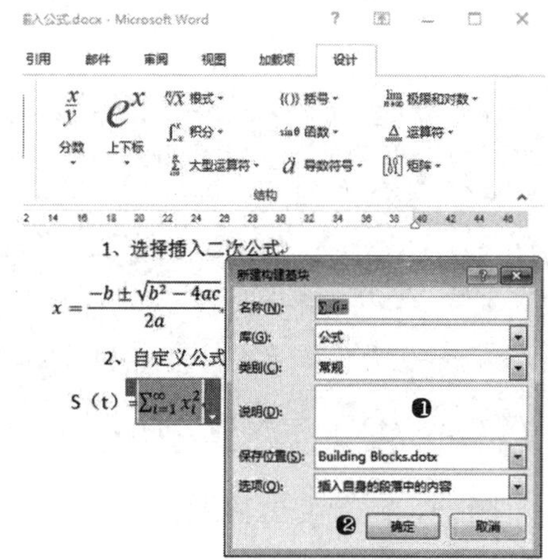

步骤 07 使用自定义公式。将光标定位在需要插入符号的位置处；❶在“插入”选项卡中单击“符号”组中的“公式”按钮；❷在弹出的“常规”列表框中选择并单击，该公式就被输入当前文档，如下图所示。

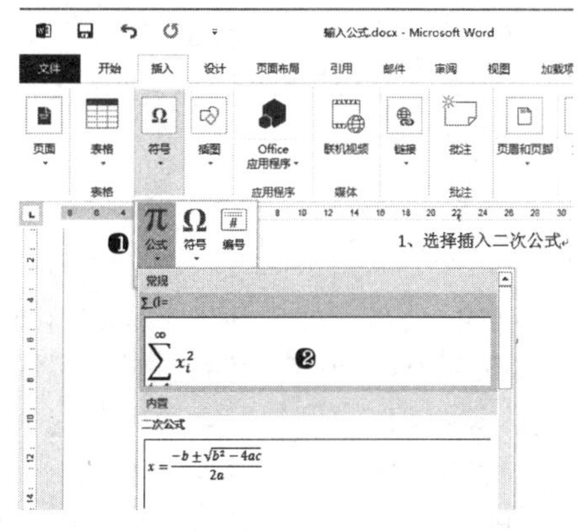

步骤 08 编辑自定义公式属性。在步骤 07 状态，选中自定义公式后右击，在弹出的快捷菜单中选择“编辑属性”命令，弹出“新建构建基块”对话框，可重新设定各种属性，如下图所示。

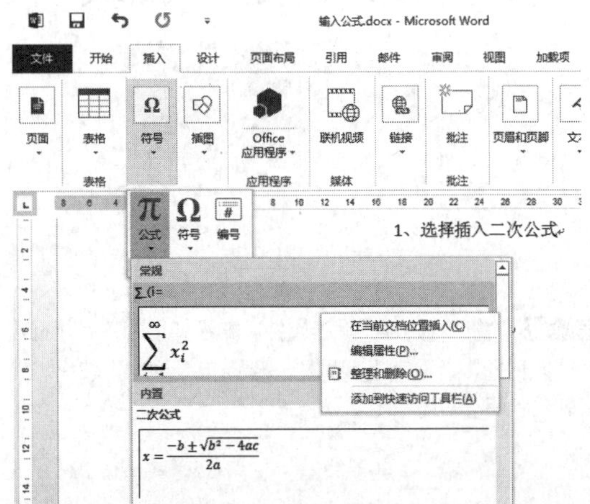

高手指引——公式的快速输入与兼容

除了上述方法可以输入公式处，也可以采用另外一种方法快速输入公式：在“插入”选项卡中单击“对象”按钮，在弹出的“对象”对话框的“新建”选项卡中，在“对象类型”下拉列表中选择“Microsoft 公式 3.0”选项，单击确定按钮，就可以弹出“公式编辑器”。利用该编辑器也可以插入公式。

无论采用哪种方式插入公式，在 Word 文档兼容模式（.doc 格式）下“公式”按钮不可用，在低版本的 Office 软件中公式以图片方式存在，不能被编辑或修改。

2.1.6 撤销、恢复与重复操作

在 Office 2013 中，当用户在进行文档录入、编辑或者其他处理时，Office 会将用户所做的操作记录下来，如果用户出现错误的操作，随时可以对某一步执行撤销操作。

（1）撤销：如果觉得某一步操作有问题，希望返回该步操作前的状态，使用“撤销”操作即可；如果要撤销多步操作，单击“撤销”按钮旁边的小三角按钮进行选择即可。

（2）恢复：如果取消已经撤销的操作，返回到撤销前的状态，则使用“恢复”操作。

（3）重复：当用户进行编辑而未进行“撤销键入”操作时，快速访问工具栏不会显示“恢复”操作按钮，而是显示“重复键入”按钮，Office 会根据用户的操作，自动判断下一步是需要执行“恢复”还是“重复”操作。利用“重复”按钮可以很容易地输入重叠的字。

高手指引——撤销和恢复操作的快捷方法

按下键盘上的【Ctrl+Z】组合键，也可实现撤销操作，按一次可以撤销一步操作，反复按【Ctrl+Z】组合键则可进行多步撤销操作；按下键盘上的【Ctrl+Y】组合键，也可实现恢复撤销操作，反复按【Ctrl+Y】组合键则可进行多次恢复操作。撤销操作与恢复操作是相对应的，只有执行了“撤销”操作后，“恢复”功能才能生效。

2.2 编辑文档内容

编辑文档时，首先需要确定需要编辑的对象，即先要选择需要编辑的文本，然后再对文档内容进行基本的操作，这些操作包括文本的选择、复制和移动、删除、查找和替换等。

2.2.1 选择文本内容

在 Word 2013 中，文档的文本以白底黑字显示，被选中的文本高亮显示，即以浅蓝底黑字显示。选择文本最常见的方式是用鼠标，当然也可以用键盘选择，但需要记住很多组合键。

1. 选择文本

在选择文档内容时，一般都是将鼠标指向文档内容中进行选择。如果要进行精确选择，还需要配合键盘上的【Ctrl】、【Alt】或是【Shift】键进行选择。

（1）选择任意数量的内容：将鼠标指针定位在起点位置，按住鼠标左键不放进行拖动，到结束点位置后松开鼠标左键即可。

（2）选择一行内容：将鼠标指针定位在选取栏（文档内容左侧的空白区域），当鼠标指针将变为向右箭头形状时，单击鼠标左键。

（3）选择一句内容：按住【Ctrl】键不放，在句子的任意位置单击鼠标左键。

（4）选择一段内容：将鼠标指针定位在选取栏（文档内容左侧的空白区域），当鼠标指针将变为向右箭头形状时，双击鼠标左键。或者鼠标指针指向段落中，快速单击鼠标左键 3 次。

（5）选择连续的内容：将光标定位在要选择文档内容范围的最前端，然后按住【Shift】键，再单击要选择范围的最末端。这种方法适合选择超过一页的长篇文档。

（6）选择不连续的内容：先选择一部分内容后按住【Ctrl】键，再选择其他内容。

（7）选择全文：按【Ctrl+A】组合键。或者将鼠标指针放到选取栏，当鼠标指针将变为向右箭头形状时，三击鼠标左键。或者将鼠标指针放到选取栏，当鼠标指针将变为向右箭头形状时，按住【Ctrl】键并单击鼠标左键。

（8）选择纵向文本：按住【Alt】键，然后按住鼠标左键拖动。

2．取消选择

在文档的任意位置单击鼠标左键，就可取消文本的选择状态。

2.2.2 移动和复制文本

编辑文档的时候，有时需要将文字或文字块从一个位置放置到另外一个位置，这就是移动。另外，当需要在不同的位置使用相同的文本的时候，就需要通过复制文本来实现。

1．移动文本

移动文本实际上是将某段文字从一个地方放置到另外一个地方，原来位置的文字被删除。移动的方法有 3 种，鼠标拖动、功能区操作和快捷键操作。

（1）鼠标拖动。鼠标拖动的步骤如下：

步骤 01 选择文本。拖动鼠标左键在文档中选择需要移动的文本，如下图所示。

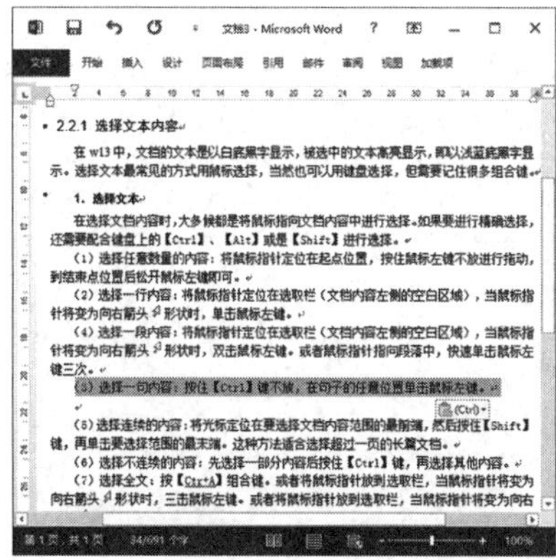

步骤 02 移动文本。当鼠标指针变为向左的箭头时，按下鼠标左键拖动鼠标到目标位置后，释放鼠标后，选择的文本移动到目标位置，如下图所示。

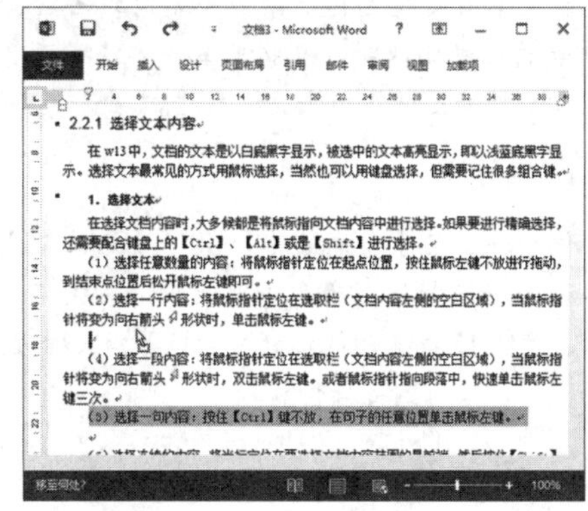

（2）功能区操作，即利用功能区命令按钮进行操作，操作步骤如下：

步骤 01 选择并剪切文本。❶拖动鼠标左键在文档中选择需要移动的文本；❷单击“开始”选项卡“剪贴板”组中的“剪切”按钮，选中的内容被剪切到剪贴板，如下图所示。

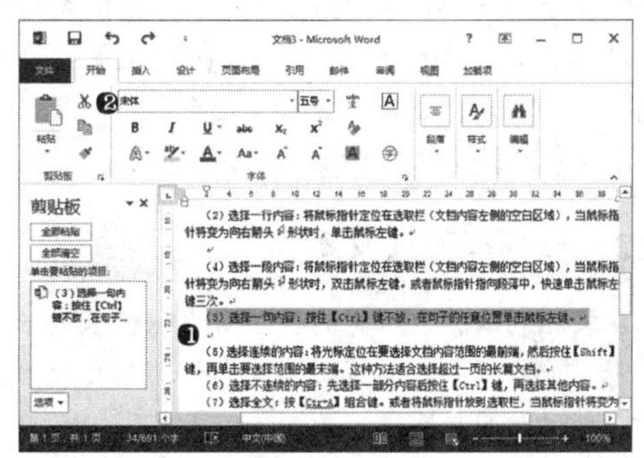

步骤 02 粘贴文本。❶将鼠标定位到文本要移动到的目标位置；❷单击“开始”选项卡“剪贴板”组中的“粘贴”按钮，剪贴板上的文本被移动到目标位置，如下图所示。

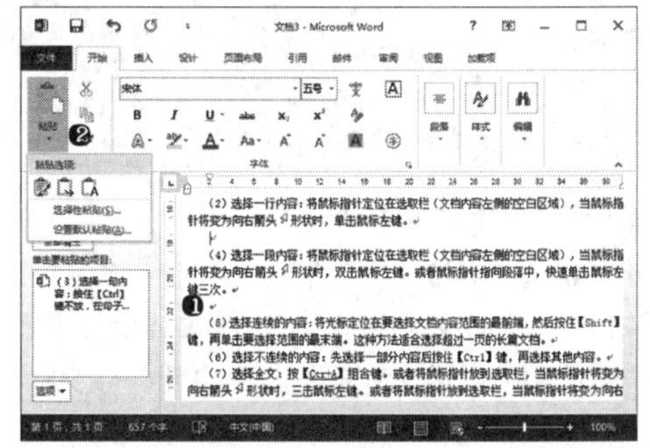

（3）快捷键操作。快捷键操作其实是功能区操作的简化或快捷操作。选中需要移动的内容后，按【Ctrl+X】组合键剪切内容到剪贴板，然后将光标定位到目标位置后，按【Ctrl+V】即可粘贴内容到目标位置。

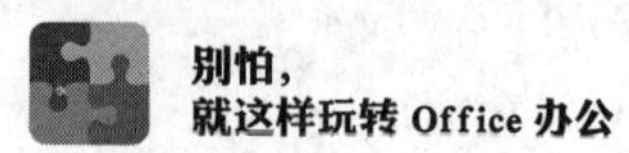

2．复制文本

复制文本就是就是将一段文字复制到另外一个位置，原来的位置还保留。复制文本的方法也有 3 种，鼠标拖动、功能区操作和快捷键操作。

（1）鼠标拖动。

操作步骤类似于移动文本。第一步是选中文字，第二步是当鼠标指针变为向左的箭头时，按下鼠标左键同时按【Ctrl】键拖动鼠标到目标位置后，释放鼠标，选择的文本即复制到目标位置。

（2）功能区操作。

操作步骤类似于移动文本。第一步是选中文字并单击功能区的“复制”按钮，第二步是将鼠标定位到文本要复制到的目标位置，单击功能区的“粘贴”按钮，选择的文本复制到目标位置。

（3）快捷键操作。

快捷键操作其实是功能区操作的简化或快捷操作。选中需要移动的内容后，按【Ctrl+C】组合键剪切内容到剪贴板，然后将光标定位到目标位置后，按【Ctrl+V】组合键即可粘贴内容到目标位置。

2.2.3　查找与替换文本

在文档的编辑中，有的时候需要从很长的一篇文章中修订一些文字。如果对着屏幕一行行地查找，将花费很长的时间和精力，且工作效率低下。Word 2013 提供了强大的查找和替换功能，可以对文档内容进行快速查找，并对查找到的内容进行替换。查找和替换的方法比较多，下面具体介绍。

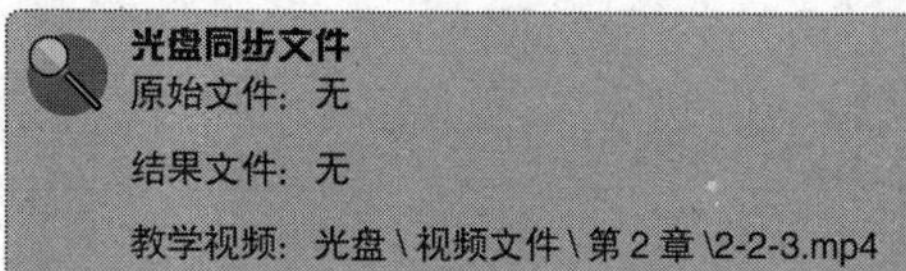

光盘同步文件
原始文件：无
结果文件：无
教学视频：光盘\视频文件\第 2 章\2-2-3.mp4

1．使用导航窗格搜索文本

Word 2013 新增加了“导航窗格”功能，通过导航窗格可以查看文档结构，也可以对文档中的内容进行搜索，搜索到的内容自动突出显示。具体操作步骤如下：

步骤 01 开启导航窗格。选中“视图”选项卡“显示”组中的“导航窗格”复选框，如下图所示。

步骤 02 搜索文本。❶在打开的导航窗格的“搜索文档”文本框中输入要查找的内容，如“Word 2013”；❷在导航窗格自动列出结果，同时搜索到的内容在文档中自动突出显示，如下图所示。

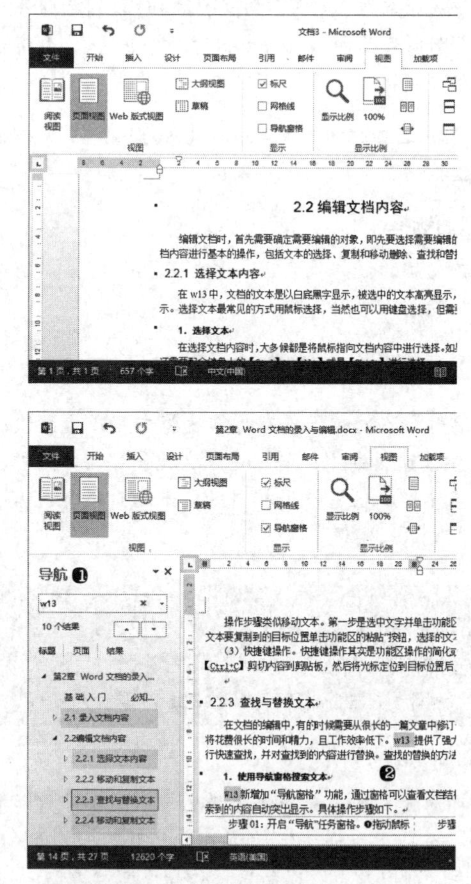

2．在“查找和替换”对话框中查找文本

查找文本时，还可以通过“查找和替换”对话框来完成查找操作，使用这种方法可以在当前文档的内容中进行查找，也可以在指定的区域查找。具体操作步骤如下：

步骤 01 打开“查找和替换”对话框。❶单击“开始”选项卡“编辑”下拉按钮；❷在弹出的下拉菜单中选择“替换”命令，如下图所示。

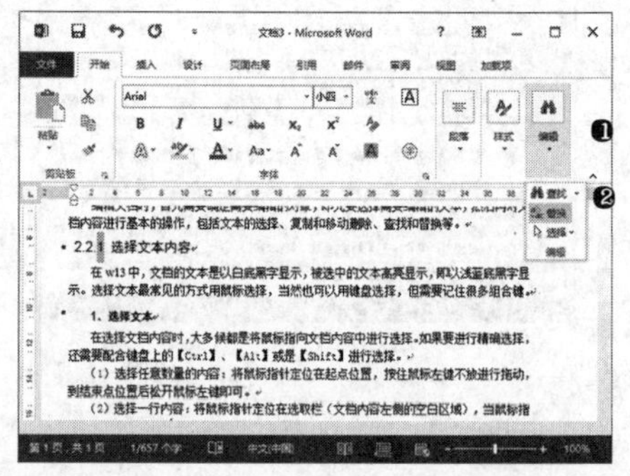

步骤 02 输入要查找的文本。❶在打开的“查找和替换”对话框中，单击“查找”选项卡；❷在“查找内容”文本框中输入要查找的内容；❸单击“在以下项中查找”按钮，如下图所示。

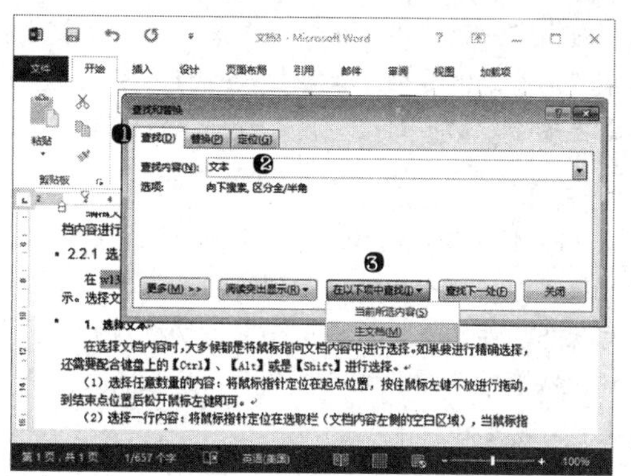

步骤 03 查找文本并突出显示。操作完前面的两步，Word 会自动执行查找操作，操作完毕后，会将所查到的内容突出显示。如果有必要，也可以选择“阅读突出显示”中的“全部突出显示”选项，这样查找到的内容都会突出显示，用黄色来标记，如下图所示。

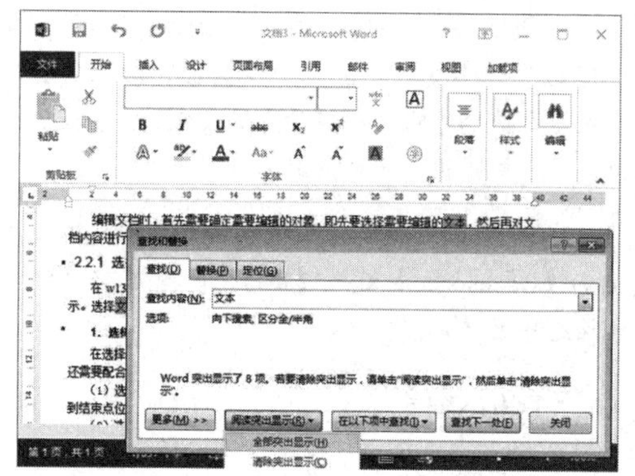

3．替换文本

替换功能用于将文档中的某些内容替换为其他内容，使用该功能时，将会与查找功能一起使用。以本书写作实际应用（以写作简单为目的，在文档中将 w13 定义为 Word 2013，全部写完后，将 w13 替换为 Word 2013，可以提高输入速度。）为例，具体操作步骤如下：

步骤 01 打开“查找和替换”对话框。❶单击“开始”选项卡中的“编辑”下拉按钮；❷在弹出的下拉菜单中选择“替换”命令。如下图所示。

步骤 02 输入要替换的文本。❶在打开的“查找和替换”对话框中，单击“替换”选项卡；❷在“查找内容”文本框中输入要查找的内容；❸在“替换为”文本框中输入要替换成的内容。如下图所示。

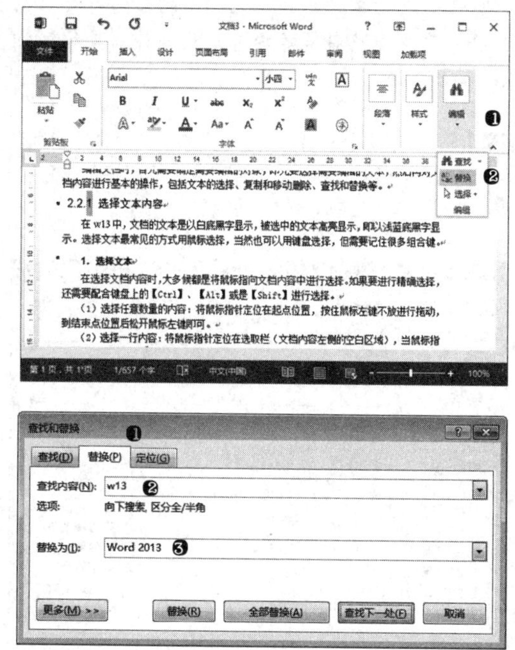

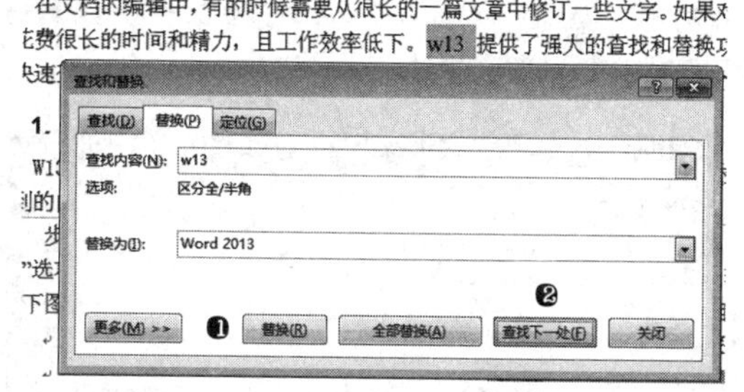

步骤 03 逐个替换文本。❶单击“查找下一处”按钮，查找的文字高亮显示；❷单击“替换”按钮，将刚刚查找的文字替换。依次单击“查找下一处”和“替换”按钮，逐个进行替换，如下图所示。

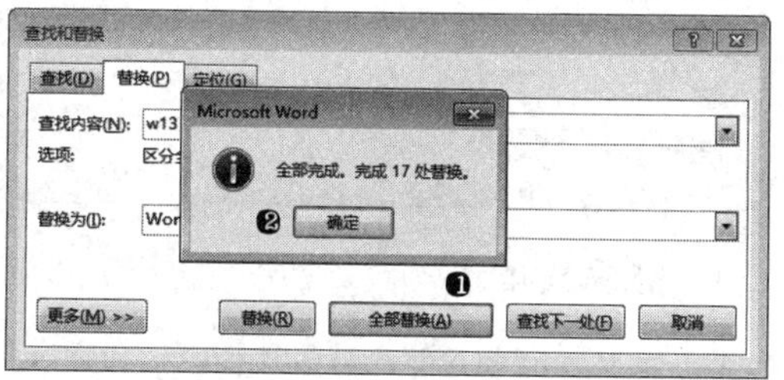

步骤 04 全部替换文本。逐个替换文本可以逐个确认，若文档较长，这样还费时费力，一般采用全部替换的方式来实现批量替换。❶单击“全部替换”按钮；❷完成后弹出对话框，告知替换的结果，单击“确定”按钮，结束替换，如下图所示。

4．特殊格式的替换

特殊格式的替换是指将文档中的段落符号、制表位、分栏符、省略符号等内容进行替换。具体操作步骤如下：

步骤 01 开启“特殊格式替换”。在“查找和替换”对话框中选择“替换”选项卡，单击“更多”按钮，对话框展开后变长，“更多”按钮变为“更少”按钮，如下图所示。

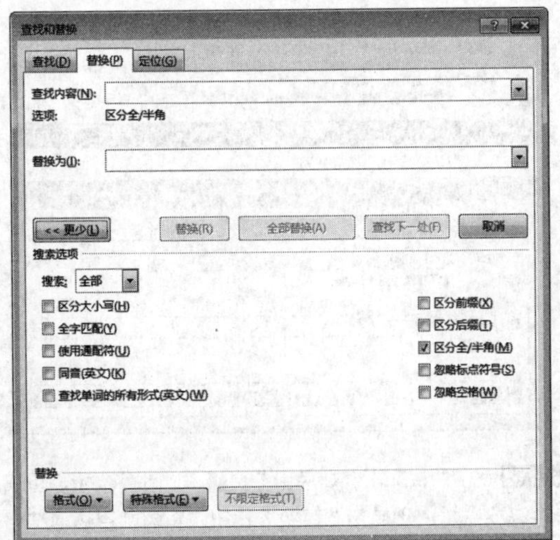

步骤 02 替换特殊格式。❶单击“查找内容”文本框；❷单击“特殊格式”下拉按钮，在弹出的菜单中选择需要替换的特殊格式；再设置“替换为”文本框；❸单击“全部替换”按钮，完成特殊格式的替换，如下图所示。

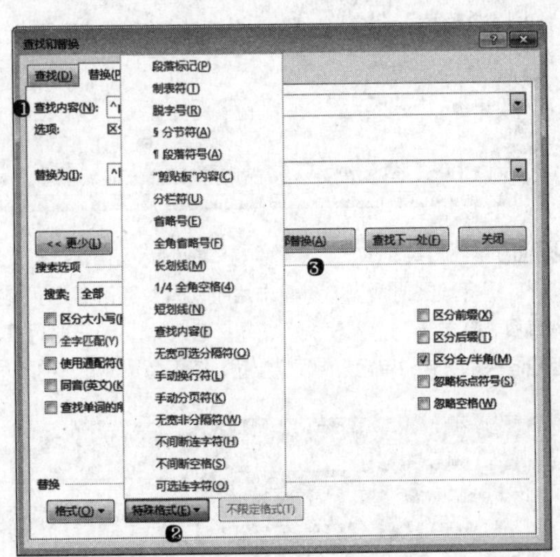

2.2.4 删除文本

文本的输入有插入和改写两种模式。在插入状态下删除文本就是将指定的内容从文档中删除；而在改写状态，删除文本就是替换文档的内容。

1．插入和改写模式

在进行文档编辑时，如果需要在文档的任意位置插入新内容，就需要在插入模式下进行；如果对某些文字不满意，需要删除后再插入新的内容，这个时候不需要删除，切换到改写模式就可以将需要删除的文字替换掉。

（1）插入模式选择。在文档编辑状态，默认的是插入模式，在状态栏可以看到“插入”字样。如果是改写状态，按键盘上的【Insert】键切换到插入状态。在插入状态，输入的文字将显示在插入点之后，原来的文字自动后移。

（2）改写模式选择。在插入模式，按键盘上的【Insert】键切换到改写模式。在改写状态，输入的文字将逐个替换插入点之后已有的文字。

2．删除文本

删除文本的方法有以下两种。

（1）删除单个字符。按键盘上的【Backspace】键（俗称“退格键”，位于主键盘上的右上位置）删除插入点之前的字符；用键盘上的【Del】或【Delete】键（俗称“删除键”）删除插入点之后的字符。

（2）删除选中的文本。拖动鼠标选中文本，按键盘上的【Backspace】键或【Delete】键或空格键都可以删除选中的文本。

2.2.5 定位文档

较长的文档，不能在窗口中全部显示出来。当窗口的内容超过一屏时，可以使用 Word 的定位文档功能来查看文档。

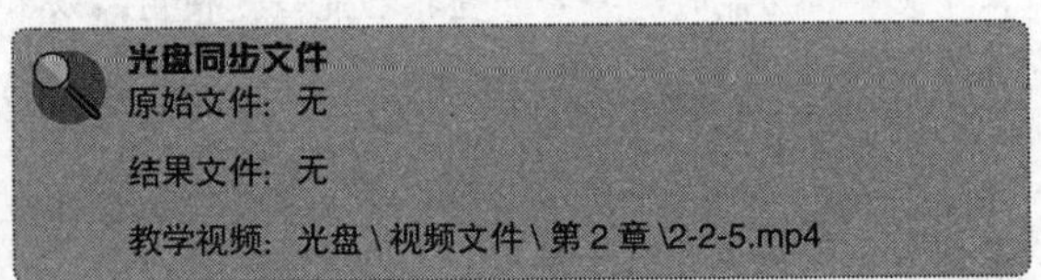

1．使用垂直滚动条定位文档

当编辑区无法完全显示文档时，在 Word 2013 编辑区右侧会显示垂直滚动条，拖动这个滚动条上的滑块可以实现文档的翻页，同时 Word 2013 会给出当前所在页和所在章节的信息，如下图所示。

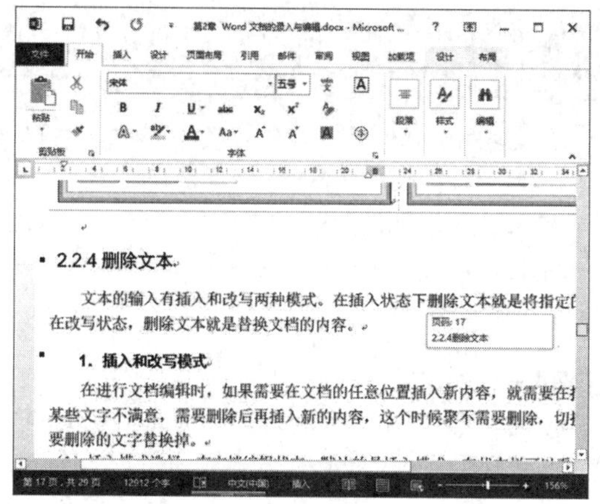

2．使用“定位”命令定位文档

进行文档操作时，往往需要快速找到文档中的某节或某页，此时使用垂直滚动条来操作就不方便。Word 2013 提供了一个“定位”命令，通过该命令可以指定页码、节标题和行号快速定位到文档指定的位置。下面介绍按页码和行号定位文档的具体操作方法。

步骤 01 开启“定位”功能。❶ 单击“开始”选项卡中的“编辑”下拉按钮；❷ 在弹出的下拉菜单中选择“替换”命令，如下图所示。

步骤 02 定位文档。❶ 在打开的“查找和替换”对话框中，单击“定位”选项卡；❷ 选择定位目标；❸ 输入对应的值；❹ 单击“定位”按钮，文档将定位至设定的值；❺ 定位完毕后，单击“关闭”按钮，定位结束，如下图所示。

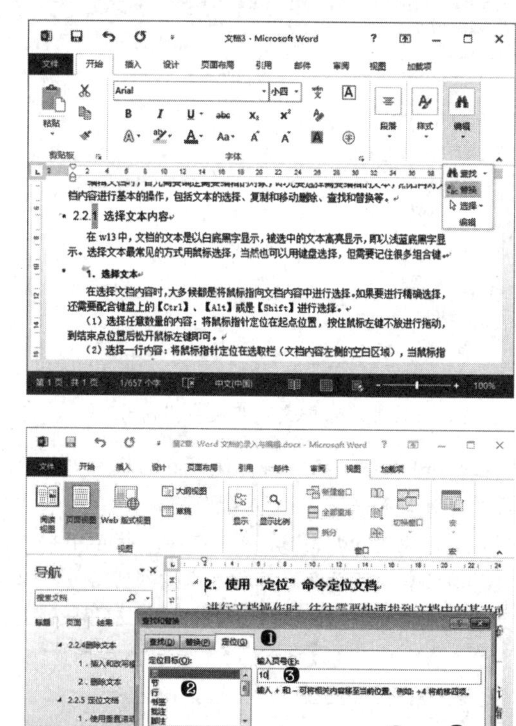

实用技巧——技能提高

通过前面知识的学习，相信学习者已经掌握了 Word 2013 文档的录入和编辑的基本操作。下面结合本章内容，介绍一些实用技巧。

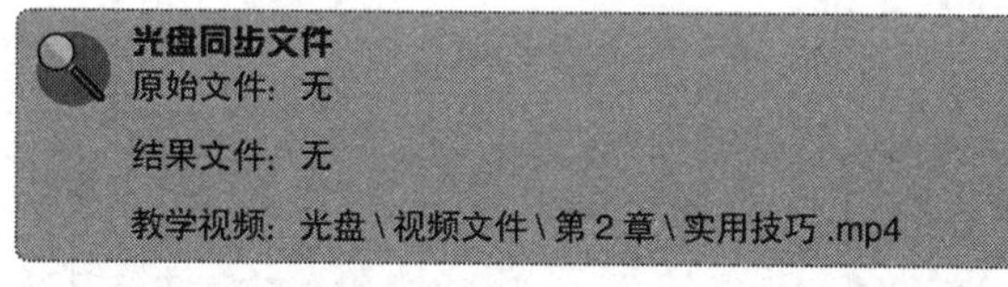

光盘同步文件
原始文件：无
结果文件：无
教学视频：光盘 \ 视频文件 \ 第 2 章 \ 实用技巧 .mp4

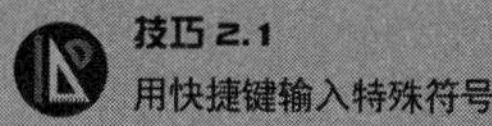

技巧 2.1
用快捷键输入特殊符号

在进行文档的输入和编辑时，有时需要输入各种特殊的符号，而这些符号往往不能直接用键盘输入，如果使用“符号”插入对话框来进行插入，操作又比较复杂。实际上 Office 已经为这些常用的特殊符号提供了快捷键，直接使用快捷键就可以实现这些符号的快速输入。下面介绍一些常见符号的快捷键。

（1）输入企业注册符、版权符、商标符等。

在某些企业文档中经常需要输入注册符 ®、版权符 ©、商标符 ™ 等，按照 2.1.3 节的方法就是单击“插入”选项卡中“符号”组中的“符号”按钮，在弹出的菜单中选择“其他符号”命令，打开“符号”对话框，选择“特殊字符”选项卡，然后根据需要选择字符，最后单击“插入”按钮将选中的符号插入到当前文本。

在“符号”对话框中可以查到这些符号的快捷键，在编辑文档时候直接使用快捷键就可以快速插入这些符号。如按快捷键【Ctrl+Alt+T】就可以在插入点处输入商标符号。

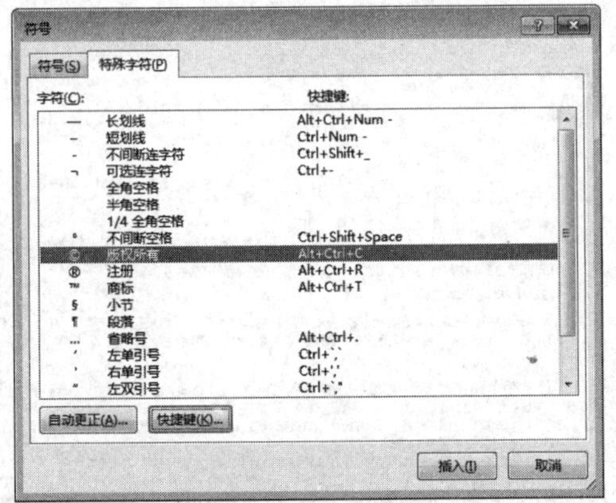

（2）输入常用的中文或英文标点符号。

在 Word 文档中经常需要使用省略号和破折号。这两种符号都无法直接使用键盘输入，就需要快捷键来完成。启动 Word 2013，在中文输入状态下按快捷键【Shift+6】就可以在当前插入点输入省略号；按快捷键【Shift+ －】输入破折号；按快捷键【Ctrl+Alt+.】输入英文省略号，按【Shift+4】键输入人民币符号。

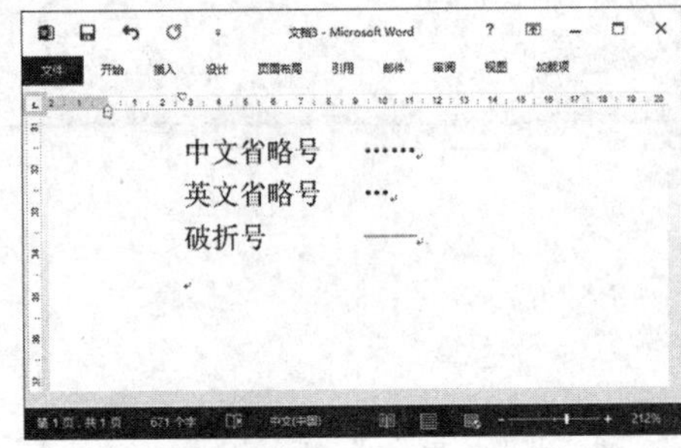

（3）输入反转符号。

在某些文档中，尤其是幻灯片或图片的制作中，需要输入反转的符号。如反转的问号，按快捷键【Ctrl+Alt+Shift+？】输入；反转的感叹号，按快捷键【Ctrl+Alt+Shift+！】输入。

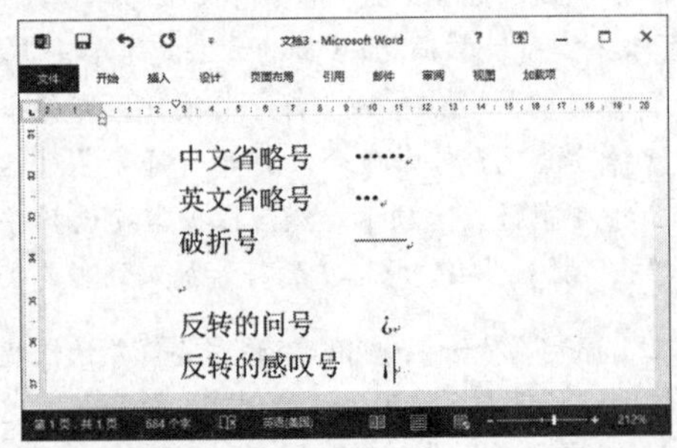

技巧 2.2

插入当前日期与时间

在编写文档的时候，有的时候需要插入当前的时间和日期，如在通知公告的末尾落款处。如果直接用键盘输入显得麻烦。在 Word 2013 中，用户可以直接插入系统当前时间和日期，这样可以提高输入效率。具体操作步骤如下：

步骤 01 启动插入日期和时间功能。将光标定位在需要插入日期和时间的位置，单击“插入”选项卡“文本”组中的“日期和时间”按钮，如下图所示。

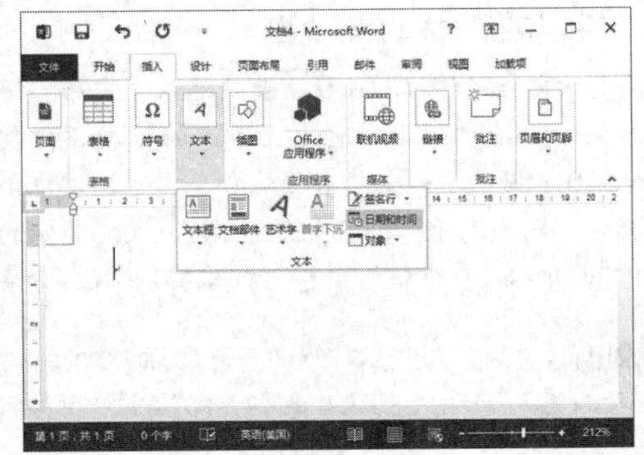

步骤 02 选择语言类型。此时弹出“日期和时间”对话框，从“语言（国家 / 地区）”下拉列表中选择语言类型，这里选择“中文（中国）”类型，如下图所示。

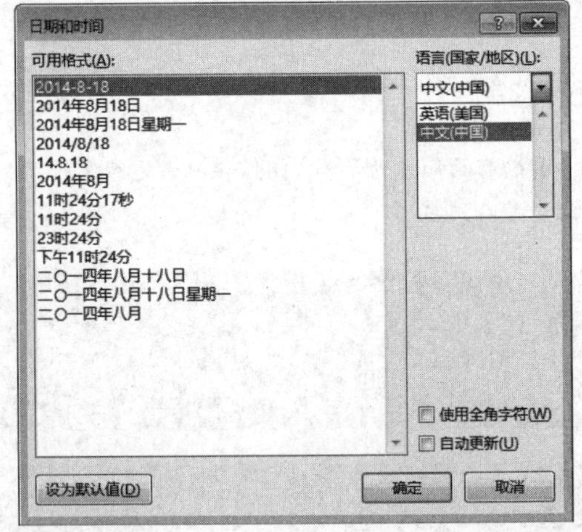

步骤 03 选择日期格式。在“可用格式”列表框中选择需要的日期格式，如选择“2014 年 8 月 18 日星期一”格式，如下图所示。

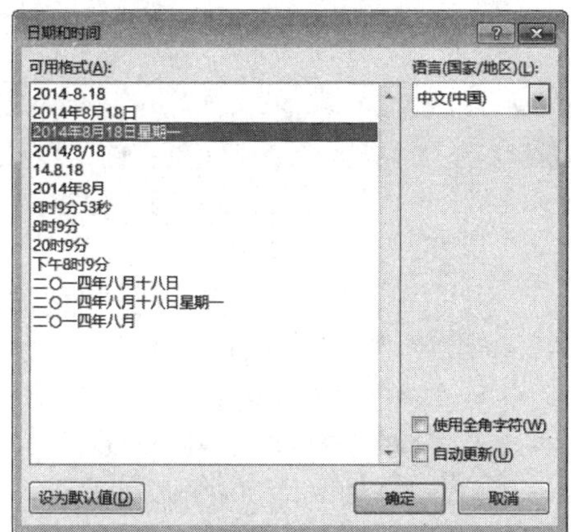

步骤 04 插入日期。单击“日期和时间”对话框中的“确定”按钮，返回文档，此时光标处已经插入了所选择的日期格式，效果如下图所示。

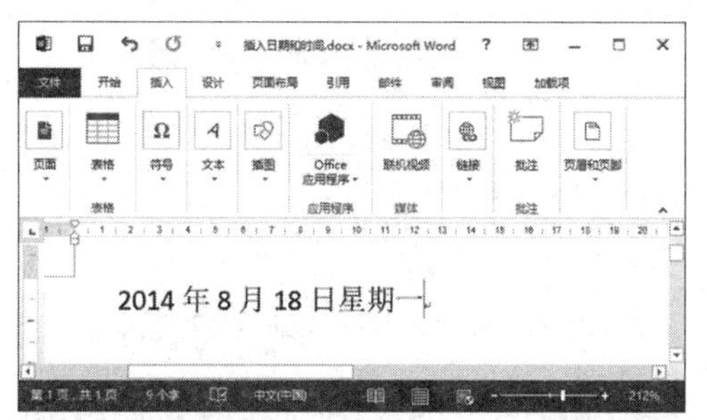

技巧 2.3

查找和替换格式

在 Office 2013 中，查找和替换格式操作可以将所有满足查找条件的文本格式快速设置为同一种格式，减少烦琐的操作，操作方法如下：

步骤 01 打开“查找和替换”对话框。❶单击“开始”选项卡中的“编辑”下拉按钮；❷在弹出的下拉菜单中选择“替换”命令。如下图所示。

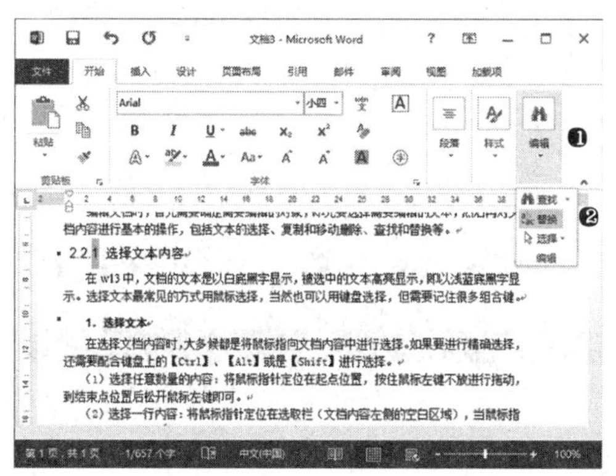

步骤 02 输入要替换的文本。❶在打开的“查找和替换”对话框中，单击“替换”选项卡；❷在“查找内容”文本框中输入要查找的内容；❸在“替换为”文本框中输入要替换为的内容，❹并单击“格式”按钮，❺在弹出的菜单中选择“字体”命令，如下图所示。

步骤 03 设置替换格式。在弹出的“替换字体”对话框中，依次设定字体、字形、字号等，如下图所示。

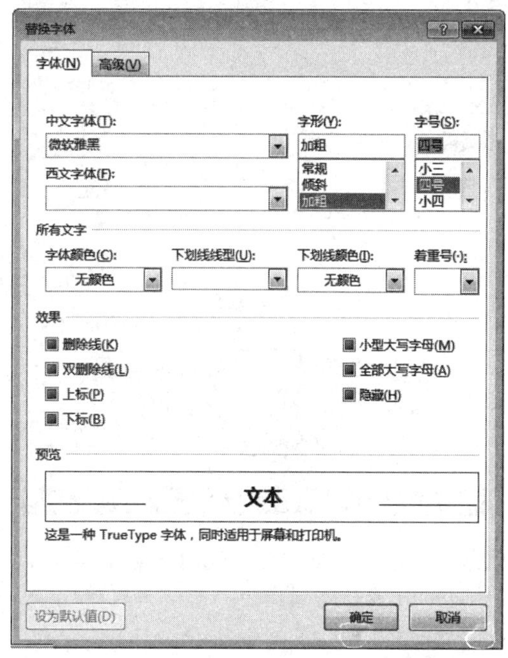

步骤 04 替换格式。使用 2.2.3 节的方法，可以逐个查找替换格式，也可以批量替换格式。如下图所示。这里是将字符“文本”替换为“微软雅黑、四号、加粗”格式。通过该方法可实现各种格式的替换。

技巧 2.4 快速创建繁体字文档

在实际的工作中，有时需要使用繁体字来创建文档，一般采用的方法是先创建简体字文档，再使用 Word 的简繁体转换功能来获得需要的繁体字文档。下面介绍具体的操作方法。

步骤 01 选定转换文本。在文档编辑状态，选定需要转换的文本。如果不选择任何文本，则全部内容被转换，如下图所示。

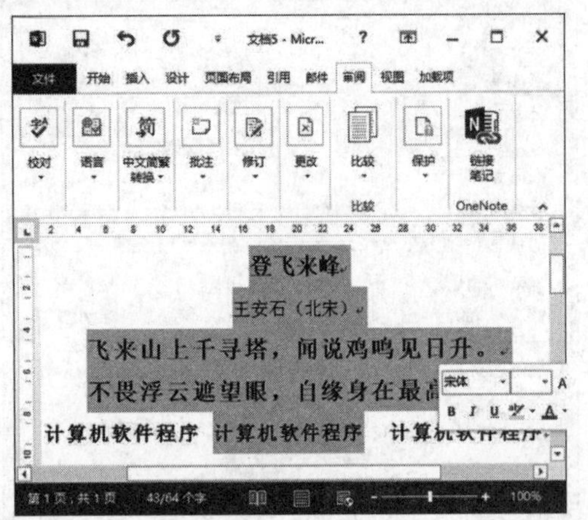

步骤 02 转换文本。❶单击“审阅”选项卡中的“中文简繁转换”下拉按钮；❷在弹出的菜单中选择“简转繁”命令，选中的文本被转换为繁体字，如下图所示。

步骤 03 转换特殊词汇。❶选中要转换的文本；❷单击“审阅”选项卡的“中文简繁转换”下拉按钮；❸在弹出的菜单中“简繁转换”命令；❹在弹出的“中文简繁转换”对话框中，选中“转换常用词汇”复选框，则可完成不同词汇的转换；❺单击“确定”按钮，选中的文本被转换，如下图所示。

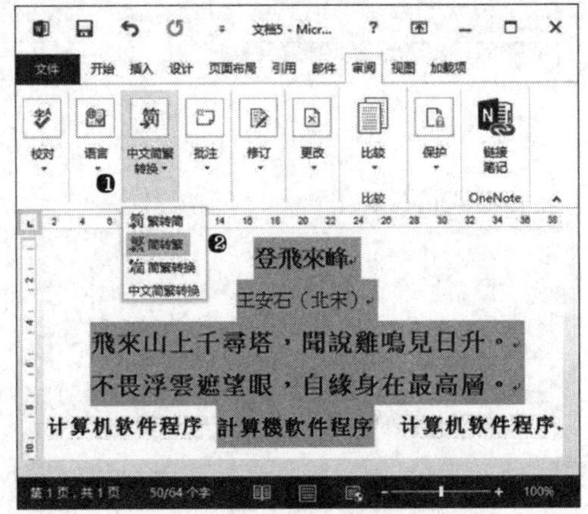

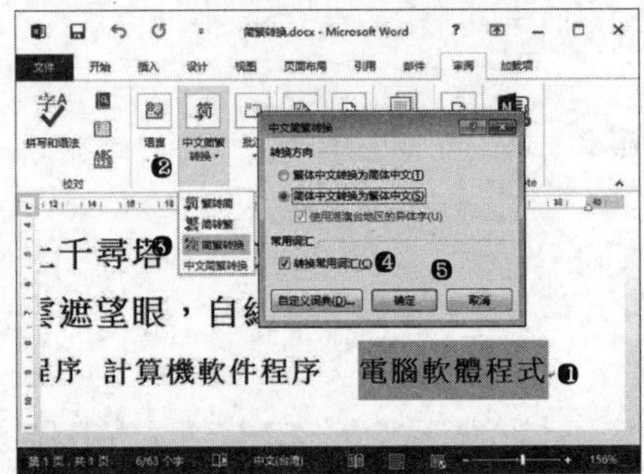

步骤 04 自定义词典。在步骤 03 的“中文简繁转换”对话框中单击“自定义词典”按钮，在打开的“简体繁体自定义词典”对话框中，可以自己定义（添加、修改、删除）一些特殊的或专有的词汇，也可以将定义好的词典导出或导入，在不同的计算机上使用，如下图所示。

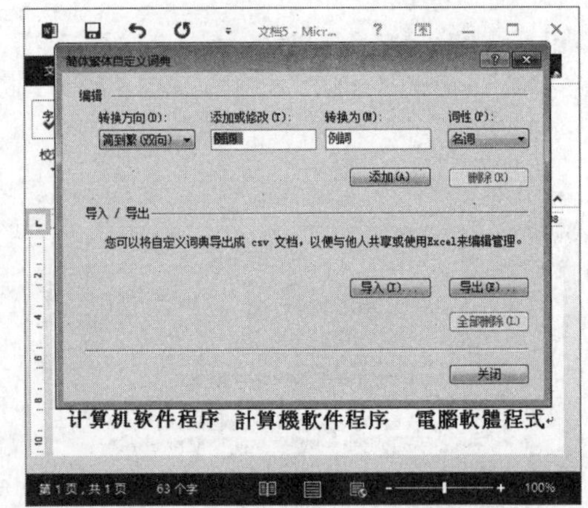

技巧 2.5 在文档中输入生僻字

在文档中，由于一些特殊的需要，如姓名、地名等，需要输入一些生僻字，这些生僻字可能由于输入法的字库原因，很难通过键盘输入，这个时候可以利用 Word 的输入功能来实现。具体操作步骤如下：

步骤 01 启动插入其他符号对话框。将光标定位在需要插入生僻字的位置，❶单击“插入”选项卡“符号”组中的“符号”按钮；❷在弹出的下拉菜单中选择“其他符号”命令，如下图所示。

步骤 02 寻找并插入字符。❶在打开的“符号”对话框中单击“符号”选项卡；❷在“字体”下拉列表中选择“（普通文本）”选项；❸在“子集”的下拉列表中选择“CJK 统一汉字”；❹在对话框中移动滚动条，找到需要的生僻字；❺单击“插入”按钮，选中的生僻字被插入当前文档，如下图所示。

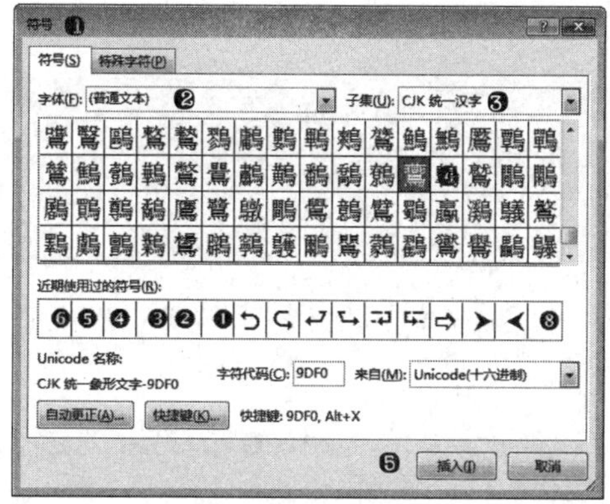

步骤 03 快速查找字符。步骤 02 查找的方法效率不高，利用部首相同、笔画相同或相近的字，可以快速定位到相近的字，如输入“虢”字，可先在文档输入形近字“虎”，❶选中该字；❷打开“符号”对话框后，Word 自动定位到该字，如右上图所示。

步骤 04 插入字符。❶在步骤 03 定位的“虎”字附近有很多形近字，可以很快地找到需要的“虢”字并选中；❷单击“插入”按钮将选中的字插入当前文档，如下图所示。

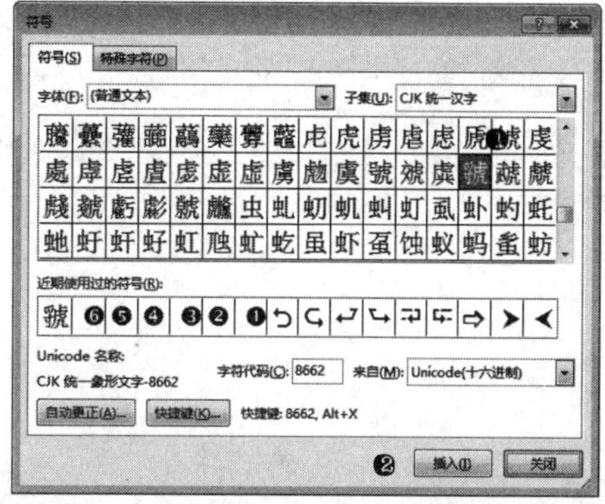

技巧 2.6 快速输入大写的金额数字

在处理合同、票据、订单等文档的时候，常常需要将数字转换为汉字大写字母。在 Word 2013 中，用户在文档中输入阿拉伯数字，能够很容易地将它们转换为大写汉字字符，具体操作方法如下：

步骤 01 选择转换对象。打开文档，用鼠标左键拖动选中需要转换为大写的数字，如下图所示。

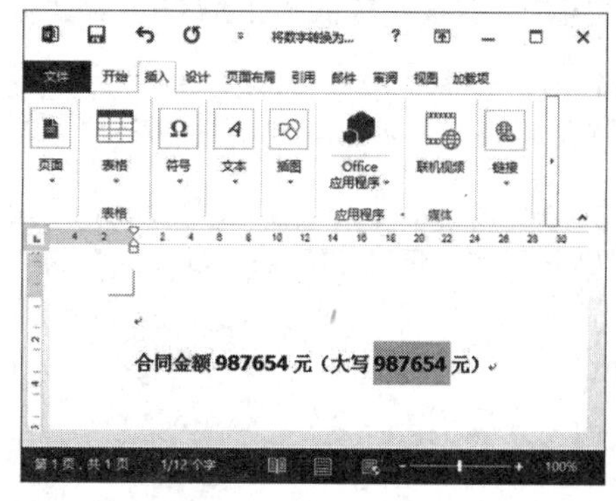

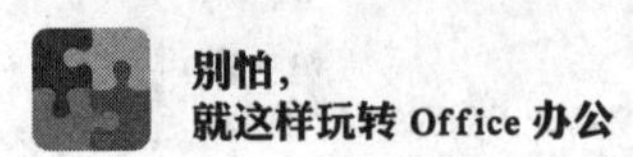

步骤02 打开“编号”对话框。❶单击“插入”选项卡的“符号”组中“符号”下拉按钮；❷单击“编号”按钮，如下图所示。

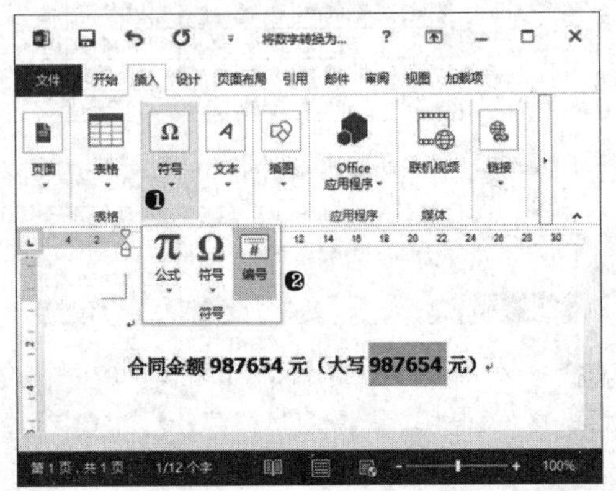

步骤03 设置编号类型。在打开的“编号”对话框中选择编号类型为“壹，贰，叁 ”，单击“确定”按钮，如下图所示。

步骤04 查看转换效果。单击“确定”按钮后，选中的数字转换为大写汉字字符。效果如下图所示。

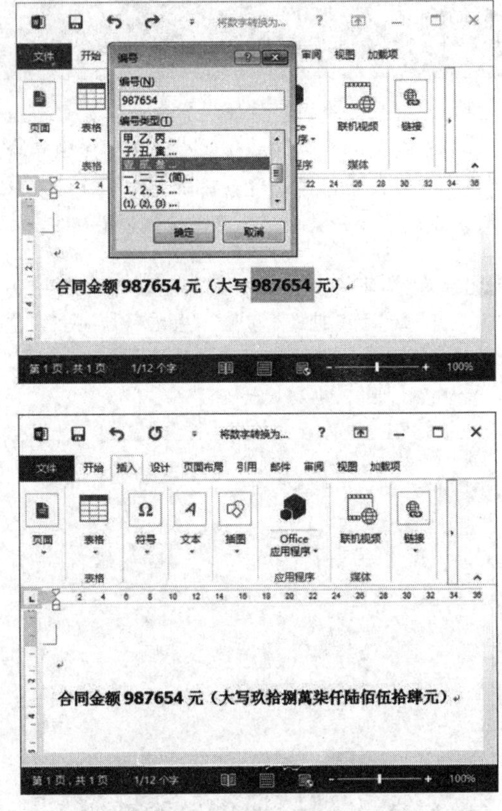

实战训练——录入与编辑新员工培训通知

前面了解了文档的录入与编辑，这里通过制作新员工培训通知来了解 Word 文档制作的一般流程，同时为了防止文件被别人修改并设定了保护密码，具体操作如下：

光盘同步文件
原始文件：无
结果文件：光盘 \ 结果文件 \ 第 2 章 \ 关于组织新员工培训的通知 .docx
教学视频：光盘 \ 视频文件 \ 第 2 章 \ 实战训练 .mp4

步骤01 新建文档。启动 Word 2013 后，根据向导或单击功能区的“文件”命令按钮，❶选择“新建”命令；❷在右边的模板区，根据需要选择空白文档或模板，单击后根据向导提示进行操作就可以创建文档，如下图所示。

步骤02 保存文档。在文档编辑窗口，❶选择“文件”菜单中的“保存”命令，弹出“另存为”对话框；❷选择需要保存到的位置；❸在“文件名”组合框中输入文件名；❹单击“保存”按钮，完成文件的保存，如下图所示。

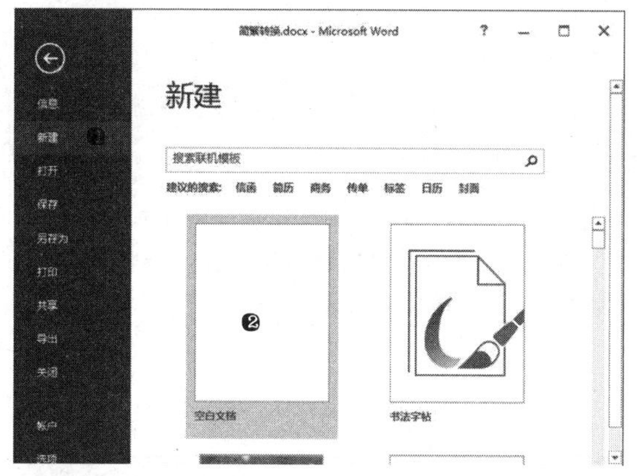

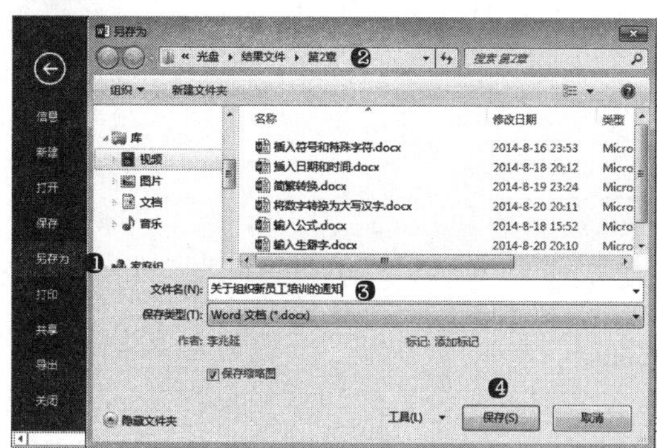

步骤 03 输入文档内容。❶在插入点（光标闪烁处）输入标题，按【Enter】键换段，出现段落标记；❷输入正文内容，自动换行，如下图所示。

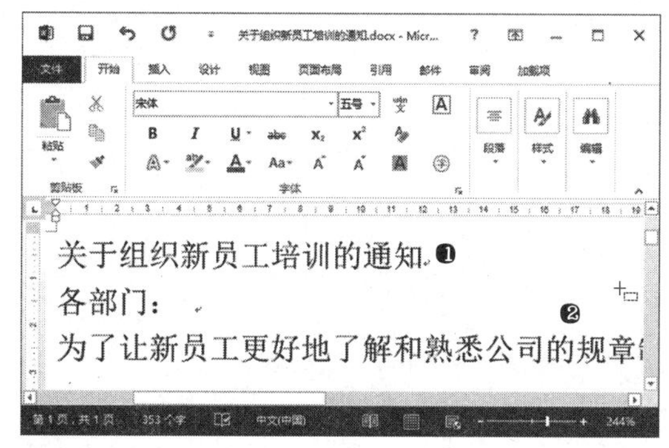

步骤 04 保存文档。文档内容输入完毕后，按【Ctrl+S】组合键保存文件。为防止意外原因文档内容丢失，请将自动保存和手动并用。

步骤 05 启动保护文档设置。❶选择"文件"菜单中的"信息"命令；❷在"信息"列表框中单击"保护文档"按钮；❸在展开的下拉菜单中选择"用密码进行加密"命令，如右上图所示。

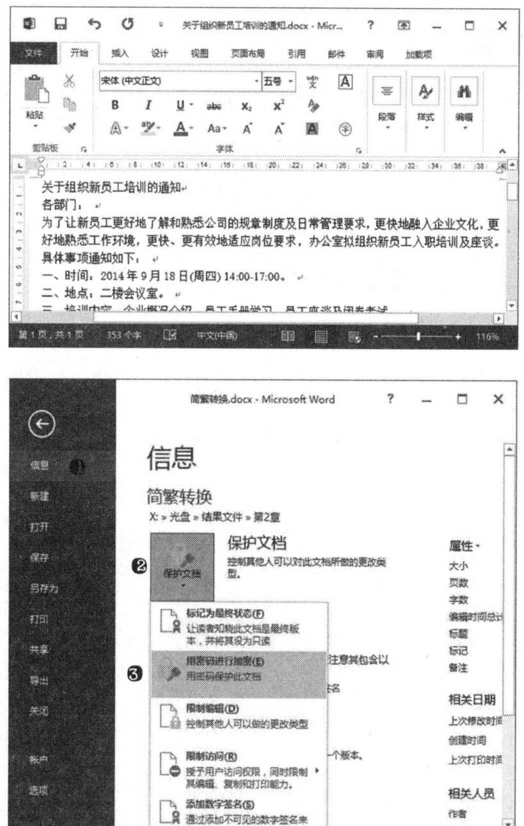

步骤 06 设置文档打开密码。❶在弹出的"加密文档"对话框的"密码"文本框中输入密码；❷单击"确认"按钮；❸在弹出的"确认密码"对话框中，再次输入之前的密码；❹再单击"确认"按钮，密码生效，如下图所示。再次打开文档的时候需要输入密码才能打开。

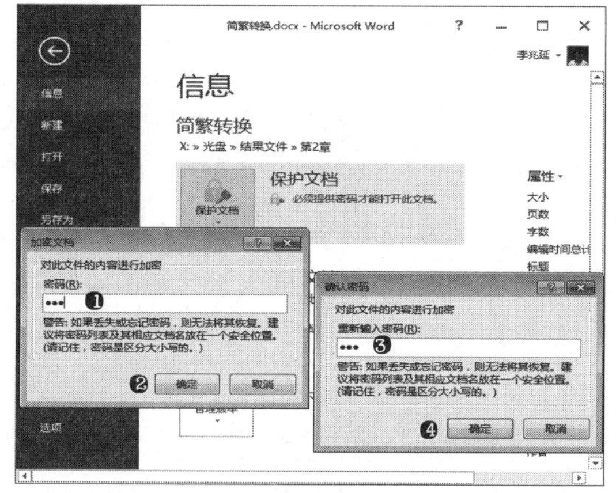

本章小结

本章主要讲述了 Word 2013 文档的录入和编辑，包括编辑视图的选择、符号的插入、公式的输入，以及文本的定位、选择、移动、复制、查找、替换和删除等基本操作。通过综合案例简单地介绍了 Word 文档制作的一般流程和文档的安全保护。通过本章的学习，让读者能熟练掌握 Word 文档内容的录入和编辑。

第 3 章

Word 文档的格式编排

本章导读

在 Word 2013 中，用户可以轻松设置文本格式，使得文档显得规范、专业、整洁和美观。通过本章的学习，读者可以全面掌握多种方法设置字符格式、段落格式、页面格式，从而美化文本，创建更美观和更具可读性的文档。

知识要点

◆文档字符格式的设置

◆文档段落格式的设置

◆项目符号和编号的设置

◆中文特殊版式设置

◆页眉页脚设置

◆文档页面格式的设置和打印

案例展示

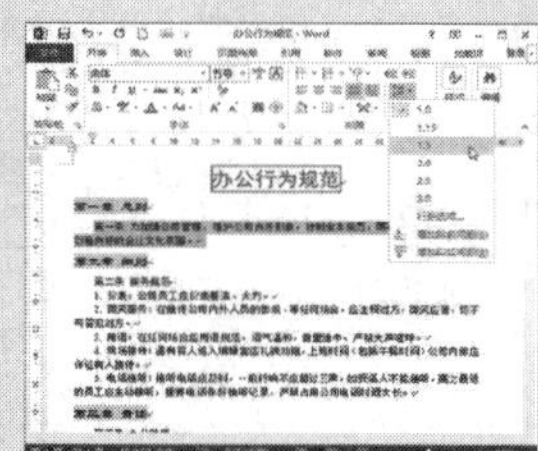

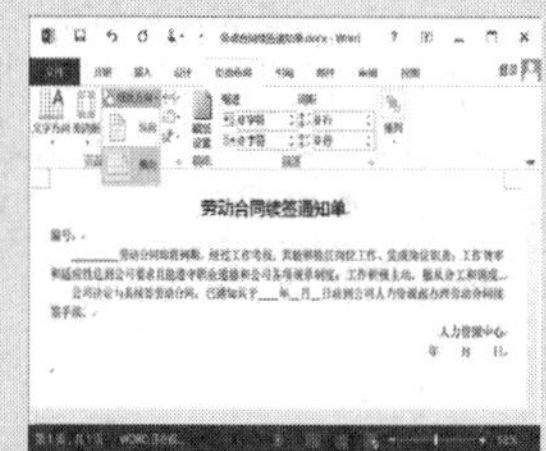

基础入门——必知必会

3.1 设置文档的字符格式

文字是文档的基本构成要素，在一篇编排合理的文档中，不同的内容使用不同的字体和字号，以使文档层次分明，内容的主次明了，使人阅读起来一目了然。在 Word 2013 中，为了使文本更加美观、规范，可以对文本设置格式，具体包括设置字符的字体、字形、字号、颜色、间距、边框、底纹及特殊效果等。

光盘同步文件

原始文件：光盘 \ 原始文件 \ 第 3 章 \ 招聘启事 .docx

结果文件：光盘 \ 结果文件 \ 第 3 章 \ 招聘启事 .docx

教学视频：光盘 \ 视频文件 \ 第 3 章 \3-1.mp4

3.1.1 设置字符的字体、字形、字号、颜色格式

字符设置中最基本的是字符的字体、字号、字形及颜色格式设置。

字体是指某种语言字符的样式。在日常的行文中，对字体均有固定的格式，如黑体主要用于文章标题，以及需要突出显示的文字内容；宋体或仿宋体用于常规正文段落，以及子标题段落用字体；楷体或行楷用于修饰性文字。

字号是指字符的大小。在 Word 中有两种方式表示文字的大小，一种是以“号”为单位，号数越小显示的文字越大；另外一种是以“磅（点）”为单位，磅数越大文字越大。常规的五号字约 10.5 磅。日常行文中，一级标题为二号（18 磅），二级标题为四号（14 磅）；正文为四号（14 磅）或五号（10.5 磅）。

字形是指文字的显示效果。如加粗、倾斜、上下标等。

首先选择需要设置字体格式的文本或字符，然后在“开始”选项卡的“字体”组中选择相应选项或单击相应按钮即可执行相应的操作。各选项和按钮的具体功能介绍如下：

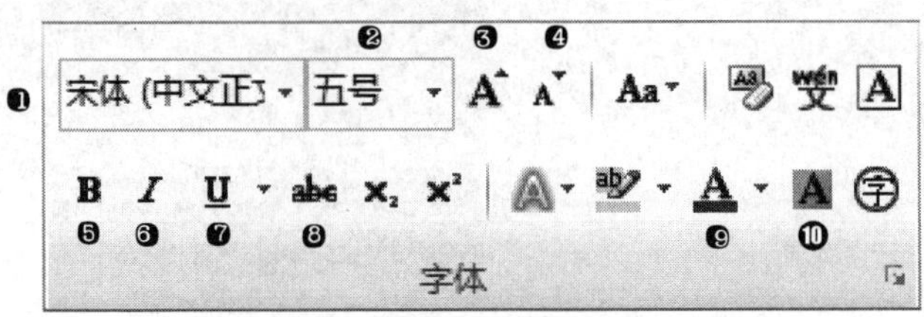

❶	“字体”下拉列表框：单击该下拉列表框右侧的下拉按钮，在弹出的下拉列表中可选择所需的字体。如：黑体、楷体、隶书、幼圆等
❷	“字号”下拉列表框：单击该下拉列表框右侧的下拉按钮，在弹出的下拉列表中可选择所需的字号。如：五号、三号等
❸	“增大字号”按钮：单击该按钮将根据字符列表中排列的字号大小依次增大所选字符的字号
❹	“减小字号”按钮：单击该按钮将根据字符列表中排列的字号大小依次减小所选字符的字号
❺	“加粗”按钮：单击该按钮，可将所选的字符加粗显示，再次单击该按钮又可取消字符的加粗显示。如：加粗
❻	“倾斜”按钮：单击该按钮，可将所选的字符倾斜显示，再次单击该按钮又可取消字符的倾斜显示。如：倾斜
❼	“下划线”按钮：单击该按钮，可为选择的字符添加下划线效果。单击该按钮右侧的下拉按钮，在弹出的下拉列表中还可选择“双下划线”选项，为所选字符添加双下划线效果。如：下划线
❽	“删除线”按钮：单击该按钮，可在选择的字符中间画一条线，如删除线效果
❾	“字体颜色”按钮：单击该按钮，可自动为所选字符应用当前颜色，或单击该按钮右侧的下拉按钮，在弹出的下拉列表中可设置自动填充的颜色；在“主题颜色”栏中可选择主题颜色；在“标准色”栏中可以选择标准色；选择“其他颜色”选项后，在打开的“颜色”对话框中提供了“标准”和“自定义”两个选项卡，单击相应选项卡可在其中进一步设置需要的颜色
❿	“字体底纹”按钮：单击该按钮，可以为选择的字符添加底纹效果。如底纹效果

字符格式设置方法较多，这里介绍 3 种。

1．使用“字体”组设置字符格式

步骤 01 设置字符字体。在文档编辑状态，❶选定需要设置的字符；❷单击“开始”选项卡“字体”组“字体”下拉列表框右侧的下拉按钮；❸在弹出的下拉列表中选择“黑体”字体，如下图所示。

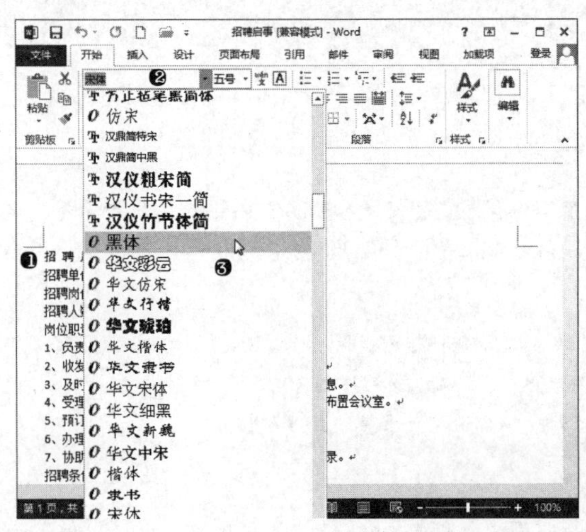

步骤 02 设置字符字号。❶选定需要设置的字符；❷在“字体”组“字号”下拉列表中选择需要的文字大小，如选择“二号”，如下图所示。

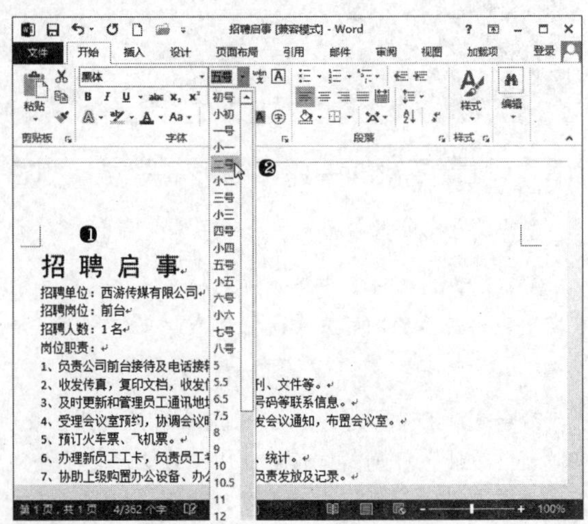

步骤 03 设置字符字形。选定需要设置的字符；在“字体”组中分别单击“加粗”和“斜体”按钮，如下图所示，使标题加粗倾斜显示。

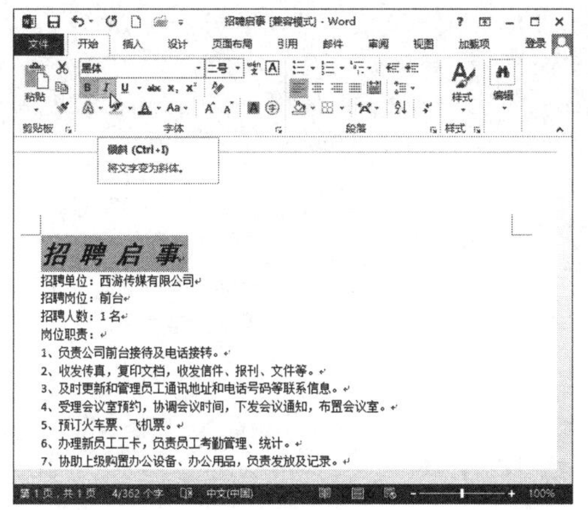

步骤 04 设置字符颜色。选定需要设置的字符；❶在“字体”组中单击“字体颜色”下拉按钮；❷在弹出的下拉列表中选择“红色”选项，如下图所示。经过 4 步操作完成标题格式设置。

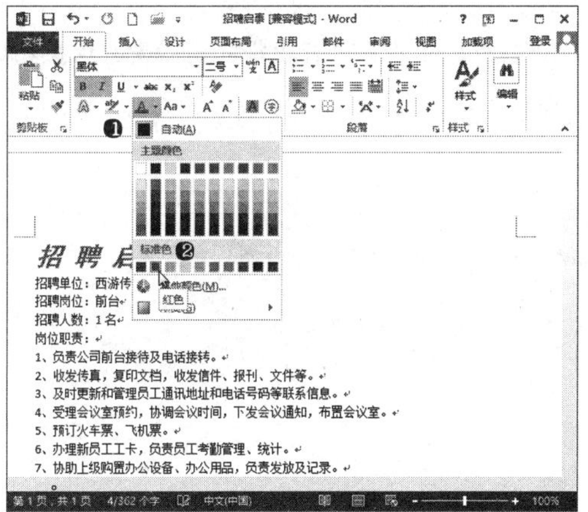

2．使用浮动工具栏设置字符格式

浮动工具栏是指当用户选择文本时，在文本边缘显示的一个微型且呈半透明状的工具栏。浮动工具栏可以快速设置字符格式。

选中文本时浮动工具栏半透明显示，鼠标悬停在工具栏上浮动工具栏完全显示，如下图所示。

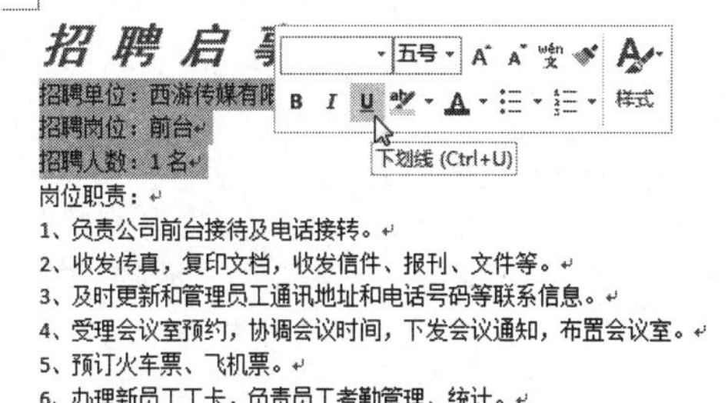

3．使用“字体”对话框设置字符格式

使用“字体”组或浮动工具栏设置字符的格式，能实现一些常见的设置。如果要对文字进行更为复杂的设置，就需要使用“字体”对话框来实现。使用“字体”对话框，能够更为细致地实现对字体、字号、字形以及颜色的设置，同时 Word 2013 允许用户为选择的字符设置阴影、映像、三维格式在内的多种文字效果，具体操作操作如下：

步骤 01 打开“字体”对话框。在文档编辑状态，在“开始”选项卡“字体”组中单击右下角的“字体”按钮，打开“字体”对话框，如下图所示。

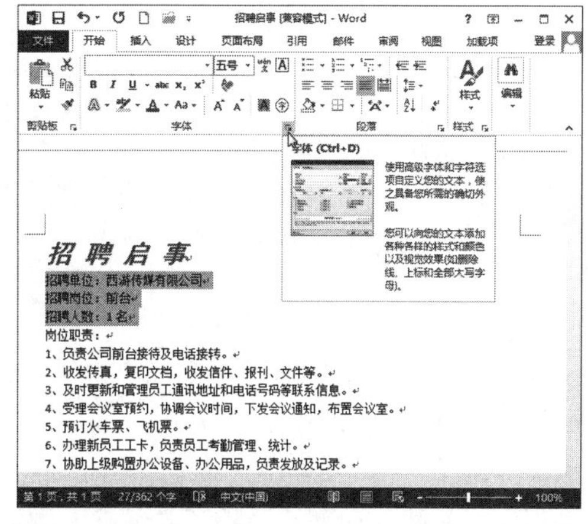

步骤 02 设置字符格式。在“字体”对话框中，可以设置各种字符格式，如字体、字号等，同时也可以设置一些文字效果，如下图所示。

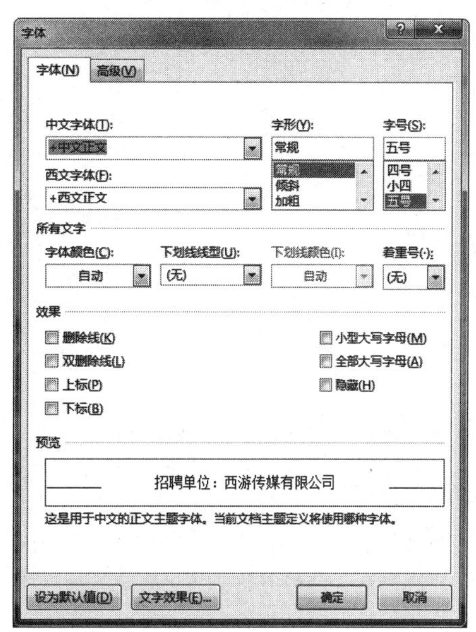

3.1.2 设置字符的间距和缩放

在编排字符格式时，为了使字符之间留出一定的距离，或者使文字排列更加紧凑，可以对字符的间距进行设置；同时为了按一定百分比调整字符的形状，需要对字符进行缩放。

1. 设置字符间距

字符间距是指文本中两个相邻字符之间的距离，包括 3 种类型：标准、加宽和紧缩，在 Word 2013 中，默认的字符间距是"标准"类型。字符间距的设置步骤如下：

步骤 01 在文档编辑状态，选中需要设置间距的字符；在"开始"选项卡"字体"组中单击右下角的"字体"按钮，打开"字体"对话框。

步骤 02 ❶单击"字体"对话框中的"高级"选项卡；❷在"间距"下拉列表中选择"加宽"；❸在间距加宽度量"磅值"中输入或利用右边的调节按钮进行值的增加，这里选择"5 磅"；❹字符间距变化后的效果在"预览"选项区域可以看到效果；❺单击"确定"按钮，该效果应用于选中的文字。

另外，使用"字体"对话框也可以设置"文字效果"、"字符缩放"等格式。

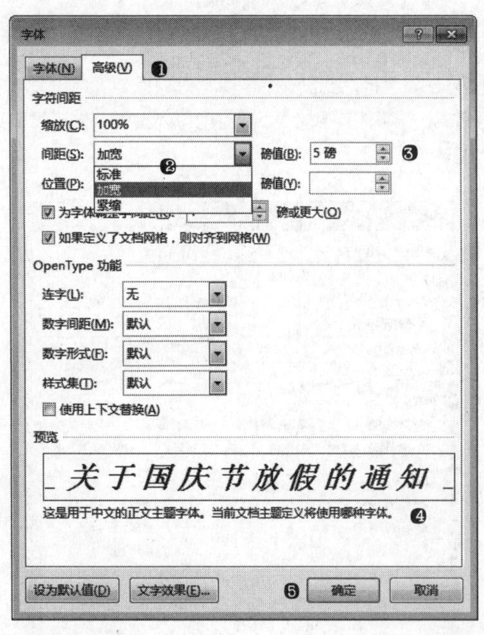

2. 设置字符缩放

在 Word 2013 中，利用字符缩放功能，可以按一定的百分比更改字符的形状，使得字符拉伸或压缩。

步骤 01 选择字符缩放比例。在文档编辑状态，❶拖动鼠标选定设置的字符；❷单击"开始"选项卡"段落"组中的"中文版式"命令按钮；❸在弹出的菜单中选择"字符缩放"命令；❹选择级联菜单中的"200%"，如下图所示。

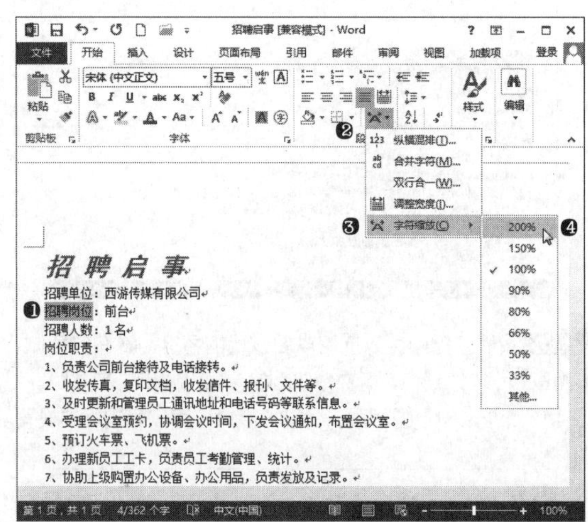

步骤 02 字符缩放效果。将字符的缩放比例调整为 200% 后，效果如下图所示。

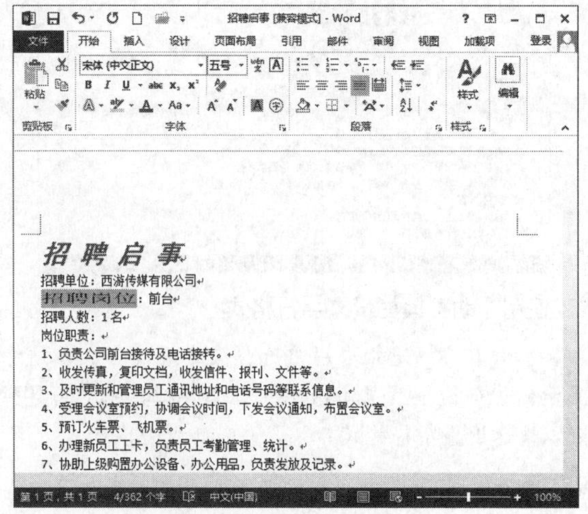

3.1.3 设置字符的边框和底纹

在某些特殊的场景，需要在文字的四周添加线性边框，即设置字符边框；有时某一块字符区别于其他部分的时候就需要给文字添加背景，即设置字符底纹。具体操作步骤如下：

步骤 01 设置字符边框。在文档编辑状态，❶选中需要设置边框的字符；❷单击"开始"选项卡"字体"组中的"字符边框"按钮，为选定的文本添加边框效果，如下图所示。

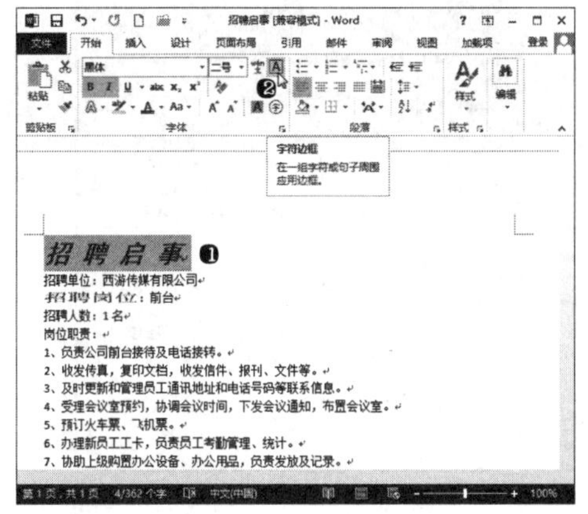

步骤 02 设置字符底纹。在文档编辑状态，❶选中需要设置底纹的字符；❷单击“开始”选项卡“字体”组中的“字符底纹”按钮，为选定的文本添加底纹效果，如下图所示。

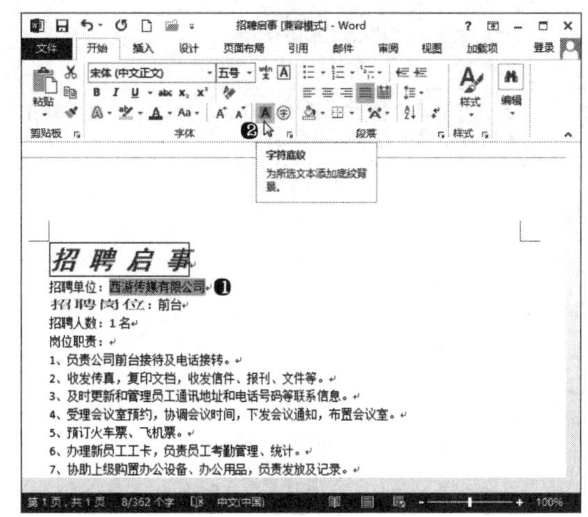

3.2 设置文档的段落格式

段落就是以【Enter】键结束的一段文字，它是独立的信息单位。字符格式表现的是文档中局部文本的格式化效果，而段落格式的设置则将帮助设计文档的整体外观。

默认情况下，在 Word 文档中输入的文本为正文样式，对齐方式为两端对齐。用户可以根据实际需要为段落设置对齐方式、段间距、行间距和缩进方式等。设置段落格式的方法也有多种，学会本小节的知识后就能帮助你制作出结构清晰、层次分明的文档了。

光盘同步文件

原始文件：光盘 \ 原始文件 \ 第 3 章 \ 办公行为规范 .docx

结果文件：光盘 \ 结果文件 \ 第 3 章 \ 办公行为规范 .docx

教学视频：光盘 \ 视频文件 \ 第 3 章 \3-2.mp4

3.2.1 设置文档段落格式的方法

在 Word 2013 中设置段落格式，可以在“段落”组中进行设置，也可以通过浮动工具栏进行设置，还可以通过“段落”对话框进行设置。

1. 在“段落”组中设置

在“开始”选项卡“段落”组中能够方便地设置段落的对齐格式、边框底纹格式、段落项目符号与号等格式。通过该方法设置段落格式也是最常用、最快捷的方法。

首先选择需要设置格式的段落，然后在“开始”选项卡的“段落”组中选择相应选项或单击相应按钮即可执行相应的操作。各选项和按钮的具体功能介绍如下。

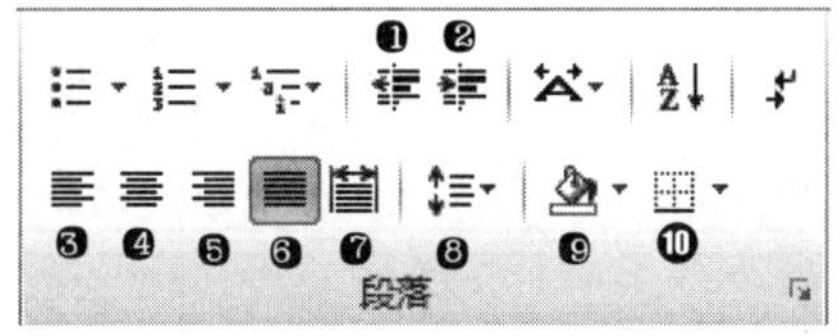

❶	“增大缩进量”按钮：单击该按钮，可以依次增大段落与页面左边界的距离
❷	“减小缩进量”按钮：单击该按钮，可以依次减小段落与页面左边界的距离
❸	“左对齐”按钮：单击该按钮，可使段落与页面左边距对齐
❹	“居中对齐”按钮：单击该按钮，可使段落与页面居中对齐
❺	“右对齐”按钮：单击该按钮，可使段落与页面右边距对齐
❻	“两端对齐”按钮：单击该按钮，可使段落同时与左边距和右边距对齐，并根据需要增加字间距
❼	“分散对齐”按钮：单击该按钮，可使段落同时靠左边距和右边距对齐，并根据需要增加字间距
❽	“行和段落间距”按钮：用于调整段落中文本的行与行之间的距离和段落与段落之间的距离
❾	“底纹”按钮：用于设置段落的底纹
❿	“下框线”按钮：用于设置段落中文本的下边框线

2．使用浮动工具栏设置

在 Word 2013 中选择需要设置段落格式的段落中的文本后，在附近出现的浮动工具栏中，还可以设置段落的常用格式，设置方法与通过“段落”组进行设置的方法相同。只不过浮动工具栏中用于设置段落格式的按钮较少，唯一的优势是它们距离设置段落格式的内容比较近。

3．通过对话框设置

通过“段落”对话框设置段落格式比“段落”组操作复杂一些，但可以设置得更为精确。选择需要设置段落格式的段落后，单击“开始”选项卡“段落”组右下角的对话框启动器按钮，即可打开“段落”对话框。

在“段落”对话框的“缩进和间距”选项卡中可以对段落的对齐方式、左右边距缩进量、与其他段落间距进行设置；在“换行和分页”选项卡中可对分页、行号和断字进行设置；在“中文版式”选项卡中可对中文文稿的特殊版式进行设置，如按中文习惯控制首尾字符、允许标点溢出边界等。

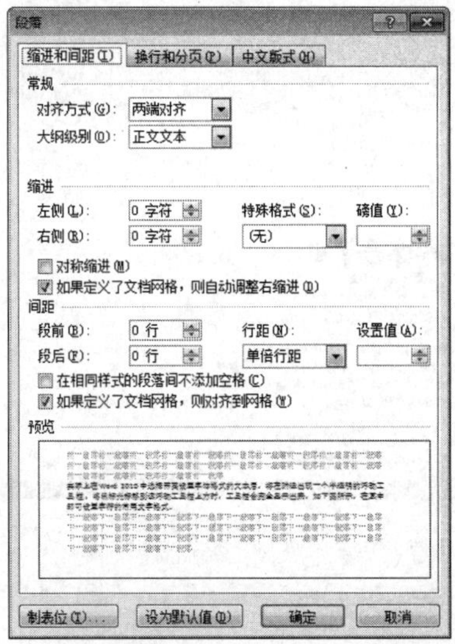

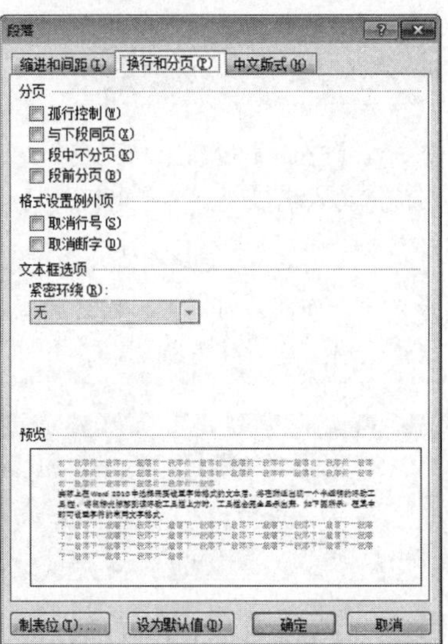

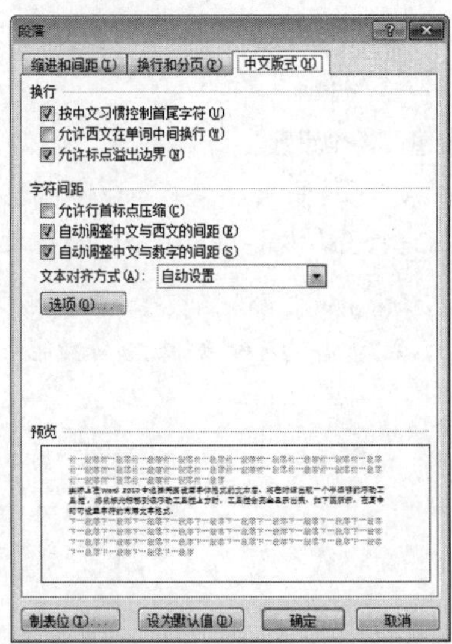

3.2.2 设置段落的对齐方式

在 Word 2013 中，段落的对齐方式有 5 种，分别是文本左对齐、居中、右对齐、两端对齐和分散对齐。输入文本时，默认的对齐方式是“两端对齐”，用户可以根据实际需要进行设置。段落对齐的设置步骤如下：

步骤 01 设置标题居中对齐。❶在文档编辑状态，选中或将插入点置于需要设置对齐方式的段落；❷在“开始”选项卡的“段落”组中单击“居中”按钮即可，操作如下图所示。

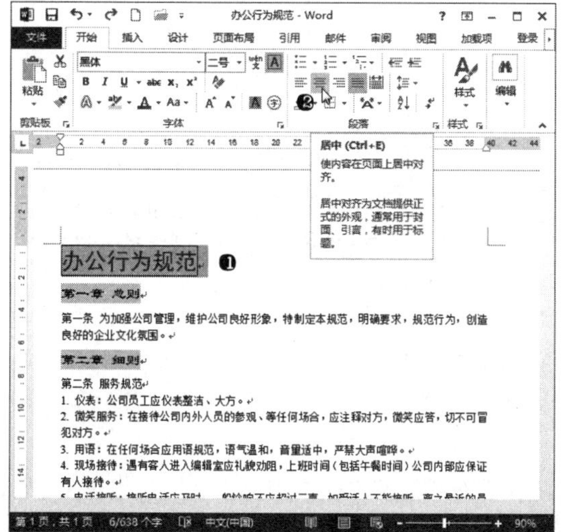

步骤 02 经过上步操作，即可看到文档中设置标题居中对齐的效果，如下图所示。

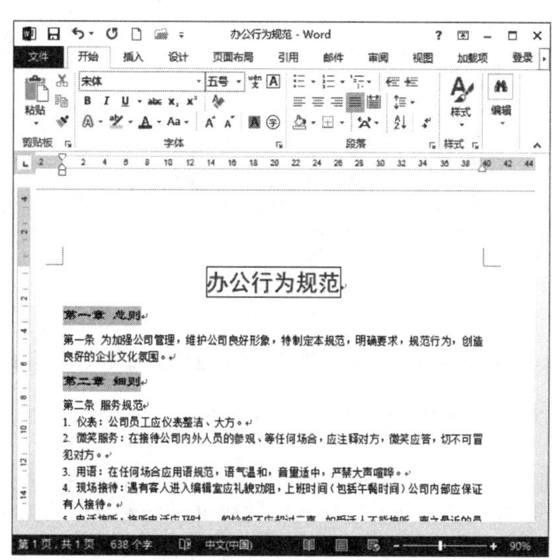

3.2.3 设置段落的缩进

段落缩进是指段落相对左右页边距向页内缩进一段距离。设置段落缩进可以将一个段落与其他段落分开，或显示出条理更加清晰的段落层次，以方便读者阅读。

缩进分为左缩进、右缩进、首行缩进和悬挂缩进 4 种，下面分别介绍各种缩进方式。

- 左缩进：指最左边的文本与页面左边距的距离，效果如下图所示。

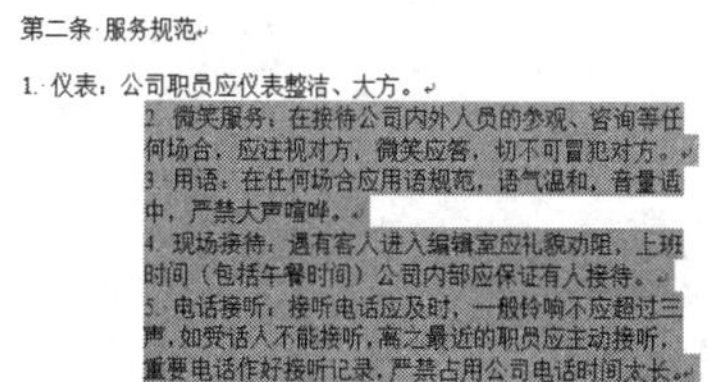

第二条 服务规范

1. 仪表：公司职员应仪表整洁、大方。
2. 微笑服务：在接待公司内外人员的参观、咨询等任何场合，应注视对方，微笑应答，切不可冒犯对方。
3. 用语：在任何场合应用语规范，语气温和，音量适中，严禁大声喧哗。
4. 现场接待：遇有客人进入编辑室应礼貌劝阻，上班时间（包括午餐时间）公司内部应保证有人接待。
5. 电话接听：接听电话应及时，一般铃响不应超过三声，如受话人不能接听，离之最近的职员应主动接听，重要电话作好接听记录，严禁占用公司电话时间太长。

- 右缩进：指最右边的文本与页面右边距的距离，效果如下图所示。

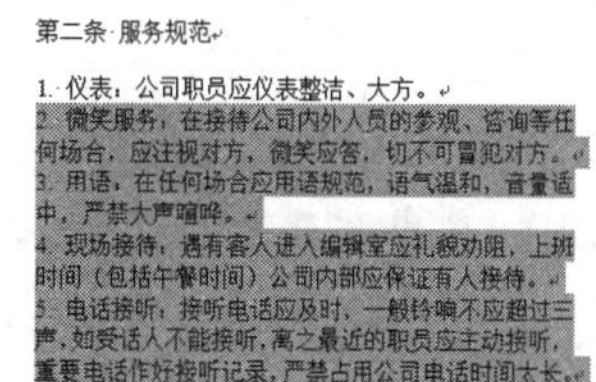

第二条 服务规范

1. 仪表：公司职员应仪表整洁、大方。
2. 微笑服务：在接待公司内外人员的参观、咨询等任何场合，应注视对方，微笑应答，切不可冒犯对方。
3. 用语：在任何场合应用语规范，语气温和，音量适中，严禁大声喧哗。
4. 现场接待：遇有客人进入编辑室应礼貌劝阻，上班时间（包括午餐时间）公司内部应保证有人接待。
5. 电话接听：接听电话应及时，一般铃响不应超过三声，如受话人不能接听，离之最近的职员应主动接听，重要电话作好接听记录，严禁占用公司电话时间太长。

- 首行缩进：指一段文本中第一行首字的起始位置与页面左边距的缩进量。中文段落普遍采用首行缩进方式，一般缩进两个字符，效果如下图所示。

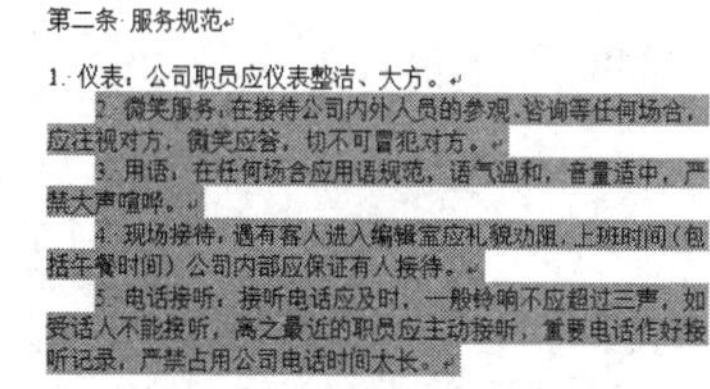

第二条 服务规范

1. 仪表：公司职员应仪表整洁、大方。
2. 微笑服务：在接待公司内外人员的参观、咨询等任何场合，应注视对方，微笑应答，切不可冒犯对方。
3. 用语：在任何场合应用语规范，语气温和，音量适中，严禁大声喧哗。
4. 现场接待：遇有客人进入编辑室应礼貌劝阻，上班时间（包括午餐时间）公司内部应保证有人接待。
5. 电话接听：接听电话应及时，一般铃响不应超过三声，如受话人不能接听，离之最近的职员应主动接听，重要电话作好接听记录，严禁占用公司电话时间太长。

- 悬挂缩进：指段落中除首行以外的其他行与页面左边距的缩进量。常用于一些较为特殊的场合，如报刊和杂志等，效果如下图所示。

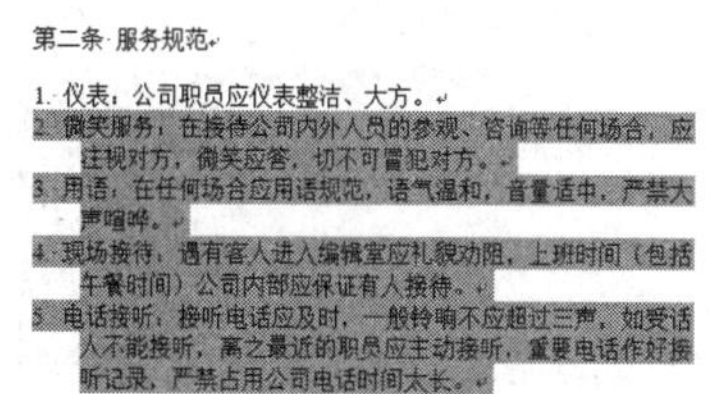

第二条 服务规范

1. 仪表：公司职员应仪表整洁、大方。
2. 微笑服务：在接待公司内外人员的参观、咨询等任何场合，应注视对方，微笑应答，切不可冒犯对方。
3. 用语：在任何场合应用语规范，语气温和，音量适中，严禁大声喧哗。
4. 现场接待：遇有客人进入编辑室应礼貌劝阻，上班时间（包括午餐时间）公司内部应保证有人接待。
5. 电话接听：接听电话应及时，一般铃响不应超过三声，如受话人不能接听，离之最近的职员应主动接听，重要电话作好接听记录，严禁占用公司电话时间太长。

在 Word 2013 中，段落缩进设置的方法有两种。一种是利用“段落”对话框，另外一种是使用标尺。下面具体介绍操作步骤。

1．利用“段落”对话框设置段落缩进

步骤 01 打开“段落”对话框。❶在文档编辑状态，选定需要设置段落缩进的段落；❷单击“开始”选项卡“段落”组右下角的“段落设置”按钮，弹出“段落”对话框，操作如下图所示。

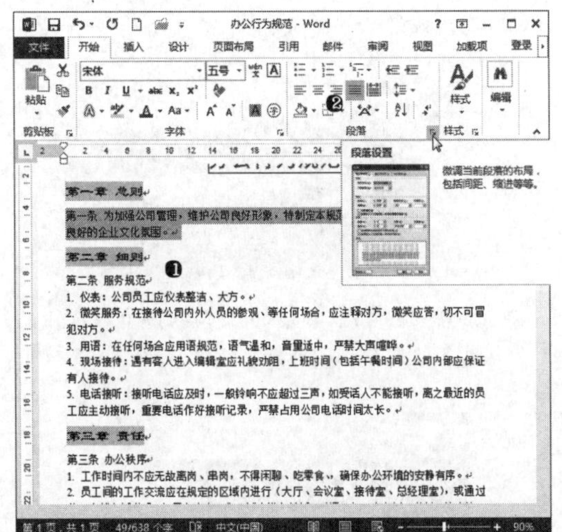

步骤 02 设置段落缩进。在“段落”对话框中，❶单击“缩进和间距”选项卡，在“缩进”组中精确设置缩进的位置，从“特殊格式”下拉列表中选择“首行缩进”选项，设置“缩进值”为“2 字符”；❷单击“确定”按钮完成设置，操作如下图所示。

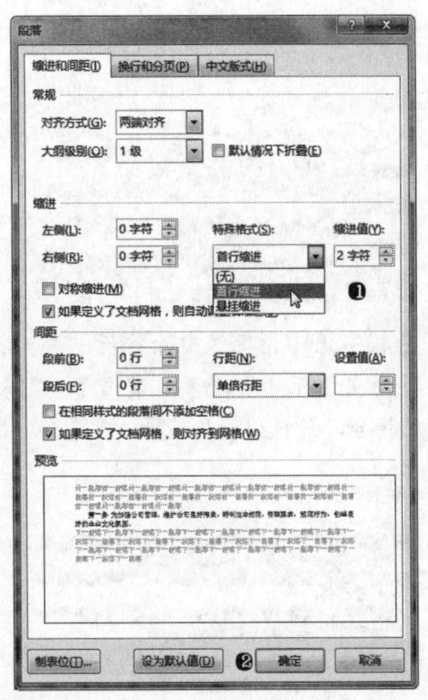

2．使用标尺设置段落缩进

步骤 01 显示标尺。在文档编辑状态，选中“视图”选项卡“显示”组中的“标尺”复选框，标尺显示在文档上方和左侧，如下图所示。

水平标尺上有 4 个按钮，依次为左缩进、悬挂缩进、首行缩进、右缩进按钮，如下图所示。

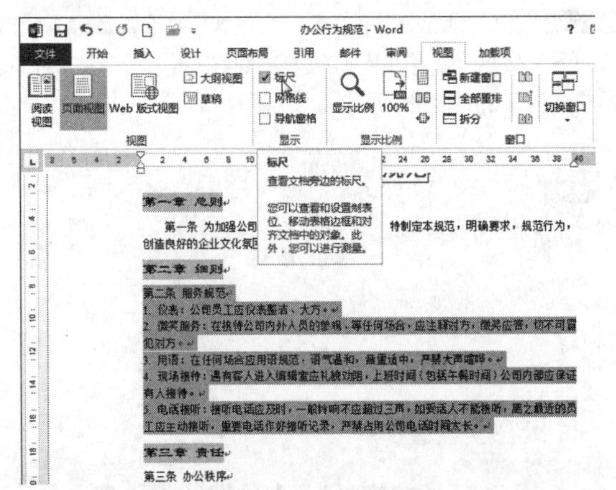

步骤 02 设置段落缩进。❶选定需要设置的一个或多个段落；❷将鼠标指向水平标尺的“首行缩进”滑块按钮，按住鼠标左键不放拖动至合适的位置释放鼠标左键即可，如下图所示。

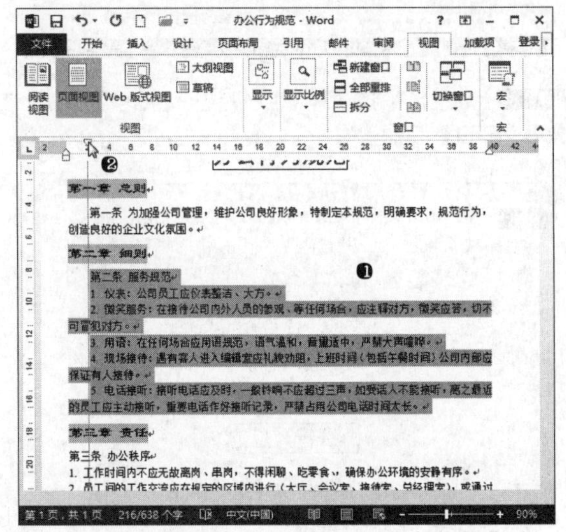

3.2.4 设置段间距与行间距

在对文档进行整体编排时，需要根据文档的具体内容对文档中的段间距和行间距进行设置，以达到统一的版面效果。段间距是指段落与段落之间的间距；行间距是指段落中行与行之间的间距。设置段间距和行间距的方法有两种，下面介绍具体的操作步骤。

1. 使用“段落”组设置段间距与行间距

❶在文档中选定需要设置的段落；❷单击“开始”选项卡“段落”组中“行和段落间距”命令按钮；❸在展开的下拉列表中选择需要的行距，如选择“1.5”，完成行间距的设置。

另外，也可以在展开的下拉列表中选择“增加段前间距”或“增加段后间距”选项，完成段间距的设置，如下图所示。

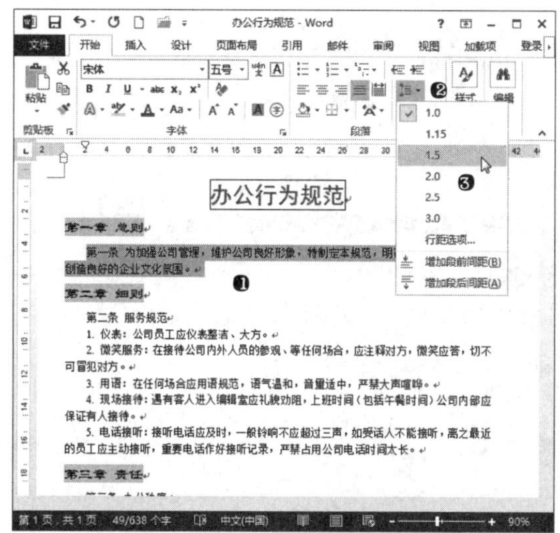

2. 使用“段落”对话框设置段间距与行间距

步骤 01 打开“段落”对话框。❶在文档编辑状态，选定需要设置段落缩进的段落；❷单击“开始”选项卡“段落”组右下角的“段落设置”按钮，弹出“段落”对话框，操作如下图所示。

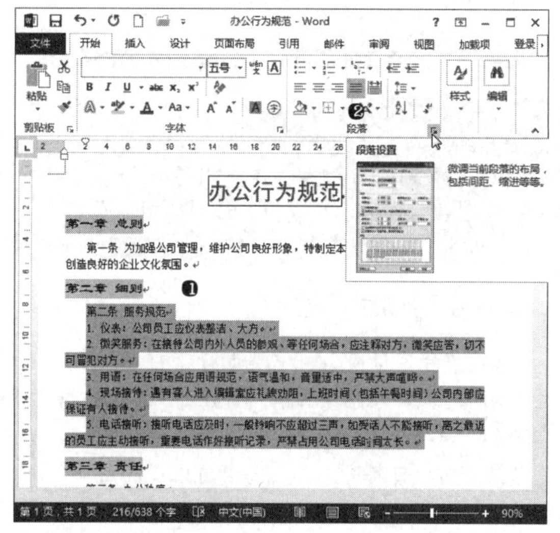

步骤 02 设置段落间距。❶在“段落”对话框中，在“间距”选项组中精确设置段前、段后间距，如“段前”为“0.5 行”、“段后”为“0.5 行”；“行距”为“1.5 倍行距”；❷单击“确定”按钮即可，操作如下图所示。

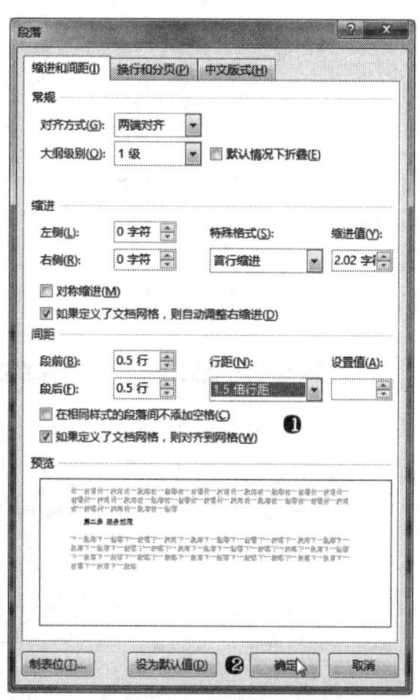

高手指引——段落对齐设置方法

段落格式是以“段”为单位的。因此，要设置某一个段落的格式时，可以直接将文本插入点定位在该段落中执行相关命令即可。要同时设置多个段落的格式时，就需要先选中这些段落，再进行格式设置。

3.2.5 添加编号

设置编号即在段落开始处添加阿拉伯数字、罗马序列字符、大写中文数字、英文字母等样式的连续字符。设置段落编号可以通过自动添加，也可以手动进行设置。

1. 自动添加

Word 2013 具有自动添加序号和编号的功能，避免了手动输入编号的烦琐，还便于后期修改与编辑。如在以“第一、”、“1.”、“A.”等文本开始的段落末尾按【Enter】键，在下一段文本开始时将自动添加“第二、”、“2.”、“B.”等文本。

例如，在“办公行为规范”文档中为具有先后顺序的文本添加编号，具体操作方法如下：

步骤 01 添加文本编号。打开“办公行为规范”文档，❶在需要添加编号的段落开始处输入“1、”文本；❷将文本插入点定位在需要分段的位置，如下图所示。

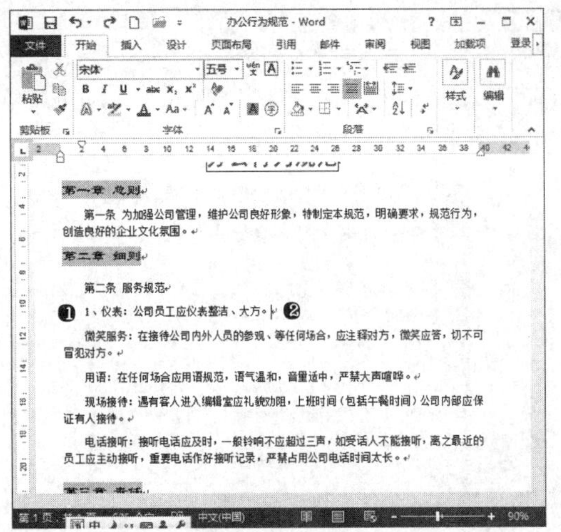

步骤 02 显示自动编号效果。按【Enter】键进行分段，同时可看到分段后的文本会自动在段首处添加“2、”编号。用相同的方法继续为段落分段并添加依次排序的编号，效果如下图所示。

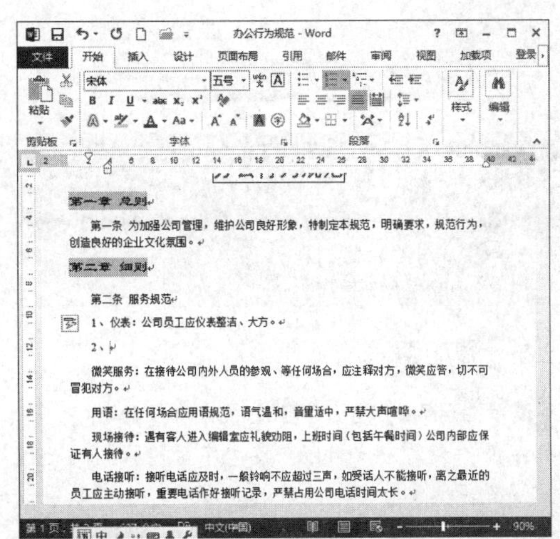

高手指引——编辑自动编号

自动添加编号时会在文本旁边出现一个智能图标，单击该图标右侧的下拉按钮，在弹出的下拉菜单中选择相应的命令可以撤销自动编号或停止自动创建编号列表等。

2．手动设置

设置段落自动编号一般在输入段落内容的过程中进行添加，如果在段落内容完成后需要统一添加编号，可以进行手动设置。

例如，在“办公行为规范”文档中为相应文本手动设置编号的具体操作方法如下：

步骤 01 添加文本编号。❶选择要设置编号的段落；❷单击“段落”组中“编号”按钮右侧的下拉按钮；❸在弹出的下拉列表中选择需要的编号样式，如下图所示。

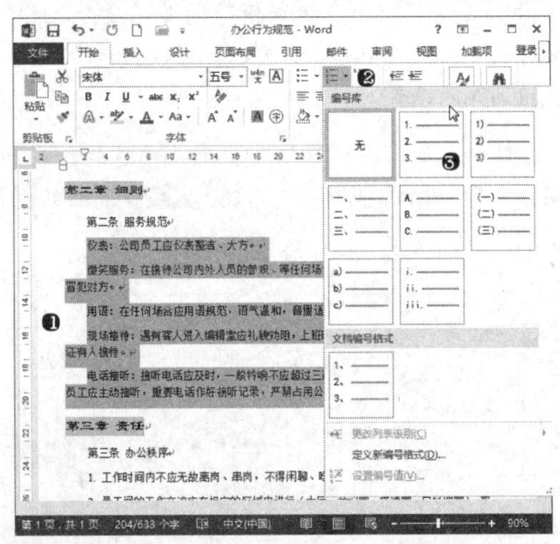

步骤 02 显示自动编号效果。经过上步操作，就为段落自动添加了选择的编号格式，其效果如下图所示。

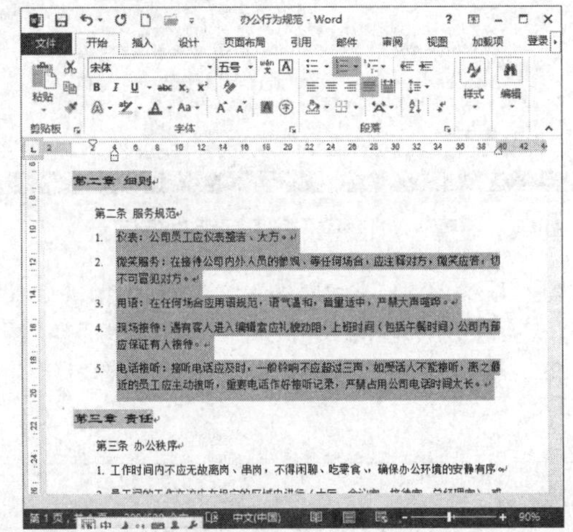

高手指引——自定义编号格式

使用自动编号功能为段落设置编号时，在“编号”下拉列表中提供的编号样式比较少。若需要设置的编号样式在“编号库”中没有提供，需要自行定义编号样式时，可选择“定义新编号格式”选项，在打开的对话框中进行设置。

3.2.6 添加项目符号

项目符号实际是放在文档的段落前用以添加强调效果的符号，即在各项目前所标注的🕮、●、★、■等符号。一般在文档中属于并列关系的文本内容前才使用相同的项目符号。项目符号可以是字符、符号，也可以是图片。项目符号可以是直接插入，也可以是自定义。

例如，在“办公行为规范”文档中为相应文本添加项目符号的具体操作方法如下：

1．直接插入项目符号

❶在文档编辑状态，选定需要设插入项目符号的段落；❷单击“开始”选项卡“段落”组中的“项目符号”按钮；❸在弹出的下拉列表中选择需要的项目符号，如下图所示。

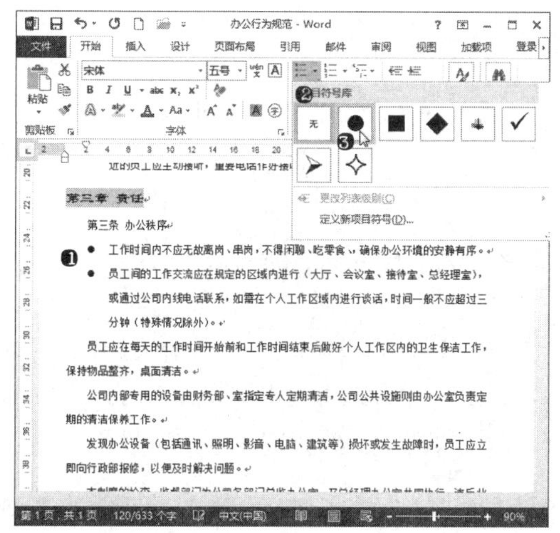

2．自定义项目符号

如果对项目符号库中的符号不满意，还可以自定义项目符号，可使用符号、特殊符号、图片等。项目符号的大小、字体、颜色等格式也可以自定义。

步骤 01 启动自定义项目符号功能。在文档编辑状态，选定需要设插入项目符号的段落；❶单击“开始”选项卡“段落”组中的“项目符号”按钮；❷在弹出的下拉列表中选择“定义新项目符号”选项，如下图所示。

步骤 02 设置自定义符号。❶在弹出的“定义新项目符号”对话框中单击“符号”按钮；❷在弹出的“符号”对话框中选择需要的符号；❸单击“符号”对话框中的“确定”按钮；❹返回“定义新项目符号”对话框，单击“确定”按钮，完成自定义项目符号的选择，如下图所示。

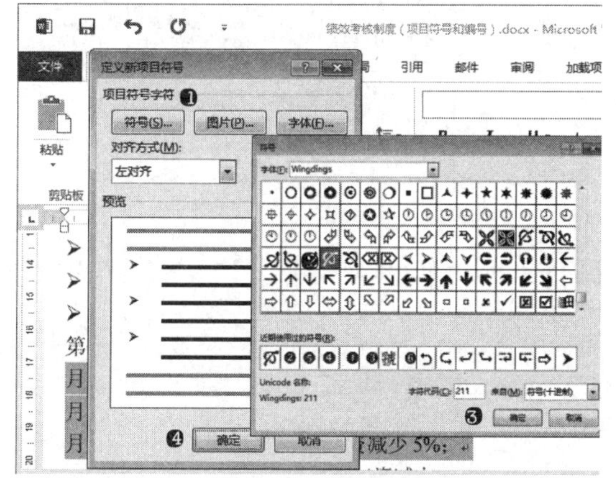

高手指引——“定义新项目符号”对话框的妙用

在“定义新项目符号”对话框中单击“字体”按钮，可以为选择的各种符号设置“字体”属性，如字体、颜色、字号等格式；在“定义新项目符号”对话框中单击“图片”按钮，可以添加图片项目符号。利用定义新项目符号可以使得文档布局更加丰富、层次更加清晰。

3.3 设置中文特殊版式

针对一些特殊场合的需要，Word 2013 提供了许多具有中文特色的特殊文字样式，如可以为中文添加拼音、竖直方式排版等。

光盘同步文件

原始文件：光盘\原始文件\第 3 章\办公行为规范 2.docx

结果文件：光盘\结果文件\第 3 章\办公行为规范 2.docx

教学视频：光盘\视频文件\第 3 章\3-3.mp4

3.3.1 首字下沉

首字下沉是指一个段落中第一个字符加大显示，常用于文档或章节的开头，在新闻稿、报纸杂志、请柬等特殊文档中经常使用，可以起到增强视觉效果的作用。Word 2013 的首字下沉包括下沉和悬挂两种效果，创建方法如下：

步骤 01 快速应用首字下沉。❶在文档编辑状态，将光标移动到要设置首字下沉的段落中；❷单击"插入"选项卡"文本"组中的"首字下沉"按钮；❸在弹出的下拉列表中选择"下沉"选项，即可完成段落的首字下沉设置，效果如下图所示。

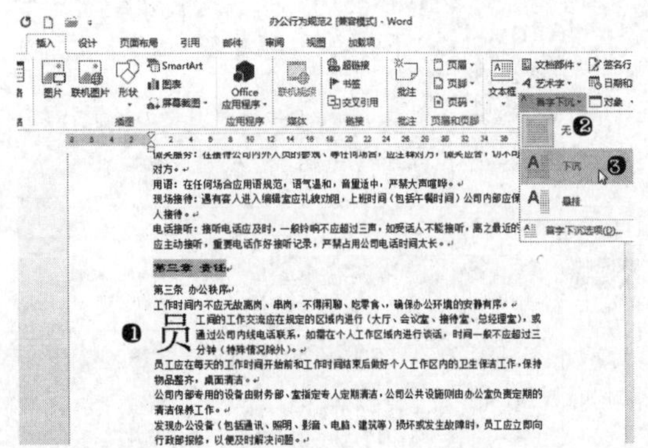

步骤 02 利用对话框设置首字下沉。在"首字下沉"下拉列表中选择"首字下沉选项"后，弹出"首字下沉"对话框。❶在"位置"选项组选择下沉方式，如"下沉"；❷在"选项"区域中设置首字下沉的字体、首字下沉所占行数及距正文间距；❸单击"确定"按钮完成设置，如下图所示。

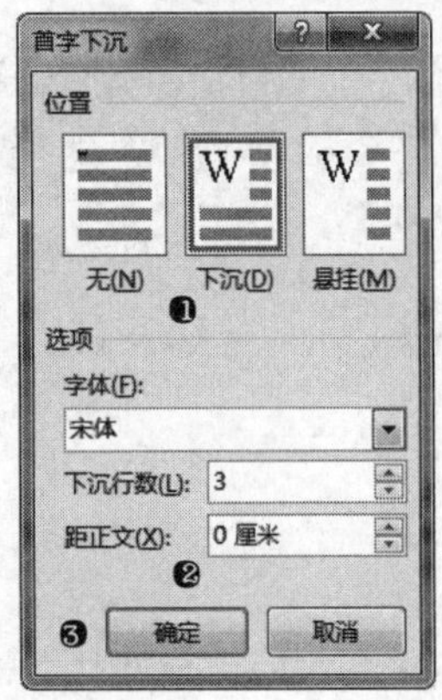

3.3.2 中文注音

用户要给文字注音，显示拼音字符以明确发音时（常用于儿童读物和小学课本中），可以使用拼音指南功能来完成。该功能可以直接在文字内容上添加拼音字母，避免了手动输入拼音的烦琐过程。

在阅读 Word 文档时如果遇到一些不清楚读音的生僻字，也可以借助拼音指南功能给文字注音，这样我们就可以轻松地认识和读出这些生僻字了。设置方法如下：

步骤 01 启动拼音指南功能。在文档编辑状态，❶选中需要标注拼音的文字；❷单击"开始"选项卡"字体"组中的"拼音指南"按钮，如下图所示。

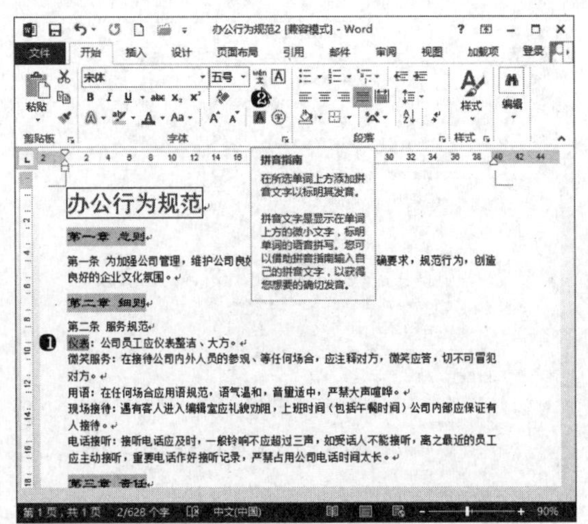

步骤 02 设置中文注音。在弹出的"拼音指南"对话框中，❶设置对齐方式、偏移量、字体、字号等；❷单击"确定"按钮完成设置，如下图所示。

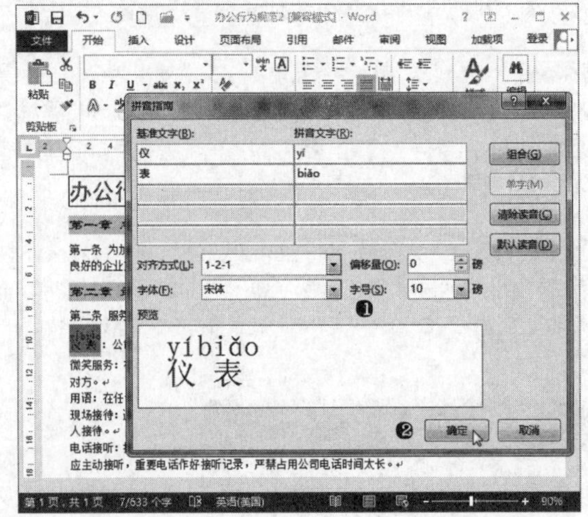

3.3.3 带圈字符

带圈字符是中文字符的一种特殊形式，用于表示强调，如已注册符号®，以及数字序列号①②③等。这样的带圈字符可以利用 Word 2013 中提供的带圈字符功能来输入。具体设置方法如下：

步骤 01 启动带圈字符功能。在文档编辑状态，❶选中需要添加圆圈的字符；❷单击“开始”选项卡“字体”组中的“带圈字符”按钮㊇，如下图所示。

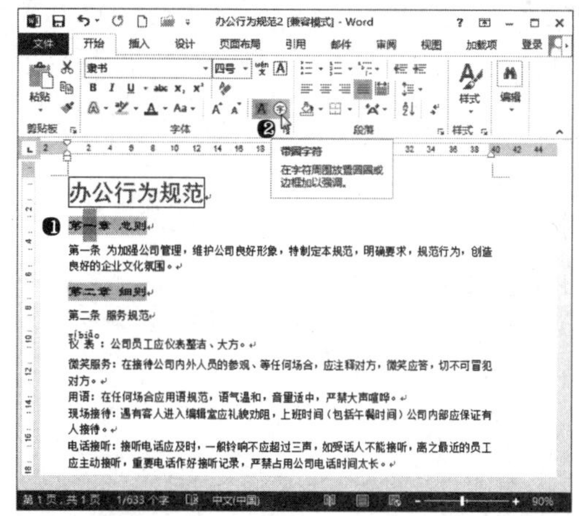

步骤 02 设置带圈字符。在弹出的“带圈字符”对话框中，❶选择带圈的样式；❷在“圈号”下方相应的列表框中选择圈号的形状；❸单击“确定”按钮完成设置，如下图所示。

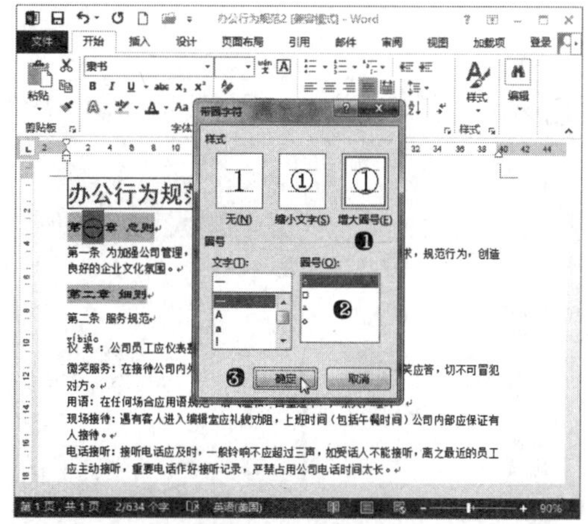

高手指引——设置带圈字符的注意事项

在“带圈字符”对话框中选择“缩小文字”样式，则会让添加圈号后的字符大小符合没有设置前的大小。“圈号”列表框用于选择制作带圈字符的外圈效果，如“❶”、“❷”、“❸”等。

3.3.4 纵横混排

纵横混排可以在同一个文档中同时设置横向文字和纵向文字的特殊效果。例如，当将文档中的文本方向设置为纵向时，文档中的数字会跟着向左旋转，这样不符合阅读习惯，使用纵横混排功能就可以让数字正常显示。设置方法如下：

步骤 01 启动纵横混排功能。在文档编辑状态，❶选中需要纵横混排的字符；❷单击“开始”选项卡“段落”组中的“中文版式”按钮；❸在弹出的下拉列表中选择“纵横混排”选项，如下图所示。

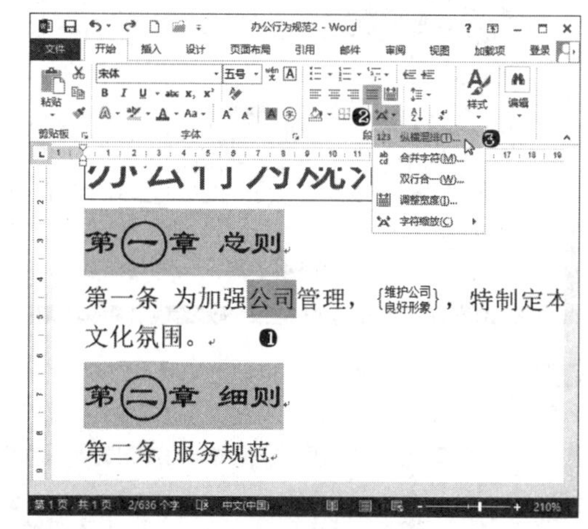

步骤 02 设置纵横混排。在弹出的“纵横混排”对话框中，❶选中“适应行宽”复选框；❷单击“确定”按钮完成设置，如下图所示。

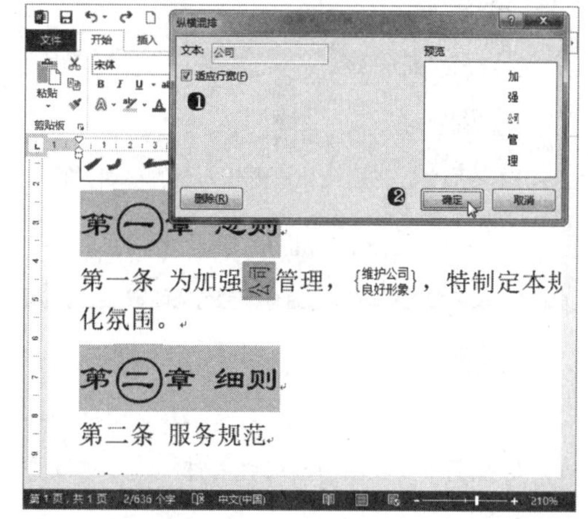

3.3.5 合并字符

合并字符是把选定的多个文本合并成一个字符，占用一个字符的空间，并把字符分两行排放。在使用Word编辑某些数学试卷的时候，可能会遇到需要同时为某一个字符输入上、下标的情况。此时，通过合并字符功能可以输入这类字符。设置方法如下：

步骤 01 启动合并字符功能。在文档编辑状态，❶选中需要合并的字符；❷单击“开始”选项卡“段落”组中的“中文版式”按钮；❸在弹出的下拉列表中选择“合并字符”选项，如下图所示。

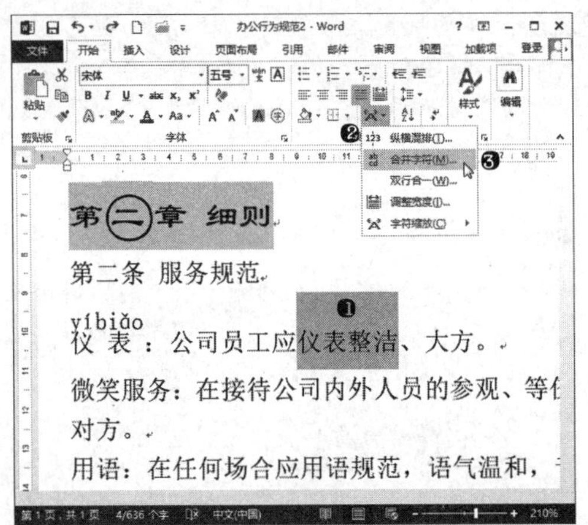

步骤 02 设置合并字符。❶在弹出的"合并字符"对话框中，在"字体"下拉列表中选择字体；在"字号"下拉列表中选择字符的大小；❷单击"确定"按钮完成设置，如下图所示。

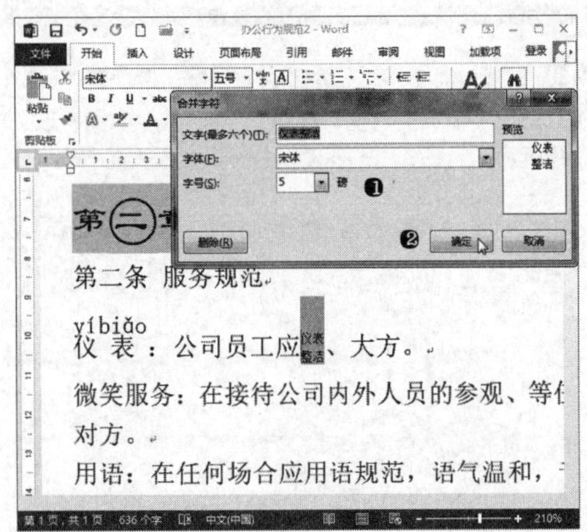

3.3.6 双行合一

双行合一是将两行文字显示在一行文字的空间中，该功能在制作特殊格式的标题或进行注释时十分有用，设置方法如下：

步骤 01 启动双行合一功能。在文档编辑状态，❶选中需要设置双行合一的字符；❷单击"开始"选项卡"段落"组中的"中文版式"按钮；❸在弹出的下拉列表中选择"双行合一"选项，如下图所示。

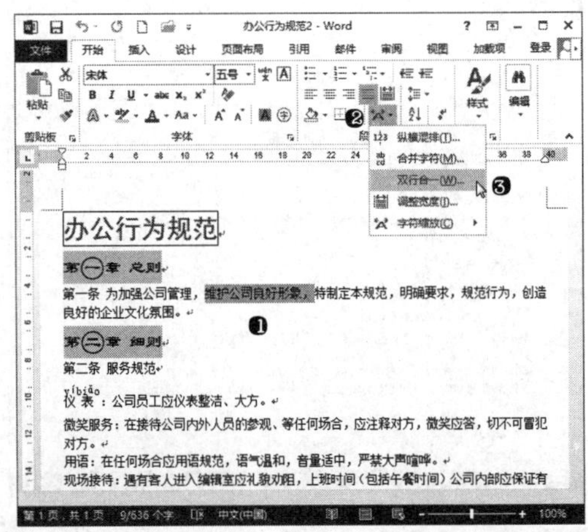

步骤 02 设置合并字符格式。在弹出的"双行合一"对话框中，❶选中"带括号"复选框，在"括号样式"下拉列表框中选择需要的括号样式；❷单击"确定"按钮完成设置，如下图所示。

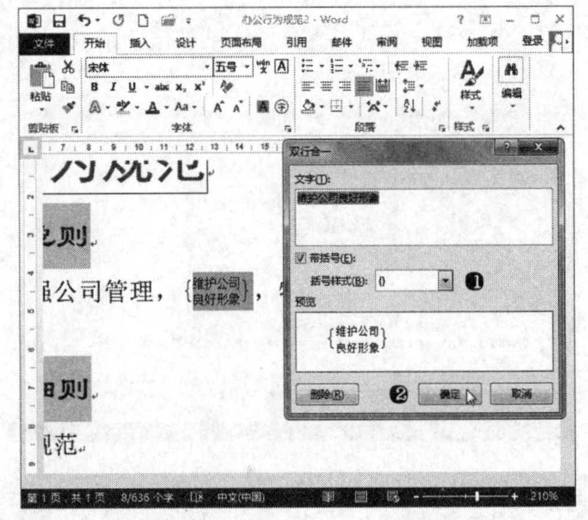

3.4 设置页面格式

对于一篇设计精美的文档，除了需要对字符和段落格式进行设置外，还需要对页面格式进行设计。页面格式包含页面大小、页边距、页眉 / 页脚等。

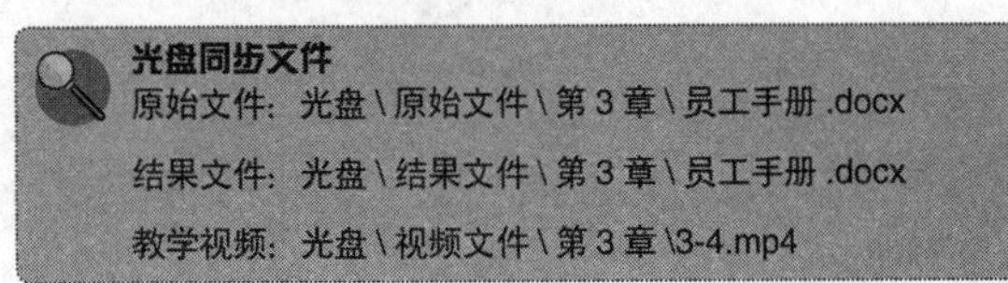

光盘同步文件
原始文件：光盘 \ 原始文件 \ 第 3 章 \ 员工手册 .docx
结果文件：光盘 \ 结果文件 \ 第 3 章 \ 员工手册 .docx
教学视频：光盘 \ 视频文件 \ 第 3 章 \3-4.mp4

3.4.1 页面设置

页面设置是指对文档页面布局的设置。页面设置包含设置页边距、纸张大小、页面方向和版式等。

1．设置页面大小与纸张方向

设置页面大小就是选择需要使用的纸型。纸型是用于打印文档的纸张幅面，有 A4、B5 等；纸张方向一般分为横向和纵向。在 Word 2013 中，用户可以根据实际需要选择 Word 内置的文档页面纸型，如果没有需要的纸型，也可以自定义纸张的大小。设置纸张大小和方向的操作步骤如下：

步骤 01 选择纸张大小。在文档编辑状态，❶单击“页面布局”选项卡；❷在“页面设置”组中单击“纸张大小”按钮；❸在弹出的下拉列表中选择需要的纸张大小，如下图所示。

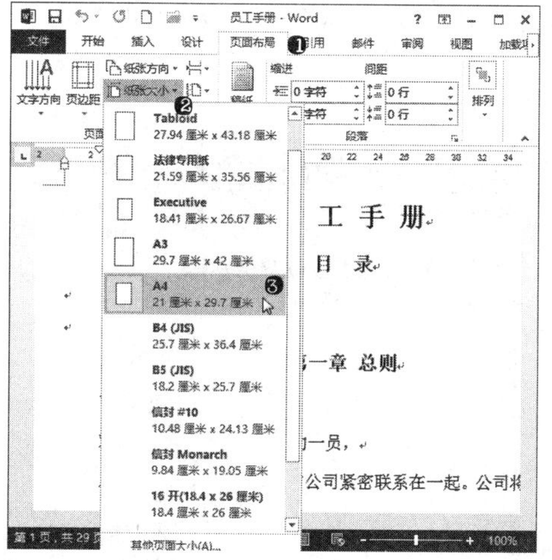

步骤 02 自定义纸张大小。如果内置的纸张大小不能满足需要，就需要自定义纸张大小。在步骤 01 状态，选择“其他页面大小”选项；❶在弹出的“页面设置”对话框中选择“纸张”选项卡；❷在“纸张大小”下拉列表框中选择纸张大小为“自定义大小”，根据需要设置纸张的宽度和高度；❸单击“确定”按钮完成自定义纸张大小的设置，如下图所示。

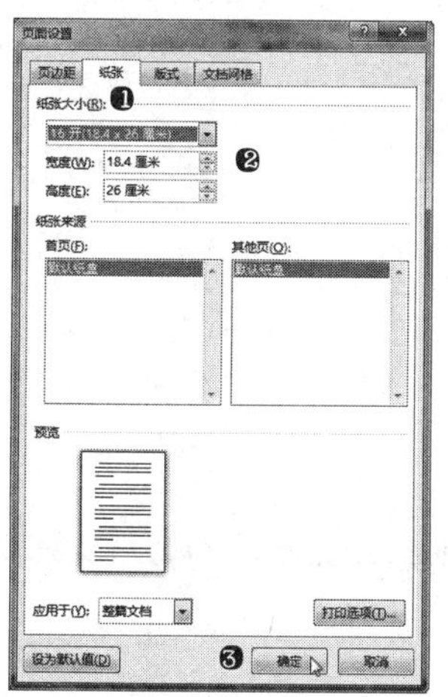

步骤 03 设置纸张方向。在文档编辑状态，❶单击“页面布局”选项卡“页面设置”组中的“纸张方向”按钮；❷在弹出的下拉列表中选择需要的纸张方向，如“纵向”。

2．设置页边距

页边距是指版心到指针边缘的距离，又称为“页边空白”。设置页边距就是根据打印排版需要，增加或减少正文区域的大小。为文档设置合适的页边距，可以使文档的外观更加赏心悦目。在进行排版时，一般是先设置好页边距，再进行文档的排版操作，如果在文档中已存在内容的情况下修改页边距会造成内容版式的混乱。页边距的设置方法如下：

步骤 01 设置页边距。在文档编辑状态，❶单击“页面布局”选项卡“页面设置”组中的“页边距”按钮；❷在弹出的下拉列表中选择需要的边距内置样式，如下图所示。

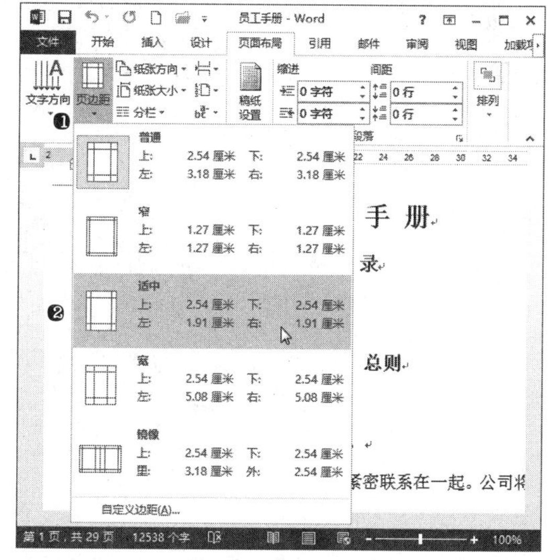

步骤 02 自定义页边距。如果内置的页边距不能满足需要，就需要自定义边距大小。在步骤 01 状态，选择“自定义边距”选项；❶在弹出的“页面设置”对话框中选择“页边距”选项卡；❷设置“页边距”的上、下、左、右页边距等属性；❸单击“确定”按钮完成自定义页边距的设置，如下图所示。

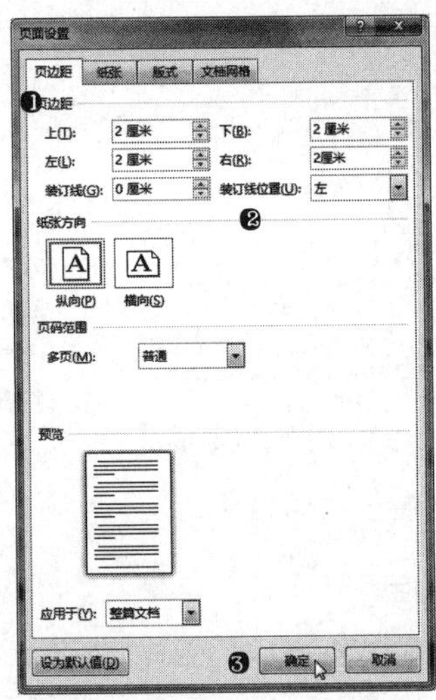

3.4.2 设置页眉和页脚

页眉是指位于页面顶部的说明信息；页脚是指位于页面底端的说明信息。页眉和页脚的内容可以是页码，也可以是其他信息，如文档名称、章节名、时间、公司徽标图片等。Word 2013 提供了丰富的页眉和页脚格式，可以高效地设计页面。

使用 Word 编辑文档时，并不需要每添加一页就创建一次页眉和页脚，可以在进行版式设计时直接为全部的文档添加页眉和页脚。具体操作步骤如下：

步骤 01 选择页眉样式。在文档编辑状态，❶单击“插入”选项卡；❷在“页眉和页脚”组中单击“页眉”按钮；❸在弹出的下拉列表选择需要的内置页眉样式，如下图所示。

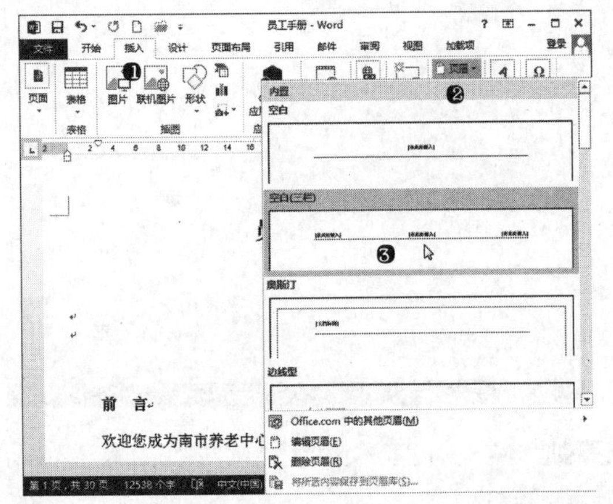

步骤 02 在页眉中插入日期。❶进入页眉编辑状态，单击选择插入页眉内容的位置；❷单击“页眉和页脚工具”选项卡“插入”组中的“日期和时间”按钮。操作如右上图所示。

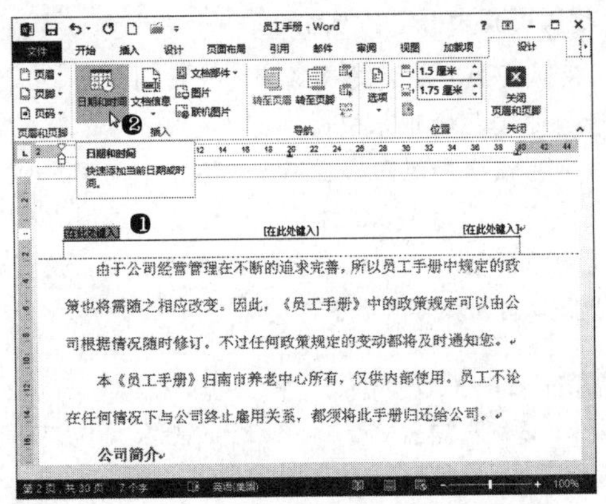

步骤 03 ❶在弹出的“日期和时间”对话框中设置“语言”类型并选择日期和时间格式；❷单击“确定”按钮完成日期的插入，操作如下图所示。

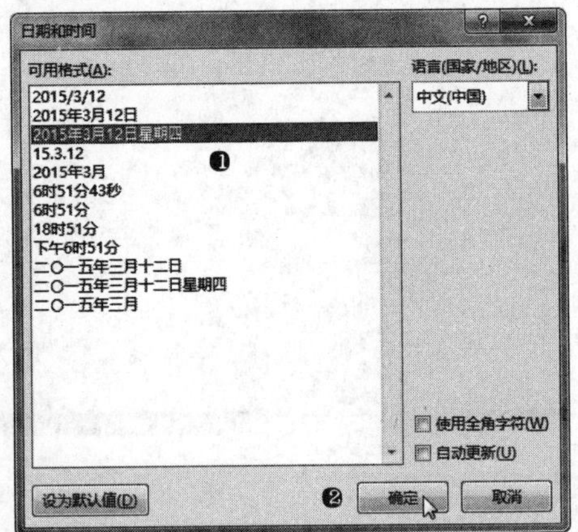

步骤 04 选择页脚样式。经过上步操作，在页眉区插入了当前日期。在“页眉和页脚工具”选项卡的“导航”组中单击“转至页脚”按钮，操作如下图所示。

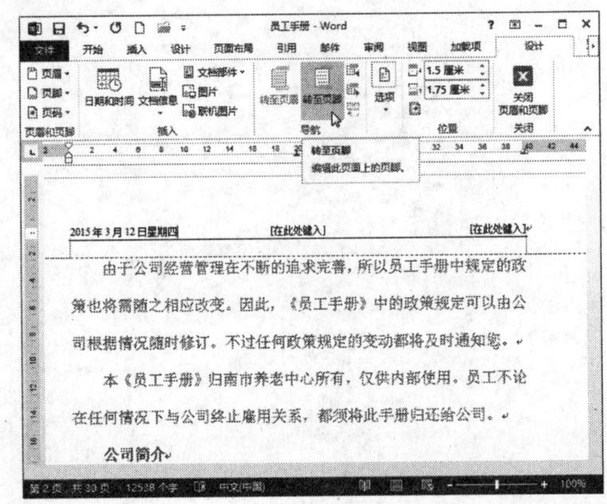

步骤 05 设置页脚。进入页脚编辑区，可以直接输入内容，也可以插入相关对象，如单击“文档信息”下拉按钮，在下拉列表中选择“文件名”选项。操作如下图所示。

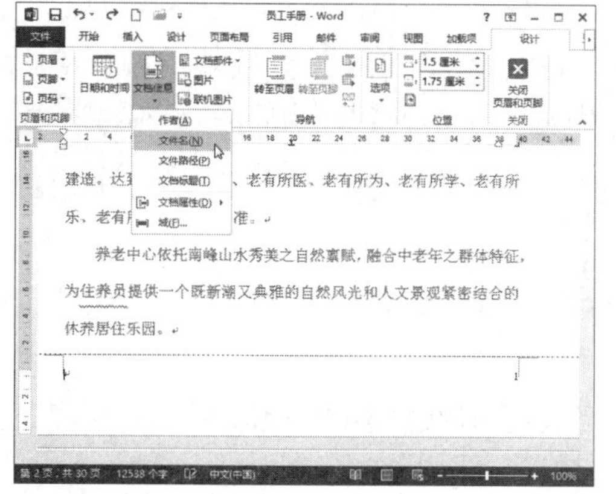

步骤 06 关闭页眉和页脚编辑状态。页眉和页脚编辑完成后，单击“设计”选项卡“关闭”组中的“关闭页眉和页脚”按钮，关闭页眉和页脚编辑状态并切换到文档编辑状态，操作如下图所示。

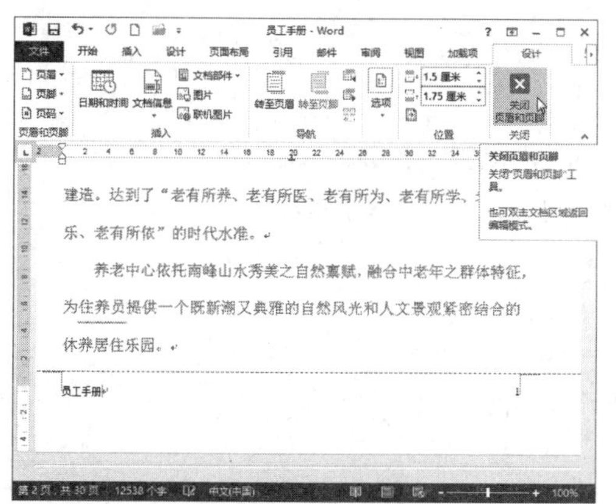

高手指引——修改页眉和页脚

完成页眉和页脚的设置后，如果需要对页眉和页脚进行编辑修改，可以在页眉或页脚区双击，进入页眉和页脚编辑状态进行修改；如果需要删除页眉或页脚，可以单击“页眉和页脚工具 - 设计”选项卡“页眉和页脚”组中的“页眉”或“页脚”按钮，在弹出的下拉列表中选择“删除页眉”或“删除页脚”选项即可。

3.4.3 插入页码

页码基本上是文档（尤其是长文档）的必备要素，它与页眉和页脚是相互联系的，用户可以将页码添加到文档的顶部、底部或页边距处，但是页码与页眉和页脚中的信息一样，都呈灰色显示且不能与文档正文信息同时进行更改。

Word 2013 中提供了多种页码编号的样式，可直接套用。插入页码的方法与插入页眉 / 页脚的方法基本相同，只需单击“插入”选项卡“页眉和页脚”组中的“页码”按钮，在弹出的下拉列表中选择需要插入页码的位置，然后选择合适的样式即可。

3.4.4 设置页面背景

在 Word 2013 中可以为页面设置背景以增强文档的美观性。设置页面背景包括设置文档背景、文档边框和水印。

1. 设置文档背景

在 Word 2013 中，页面背景可以是纯色背景、双色渐变背景，也可以是图案、纹理及图片背景。具体操作如下：

步骤 01 设置文档背景为纯色。在文档编辑状态，❶单击“设计”选项卡“页面背景”组中的“页面颜色”按钮；❷在弹出的下拉列表选中需要的颜色，该颜色在文档中预览显示，单击选中的颜色后，即可将该颜色应用到文档，如下图所示。

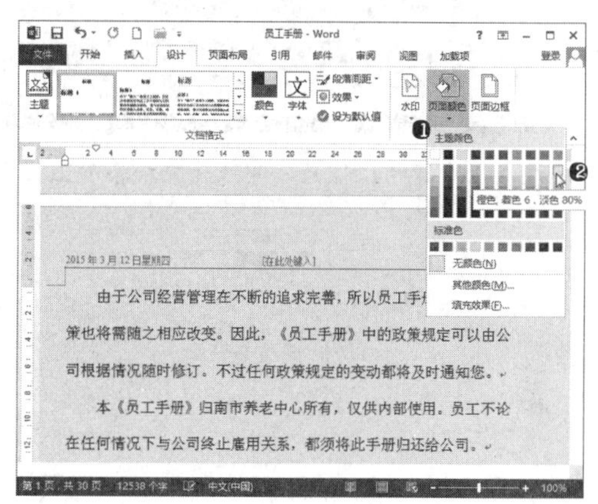

步骤 02 设置文档背景为填充效果。在步骤 01 界面中，单击“填充效果”命令，打开“填充效果”对话框，❶选择填充类型，如纹理；❷在列表框中选择需要的背景纹理；❸单击“确定”按钮即可。操作如下图所示。

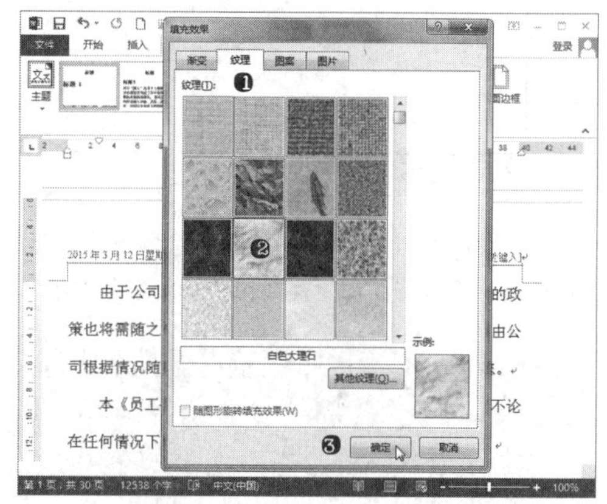

2．设置页面边框

在 Word 中，不仅可以给文字、段落添加边框，也可以给页面添加边框，以达到美化文档的效果。设置页面边框是指在整个页面的内容区域外添加一种边框，添加的页面边框将应用到该文档的所有页面。操作步骤如下:

步骤 01 打开“边框和底纹”对话框。在文档编辑状态，单击“设计”选项卡“页面背景”组中的“页面边框”按钮，如下图所示，打开“边框和底纹”对话框。

步骤 02 设置页面边框。在“边框和底纹”对话框中；❶单击“页面边框”选项卡；❷根据需要设置样式、颜色、宽度、艺术型等属性；❸单击“确定”按钮，操作如下图所示。

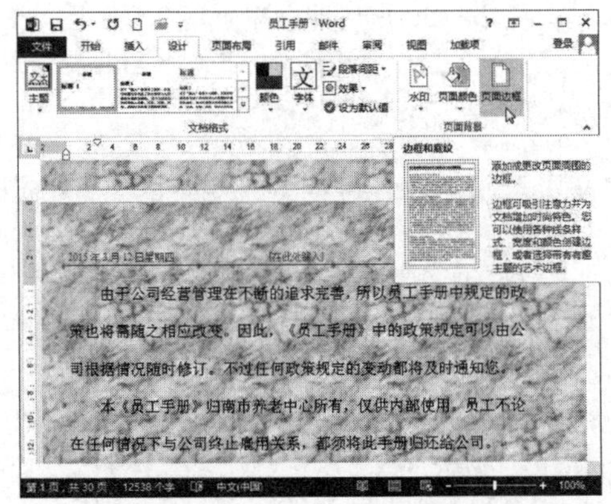

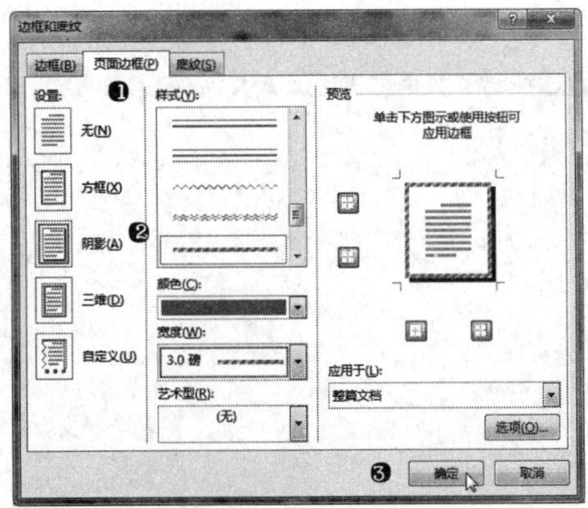

经过以上步骤的操作后，即可为文档添加上页面背景与页面边框，其效果如下图所示。

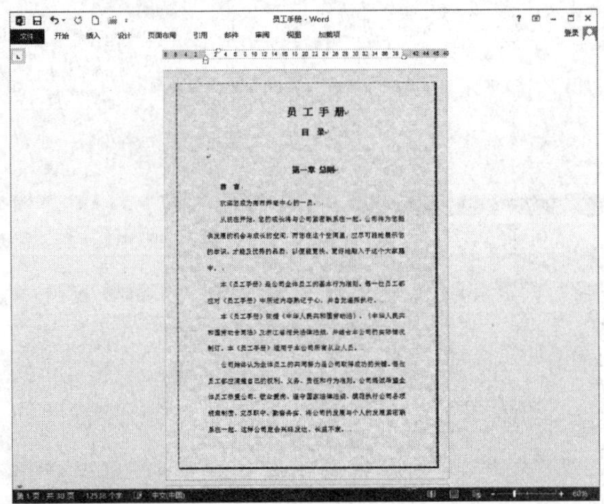

3.5 文档的打印

完成文档的排版后，就可以将文档打印出来供多人查看或张贴。打印之前，为了防止打印出来的效果不明显，可以先对其进行预览，在打印时还可以设置打印的范围和份数。

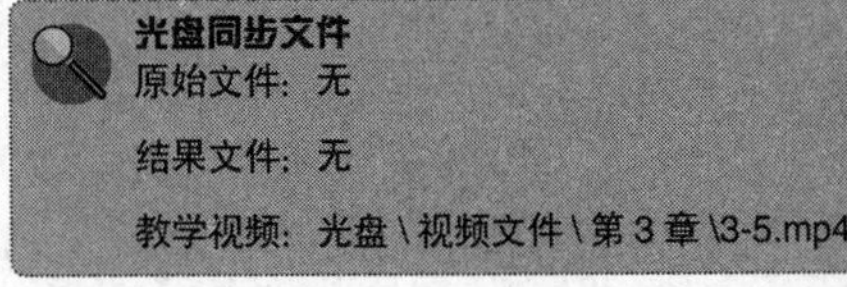

光盘同步文件

原始文件：无

结果文件：无

教学视频：光盘 \ 视频文件 \ 第 3 章 \3-5.mp4

3.5.1 设置打印选项

进行文档打印之前，要对打印的文档内容进行设置。在 Word 2013 中，通过“Word 选项”对话框能够对“打印选项”进行设置，可以决定是否打印文档中绘制的图形、插入的图像及文档属性等信息。设置方法如下：

步骤 01 打开“Word 选项”对话框。在文档编辑状态，单击“文件”菜单按钮；选择“选项”命令，将打开“Word 选项”对话框，如下图所示。

步骤 02 设置打印选项。❶ 在弹出的“Word 选项”对话框中，选择“显示”选项；❷ 选中“打印在 Word 中创建的图形”和“打印背景色和图像”复选框；❸ 单击“确定”按钮完成设置，如下图所示。

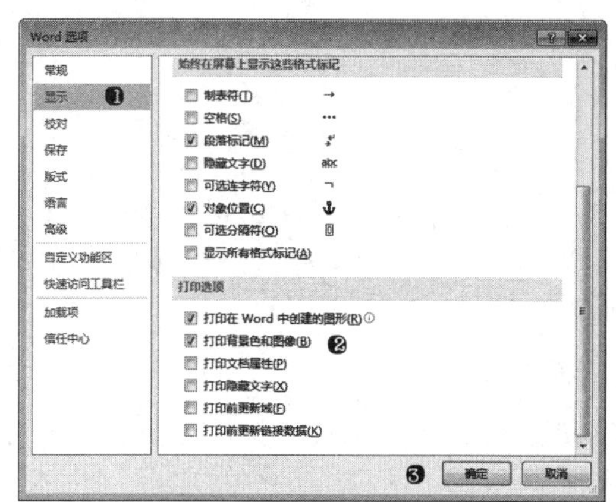

3.5.2 打印预览文档

为了保障打印输出的品质及准确性，一般正式打印之前都需要进行打印预览来观察实际打印的效果，如整体版式、页面布局等，发现并及时改正存在的错误，避免浪费纸张。打印预览文档的操作步骤如下：

步骤 01 启动打印预览。在文档编辑状态，单击“文件”菜单按钮；选择“打印”命令，右侧的窗格显示预览的打印效果，如下图所示。

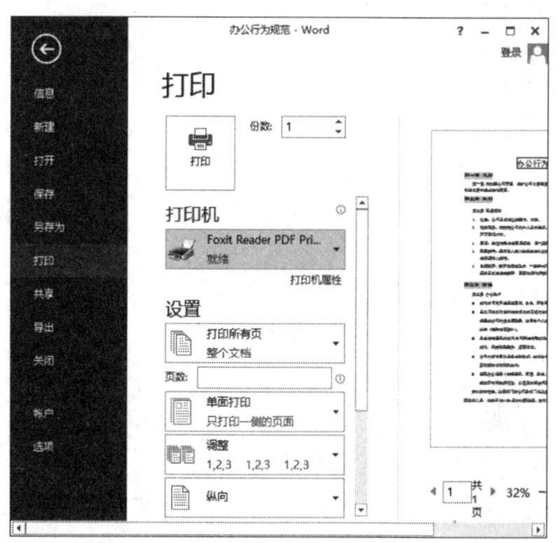

步骤 02 翻页预览所有文档。在右侧预览窗格的下方，❶ 拖动“显示比例”滚动条上的滑块调整文档显示大小；❷ 单击“下一页”、“上一页”按钮，进行翻页预览操作，如下图所示。

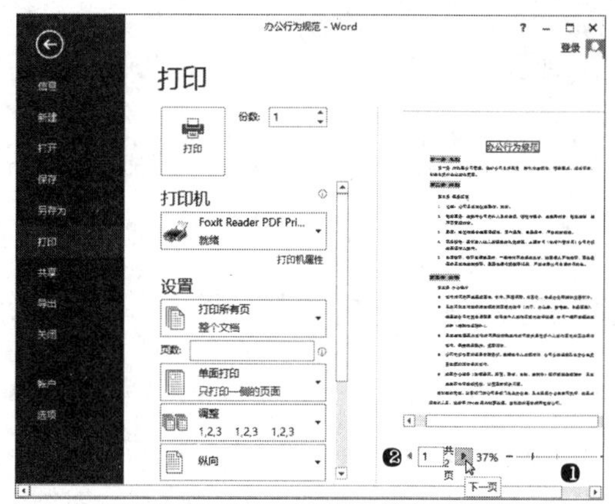

3.5.3 打印文档

文档打印预览没有问题后，就可以打开打印机电源，正式将文档内容打印出来。操作方法如下：

步骤 01 设置打印份数。在文档编辑状态，单击“文件”菜单按钮；❶ 选择“打印”命令；❷ 在打印属性页面中间窗格的“份数”数值框中设置打印份数，如下图所示。

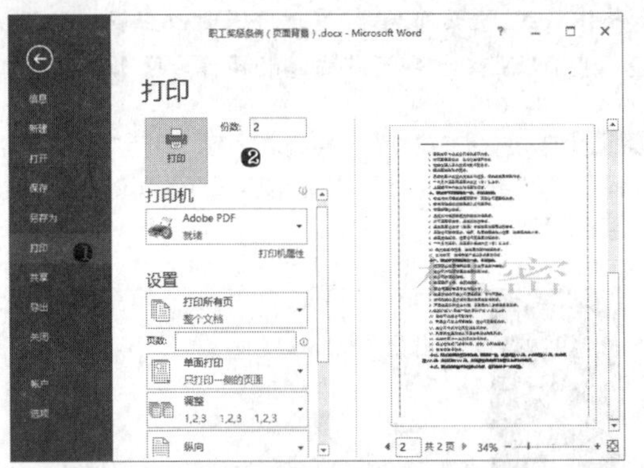

步骤 02 选择打印的页面。在打印“设置”选项区域，❶单击“打印所有页”按钮；❷在打开的下拉列表中选择需要的选项，如选择“打印当前页面”选项，当前页处于打印选中状态并在预览区域预览，如下图所示。

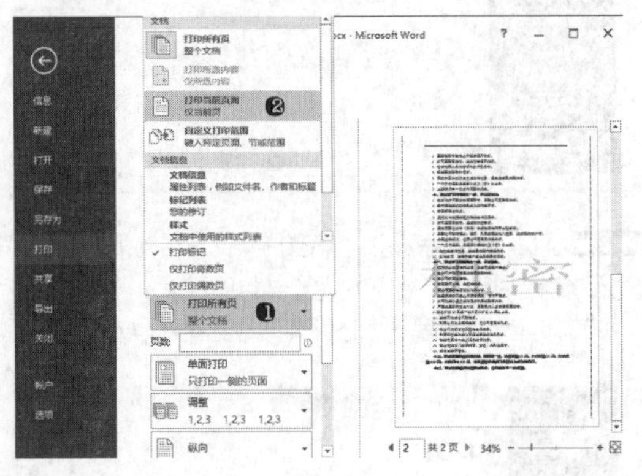

步骤 03 选择打印机。在打印“打印机”选项区域，❶单击默认的打印机按钮；❷在打开的下拉列表中选择需要的打印机，如下图所示。如果没有需要的打印机，可以选择“添加打印机”选项进行添加。

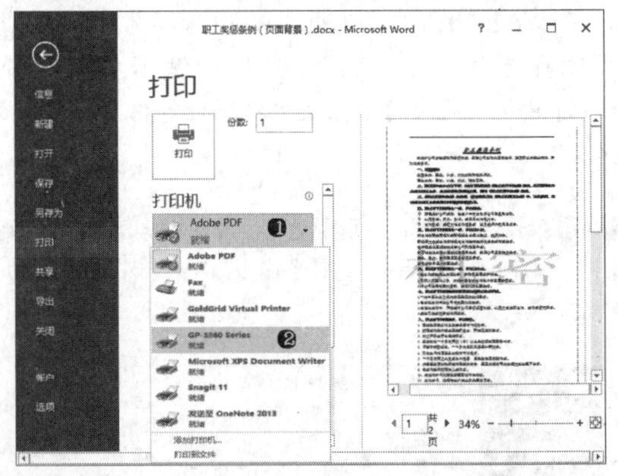

步骤 04 打印文档。在打印属性页面中，单击“打印”按钮，按照前面步骤的设置，在所选打印机中文档被打印出来，如下图所示。

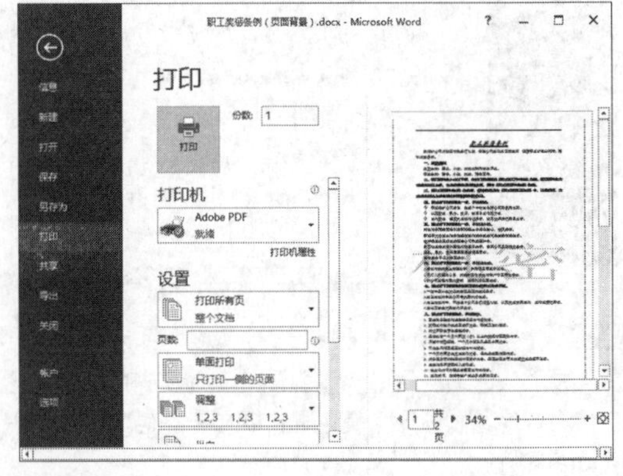

实用技巧——技能提高

通过前面知识的学习，相信学习者已经掌握了 Word 2013 文档的格式编排的基本操作。下面结合本章内容，介绍一些实用技巧。

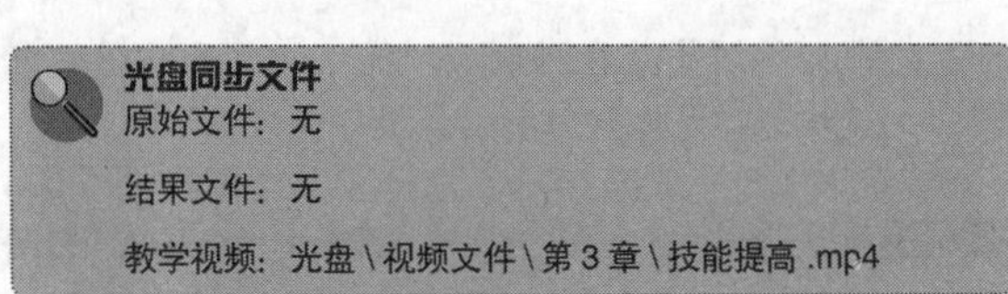

在编排文档格式时，当文档中有多处需要设置相同的格式时，不需要重复设置，可以利用“格式刷”来复制格式。

1．复制格式

步骤 01 启动复制格式功能。在文档编辑状态，拖动选中已经设置格式的文本或段落；单击“开始”选项卡“剪贴板”组中的“格式刷”按钮，如下图所示。如果需要多个地方复制该格式，可双击“格式刷”按钮。

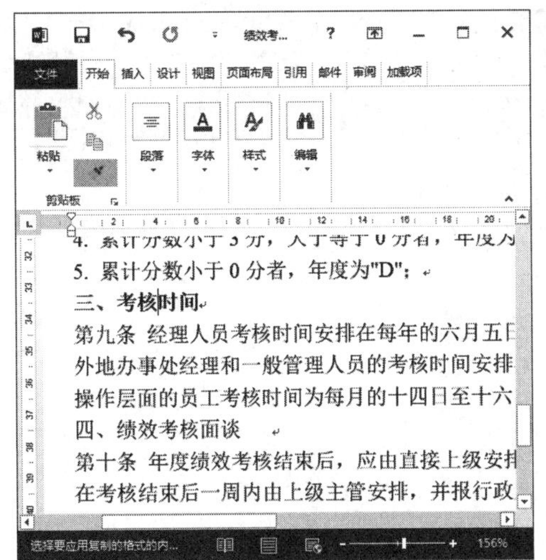

步骤 02 复制格式。当鼠标指针变成刷子形状时，拖动需要设置的文本或段落，松开鼠标，格式即被复制，如下图所示。

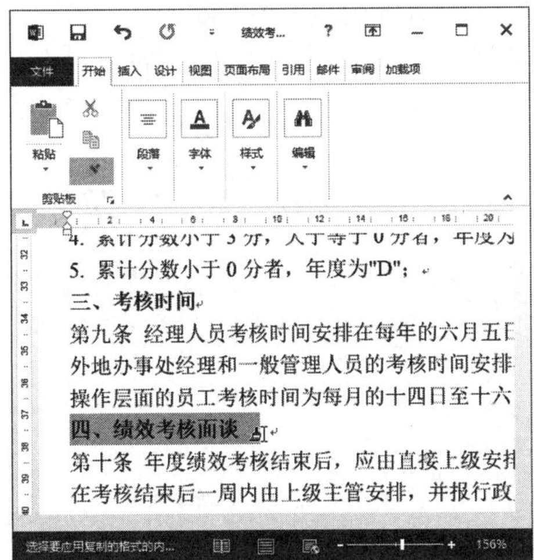

2．清除格式

当文本或段落不需要某种格式时，可使用“清除格式”命令，清除了格式后的文本或段落将恢复为默认状态。清除格式的方法如下：

步骤 ❶在文档编辑状态，选中需要清除格式的文本；❷单击“开始”选项卡“字体”组中的“清除所有格式”按钮，将清除所选文本的格式，如右上图所示。

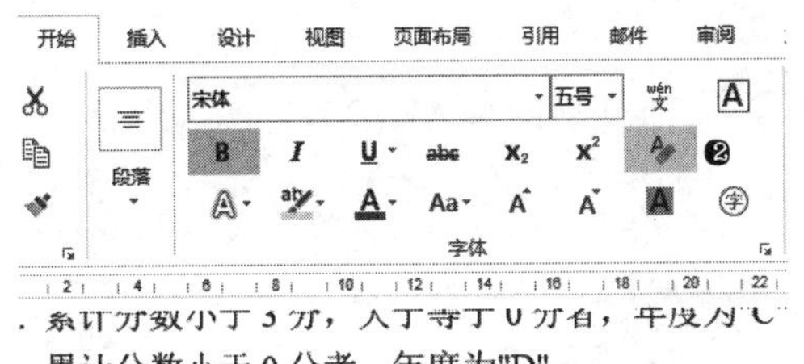

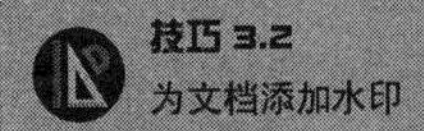

技巧 3.2
为文档添加水印

水印是出现在文档背景上的文本或图片。添加水印可以增强文档的趣味性，更重要的是可以标识文档，如在文档中添加公司信息或文稿状态为水印等。水印在页面视图和阅读视图可显示，也可以在打印文档的时候打印出来。水印的设置方法如下：

步骤 01 设置水印。在文档编辑状态，❶单击“设计”选项卡“页面背景”组中的“水印”按钮；❷在弹出的下拉列表中单击需要的水印样式，该样式即应用到文档，如下图所示。如果内置的水印样式不满足需要可以自定义。

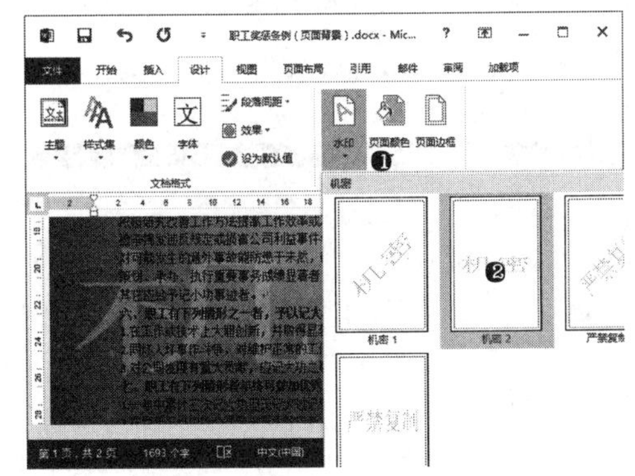

步骤 02 自定义水印。在文档编辑状态，单击“设计”选项卡“页面背景”组中的“水印”按钮；在弹出的下拉列表中选择“自定义水印”按钮；❶在弹出的“水印”对话框中，设置水印的类型、文字内容、字体颜色等；❷单击“确定”按钮，该自定义效果即应用到文档，如下图所示。

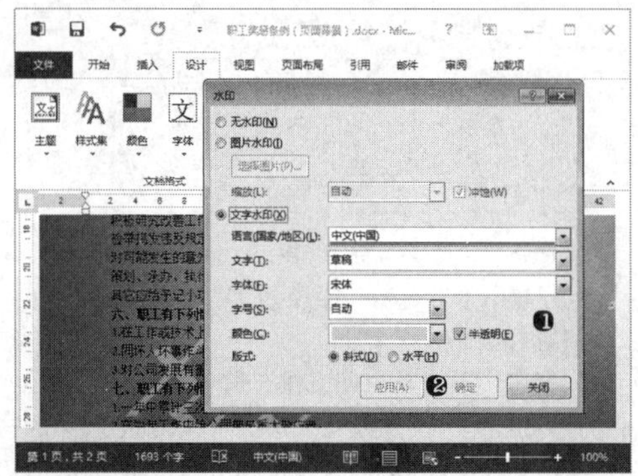

技巧 3.3

为奇偶页添加不同的页眉和页脚

对于双面装订的文档(如书刊)，通常需要设置"首页不同"、"奇偶页不同"的页眉和页脚。利用此方法可以为不同的页面设置页眉和页脚，具体操作步骤如下：

步骤 01 进入页眉和页脚编辑状态。在文档编辑状态，鼠标左键双击页眉区或页脚区，使得页眉和页脚处于编辑状态，此时显示"页眉和页脚工具"选项卡，如下图所示。

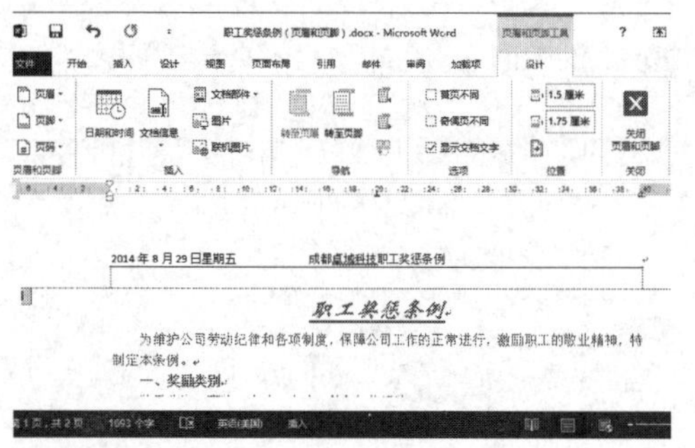

步骤 02 设置奇数页页眉。在页眉编辑状态，❶选中"页眉和页脚工具 - 设计"选项卡"选项"组中的"奇偶页不同"复选框；❷此时在页眉区顶部显示"奇数页页眉"字样，根据需要设置页眉，如下图所示。使用"转至页脚"功能，可设置奇数页页脚样式。

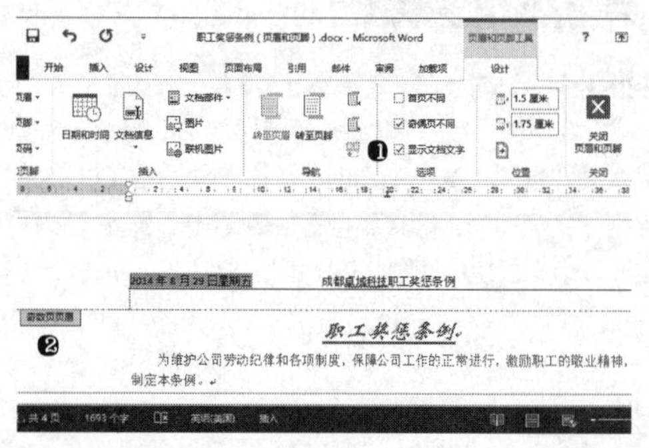

步骤 03 设置偶数页页眉。在页眉编辑状态，❶单击"页眉和页脚工具 - 设计"选项卡"导航"组中的"下一节"按钮；❷此时在页眉区顶部显示"偶数页页眉"字样，根据需要设置页眉，如下图所示。使用"转至页脚"功能，可设置偶数页页脚样式。

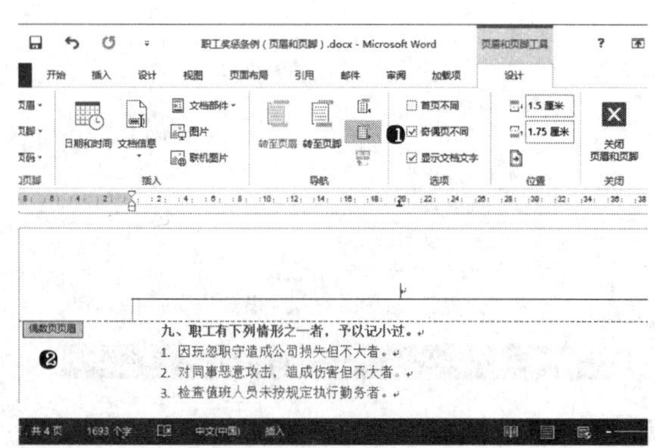

步骤 04 设置首页页眉。在页眉编辑状态，❶选中"页眉和页脚工具 - 设计"选项卡"选项"组中的"首页不同"复选框；❷此时在页眉区顶部显示"首页页眉"字样，根据需要设置页眉，如下图所示。使用"转至页脚"功能，还可设置首页页脚样式。

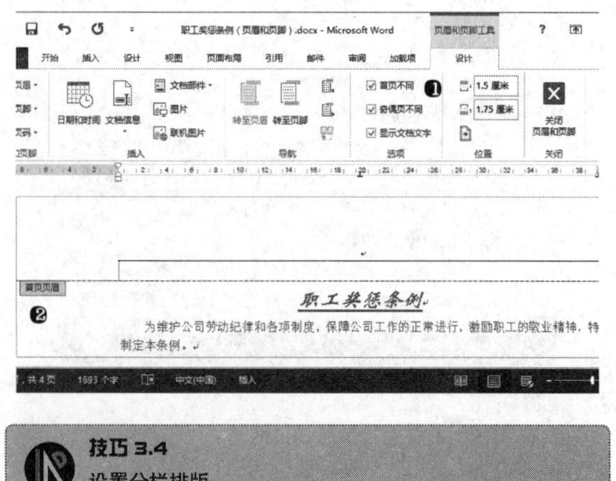

技巧 3.4

设置分栏排版

当文档中一行文字比较长不便于阅读时，可以使用分栏排版的方式将版面分成多栏。同时，对于杂志、期刊论文、报纸等出版物，往往需要将同一版面上的内容分成多栏，使得页面更具特色和观赏性。

1．设置和修改分栏

步骤 01 选择分栏形式。在文档编辑状态，选中需要分栏的段落；❶单击"页面布局"选项卡"页面设置"组中的"分栏"按钮；❷在弹出的下拉列表中选择默认分栏形式，如"两栏"选项，如下图所示。

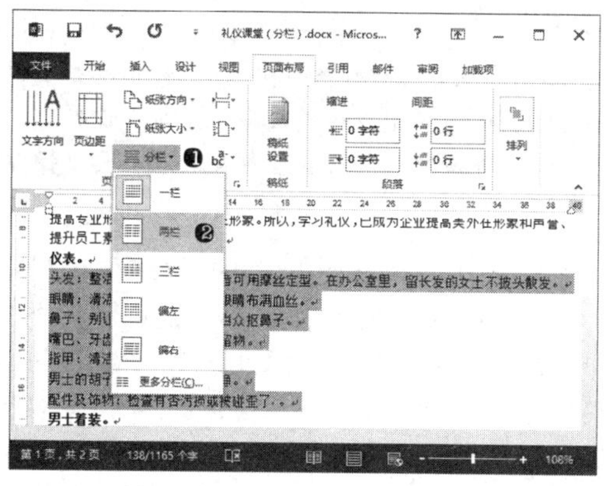

步骤 02 分栏后的效果。将所选段落分为两栏显示，效果如下图所示。注意，如果不选择任何内容，页面内容将全部分为两栏。另外，默认的预设分栏可能不满足需要，可以自定义。

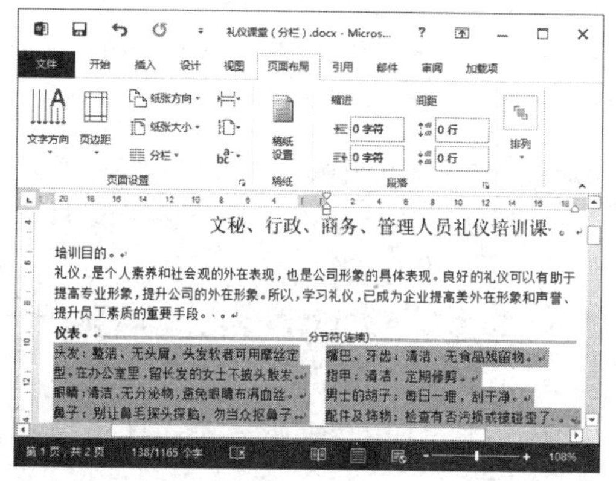

步骤 03 自定义分栏形式。在文档编辑状态，选中需要分栏的段落；❶单击“页面布局”选项卡“页面设置”组中的“分栏”按钮；❷在弹出的下拉列表中选择“更多分栏”选项；❸在弹出的“分栏”对话框中设置“栏数”，如设为 4；❹单击“分栏”对话框中的“确定”按钮，完成自定义分栏，如下图所示。

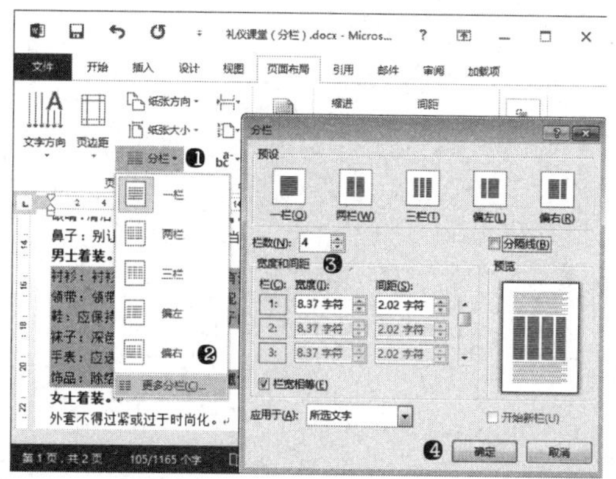

步骤 04 自定义分栏效果。将所选段落分为 4 栏显示，效果如下图所示。默认的栏宽是均分，如果不满意可以自定义栏宽。

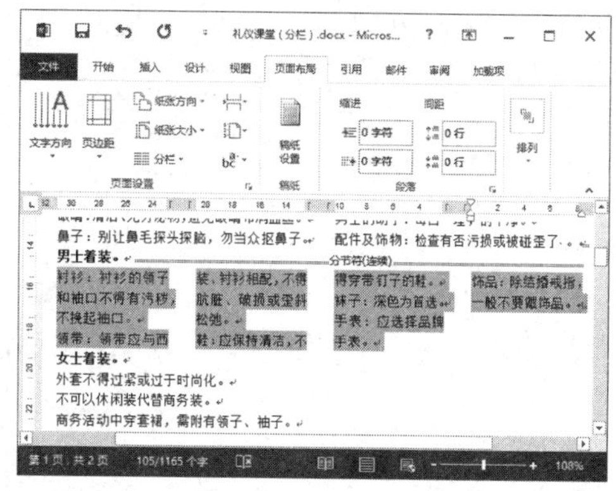

步骤 05 自定义栏宽。在文档编辑状态，将光标放置在需要修改栏宽的段落中，重复步骤 03 中的❶❷步操作；❸在弹出的“分栏”对话框中的“宽度和间距”选项区域不选中“栏宽相等”复选框；❹依次设置每栏的字符数；❺单击“分栏”对话框中的“确定”按钮，完成自定义栏宽的设置，如下图所示。

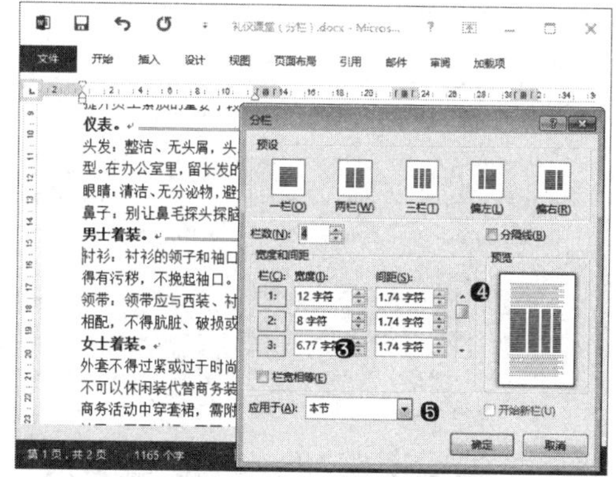

步骤 06 自定义栏宽效果。为所选段落调整栏宽后，分栏样式发生了变化，效果如下图所示。另外，也可以鼠标拖动标尺对需要改变的栏宽的左右边界进行调整。

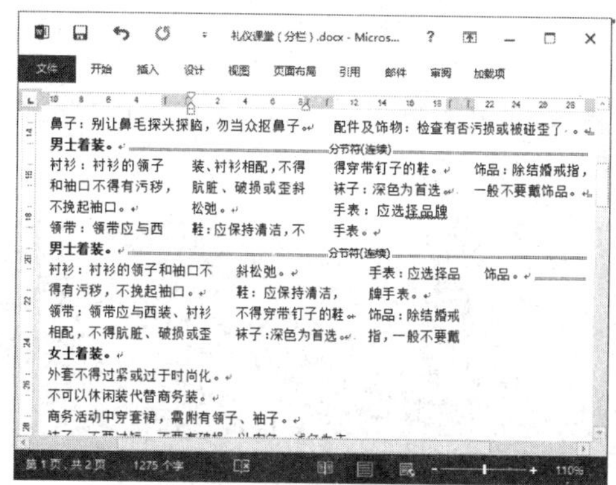

步骤 07 添加分割线。在文档编辑状态，将光标放置在需要添加分割线的分栏段落中，重复步骤 03 中的❶❷步操作；❸

在弹出的“分栏”对话框中选中“分割线”复选框；❹单击“分栏”对话框中的“确定”按钮，完成分割线的添加，如下图所示。

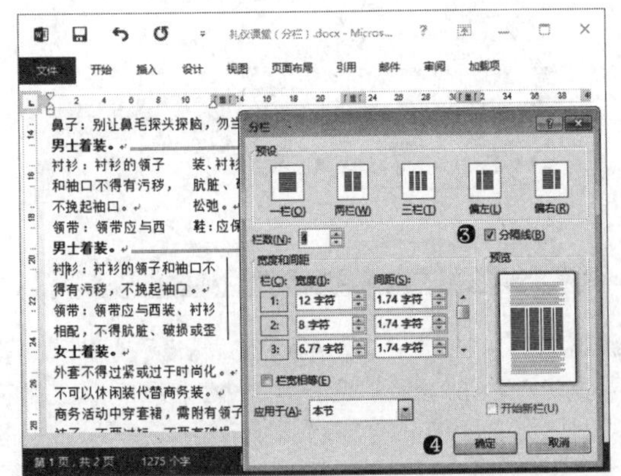

步骤 08 添加分割线的效果。将所选分栏段落添加分割线以后，效果如下图所示。分割线可以解决分栏时由于分栏间隔较小而造成的阅读窄栏问题。

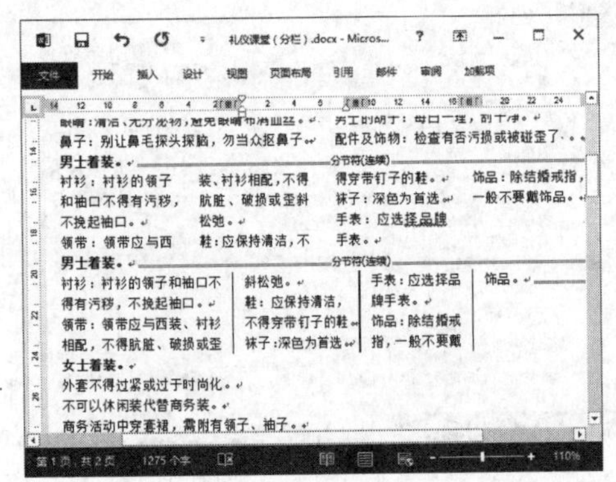

2．使用分栏符

完成分栏后，Word 会从第一栏开始依次往后排列文档内容。如果希望某一段文字从开始出现在下一栏的顶部，则可以通过插入分栏符来实现。具体操作方法如下：

将插入点置于需要放置在另外一栏的文本位置；在“页面布局”选项卡中，单击“页面设置”组中的“分隔符”按钮，在弹出的下拉列表中选择“分栏符”选项。完成前面两步操作，插入点之后的文本放置在后面的分栏中。

3．取消分栏排版

将插入点放置在需要取消分栏排版的段落中；在“页面布局”选项卡中，单击“页面设置”组中的“分栏”按钮，在弹出的下拉列表中选择“一栏”选项。完成前面两步操作，插入点所在的段落分栏排版被取消。

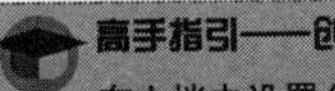
高手指引——创建等长栏

在文档中设置分栏时，若不选中任何字符，分栏后的内容都是将第一栏排满后再从第二栏开始，直到最后一页，页面上的每栏文本都接续到下一页，但在多栏文本结束时，会出现最后一栏排不满的情况，影响了页面的美观。将插入点放置在分栏文本的结尾处，在“页面布局”选项卡中单击“页面设置”组中的“分隔符”按钮，在弹出的下拉列表中选择“连续”分节符，就可以使得左右栏行数均等，消除栏间的不平衡。

实战训练——编排劳动合同续签通知单

前面了解了文档格式的编排，这里通过“编排劳动合同续签通知单”案例来熟悉 Word 文档格式的编排功能，具体操作如下：

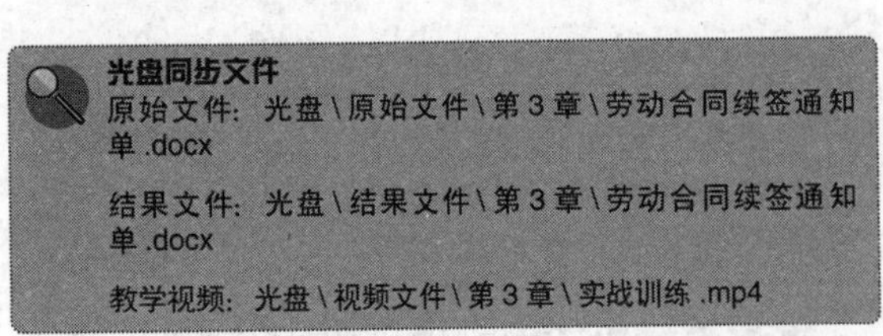
光盘同步文件

原始文件：光盘 \ 原始文件 \ 第 3 章 \ 劳动合同续签通知单 .docx

结果文件：光盘 \ 结果文件 \ 第 3 章 \ 劳动合同续签通知单 .docx

教学视频：光盘 \ 视频文件 \ 第 3 章 \ 实战训练 .mp4

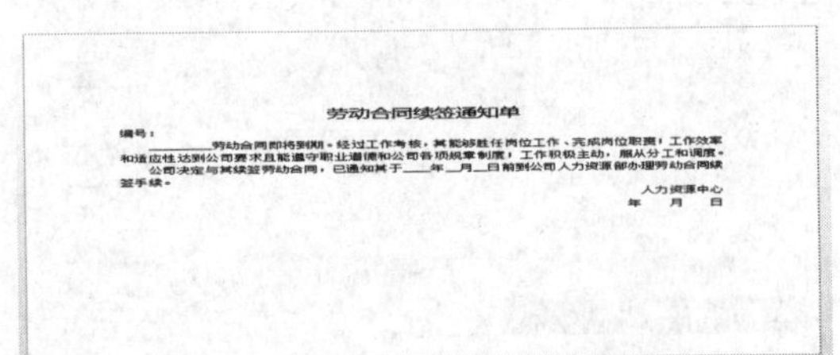

步骤 01 创建空白文档。单击 Word 启动界面右侧栏中的“空白文档”图标，新建空白文档，如下图所示。

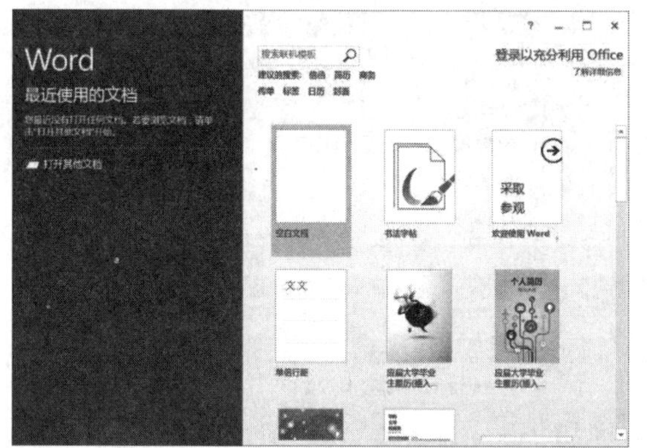

步骤 02 输入标题文本内容。在新建的文档中输入文档标题文字"劳动合同续签通知单"，并按【Enter】键将其划分为段落。操作如下图所示。

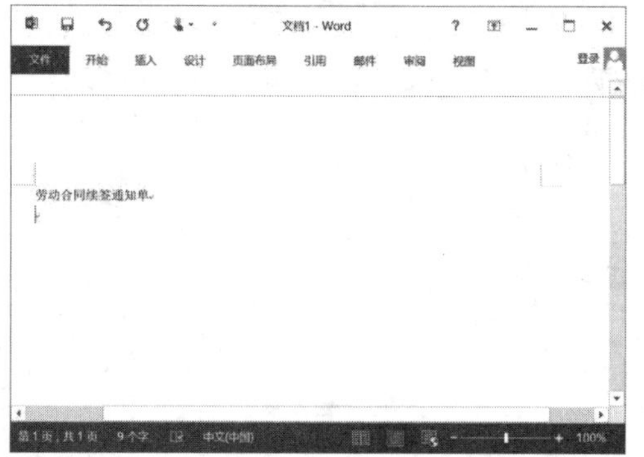

步骤 03 选择"保存"命令。❶单击"文件"按钮，在左侧菜单中选择"另存为"命令；❷双击右侧的"计算机"图标，如下图所示。

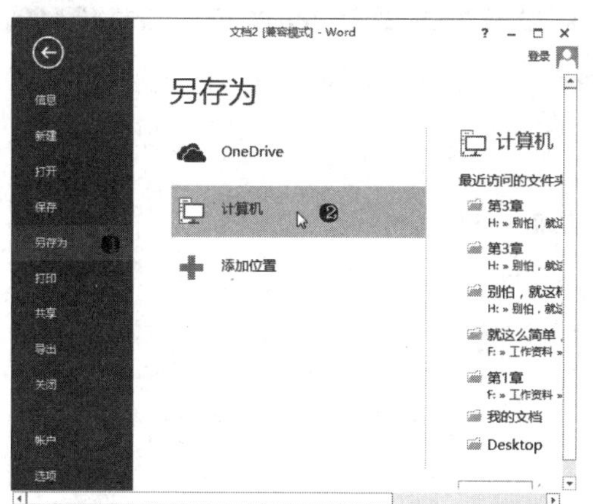

步骤 04 保存文件。❶在打开的对话框中选择文件的保存位置；❷输入文件名称；❸单击"保存"按钮保存文件，如右上图所示。

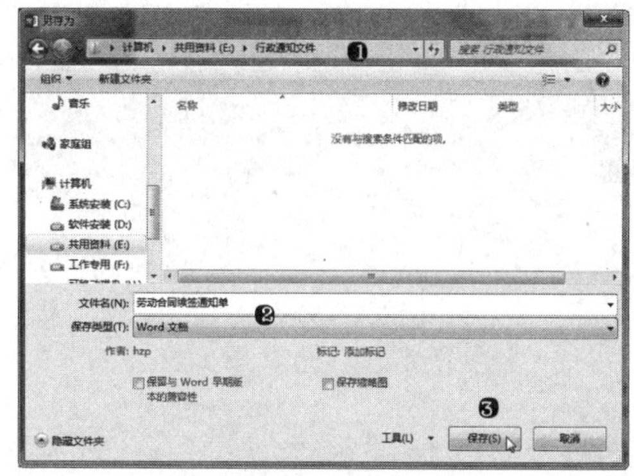

高手指引——文件保存的技巧

在实际工作中编辑文档时一定要注意保存文件，以防因失误或突然状况导致计算机死机或关机，而后因未保存而丢失文件。比较保险的做法是，在创建文档后便将文件保存到硬盘，在编辑文档的过程中定时或不定时地使用快捷键【Ctrl+S】保存文件。

步骤 05 输入其他文字并预留手写区域。在文档中输入文档中的其他文字内容，并在需要手动填写的位置多次按空格键预留出空位，如下图所示。

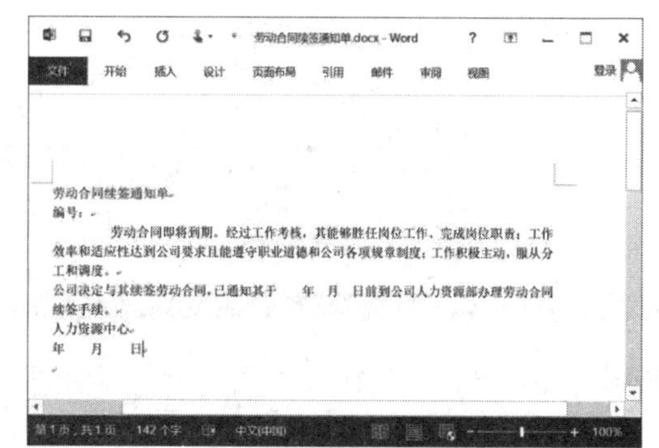

步骤 06 设置标题字体字号。选择标题文字"劳动合同续签通知单"，在"开始"选项卡中的"字体"下拉列表中选择字体"微软雅黑"，在"字号"下拉列表中选择"三号"，如下图所示。

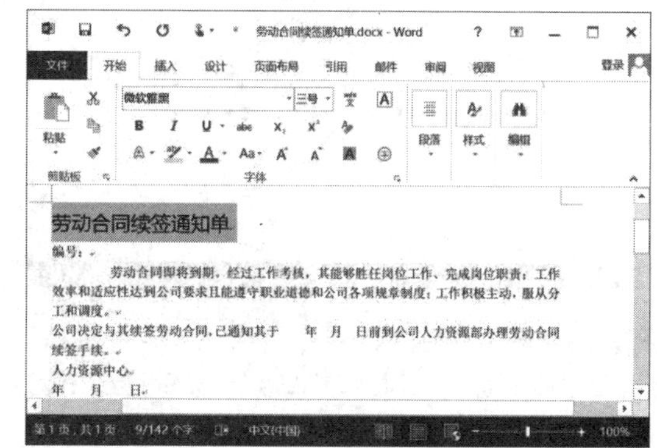

步骤 07 设置标题居中对齐。单击“开始”选项卡“段落”组中的“居中”按钮 ≡，使标题文字居中对齐，如下图所示。

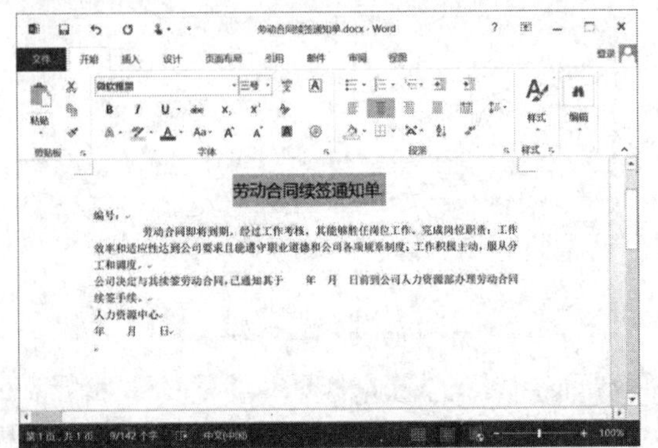

步骤 08 设置段落右对齐。❶选择文档中最后两段文字；❷单击“开始”选项卡中的“右对齐”按钮，使段落内容对齐至页面右侧，如下图所示。

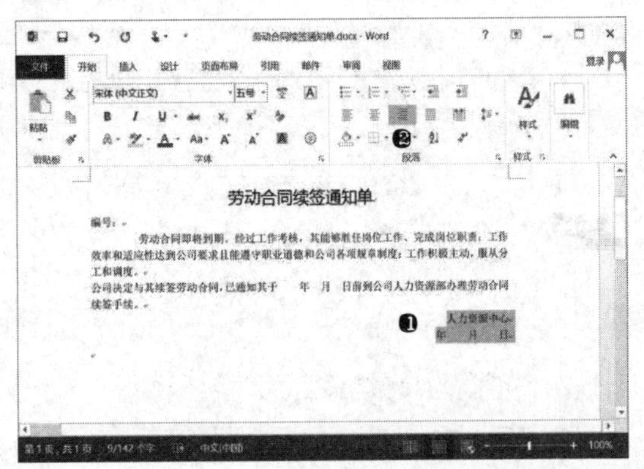

步骤 09 设置段落首行缩进。❶选择正文中的段落；❷单击“开始”选项卡中“段落”组右下方的“段落设置”按钮，如下图所示。

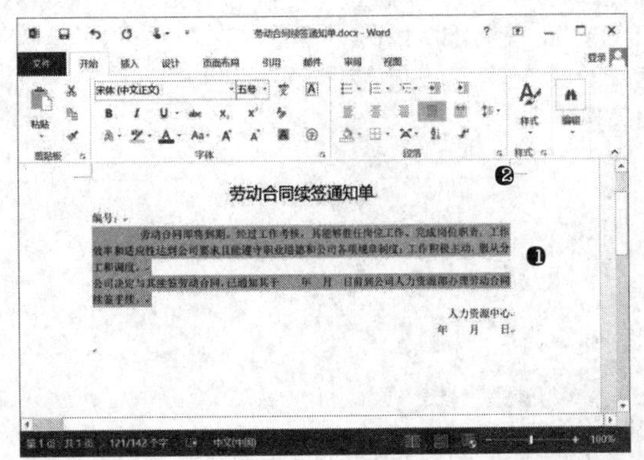

步骤 10 ❶在对话框中的“特殊格式”下拉列表中选择“首行缩进”选项，设置“缩进值”为“2 字符”；❷单击“确定”按钮。如右上图所示。

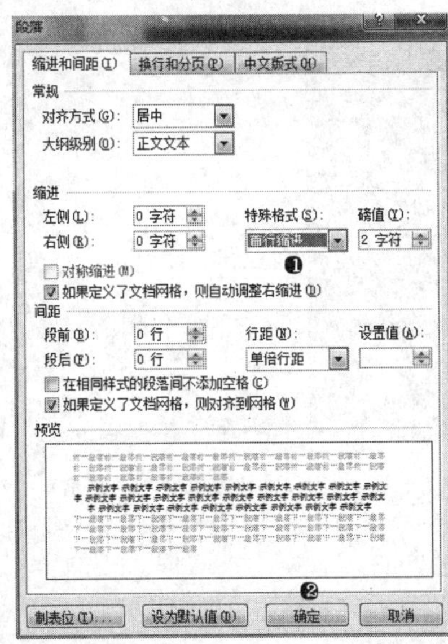

步骤 11 为空白区域添加下划线。❶选择正文第一段前的空格字符；❷单击“开始”选项卡中的“下划线”按钮，为该处空白区域添加下划线，如下图所示。

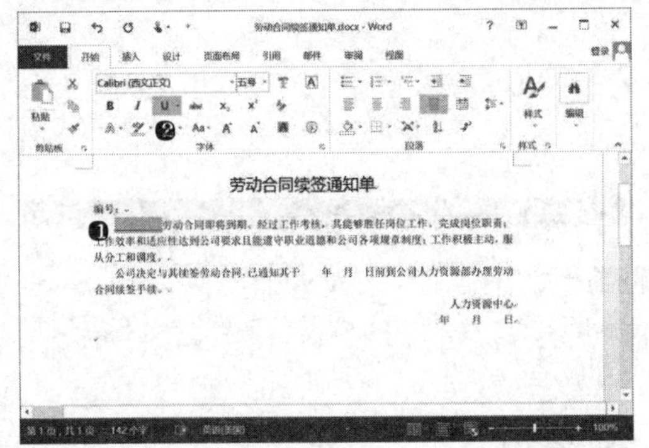

步骤 12 利用相同的方式为第二段中“年月日”处的空格添加下划线，完成后效果如下图所示。

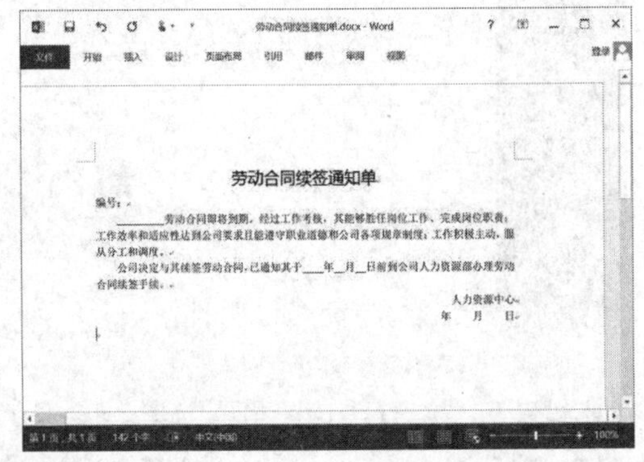

步骤 13 设置纸张大小。❶单击“页面布局”选项卡中的“纸张大小”按钮；❷选择纸张大小为“A5”，如下左图所示。

步骤 14 设置纸张方向。❶单击“页面布局”选项卡中的“纸张方向”按钮；❷选择纸张方向为“横向”，如右下图所示，保存文件。

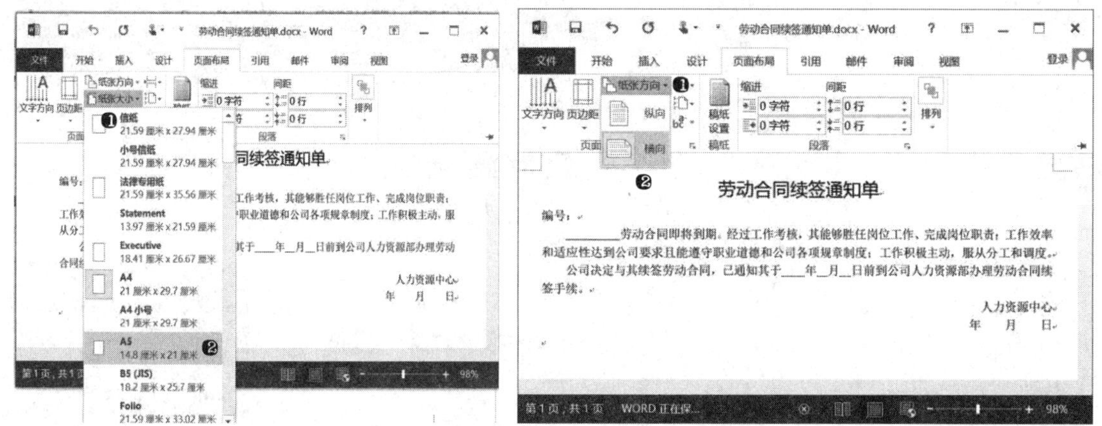

> **高手指引——纸张大小的设置**
>
> 办公应用中最常用的纸张大小为 A4，其宽度为 21 厘米，高度为 29.7 厘米。此外，常用的纸张大小还有 A5 和 A3，A5 纸张大小为 A4 的一半，即宽度为 14.8 厘米，高度为 21 厘米；A3 的纸张大小则为 A4 纸的两倍，宽度为 29.7 厘米，高度为 42 厘米。在选择纸张大小时除需要根据页面内容的多少来确定以外，还应根据具体的应用环境来确定，如果需要打印文档，应选择打印机支持的纸张大小。

本章小结

本章主要讲述了 Word 2013 文档的格式编排，从文档的字符格式到段落格式，再到页面格式的设置，详尽地介绍了各种操作。通过综合案例简单地介绍了 Word 文档格式的编排及打印。通过本章的学习，让读者能熟练掌握 Word 文档格式的编排。

第 4 章

Word 文档的图文混排

本章导读

在 Word 中排版文档时，为了更清晰地传递信息，让文档内容更美观，常常需要应用图形和图像元素，并合理地穿插于文字内容中。本章将为读者介绍图形图像在文档排版中的应用，也就是 Word 中的图文混排。

知识要点

◆插入图片对象
◆应用自选图形
◆应用 SmartArt 图形
◆图片元素的编辑与调整
◆应用艺术字与文本框
◆图形的编辑与修改

案例展示

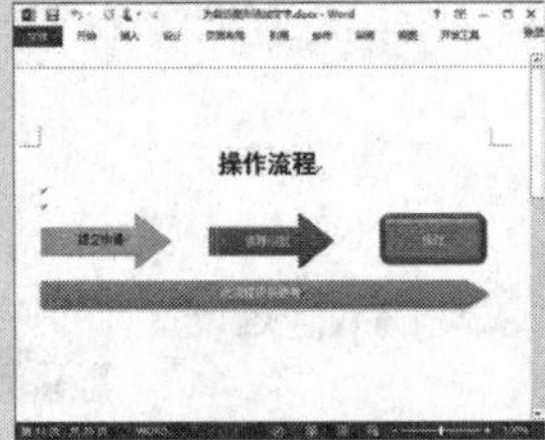

基础入门——必知必会

4.1 在 Word 文档中插入图片对象

图像是图文混排版式中应用最多的一种修饰元素，比如制作产品介绍、产品展示等产品宣传类的文档时，可以在文档中配上产品图片，不仅可以更好地展示产品、吸引客户，还可以增加页面的美感。此外，还可以应用图像来美化文档，例如用图像作为插图、页面或区域背景等。

4.1.1 插入来自文件的图片

如果要在文档中插入图片，可以将图像文件存放于本地计算机中，然后在 Word 文档中插入该图片文件，具体方法如下：

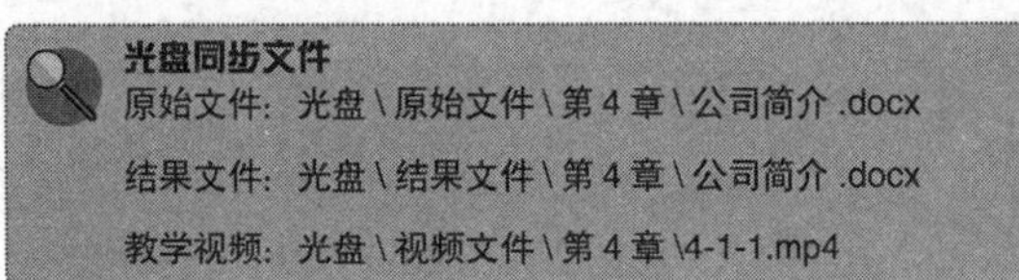
光盘同步文件
原始文件：光盘 \ 原始文件 \ 第 4 章 \ 公司简介 .docx
结果文件：光盘 \ 结果文件 \ 第 4 章 \ 公司简介 .docx
教学视频：光盘 \ 视频文件 \ 第 4 章 \4-1-1.mp4

步骤 01 ❶ 在文档中定位插入点；❷ 单击“插入”选项卡；❸ 在“媒体”组中的“插图”下拉列表中单击“图片”按钮，如右上图所示。

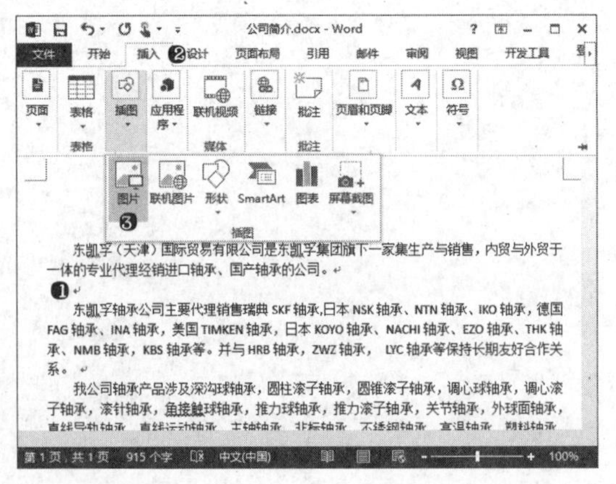

步骤 02 打开“插入图片”对话框，❶选择素材文件“公司外景图.jpg”图像文件；❷单击“插入”按钮，如下图所示。

高手指引——在文档中插入图片的其他方法

在文档中插入图像文件时，还可以在计算机资源管理器中选择图像文件后，将文件直接手动拖至 Word 软件窗口文档中的目标位置。

4.1.2　插入联机图片

若在本地计算机中没有 Word 中需要应用的图像，在计算机可以访问互联网时，可以在 Word 中应用“插入联机图片”功能，插入可以使用的 Office 免版税的剪贴画或来自微软 Bing 搜索出的网络图像，具体方法如下：

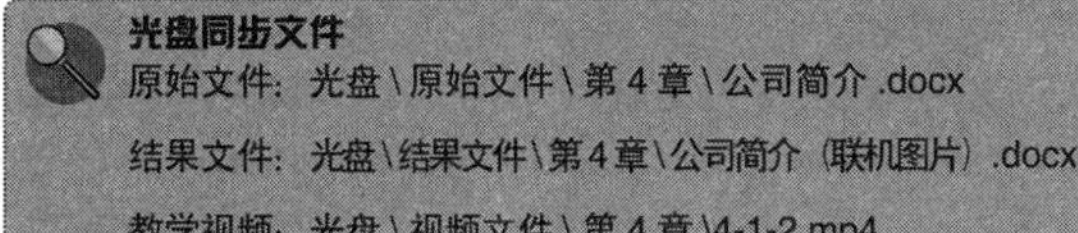
光盘同步文件
原始文件：光盘\原始文件\第 4 章\公司简介 .docx
结果文件：光盘\结果文件\第 4 章\公司简介（联机图片）.docx
教学视频：光盘\视频文件\第 4 章\4-1-2.mp4

步骤 01 ❶在文档中定位插入点；❷单击“插入”选项卡；❸单击“联机图片”按钮，如下图所示。

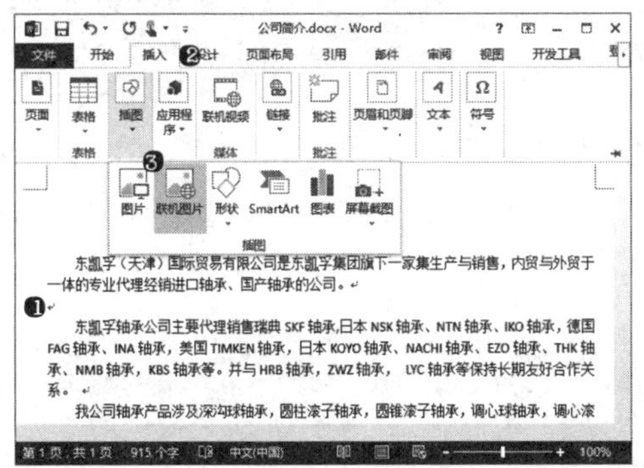

步骤 02 打开“插入图片”对话框，在“Office.com 剪贴画”的搜索框输入搜索关键字“高楼”，然后按【Enter】键，如右上图所示。

步骤 03 ❶选择搜索结果中的剪贴画；❷单击“插入”按钮，如右图所示。

除了在“插入图片”对话框中的“Office.com 剪贴画”搜索框中输入关键字，搜索来自“Office.com”的剪贴画图像以外，还可以在“必应图像搜索”搜索框中输入关键字，在“bing.com”搜索引擎中搜索图像并在 Word 中应用。但需要注意的是，在使用“插入联机图片”时，需要保证计算机已经连接并能正常访问 Internet 互联网。

4.1.3　插入屏幕截图

在 Word 文档中有时候需要插入屏幕中的截图，此时可应用 Word 中的“插入屏幕截图”命令。不仅可以插入屏幕中的窗口图像，还可以插入屏幕中的部分区域图像，例如将浏览器窗口中的部分内容以图像方式插入到文档中。具体方法如下：

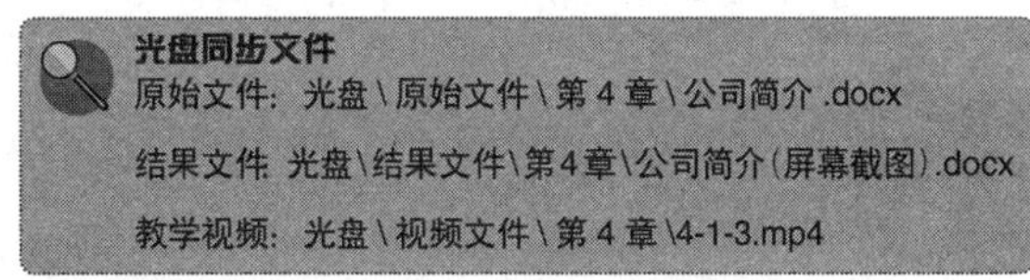
光盘同步文件
原始文件：光盘\原始文件\第 4 章\公司简介 .docx
结果文件：光盘\结果文件\第 4 章\公司简介（屏幕截图）.docx
教学视频：光盘\视频文件\第 4 章\4-1-3.mp4

步骤 01 在计算机中的资源管理器中双击素材文件“公司外景图.jpg”，在“Windows 照片查看查看器”中打开图像，如下图所示。

步骤 02 直接切换到 Word 窗口，❶在文档中定位插入点；❷单击“插入”选项卡中的“屏幕截图”按钮；❸选择“屏幕剪辑”选项，如下图所示。

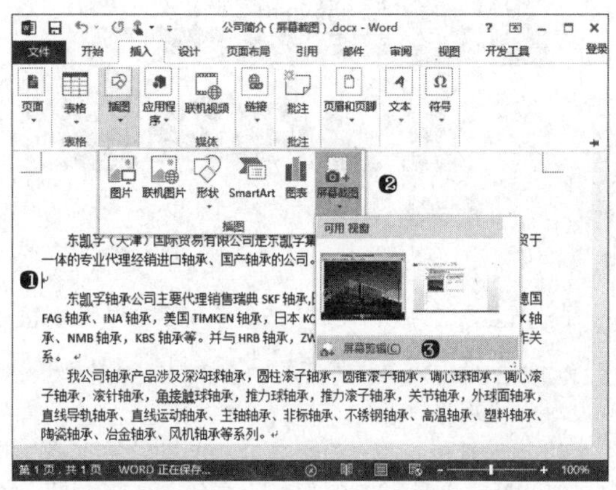

步骤 03 此时 Word 窗口自动最小化，在“Windows 照片查看器”窗口中拖动鼠标绘制一个截图区域，如右下图所示。

在执行以上操作后，绘制的截图区域中图像内容将被插入到 Word 文档中。在进行截图时，需要保证要截图的窗口没有被最小化。

4.1.4 设置图片的文字环绕效果

在 Word 中插入图片后常常需要进一步调整，如果要调整图片与文字之前的排列方式，可以调整文字环绕效果。在 Word 中，图片在文字中可以有许多种环绕方式，如让文字环绕在图片四周、让图片作为文字背景或让图像覆盖于文字上方等。本小节设置文字环绕在图片四周，方法如下：

光盘同步文件

原始文件：光盘\原始文件\第 4 章\图片文字环绕 .docx

结果文件：光盘\结果文件\第 4 章\图片文字环绕 .docx

教学视频：光盘\视频文件\第 4 章\4-1-4.mp4

步骤 ❶选择文档中的图片对象；❷单击“格式”选项卡“排列”下拉列表中的“自动换行”按钮；❸选择“四周型环绕”选项，如下图所示。

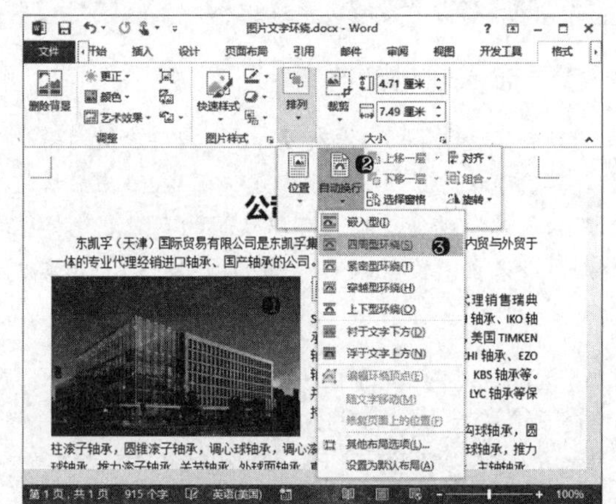

高手指引——快速设置图片环绕位置

如果要让整个页面的所有文字环绕一幅图像，可以选择图片对象后单击“格式”选项卡“排列”下拉列表中的“位置”按钮，快速设置图像位于页面中左上、中上、右上、左中、中、右中、左下、中下或右下位置。

4.1.5 调整图片方向

为了使 Word 插入的图像与内容更加协调、美观或者更具特色，可以调整图像方向，方法如下：

光盘同步文件

原始文件：光盘\原始文件\第 4 章\调整图像方向 docx

结果文件：光盘\结果文件\第 4 章\调整图像方向 .docx

教学视频：光盘\视频文件\第 4 章\4-1-5.mp4

选择文档中的图片对象后，拖动图片上方出现的“旋转”控制点，调整图片方向如下图所示。

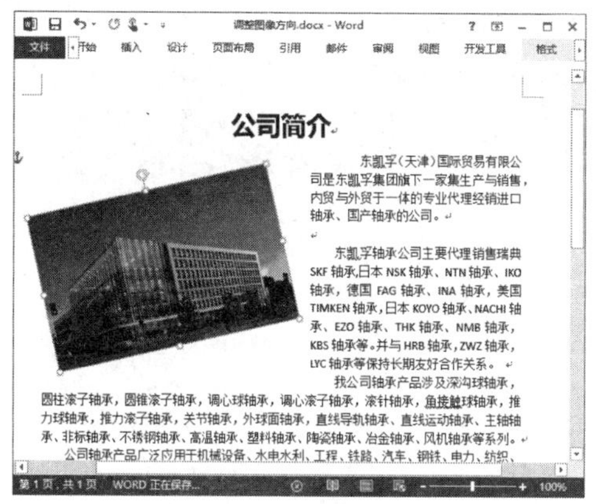

4.1.6 调整图片大小与裁剪图片

要调整 Word 中插入图片的大小，可以选择图片，然后拖动图片对象四周出现的控制点，也可以选择图片后在“图片工具 - 格式”选项卡中设置图片大小。如果要截取出图片中的一部分区域，则可以使用裁剪图片功能。图片大小调整和裁剪的方法如下：

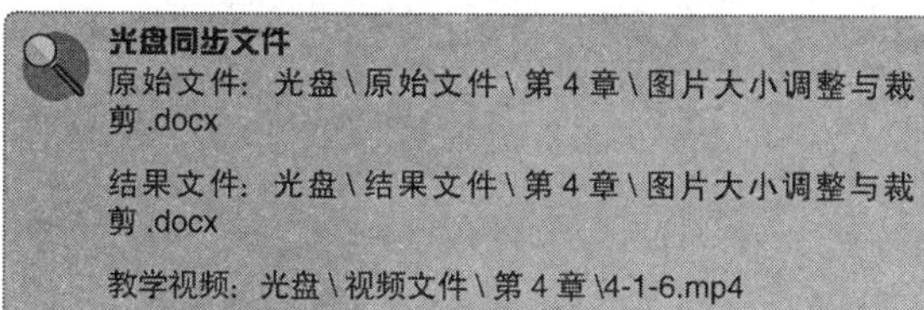

光盘同步文件

原始文件：光盘 \ 原始文件 \ 第 4 章 \ 图片大小调整与裁剪 .docx

结果文件：光盘 \ 结果文件 \ 第 4 章 \ 图片大小调整与裁剪 .docx

教学视频：光盘 \ 视频文件 \ 第 4 章 \4-1-6.mp4

（1）调整图片大小。

步骤❶ 选择文档中的图片对象；❷ 在“格式”选项卡“大小”工具组中的“高度”数值框中输入图片高度“3.5 厘米”，然后按【Enter】键，如下图所示。

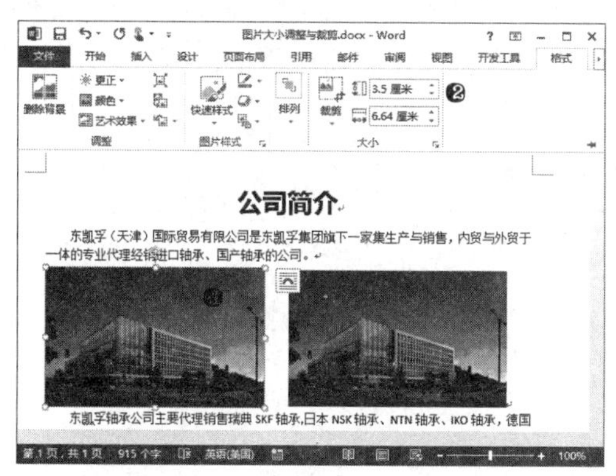

（2）裁剪图片。

步骤❶ 选择文档中的图片对象；❷ 在“格式”选项卡“大小”组中单击“裁剪”按钮；❸ 选择“裁剪为形状”选项；❹ 选择如右上图所示的箭头形状。

高手指引——调整裁剪区域大小

如果要调整裁剪图片时裁剪区域的大小和位置，可以在应用裁剪形状后两次单击“格式”选项卡中的“裁剪”按钮，此时拖动图片四周出现的裁剪框便可调整裁区域的大小和位置了。

4.1.7 设置图片样式

在 Word 中提供了许多对图片对象进行修饰的功能，图片样式就是一类修饰图片对象的方法。

光盘同步文件

原始文件：光盘 \ 原始文件 \ 第 4 章 \ 设置图片样式 .docx

结果文件：光盘 \ 结果文件 \ 第 4 章 \ 设置图片样式 .docx

教学视频：光盘 \ 视频文件 \ 第 4 章 \4-1-7.mp4

1．图片快速样式

在 Word 中预置了一些图片修饰效果，在需要对图片进行修饰时，可以使用“图片快速样式”功能快速为图片添加上这些样式，方法如下：

步骤❶ 选择文档中的图片对象；❷ 单击“格式”选项卡“图片样式”组中的“快速样式”按钮；❸ 选择要应用的图片修饰，如下图所示。

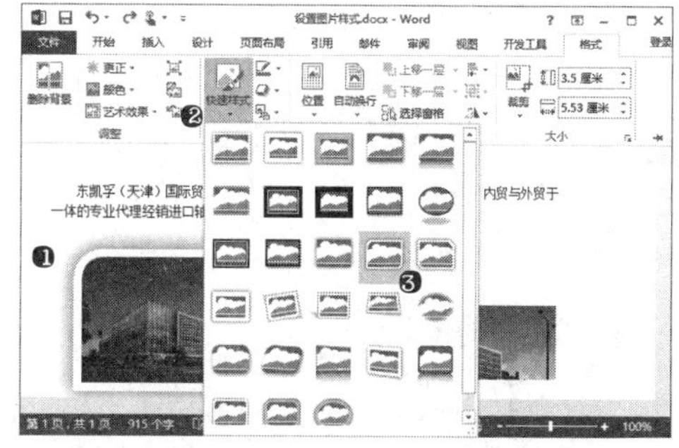

2．设置图片边框

在修饰图片时，常常需要为图片添加边框，并设置边框样式，具体方法如下：

（1）设置边框粗细。

步骤 选择图片对象，❶单击“格式”选项卡中的“图片边框”按钮；❷选择“粗细”选项，然后选择要应用的边框粗细，如下图所示。

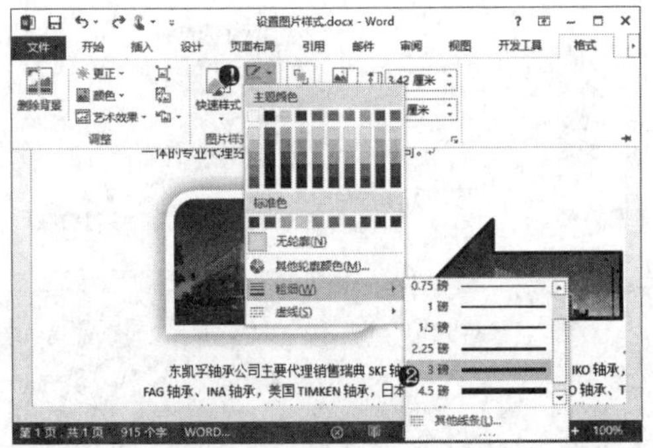

（2）设置边框颜色。

步骤 选择图片对象，❶单击“格式”选项卡中的“图片边框”按钮；❷在“主题颜色”或“标准色”栏中选择要应用的边框颜色，如下图所示。

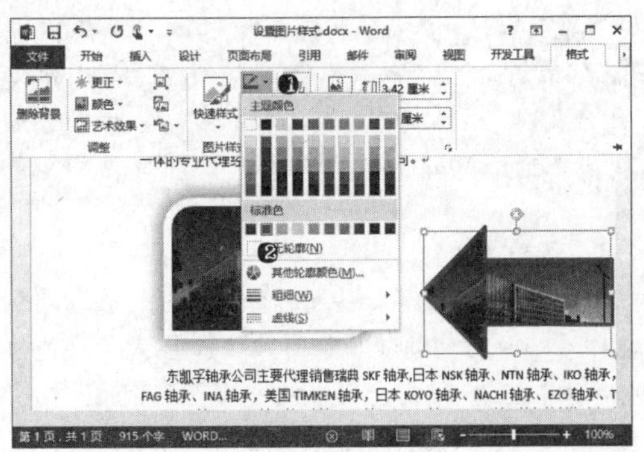

（3）设置边框线型。

步骤 选择图片对象，❶单击“格式”选项卡“图片边框”按钮；❷选择“虚线”选项，然后选择要应用的线条样式，如右图所示。

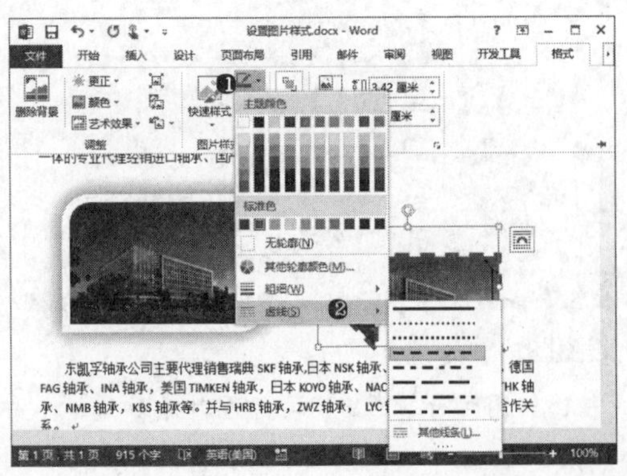

3．设置图片效果

图片样式中包含了“阴影”、“映像”、“发光”、“柔化边缘”、“棱台”和“三维旋转”多种图片效果，为图片添加棱台效果的方法如下：

步骤 ❶单击“格式”选项卡“图片样式”组中的“图片效果”按钮；❷选择“棱台”选项；❸选择要应用的棱台效果，如下图所示。

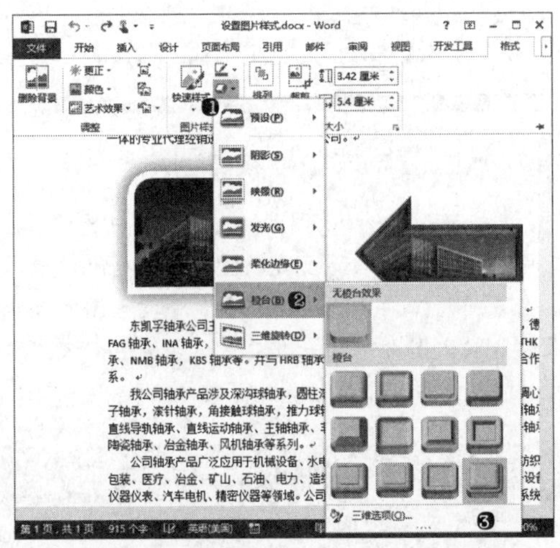

4.1.8 删除图片背景

在 Word 中应用插图时，如果需要图片很好地与文档背景内容融合，可以将图片中的背景去除，方法如下：

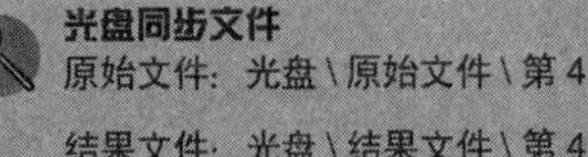
光盘同步文件
原始文件：光盘\原始文件\第 4 章\删除图片背景 .docx
结果文件：光盘\结果文件\第 4 章\删除图片背景 .docx
教学视频：光盘\视频文件\第 4 章\4-1-8.mp4

步骤 01 ❶选择文档中的图片对象；❷单击“格式”选项卡中的“删除背景”按钮，如下图所示。

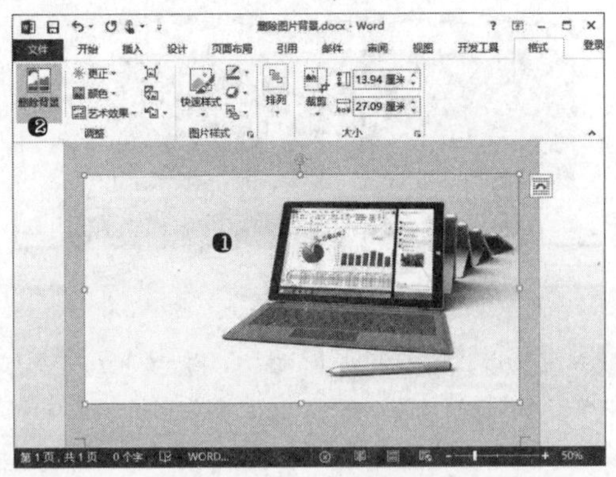

步骤 02 ❶ 调整保留区域的大小；❷ 单击“背景消除”选项卡中的“标记要保留的区域”按钮，如下图所示。

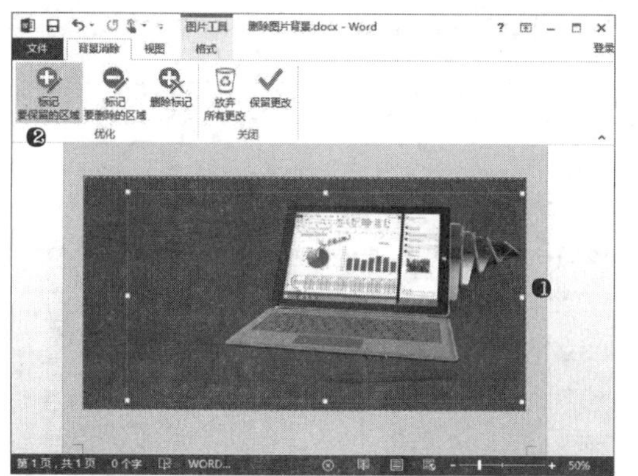

步骤 03 ❶ 在图片区域中需要保留的图像上拖动，标识出要保留的图像；❷ 单击“背景消除”选项卡中的“保留更改”按钮，如下图所示。

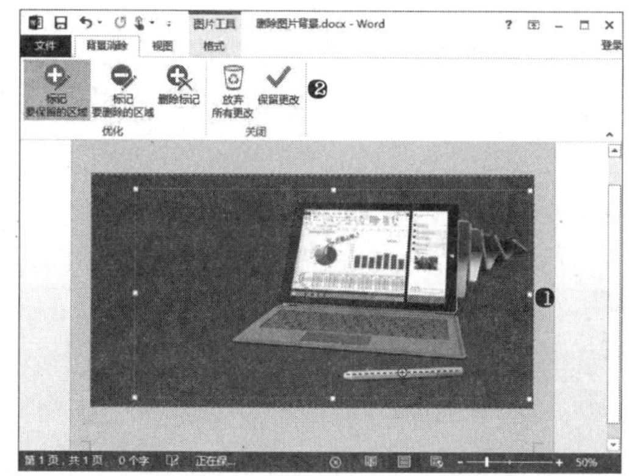

4.1.9 图片色彩调整及艺术效果设置

为了使文档中插入的图像色彩与内容更加匹配，常常需要对图像的明度及色彩进行调整，为增加艺术感，还可以为图像添加一些艺术效果。选择图像后，在“格式”选项卡的“调整”组中可对图像的亮度、色彩及艺术效果进行设置和调整，方法如下：

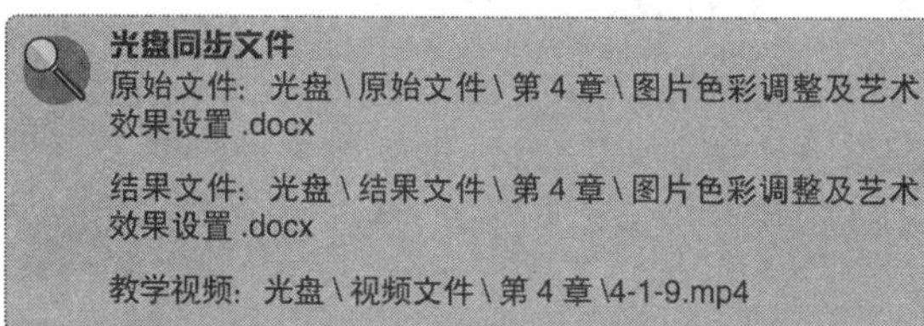

光盘同步文件

原始文件：光盘 \ 原始文件 \ 第 4 章 \ 图片色彩调整及艺术效果设置 .docx

结果文件：光盘 \ 结果文件 \ 第 4 章 \ 图片色彩调整及艺术效果设置 .docx

教学视频：光盘 \ 视频文件 \ 第 4 章 \4-1-9.mp4

1．调整图像清晰度

在 Word 中提供了图像锐化和柔化的功能，可以使图像内容变得清晰或模糊，调整方法如下：

步骤 ❶ 单击“格式”选项卡“调整”组中的“更正”按钮；❷ 选择“锐化 / 柔化”栏中的图像更正效果，以改变图像的清晰度，如下图所示。

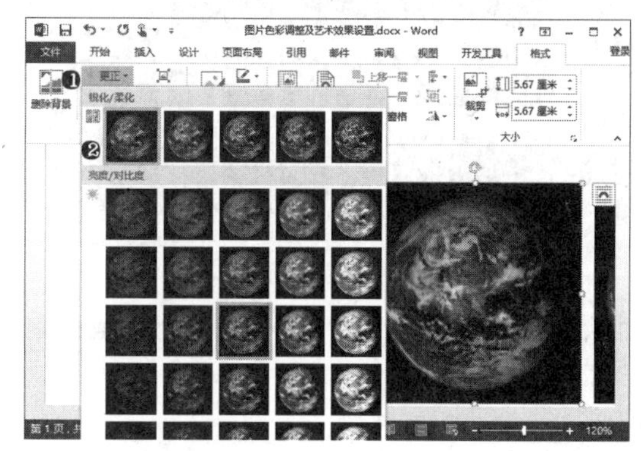

2．调整图像亮度和对比度

在图像的“更正”下拉列表中提供了多种不同亮度和对比度的组合效果，应用这些效果可以快速设置图像的明亮和对比度，应用方法如下：

步骤 ❶ 单击“格式”选项卡“调整”组中的“更正”按钮；❷ 选择“亮度 / 对比度”栏中的图像更正效果，以改变图像的亮度和对比度，如下图所示。

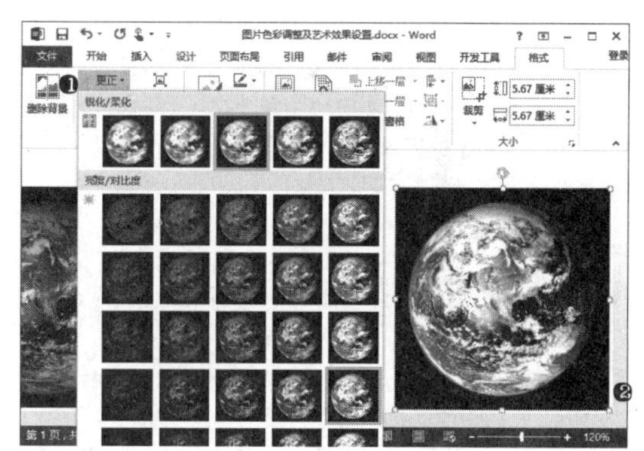

3．调整图像颜色

在 Word 中应用图像时，还可以调整图像的色彩效果，如改变图像的色相、饱和度、色调或重新着色。例如要使图像重新着色为绿色，方法如下：

步骤 ❶ 单击“格式”选项卡“调整”组中的“颜色”按钮；❷ 选择“重新着色”栏中的“绿色 着色 6，淡色”效果，如下图所示。

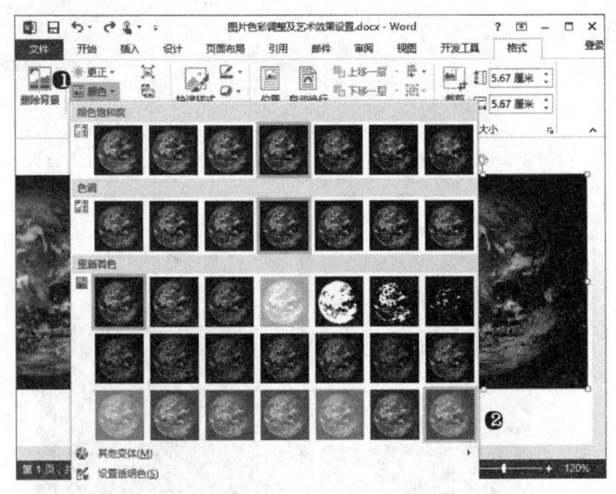

4．调整图像艺术效果

如果要让图像更具艺术感或呈现出现独特的效果，可以为图像添加艺术效果，例如要让图像显示为铅笔素描的效果，可使用以下方法：

步骤❶ 单击“格式”选项卡“调整”工具组中的“艺术效果”按钮；❷ 选择“铅笔素描”效果，如右图所示。

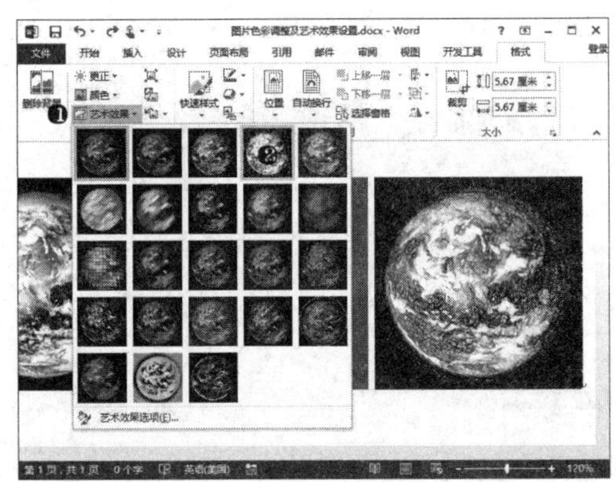

4.2　在 Word 文档中应用形状

在文档中我们要表达一个信息，通常使用的元素是文字，但有一些信息的表达，可能用文字描述需要使用一大篇文字甚至还不一定能表达清楚，此时可以借助一些图形进行表示。此外，在文档中使用图形元素还可以起到美化文档的作用。

4.2.1　绘制形状

在 Word 中要绘制形状，可以单击“插入”选项卡中的“形状”按钮，选择一个形状后在页面中拖动，即可绘制出相应的形状。例如要绘制一个三角形，方法如下：

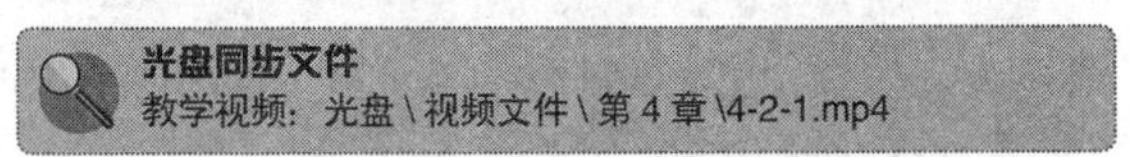
光盘同步文件
教学视频：光盘 \ 视频文件 \ 第 4 章 \4-2-1.mp4

步骤 01 ❶ 单击“插入”选项卡中的“形状”按钮；❷ 在下拉列表中选择要插入的形状“等腰三角形”，如下图所示。

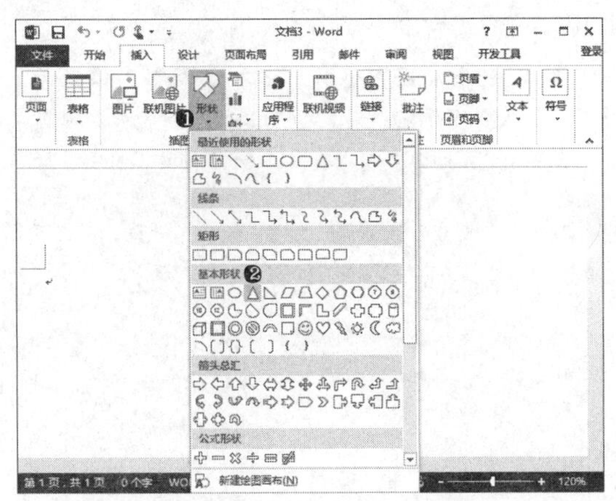

步骤 02 在文档中拖动鼠标绘制出三角形，如下图所示。

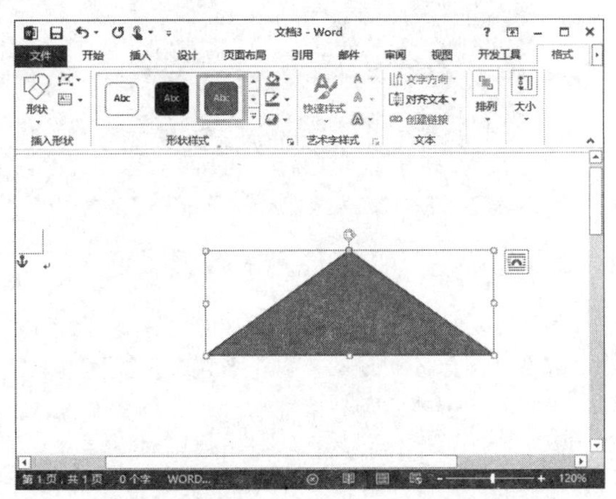

4.2.2　修改形状

在文档中绘制了形状后，常常还需要对图形进行调查，例如调整图形大小、方向、图形特征等，具体方法如下：

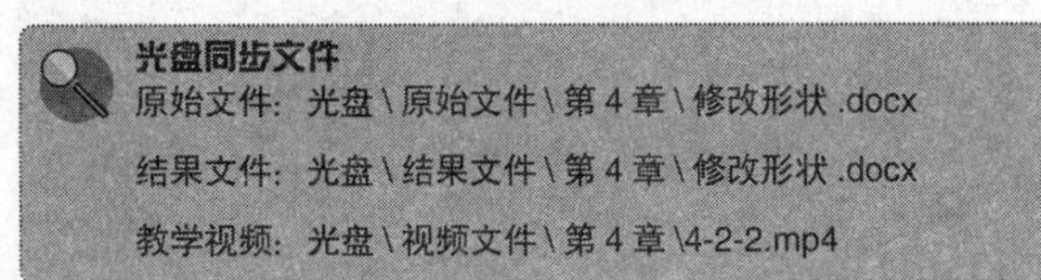
光盘同步文件
原始文件：光盘 \ 原始文件 \ 第 4 章 \ 修改形状 .docx
结果文件：光盘 \ 结果文件 \ 第 4 章 \ 修改形状 .docx
教学视频：光盘 \ 视频文件 \ 第 4 章 \4-2-2.mp4

1．调整形状大小、位置和特征

在 Word 中绘制出形状后，常常需要调整形状的位置和大小。拖动形状可以调整形状在文档中的位置；选择形状后，拖动形状四周的白色控制点可以调整形状的宽度和高度；如果形状较为特殊，在选择形状时会出现黄色控制点，拖动这些控制点可以调整形状的一些特征，例如调整等腰三角形的顶点位置，方法如下：

步骤选择文档中的等腰三角形形状，拖动顶部的黄色控制点可调整等腰三角形顶点的位置，如下图所示。

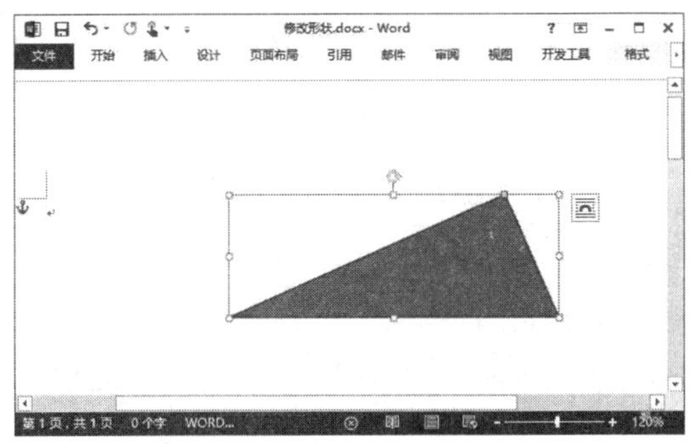

2．调整形状方向

同一形状的方向不同可以表现出不同的意义，所以在应用形状时，常常需要调整形状的方向，具体方向如下：

步骤鼠标指向形状上方的旋转控制点，然后拖动鼠标可以旋转形状，如下图所示。

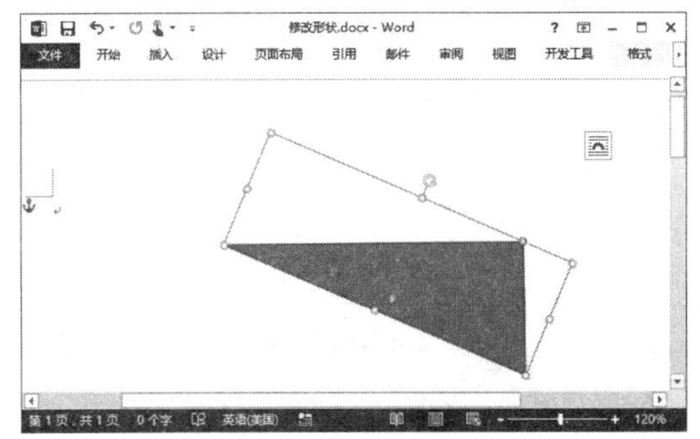

3．更改形状

在 Word 中绘制好一个形状后需要更改为另一个形状，可以使用“编辑形状”功能将形状更改为新的形状，方法如下：

步骤选择文档中要更改的形状，❶单击“格式”选项卡“插入形状”工具组中的“编辑形状”按钮；❷选择“更改形状”子菜单；❸选择要应用的形状，如右上图所示。

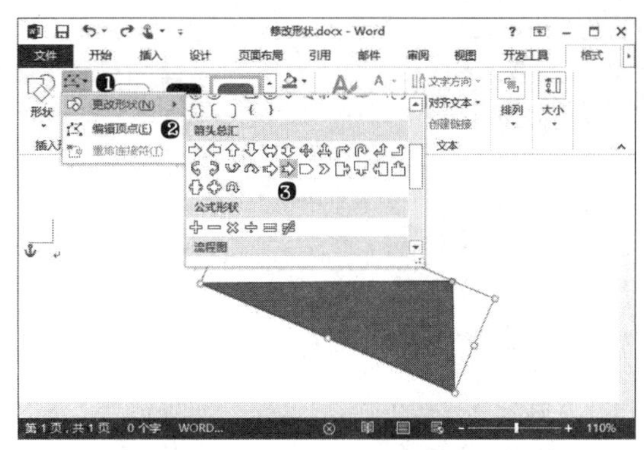

4.2.3 设置形状样式

为使形状在文档中更美观，可以为形状应用各种修饰样式，如形状填充、轮廓及形状效果，具体方法如下：

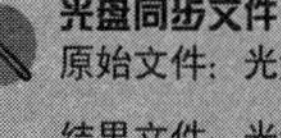

光盘同步文件
原始文件：光盘\原始文件\第 4 章\设置形状样式.docx
结果文件：光盘\结果文件\第 4 章\设置形状样式.docx
教学视频：光盘\视频文件\第 4 章\4-2-3.mp4

1．应用预设形状样式

为快速美化 Word 中插入的形状，可以应用文档主题中所包含的预设形状样式，这些样式中包含了文档填充颜色及填充效果、边框样式及效果等，具体方法如下：

步骤选择文档中的形状，在“格式”选项卡的“形状样式”组中选择要应用的形状样式，如下图所示。

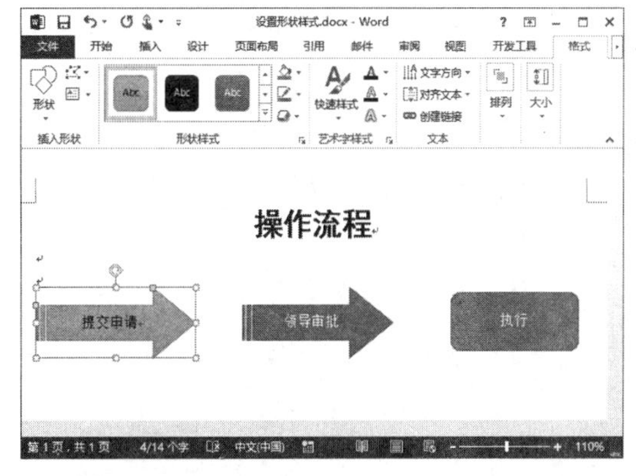

2．设置形状填充颜色

在 Word 中选择了形状后，单击“格式”选项卡“形状样式”组中的“形状填充”按钮，可以更改形状填充为指定的颜色、渐变或纹理效果。例如要更改形状填充为渐变颜色，方法如下：

步骤 01 ❶ 单击“格式”选项卡“形状样式”组中的“形状填充”按钮；❷ 选择“渐变”选项；❸ 选择要应用的渐变样式，如下图所示。

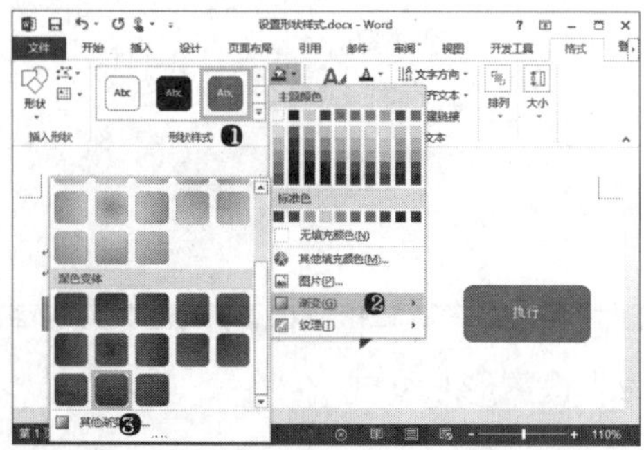

步骤 02 应用渐变填充后，图形的效果如下图所示。

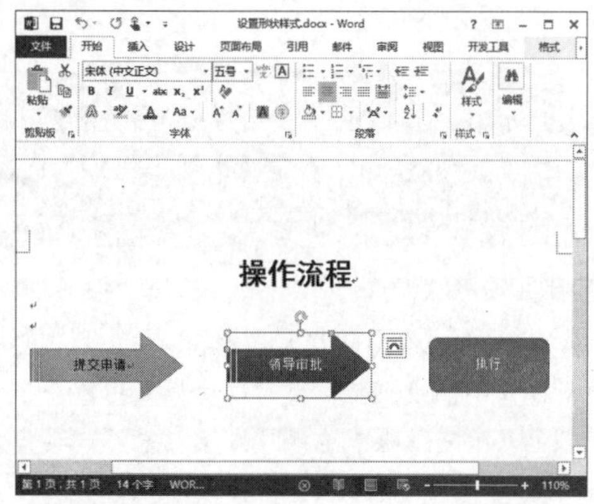

3．设置形状轮廓

在 Word 中选择了形状后，单击“格式”选项卡“形状样式”组中的“形状轮廓”按钮，可以更改形状的轮廓颜色、轮廓线粗细及轮廓线虚线样式。例如要更改形状轮廓线粗细，方法如下：

步骤 ❶ 单击“格式”选项卡“形状样式”组中的“形状轮廓”按钮；❷ 选择“粗细”选项；❷ 选择要应用的线条粗线，如下图所示。

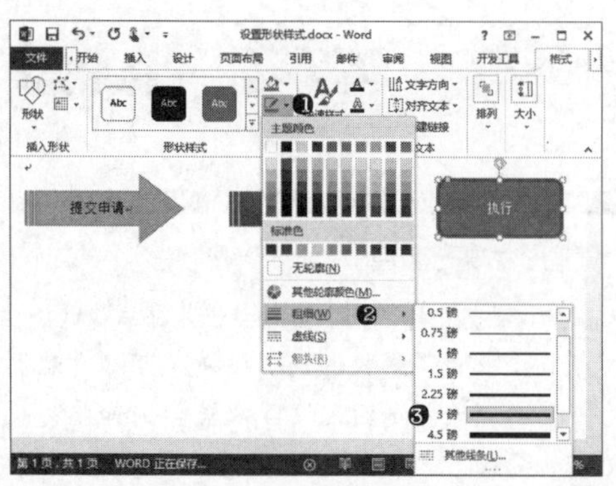

> **高手指引——设置线条类图形的箭头样式**
>
> 在 Word 中绘制带箭头的线条图形时，除了在插入形状时选用带箭头的线条图形外，还可以使用不带箭头的线条形状，绘制好线条后在“形状轮廓”下拉列表中的“箭头”选项下选择线条两端的箭头样式，为普通线条添加上箭头。

4．设置形状效果

形状效果与图片对象上应用的效果相同，应用形状效果可以为形状添加阴影、映像、发光及三维效果等。例如要为图像应用棱台效果，方法如下：

步骤 ❶ 单击“格式”选项卡“形状样式”组中的“形状效果”按钮；❷ 选择“棱台”选项；❷ 选择要应用的棱台样式，如下图所示。

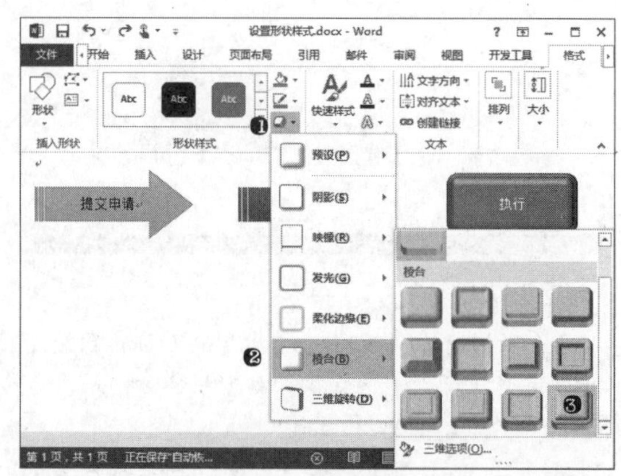

> **高手指引——设置线条类图形的箭头样式**
>
> 在 Word 中可以为同一个形状应用多个不同的形状效果，通过多个形状效果的叠加来产生更加丰富的形状样式。

4.2.4 为自选图形添加文字

在 Word 中应用形状时，常常需要在形状内添加文字内容，方法如下：

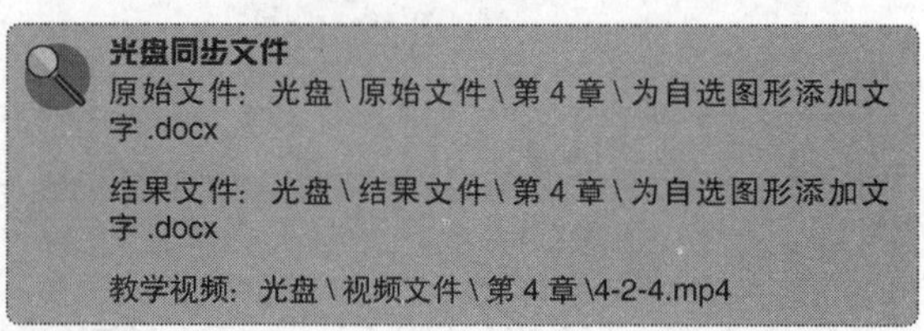

> **光盘同步文件**
>
> 原始文件：光盘 \ 原始文件 \ 第 4 章 \ 为自选图形添加文字 .docx
>
> 结果文件：光盘 \ 结果文件 \ 第 4 章 \ 为自选图形添加文字 .docx
>
> 教学视频：光盘 \ 视频文件 \ 第 4 章 \4-2-4.mp4

步骤 01 ❶ 在要添加文字的形状上右击；❷ 在弹出的快捷菜单中选择“添加文字”命令，如下图所示。

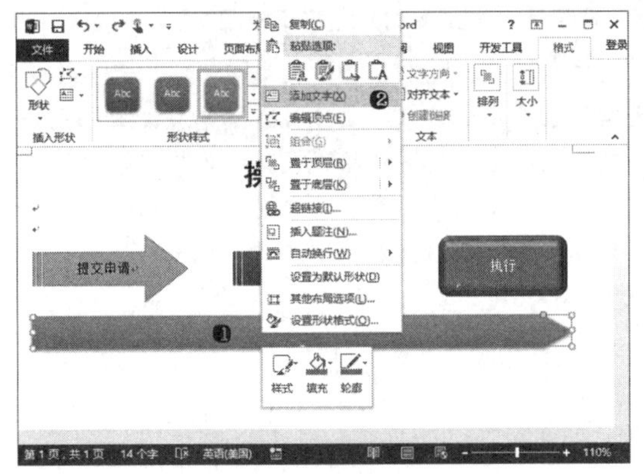

步骤 02 在图形内输入文字内容，如下图所示。

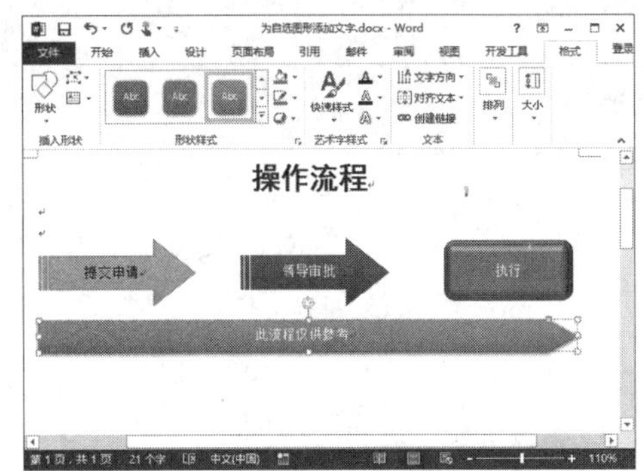

4.3 在 Word 文档中应用艺术字

为了美化文档内容，在文档内容或文档图形上常常需要应用一些具有艺术效果的文字，为此 Word 提供了插入艺术字功能，并预设了多种艺术字效果，以便在不同的情况下应用不同的艺术字效果。

4.3.1 插入艺术字

要在文档中插入艺术字，可以使用以下方法：

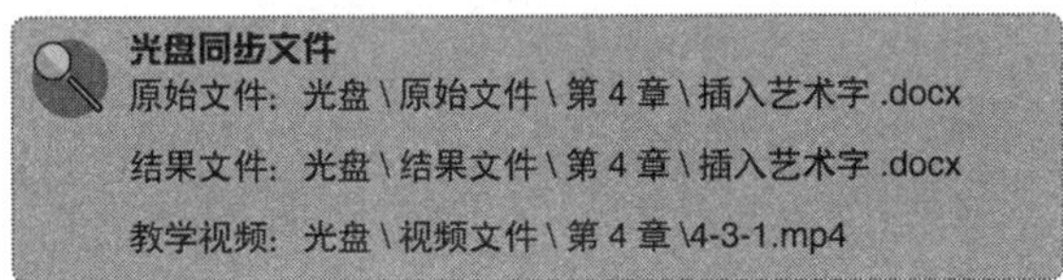
光盘同步文件
原始文件：光盘\原始文件\第 4 章\插入艺术字 .docx
结果文件：光盘\结果文件\第 4 章\插入艺术字 .docx
教学视频：光盘\视频文件\第 4 章\4-3-1.mp4

步骤 01 ❶ 单击“插入”选项卡“文本”组中的“艺术字”按钮；❷ 选择要应用的艺术字样式，如下图所示。

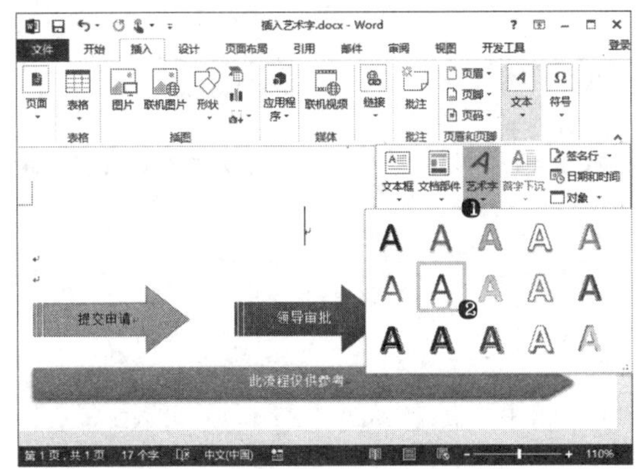

步骤 02 在出现的艺术字框中输入文字内容，设置文字格式，如右上图所示。

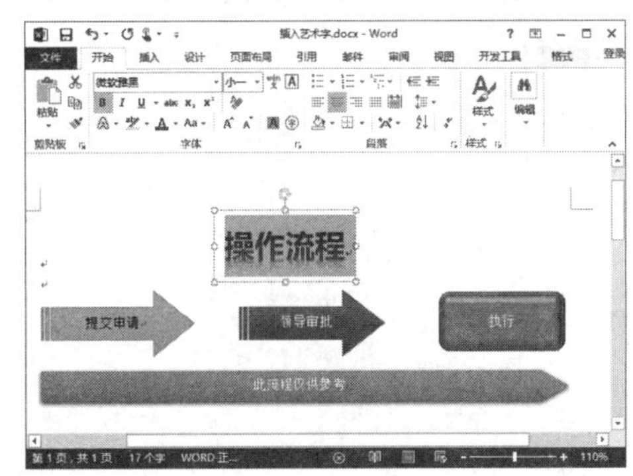

4.3.2 编辑艺术字

在文档中插入艺术字后可以修改艺术字的内容、文字效果等，具体方法如下：

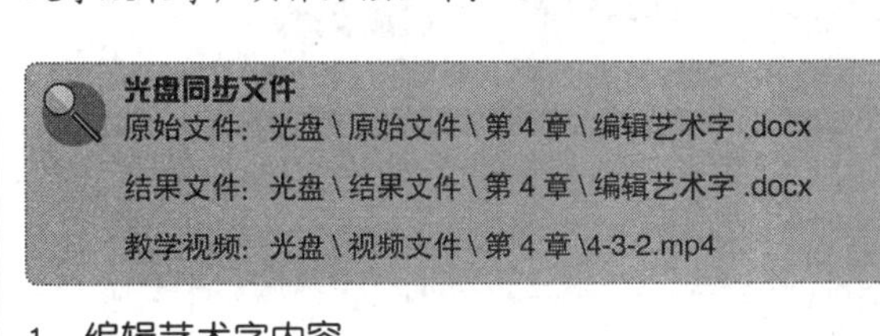
光盘同步文件
原始文件：光盘\原始文件\第 4 章\编辑艺术字 .docx
结果文件：光盘\结果文件\第 4 章\编辑艺术字 .docx
教学视频：光盘\视频文件\第 4 章\4-3-2.mp4

1. 编辑艺术字内容

将光标定位于艺术字框中后便可对艺术字内容进行编辑和修改，包括设置字符格式等，与普通文字编辑和设置的方法相同。

2. 修改艺术字对象换行方式

Word 中的艺术字对象与图片元素和形状元素类似，都可以设置对象在文档中的换行方式和层次等，例如要将艺术字对象的换行方式修改为“嵌入型”，方法如下：

步骤选择艺术字对象，❶单击“格式”选项卡“排列”组中的“自动换行”按钮；❷选择“嵌入型”选项，如下图所示。

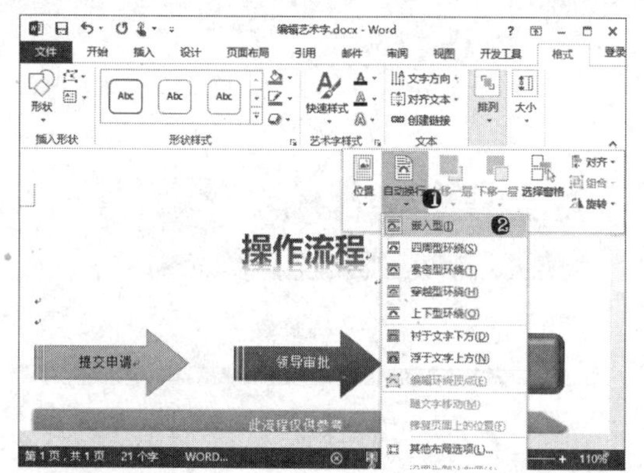

3．修改艺术字样式

在插入艺术字时选择了一种艺术字样式，如果要快速修改艺术字效果，可以重新为艺术字选择一种快速样式，方法如下：

步骤选择艺术字对象，❶单击“格式”选项卡“艺术字样式”组中的“快速样式”按钮；❷在下拉列表中选择要应用的样式，如下图所示。

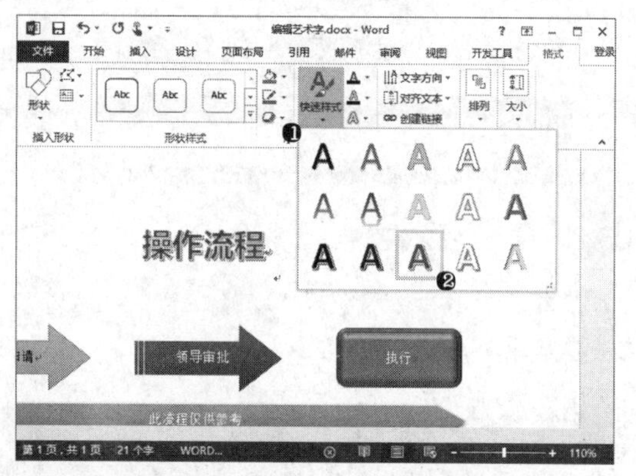

4．修改艺术字文本填充和文本轮廓

文本填充和文本轮廓是艺术字文字中的主要修饰元素，在应用的艺术字快速样式中包含文本填充和文本轮廓的设置，通过“格式”选项卡“艺术字样式”组中的“文本填充”和“文本轮廓”按钮可以分别设置艺术字文字的填充和轮廓样式，方法与在形状上设置填充和轮廓样式相同。

5．修改艺术字文本效果

在艺术字上运用映像、阴影、发光、棱台等文本效果，可以使艺术字效果更加丰富，应用方法与在形状上应用形状效果相似。单击“格式”选项卡“艺术字样式”组中的“文本效果”按钮，在下拉列表中选择要应用的艺术效果即可。与形状效果不同的是，在艺术字文本效果中还可以设置文本的转换效果，例如要让文本以曲线方式排列，可使用以下方法：

步骤选择艺术字对象，❶单击“格式”选项卡“艺术字样式”组中的“文本效果”按钮；❷在下拉列表中选择“转换”选项；❸选择要应用的艺术字转换效果，如下图所示。

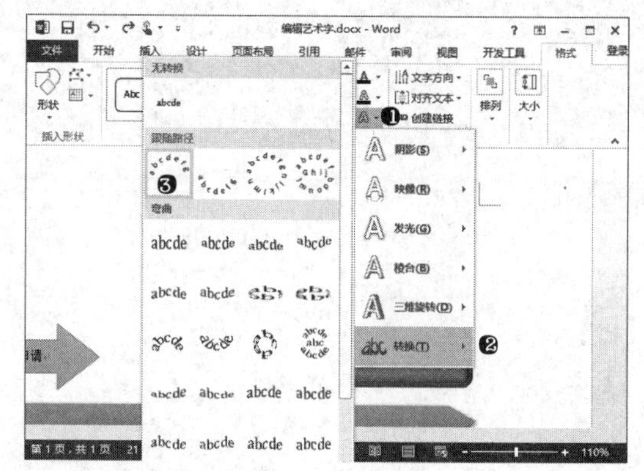

4.4 在 Word 文档中使用文本框

在排版 Word 文档时，如果需要使文档版式更加丰富，可以运用文本框。使用文本框可以将文本内容置于页面中的任意位置。

4.4.1 插入文本框

Word 2013 中提供了多种预设的文本框排版效果，使文档排版更轻松。插入文本框的方法如下：

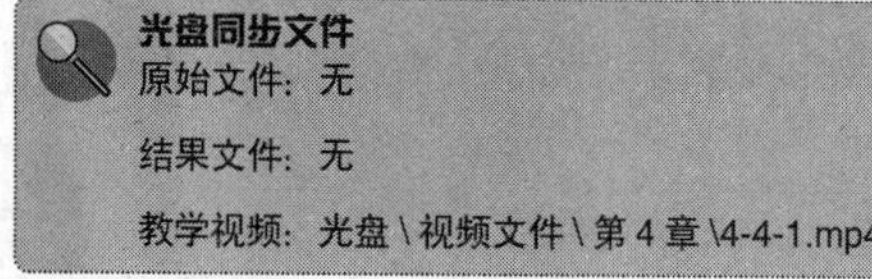

光盘同步文件

原始文件：无

结果文件：无

教学视频：光盘 \ 视频文件 \ 第 4 章 \4-4-1.mp4

步骤 01 ❶单击“插入”选项卡“文本”组中的“文本框”按钮；❷在下拉列表中选择要应用的文本框效果，如下图所示。

步骤 02 插入文本框后便可以在文本框内编辑文字内容，如下图所示。

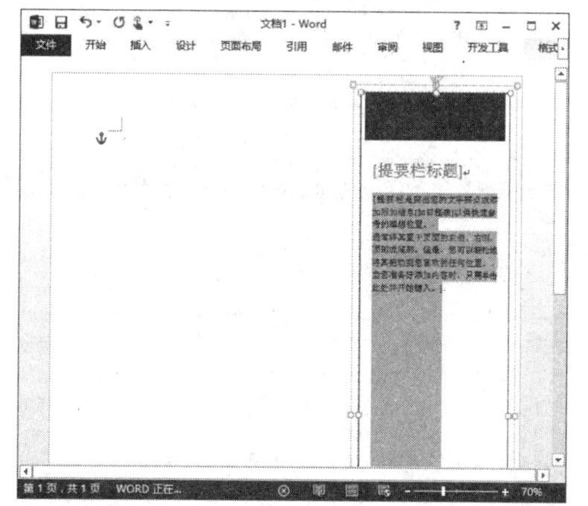

为了更灵活地应用文本框，可以使用绘制文本框的方式在文档中插入文本框。单击“插入”选项卡“文本”组中的“文本框”按钮后，在下拉列表中选择“绘制文本框”选项，然后在文档中拖动，便可绘制出文本框。

4.4.2 设置文本框格式

在文档中插入或绘制了文本框后，根据需要还可以设置文本框的格式，如文本框边框、填充颜色、对齐方式和文字方向等。文本框的格式设置与形状元素的格式设置相同，设置文本框中文字方向及对齐方式的方法如下：

光盘同步文件
原始文件：无
结果文件：无
教学视频：光盘 \ 视频文件 \ 第 4 章 \4-4-2.mp4

（1）更改文字方向。

步骤 选择文本框对象，❶单击“格式”选项卡中的“文字方向”按钮；❷在下拉列表中选择“垂直”选项，如下图所示。

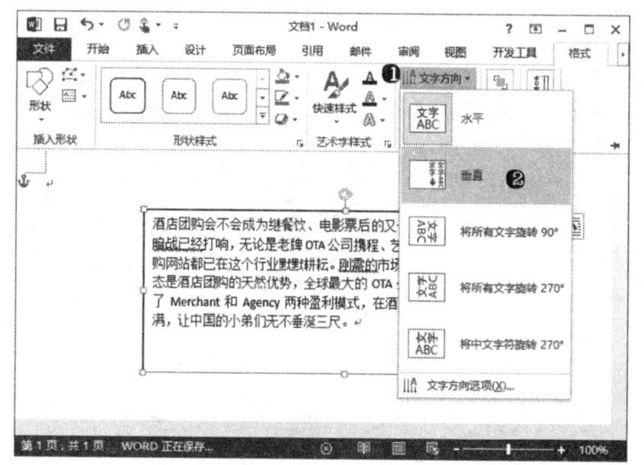

（2）更改文字对齐方式。

步骤 选择文本框对象，❶单击“格式”选项卡中的“对齐文本”按钮；❷在下拉列表中选择“居中”选项，如下图所示。

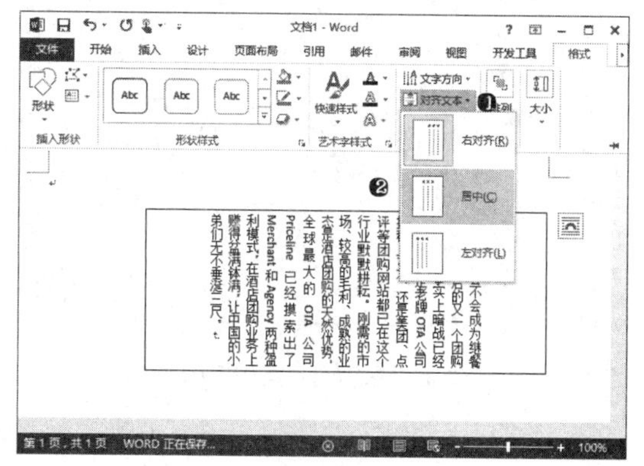

4.5 使用 SmartArt 图形

在文档中为了表现结构、流程或关系，应用形状或线条可以更清晰地表现出目标结构、流程和关系。要快速绘制出表现结构、流程或关系的图形，可以使用 Word 中的 SmartArt 图形。

4.5.1 插入 SmartArt 图形

要应用 SmartArt 图形，首先需要插入 SmartArt 图形，并选择 SmartArt 图形类型，在 Word 2013 中插入 SmartArt 图形的方法如下：

光盘同步文件
原始文件：无
结果文件：光盘\结果文件\第 4 章\插入 SmartArt 图形 .docx
教学视频：光盘\视频文件\第 4 章\4-5-1.mp4

步骤 01 单击"插入"选项卡"插图"组中的"SmartArt 图形"按钮，如下图所示。

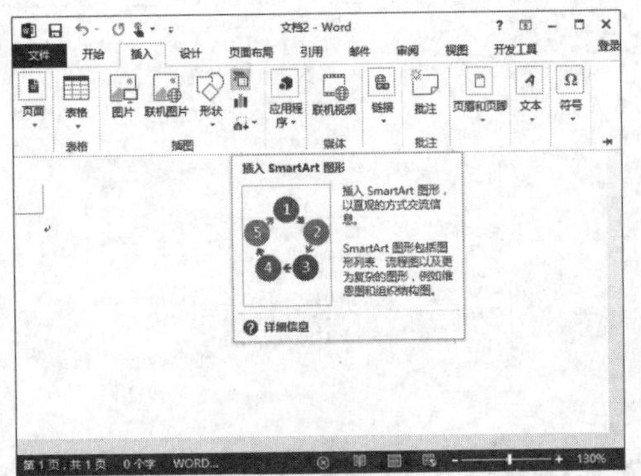

步骤 02 ❶ 在打开的"选择 SmartArt 图形"对话框中选择图形分类；❷ 选择要应用的图形样式；❸ 单击"确定"按钮在文档中插入 SmartArt 图形，如下图所示。

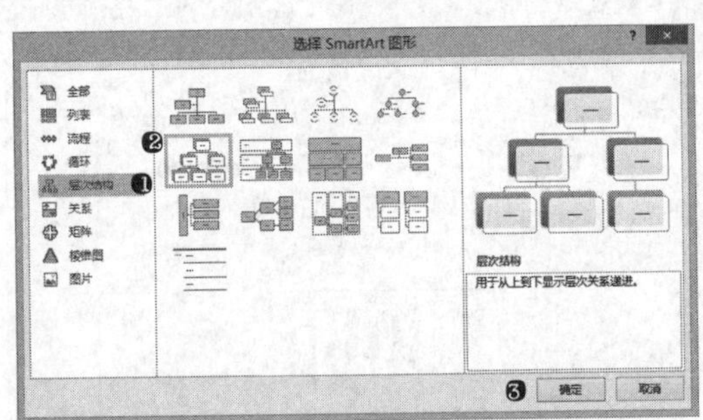

4.5.2 编辑与修饰 SmartArt 图形

插入 SmartArt 图形后，需要编辑图形中的文字内容，并为 SmartArt 图形添加修饰效果，具体方法如下：

光盘同步文件
原始文件：光盘\原始文件\第 4 章\编辑与修饰 SmartArt 图形 .docx
结果文件：光盘\结果文件\第 4 章\编辑与修饰 SmartArt 图形 .docx
教学视频：光盘\视频文件\第 4 章\4-5-2.mp4

1．编辑 SmartArt 图形文字内容

要编辑 SmartArt 图形中的文字内容，可以将光标定位于 SmartArt 图形中，然后录入和编辑文字内容即可。

2．在 SmartArt 图形中添加形状

在 SmartArt 图形中有时需要更多形状，此时就需要添加 SmartArt 形状，具体方法如下：

步骤 01 选择插入的 SmartArt 图形中的形状，❶ 单击"设计"选项卡中的"添加形状"按钮；❷ 在下拉列表中选择"在后面添加形状"选项，如下图所示。

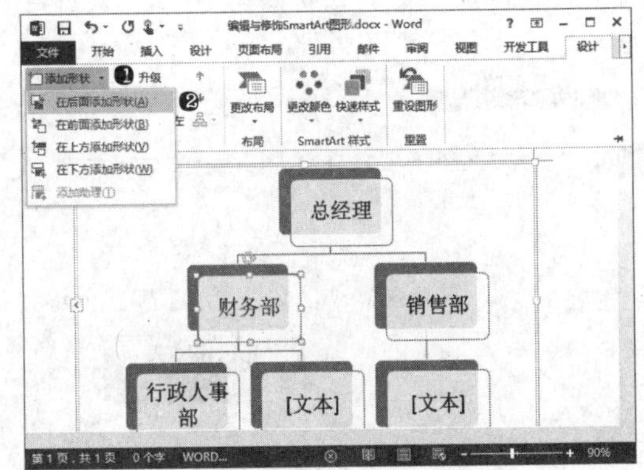

步骤 02 在新增的 SmartArt 形状中输入文字内容，如下图所示。

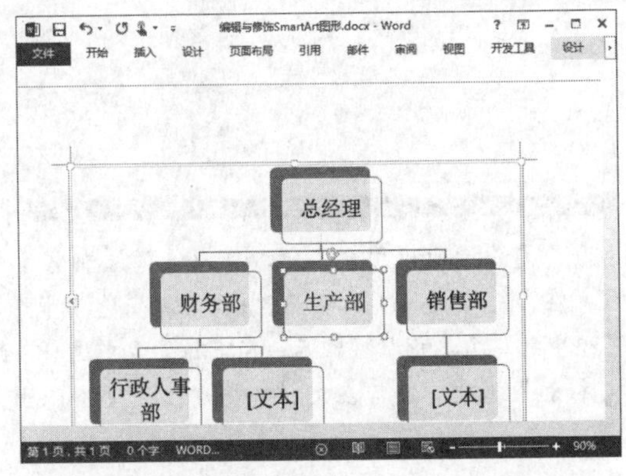

3．升级与降级 SmartArt 形状

在 SmartArt 图形中可以通过升级和降级来调整各形状的层次关系，例如要将 SmartArt 图形中最后一级图形提升至第二级，方法如下：

步骤 ❶ 选择 SmartArt 图形中要提升级别的形状；❷ 单击"设计"选项卡中的"升级"按钮，如下图所示。

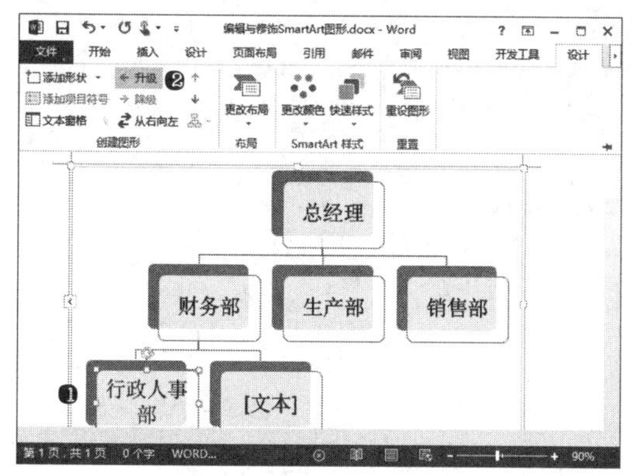

4．更改 SmartArt 图形布局

同一类型的 SmartArt 图形有多种布局方式，可以通过以下方法更改 SmartArt 图形布局：

步骤选择 SmartArt 图形对象，❶单击"设计"选项卡中的"更改布局"按钮；❷选择要应用的图形布局，如下图所示。

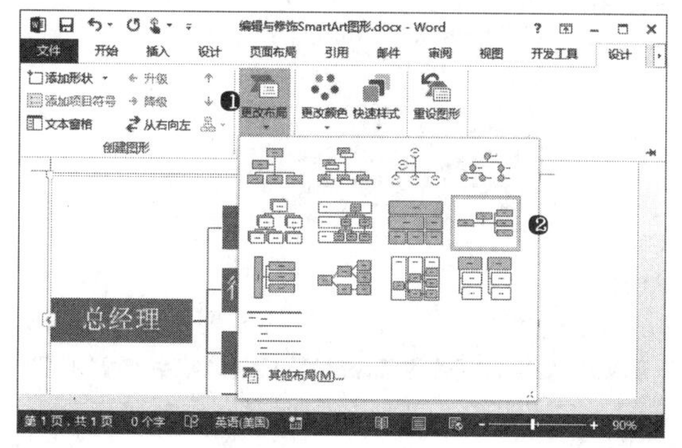

5．更改 SmartArt 图形颜色

为使 SmartArt 图形更美观，可以更改 SmartArt 图形中的色彩方案，具体方法如下：

步骤选择 SmartArt 图形对象，❶单击"设计"选项卡中的"更改颜色"按钮；❷选择要应用的色彩效果，如下图所示。

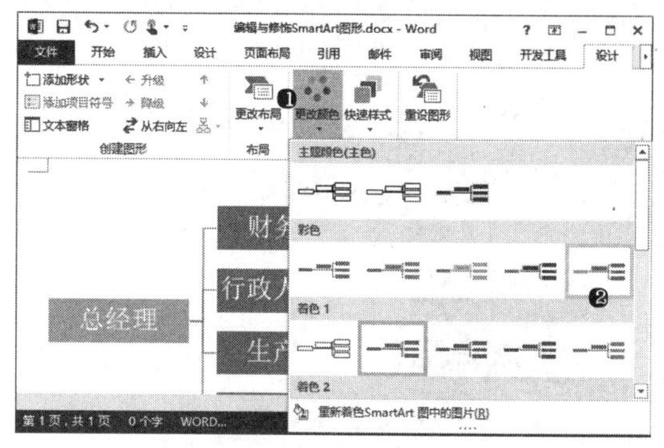

6．为 SmartArt 图形应用快速样式

为使 SmartArt 图形更美观，还可以为 SmartArt 图形应用快速样式，具体方法如下：

步骤选择 SmartArt 图形对象，❶单击"设计"选项卡中的"快速样式"按钮；❷选择要应用的样式，如下图所示。

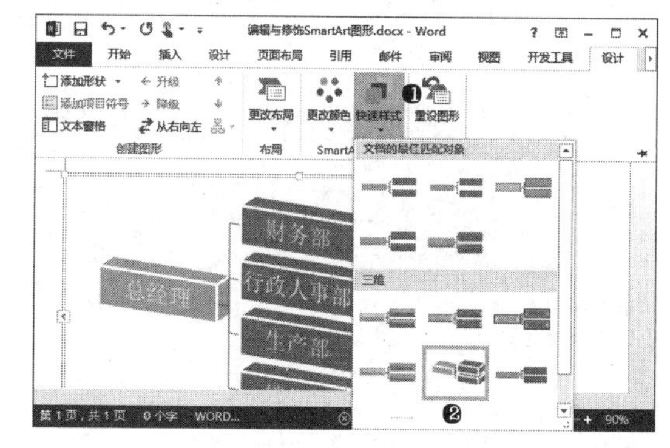

实用技巧——技能提高

通过前面知识的学习，相信初学者已经掌握了图文混排操作的相关基础知识。下面结合本章内容，给初学者介绍一些实用技巧。

光盘同步文件

原始文件：光盘 \ 原始文件 \ 第 4 章 \ 实用技巧 \

结果文件：光盘 \ 结果文件 \ 第 4 章 \ 实用技巧 \

教学视频：光盘 \ 视频文件 \ 第 4 章 \ 实用技巧 .mp4

技巧 4.1

精确定位图片在页面的位置

在文档中放置图片或形状对象时，除采用嵌入型环绕方式的对象外，通过鼠标拖动可以调整对象在文档中的位置，但如果要非常精确地控制对象在页面中的位置，使用拖动的方式就不是那么准确了，因此，要想精确定位图片在页面中的位置，可以使用以下方法：

步骤01 打开“光盘\原始文件\第2章\实用技巧\精确定位图片位置.docx”文件，❶选择需要精确定位的图片对象；❷单击“格式”选项卡“大小”组中的“高级版式”按钮，如下图所示。

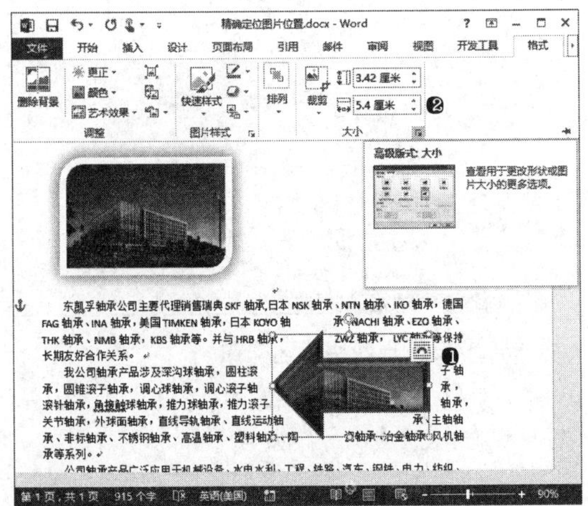

步骤02 打开“布局”对话框，❶选择“位置”选项卡；❷设置水平绝对位置；❸设置垂直绝对位置；❹单击“确定”按钮，如下图所示。

技巧 4.2
快速选择并组合多个图形

在文档中使用形状时，常常需要将多个形状组成一个图形，为了方便同时对这些形状进行调整，可以同时选择这些形状后进行操作。如果将这些形状组合成一个整体，那么下次操作这些图形时，则可一次性同时进行操作。要快速选择多个图形并对其进行组合，可使用以下方法：

步骤01 打开“光盘\原始文件\第2章\实用技巧\图标.docx”文件，❶单击“开始”选项卡“编辑”组中的“选择”按钮；❷选择“选择对象”选项，如下图所示。

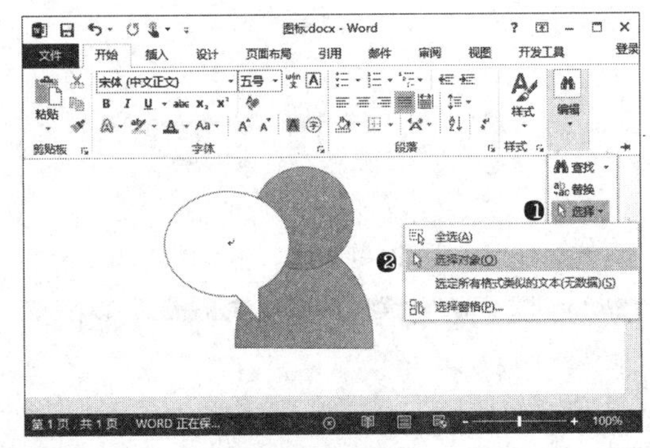

步骤02 在文档中拖动框选要组合的形状，将这些形状同时选中，如下图所示。

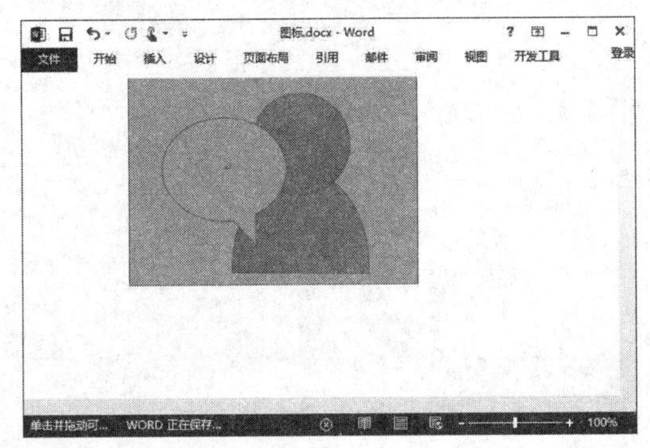

步骤03 ❶单击“格式”选项卡“排列”组中的“组合”按钮；❷选择“组合”选项，将选择的多个形状组合为一个整体，如下图所示。

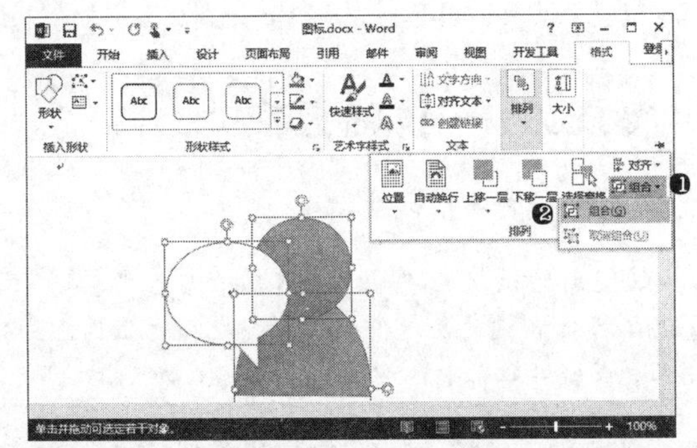

技巧 4.3
将文档中的图片另存为图片文件

在文档中插入了图片、屏幕截图或联机图片后，要将图片应用到其他软件中进行编辑或应用，则需要将图片存储为图片文件。方法如下：

步骤 打开"光盘\原始文件\第 2 章\实用技巧\素材图片.docx"文件，❶在图片对象上右击；❷在弹出的快捷菜单中选择"另存为图片"命令，如下图所示。

经过以上操作后将打开"图片另存为"对话框，在对话框中设置图片文件的存储路径及文件名，并可更改图片文件存储的格式，然后单击"保存"按钮便可保存图片文件。

技巧 4.4 快速替换文档中的图片

在修改文档时，如果要将文档中的图片更换为新的图片，可以应用"更改图片"命令快速替换图片，无须删除图片再重新插入。具体方法如下：

步骤 01 打开"光盘\原始文件\第 2 章\实用技巧\封面模板.docx"文件，❶选择文档左侧的图片对象；❷单击"格式"选项卡"调整"组中的"更改图片"按钮，如下图所示。

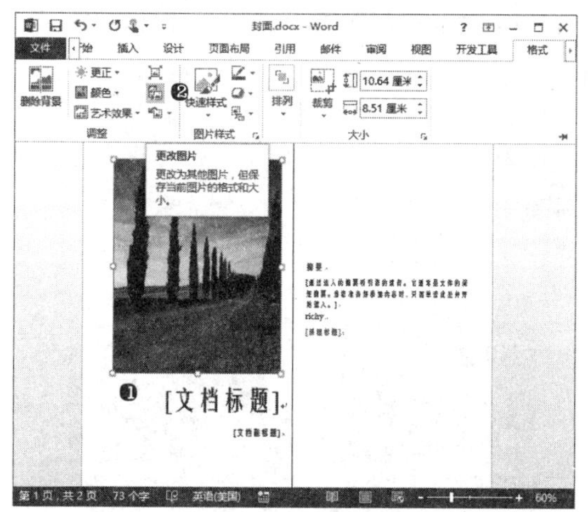

步骤 02 在打开的对话框中选择"来自文件"选项，如右上图所示。

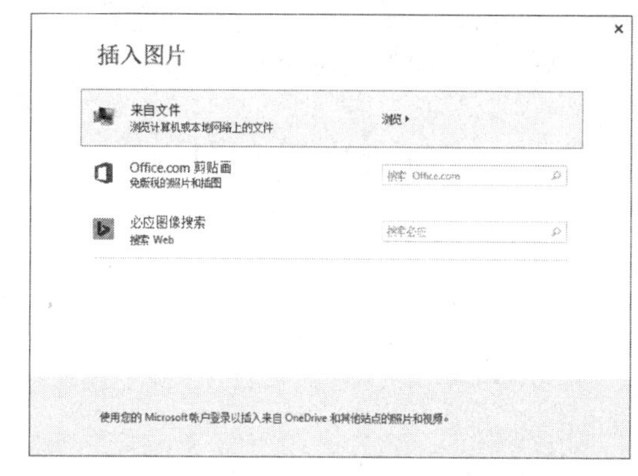

步骤 03 ❶在打开的"插入图片"对话框中选择要插入的素材图片；❷单击"插入"按钮，如下图所示。

步骤 04 将图片插入到文档中并自动将原图片替换后，效果如下图所示。

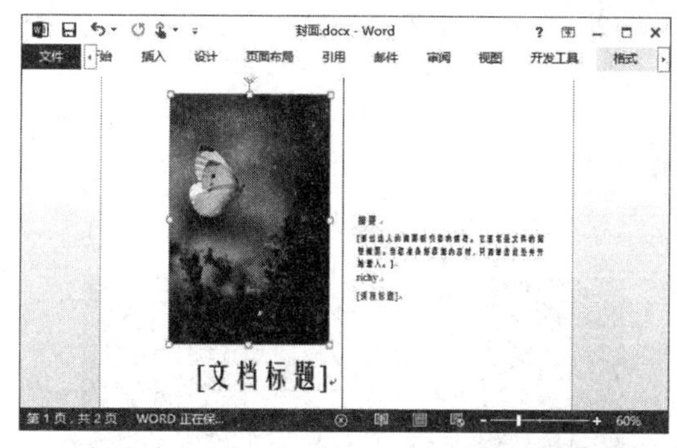

技巧 4.5 调整对象层次顺序

在 Word 中插入的形状、图片等元素，在文档中可以层叠放置，因此，这些重叠的元素也就具备了层次关系，而在编辑和调整这些内容时，常常需要调整它们的层次顺序。选择要调整层次顺序的对象后，使用"格式"选项卡"排列"组中的"上移一层"或"下移一层"按钮，可以改变所选对象的层次顺序。例如要将一个形状调整到最下层，方法如下：

步骤打开“光盘\原始文件\第 2 章\实用技巧\调整对象层次 .docx”文件，❶选择要更改顺序的形状；❷单击“格式”选项卡“排列”组中的“下移一层”按钮；❸选择“置于底层”选项，如下图所示。

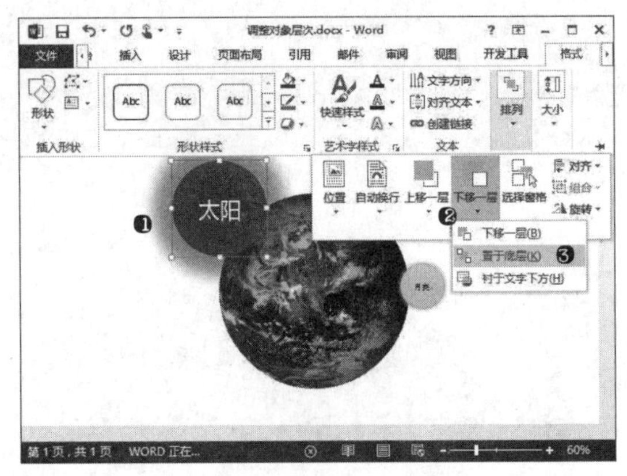

实战训练——制作宣传海报

要制作美观大方的文档，需要应用形状、色彩和图片来进行修饰。虽然 Word 不是专业的图像处理软件，但运用 Word 设计和制作一些简单的宣传海报、画册也是非常便捷的。下面以制作宣传海报为例，来综合运用 Word 中的形状绘制与图片应用等操作技能。

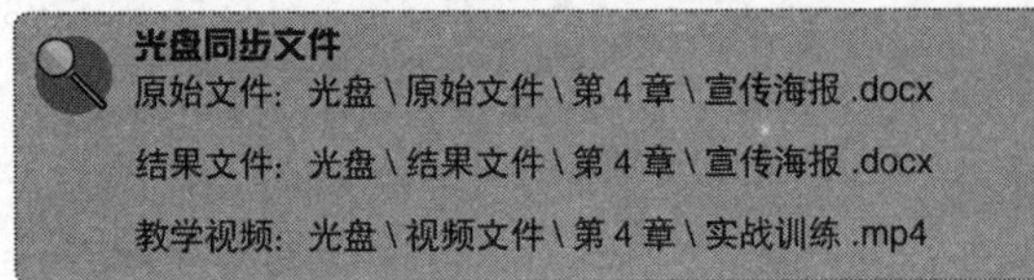

光盘同步文件

原始文件：光盘\原始文件\第 4 章\宣传海报 .docx

结果文件：光盘\结果文件\第 4 章\宣传海报 .docx

教学视频：光盘\视频文件\第 4 章\实战训练 .mp4

步骤 01 打开素材文档，❶单击“插入”选项卡中的“形状”按钮；❷在下拉列表中单击“矩形”形状，如下图所示。

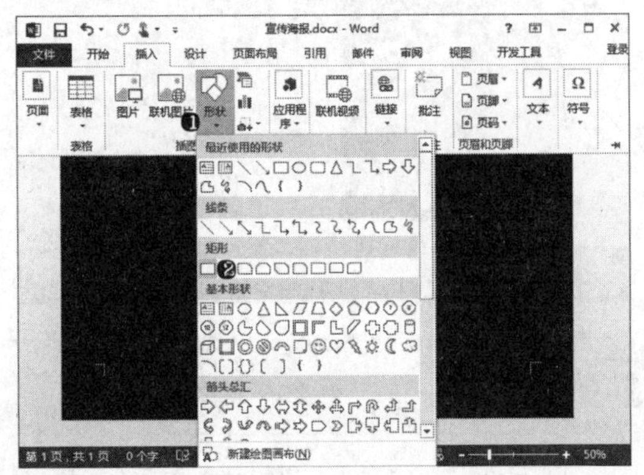

步骤 02❶在页面下方绘制一个矩形并选择该形状；❷单击“格式”选项卡中的“形状填充”按钮；❸选择“白色”，如右上图所示。

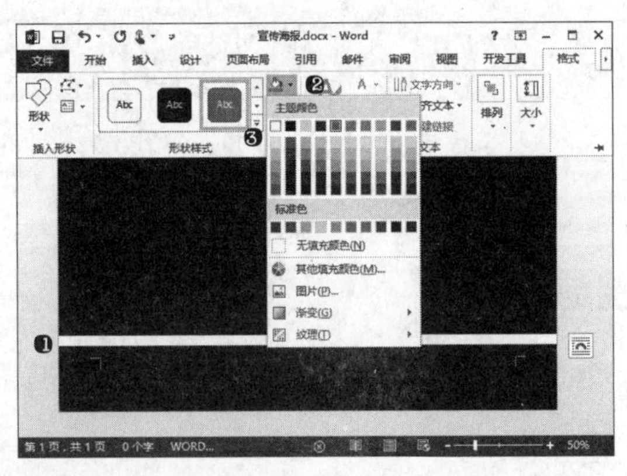

步骤 03❶单击“格式”选项卡中的“形状轮廓”按钮；❷选择“无轮廓”选项，如下图所示。

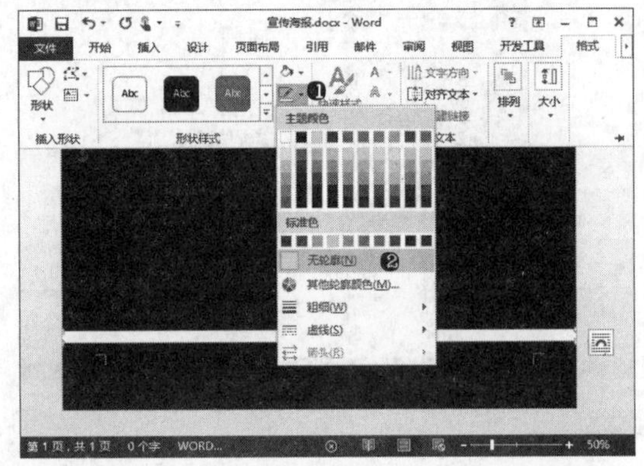

步骤 04 ❶ 在页面底部绘制一个矩形，选择该矩形；❷单击“格式”选项卡中的“形状填充”按钮；❸设置颜色为“紫色”，如下图所示。

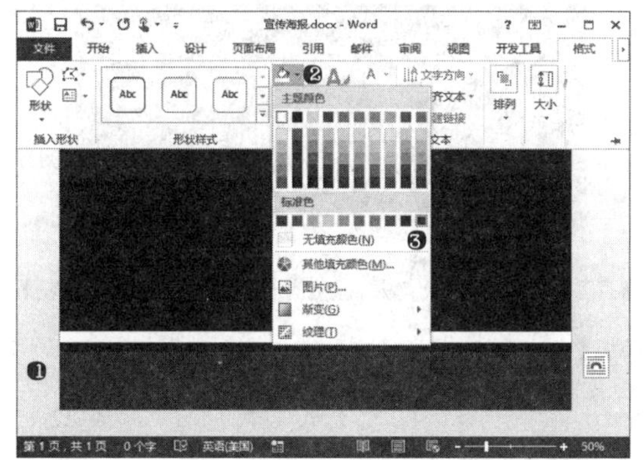

步骤 05 ❶ 单击“插入”选项卡中的“形状”按钮；❷在下拉列表中选择“平行四边形”形状，如下图所示。

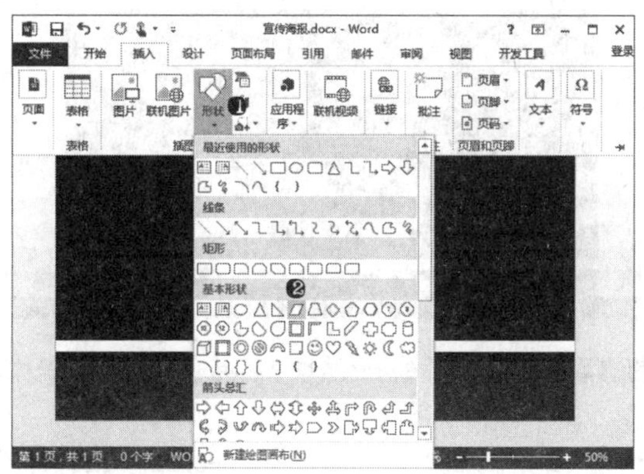

步骤 06 在页面中拖动绘制出一个平行四边形，拖动形状的控制点调整形状，并设置形状填充颜色为“紫色”，效果如下图所示。

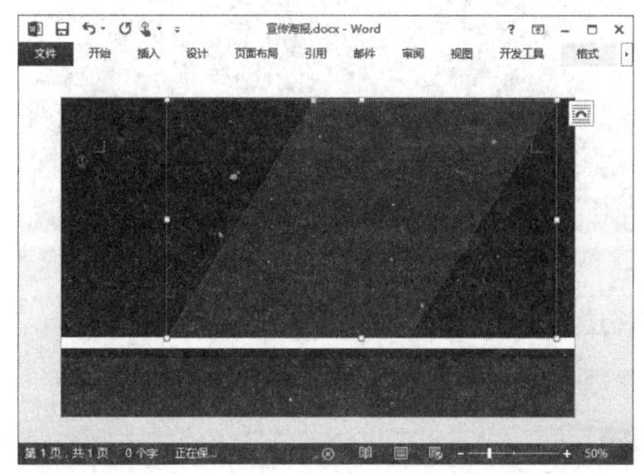

步骤 07 单击“插入”选项卡中的“图片”按钮，如右上图所示。

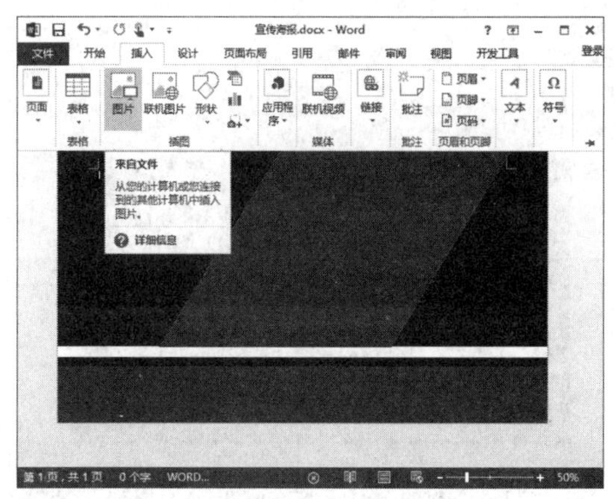

步骤 08 ❶ 在打开的“插入图片”对话框中选择素材图片；❷单击“插入”按钮，如下图所示。

步骤 09 ❶ 选择图片后，单击“格式”选项卡“排列”组中的“自动换行”按钮；❷选择“浮于文字上方”命令，如下图所示。

步骤 10 单击“格式”选项卡中的“删除背景”按钮，如下图所示。

步骤 11 调整图像中的控制点，在“背景消除”选项卡中单击“保留更改”按钮，如下图所示。

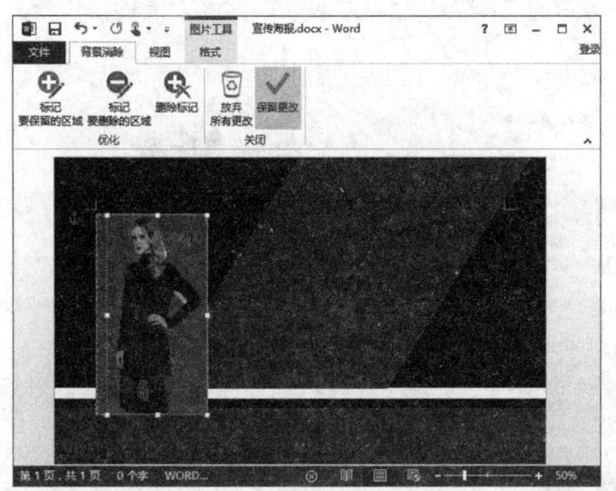

步骤 12 ❶单击“插入”选项卡中的“艺术字”按钮；❷选择末尾的艺术字样式，如下图所示。

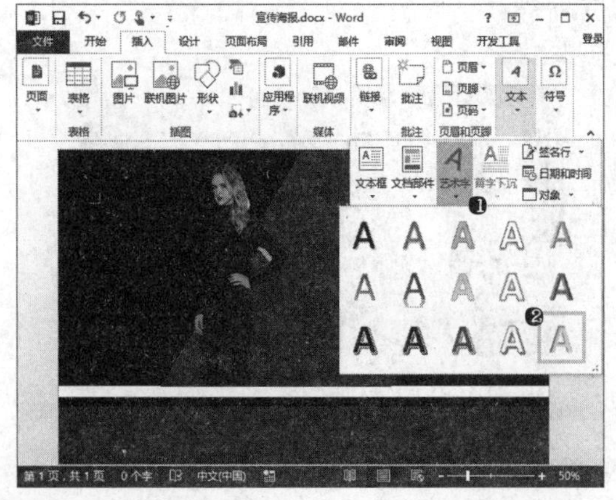

步骤 13 在艺术字文本框中输入文字内容，设置字符格式并调整艺术字位置，如右上图所示。

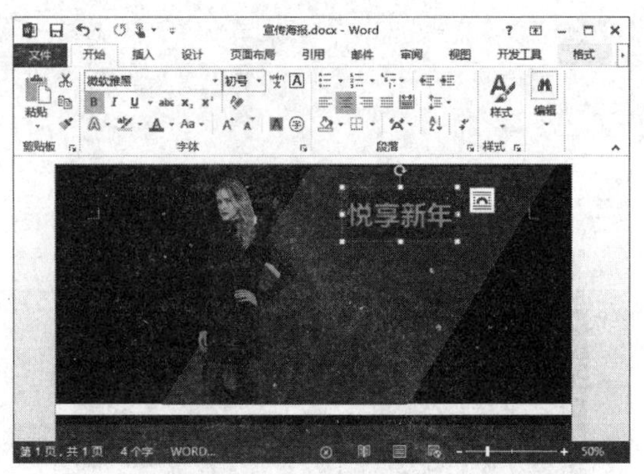

步骤 14 在上一步插入的艺术字下方再插入一段艺术字，效果如下图所示。

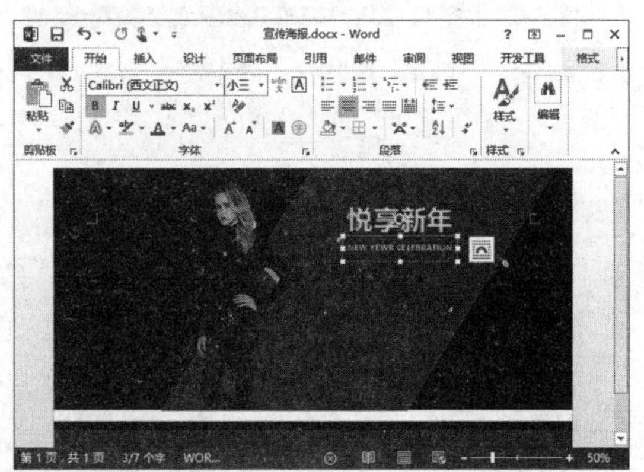

步骤 15 在艺术字文本框中输入文字内容，设置字符格式并调整艺术字位置，如下图所示。

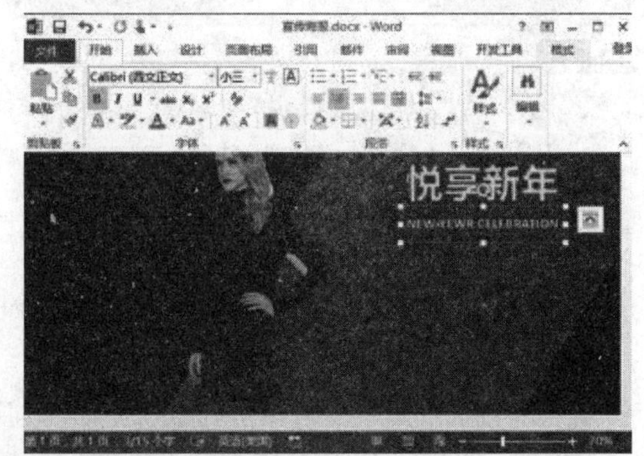

步骤 16 绘制一个平行四边形，设置形状填充颜色为“黑色”，并添加文字，如下图所示。

步骤 17 在艺术字文本框中输入文字内容，设置字符格式并调整艺术字位置，如下图所示。

步骤 18 再次插入两个艺术字，分别输入文字内容并设置字符格式，效果如下图所示。

本章小结

本章重点讲解了 Word 中图片、形状、艺术字、SmartArt 图形等元素的应用，包括这些元素的插入、调整及样式设置等。在文档中适当应用形状和图片可以使文档内容更丰富、更美观、更具可读性。

第 5 章

Word 文档中表格的应用

本章导读

表格是 Word 文档中常用的一种内容元素，利用表格可以使文档中的文字、数据、图片等内容结构更清晰、美观。表格多用于表现一些整齐的数据列表，也常常用于规划内容排列结构，甚至可以用于复杂的图文混排的页面布局。本章将为读者介绍在 Word 中插入表格、编辑表格及美化表格的方法和常用技巧。

知识要点

◆绘制或插入表格
◆单元格的合并及拆分
◆设置表格属性
◆表格的编辑、修改与调整
◆设置表格格式
◆应用表格中的计算功能

案例展示

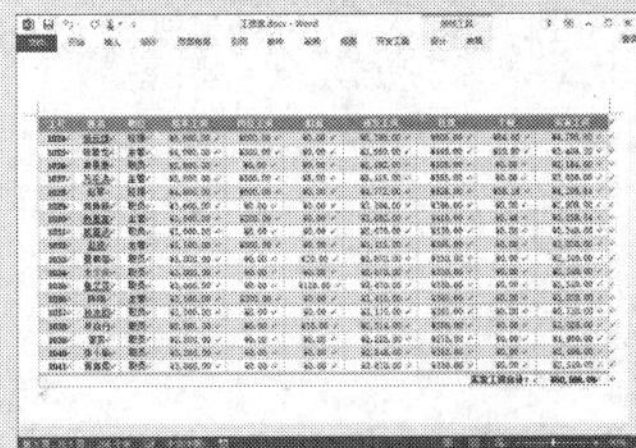

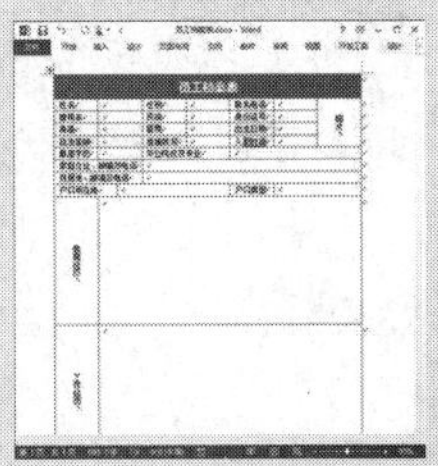

基础入门——必知必会

5.1 在 Word 文档中创建与编辑表格

要在文档中应用表格，首先要在文档中插入表格，然后在表格中添加内容，通常还会涉及对表格元素的编辑和修改等操作。

5.1.1 创建表格

Word 中提供了多种插入表格的方式，在不同情况下应用不同的方式，可以使表格应用更简单、快捷。

光盘同步文件
原始文件：无
结果文件：无
教学视频：光盘\视频文件\第 5 章\5-1-1.mp4

1. 快速插入表格

在插入行列数较少的表格时，使用以下方法插入表格更加快捷，例如要插入一个 4 列 6 行的表格，方法如下：

步骤 将光标定位于要插入表格的位置，❶单击"插入"选项卡中的"表格"按钮；❷在单元格图示区域中单击第 4 列第 6 行的方格即可插入表格，如右图所示。

2. 使用对话框插入表格

当要插入的表格行数和列数较多时，或插入的表格需要更改表格的"自动调整"方式时，使用"插入表格"对话框插入表格更加快捷，方法如下：

步骤 01 将光标定位于要插入表格的位置，❶单击"插入"选项卡中的"表格"按钮；❷在下拉列表中选择"插入表格"选项，如下图所示。

步骤 02 打开“插入表格”对话框，❶设置插入表格的列数及行数；❷设置表格自动调整方式；❸单击“确定”按钮，如下图所示。

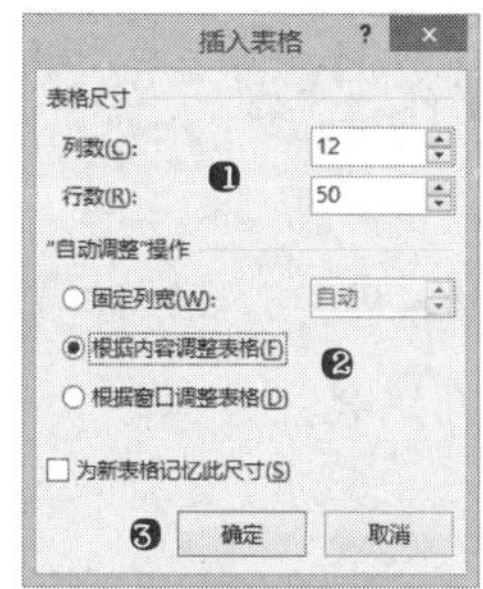

高手指引——更改“插入表格”对话框中的默认设置

文档中多处需要插入相同行数和列数的表格时，可以在插入第一个表格时，在“插入表格”对话框中设置好表格尺寸，然后选中“为新表格记忆此尺寸”复选框，单击“确定”按钮即可插入表格，在下一次打开“插入表格”对话框时，将默认应用上一次设置好的表格行列数。

3．绘制表格

当要插入的表格结构不太规则，并非由简单的行列来构成时，可以使用绘制表格的方式，在文档中拖动鼠标来绘制表格边框线来划分表格行、列和单元格，具体方法如下：

步骤 01 ❶单击“插入”选项卡中的“表格”按钮；❷在下拉列表中选择“绘制表格”选项，如下图所示。

步骤 02 在文档中拖动鼠标绘制出表格外边框线，在表格外边框线内部拖动鼠标绘制出各行、列或单元格的分隔线，如下图所示。

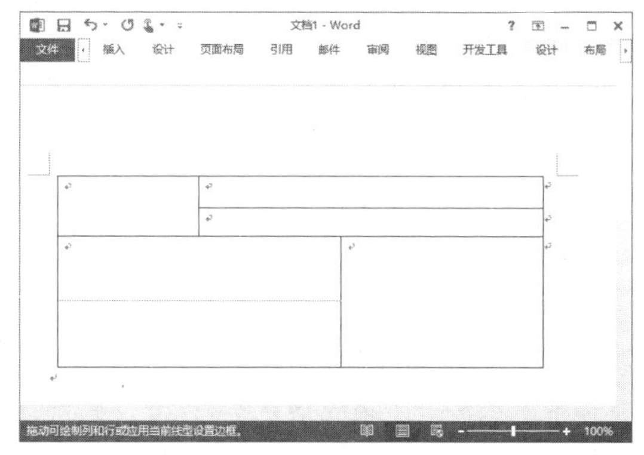

5.1.2 选定表格元素

在文档中编辑表格时，常常需要对表格中的单元格、行、列或整个表格进行操作，此时，需要先选择要操作的表格元素，然后再执行具体的操作。下面介绍选择表格元素的方法。

光盘同步文件
原始文件：无
结果文件：无
教学视频：光盘 \ 视频文件 \ 第 5 章 \5-1-2.mp4

1．使用选择命令选择表格元素

使用表格选择命令来选择表格元素，方法如下：

步骤 将光标定位于表格单元格内，❶单击“布局”选项卡中的“选择”按钮；❷在下拉列表中相应的选项，便可以选择当前光标所在单元格、列、行或整个表格，如右图所示。

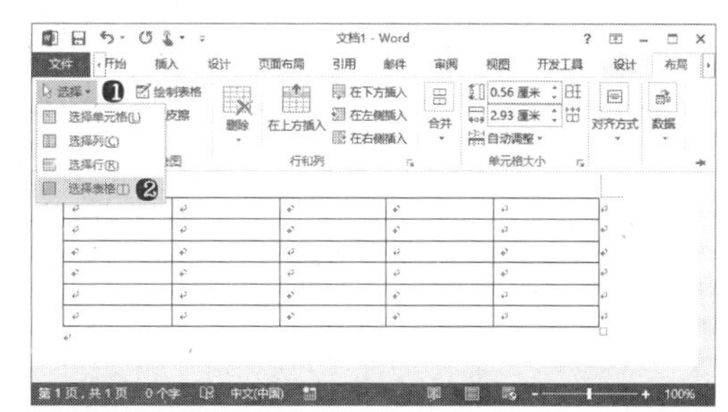

2．鼠标操作选择表格元素

（1）选择单元格。

将鼠标指向要选择的单元格左侧边框线内，然后单击鼠标即可选择该单元格。

(2) 选择多个单元格。

在表格中，拖动鼠标即可选择多个连续的单元格；选择一个或多个连续的单元格后，按住【Ctrl】键再选择其他单元格，便可选择不连续的多个单元格。

(3) 选择表格行。

鼠标指向要选择的行左侧表格外的空白区域，单击鼠标即可选择一行；在该空白区域内的垂直方向拖动鼠标则可选择连续的多行。

(4) 选择表格列。

鼠标指向要选择的列上方表格外的空白区域，单击鼠标即可选择一列；在该空白区域内向水平方向拖动鼠标则可选择连续的多行。

5.1.3 在表格中插入与删除行和列

在文档中应用表格时，当已插入的表格行列数与最终需要的表格行列数不一致时，需要插入或删除表格行和列，以及单元格元素。

光盘同步文件

原始文件：无

结果文件：无

教学视频：光盘\视频文件\第 5 章\5-1-3.mp4

1．插入表格行

要在表格中插入行，可以使用以下方法：

(1) 在上方插入行。

将光标定位于新增行的下一行中的任意单元格内，单击“布局”选项卡中的“在上方插入”按钮，如下图所示。

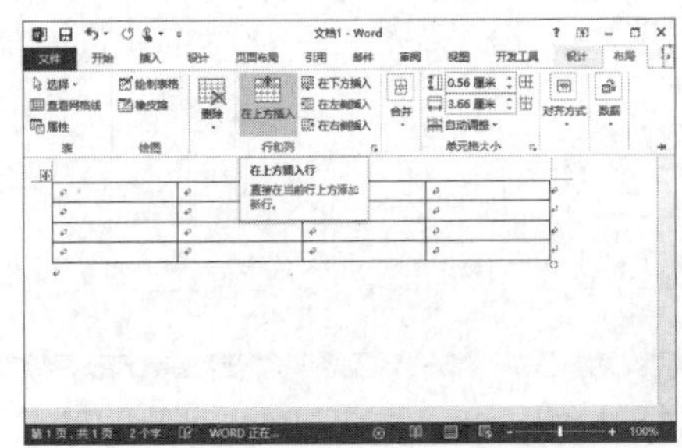

(2) 在下方插入行。

将光标定位于新增行的下一行中的任意单元格内，单击“布局”选项卡中的“在下方插入”按钮，如右上图所示。

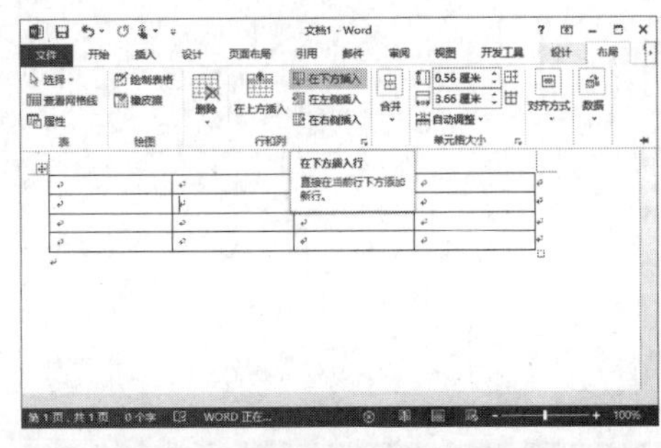

高手指引——快速地在表格下方增加多行

在编辑表格内容时，当表格行数不够时需要在下方增加行，此时可以将光标定位于表格最后一个单元格内，按【Tab】键可自动增加一行。在表格中【Tab】键的作用是将光标移动到下一单元格，因此，连续按【Tab】键移动光标，当光标移动到表格最后一个单元格后可以自动增加一行，从而实现快速增加表格行的目的。

2．插入表格列

要在表格中插入列，可以使用以下方法：

(1) 在左侧插入列。

将光标定位于新增列的右侧列中任意单元格内，单击“布局”选项卡中的“在左侧插入”按钮，如下图所示。

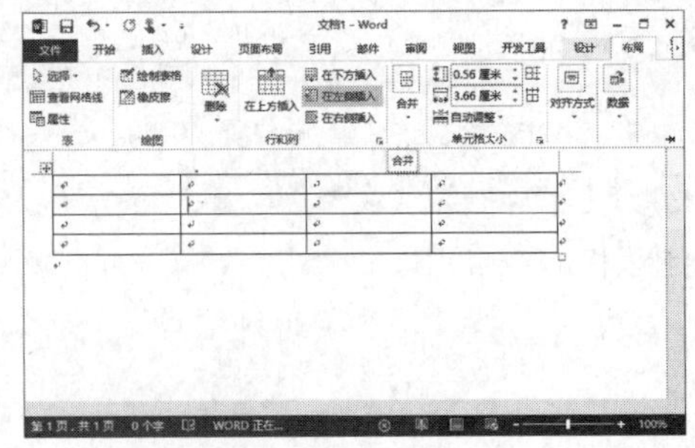

(2) 在右侧插入列。

将光标定位于新增列的左侧列中任意单元格内，单击“布局”选项卡中的“在右侧插入”按钮，如下图所示。

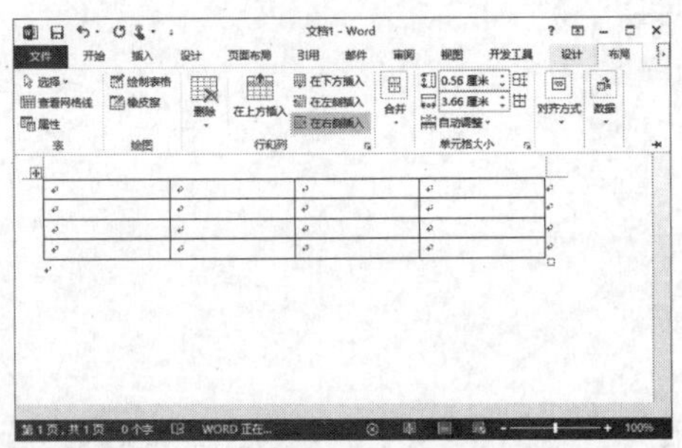

3．删除表格行或列

在表格中选择要删除的行或列，然后按键盘上的退格键（Backspace），即可删除所选的行或列；也可以将光标定位于要删除的行或列中的任意单元格，然后单击“布局”选项卡中的“删除”按钮，在下拉列表中选用相应的选项即可。

5.1.4 合并与拆分单元格及表格

如果在文档中需要应用的表格并不具备整齐行列，除了应用绘制表格的方式外，还可以通过合并或拆分单元格的方式，将整齐的表格修改为复杂的表格结构。此外，如果要将一个表格拆分为多个表格，还可以使用拆分表格命令。

光盘同步文件
原始文件：光盘\原始文件\第 5 章\合并与拆分单元格.docx
结果文件：光盘\结果文件\第 5 章\合并与拆分单元格.docx
教学视频：光盘\视频文件\第 5 章\5-1-4.mp4

1．合并单元格

合并单元格的目的是将多个连续的单元格组合为一个单元格，具体方法如下：

步骤 ❶选择要合并的多个单元格；❷单击“布局”选项卡“合并”组中的“合并单元格”按钮，如下图所示。

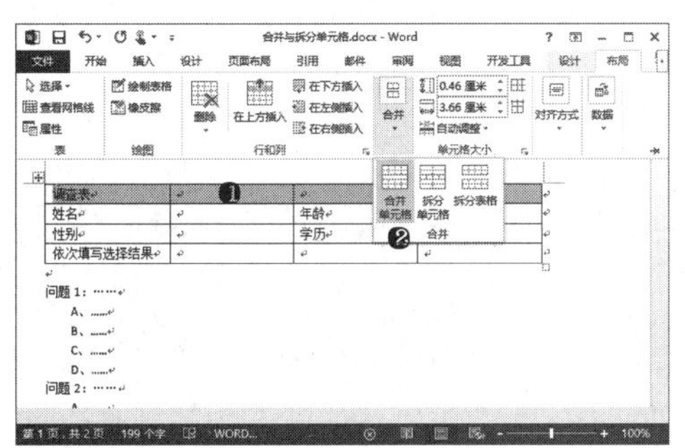

2．拆分单元格

拆分单元格的目的是将一个或多个连续的单元格重新划分为多行或多列单元格，具体方法如下：

步骤 01 ❶选择要拆分的一个或多个单元格；❷单击“布局”选项卡“合并”组中的“拆分单元格”按钮，如下图所示。

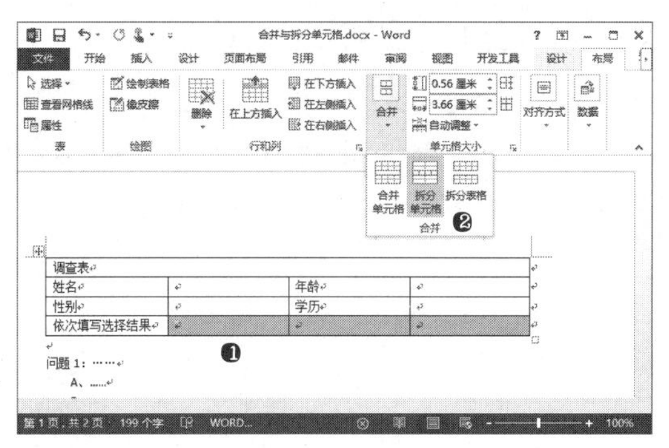

步骤 02 ❶设置拆分后的单元格列数及行数；❷单击“确定”按钮，如下图所示。

3．拆分与合并表格

如果要将一个表格拆分为两个表格，则需要使用“拆分表格”命令；而合并表格就是将多个表格合并为一个表格。在 Word 中合并表格非常容易，只需要删除表格之间的段落标记，前后两个表格即可合为一个表格，而要将一个表格拆分为两个表格，则需要按以下方法操作：

步骤 ❶将光标定位于要拆分的表格起始行中任意单元格内；❷单击“布局”选项卡“合并”组中的“拆分表格”按钮，如下图所示。

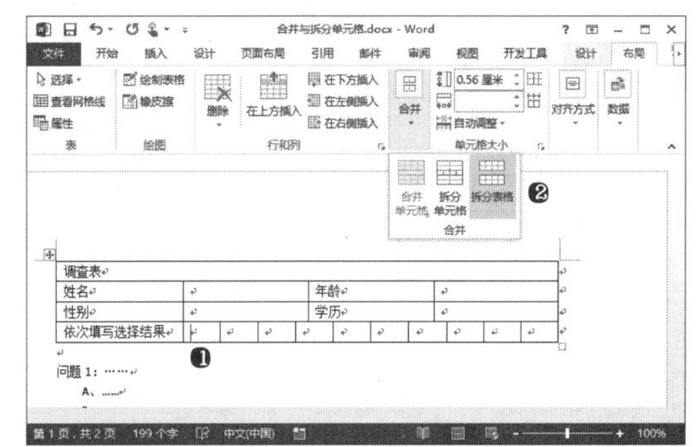

5.2 在 Word 文档中设置表格格式

在文档中应用表格时，为了使文档内容更美观，表格与文档内容格式更统一，常常需要对表格内容、表格元素及整体表格的格式进行设置或调整。

5.2.1 设置单元格中文本的对齐方式

在表格的单元格内，可以放置文本内容及其他嵌入型版式的元素，而这些内容在单元格中的位置，通常需要通过单元格对齐方式来进行调整。要调整单元格文本对齐文字，方法如下：

光盘同步文件
原始文件：无
结果文件：无
教学视频：光盘 \ 视频文件 \ 第 5 章 \5-2-1.mp4

步骤 ❶将光标定位于要调整文本对齐方式的单元格内或选择要调整对齐方式的单元格区域；❷在“布局”选项卡的“对齐方式”组中，单击要应用的对齐方式按钮，如下图所示。

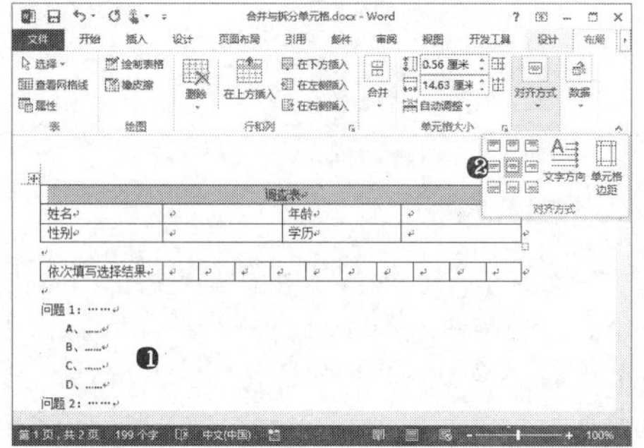

5.2.2 设置文字方向

在表格单元格中，文字内容默认按水平方向从左到右进行排列，要改变文字方向，可使用以下方法：

光盘同步文件
原始文件：无
结果文件：无
教学视频：光盘 \ 视频文件 \ 第 5 章 \5-2-2.mp4

步骤 ❶将光标定位于要调整文本方向的单元格内，或选择要调整文本方向的单元格区域；❷在“布局”选项卡的“对齐方式”组中单击“文字方向”按钮，如下图所示。

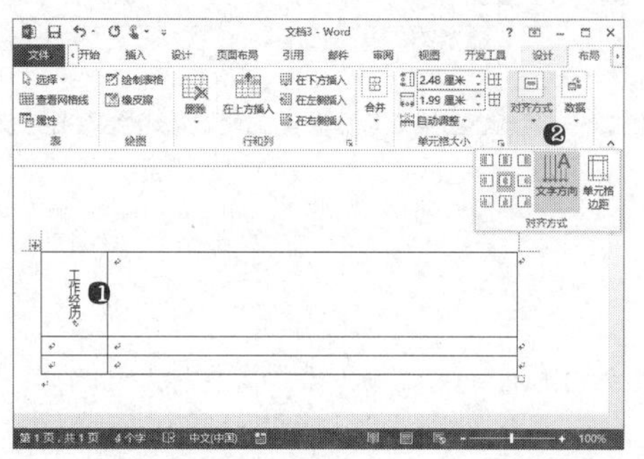

5.2.3 设置表格的列宽和行高

在应用表格时，常常需要调整表格各行的高度和各列的宽度，除了直接拖动表格边框线调整表格列宽和行高外，还可以使用以下方式进行调整：

光盘同步文件
原始文件：无
结果文件：无
教学视频：光盘 \ 视频文件 \ 第 5 章 \5-2-3.mp4

步骤 ❶将光标定位于要调整列宽和行高的单元格内或选择要调整列宽和行高的单元格区域；❷在“布局”选项卡的“单元格大小”组中，在“行高”和“列宽”数值框内输入当前行的高度值及当前列的宽度值，如下图所示。

5.2.4 设置单元格边距

单元格边距是指单元格内容与单元格边框之间的空白距离，通过单元格边距的调整，可以控制单元格内容在单元格中的绝对位置，具体设置方法如下：

光盘同步文件
原始文件：无
结果文件：无
教学视频：光盘 \ 视频文件 \ 第 5 章 \5-2-4.mp4

步骤 01 ❶将光标定位于要调整单元格边距的单元格内，或选择要调整单元格边距的单元格区域；❷单击“布局”选项卡“对齐方式”组中的“单元格边距”按钮，如下图所示。

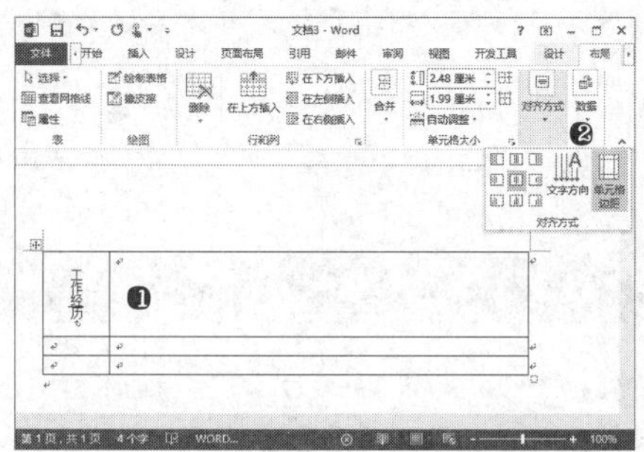

步骤 02 在打开的“表格选项”对话框中设置单元格上、下、左、右 4 个方向的边距，然后单击“确定”按钮，如下图所示。

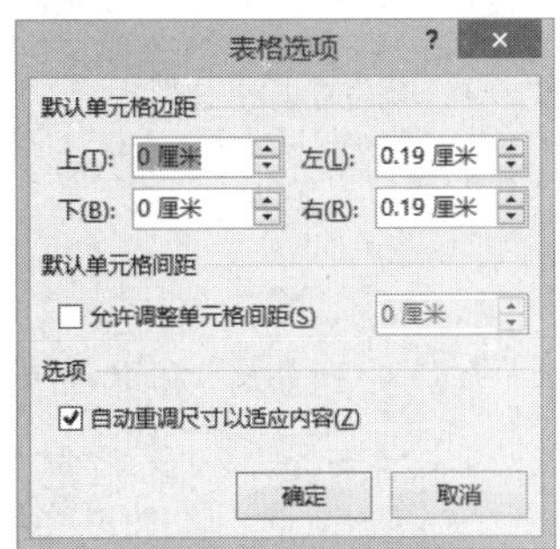

5.2.5 设置表格的边框和底纹

要应用表格时，通常可以通过设置表格的边框样式和颜色、底纹样式和颜色等方式来美化表格，下面介绍具体设置方法。

光盘同步文件

原始文件：光盘 \ 原始文件 \ 第 5 章 \ 岗位编制表 .docx

结果文件：光盘 \ 结果文件 \ 第 5 章 \ 岗位编制表 .docx

教学视频：光盘 \ 视频文件 \ 第 5 章 \5-2-5.mp4

1．设置表格边框

表格的边框样式主要通过“笔样式”、“笔画粗细”和“笔颜色”3 个属性来确定，当确定好边框样式后再选择将边框样式应用于指定位置的线条上即可，具体方法如下：

（1）设置边框线型。

步骤 ❶ 选择要设置边框的表格或单元格区域；❷ 单击“表格工具 - 设计”选项卡中“边框”组中的“笔样式”下拉按钮；❸ 在下拉列表中选择线型，如下图所示。

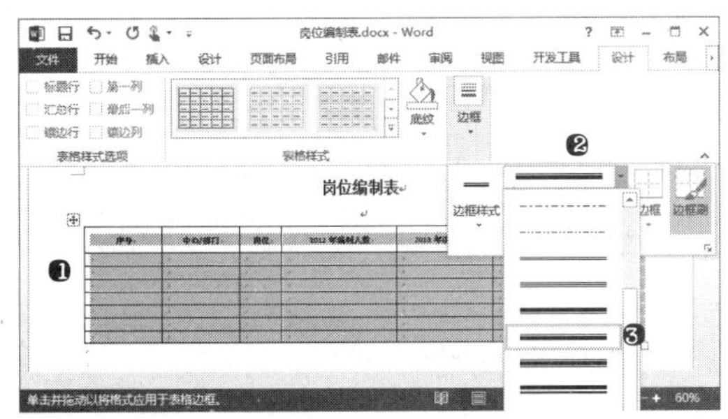

（2）设置边框粗线。

步骤 ❶ 单击“表格工具 - 设计”选项卡中“边框”组中的“笔画粗细”下拉按钮；❷ 在下拉列表中选择线条粗细，如右上图所示。

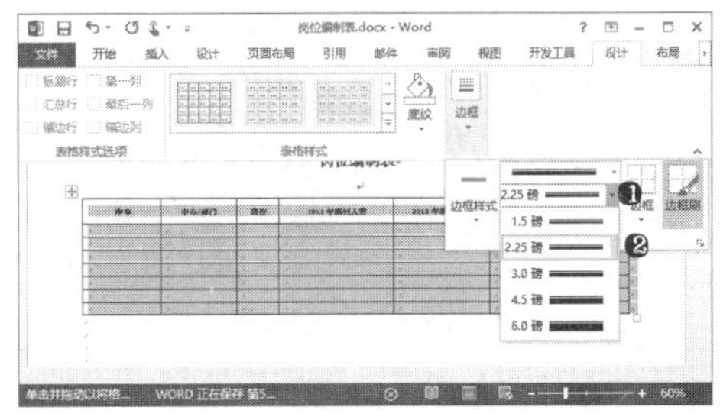

（3）设置边框颜色。

步骤 ❶ 单击“表格工具 - 设计”选项卡中“边框”组中的“笔颜色”下拉按钮；❷ 在下拉列表中选择线条颜色，如下图所示。

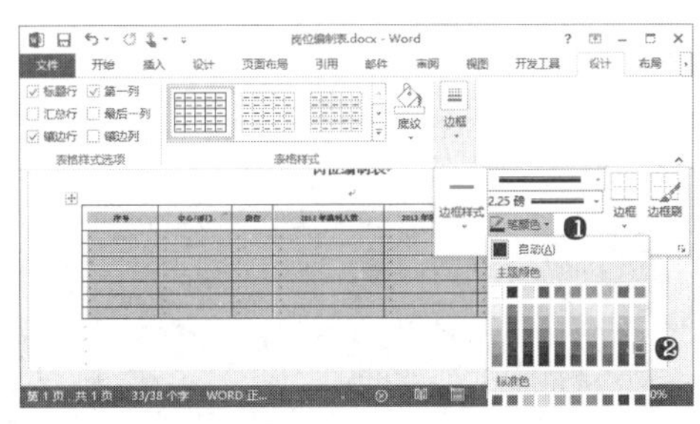

（4）应用边框样式。

步骤 ❶ 单击“表格工具 - 设计”选项卡中“边框”组中的“边框”下拉按钮；❷ 在下拉列表中选择边框样式应用的位置，例如选择“外侧框线”，如下图所示。

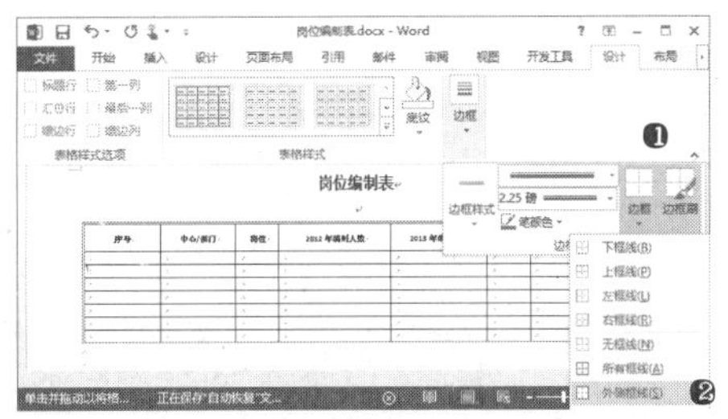

高手指引——边框样式应用技巧

在“表格工具 - 设计”选项卡的“边框”组中，单击“边框样式”下拉按钮，在下拉列表中可选择最近使用过的边框样式，以及文档主题中包含的边框样式。在应用边框时，需要单击“边框”下拉按钮，在下拉列表中选择边框应用的位置，也可以单击“边框刷”按钮，在要改变样式的表格边框线上拖动。

2．设置表格底纹

在修饰表格单元格时，常常还通过设置表格单元格的底纹颜色来美化表格，具体方法如下：

步骤 ❶ 选择要设置底纹颜色的单元格区域；❷ 在“表格工具 - 设计”选项卡中单击“底纹”按钮；❸ 选择要应用的底纹颜色，如下图所示。

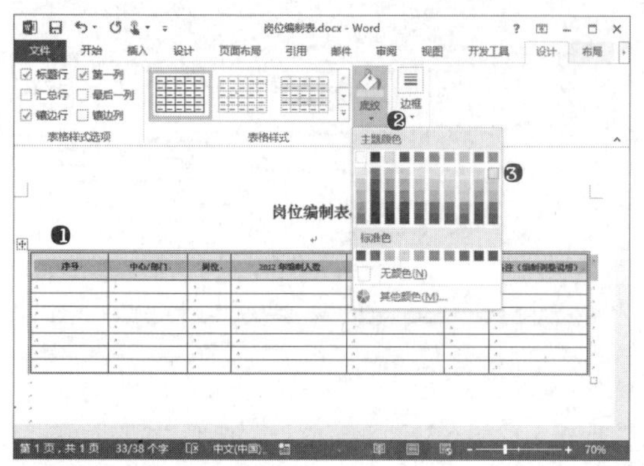

5.2.6 应用表格样式

为了快速美化文档中的表格元素，可以在表格上应用表格样式，并设置表格样式选项，具体方法如下：

光盘同步文件

原始文件：光盘\原始文件\第 5 章\岗位编制表 .docx

结果文件：光盘\结果文件\第 5 章\岗位编制表（应用表格样式）.docx

教学视频：光盘\视频文件\第 5 章\5-2-6.mp4

步骤 ❶ 选择表格或将光标定位于表格中；❷ 在“表格工具 - 设计”选项卡下“表格样式”组的列表框中选择要应用的表格样式，如下图所示。

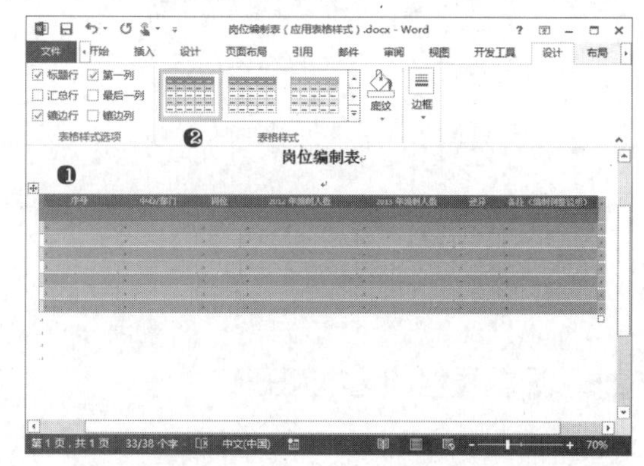

在应用表格样式后，在“表格工具 - 设计”选项卡下“表格样式”组中可选择或取消表格样式中所包含的部分样式，如标题行、第一列、汇总行等部分的特殊样式。

实用技巧——技能提高

通过前面知识的学习，相信初学者已经掌握好 Word 2013 表格应用的相关基础知识。下面结合本章内容，给初学者介绍一些实用技巧。

光盘同步文件

原始文件：光盘\原始文件\第 5 章\实用技巧\

结果文件：光盘\结果文件\第 5 章\实用技巧\

教学视频：光盘\视频文件\第 5 章\实用技巧 .mp4

技巧 5.1

对表格数据进行排序

在 Word 表格中添加了大量数据后，为使数据更清晰，可以对表格中的数据进行排序，方法如下：

步骤 01 打开“光盘\原始文件\第 5 章\实用技巧\销售记录 .docx”文件，❶ 将光标定位于表格中；❷ 单击“布局”选项卡“数据”组中的“排序”按钮，如右图所示。

产品编号	单价	销量	销售额
RC-C-95208882	¥885.00	130	¥115,050.00
RC-C-95208886	¥894.00	115	¥102,810.00
RC-C-95208887	¥1,032.00	55	¥56,760.00
RC-L-92144141	¥1,155.00	115	¥132,825.00
RC-L-92144140	¥1,155.00	40	¥46,200.00
RC-L-92144139	¥1,155.00	125	¥144,375.00
RC-L-92144138	¥1,155.00	25	¥28,875.00
RC-L-92144137	¥1,155.00	95	¥109,725.00
RC-L-92045464	¥1,155.00	80	¥92,400.00
RC-H-92644598	¥1,182.00	105	¥124,110.00
RC-C-94497761	¥1,200.00	210	¥252,000.00

步骤 02 ❶ 选择要排序的关键字；❷ 选择排序类型及排序方式；❸ 单击“确定”按钮，如下图所示。

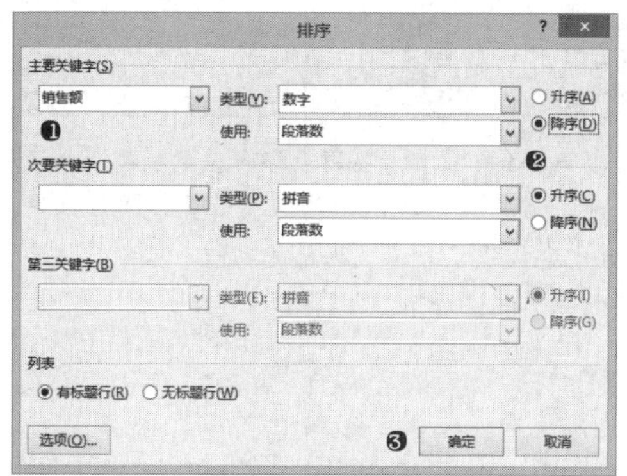

技巧 5.2

将文本转换为表格

在文档中常常需要插入从其他软件和设备中获取的数据，而其他软件或设备导出的数据文件会采用常规的文本格式，为了快速以表格方式呈现以文本方式存放的数据，可以将文本转换为表格，具体操作方法如下：

步骤 01 用记事本程序打开“光盘\原始文件\第 5 章\实用技巧\员工信息.txt”文件，全选文本文件中的内容并按【Ctrl+C】组合键复制内容，如下图所示。

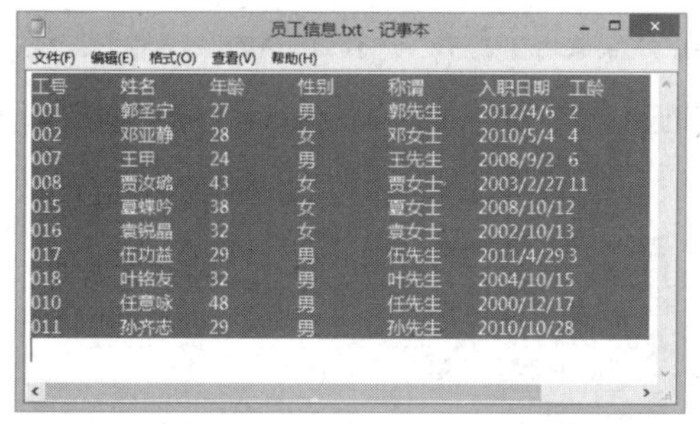

步骤 02 将复制的内容粘贴到 Word 文档中，❶选择粘贴的文本数据；❷单击“插入”选项卡中的“表格”按钮；❸在下拉列表中选择“文本转换为表格”选项，如下图所示。

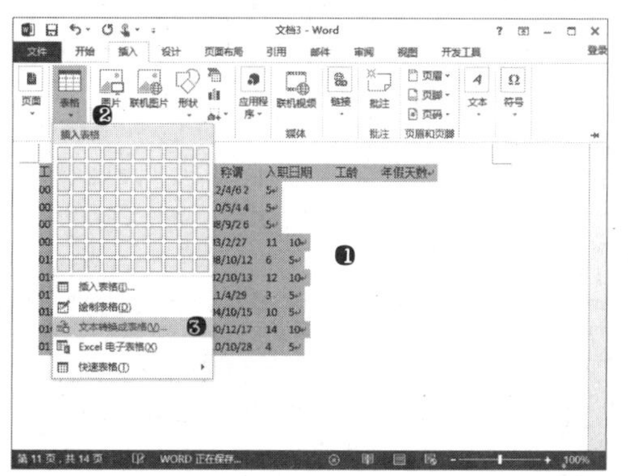

步骤 03 ❶在打开的对话框中选择“文字分隔位置”；❷单击“确定”按钮，如右图所示。

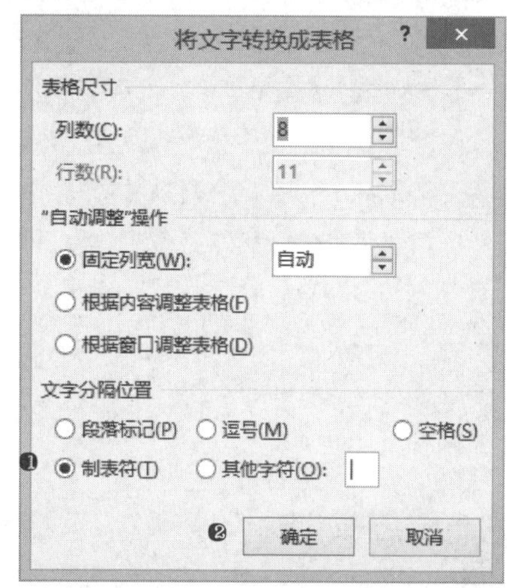

高手指引——文本转换为表格时分隔符的使用技巧

在以文本表现的表格数据中，常常使用制表符、空格、逗号等符号用来分隔不同的数据，如果文本数据中使用了其他特殊符号进行数据分隔，可以在“将文字转换成表格”对话框的“文字分隔位置”选项区域选择“其他字符”单选按钮，在其后的文本框中输入相应的字符即可。

技巧 5.3

让表头永远出现在页面的顶端

当表格中数据较多时，表格会被分到多页中，此时在查看除表格首页外的其他页表格时，都无法看到表头，不便于数据查看，因此，可以让跨多页的表格在每一页中都显示出表头信息，方法如下：

步骤 打开“光盘\原始文件\第 5 章\实用技巧\价格表.docx”文件，❶选择表格中的第 1 行；❷单击“布局”选项卡“数据”组中的“重复标题行”按钮，如下图所示。

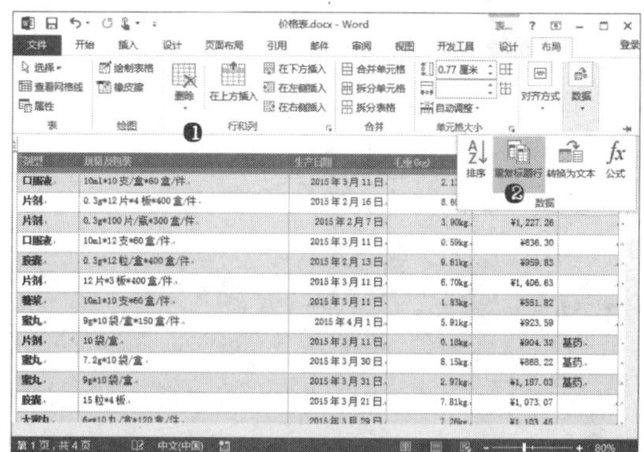

技巧 5.4
在表格中快速填充序号

在表格中，常常还需要添加一些类似于序号的连续数据，此时可借助段落编号功能，在表格中快速添加序列，方法如下：

步骤 01 打开“光盘\原始文件\第 5 章\实用技巧\价格表 .docx”文件，❶在表格中从第 2 行起选择第 1 列单元格；❷单击“开始”选项卡中的“编号”按钮，选择“定义新编号样式”选项，如下图所示。

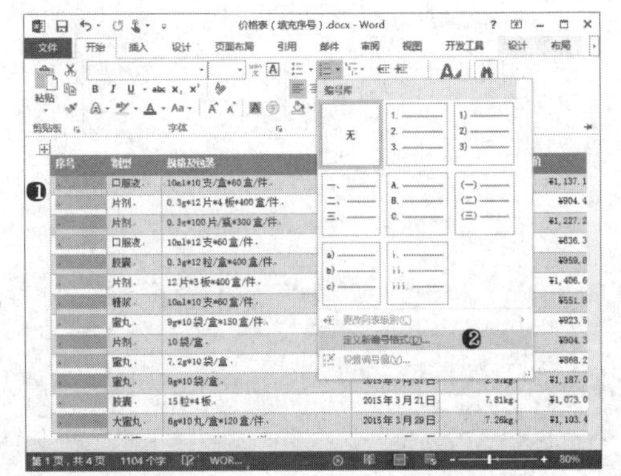

步骤 02 ❶选择编号样式为数字；❷删除编号格式中除数字外的字符，然后在序号数字前输入固定不变的字符内容；❸单击“确定”按钮，如下图所示。

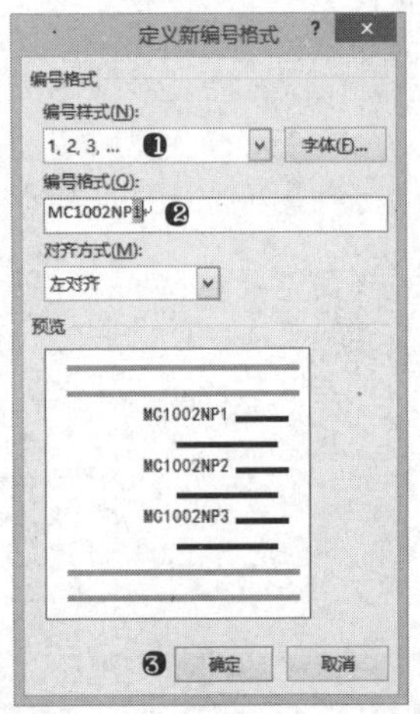

技巧 5.5
对表格数据进行计算

在 Word 中常常需要用表格来展示数据，而在展示数据时，常常需要展示一些数据计算或统计结果，在 Word 中也提供了表格数据计算功能，可以方便地计算表格数据，方法如下：

步骤 01 打开“光盘\原始文件\第 5 章\实用技巧\员工工资表 .docx”文件，❶将光标定位于表格中的最后一个单元格；❷单击“布局”选项卡“数据”组中的“公式”按钮，如下图所示。

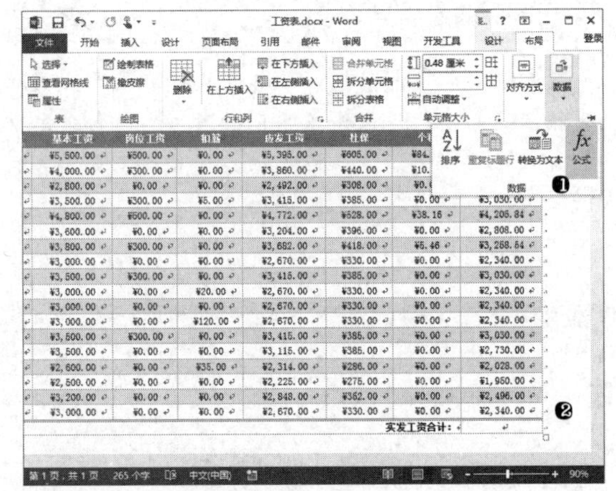

步骤 02 ❶应用默认的计算公式；❷单击“确定”按钮，如下图所示。

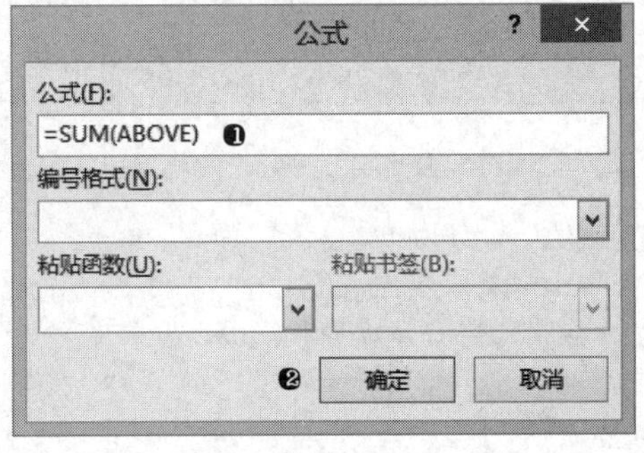

实用技巧——技能提高

通过前面内容的学习，相信读者已经掌握了在 Word 中创建表格的方法，下面利用 Word 文档中的表格功能制作一份员工档案表。

光盘同步文件

原始文件：无

结果文件：光盘 \ 结果文件 \ 第 5 章 \ 员工档案表 .docx

教学视频：光盘 \ 视频文件 \ 第 5 章 \ 实战训练 .mp4

步骤 01 新建文档，❶单击“插入”选项卡中的“表格”按钮；❷在下拉列表中选择“插入表格”命令，如下图所示。

步骤 02 打开“插入表格”对话框，❶设置表格列数为“7”、行数为“12”；❷单击“确定”按钮，如下图所示。

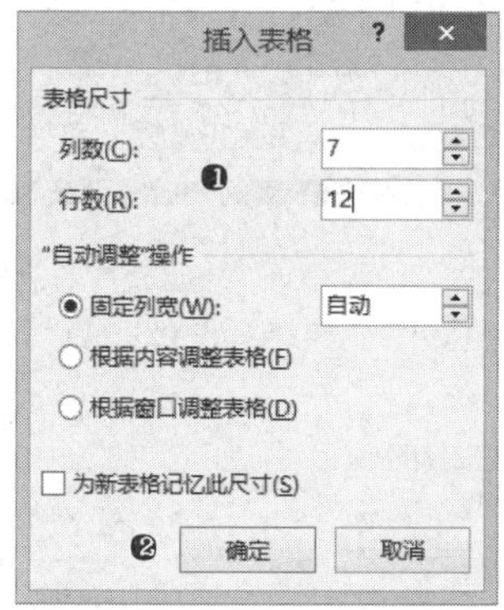

步骤 03 ❶选择表格中的第 1 行；❷单击“布局”选项卡中的“合并单元格”按钮，如下图所示。

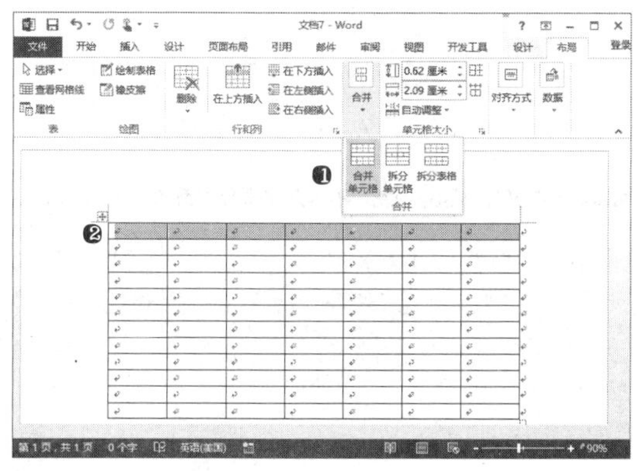

步骤 04 在合并后的单元格内输入文字内容，设置字体、字号和对齐方式，如下图所示。

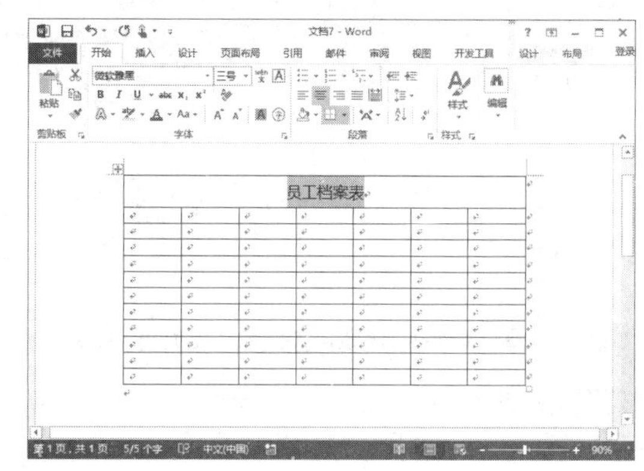

步骤 05 ❶选择表格最后一列中第 2 行到第 4 行单元格；❷单击“布局”选项卡中的“合并单元格”按钮，如下图所示。

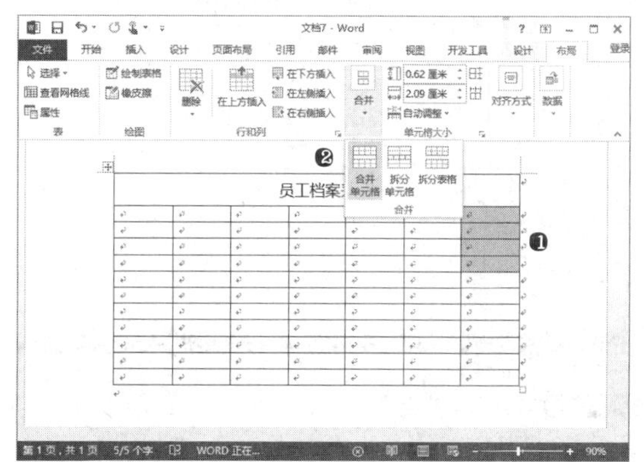

步骤 06 在表格各单元格内输入文字内容，合并表格的一些单元格，效果如下图所示。

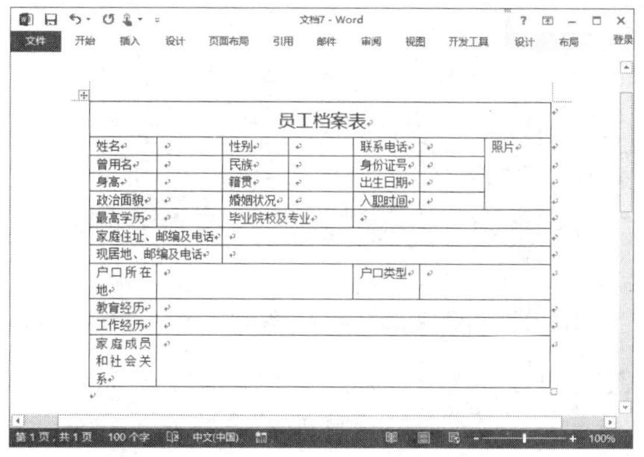

步骤 07 ❶选择表格中的“照片”单元格；❷单击“布局”选项卡中的“文字方向”按钮；❸单击“中部居中”按钮，如下图所示。

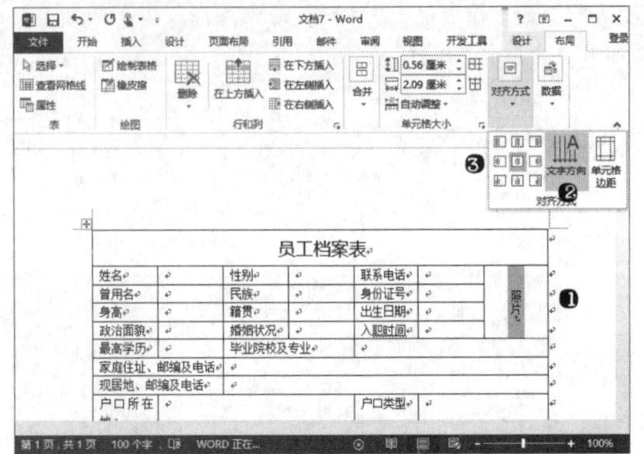

步骤 08 选择表格中“户口所在地”单元格，拖动该单元格右边框线，调整该单元格宽度，如下图所示。

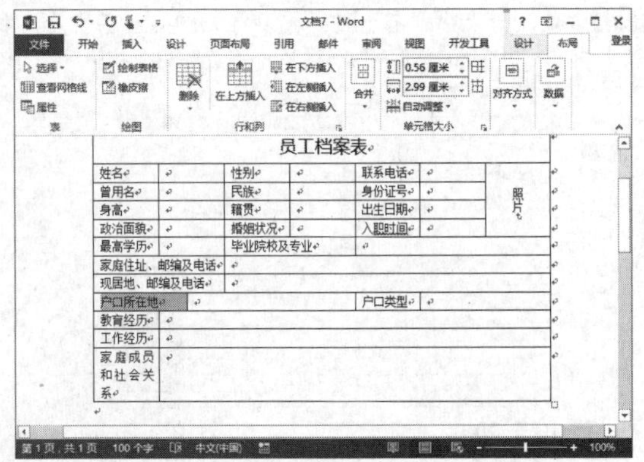

步骤 09 ❶ 选择表格中最后 3 行；❷ 在“布局”选项卡的“表格行高”数值框中设置行高为“6 厘米”，如下图所示。

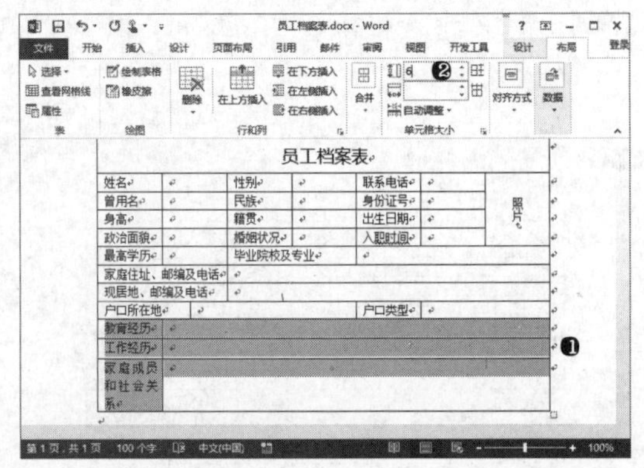

步骤 10 ❶ 选择表格最后 3 行的第 1 列；❷ 单击“布局”选项卡中的“文字方向”按钮；❸ 单击“中部居中”按钮，如右上图所示。

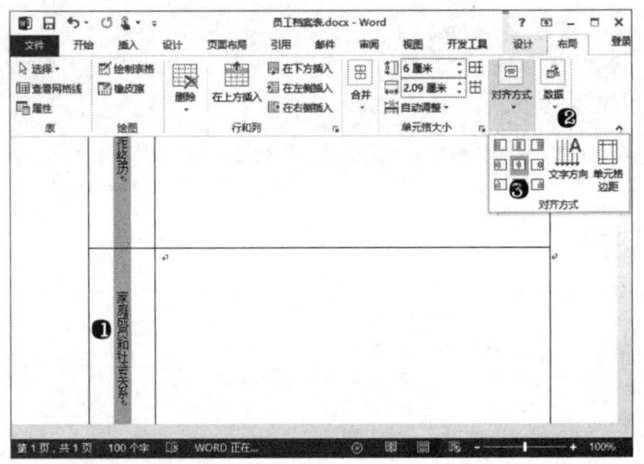

步骤 11 ❶ 选择整个表格；❷ 在“表格工具 - 设计”选项卡的“边框”组中单击“笔颜色”按钮；❸ 在下拉列表中选择颜色，如下图所示。

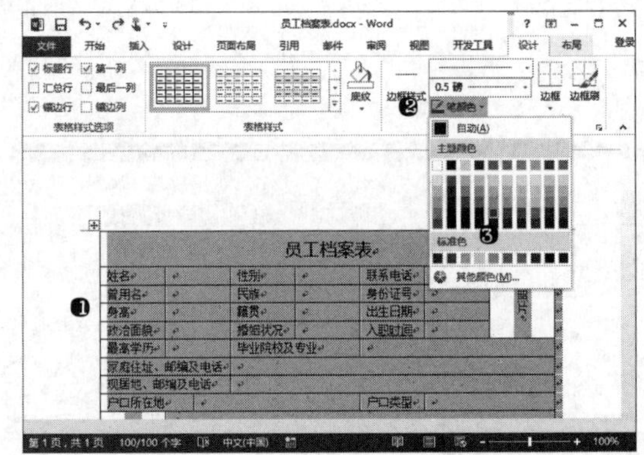

步骤 12 ❶ 在“表格工具 - 设计”选项卡的“边框”组中的“边框”按钮；❷ 在下拉列表中选择“所有框线”选项，如下图所示。

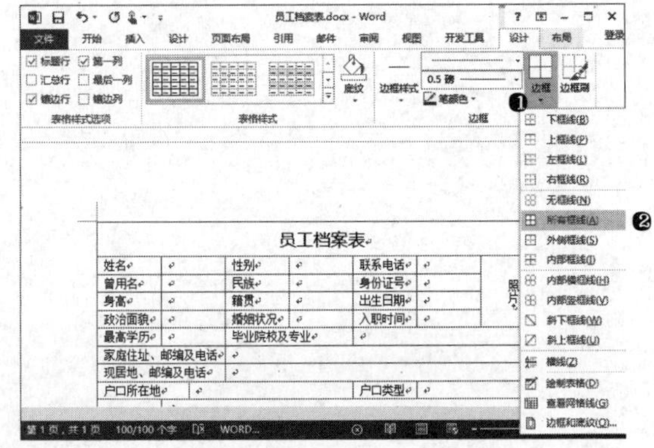

步骤 13 ❶ 选择整个表格；❷ 在“表格工具 - 设计”选项卡的“边框”组中单击“笔颜色”按钮；❸ 在下拉列表中选择颜色，如下图所示。

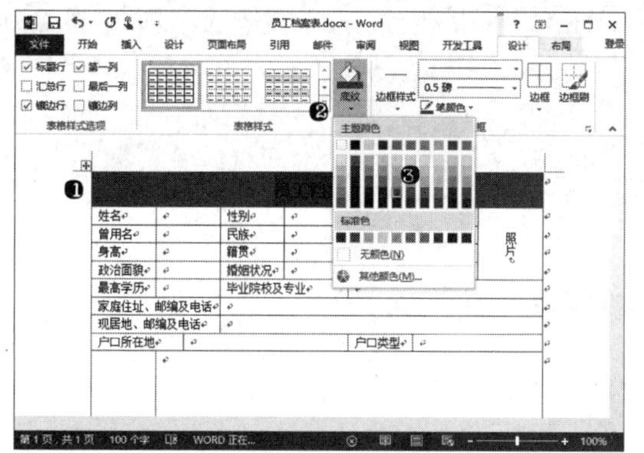

步骤 14 设置标题单元格内的文字颜色为白色并加粗，如下图所示。

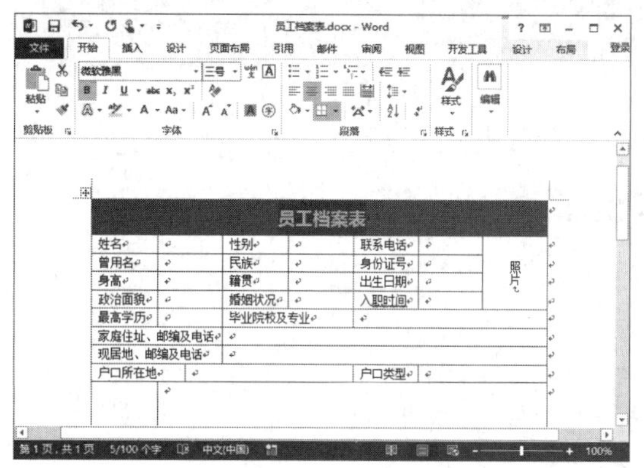

本章小结

本章对 Word 文档中表格的插入、编辑、设置及应用技巧进行了讲解。表格在日常办公工作中的应用非常广泛，不仅可以用于清晰地展示大量数据，还可以对数据进行简单的统计和计算，并且应用表格还能制作出复杂的结构，甚至可以作为复杂的页面结构进行排版。

第 6 章

Word 应用高级技能

本章导读

在日常办公应用中，为了提高 Word 文本编排的工作效率，需要合理地应用 Word 中的功能，包括利用软件中提高工作效率的各类高级技能。本章将重点介绍 Word 中简化工作、提高效率的高级功能，包括文档样式、模板、审阅、引用和邮件合并等。

知识要点

◆应用与修改段落样式
◆新建与应用文档模板
◆文档的修订及审阅
◆文本内容的交叉引用
◆域的应用
◆邮件合并

案例展示

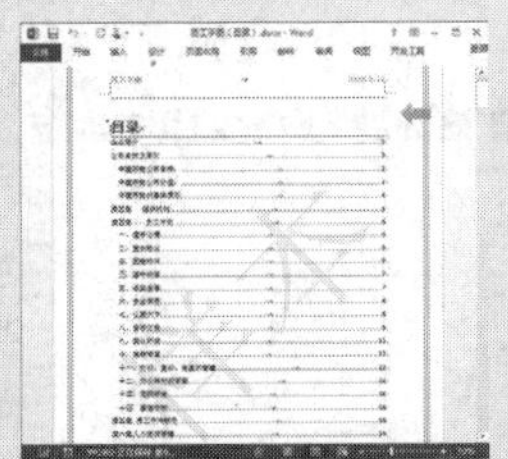

基础入门——必知必会

6.1 使用样式和模板

为了快速设置文档内容的格式，可以借助 Word 中的样式和模板功能。在 Word 中可以将设置好的段落和字符格式定义为样式，以便在文档中多次重复应用相同的样式。此外，如果多个文档中部分内容及格式都相同，可以将文档保存为模板，然后利用模板创建文档。

6.1.1 管理和应用样式

样式是一系列格式的集合，一个样式中可以包含文字、段落等多种格式信息，在文档内容上应用样式时，样式中包含的格式将自动应用于所选内容上。因此，为了快速设置格式，可以将文档中需要多次使用的格式创建为样式，然后在需要应用这些格式的内容上应用样式。

> **光盘同步文件**
> 原始文件：光盘\原始文件\第 6 章\财务分析报告 .docx
>
> 结果文件：光盘\结果文件\第 6 章\财务分析报告（样式）.docx
>
> 教学视频：光盘\视频文件\第 6 章\6-1-1.mp4

1. 为文档内容应用样式

在 Word 文档中预设了一些样式，有常用的标题、要点、强调等样式，这些样式中有包含字符格式的样式，还有包含段落格式和段落级别的。在内容上应用样式的方法如下：

步骤 ❶选择要应用样式的文字内容；❷在“开始”选项卡的“样式”列表中选择要应用的样式，如右图所示。

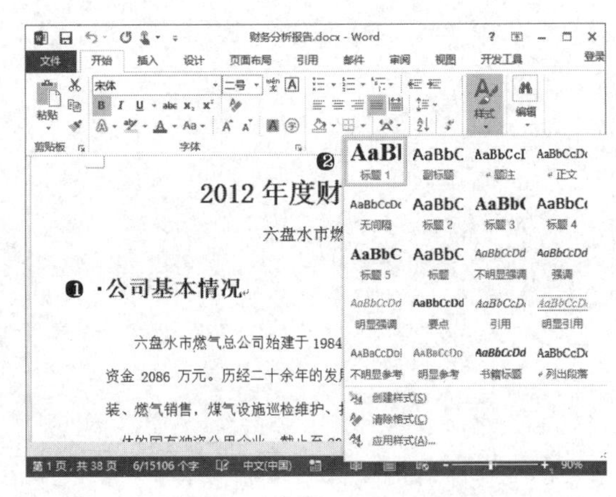

2．创建样式

当文档中需要在多处重复应用相同的文字和段落格式时，可以将这些格式创建为一个新样式，以便于在文档中的不同内容上应用。在 Word 2013 中新建样式的方法如下：

步骤 01 选择一处要应用新样式的文字内容或段落，并设置所选内容的字符格式或段落格式，如下图所示。

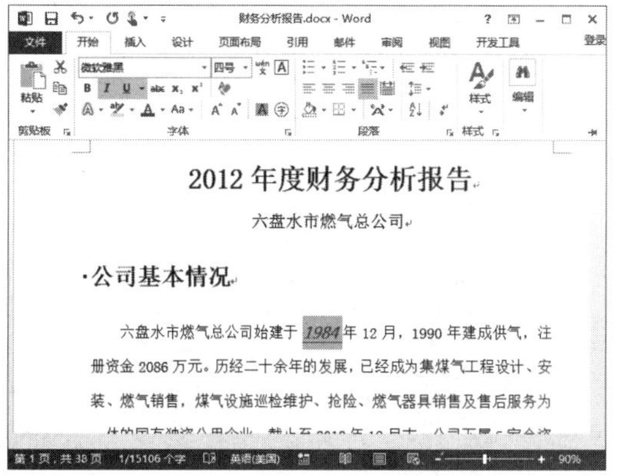

步骤 02 在“开始”选项卡的“样式”下拉列表中选择“创建样式”选项，如下图所示。

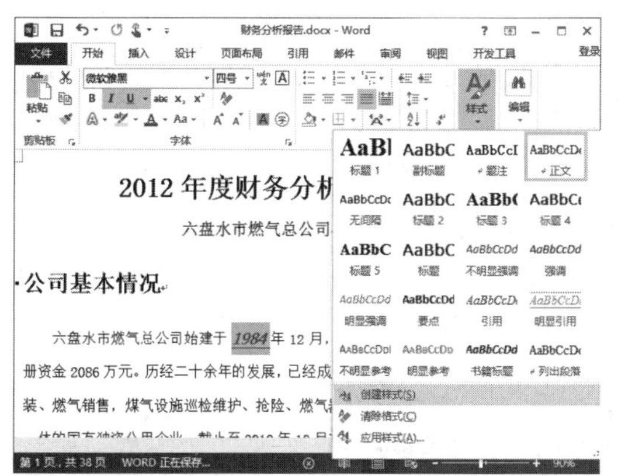

步骤 03 ❶ 在对话框的“名称”文本框中输入样式名称；❷ 单击“确定”按钮完成样式的创建，如下图所示。

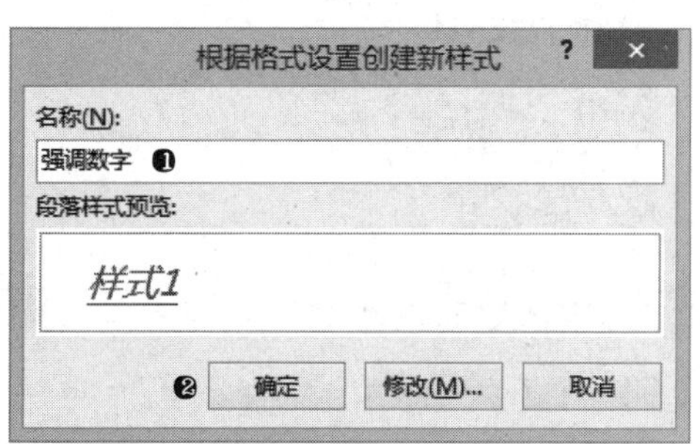

3．修建样式

如果要在文档内容上应用的样式与预设的样式不完全相同，此时可以对已有的样式格式进行修改，具体方法如下：

步骤 01 ❶ 在“开始”选项卡的“样式”下拉列表中要修改的样式上右击；❷ 在弹出的快捷菜单中选择“修改”命令，如下图所示。

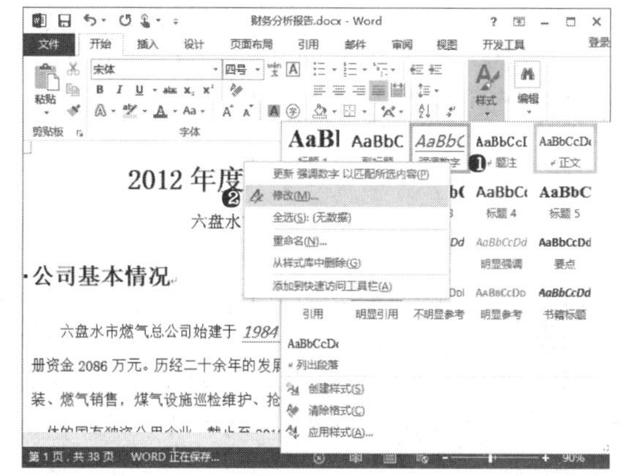

步骤 02 在打开的“修改样式”对话框中更改格式，如字号、文字颜色等，然后单击“确定”按钮，如下图所示。

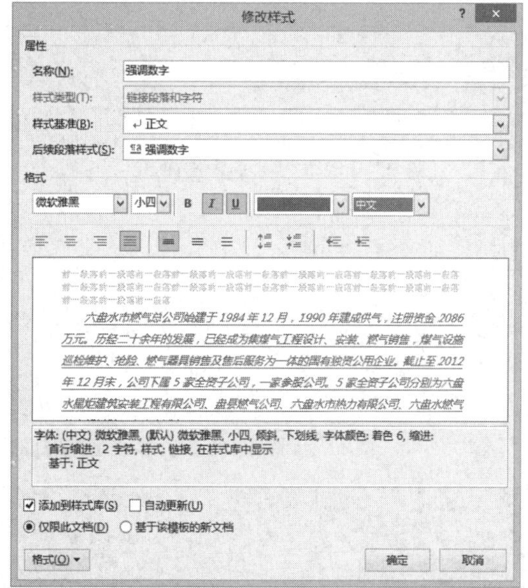

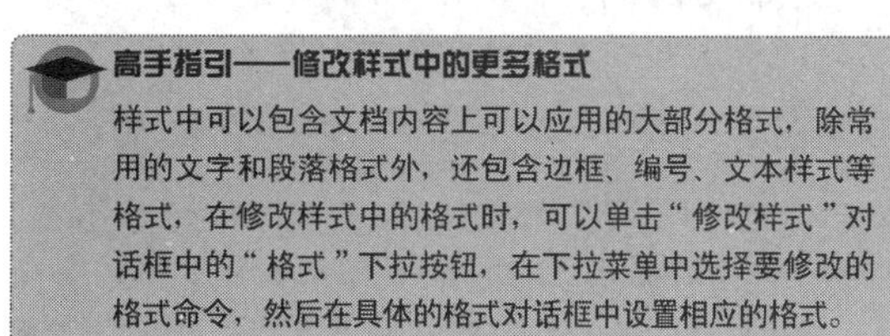

高手指引——修改样式中的更多格式

样式中可以包含文档内容上可以应用的大部分格式，除常用的文字和段落格式外，还包含边框、编号、文本样式等格式，在修改样式中的格式时，可以单击“修改样式”对话框中的“格式”下拉按钮，在下拉菜单中选择要修改的格式命令，然后在具体的格式对话框中设置相应的格式。

6.1.2 应用和修改文档主题

文档主题是一套文档内容样式的集合，它为文档提供了一系列可应用的内容样式、图形样式、颜色方案和页面修饰效果等。应用文档主题，可以快速美化 Word 文档或更改文档的整体效果。

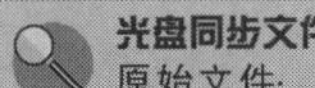

光盘同步文件

原始文件：光盘\原始文件\第 6 章\财务分析报告（主题）.docx

结果文件：光盘\结果文件\第 6 章\财务分析报告（主题）.docx

教学视频：光盘\视频文件\第 6 章\6-1-2.mp4

1. 为文档应用主题

新建 Word 文档后，文档会默认应用一个文档主题，在“开始”选项卡的“样式”下拉列表中的样式则是由该主题提供的，在文档中绘制的形状默认外观样式和效果也来自于该主题。在新建文档时应用不同的主题，文档中可应用的样式及绘制形状的默认效果均会发生变化。在文档内容编辑完成后，也可以通过应用新主题来快速美化文档。为文档应用主题的方法如下：

步骤 ❶单击“设计”选项卡“文档格式”组中的“主题”按钮；❷在下拉列表中选择要应用的主题效果，如右图所示。

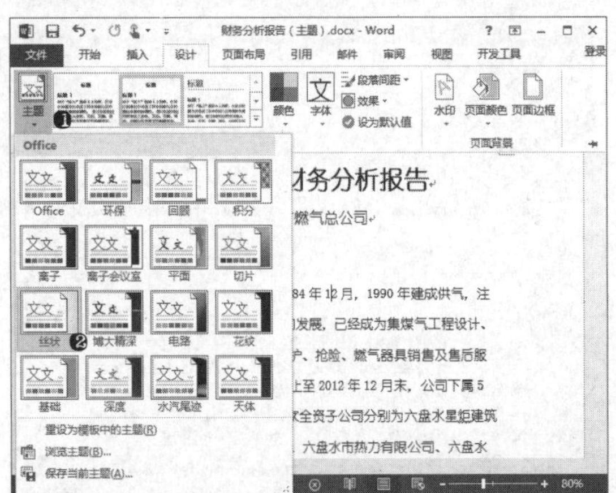

高手指引——主题的应用技巧

选用文档主题后，文档中预设的样式将会随主题的变化而变化，所绘制的形状的默认颜色、边框及效果也会随之变化，文档中未使用预设样式的内容及形状效果不会随主题变化，所以，要想通过主题快速更改文档内容的修饰效果，在为内容和形状设置样式时，需要使用默认的样式和形状效果。

2. 为文档应用主题样式集

不同的 Word 主题中提供了不同的样式集，在应用不同的文档主题后，可以选用不同的样式集，从而修改文档中已应用的主题样式。文档中预设的样式均来源于样式集，所以更改样式集后，文档中预设的样式效果会随之变化。在文档中应用主题样式集的方法如下：

步骤 在“设计”选项卡的“样式集”列表框中选择要应用的样式集，如下图所示。

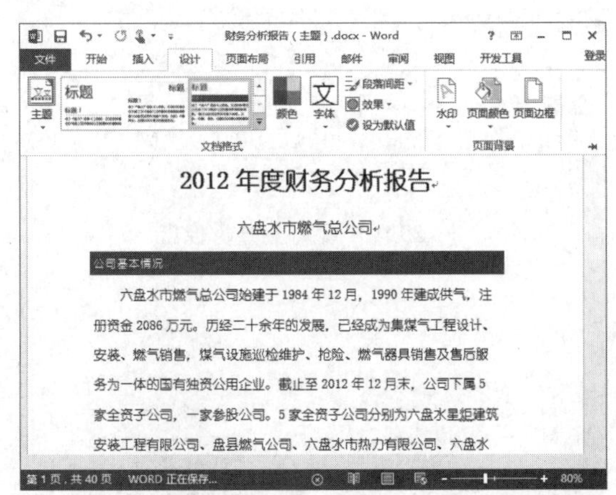

3. 修改主题颜色

文档主题中除了包含样式集外，还包含了文档中默认的颜色方案。无论是设置文字颜色、底纹颜色还是形状颜色，在“颜色”下拉列表中均可选择“主题颜色”中的颜色，如果文档中的内容应用的颜色来自主题颜色，在修改主题颜色后，该颜色也会随之变化。修改主题颜色的方法如下：

步骤 ❶单击“设计”选项卡“文档格式”组中的“颜色”下拉按钮；❷在下拉列表中选择要应用的主题颜色，如下图所示。

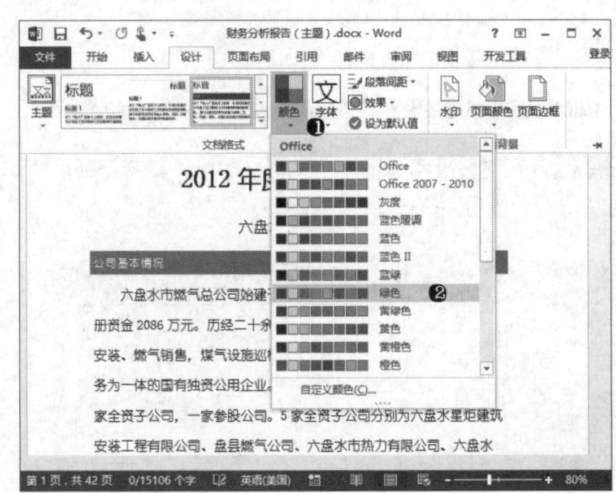

4．修改字体方案

在文档主题中还包含了文档中字体应用的方案，而字体应用方案中包含了标题字体、英文字体和正文字体等格式信息。在应用主题后，可以单独更改主题中字体的应用方案，具体方法如下：

步骤❶单击“设计”选项卡“文档格式”组中的“字体”按钮；❷在下拉列表中选择要应用的主题字体，如下图所示。

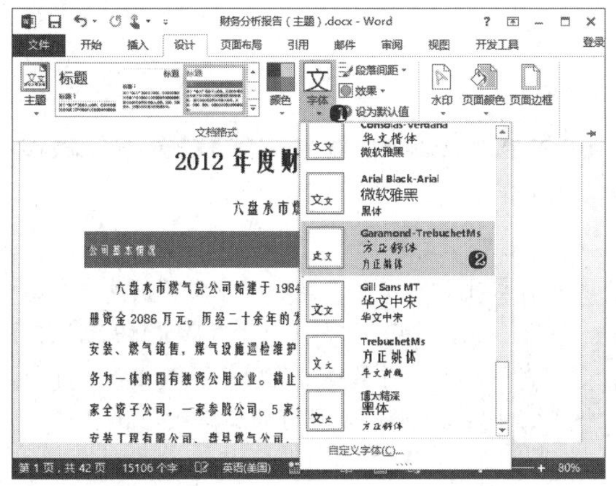

6.1.3 创建与应用模板

如果多个文档需要应用相同的修饰效果、格式甚至内容，可以将这些文档相同的部分创建为模板文档，然后所有文档在此模板文档的基础上创建，从而减少大量重复的工作，提高工作效率，也能保证多个文档的格式统一。

光盘同步文件

原始文件：光盘\原始文件\第 6 章\红头文件模板 .docx

结果文件：光盘\结果文件\第 6 章\红头文件模板 .docx

教学视频：光盘\视频文件\第 6 章\6-1-3.mp4

1．创建模板文档

模板文档和普通 Word 文档的区别在于，普通 Word 文档打开修改后直接保存会覆盖原文档，而模板文档打开后将自动在该模板基础上新建文档，不会修改原文档。此外，创建好的模板会出现在 Word 新建窗口中，可以快速应用。要创建模板文档，方法如下：

步骤 01❶打开素材文件“红头文件模板 .docx”；❷单击“文件”按钮，如右上图所示。

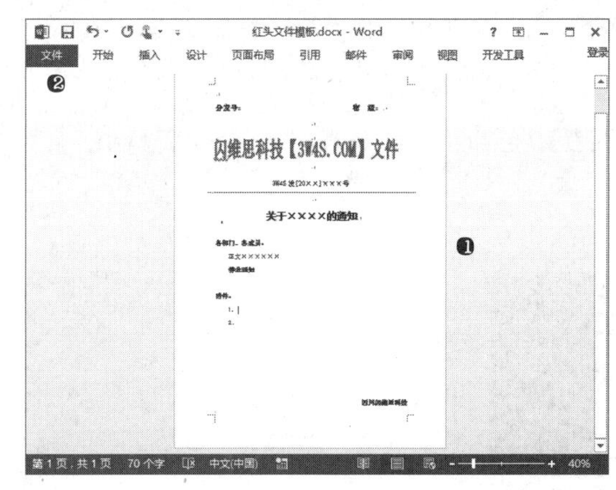

步骤 02❶选择“另存为”命令；❷双击“计算机”图标，如下图所示。

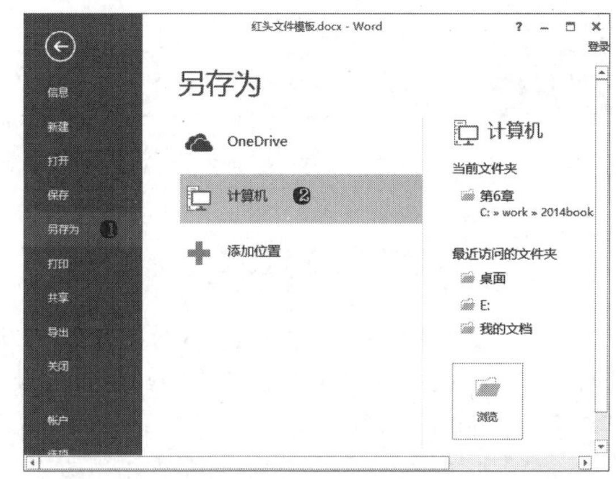

步骤 03❶在“保存类型”下拉列表框中选择“Word 模板 (*.dotx)”选项；❷单击“保存”按钮，如下图所示。

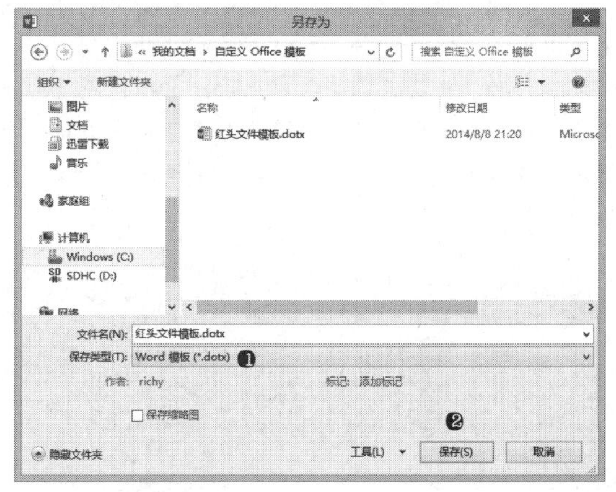

2．应用模板新建文档

要在已有的模板的基础上创建出新文档，可以双击模板文档，打开模板文档后自动新建文档。当模板文档保存在系统文件夹“库\文档\自定义 Office 模板”中时，可以在新建文档时直接选用模板，具体方法如下：

步骤01 单击 Word 中的“文件”按钮，❶选择“新建”命令；❷单击“个人”选项卡；❸单击要应用的文档模板，如下图所示。

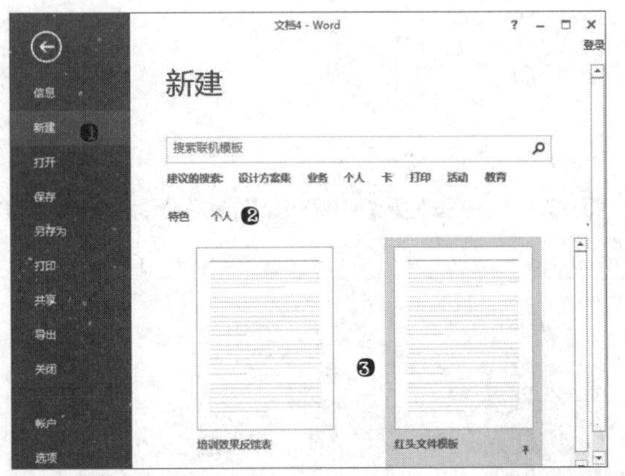

步骤02 应用模板新建文档后，在模板基础上添加或修改内容，然后再保存文件，如下图所示。

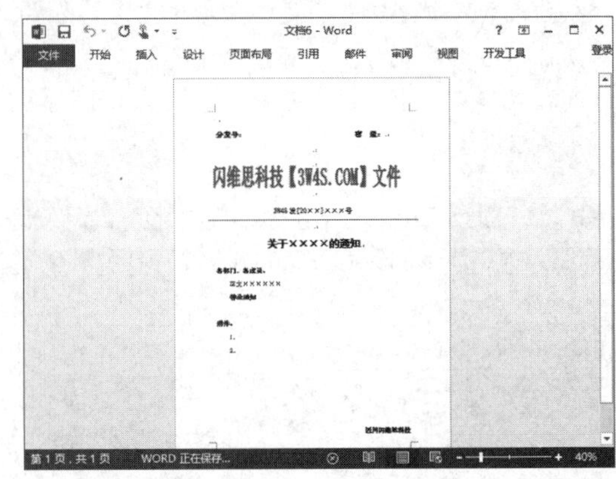

3. 修改模板文档

在系统资源管理器中双击模板文档后，Word 并不会打开模板文档本身，而是以模板文档创建一个新文档，因此，要修改模板文档，应使用 Word 中的“打开”命令，在“打开”对话框中选择模板文档。打开并修改模板文档后直接保存，即可修改模板文档。

6.2 文档的修订和审阅

在完成文档的编辑后，常常还需要对内容进行修订或审核，通常一个成功的文档需要通过多人进行多次的修订和审核才能完成。在修订和审阅文档时，为了使其他人能明白文档中修改的过程和修改原因，可以在修订状态下进行修改，记录下修改过程，并通过批注说明修改原因。而作为修订结果的审阅者，可以在审阅状态下查看文档各处修订的情况，并选择是否接受修订。

6.2.1 文档的拼写与语法检查

在 Word 中编辑文档时，Word 会自动对文档中的文字内容进行拼写和语法检查，当文档中出现错别字、语法错误时，出错的文字内容上会出现红色或蓝色波浪下划线。在完成文档的编写后，还可以应用拼写和语法检查命令再次对文档中的错别字及语法错误进行检查，方法如下：

光盘同步文件

原始文件：光盘\原始文件\第 6 章\员工工装管理办法 .docx

结果文件：光盘\结果文件\第 6 章\员工工装管理办法 .docx

教学视频：光盘\视频文件\第 6 章\6-2-1.mp4

步骤01 打开素材文档，单击“审阅”选项卡中的“拼写和语法”按钮，如右图所示。

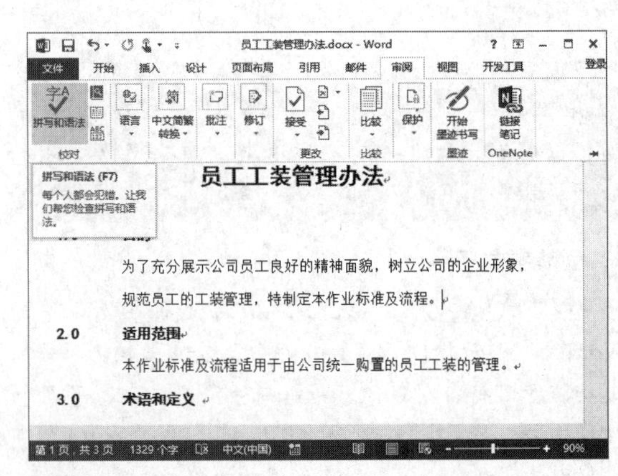

步骤02 在窗口右侧出现“审阅”窗格，在窗格中显示了第一处语法错误及相关的错误提示，文档中自动选中了出现错误的内容，如暂不修改，可单击窗格中的“忽略”按钮，如下图所示。

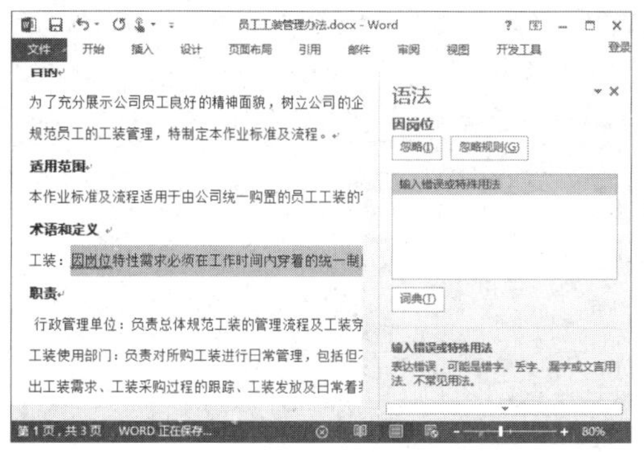

步骤03 忽略上一错误后文档中选中第二处错误内容，并在“语法”窗格中显示出修改建议，单击“更改”按钮修改该错误，如下图所示。

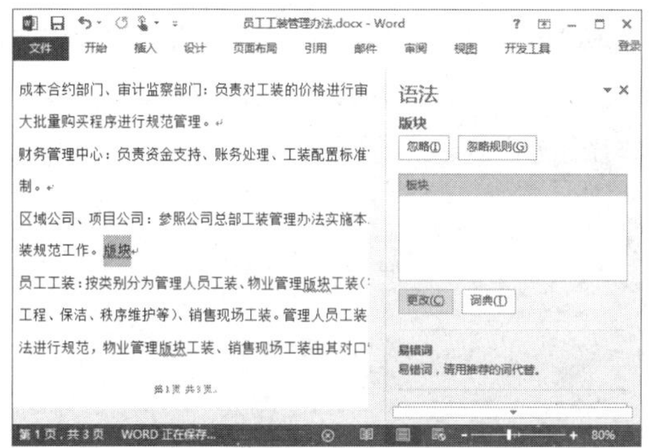

6.2.2 文档的修订

在修改文档时，为了同时保留文档修改前后的内容，可以在修订状态下修改文档，具体方法如下：

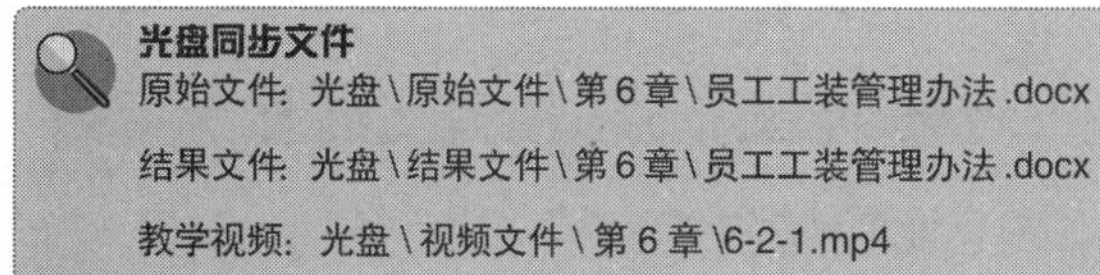

光盘同步文件
原始文件：光盘 \ 原始文件 \ 第 6 章 \ 员工工装管理办法 .docx
结果文件：光盘 \ 结果文件 \ 第 6 章 \ 员工工装管理办法 .docx
教学视频：光盘 \ 视频文件 \ 第 6 章 \6-2-1.mp4

步骤01 打开素材文档，单击“审阅”选项卡中的“修订”按钮，如下图所示。

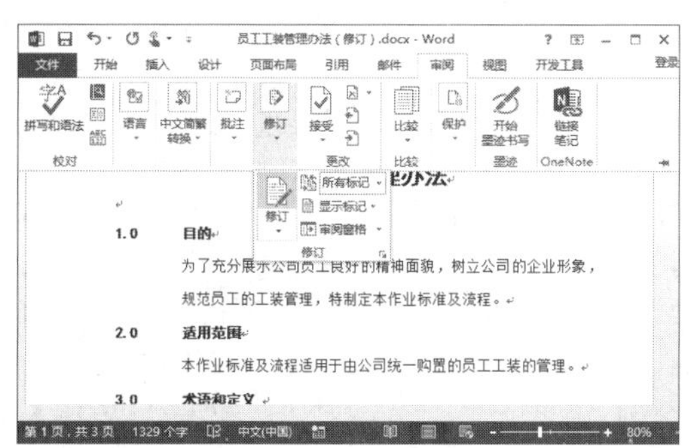

步骤02 在文档中修改内容，如将“2.0”部分的“因岗位特性需求”更改为“因岗位的特殊性，员工”，如下图所示。

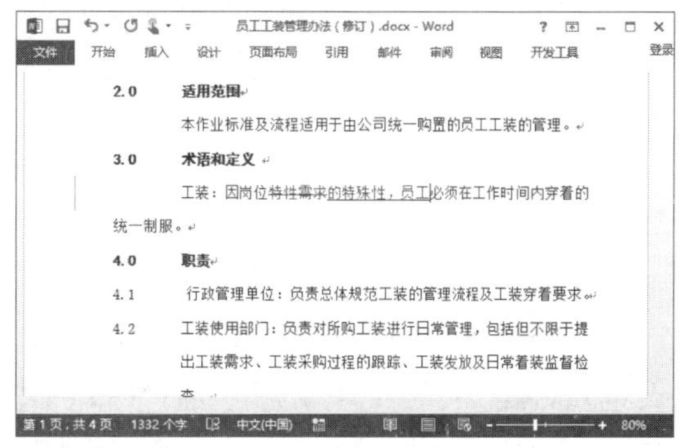

6.2.3 为文档内容添加批注

在编辑文档或修订文档时，可以在文档中标注出编辑或修订内容时发现的问题，以便于下次修改审阅或该文档的其他编辑者了解。为了使添加的标注不影响文档本身的内容，可以在文档中添加批注，具体方法如下：

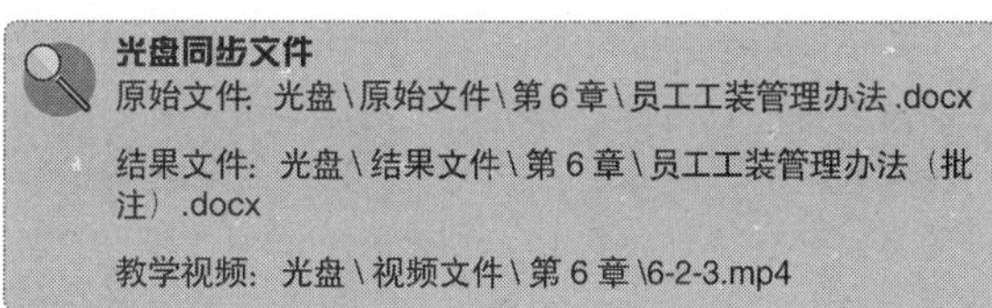

光盘同步文件
原始文件：光盘 \ 原始文件 \ 第 6 章 \ 员工工装管理办法 .docx
结果文件：光盘 \ 结果文件 \ 第 6 章 \ 员工工装管理办法（批注）.docx
教学视频：光盘 \ 视频文件 \ 第 6 章 \6-2-3.mp4

步骤01 打开素材文档，❶选择文档中需要添加批注的文字内容；❷单击“审阅”选项卡“批注”组中的“新建批注”按钮，如下图所示。

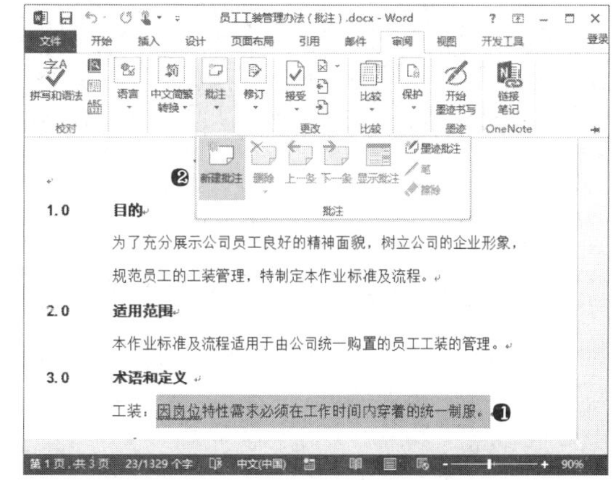

步骤02 在出现的“批注”框中输入批注的文字内容，如下图所示。

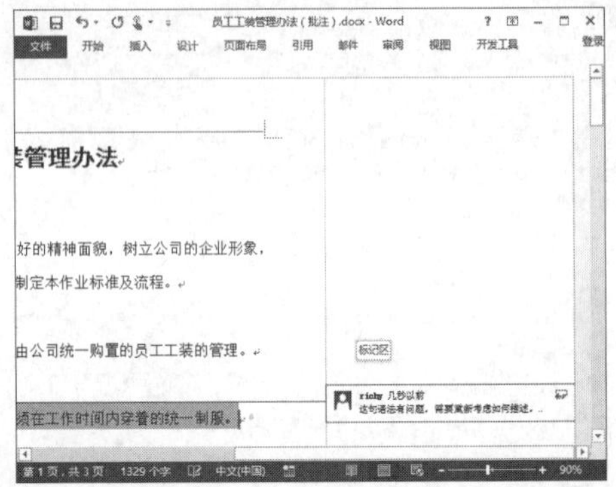

高手指引——批注的删除、答复与标记完成

在查看文档中的批注时，常常需要对批注进行进一步的操作，例如删除、答复和标记等。通常在查看他人添加的批注时，可以对批注进行答复或标记完成，以实现文档内编辑者之间的交流和沟通，并使文档编辑和修改过程更流畅。无论是删除、答复或标记批注，都可以在批注框上，然后根据需要在快捷菜单中选择“删除”、“答复”或“标记完成”命令。

6.2.4 审阅文档

在修订状态下修改文档后，通常需要原作者或最终审阅者对修订结果进行确认，通过审阅，可以接受或拒绝文档中修订状态下进行的更改。在审阅文档时，如果文档处于修订状态时，需要两次单击“修订”按钮退出修订状态，然后进行查看、接受或拒绝修订等操作，具体操作如下：

光盘同步文件

原始文件：光盘 \ 原始文件 \ 第 6 章 \ 员工工装管理办法（修订）.docx

结果文件：光盘 \ 结果文件 \ 第 6 章 \ 员工工装管理办法（审阅）.docx

教学视频：光盘 \ 视频文件 \ 第 6 章 \6-2-4.mp4

步骤 01 查看下一处修订。单击“审阅”选项卡“更改”组中的“下一处修订”按钮，如下图所示。

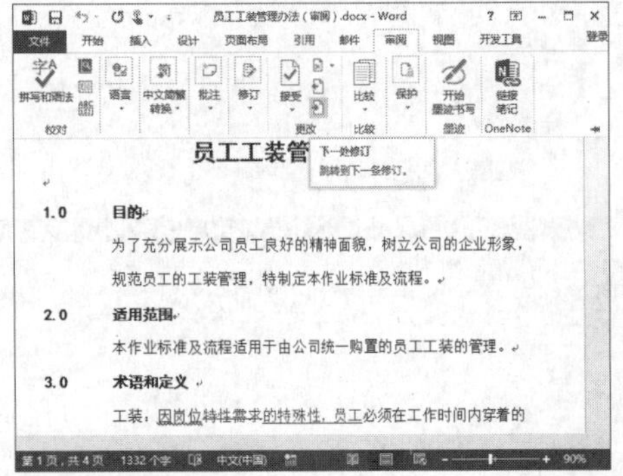

步骤 02 接受修订。❶单击“审阅”选项卡“更改”组中的“接受”按钮；❷选择“接受并移到下一条”选项，可接受当前选定的修订内容，并自动选中下一处修订，如下图所示。

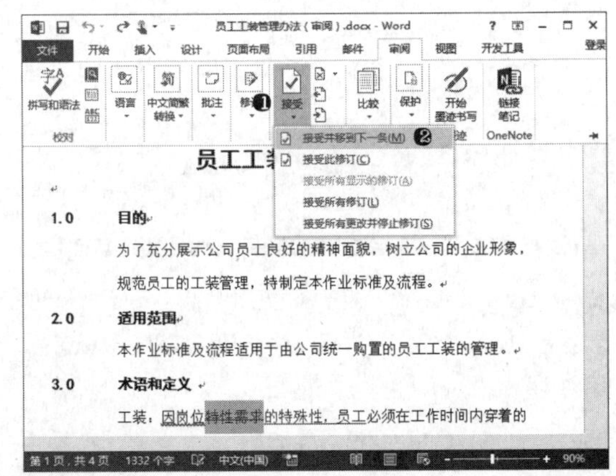

步骤 03 拒绝修订。❶单击“审阅”选项卡“更改”组中的“拒绝”按钮；❷选择“拒绝并移到下一条”选项，可取消当前选定的修订内容，并自动选中下一处修订，如下图所示。

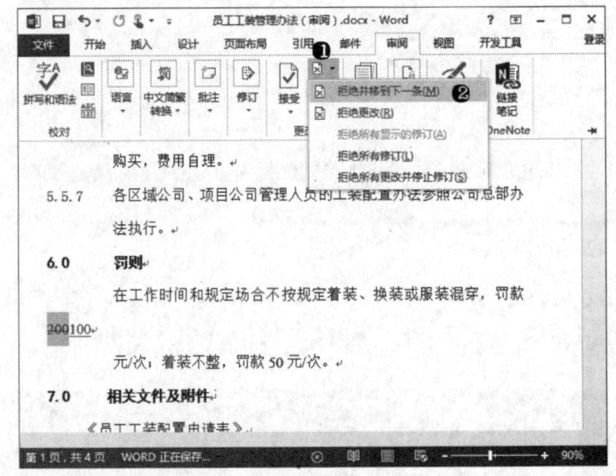

6.2.5 比较与合并文档

当多人同时对同一文档进行了修改或同一文档存在多个不同的版本时，可以通过 Word 中的比较文档和合并文档功能，快速比较和整理多个文档，具体操作如下：

步骤 01 同时打开两个需要比较的文档，❶单击“审阅”选项卡中的“比较”按钮；❷在下拉列表中选择“比较”选项，如下图所示。

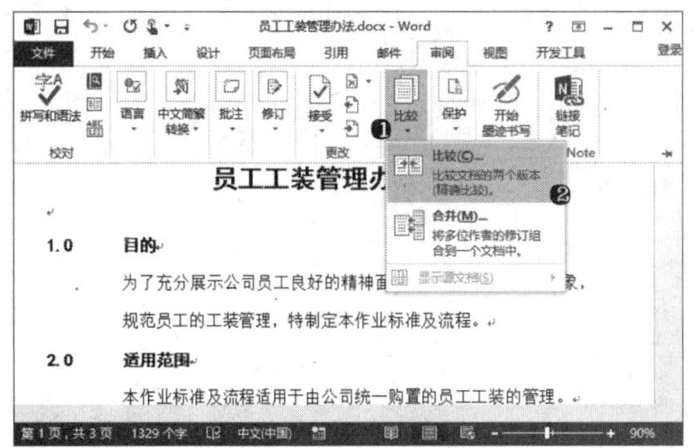

步骤 02 ❶ 选择要比较的原始文档；❷ 选择要进行比较的修订后的文档；❸ 单击“确定”按钮，如下图所示。

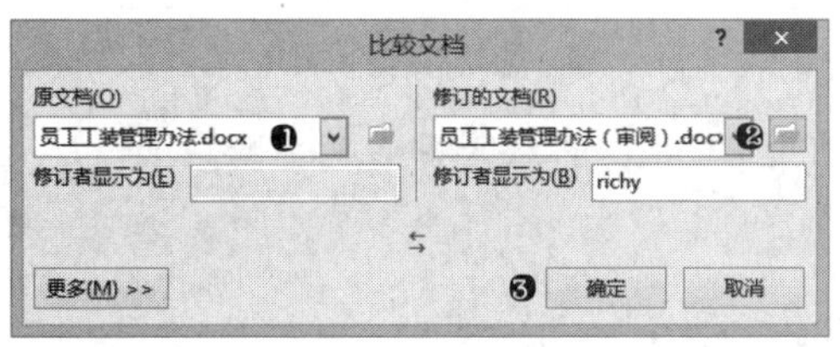

步骤 03 此时 Word 新建了一个文档比较效果，在窗口中显示了“修订”窗格、“比较的文档”窗口和两个原始文档窗口，如下图所示。

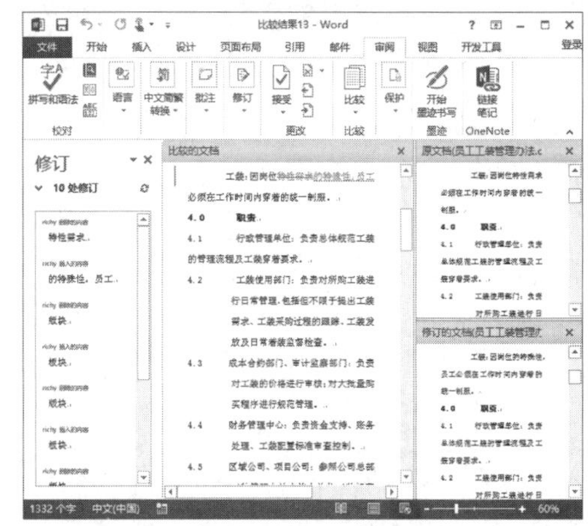

高手指引——合并文档

合并文档即将多个内容有差异的文档合为一个，无论是应用“比较”下拉列表中的“比较”还是“合并”选项，在“比较的文档”窗口中应用“审阅”选项卡“更改”组中的功能，可以接受或拒绝修改，从而实现对文档的合并。

6.3 文档的引用

在 Word 中，应用“引用”相关功能，可以在文档中快速插入索引目录，为文档内容添加脚注、尾注和图表题注等。

6.3.1 插入脚注和尾注

在 Word 中需要为文档内容添加注释，并且需要将注释内容作为文档内容的一部分时，可以应用脚注或尾注，方法如下：

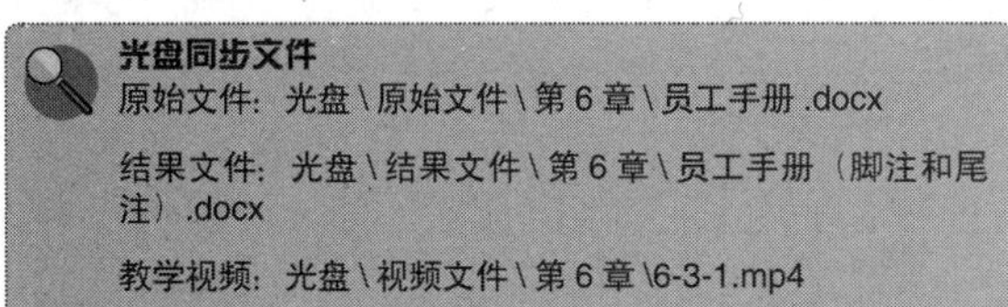

光盘同步文件

原始文件：光盘 \ 原始文件 \ 第 6 章 \ 员工手册 .docx

结果文件：光盘 \ 结果文件 \ 第 6 章 \ 员工手册（脚注和尾注）.docx

教学视频：光盘 \ 视频文件 \ 第 6 章 \6-3-1.mp4

1．插入脚注

脚注出现在被注解内容所在页的页脚处。为内容添加脚注的方法如下：

步骤 01 ❶ 选择要进行注释的文档内容或将光标定位于内容后；❷ 单击“引用”选项卡中的“插入脚注”按钮，如右上图所示。

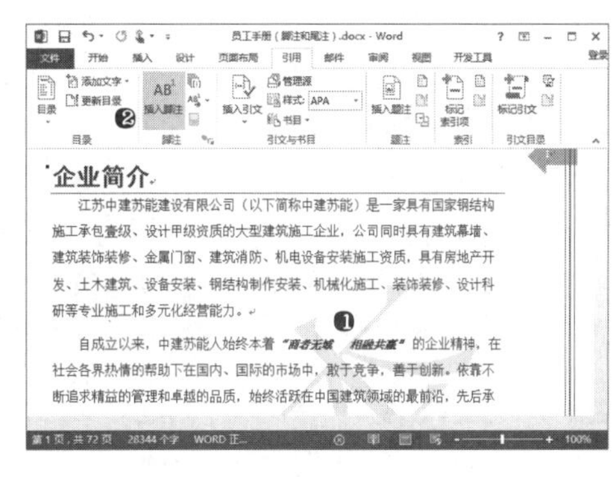

步骤 02 在脚注区域中输入注释的文字内容，如右下图所示。

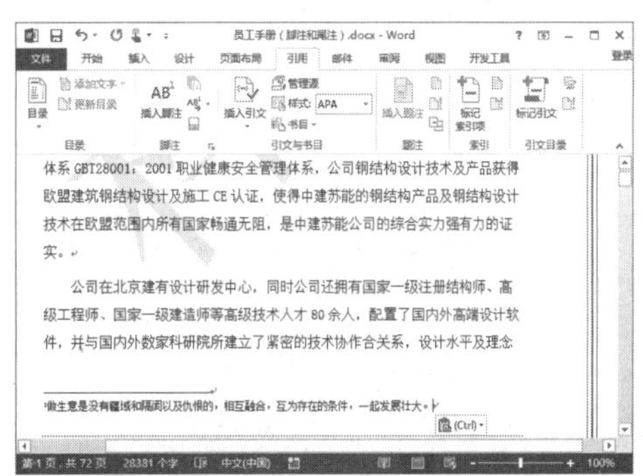

2．插入尾注

尾注与脚注相似，均用于对被注解内容进行解释说明，不同的是尾注出现在被注解内容所在章节的末尾。为内容添加脚注的方法如下：

步骤 01 ❶选择要进行注释的文档内容或将光标定位于内容后；❷单击“引用”选项卡中的“插入尾注”按钮，如下图所示。

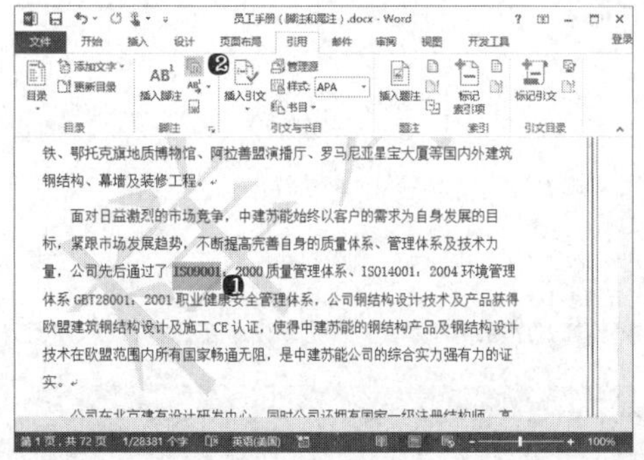

步骤 02 在尾注区域中输入注释的文字内容，如下图所示。

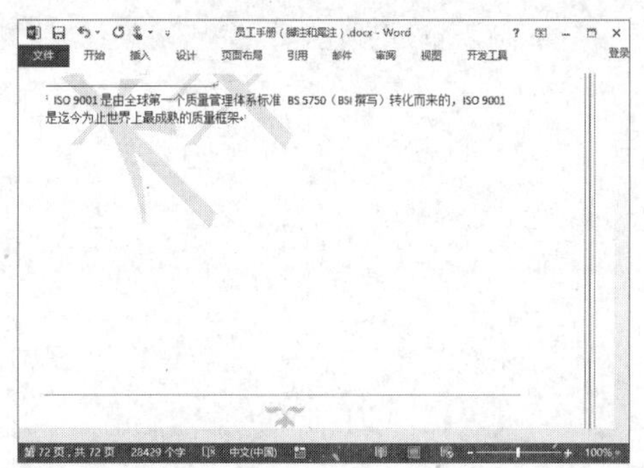

3．修改脚注和尾注设置

插入脚注和尾注后，可以修改脚注和尾注的相关设置，例如脚注和尾注使用的编号格式、编号起始数等，甚至可以对脚注和尾注进行相互转换，具体方法如下：

步骤 01 ❶将光标定位于要修改格式的注释内容中；❷单击“引用”选项卡“脚注”组中的“脚注和尾注”按钮，如下图所示。

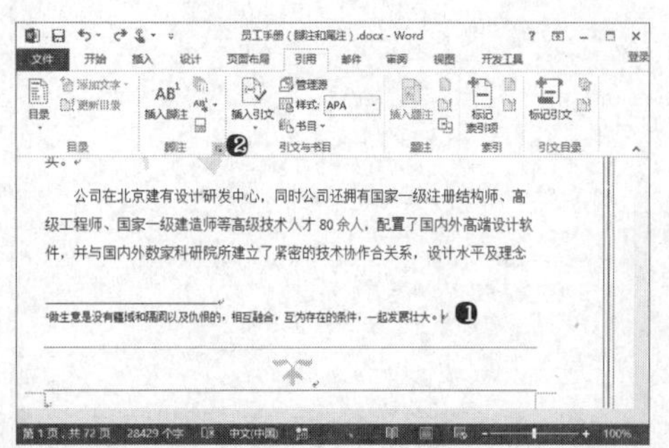

步骤 02 在打开的对话框中设置脚注的各种格式，如编号格式、起始编号等，然后单击“确定”按钮完成设置，如下图所示。

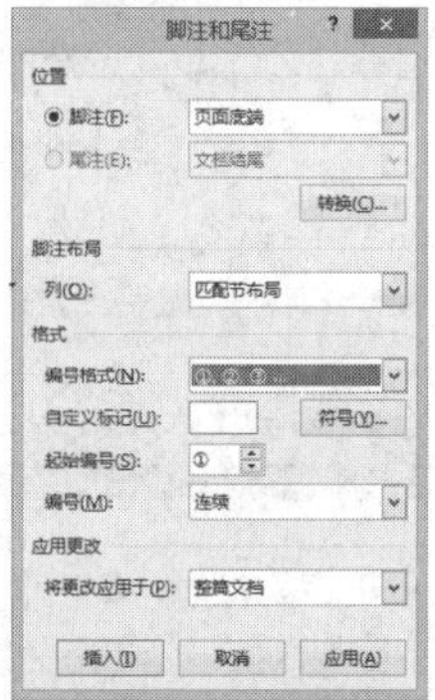

高手指引——脚注和尾注类型互相转换

要转换脚注或尾注的类型，可以在“脚注和尾注”对话框中单击“转换”按钮，然后在新打开的对话框中选择脚注或尾注转换的方式。

6.3.2 制作文档目录

在 Word 中制作编排文档时，常常需要在文档中插入文档目录，除人工编排目录内容外，如果文档中应用了正确的段落级别样式，使用自动目录功能，可以快速将文档中标题级别的内容提取出，并自动创建为完整的目录，具体方法如下：

光盘同步文件

原始文件：光盘 \ 原始文件 \ 第 6 章 \ 员工手册 .docx

结果文件：光盘 \ 结果文件 \ 第 6 章 \ 员工手册（自动目录）.docx

教学视频：光盘 \ 视频文件 \ 第 6 章 \6-3-2.mp4

步骤 打开素材文档，将光标定位于要插入目录的位置，❶单击“引用”选项卡中的“目录”按钮；❷在下拉列表中选择要应用的自动目录样式，如下图所示。

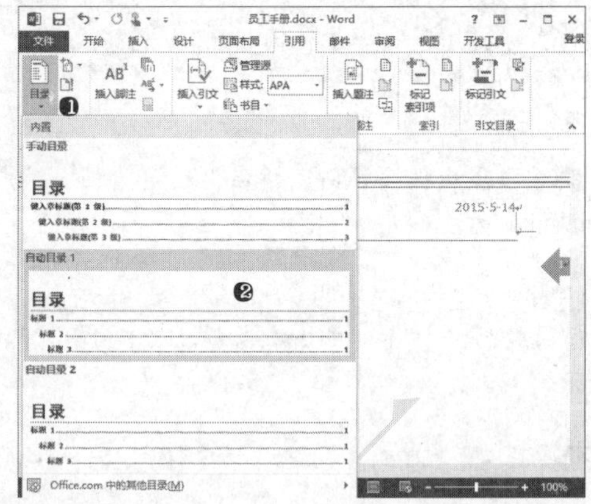

6.3.3 插入题注

在 Word 中常常会引用一些图片或表格，为了方便读者查阅和索引这些图片，可以为图片或表格插入题注，具体方法如下：

光盘同步文件
原始文件：光盘\原始文件\第 6 章\员工手册 .docx
结果文件：光盘\结果文件\第 6 章\员工手册（题注）.docx
教学视频：光盘\视频文件\第 6 章\6-3-2.mp4

步骤 01 打开素材文档，❶选择文档中第三章中的图片对象；❷单击“引用”选项卡中的“插入题注”按钮，如下图所示。

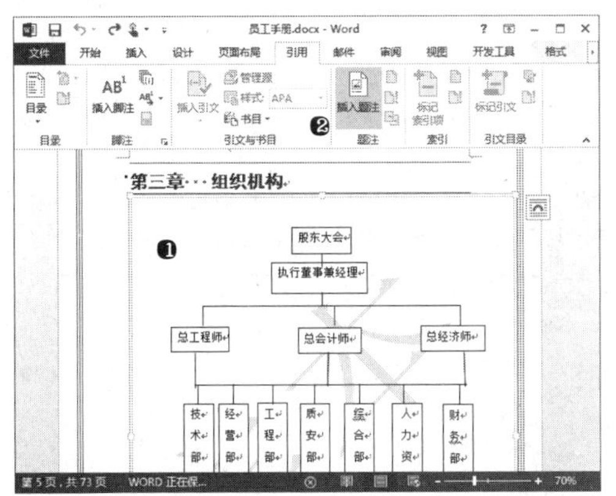

步骤 02 ❶设置题注的标签及位置；❷单击“确定”按钮，如下图所示。

高手指引——自定义题注标签
在 Word 中默认的题注标签有“图表”、“公式”和“表格”3 种，如果需要使用其他标签，需要在“题注”对话框中单击“新建标签”按钮，在新打开的对话框中创建新标签。

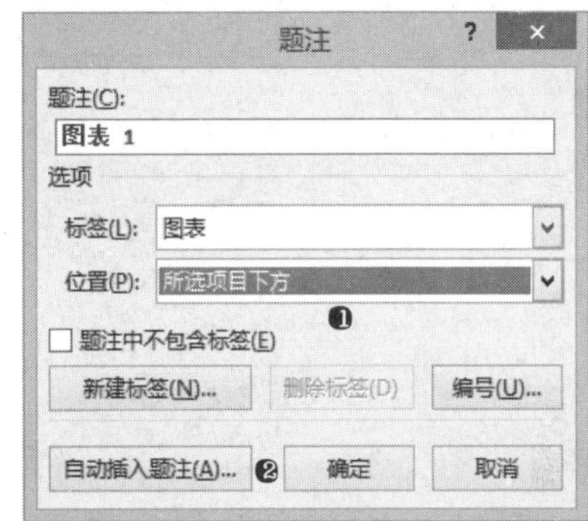

6.4 域和邮件合并

域是 Word 中一种具有特殊功能的代码内容，通常用于引用文档中的特殊内容或实现一些自动化或交互功能；邮件合并是域的扩展应用，通过邮件合并功能，可以将外部数据引用到文档中，并根据字段将数据插入到文档中不同的位置，通常可用于文档的批量生成。

6.4.1 认识域

域是 Word 中的一种标记型代码，默认情况下，域显示的是代码运行结果，表面上与普通内容没有区别，通过切换域代码，可以显示出域的代码内容，例如文档中插入的页码、表格中插入的公式函数，实际上也是域代码，将光标定位于文档内容中的域中，域元素会显示灰色的底纹。

1. 插入域代码

在 Word 中提供了大量不同作用的域代码，插入域代码的方法如下：

步骤 01 将光标定位于要插入域代码的位置；❶单击“插入”选项卡“文本组”中的“文档部件”按钮；❷单击“域”按钮，如下图所示。

步骤 02 在打开的“域”对话框左侧列表框中选择要应用的域代码，在对话框下方可查看到所选域的作用，在窗口右侧设置好要插入的域的参数后，单击“确定”按钮即可插入域，如下图所示。

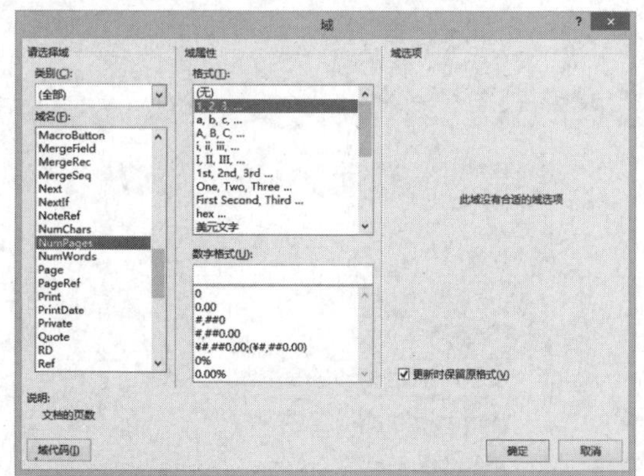

2. 切换域代码

在文档中插入域后，文档中默认显示为域执行结果，要查看原始的域代码，可进行以下操作：

步骤 ❶ 在域结果内容上右击；❷ 选择“切换域代码”选项，如下图所示。

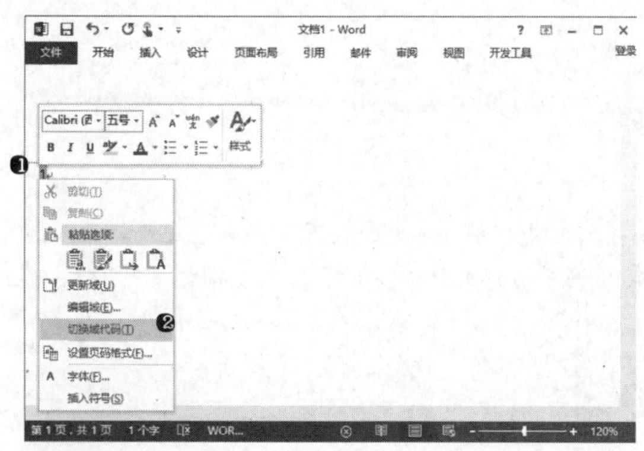

如果要从域代码显示状态切换到域结果显示状态，可以执行以上相同的操作。

3. 编辑域代码

想要编辑域代码时，如果对域代码非常熟悉，可以在域代码显示状态直接修改域代码中的内容，也可以在域元素上右击，然后选择“编辑域”命令，在打开的与插入域时相同的“域”对话框中修改域和参数，最后单击“确定”按钮，即可修改域的内容。

4. 更新域

由于大部分域的运行结果跟文档中的其他因素有关，例如，页码域结果为当前页的页数；公式域中引用了其他地方的数据。总之，当域的位置或与当前域结果有关联的数据和信息发生变化后，在重新打开文档前，域的结果并不会自动变化，如果需要立即查看域最新的结果，可以在域元素上右击，在下拉列表中选择“更新域”选项。

6.4.2 开始邮件合并

邮件合并是 Word 中一种批量生成文件的工具，它可以将外部表中的数据应用到文档中，并为一条数据生成一个独立的文档。即在用邮件合并前，首先需要创建一个邮件合并初始文档，邮件合并后生成的文档均由该文档产生。如果邮件合并的结果或文档格式较为特殊，例如要作为信函、邮件、信封、标签等，则需要进行一些单独的设置，此时，可以使用以下操作：

步骤 ❶ 单击“邮件”选项卡中的“开始邮件合并”下拉按钮；❷ 在下拉列表中选择要应用的邮件合并文档类型，例如要批量生成邮件内容，可选择“电子邮件”选项，如下图所示。

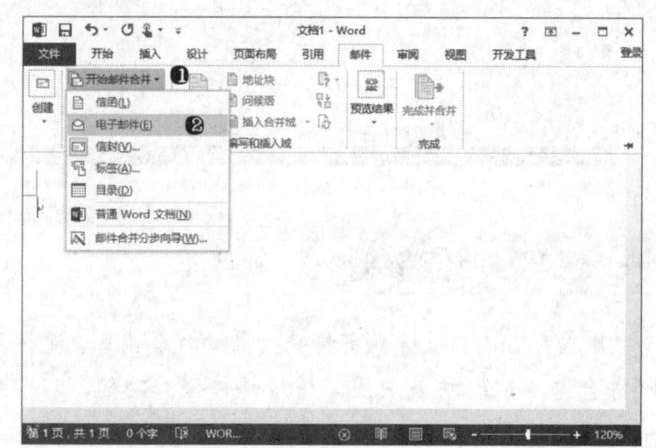

6.4.3 导入邮件合并数据

创建好邮件合并的初始文档后，还需要向 Word 中导入文档中要应用的数据来源，方法如下：

光盘同步文件

原始文件：光盘 \ 原始文件 \ 第 6 章 \ 药品标签 docx、产品目录 .xlsx

结果文件：光盘 \ 结果文件 \ 第 6 章 \ 药品标签 .docx

教学视频：光盘 \ 视频文件 \ 第 6 章 \6-4-3.mp4

步骤 01 打开文件“药品标签 .docx”，❶ 单击“邮件”选项卡中的“选择收件人”下拉按钮；❷ 在下拉列表中选择“使用现有列表”选项，如下图所示。

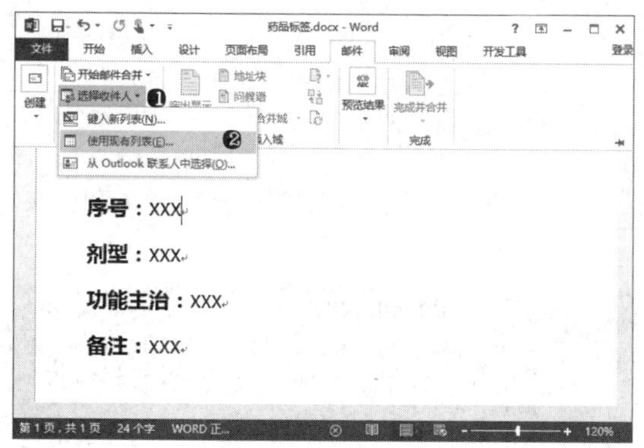

步骤 02 ❶ 选择素材文件“产品目录 .xlsx”；❷ 单击“打开”按钮，如下图所示。

经过以上操作后，在打开的对话框中选择要导入到 Word 中的工作表，然后单击“确定”按钮即可将数据引用于 Word 中。

6.4.4 插入邮件合并域

将需要合并的数据导入到文档中后，还需要在文档中引用数据内容，此时需要使用插入合并域功能，方法如下：

光盘同步文件

原始文件：光盘 \ 原始文件 \ 第 6 章 \ 药品标签 docx

结果文件：光盘 \ 结果文件 \ 第 6 章 \ 插入邮件合并域 .docx

教学视频：光盘 \ 视频文件 \ 第 6 章 \6-4-4.mp4

步骤 ❶ 选择要替换为合并域的文字或将光标定位于要插入合并域的位置；❷ 单击“邮件”选项卡中的“插入合并域”按钮；❸ 在菜单中选择要插入到当前位置的数据字段，如右上图所示。

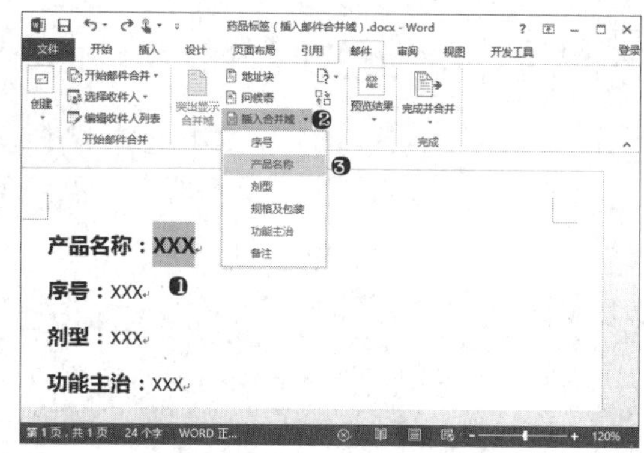

6.4.5 将邮件合并到文档

将需要合并的数据导入到文档中后，还需要在文档中引用数据内容，此时需要使用插入合并域功能，方法如下。

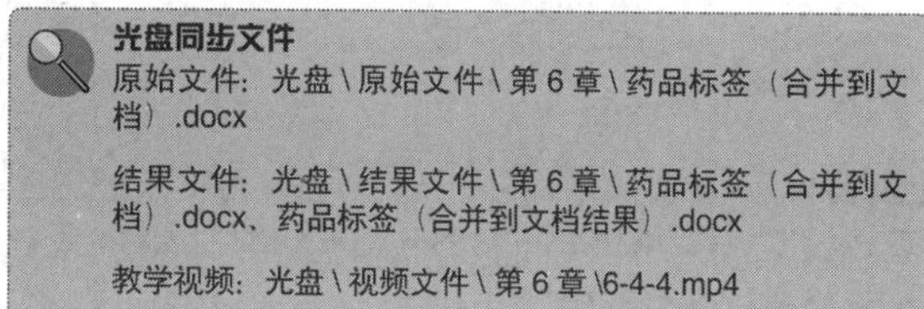

光盘同步文件

原始文件：光盘 \ 原始文件 \ 第 6 章 \ 药品标签（合并到文档）.docx

结果文件：光盘 \ 结果文件 \ 第 6 章 \ 药品标签（合并到文档）.docx、药品标签（合并到文档结果）.docx

教学视频：光盘 \ 视频文件 \ 第 6 章 \6-4-4.mp4

步骤 打开素材文档，❶ 单击“邮件”选项卡中的“完成并合并”下拉按钮；❷ 在下拉列表中选择“编辑单个文档”选项，如下图所示。

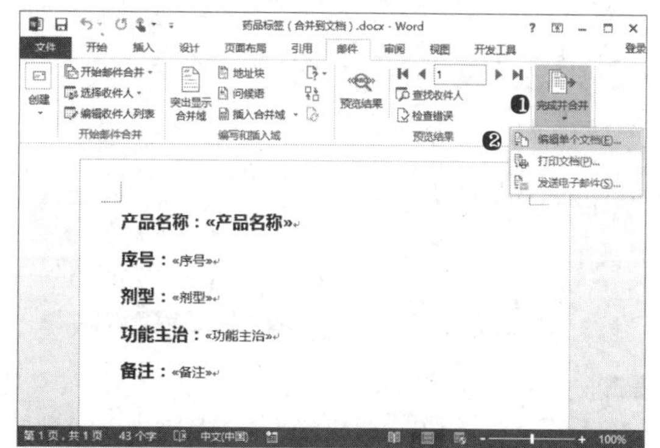

高手指引——预览邮件合并结果

在完成并合并之前，可以单击“邮件”选项卡“预览结果”组中的“预览结果”按钮，可以查看邮件合并后的文档内容，单击记录切换相关的按钮可以查看将不同记录放置到文档中的效果。

实用技巧——技能提高

本章基础知识部分重点讲解了文档样式、模板、修订、引用、域和邮件合并等高级功能的基本应用，接下来为大家介绍一些该部分知识应用的技巧。

光盘同步文件

原始文件：光盘\原始文件\第 6 章\实用技巧\

结果文件：光盘\结果文件\第 6 章\实用技巧\

教学视频：光盘\视频文件\第 6 章\实用技巧 .mp4

技巧 6.1
保存文档主题

在文档中应用了主题，并对文档主题中的配色方案、字体、效果及样式等进行了修改后，为了便于以后的文档应用相同的主题效果，可以将主题保存起来，具体方法如下：

步骤 01 打开“光盘\原始文件\第 6 章\实用技巧\保存主题 .docx”文件，❶单击“设计”选项卡中的“主题”按钮；❷在弹出的下拉列表中选择“保存当前主题”选项，如下图所示。

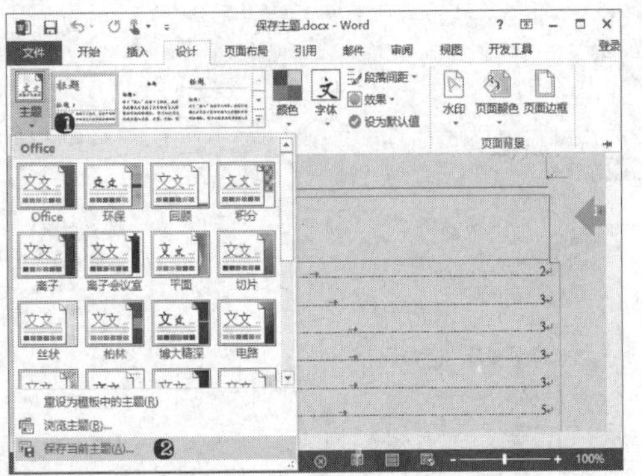

步骤 02 打开“保存当前主题”对话框，并选择主题保存的路径❶设置主题文件名称；❷单击“确定”按钮，如下图所示。

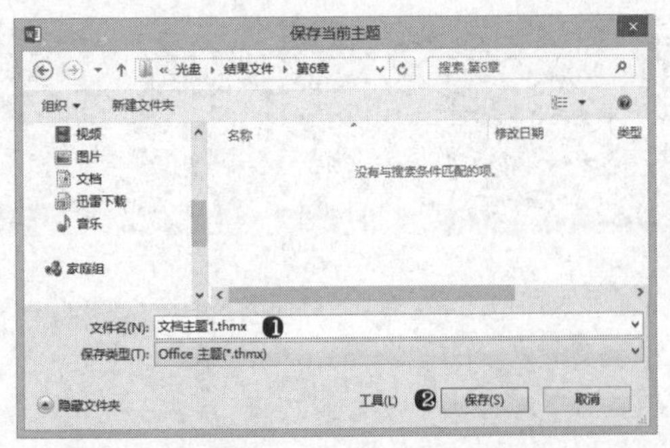

高手指引——应用保存的主题

要将保存的主题文件应用到文档中，可以单击“设计”选项卡中的“主题”按钮，在下拉列表中选择“浏览主题”选项，然后选择主题文件即可。

技巧 6.2
锁定修订

在修订文档时，为了防止在修订时退出修订状态，可以将文档锁定于修订状态，并设置退出修订的密码，具体方法如下：

步骤 01 打开“光盘\原始文件\第 6 章\实用技巧\员工工资管理办法（修订）.docx”文件，❶单击“审阅”选项卡中的“修订”下拉按钮；❷选择“锁定修订”选项，如下图所示。

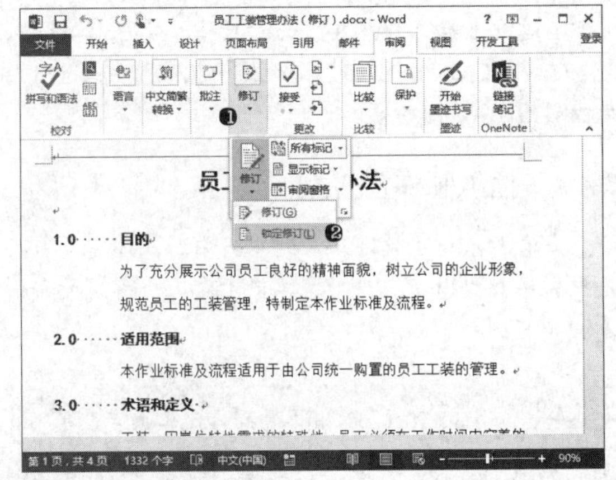

步骤 02 打开“锁定跟踪”对话框，❶在“输入密码（可选）”和“重新输入以确认”密码文本框中输入相同的密码内容；❷单击“确定”按钮。

锁定跟踪

防止其他作者关闭修订。

输入密码(可选)(E): ********

重新输入以确认(R): ********

(这不是一种安全功能。) ❶

❷ 确定 取消

技巧 6.3 自动为插入的图表添加题注

在文档中需要大量应用图片或表格，且图片或表格上需要添加文字题注及序号时，可以通过设置，让 Word 自动为插入的图片或表格添加题注，方法如下：

步骤 01 单击“引用”选项卡中的“插入题注”按钮，如下图所示。

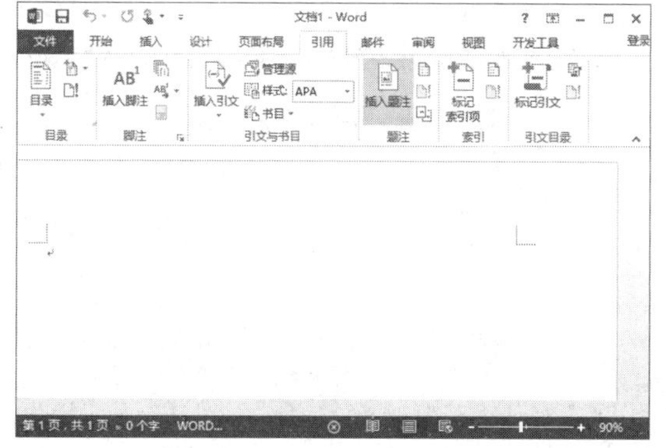

步骤 02 在打开的“题注”对话框中单击“自动插入题注”按钮，如下图所示。

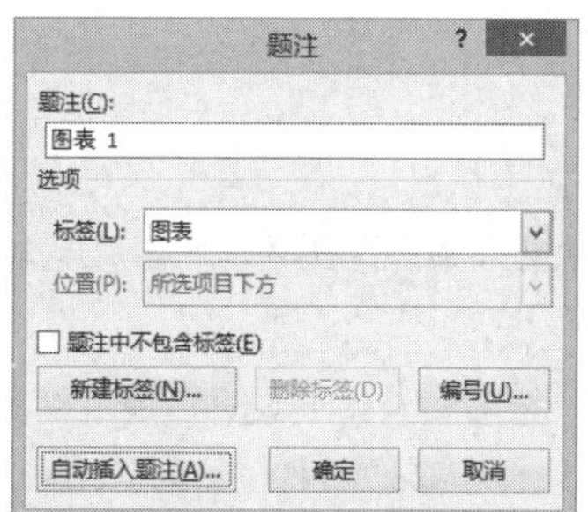

步骤 03 在打开的“自动插入题注”对话框中，❶选择要自动添加题注的元素，如“Microsoft Word 表格”；❷设置题注标签及位置；❸单击“确定”按钮，如下图所示。

技巧 6.4 保护文档内容和格式

在多人协同编排文档时，为了防止文档部分重要内容被他人误修改，可以根据需要，对文档中的部分内容或格式进行编辑限制，方法如下：

步骤 01 单击“审阅”选项卡“保护”组中的“限制编辑”按钮，如下图所示。

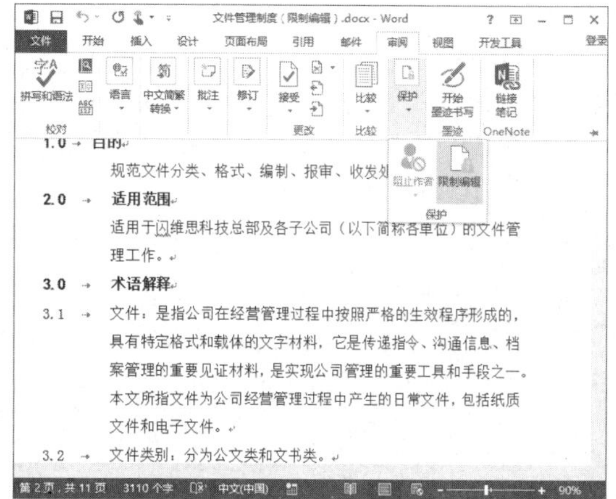

步骤 02 在打开的“限制编辑”窗格中设置格式或编辑限制的方式，然后单击“是，启动强制保护”按钮，如下图所示。

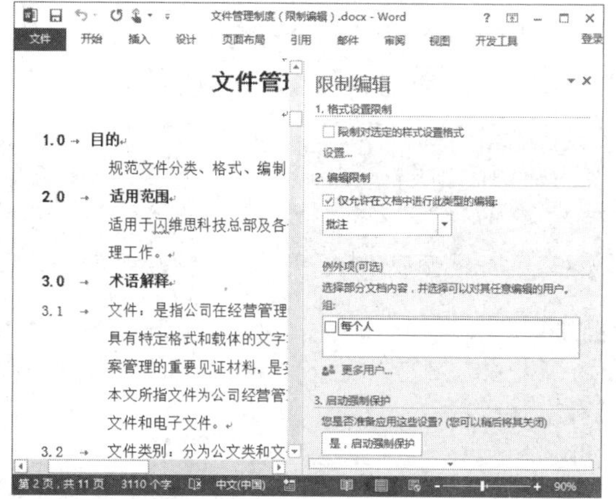

步骤 03 打开“启动强制保护”对话框，❶在“新密码（可选）”和“确认新密码”密码文本框中输入相同的密码内容；❷单击“确定”按钮。

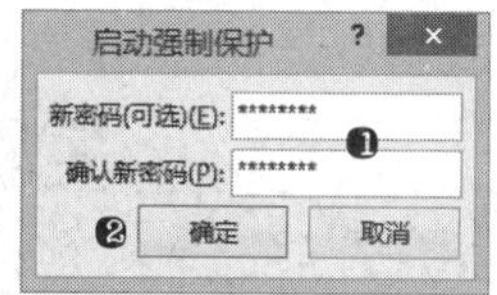

技巧 6.5
使用规则来实现邮件合并时的筛选

在进行邮件合并时，默认情况下会将数据表中的所有记录合并到文档中，如果不需要将数据表中部分数据合并到文档，此时可以设置邮件合并规则，跳过记录条件，方法如下：

步骤 01 打开素材文档“药品标签”，❶单击“邮件”选项卡“编写和插入域”组中的“规则”下拉按钮；❷选择“跳过记录条件”选项，如右上图所示。

步骤 02 在对话框中设置要跳过的记录条件，例如不合并“剂型”字段值为“片剂”的数据，具体设置如右下图所示，然后单击“确定”按钮。

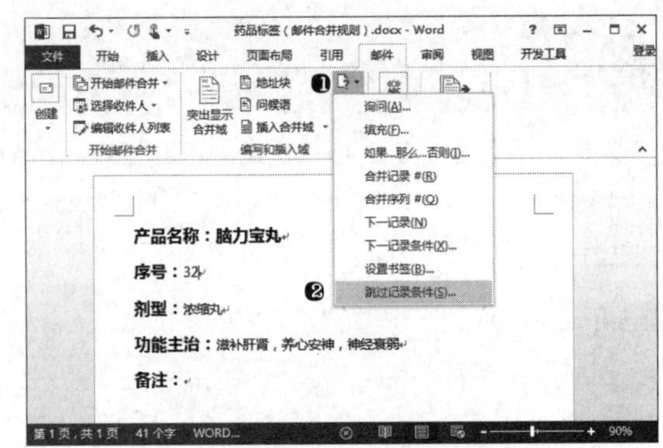

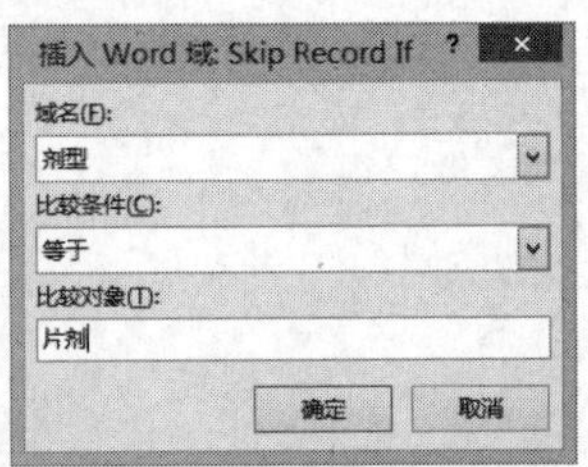

设置邮件合并规则后，执行“完成并合并”操作，最终的合并结果将应用设置的邮件合并规则。

实战训练——批量快速生成名片

利用 Word 中的邮件合并功能可以批量生成文档，从而大大提高工作效果。下面将以批量制作名片为例，重点讲解邮件合并功能在实际工作中的应用。

光盘同步文件
原始文件：光盘\原始文件\第 6 章\名片模板 .docx
结果文件：光盘\结果文件\第 6 章\名片（邮件合并）.docx
教学视频：光盘\视频文件\第 6 章\实战训练 .mp4

步骤 01 打开素材文档，❶单击“邮件”选项卡中的“选择收件人”下拉按钮；❷在弹出的下拉列表中选择“使用现有列表”选项，如下图所示。

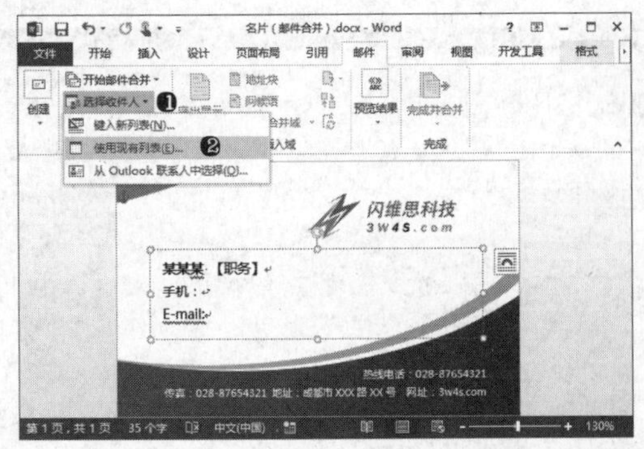

步骤 02 打开“选取数据源”对话框，❶选择素材文件夹中的数据文件“名片数据表 .xlsx”；❷单击“打开”按钮，如下图所示。

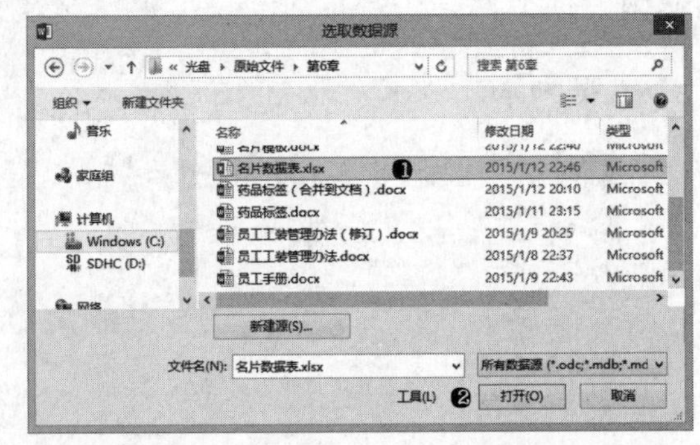

步骤 03 在打开的对话框中单击“确定”按钮，如下图所示。

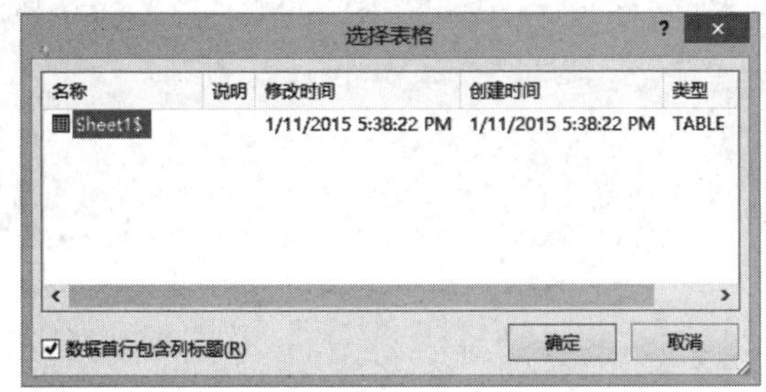

步骤 04 ❶ 选择名片内容中需要替换为姓名的文字"某某某"；❷ 单击"邮件"选项卡中的"插入合并域"下拉按钮；❸ 选择"姓名"选项，如下图所示。

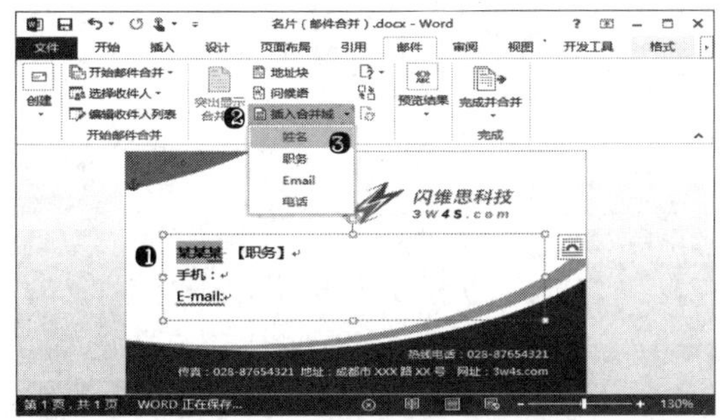

步骤 05 用与上一步相同的方式，将文字"职务"替换为合并域"职务"，在"手机"文字后插入合并域"电话"，在"E-mail"文字后插入合并域"Email"，如下图所示。

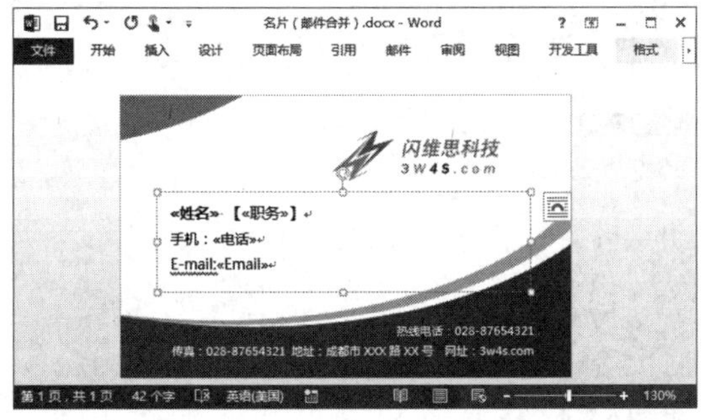

步骤 06 ❶ 单击"邮件"选项卡中的"完成并合并"下拉按钮；❷ 在下拉列表中选择"编辑单个文档"选项，如下图所示。

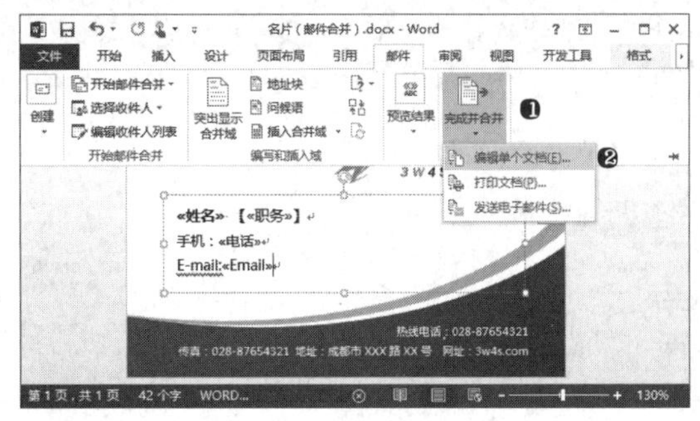

步骤 07 ❶ 选择"全部"单选按钮；❷ 单击"确定"按钮，如下图所示。

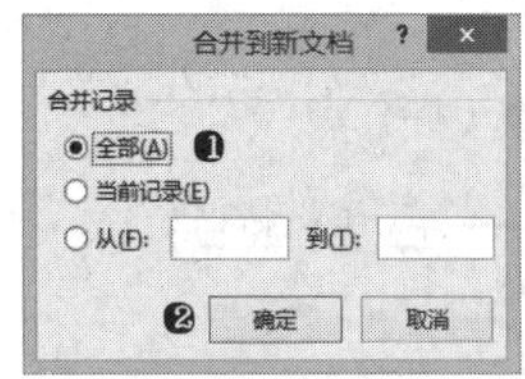

步骤 08 合并出新文档，效果如下图所示。保存文档，本例制作完成。

本章小结

本章主要讲解了 Word 中一些可以提高办公工作效率的功能和技巧，包括样式的定义与应用、模板的创建与应用、文档的修订与审核、域和邮件合并，以及 Word 文档中引用功能的使用等。通过本章学习，我们可以在文档中快速设置通用的格式，快速创建格式相同和部分内容相同的文档，快速检查、修订和审阅文档，快速制作文档目录，以及自动插入图表题注等。

本章导读

在办公应用中，如果需要进行大量的数据运算和存储，以及创建图表报表时，则需要使用 Excel 软件。在使用 Excel 进行复杂的数据运算及创建图表前，首先需要掌握 Excel 中的基本操作，如 Excel 工作簿、工作表、单元格的基本操作、数据的录入与编辑等，本章将对这些知识和应用技巧进行详细的讲解。

第 7 章

Excel 表格的创建与编辑

知识要点

◆工作簿的基本操作

◆工作表的基本操作

◆单元格的基本操作

◆数据的录入

◆数据的填充与格式化

◆数据的编辑处理

案例展示

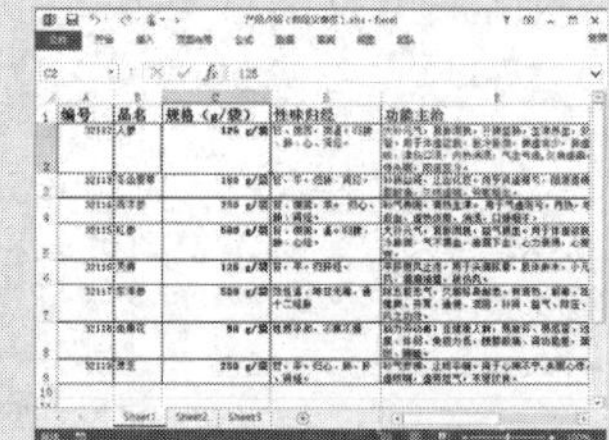

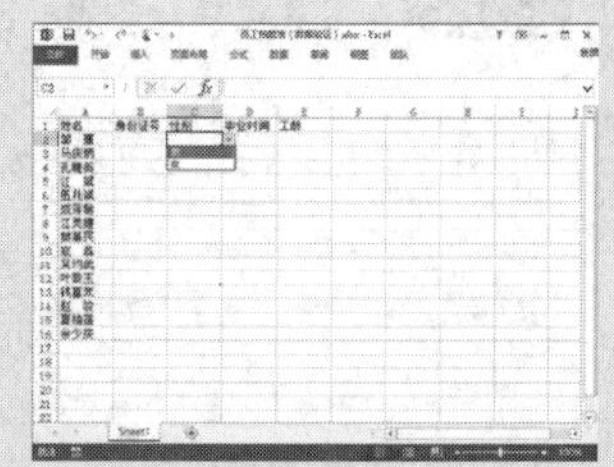

基础入门——必知必会

7.1 Excel 的基本操作

在 Excel 中，一个 Excel 文件被称为一个工作簿，而一个工作簿由许多工作表构成，每一个工作表中的内容相对独立，为了便于数据管理，常常将相关的多张表格存放于同一工作簿中。在一个工作表中，由许多行和列划分出了许多单元格用于存储数据。本节将对 Excel 中这些基本元素的基本操作进行详解。

7.1.1 工作簿的基本操作

在应用 Excel 时，常常需要对工作簿进行打开、新建、保存和导出等操作，方法与 Word 中文档的操作相同，下面具体讲解。

光盘同步文件

原始文件：光盘 \ 原始文件 \ 第 7 章 \ 员工工作簿 .xlsx

结果文件：无

教学视频：光盘 \ 视频文件 \ 第 7 章 \7-1-1.mp4

1. 打开工作簿

要打开计算机中存放的 Excel 工作簿，可以在启动 Excel 软件后，选择最近使用过的文档或选择“打开其他工作簿”命令，然后在对话框中选择 Excel 文件。如果在已经打开或新建了 Excel 工作簿的情况下要打开另一工作表，可以单击“文件”按钮，然后执行如下操作：

步骤 01 ❶选择“打开”命令；❷双击“计算机”图标，如下图所示。

步骤 02 ❶选择要打开的工作簿文件；❷单击“打开”按钮，如下图所示。

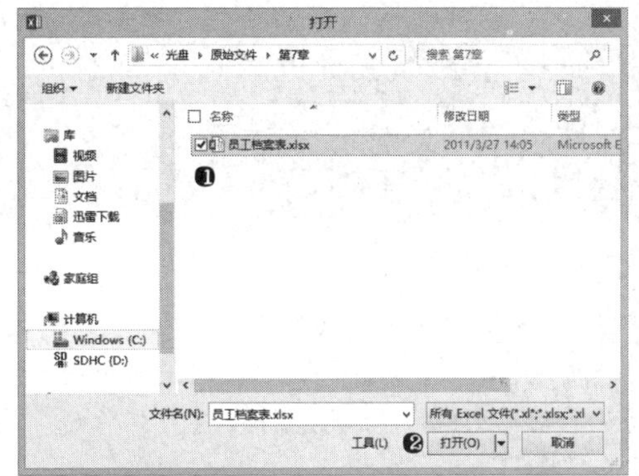

高手指引——用只读方式打开工作簿

如果打开 Excel 工作簿仅为查阅，为防止对工作簿文件进行更改，可以使用只读方式打开工作簿，即在“打开”对话框中单击“打开”按钮右侧的三角形按钮，在下拉菜单中选择“以只读方式打开”命令。

2. 新建与保存工作簿

与 Word 中新建与保存文档的方法相同，要在 Excel 中新建工作簿，可以单击“文件”按钮，然后选择“新建”命令，在右侧栏中选择要新建的工作簿模板。要保存工作簿，同样可以使用“文件”菜单中的“保存”或“另存为”命令。

3. 导出工作簿

如果要将工作簿内容保存为其他格式的文档，除了可以在“另存为”对话框中选择文件类型外，还可以使用“文件”菜单中的“导出”命令，然后选择导出文件的类型，如“PDF”、“XPS”等。

7.1.2 工作表的基本操作

在一个工作簿中可以存储多张工作表，因此，常常需要对工作表进行新建、选择、复制、移动、重命名等操作。

光盘同步文件

原始文件：光盘 \ 原始文件 \ 第 7 章 \ 员工工作簿 .xlsx

结果文件：光盘 \ 结果文件 \ 第 7 章 \ 员工工作簿 .xlsx

教学视频：光盘 \ 视频文件 \ 第 7 章 \7-1-2.mp4

1. 选择工作表

工作簿中每一个工作表为一个独立的表格，要切换工作表，可以单击工作区左下方的工作表标签，例如要切换到工作表“Sheet3”，操作如下：

单击 Excel 工作区左下角的工作表标签“Sheet3”即可切换至 Sheet3 工作表，如右上图所示。

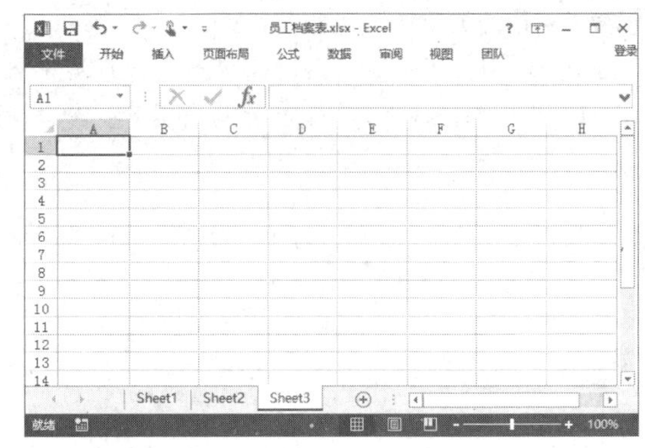

2. 重命名工作表

为了便于查看和管理工作簿内容，可以为工作簿中各工作表重命名为更容易理解的名称。更改工作表名称的方法如下：

步骤 01 双击要更改名称的工作表“Sheet1”，如下图所示。

步骤 02 输入新的工作表名称，如下图所示。

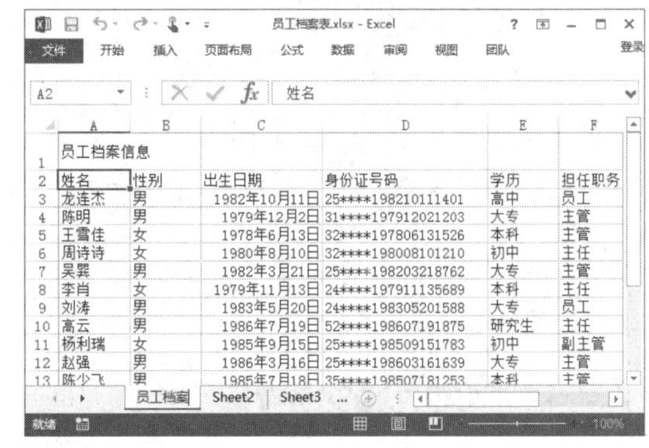

3. 新建工作表

在 Excel 2013 中新建工作簿后，工作簿中默认只有一张工作表，要在工作表中创建多张工作表，可以单击工作表标签栏中的“新工作表”按钮。

4．复制和移动工作表

要改变工作簿中工作表的顺序，可以直接拖动工作表标签。此外，还可以使用以下方法来复制或移动工作表：

步骤 01 ❶ 在要复制或移动的工作表标签上右击；❷选择"移动或复制"命令，如下图所示。

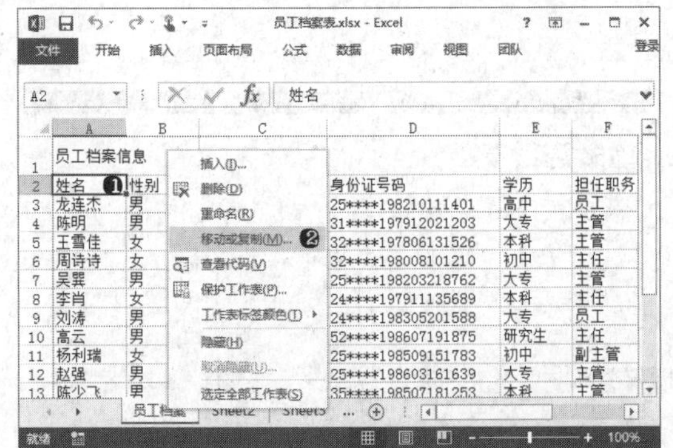

步骤 02 ❶ 选择要将工作表复制或移动到的位置；❷选中"建立副本"复选框；❸单击"确定"按钮，如下图所示。

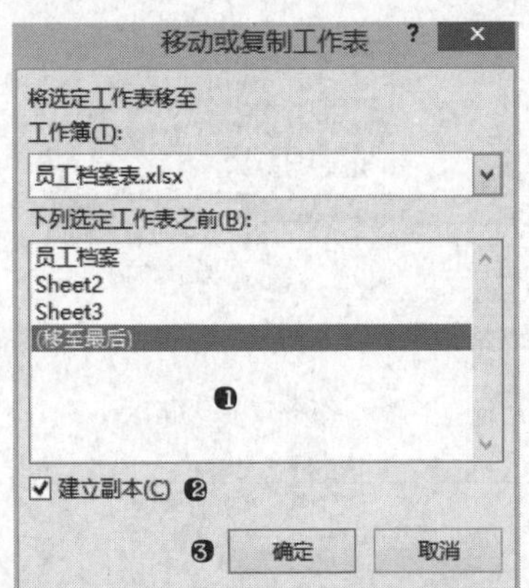

在"移动或复制工作表"对话框中，如果不选中"建立副本"复选框，单击"确定"按钮后仅会移动工作表，不会复制工作表；在"工作簿"下拉列表框中，可选择当前打开的其他工作簿，从而实现在多个工作簿之间移动和复制工作表。

7.1.3 行列和单元格的基本操作

工作表由许多单元格构成，单元格按行和列整齐地排列，用于存放和整合不同的数据。在 Excel 中，针对行、列和单元格还有许多操作，如选择、删除、复制和移动等。

光盘同步文件

原始文件：光盘 \ 原始文件 \ 第 7 章 \ 员工工作簿 .xlsx

结果文件：光盘 \ 结果文件 \ 第 7 章 \ 员工工作簿（行列和单元格的操作）.xlsx

教学视频：光盘 \ 视频文件 \ 第 7 章 \7-1-3.mp4

1．选择行、列和单元格

在工作表中单击单元格即可选择该单元格，拖动鼠标即可选择连续的多个单元格；当前选中的单元格称为"活动单元格"，选中的多个单元格称为"活动单元格区域"。

（1）要选择工作表中的行，可以单击工作区左侧的行号（1，2，3……），在行号上拖动可选择连续的多行。

（2）要选择工作表中的列，可以单击工作区上方的列号（A，B，C……），在列号上拖动可选择连续的多列。

（3）要选择工作表中的所有单元格，可以单击工作区左上角行号和列号的交汇处。

（4）要选择不连续的多个单元格或单元格区域，可以选择一个单元格或单元格区域后，按住【Ctrl】键选择其他单元格或单元格区域。

（5）在 Excel 中，每个单元格都有一个地址，在工具栏的名称框中输入单元格地址也可以选择单元格。单元格地址由单元格所在的行号和列号组成，如 B 列 4 行的单元格，可使用单元格地址"B4"。

2．删除行、列或单元格

要删除行、列或单元格，可以先选择要删除的元素，然后执行以下操作：

选择要删除的行、列或单元格，然后单击"开始"选项卡"单元格"组中的"删除"按钮，如下图所示。

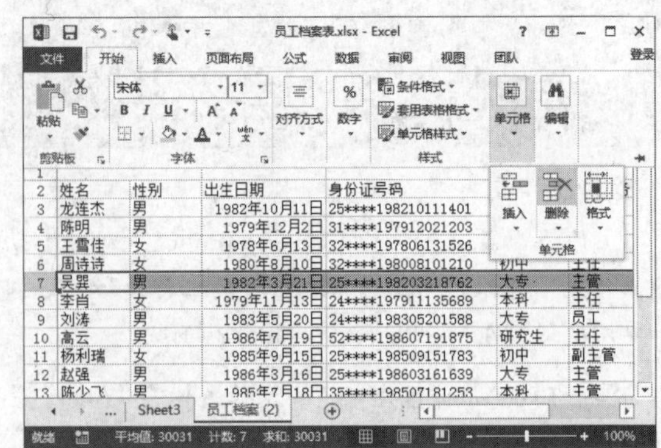

3．剪切、复制和粘贴单元格

在编辑工作表内容时，如果要将工作表中部分单元格的内容移动或复制到其他单元格，可以使用剪切、复制及粘贴命令，方法如下：

（1）复制单元格。

步骤 ❶ 选择要复制的单元格或单元格区域；❷ 单击“开始”选项卡“剪贴板”组中的“复制”按钮，如下图所示。

（2）粘贴单元格。

步骤 ❶ 选择要粘贴到的单元格；❷ 单击“开始”选项卡中的“粘贴”按钮，如下图所示。

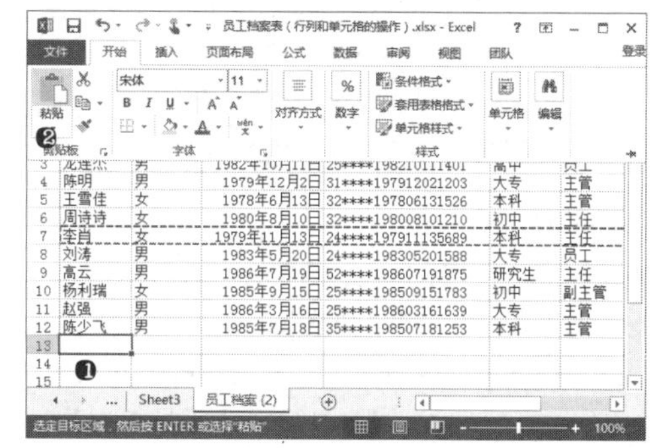

（3）剪切单元格。

步骤 剪切单元格与复制单元格类似，选择要剪切的单元格或单元格区域后，单击“开始”选项卡中的“剪切”按钮，然后再选择其他单元格，执行“粘贴”命令，即可将剪切单元格的内容移动到粘贴的位置。

7.2 数据的录入与编辑

在 Excel 表格中允许用户存储不同类型的数据，不同类型的数据的默认展示效果不同，并且在进行数据处理和计算时，不同数据类型可进行的操作和计算方式也不相同，所以，在录入数据时，需要根据不同的数据类型来录入数据，并保证数据的准确性和有效性，同时，还需要有效地提高工作效率，尽可能快捷地录入和编辑数据。

7.2.1 输入各类数据

在 Excel 表中，常见的数据类型有“文本”、“数值”、“日期”、“时间”、“百分比”等，不同类型的数据录入的方法并非完全相同，具体方法如下：

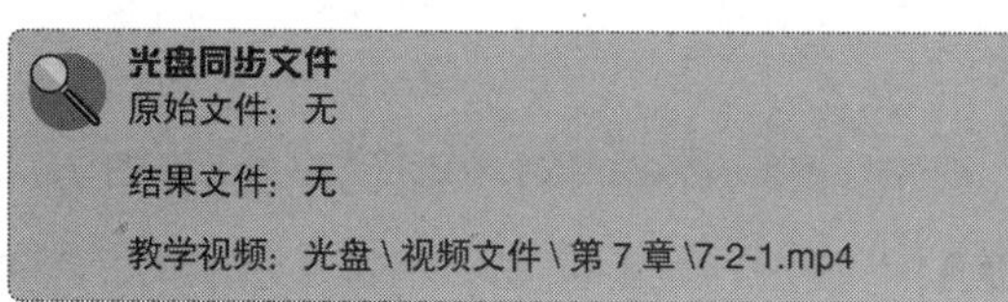

光盘同步文件

原始文件：无

结果文件：无

教学视频：光盘\视频文件\第 7 章\7-2-1.mp4

1．录入文本和数值

要在单元格中添加普通的文本内容和数值，可以在选择单元格后直接输入，Excel 会自动识别输入的数据类型，如果输入的是文本内容，单元格中的内容会自动靠左对齐，如果输入的是数值内容，单元格内容会靠右对齐。

2．录入文本类型的数字

在输入内容时，有时候需要输入如“001”、“010”、“028”之类的数字，由于 Excel 会自动识别数据类型，如果是由数字组成的单元格内容，Excel 会自动将其识别为数值类型并以常规的数值格式进行存储，自动省略数值前的“0”，因此，在输入以“0”开头的数字时，需要强制将内容作为文本类型。在输入文本类型的数字时，可以在输入数据时先输入一个单引号“ ' ”，然后再输入具体的数字内容。例如在表格中录入数字编号、身份证号、电话号码时，都应使用文本型的数字。

3．录入日期数据

在 Excel 中，日期数据不是普通的文本数据，而是一种可以进行数学运算的数据，在录入日期数据时，可以输入完整的年月日格式的文本，Excel 会自动将其转换为日期数据格式，例如输入内容“2015 年 8 月 15 日”、“2015-8-15”、“15-8-15”或“2015/8/15”，Excel 都会将其自动识别为日期数据，并应用默认的日期格式。此外，要输入与系统年份相同的日期数据，可以直接输入日期数据中的月和日部分，如“8-15”或“8/15”。

4．录入时间

如果需要在单元格中录入时间数据，可以使用“时:分:秒”的格式录入数据，例如输入“12:32:25”，表示 12 点 32 分 25 秒。此外，如果日期数据中包含了详细的时间，也可以在输入日期数据时，在日期后用空格分隔，然后输入相应的时间，如“2015-8-15 12:32:25”。

5．录入百分比数值

在 Excel 中，百分比是可以进行数学运算的数值，如“1%”与数值 0.01 相等。要输入百分比数值，可以直接输入数据数字和百分比符号。

6．录入分数

在单元格中有时可能会应用“1/3”(三分之一)、“3/5”（五分之三）之类的数学分数表达式，如果在单元格内直接输入“1/3”，Excel 会自动将其转换为日期数据“1 月 3 日”。为了保持分数的数学意义，并可应用于数学运算，在输入分数数据时，可以在数据前加上数字 0 和空格，即输入“0 1/3”可表示数学分数“1//3”。

7.2.2 格式化数据

在 Excel 单元格中录入不同类型的数据后，Excel 会自动识别数据类型并应用默认的数据格式。有时候我们需要修改数据默认的格式，或者个性单元格中存储的数据类型，此时可以对单元格数据进行格式化。具体方法如下：

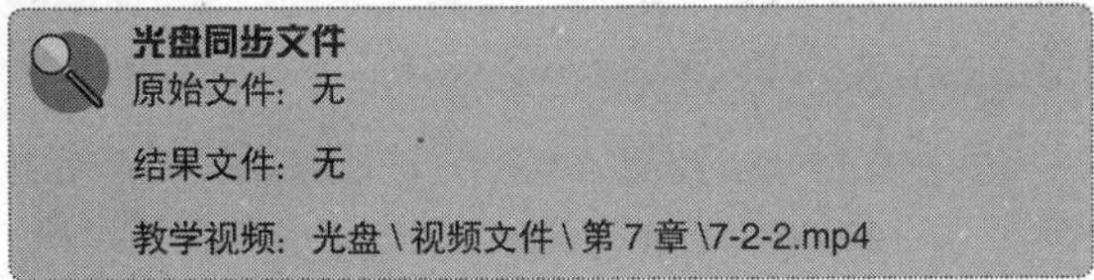

光盘同步文件
原始文件：无
结果文件：无
教学视频：光盘 \ 视频文件 \ 第 7 章 \7-2-2.mp4

步骤 ❶ 选择要设置数据格式的单元格；❷ 打开“开始”选项卡“数字”组中的“数字”格式下拉列表；❸ 选择要应用的数据格式，如下图所示。

在“数字格式”下拉列表中列出了 Excel 中常用的数据格式。此外，在“开始”选项卡“数字”组中还提供了一些快速格式化数据的按钮，包括“会计数据格式”、“百分比”、“千位分样式”、“增加小数位数”和“减少小数位数”按钮，使用这些按钮可以快速格式化特定的数据格式。

7.2.3 快速填充数据

在录入数据时，表格中可能常常需要一些连续的或按一定规律重复的数据，此时应用填充功能可以快速完成这些数据的录入。具体方法如下：

光盘同步文件
原始文件：无
结果文件：无
教学视频：光盘 \ 视频文件 \ 第 7 章 \7-2-3.mp4

1．快速填充文本型数字序列

在 Excel 表格中常常需要应用连续的文本编号，如“001”、“002”等。此类数据使用的是文本类型的数字，因此可以使用以下方法快速填充数字序列，方法如下。

步骤 01 选择开始填充的起始单元格，拖动活动单元格右下角的填充柄，如下图所示。

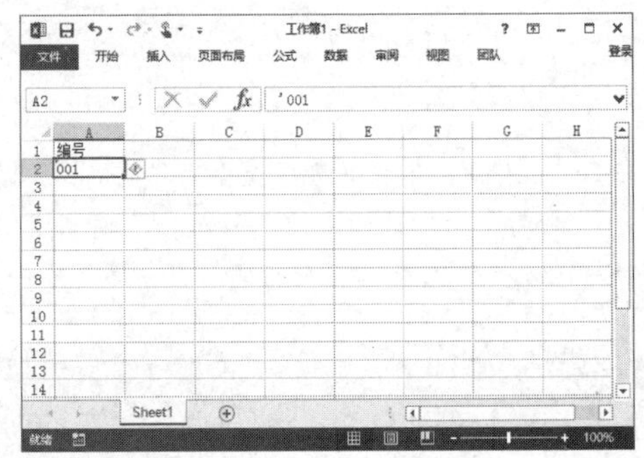

步骤 02 向下拖动，当鼠标右下角出现的提示数字与需要的序列结束数字相同时松开鼠标左键，如下图所示。

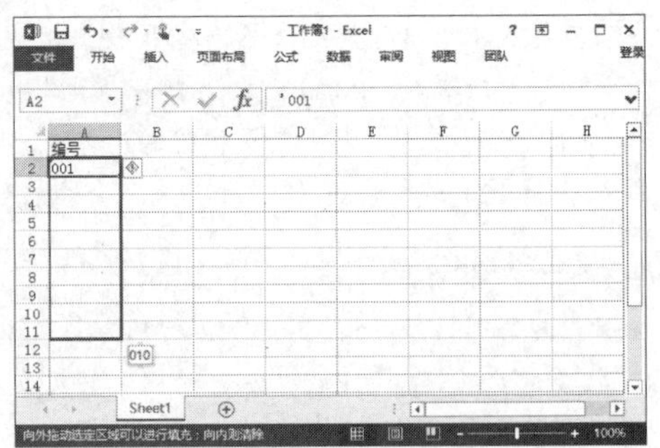

如果单元格中的数据不是文本类型的数字，拖动填充柄填充单元格时，填充出的数据并不会根据数字自动累加变化，而是直接复制，所以，使用此方式填充时，需要保证单元格中的数据是文本型的数字，且序列数字的变化步进值为 1。

2．快速填充连续相同的数字序列

如果需要在 Excel 中连续的单元格内录入连续相同的数字，可以使用以下方法：

步骤 01 选择开始填充的起始单元格，拖动活动单元格右下角的填充柄，如下图所示。

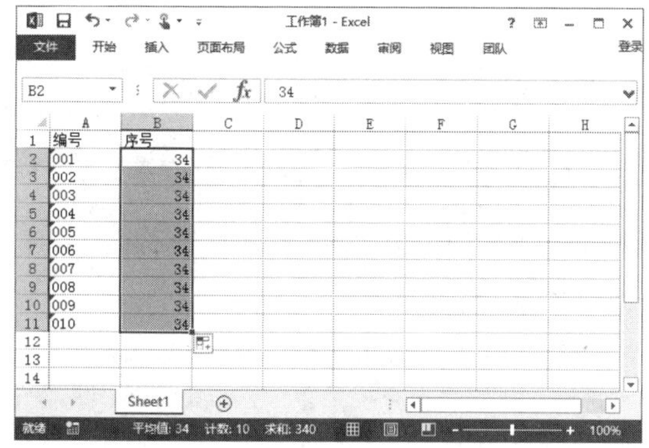

步骤 02 ❶ 单击填充区域右下角出现的"填充选项"按钮；❷ 在菜单中选择"填充序列"单选按钮，如下图所示。

3．快速填充等差数字序列

如果需要在 Excel 中连续的单元格内录入步进相等的数字序列，如 1，3，5，7……，可以使用以下方法：

步骤 01 在序列开始的多个单元格内输入有规律的数字，如下图所示的数字 1 和 3，然后同时选择这两个单元格。

步骤 02 拖动活动单元格区域右下角的填充柄，向下填充数字，如下图所示。

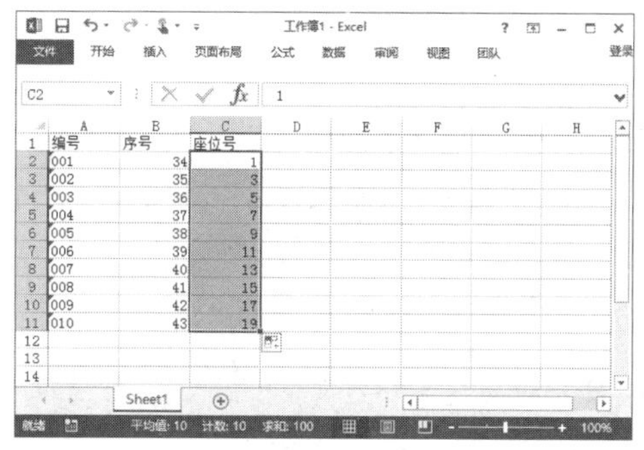

选择多个单元格后拖动填充柄，如果单元格中的数据为文本类型，在填充单元格内将自动依次重复所选单元格区域内的内容。

4．使用序列对话框填充序列

除了应用以上几种方式来填充序列外，还可以在"序列"对话框中设置数字填充方式，并能设置更复杂的数字变化规律，如等比序列（2，4，8，16，32，……）、日期序列等。例如，要录入"2016-2-4""2016-2-17"的所有工作日日期，方法如下：

步骤 01 ❶ 在单元格内录入起始日期并选择该单元格；❷ 单击"开始"选项卡"编辑"组中的"填充"按钮；❸ 选择"序列"命令，如下图所示。

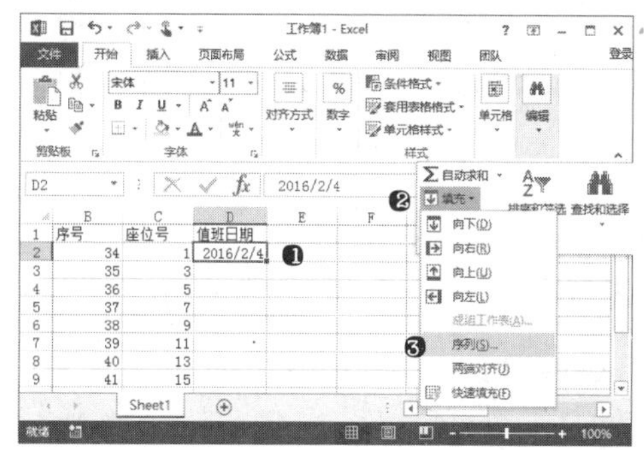

步骤02 打开"序列"对话框，❶选择序列产生的方向为"列"；选择序列"类型"为"日期"；❸选择"日期单位"为"工作日"，并设置序列终止日期，最后单击"确定"按钮，如下图所示。

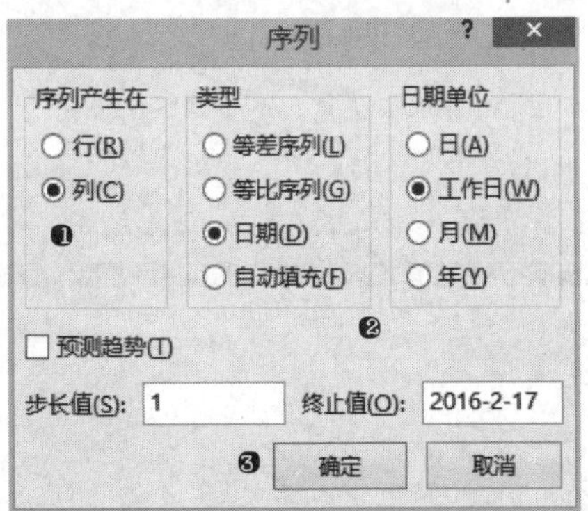

7.2.4 查找和替换数据

在 Excel 中录入了大量数据后，如果需要找到指定的数据或将大量相同的数据修改为另一个数据，可以使用查找和替换功能，具体方法如下：

光盘同步文件

原始文件：光盘\原始文件\第 7 章\商品销售清单 .xlsx

结果文件：光盘\结果文件\第 7 章\商品销售清单 .xlsx

教学视频：光盘\视频文件\第 7 章\7-2-4.mp4

步骤01 ❶单击"开始"选项卡"编辑"组中的"查找和选择"按钮；❷在菜单中选择"替换"命令，如下图所示。

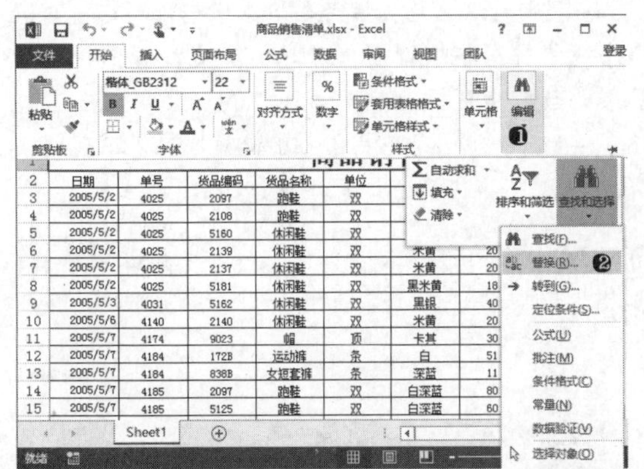

步骤02 打开"查找和替换"对话框，❶设置查找的内容和替换为的内容；❷单击"全部替换"按钮，即可将表格中与查找内容相同的文字替换为"替换为"文本框中设置的文字内容，如右上图所示。

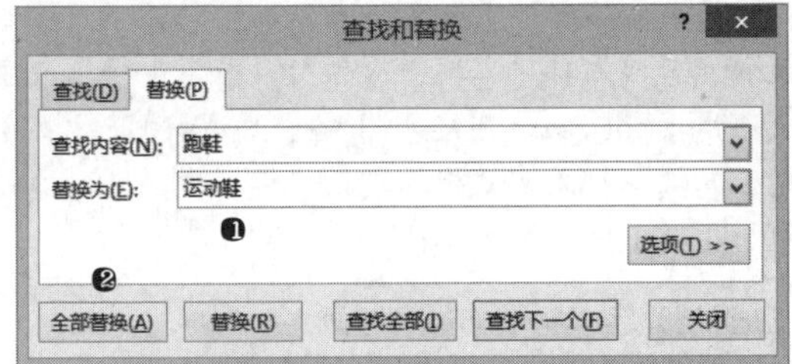

7.2.5 设置数据有验证

在 Excel 中录入数据时，为了防止数据录入错误，可以设置数据验证，当录入的数据不符合规则时，Excel 会自动提示，具体方法如下：

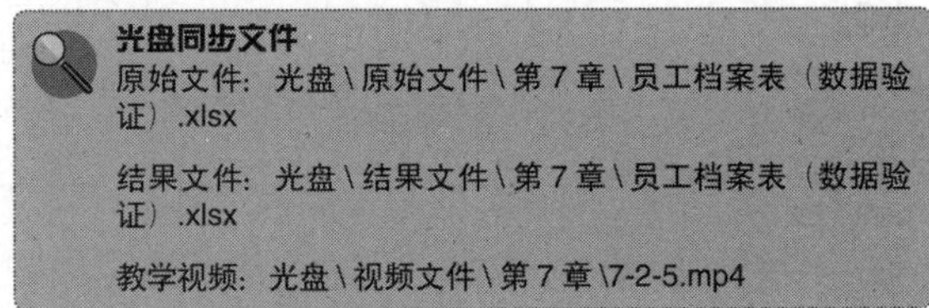

光盘同步文件

原始文件：光盘\原始文件\第 7 章\员工档案表（数据验证）.xlsx

结果文件：光盘\结果文件\第 7 章\员工档案表（数据验证）.xlsx

教学视频：光盘\视频文件\第 7 章\7-2-5.mp4

1. 验证文本长度

在表格中，某些数据可能需要限制录入的字符长度，例如电话号码、身份证号、产品编号等，要限制单元格内文本的长度，可以使用以下方法：

步骤01 ❶选择要设置数据验证的单元格区域；❷单击"数据"选项卡中的"数据验证"按钮；❸在菜单中选择"数据验证"命令，如下图所示。

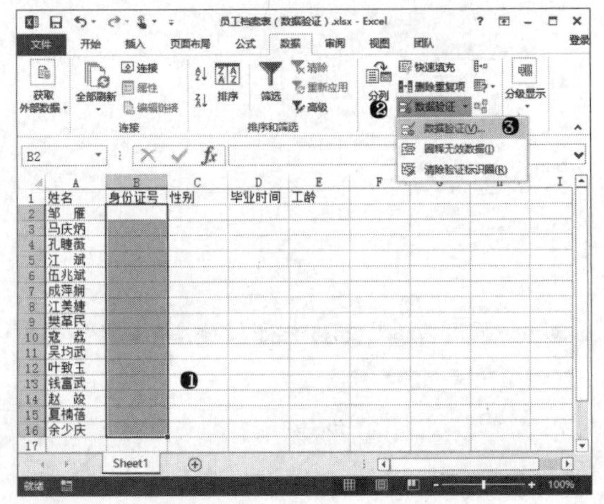

步骤02 打开"数据验证"对话框，❶在"允许"下拉列表框中选择"文本长度"选项；❷在"数据"下拉列表框中选择"等于"选项；❸在"长度"文本框中输入"18"；❹单击"确定"按钮，如下图所示。

2．验证数据系列

如果单元格中仅允许输入一些特定的文字内容，例如"性别"列中仅能输入"男"或"女"，此时可以设置数据验证为"序列"，具体方法如下：

步骤01 ❶选择要设置数据验证的单元格区域；❷单击"数据"选项卡中的"数据验证"按钮，如下图所示。

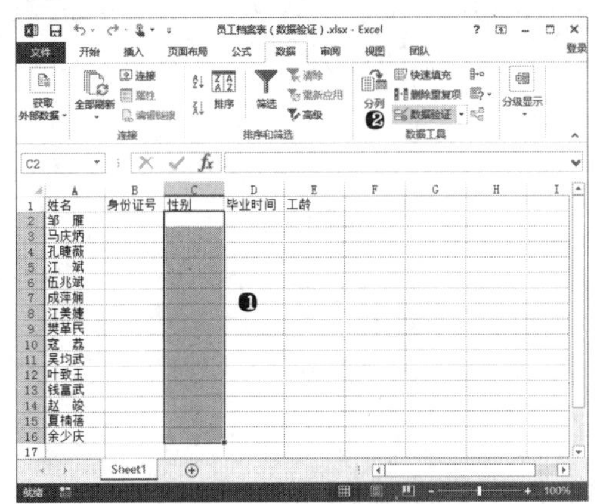

步骤02 打开"数据验证"对话框，❶在"允许"下拉列表框中选择"序列"选项；❷在"来源"文本框中输入允许输入的文字内容，并用逗号分隔；❸单击"确定"按钮，如下图所示。

3．验证日期数据

如果单元格中仅允许输入特定日期范围内的日期数据，可以通过数据验证来限制日期数据范围，具体方法如下：

步骤01 ❶选择要设置数据验证的单元格区域；❷单击"数据"选项卡中的"数据验证"按钮，如下图所示。

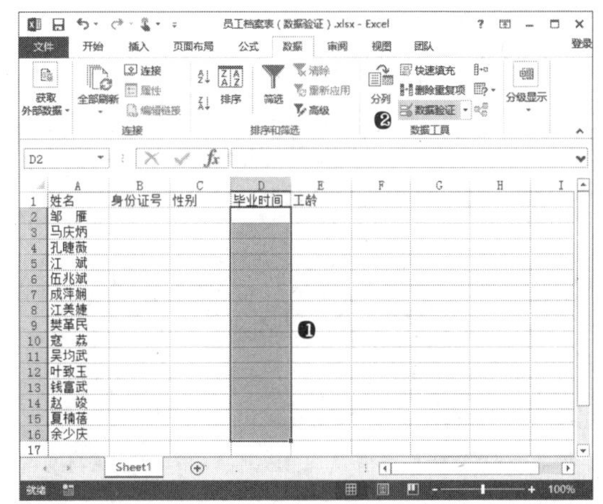

步骤02 打开"数据验证"对话框，❶在"允许"下拉列表框中选择"日期"选项；❷在"数据"下拉列表框中选择"介于"选项；❸在"开始日期"文本框中输入允许的开始日期；❹在"结束日期"文本框中输入允许的结束日期；❺单击"确定"按钮，如下图所示。

除设置以上文本长度、序列、日期验证条件外，还可以设置单元格内允许的是整数或小数，以及数值范围等，具体方法与以上验证条件设置方法相似。在设置了单元格数据验证条件后，如果需要清除这些验证条件，可以选择设置有数据验证的单元格区域，然后打开"数据验证"对话框，单击"全部清除"按钮，即可清除所选单元格区域中的数据验证条件。

实用技巧——技能提高

前面重点介绍的 Excel 文件、工作表及单元格操作和数据录入的基本方法，在创建与编辑 Excel 数据表格时，还可以应用一些特殊功能和技巧来简化操作并提高工作效率。

光盘同步文件

原始文件：光盘 \ 原始文件 \ 第 7 章 \ 实用技巧 \

结果文件：光盘 \ 结果文件 \ 第 7 章 \ 实用技巧 \

教学视频：光盘 \ 视频文件 \ 第 7 章 \ 实用技巧 .mp4

技巧 7.1 在单元格内换行

在 Excel 单元格内录入文本内容时，有时候需要在一个单元格内录入多行文字内容，为了使文字内容换行，可以在单元格内容输入时按快捷键【Alt+Enter】进行换行。如果要使单元格内容根据单元格宽度自动换行，方法如下：

步骤 01 打开“光盘 \ 原始文件 \ 第 7 章 \ 实用技巧 \ 产品介绍 .xlsx”文件，❶选择需要设置内容自动换行的单元格区域；❷单击“开始”选项卡“对齐方式”组中的“对齐设置”按钮，如下图所示。

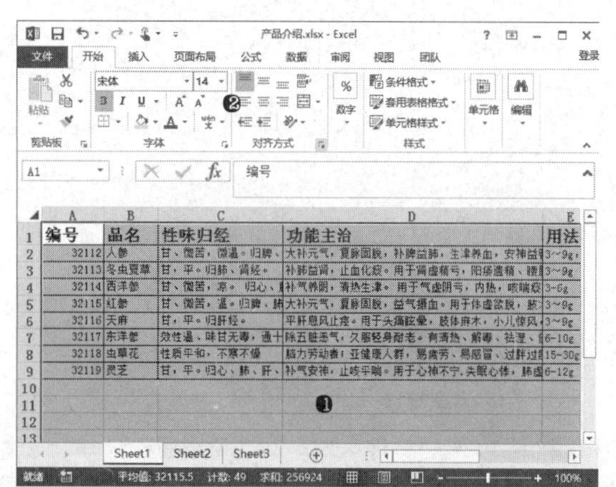

步骤 02 打开“设置单元格格式”对话框，❶选中“自动换行”复选框；❷单击“确定”按钮，如右上图所示。

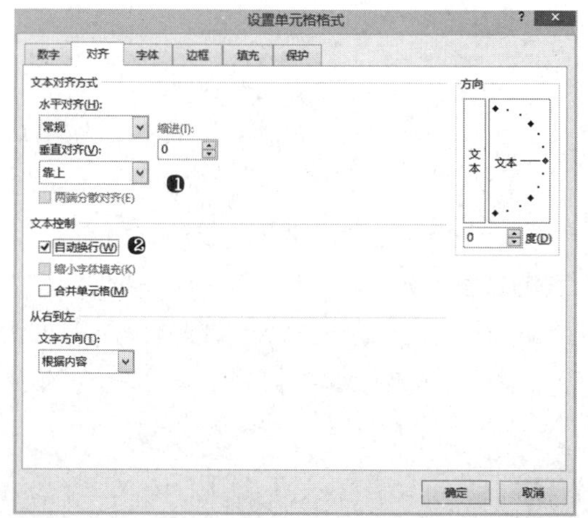

技巧 7.2 将小数转换为百分数或分数

在 Excel 表格中常常需要录入百分数或分数，除了直接输入百分数或分数外，还可以利用数字格式，将小数数据自动转换为百分数或分数，具体方法如下：

步骤 打开“光盘 \ 原始文件 \ 第 7 章 \ 实用技巧 \ 地区销量占比 .xlsx”文件，❶选择要应用百分比或分数格式的单元格区域；❷单击“开始”选项卡“数字”组中的“百分比”按钮，如下图所示。

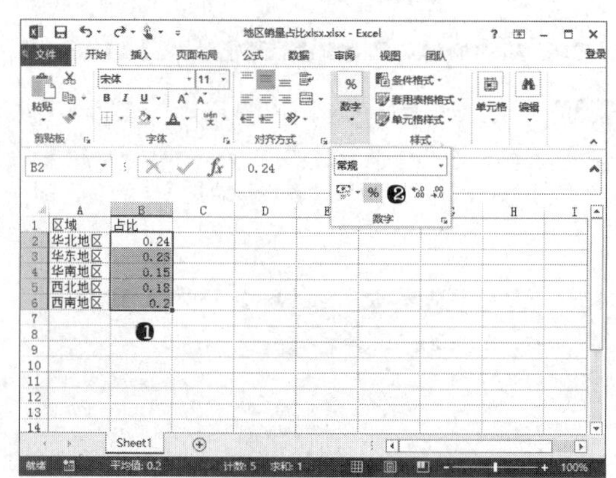

将单元格中已有的数据转换为百分比样式时，Excel 会自动对单元格中原有的数据进行计算，然后转换为等值的百分比样式，例如数值“0.1”转换为百分比为“10%”。而在应用了百分比样式的单元格内输入百分比数据时，只需要输入百分比符号前的数字即

可，例如要输入“10%”，应输入“10”。另外，要将单元格中已有的数据转换为分数样式，可以在“开始”选项卡“数字”组中“数字格式”下拉列表框中选择“分类”选项，而在设置了分数样式的单元格内输入分数时，则需要输入分数的计算结果，例如需要输入分数“1/5”，应输入数值“0.2”。

技巧 7.3 为数字添加自定义单位

在表格数据中，不同类型的数据可能需要不同的数据单位，例如重量数据可以使用单位“kg”、“g”，长度单位可以使用“m”、“cm”等，为了使表格数据表现更清晰，并保证原始数据依然为可进行数学运算的数值数据，可以利用自定义单元格格式为单元格内的数据添加单位字符，具体方法如下：

步骤01 打开“光盘\原始文件\第 7 章\实用技巧\产品介绍（自定义单位）.xlsx”文件，❶选择需要设置数字单位的单元格区域；❷单击“开始”选项卡“数字”组中的“数字格式”按钮，如下图所示。

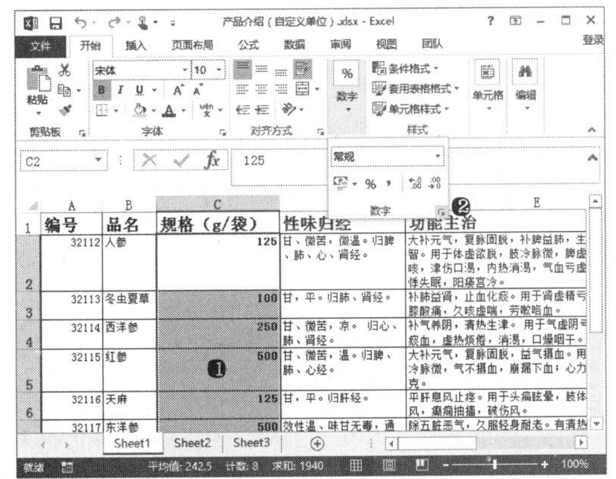

步骤02 打开“设置单元格格式”对话框，❶在“数字”选项卡的“分类”列表框中选择“自定义”选项；❷在“类型”文本框中输入自定义格式“0\gV袋”；❸单击“确定”按钮，如右上图所示。

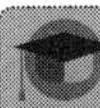

高手指引——自定义数字格式详解

自定义数字格式时，在“类型”中输入的字符用于表示单元格原有数据引用内容及其格式，在下方列表中可直接预设的格式，引用到“类型”中，如果要自行添加单元格内要显示的内容，可以直接在“类型”中输入字符，当需要使用有特殊意义的字符时，需要使用“\”进行转义，表示直接使用“\”后的字符。在自定义格式设置中，字符“g”和“/”都有特殊意义，要在单元格中直接显示字符“g”和“/”，即在字符前添加“\”。

技巧 7.4 快速输入中文大写的数字

在录入表格数据时，常常还需要录入中文大写的数字，如“叁仟陆佰伍拾捌”、“捌仟捌佰捌拾捌”等，为了快速录入此类数字，可以先设置好单元格格式，直接输入普通的数字，Excel 可自动将数字显示为中文大写的数据，具体方法如下：

步骤 选择需要转换为中文大写的单元格后，打开“设置单元格格式”对话框，❶在“数字”选项卡的“分类”列表框中选择“特殊”选项；❷在“类型”列表框中选择“中文大写数字”选项；❸单击“确定”按钮，如下图所示。

技巧 7.5 保护工作簿

在对 Excel 工作簿进行管理时，为了保护工作簿中的数据安全，可以为工作簿添加打开密码和修改密码，具体方法如下：

步骤 01 选择“文件”选项卡，❶选择“信息”选项；❷单击“保护工作簿”按钮；❸选择“用密码进行加密”命令，如下图所示。

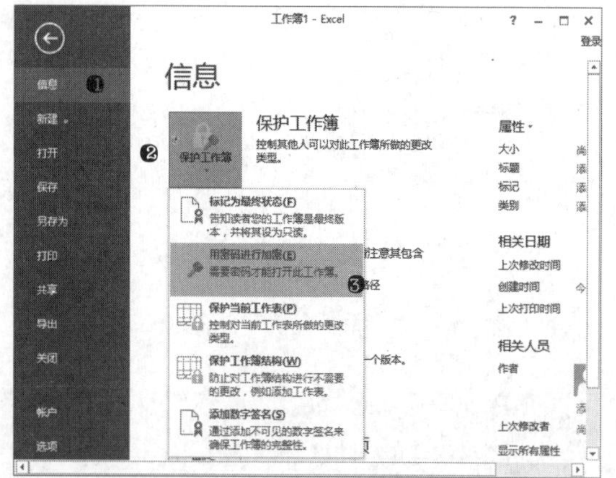

步骤 02 打开“加密文档”对话框，❶输入密码；❷单击“确定”按钮，如下图所示。

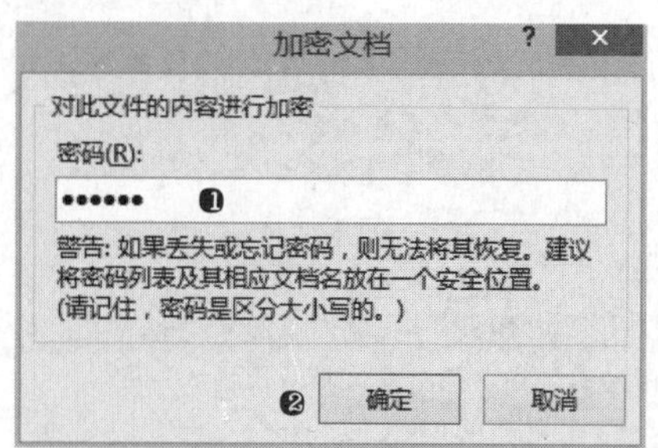

通过上一步操作后打开“确定密码”对话框，再输入一次密码，然后单击“确定”按钮即可完成文档密码设置，然后保存文本，设置的密码即生效，在下次打开工作簿时，需要输入正确的密码，否则无法打开工作簿。

技巧 7.6 保护工作表

为了防止查看工作表内容时不小心修改工作表中的重要内容，可以对工作表进行保护，并且可允许对象工作表中部分区域和部分元素进行保护，具体方法如下：

步骤 01 打开“光盘\原始文件\第 7 章\实用技巧\员工档案表 .xlsx”文件，❶选择保护工作表中允许用户编辑的单元格区域；❷单击“审阅”选项卡中的“允许用户编辑区”按钮，如右上图所示。

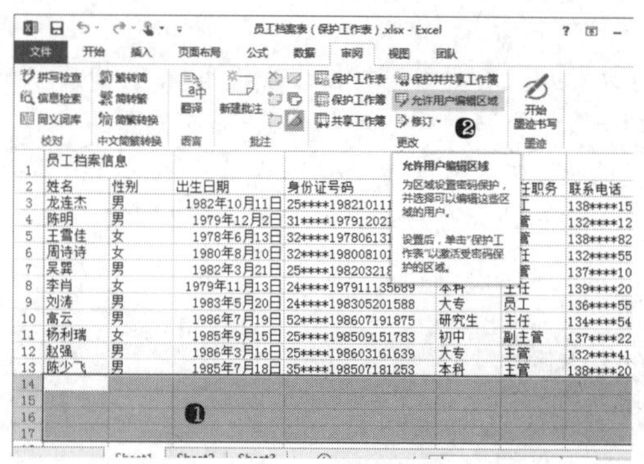

步骤 02 打开“允许用户编辑区域”对话框，单击“新建”按钮，如下图所示。

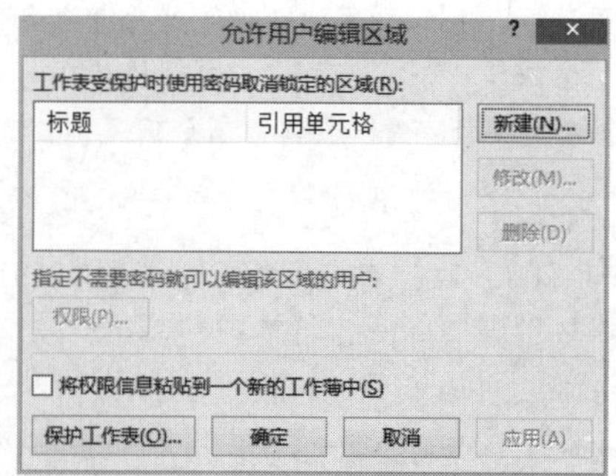

步骤 03 打开“新区域”对话框，设置区域标题名称后单击“确定”按钮，如下图所示。

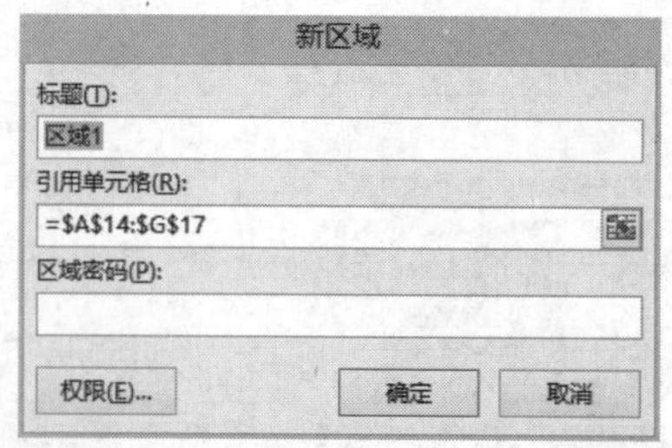

步骤 04 添加完成允许编辑的区域后，单击“审阅”选项卡中的“保护工作表”按钮，如下图所示。

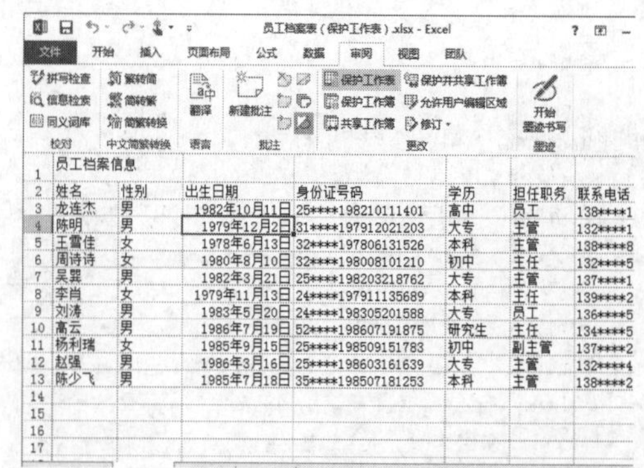

步骤 05 打开“保护工作表”对话框，❶设置取消工作表保护的密码；❷单击“确定”按钮，如下图所示。

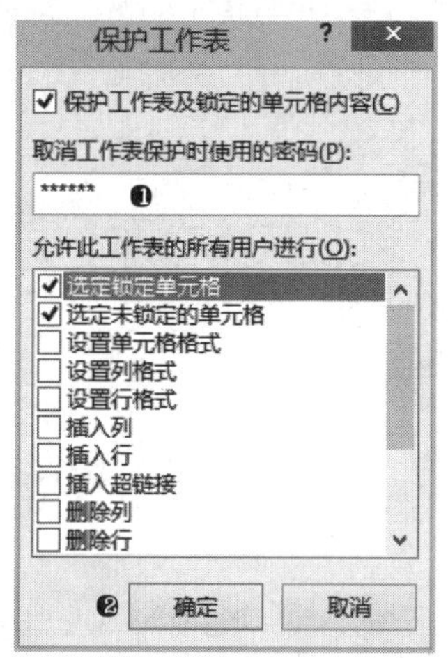

步骤 06 打开“确认密码”对话框，❶再次输入取消工作表保护的密码；❷单击“确定”按钮，完成工作表保护设置，如下图所示。

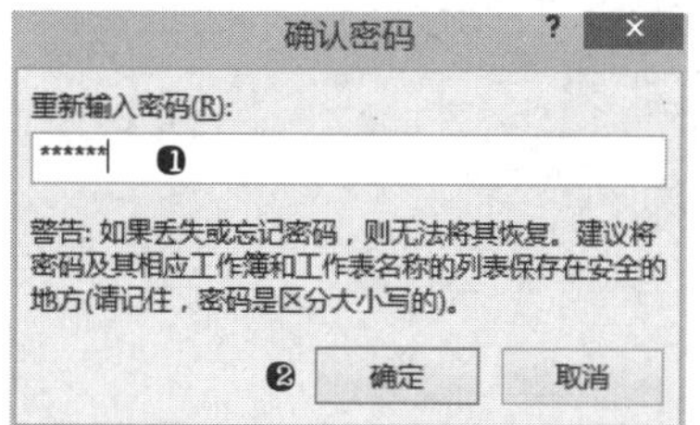

设置了工作表保护以后，工作表中只有设置为“允许用户编辑”的区域才可进行编辑和修改，其他单元格的内容无法进行修改。如果需要取消工作表保护，可以在“审阅”选项卡中单击“撤销工作表保护”按钮，然后输入在保护工作表时设置的取消密码即可。

实 战 训 练——制作员工通讯录

要利用 Excel 处理数据，首先需要创建 Excel 工作薄，在 Excel 中快速录入各种类型的数据。本例将创建员工通讯录，录入各种类型的数据，然后保存工作薄并导出文本格式的通讯录文件。

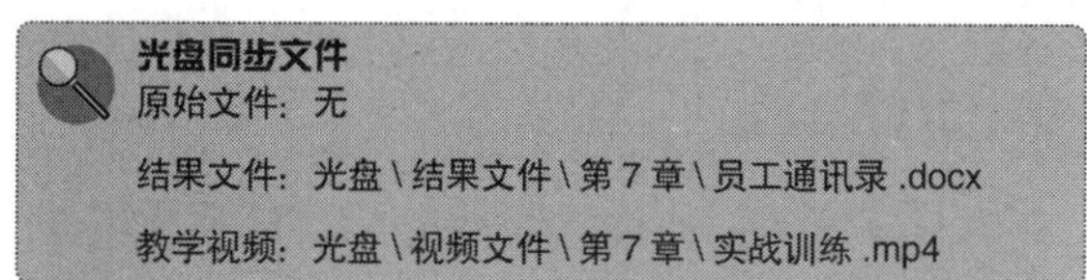

光盘同步文件

原始文件：无

结果文件：光盘 \ 结果文件 \ 第 7 章 \ 员工通讯录 .docx

教学视频：光盘 \ 视频文件 \ 第 7 章 \ 实战训练 .mp4

步骤 01 新建工作簿，在工作簿中的 Sheet1 工作表中录入内容。

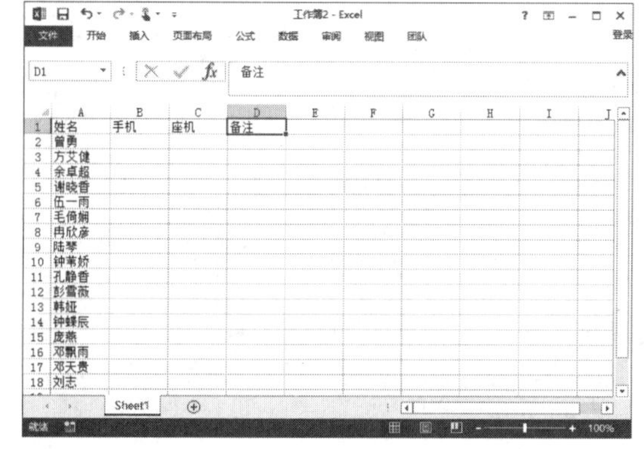

步骤 02 ❶选择“手机”列中的单元格区域；❷单击“数据”选项卡中的“数据验证”按钮，如下图所示。

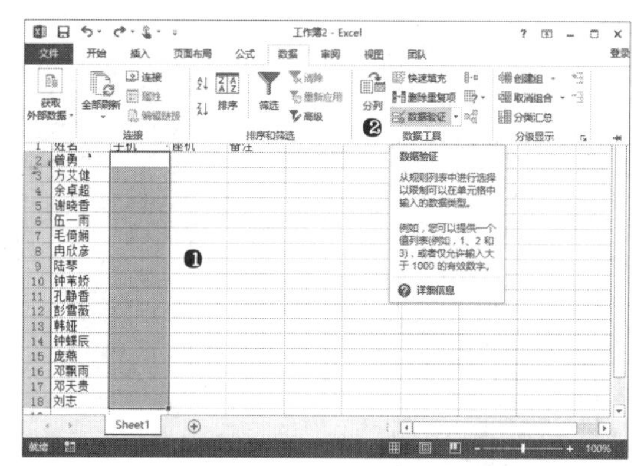

步骤 03 打开“数据验证”对话框，❶在“设置”选项卡的“允许”下拉列表框中选择“文本长度”选项；❷在“数据”下拉列表框中选择“等于”选项；❸在“长度”文本框中输入允许的字符长度“11”；❹单击“确定”按钮，如下图所示。

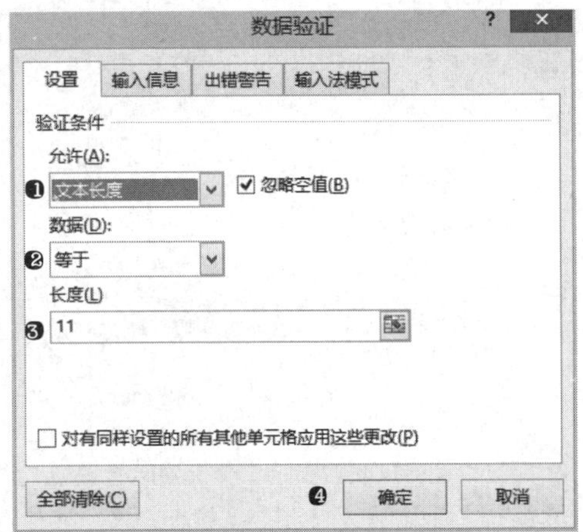

步骤 04 在“手机”列中各单元格内录入手机号码，在录入号码时，如果录入的号码位数不足或多于 11 位，Excel 会自动提示，如下图所示。

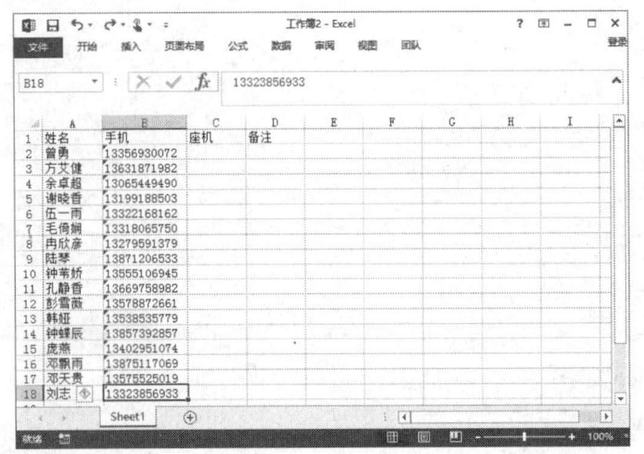

步骤 05 ❶ 选择允许编辑的单元格区域 C2:D18；❷ 单击“审阅”选项卡中的“允许用户编辑区域”按钮，如下图所示。

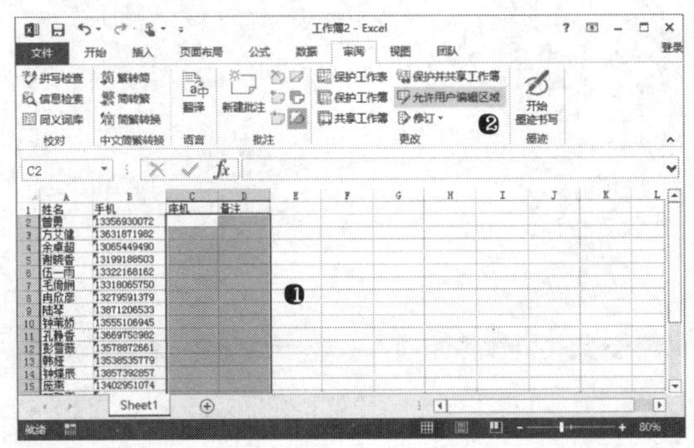

步骤 06 打开“允许用户编辑区域”对话框，单击“新建”按钮，如右上图所示。

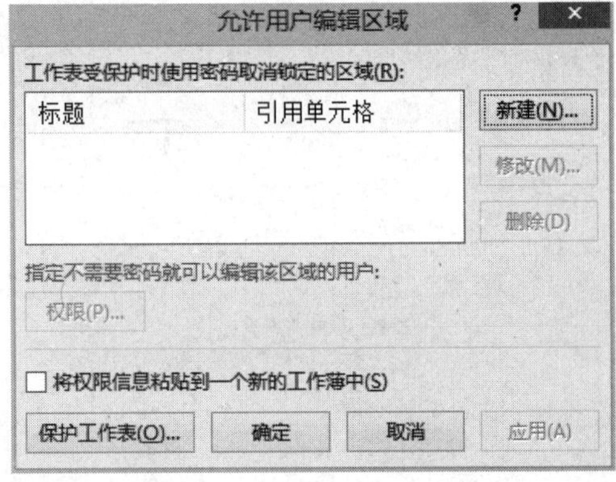

步骤 07 打开“新区域”对话框，设置区域标题名称后单击“确定”按钮，如下图所示。

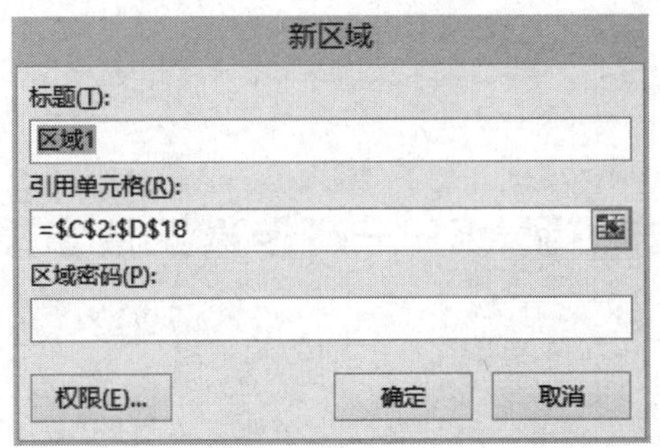

步骤 08 在“允许用户编辑区域”对话框中单击“保护工作表”按钮，如下图所示。

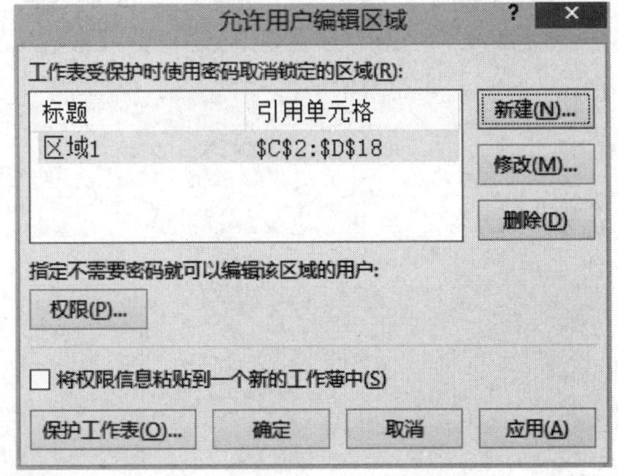

步骤 09 打开“保护工作表”对话框，❶ 设置取消工作表保护的密码；❷ 单击“确定”按钮，如下图所示。

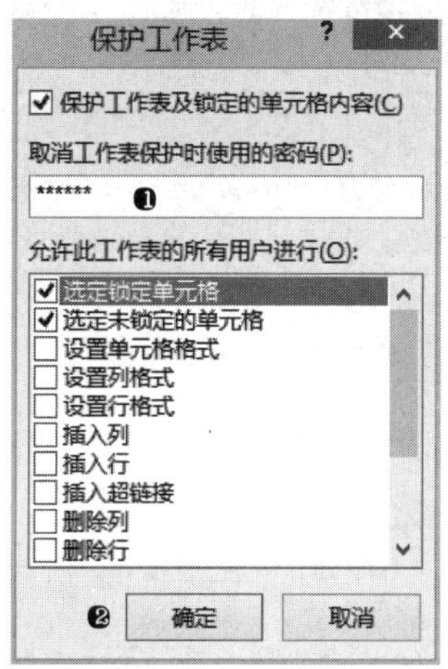

步骤 10 打开“确认密码”对话框，❶再次输入取消工作表保护的密码；❷单击“确定”按钮，完成工作表保护的设置，如下图所示。

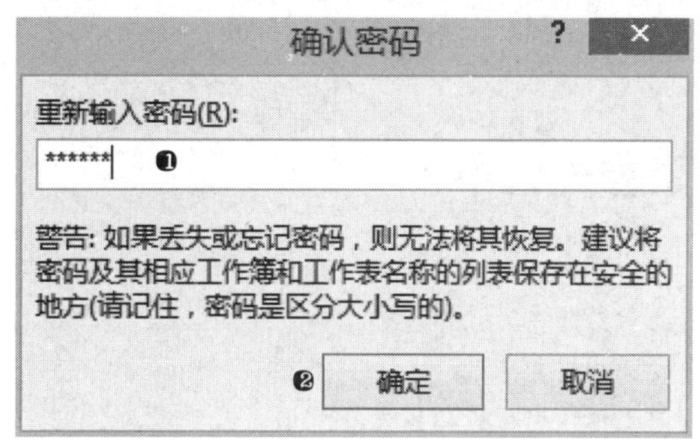

本章小结

本章讲述了 Excel 中工作簿、工作表、单元格的基本操作，以及单元格中各种数据内容的录入和编辑。本章还讲解了在 Excel 单元格中录入各种数据的方法，如文本、数值、百分比、日期、时间等，以及各种快速录入数据的方法和技巧，运用这些知识，可以轻松操作 Excel 中的内容。

本章导读

为了使Excel表格中的数据更清晰、美观，常常需要对表格中的格式进行设置和美化，例如，为单元格添加边框和底纹修饰，设置工作表背景，插入艺术字、图形和图像，快速为表格区域应用修饰效果，设置Excel打印页面的纸张大小、方向等。通过本章的学习，我们可以对Excel中的工作表及单元格进行美化和修饰。

第8章

Excel表格的格式编排

知识要点

◆单元格格式设置
◆行高和列宽调整
◆设置页面格式
◆为单元格应用边框和底纹修饰
◆美化工作表及工作表内容
◆打印表格内容

案例展示

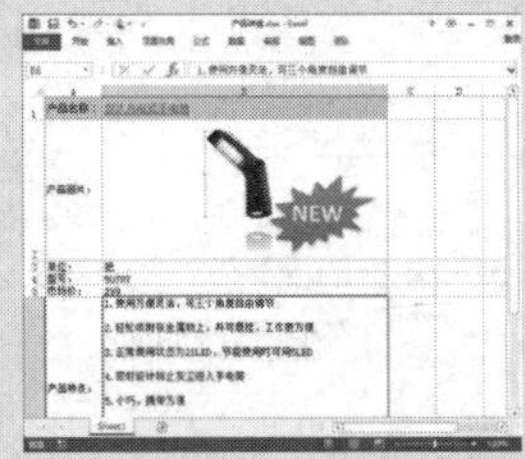

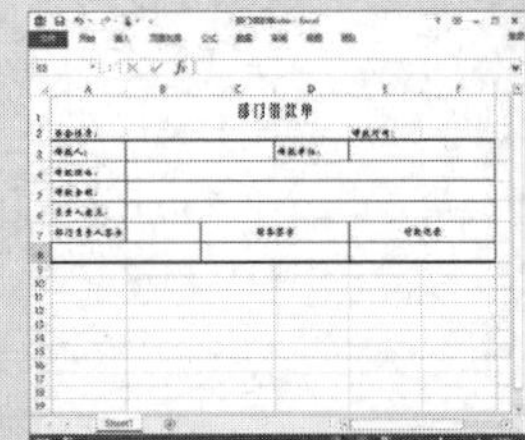

基础入门——必知必会

8.1 设置单元格外观

在Excel表格中，每一个单元格都可以单独设置格式，如单元格内的文字字体、字号、颜色、边框和底纹等，并且表格各行各列都可调整宽度或高度，从而使单元格内容更清晰、美观。

8.1.1 合并单元格

在美化Excel表格内容时，如果需要一段文字内容跨越多个单元格，可以将多个单元格合并。例如，在设置表格标题的格式时，需要将标题文字所在行的多个单元格合并，并让文字居中，方法如下：

光盘同步文件
原始文件：无
结果文件：无
教学视频：光盘\视频文件\第8章\8-1-1.mp4

步骤01 合并及居中。❶选择要合并的单元格区域；❷单击"开始"选项卡"对齐方式"组中的"合并后居中"按钮，如右上图所示。

步骤02 取消合并单元格。❶选择要取消合并的单元格；❷再次单击"开始"选项卡"对齐方式"组中的"合并后居中"按钮，如右下图所示。

步骤03 合并单元格。❶单击"开始"选项卡"对齐方式"组中的"合并后居中"按钮；❷选择"合并单元格"命令，如下页左上图所示。

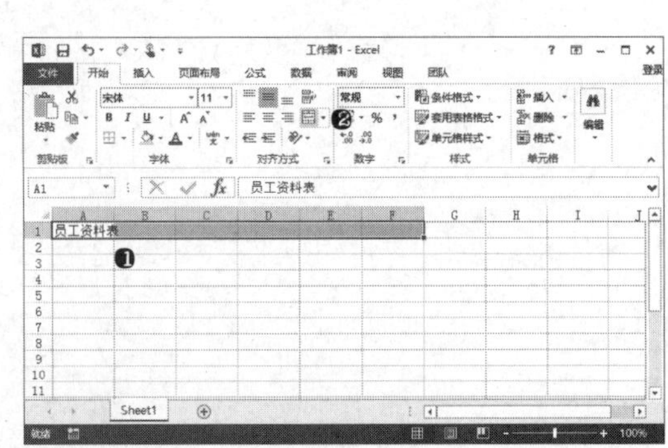

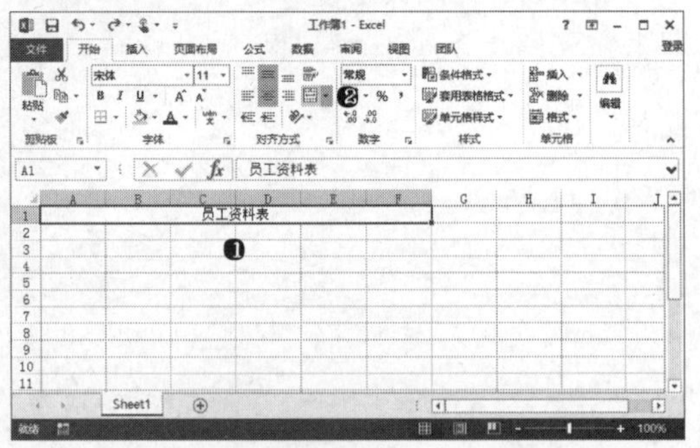

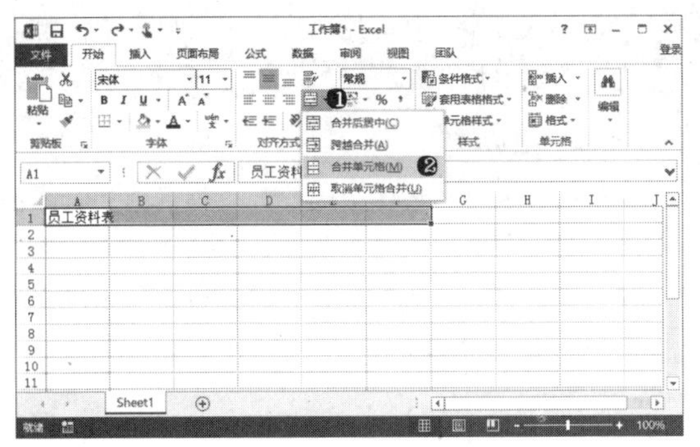

步骤 04 如果要分别将多行中的多个单元格进行合并，可以同时选择多行中的多个单元格，然后单击“合并单元格”按钮，在菜单中选择“跨越合并”命令。

8.1.2 设置单元格字体

在 Excel 中同样可以设置单元格内文字的字体、字号、文字颜色、加粗、倾斜和下划线等格式，具体方法如下：

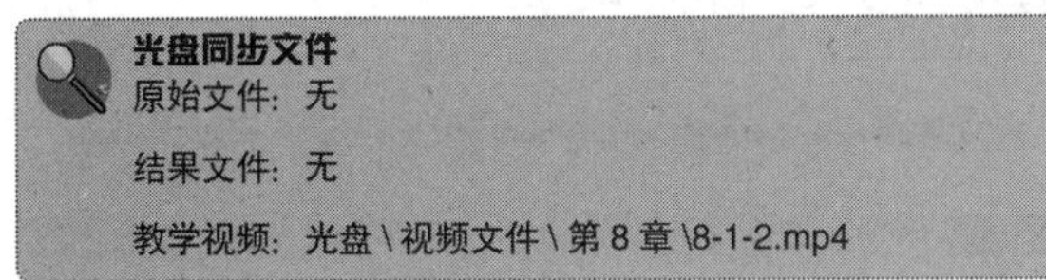

光盘同步文件
原始文件：无
结果文件：无
教学视频：光盘 \ 视频文件 \ 第 8 章 \8-1-2.mp4

步骤 01 设置字体。❶选择要设置字体的单元格或单元格区域；❷在“开始”选项卡“字体”组中的“字体”下拉列表中选择要应用的字体，如“华文隶书”，如下图所示。

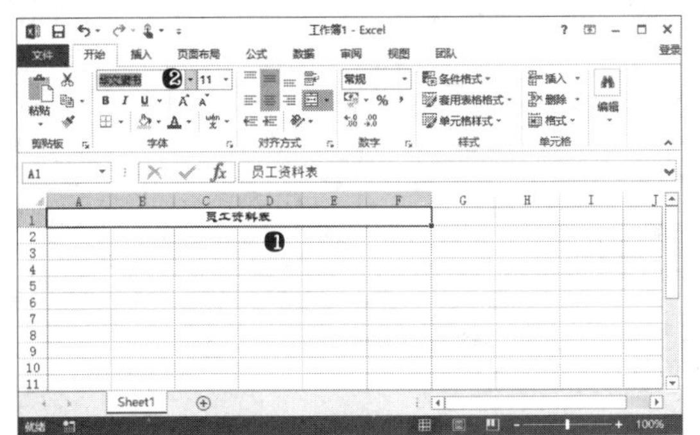

步骤 02 设置字号。在“开始”选项卡“字体”组中的“字号”菜单中选择要应用的字号大小，如“20”，如右上图所示。

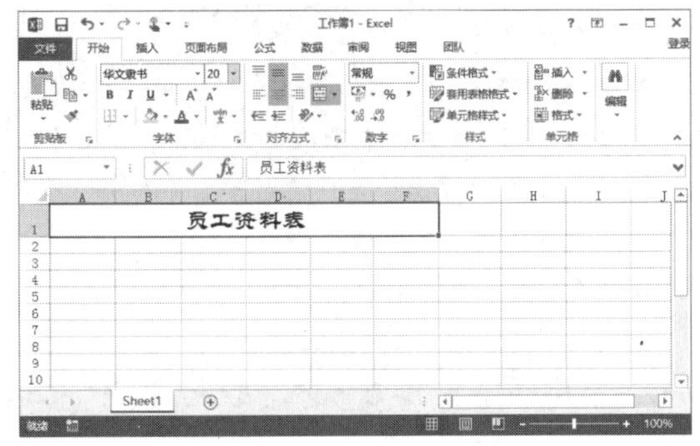

步骤 03 设置字体颜色。❶单击“开始”选项卡“字体”组中的“字体颜色”按钮；❷在下拉列表中选择要应用的字体颜色，如下图所示。

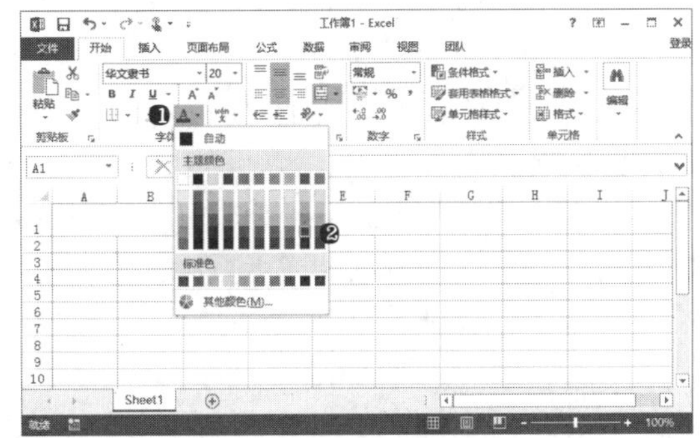

步骤 04 加粗、倾斜和下划线。分别单击“开始”选项卡“字体”组中的“加粗”、“倾斜”和“下划线”按钮，设置文字加粗并倾斜，以及添加下划线，如下图所示。

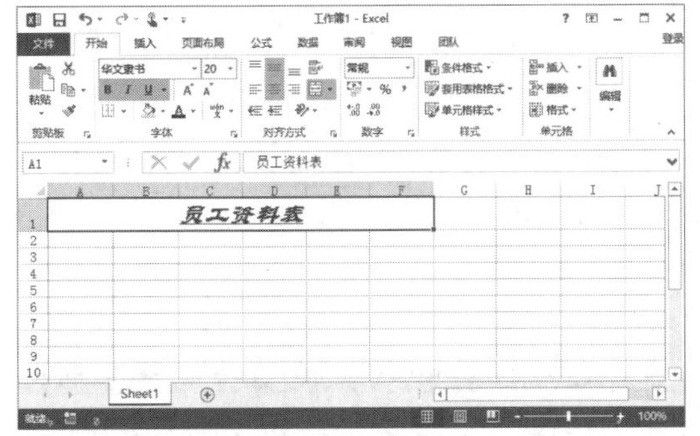

高手指引——设置字体特殊效果

除以上字体格式外，在 Excel 中，还可以设置字体下划线样式、为文字添加删除线及设置文字为上标或上标效果。具体方法为：单击“开始”选项卡“字体”组右下角的“字体设置”按钮，打开“字体”对话框，在“字体”对话框中选择相应的选项。

8.1.3　设置单元格对齐方式和方向

在 Excel 单元格中，不同数据类型会默认应用相应的对齐方式，例如，文本内容默认在单元格中靠左对齐，数值、日期等可进行数学进行的内容靠右对齐。有时为了数据展示的美化和清晰，需要自行设置单元格内容的对齐方式甚至文字方向，具体设置方法如下：

光盘同步文件
教学视频：光盘 \ 视频文件 \ 第 8 章 \8-1-3.mp4

1．设置对齐方式

要设置单元格的对话方式，可以在选择单元格或单元格区域后，单击“开始”选项卡“对齐方式”组中相应的对齐按钮。例如，要设置单元格内容水平居中对齐，可单击“居中”按钮☰，要设置单元格内容靠上对齐，可单击“顶端对齐”按钮☰。

2．设置文字方向

在单元格中，文字内容默认按从左至右的方向排列，如果需要更改文字排列方向，可以使用“开始”选项卡中的“文字方向”命令。例如要将单元格内的文字方向更改为竖排，方法如下：

步骤 ❶ 选择要更改文字方向的单元格；❷ 单击“开始”选项卡“对齐方式”组中的“文字方向”按钮；❸ 选择“竖排文字”命令，如下图所示。

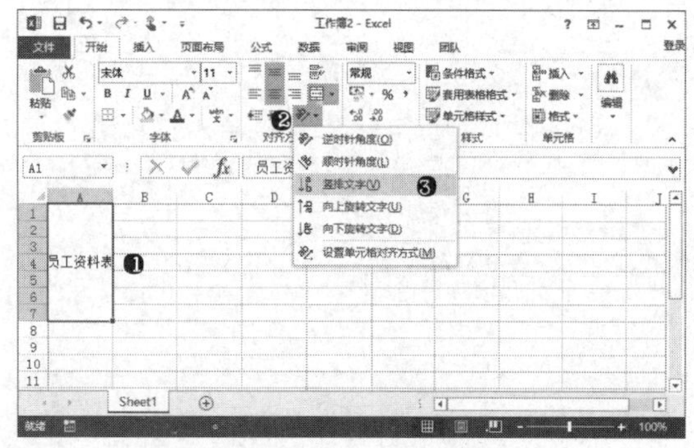

8.1.4　设置单元格边框和底纹

在修饰表格时，常常需要为表格单元格添加边框和底纹，利用线条和色彩来区别或强调表格区域或单元格内容，在 Excel 中设置单元格边框和底纹的方法如下：

光盘同步文件
教学视频：光盘 \ 视频文件 \ 第 8 章 \8-1-4.mp4

1．设置单元格边框

要为单元格或单元格区域添加边框线，可以单击“开始”选项卡中的“边框线”按钮，在菜单中选择要应用的边框效果。如果要自行设置所选区域内四周各线条的边框线线型、粗细和颜色，可以使用以下方法：

步骤 01 ❶ 选择要设置边框的单元格区域；❷ 单击“开始”选项卡“字体”组中的“字体设置”按钮，如下图所示。

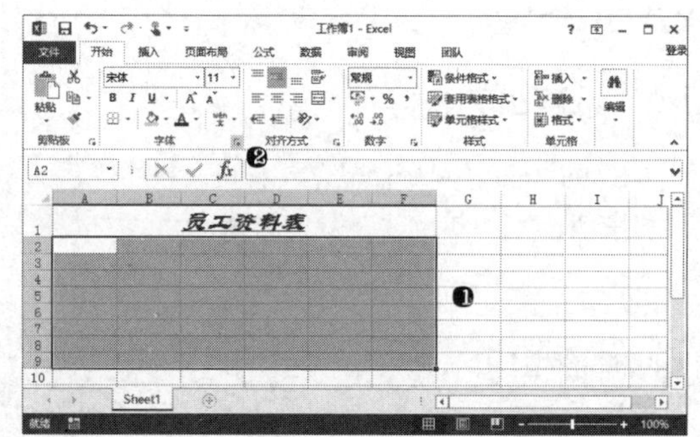

步骤 02 打开“设置单元格格式”对话框，❶ 选择“边框”选项卡；❷ 选择线型；❸ 选择线条颜色；❹ 单击“外边框”按钮，如下图所示。

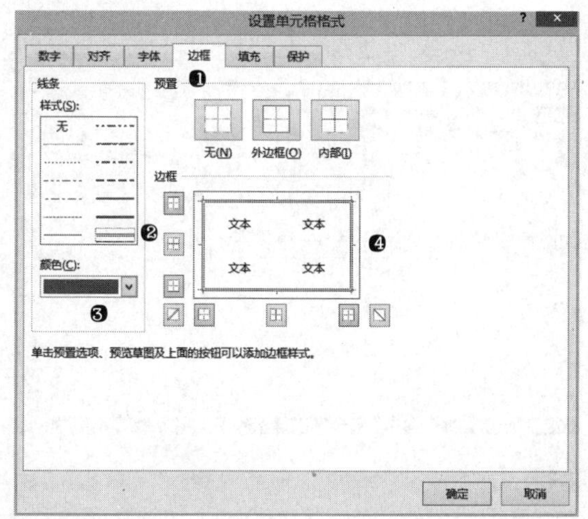

步骤 03 ❶ 选择“边框”选项卡；❷ 选择线型；❸ 选择线条颜色；❹ 单击“内部”按钮，如下图所示。

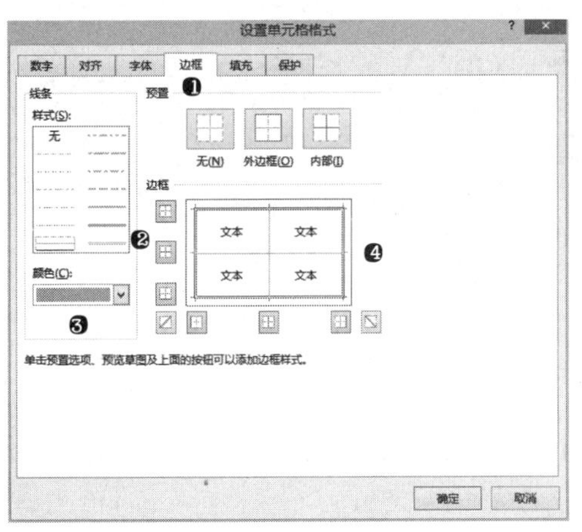

步骤 04 单击"确定"按钮应用边框设置，所选单元格区域添加边框后的效果如下图所示。

2．设置单元格底纹

单元格底纹即单元格的背景颜色，要设置单元格的底纹颜色，可以使用以下方法：

步骤 ❶ 选择要设置底纹颜色的单元格区域；❷ 单击"开始"选项卡"字体"组中的"填充颜色"按钮；❸ 在菜单中选择要应用的单元格底纹颜色，如右图所示。

高手指引——设置单元格底纹图案

单击"开始"选项卡"字体"组中的"字体设置"按钮，打开"设置单元格格式"对话框，然后选择"填充"选项卡，在该选项卡中不仅可以设置单元格的填充颜色，还可以设置单元格中的底纹图案样式及图案颜色。

8.1.5 设置行高和列宽

为了美化 Excel 表格，使表格内容更清晰，可以设置表格中各行的高度和各列的宽度。要调整表中某行的高度，可以拖动行号下方的分隔线，调整行高；若要调整某列的宽度，可以拖动该列列号右侧的分隔线，调整列宽；若要同时调整多行的高度，可以先选择这些行，然后调整其中任意一行的高度；同理，要同时调整多列的宽度，可以选择这些列后，调整其中一列的宽度。此外，还可以通过以下方法，精确设置行高和列宽：

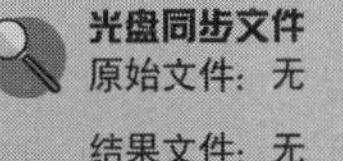

光盘同步文件

原始文件：无

结果文件：无

教学视频：光盘\视频文件\第 8 章\8-1-5.mp4

1．精确设置行高

如果要设置行高为精确的数值，可以使用以下方法：

步骤 01 ❶ 选择要精确设置行高的行；❷ 单击"开始"选项卡"单元格"组中的"格式"按钮；❸ 选择"行高"命令，如下图所示。

步骤 02 打开"行高"对话框，❶ 在"行高"文本框中输入各行的高度值；❷ 单击"确定"按钮，如下图所示。

2．精确设置列宽

与精确设置行高类似，Excel 中可以设置表格列的宽度为确定的宽度值，方法如下：

步骤 01 ❶选择要精确设置宽度的表格列；❷单击“开始”选项卡“单元格”组中的“格式”按钮；❸选择“列宽”命令，如下图所示。

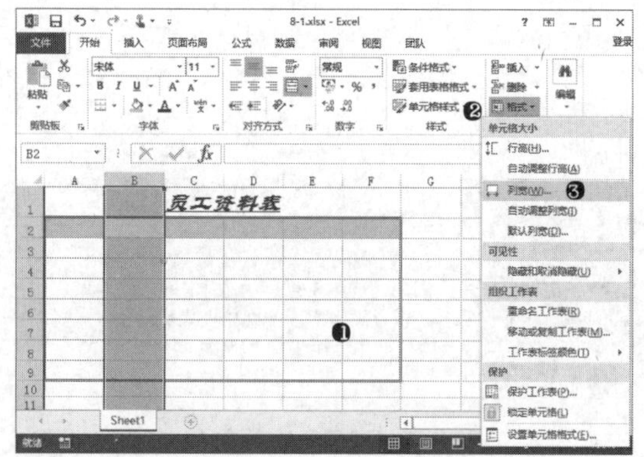

步骤 02 打开“列宽”对话框，❶在“列宽”文本框中输入各列的宽度值；❷单击“确定”按钮，如下图所示。

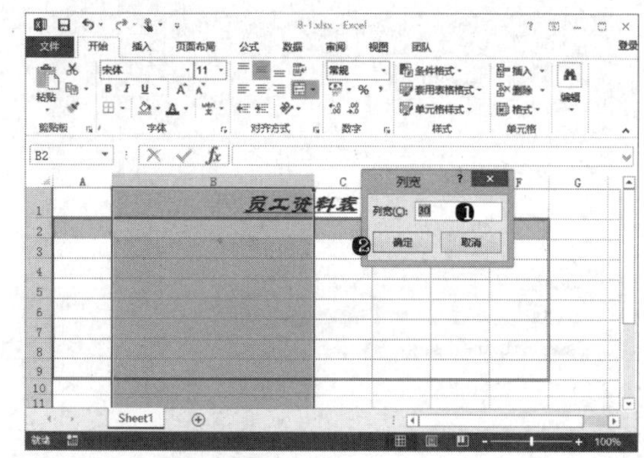

3．自动调整行高和列宽

如果要清除手动设置的表格行高和列宽值，可以使用“格式”菜单中的“自动调整行高”和“自动调整列宽”命令，使行和列自动适应单元格内容。

“自动调整行高”命令可以使所选行的高度自动适应相应行中内容的高度，使该行中每一单元格的高度均可完整显示其中的内容；“自动调整列宽”命令可以使所选列的宽度自动适应相应列中内容的宽度，使该列中每一单元格的宽度均可完整显示其中的内容。

除使用命令外，还可以双击行号下方的分隔线，使该行高度自适应；双击列号右侧的分隔线，使该列宽度自适应。

8.2 美化工作表的外观

为了使工作表内容更美观，常常需要对工作表及工作表内容进行修饰，例如设置工作表标签颜色、工作表背景等。此外，还可以在工作表中应用形状、图像、艺术字、文本框等元素来美化工作表。

8.2.1 设置工作表标签颜色及背景

在一个工作簿中可以有多张工作表，为了强调其中的一些工作表，可以为工作表标签设置不同的标签颜色；在工作表中，为美化工作表，还可以为工作表添加不同的背景。

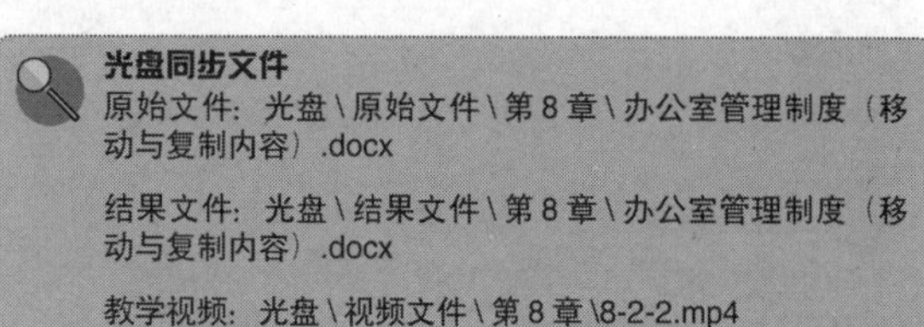

光盘同步文件

原始文件：光盘\原始文件\第 8 章\办公室管理制度（移动与复制内容）.docx

结果文件：光盘\结果文件\第 8 章\办公室管理制度（移动与复制内容）.docx

教学视频：光盘\视频文件\第 8 章\8-2-2.mp4

1．设置工作表标签颜色

要更改工作表标签颜色，可以使用以下方法：

步骤 01 ❶在修改颜色的工作表标签上右击；❷选择快捷菜单中的“工作表标签颜色”命令；❸选择要应用的标签颜色，如下图所示。

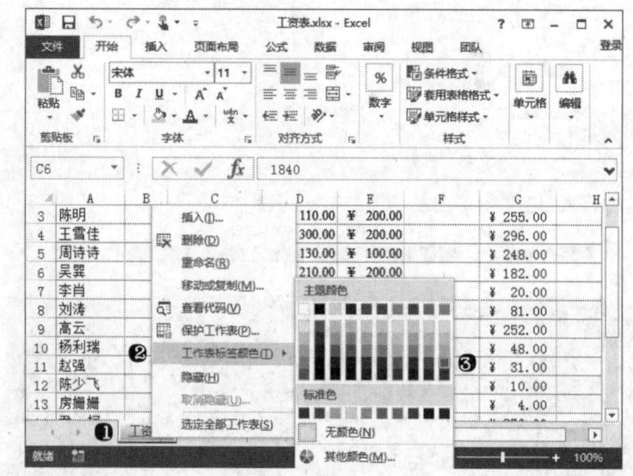

2．设置工作表背景

工作表背景是工作表内容区域中的背景图像，设置工作表背景的方法如下：

步骤 01 选择要设置背景颜色或图像的工作表，单击“页面布局”选项卡“页面设置”组中的“背景”按钮，如下图所示。

步骤 02 打开“插入图片”窗口，选择“来自文件”选项，如下图所示。

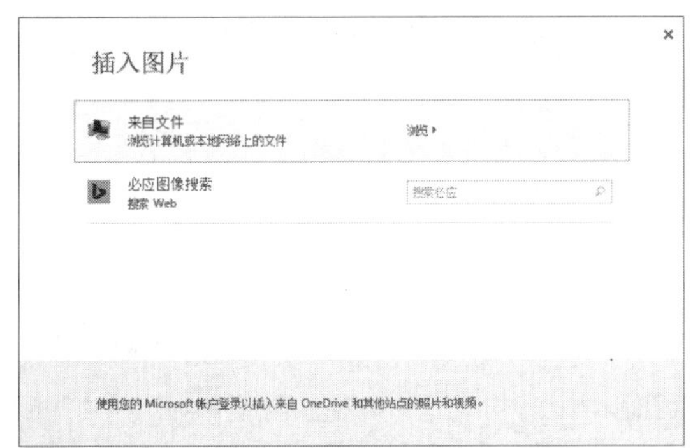

步骤 03 ❶ 在打开的“工作表背景”对话框中选择要作为背景的图像文件；❷ 单击“插入”按钮，如下图所示。

步骤 04 在工作表中插入背景图像后的效果如下图所示。

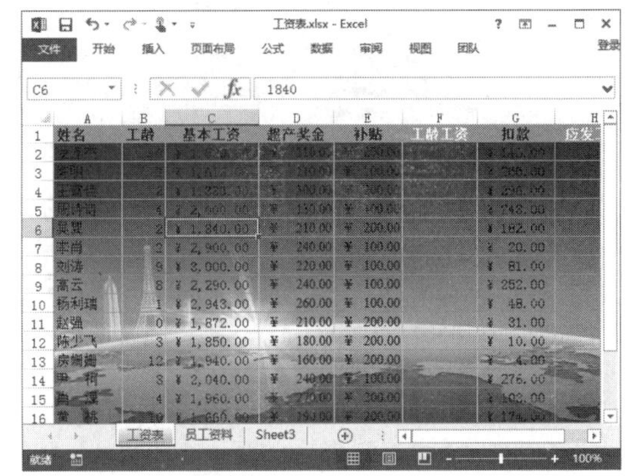

8.2.2 插入图形图像和艺术字

在 Excel 中还可以像在 Word 中一样应用图片、形状、艺术字和文本框元素来丰富和修饰表格内容，应用图片和形状的方法也与 Word 中相似。

光盘同步文件

原始文件：光盘 \ 原始文件 \ 第 8 章 \ 产品详情 .xlsx

结果文件：光盘 \ 结果文件 \ 第 8 章 \ 产品详情 .xlsx

教学视频：光盘 \ 视频文件 \ 第 8 章 \8-2-2.mp4

1．插入图片

要在 Excel 工作表中插入图片，方法如下：

步骤 01 ❶ 选择要插入图片的单元格；❷ 单击“插入”选项卡中的“图片”按钮，如下图所示。

步骤 02 ❶ 在打开的“插入图片”对话框中选择要插入的图片文件；❷ 单击“插入”按钮，如下图所示。

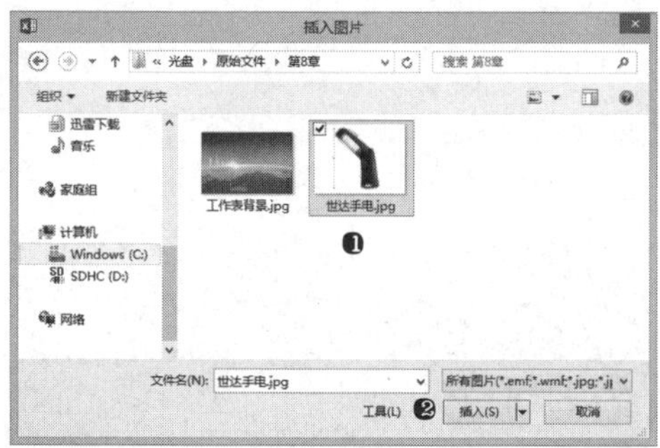

2．调整图片

插入图片后，常常需要调整表格中图片的位置、大小等，具体调整方法与Word中调整图片的方法相同，例如要调整图片大小、位置，并为图片添加样式，方法如下：

步骤 01 ❶ 选择要调整大小的图片元素；❷ 在“格式”选项卡的“大小”组中，在“高度”数值框中输入图片高度“4厘米”，如下图所示。

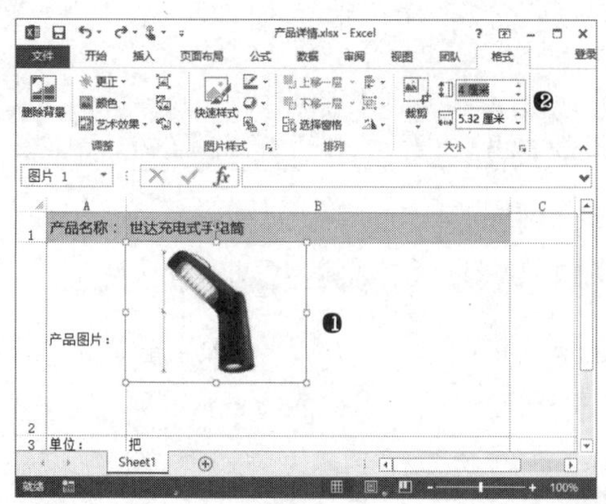

步骤 02 拖动图片元素到如下图所示的位置。

步骤 03 ❶ 单击“格式”选项卡中的“快速样式”按钮；❷ 选择要应用的图片样式，如右上图所示。

3．绘制与调整形状

在Excel中绘制和调整形状的方法与在Word中相同，例如要绘制一个形状并修改形状的样式，方法如下：

步骤 01 ❶ 单击“插入”选项卡“插图”组中的“形状”按钮；❷ 选择要应用的形状，如下图所示。

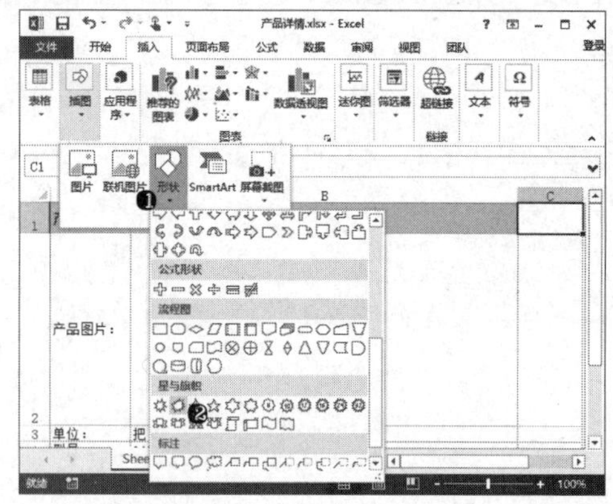

步骤 02 ❶ 在工作表中拖动绘制出图形；❷ 在“格式”选项卡“形状样式”列表框中选择要应用的形状样式，如下图所示。

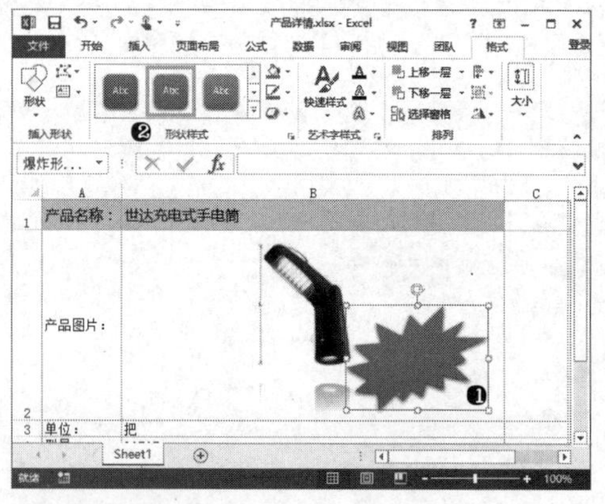

4．插入艺术字和文本框

要在工作表中任意位置放置文字内容，可以应用文本框或艺术字对象。此外，要应用特殊的文字效果，也需要应用艺术字对象。在 Excel 中应用艺术字的方法如下：

步骤 01 ❶单击“插入”选项卡“文本”组中的“艺术字”按钮；❷选择要应用的艺术字样式，如下图所示。

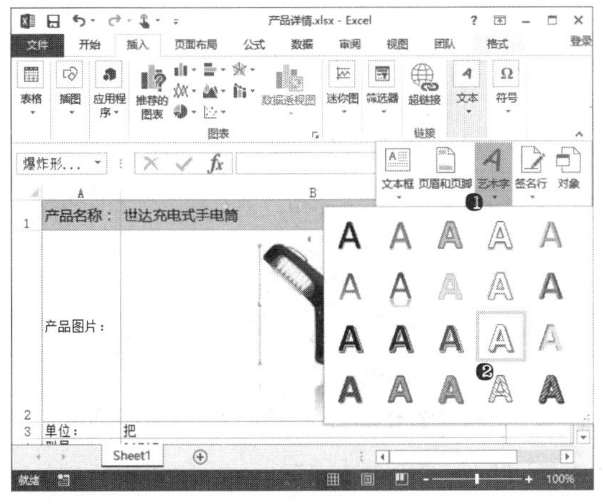

步骤 02 在工作表中出现的艺术字文本框中输入文字内容，调整字体大小，拖动艺术字边框移动艺术字位置，效果如下图所示。

8.3 对表格使用样式

在一个 Excel 2013 的工作表中，一个单元格区域即可看作一个表格，不同的单元格区域可以添加不同的表格数据，为了区别同一工作表中不同的表格数据，可以将一个包含数据的单元格区域转换为独立的表元素。应用表格样式，不仅可以将一个单元格转换为表元素，还可以为表元素区域添加上各种修饰效果。

8.3.1 自动套用表格格式

套用表格格式后，当前所选单元格区域将转换为表元素，并应用相应的修饰效果，从而达到快速美化表格的作用，具体方法如下：

光盘同步文件
原始文件：光盘 \ 原始文件 \ 第 8 章 \ 员工档案表 .xlsx
结果文件：光盘 \ 结果文件 \ 第 8 章 \ 员工档案表 .xlsx
教学视频：光盘 \ 视频文件 \ 第 8 章 \8-3-1.mp4

步骤 01 ❶选择套用表格格式的单元格区域；❷单击“开始”选项卡中的“套用表格格式”按钮；❸选择要应用的表格样式，如右图所示。

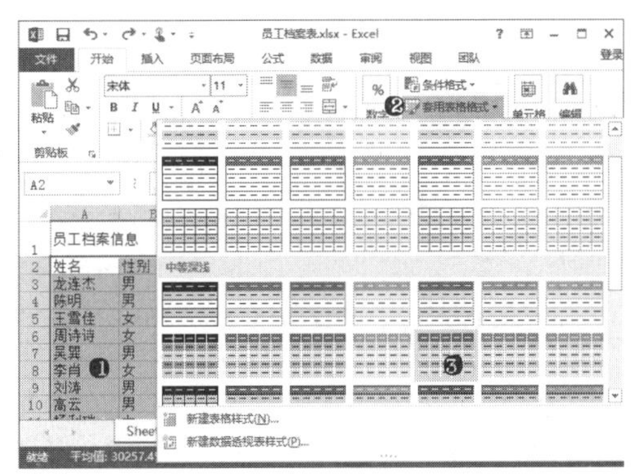

步骤 02 经过上一步操作后，在打开的对话框中单击“确定”按钮，即可完成表格样式应用。

8.3.2 设置表格样式选项

在表格样式中还包含了表格中多个特殊部分的样式，将光标定位于应用了表格样式的单元格区域，在“设计”选项卡“表格样式”组中选择要应用特殊样式的元素即可，下面分别介绍各选项的作用。

（1）标题行。

选择该选项后，表格区域第 1 行将作为表格标题行，并为该行应用当前表格样式中所预设的特殊样式。

（2）汇总行。

选择该选项后，在表区域最后增加一行用于数据汇总，并为该行应用当前表格样式中所预设的汇总行样式。

（3）镶边行。

选择该选项后，在表格数据区域中，隔行应用不同的颜色进行区分，使每行数据更加清晰。

（4）第一列。

选择该选项后，表格区域第 1 列将应用当前表格样式中所预设的第 1 列特殊样式，通常用于强调表格各行中的第 1 列数据。

（5）最后一列。

选择该选项后，表格区域最后一列将应用当前表格样式中所预设的最后一列特殊样式，表格最后一列用于统计或计算各行数据时，可应用“最后一列”来强调或区别该列数据。

（6）镶边列。

选择该选项后，在表格数据区域，每隔一列应用不同的颜色进行区分，使每列数据更加清晰。

（7）筛选按钮。

选择该选项后，表格区域将开启“自动筛选”功能，在表格标题行各列标题单元格内将出现筛选按钮，可通过这些筛选按钮对表格数据进行筛选。

8.3.3 将表格转换为区域

一个单元格区域套用表格样式后，该区域将转换为一个整体，成为一个表元素。在需要以表格数据进行分类汇总或分级显示等时，则需要将表元素转换为普通的单元格区域，具体方法如下：

> **光盘同步文件**
> 原始文件：光盘 \ 原始文件 \ 第 8 章 \ 员工档案表（表格转区域）.xlsx
> 结果文件：光盘 \ 结果文件 \ 第 8 章 \ 员工档案表（表格转区域）.xlsx
> 教学视频：光盘 \ 视频文件 \ 第 8 章 \8-3-3.mp4

单击“设计”选项卡中的“转换为区域”按钮，如下图所示。

将表格转换为区域后，单元格填充、边框、单元格格式等外观效果均不会发生变化，但该区域将不可应用“设计”选项卡中的各种功能，筛选按钮也会自动被清除。

8.3.4 应用单元格样式

为了快速为表格区域应用样式，除了针对单元格区域应用表格样式外，还可以针对单元格应用单元格样式，快速为表格中部分单元格应用不同的样式，具体方法如下：

> 
> **光盘同步文件**
> 原始文件：光盘 \ 原始文件 \ 第 8 章 \ 员工档案表 .xlsx
> 结果文件：光盘 \ 结果文件 \ 第 8 章 \ 员工档案表（单元格样式）.xlsx
> 教学视频：光盘 \ 视频文件 \ 第 8 章 \8-3-4.mp4

步骤 01 ❶选择要应用单元格样式的单元格“A1”；❷单击“开始”选项卡“样式”组中的“单元格样式”按钮，如下图所示。

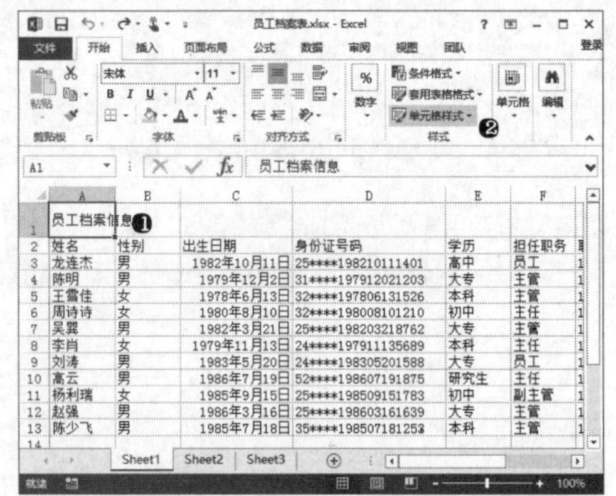

步骤 02 选择要应用的单元格样式“标题”，如下图所示。

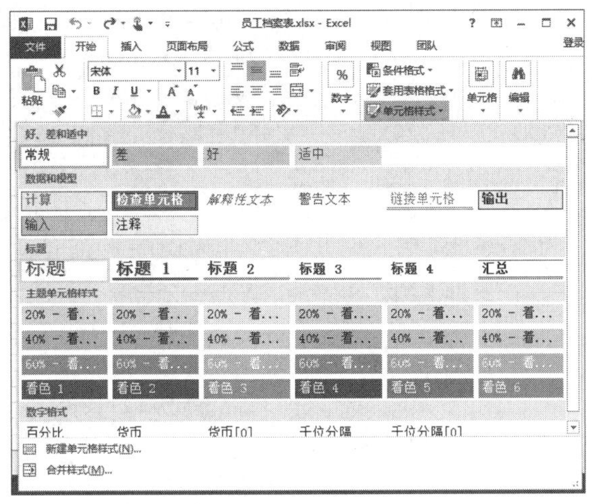

8.4 页面格式设置与打印

在 Excel 中创建好表格及数据后，常常还需要将数据打印出来，在打印前需要先设置表格页面的格式，如纸张大小、方向、页边距、页眉和页脚等。

8.4.1 页面设置

要设置页面大小、方向及页边距等，需要通过“页面布局”选项卡进行设置，下面介绍具体方法。

光盘同步文件

原始文件：光盘\原始文件\第 8 章\销售情况统计表 .xlsx

结果文件：光盘\结果文件\第 8 章\销售情况统计表 .xlsx

教学视频：光盘\视频文件\第 8 章\8-4-1.mp4

1．设置纸张大小与方向

要设置 Excel 打印的纸张大小和方向，方法如下：

（1）设置纸张大小。

步骤❶单击“页面布局”选项卡中的“纸张大小”按钮；❷选择要应用的纸张大小，如“B5”，如下图所示。

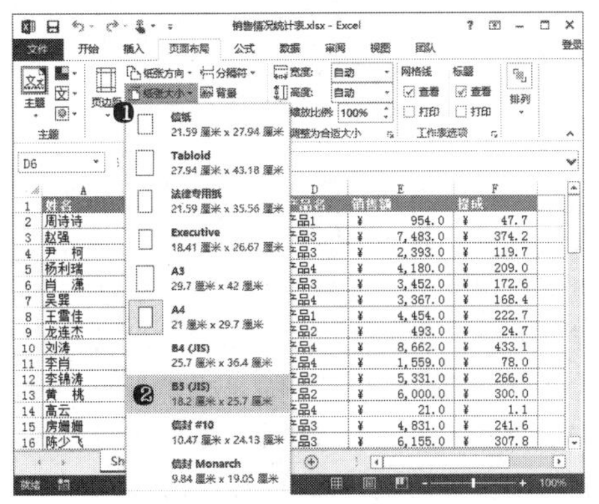

（2）设置纸张方向。

步骤❶单击“页面布局”选项卡中的“纸张方向”按钮；❷在菜单中选择要应用的纸张方向，如“横向”，如下图所示。

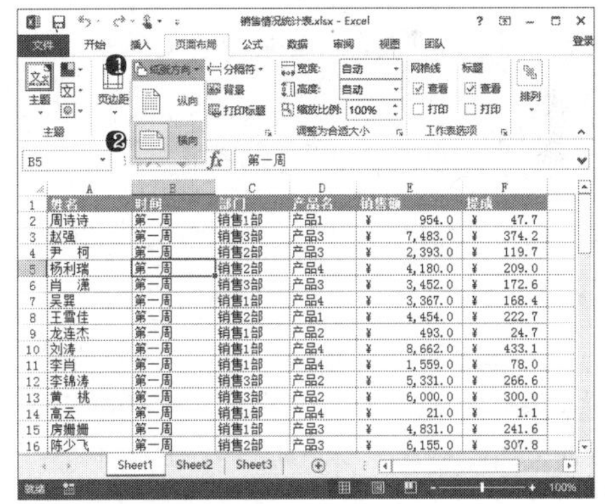

2．设置打印区域和缩放比例

在打印工作表内容时，有时只需要打印表格中的部分内容，此时可以设置工作表打印区域，为了使打印内容大小适合页面，还可以设置打印缩放比例，具体方法如下：

（1）设置打印区域。

步骤❶选择要打印的单元格区域；❷单击“页面布局”选项卡中的“打印区域”按钮；❸选择“设置打印区域”命令，如下图所示。

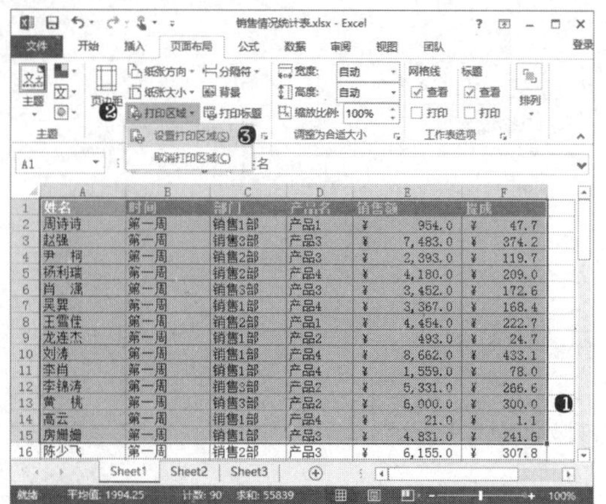

（2）设置打印缩放比例。

步骤 在“页面布局”选项卡中的“缩放比例”数值框中设置打印内容缩放的比例大小，如下图所示。

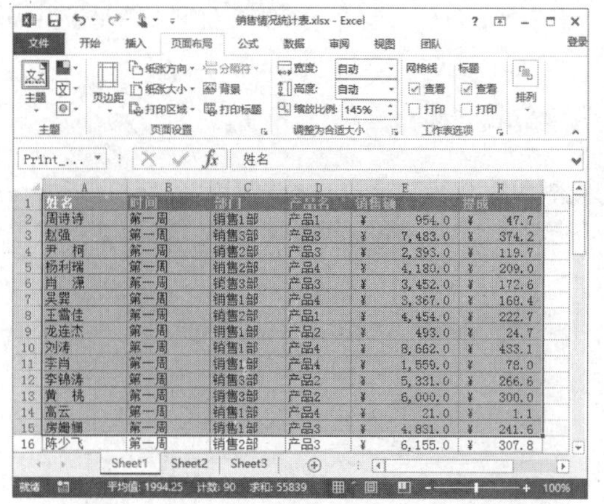

3．设置页边距

为了设置打印内容与页面边缘之间的距离，可以设置页边距，方法如下：

步骤 ❶ 单击“页面布局”选项卡中的“页边距”按钮；❷ 选择预设的页边距方案，如下图所示。

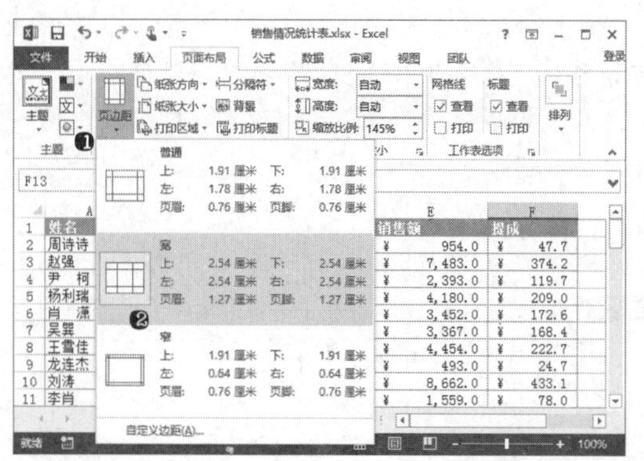

如果预设的页边距选项不能满足需要，可以单击“页面布局”选项卡中的“页边距”按钮，选择“自定义边距”命令，然后在打开的对话框中设置页面四周具体的页边距值。

8.4.2 设置页眉与页脚

在打印 Excel 表格时，同样可以在第一页顶部和底部打印页眉和页脚内容，具体方法如下：

步骤 01 单击“页面布局”选项卡“页面设置”组中的“页面设置”按钮，如下图所示。

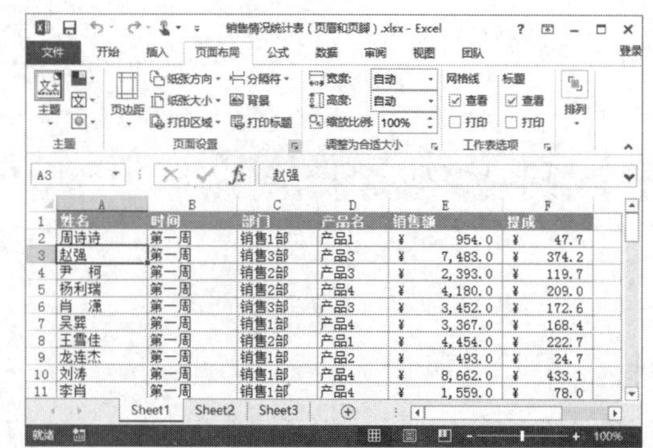

步骤 02 在“页面设置”对话框中选择“页眉/页脚”选项卡，设置好页眉和页脚内容后单击“确定”按钮即可，如下图所示。

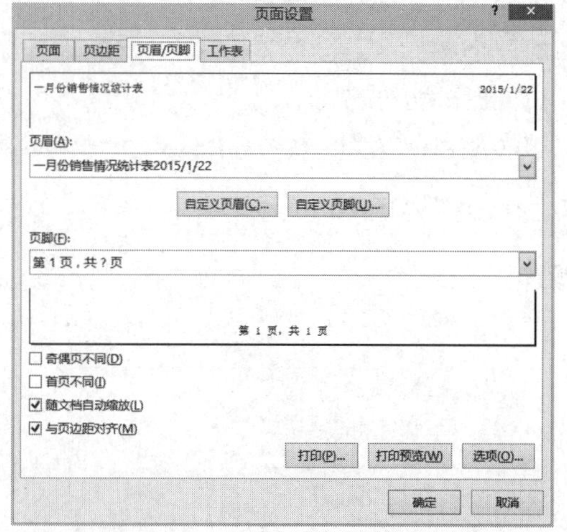

在“页眉/页脚”选项卡中，在“页眉”下拉列表中如果没有需要应用的页眉内容，可以单击“自定义页眉”按钮，在打开的对话框中设置页眉区域左侧、中间和右侧的内容，即可创建新的页眉内容；如果要创建新的页脚内容，可以单击“自定义页脚”按钮，在打开的对话框中设置页脚区左、中、右的内容。

8.4.3 预览和打印工作表

在设置好工作表格页面格式后，在打印文档之前，可以直接预览打印的效果，并可再次对一些页面格式进行调整，确认无误后，设置打印相关参数，单击“打印”按钮即可，完整操作过程如下：

步骤单击“开始”选项卡，❶选择“打印”命令，在窗口右侧区域中即可看到工作表打印于纸张上的效果；❷在“份数”数值框中设置要打印的数量；❸单击“打印”按钮即可，如右图所示。

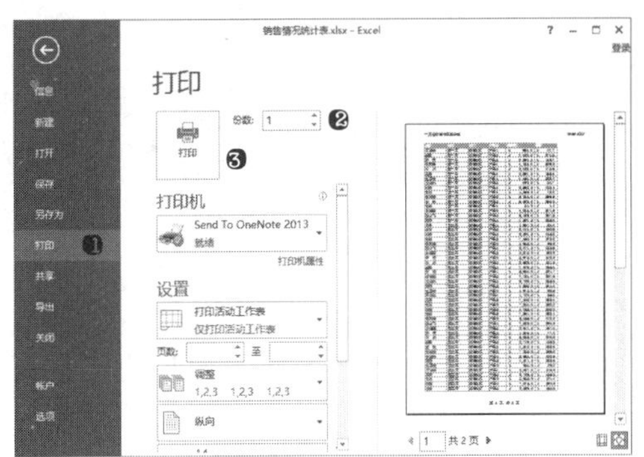

如果在打印前需要个性页面设置，可以在“打印”页面“设置”组中进行修改，并可自行设置打印的页码范围；如果计算机连接了多台打印机，还可以选择“打印机”下拉列表中的选项，选择要应用的打印输出设备。

实用技巧——技能提高

通过前面知识的学习，相信初学者已经可以在 Excel 中创建清晰、美观的数据表格了，并且可以将工作表中的内容打印到纸张上。在美化表格、设置页面的过程中，还可以应用一些技巧。

光盘同步文件

原始文件：光盘\原始文件\第 8 章\实用技巧\

结果文件：光盘\结果文件\第 8 章\实用技巧\

教学视频：光盘\视频文件\第 8 章\实用技巧 .mp4

技巧 8.1

填充单元格格式

在 Excel 中如果需要按一定规律重复应用单元格中的格式，可以使用填充的方式来快速复制单元格格式，具体方法如下：

步骤 01 打开“光盘\原始文件\第 8 章\实用技巧\填充格式 .xlsx”文件，选择表格中要复制格式的单元格区域，如下图所示。

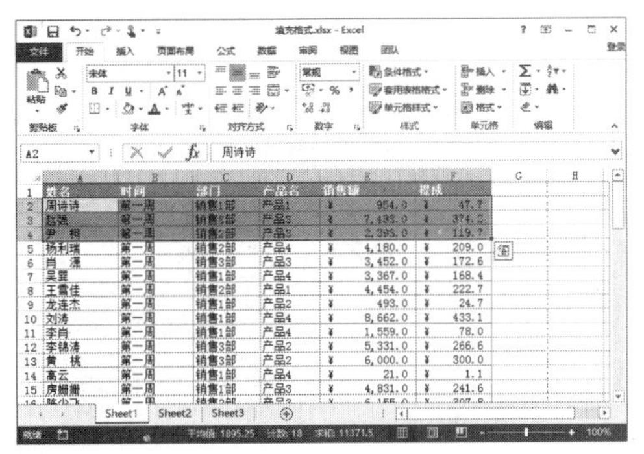

步骤 02 向下拖动所选单元格区域右下角的填充柄，将选择的 3 行数据填充至所有数据行，❶单击填充完成后出现的“填充选项”按钮；❷选择“仅填充格式”命令，如下图所示。

技巧 8.2

新建单元格样式

如果需要在 Excel 中多次应用相同的单元格格式，可以将单元格格式创建为一个新样式，在需要应用该样式时可快速单击“单元格格式”按钮进行选择，新建单元格样式的方法如下：

步骤 01❶单击“开始”选项卡中的“单元格样式”按钮；❷选择“新建单元格样式”命令，如下图所示。

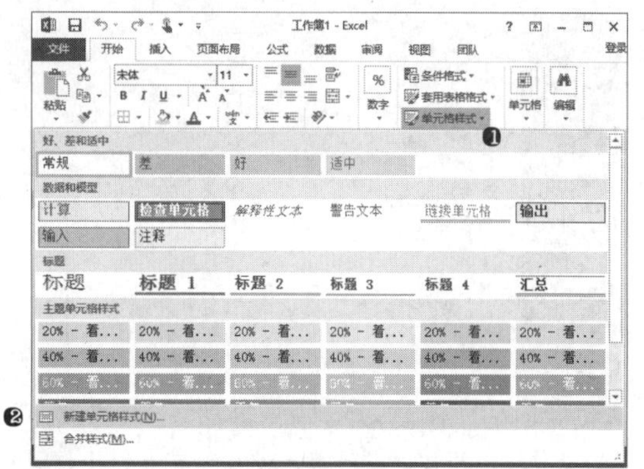

步骤 02 打开“排序”对话框，❶在“主要关键字”栏右侧选中“降序”单选按钮；❷单击“确定”按钮。

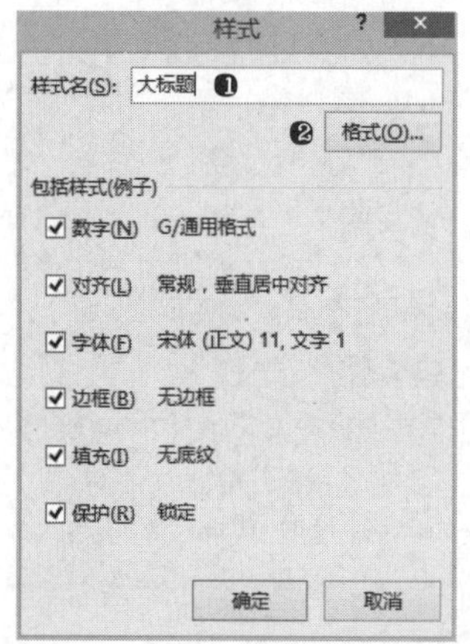

步骤 03 在打开的“设置单元格格式”对话框中设置各种单元格格式，包括数字格式、对齐方式、字体、边框等，然后单击“确定”按钮，如下图所示。

步骤 04 最后单击“样式”对话框中的“确定”按钮即可完成新单元格样式的创建。

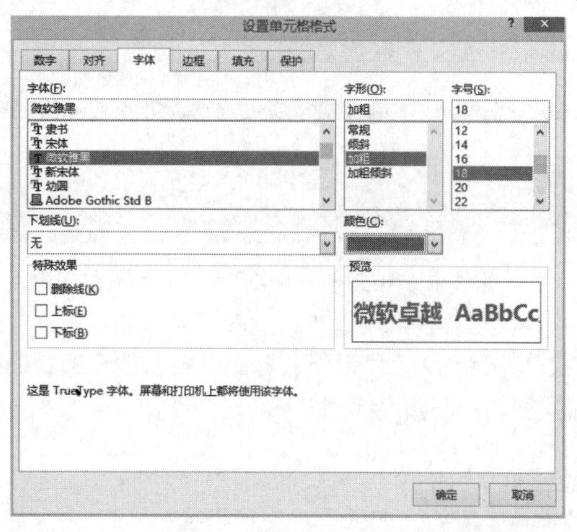

技巧 8.3 处理超链接单元格

在 Excel 中常常还需要应用超链接，当用户单击带有超链接的单元格文字或图片时，可打开链接指向的网络地址或本地文件。在 Excel 中应用超链接的方法与在 Word 中相似，为了快速更改工作薄中所有超链接的样式，可以修改超链接单元格样式，具体方法如下：

步骤 01 打开素材文件“光盘\原始文件\第 8 章\实用技巧\产品详情 .xlsx”，❶选择要应用超链接的单元格；❷单击“插入”选项卡中的“超链接”按钮，如下图所示。

步骤 02 打开“插入超链接”对话框，❶在“地址”组合框中输入链接打开的地址；❷单击“确定”按钮，如下图所示。

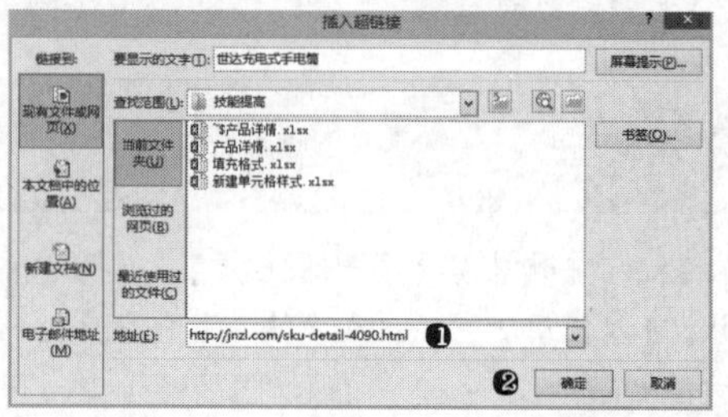

步骤 03 ❶单击“开始”选项卡中的“单元格样式”按钮；❷在“超链接”样式上右击；❸在快捷菜单中选择“修改”命令，如下图所示。

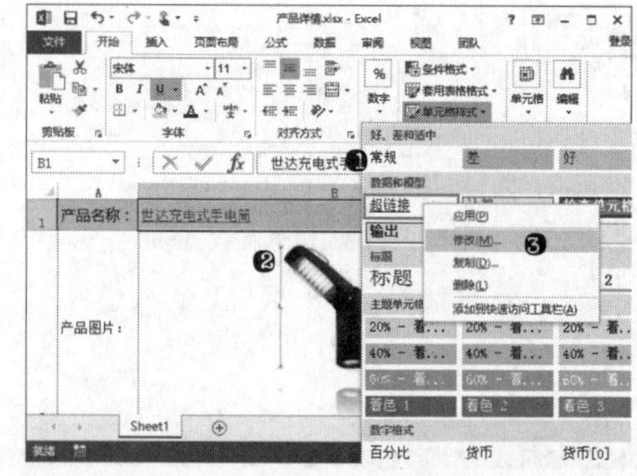

步骤 04 打开“样式”对话框，单击“格式”按钮，如下图所示。

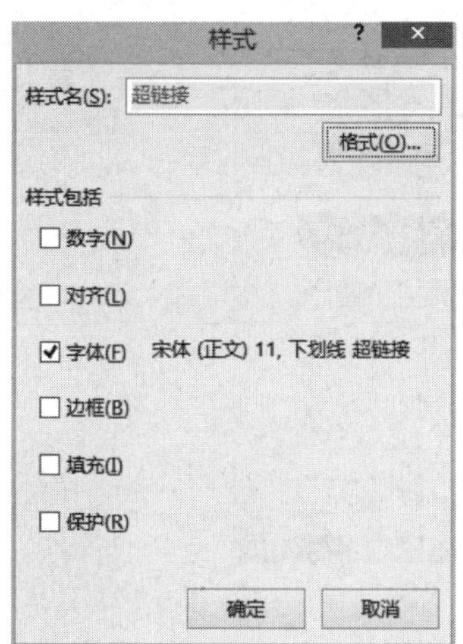

步骤 05 在打开的“设置单元格格式”对话框中设置各种单元格格式，包括数字格式、对齐方式、字体、边框等，然后单击“确定”按钮，如下图所示。

步骤 06 最后单击“样式”对话框中的“确定”按钮，工作表中所有超链接样式同时被更改。

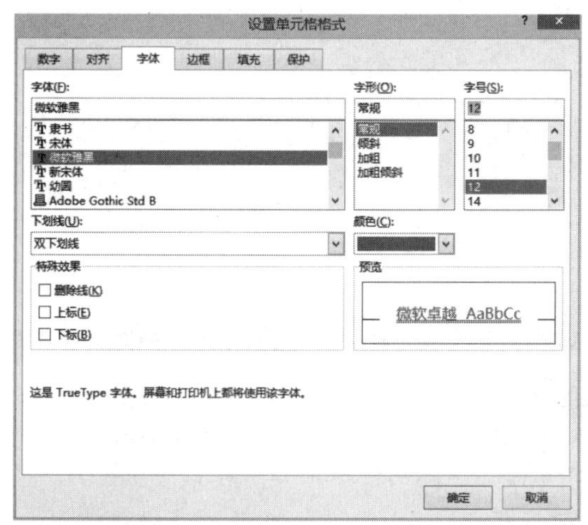

技巧 8.4 每页都打印标题行

如果工作表数据量大，在打印工作表内容时会分为多页，此时，为了每一页数据都可以看到各列的标题，可以将表格标题行打印到每一页，具体方法如下：

步骤 01 打开素材文件“光盘\原始文件\第 8 章\实用技巧\销售情况统计.xlsx”，单击“页面布局”选项卡中的“打印标题”按钮，如右上图所示。

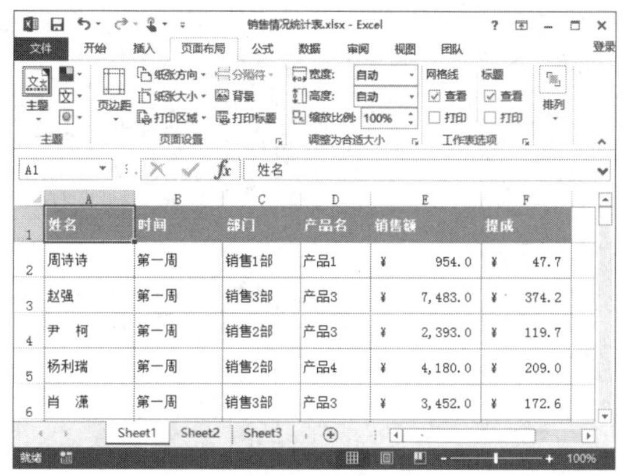

步骤 02 打开“页面设置”对话框，❶在“顶端标题行”文本框中引用工作表中的第一行；❷单击“确定”按钮，如下图所示。

技巧 8.5 为工作簿应用主题

要快速修改工作簿中应用的色彩、字体和形状样式，可以修改工作簿的主题样式。与在 Word 中相同，主题中包含工作簿中预设的表格样式、单元格样式、颜色方案、字体和形状样式等，更改主题的方法如下：

步骤 打开素材文件“光盘\原始文件\第 8 章\实用技巧\销售情况统计 .xlsx”，❶单击“页面布局”选项卡中的“主题”按钮；❷在主题列表中选择要应用的主题样式，如下图所示。

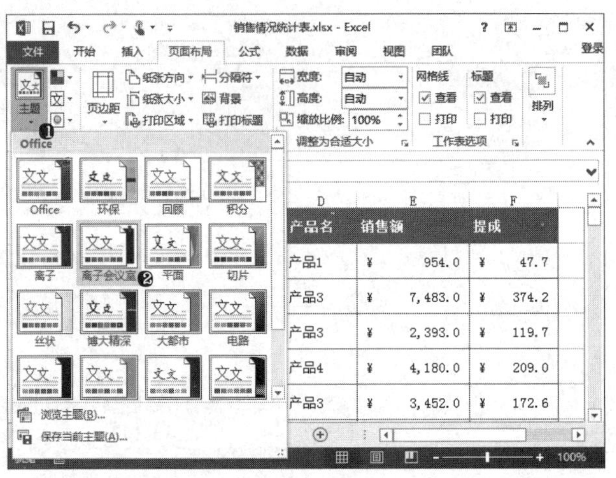

实战训练——制作部门借款单

在 Excel 中除了制作规整的表格、存储数据外，还可以应用本章知识，如合并单元格、单元格格式设置等知识来制作结构复杂的单据类表格。

光盘同步文件

原始文件：无

结果文件：光盘 \ 结果文件 \ 第 8 章 \ 部门借款单 .docx

教学视频：光盘 \ 视频文件 \ 第 8 章 \ 实战训练 .mp4

步骤 01 新建文档，在工作表中不同的单元格内录入单据中需要文字的内容，并根据目标效果进行排列，如下图所示。

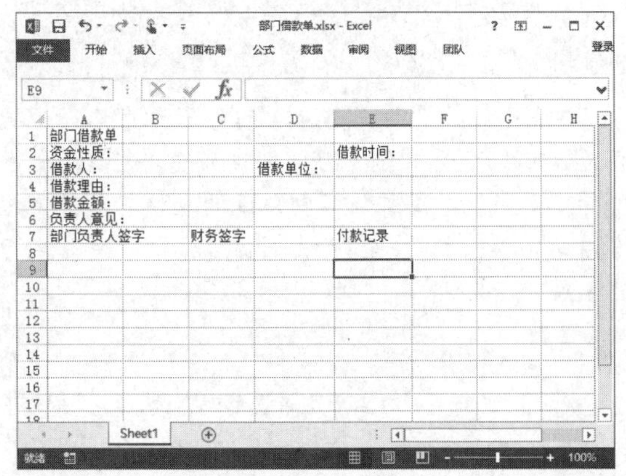

步骤 02 ❶ 选择 A1:F1 单元格区域；❷ 单击“开始”选项卡中的“合并及居中”按钮，如右上图所示。

步骤 03 分别合并工作表中 B2:D2、B3:C3、E3:F3、B4:F4、B5:F5、B6:F6、A7:B7、C7:D7、E7:F7、A8:B8、C8:D8 和 E8:F8 单元格区域，如下图所示。

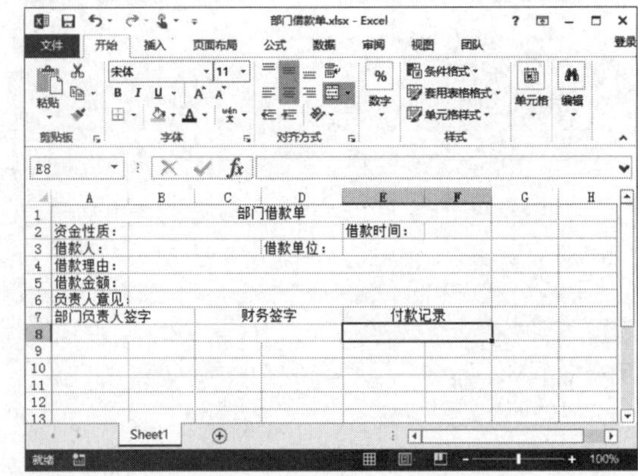

步骤 04 ❶ 选择 A3:F8 单元格区域；❷ 单击“开始”选项卡中的“边框”按钮；❸ 选择“所有框线”命令，如下图所示。

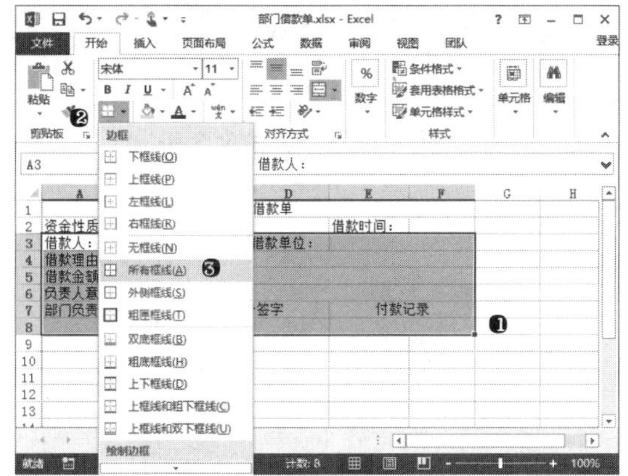

步骤 05 ❶ 选择 A1 单元格；❷ 单击“开始”选项卡中的“单元格样式”按钮；❸ 选择“标题”样式，如下图所示。

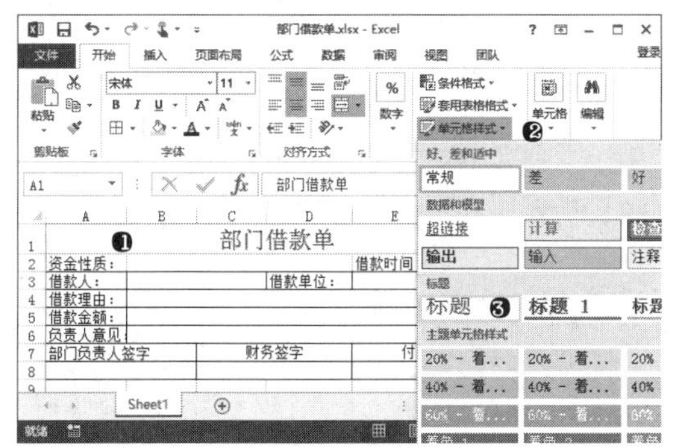

步骤 06 拖动工作表行号和列号的分隔线，调整表格中的行高和列宽，调整后的效果如下图所示。

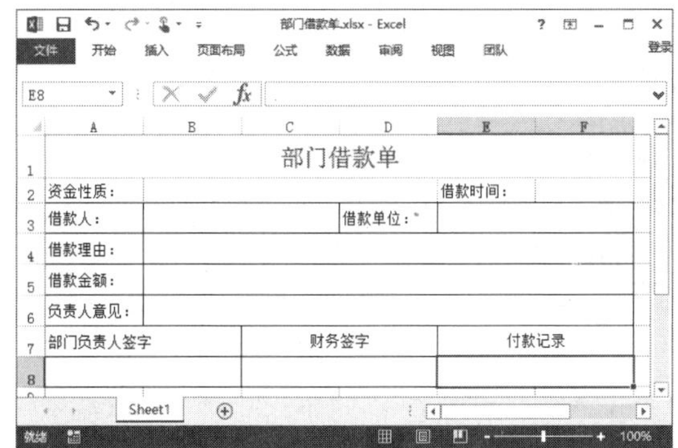

步骤 07 ❶ 选择 A3:F8 单元格区域；❷ 单击“开始”选项卡“字体”组中的“字体设置”按钮，如右上图所示。

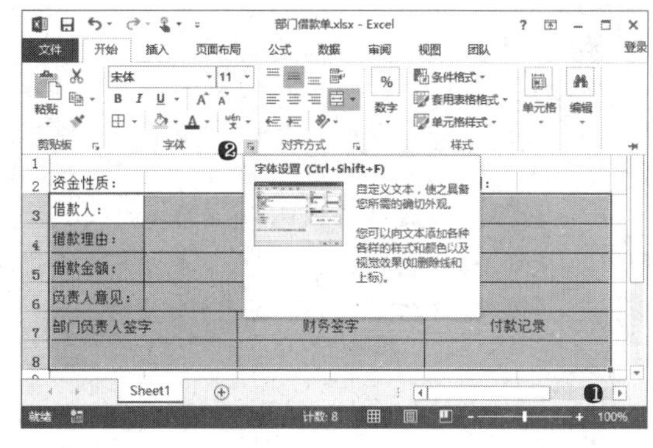

步骤 08 打开“设置单元格格式”对话框，❶ 单击“边框”选项卡；❷ 选择线条样式；❸ 单击“外边框”按钮；❹ 单击“确定”按钮，如下图所示。

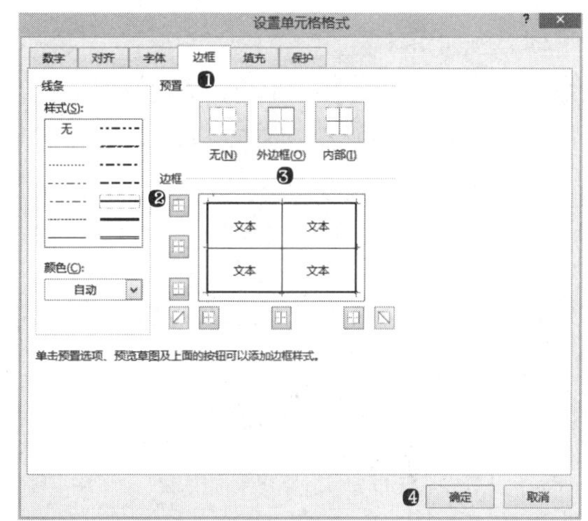

步骤 09 ❶ 单击“页面布局”选项卡中的“主题”按钮；❷ 选择要应用的主题样式“平面”，如下图所示。

步骤 10 保存文件，本例制作完成。

本章小结

本章结合实例主要讲述了Excel中应用图片、形状、格式和样式等修饰表格的功能，通过这些功能的应用，不仅可以美化Excel表格，还可以强调数据表中的重要数据，使数据表中的数据更清晰、主次分明。同时，应用单元格合并及单元格格式设置，还能制作出复杂的表格结构。

第 9 章 Excel 中公式和函数的应用

本章导读

在现代办公工作中，少不了要对一系列的数据进行计算或分析。如果还是依靠手动计算或仅仅借助计算器，往往会让我们的工作任务十分繁重甚至痛苦不堪。有了 Excel，我们再也不用担心计算的问题了，无论是简单的数学计算，还是复杂的数学问题，利用 Excel 都能轻松解决。

知识要点

◆ Excel 中公式的基本用法
◆单元格的引用
◆函数的基本用法
◆公式中常用的运算符
◆公式的审核与错误处理
◆常用函数的使用

案例展示

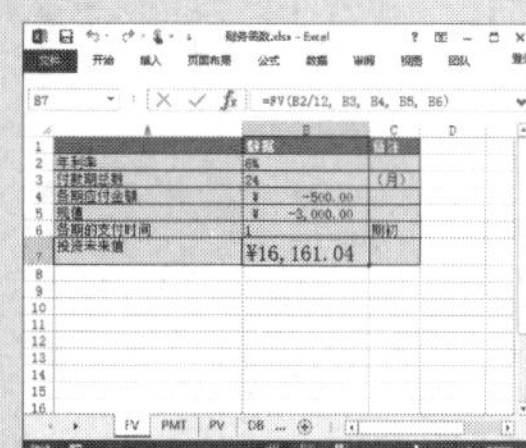

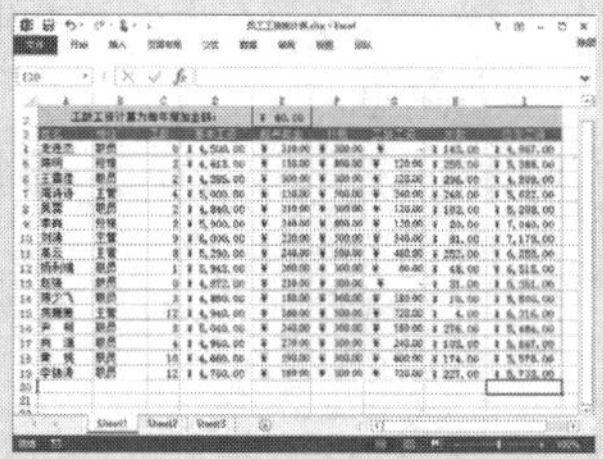

基础入门——必知必会

9.1 公式和函数的基本操作

在使用公式和函数前，首先要了解公式和函数的基本使用方法、公式中可使用的各种运算符、公式中数据的使用方法，以及公式审核和错误处理等，以便于在实际应用中进行各种不同的运算，本节将为读者介绍这些内容。

9.1.1 公式与函数基础知识

Excel 中的公式是存在于单元格中的一种特殊数据，它以等号“=”开头，表示单元格输入的是公式，而 Excel 会自动对公式内容进行解析和计算，并显示出最终的结果。例如在单元格内输入“=1+2”，输入完成后单元格中会显示“1+2”的计算结果“3”。在公式中，运用特定的运算符与要进行计算的数值来表示计算方式和计算过程，最终在单元格内得出计算结果。

在 Excel 中内置了许多函数，每一个函数可以理解为一组特定的公式，一个函数可以代表一个复杂的运算过程，所以，合理地应用函数可以简化公式。例如，要计算一组数值的平均值，如果用普通的公式表示，就需要将这些数值全部加起来，然后除以这些数据的个数来得到平均值；如果使用函数，只需要应用一个函数“Average”，将要计算平均值的所有数据作为函数的参数，即可得到平均值。

在 Excel 中，函数由两部分组成，一部分是函数名称，另一部分为函数参数，其基本格式为“函数名（参数）”。不同函数的函数名不相同，参数的个数和作用也不相同，如果函数中需要多个参数，使用英文半角的逗号“，”进行分隔。例如，要计算多个数值“58”、“76”、“98”和“87”的平均值，可以使用函数“Average”，完整的函数写为“=Average(58,76,98,87)”。

高手指引——公式和函数的混合运用

在 Excel 中，函数可应用于公式中作为公式的一部分，公式中会将函数结果作为公式的一部分进行计算。当在单元格中直接应用函数时，需要注意以“=”开头，以表示这是一个计算公式，需要得到计算结果。

9.1.2 公式中的运算符

进行不同的运算时，公式中需要使用不同类型的运算符，例如进行算术运算需要使用算术运算符，进行比较运算则需要使用比较运算符。下面介绍公式中常用的运算符。

1．算术运算符

在对数值进行加、减、乘、除等运算时，可以使用算术运算符，利用算术运算符进行计算之后的结果应为数值。

Excel 中包含以下算术符：

加法运算符：+;

减法运算符：-;

乘法运算符：*;

除法运算符：/;

负号运算符：-;

百分比运算符：%;

乘方运算符：^。

在单元格中使用公式时，先输入"＝"，然后使用运算符连接数据，如下图所示。

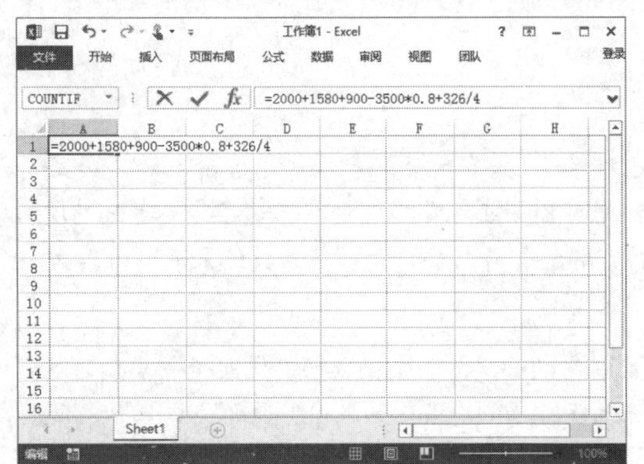

2．比较运算符

在应用公式对数据进行计算时，有时候需要对数据的大小进行比较，使用比较运算符可以比较两个值，使用比较运算后的结果为逻辑值"True"或"False"。

Excel 中包含以下比较运算符：

等于运算符：=;

大于运算符：>;

小于运算符：<;

大于等于运算符：>=;

小于等于运算符：<=;

不等于运算符：<>。

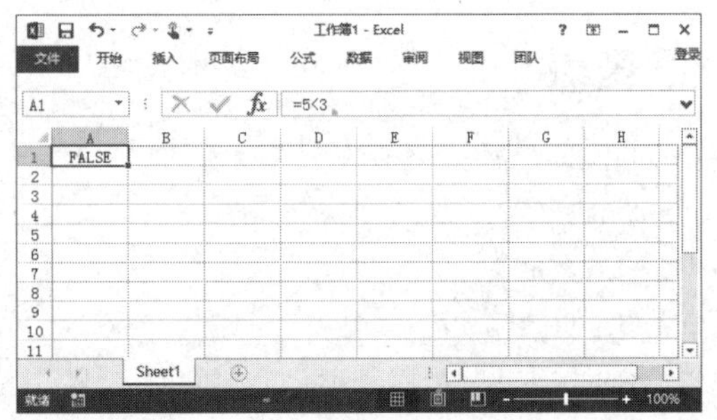

3．文本运算符

使用文本运算符"&"可以连接多个文本字符串，以生成一段新的文本。

在公式中需要使用引号""""来表示字符串数据，例如要将字符"你"和"好"进行连接，则公式应写为"="你"&"好""，如下图所示。

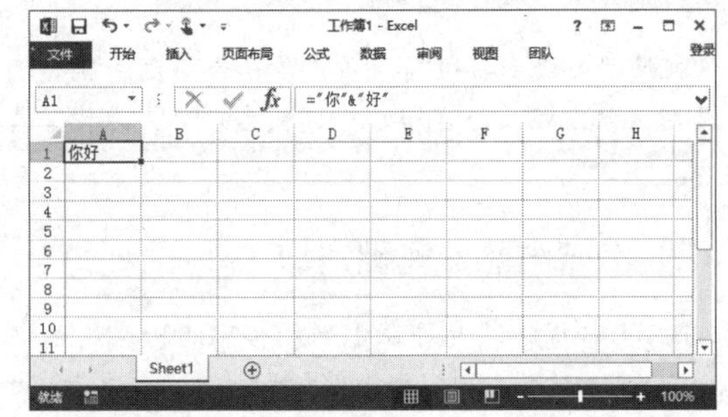

4．其他运算符

除了以上用到的运算符外，Excel 公式中常常还会用到括号。在公式中，如果有连续的多个运算，公式中的运算顺序会自动根据运算符的优先级进行计算，比如，公式中同时存在加、减、乘、除运算，则 Excel 会按"先乘除后加减"的顺序来进行计算。所以，很多时候我们需要改变公式中的运算顺序，此时，可以使用括号"（）"来提升运算级别，并且无论公式多复杂，凡是需要提升运算级别的均使用小括号"（）"，例如公式"=100/5+60/2-5*10"计算结果为"0"，如使用括号将公式更改为"=100/(5+60/(10-5))*10"，结果为"66.666666667"。

9.1.3 引用单元格和单元格区域

在 Excel 中使用公式对数据进行运算时，如果要直接使用表格中已存在的数据作为公式中的运算数据，则可以使用单元格引用。

1. 引用单个单元格

在公式中要引用单个单元格时，可以直接输入单元格地址来引用相应的单元格，即列号加行号组成的地址，如“A1”、“B5”等，也可以在公式中的运算符后直接单击工作表中的单元格，方法如下：

步骤 在公式单元格中输入公式内容“=3+”，然后直接单击 A1 单元格，即可将单元格地址引用到公式中，如下图所示。

2. 引用单个单元格区域

在一些函数中，参数可能需要引用一系列单元格，也可能会是一个单元格区域，此时可以使用单元格区域对角上的两个单元格地址，然后中间使用“:”进行连接来表示。例如，要引用 A1 到 A8 单元格区域，可以使用“A1:A8”引用。在公式中引用单元格区域时，同样可以直接选择单元格区域。

例如，在“sum()”函数中要引用单元格区域 A1:C3，可以输入函数后将光标定位于函数括号中，然后直接在工作表中选择要引用的单元格区域，如下图所示。

高手指引——单元格引用运算符

如果公式中需要引用多个不连续的单元格或单元格区域，多个引用之间可以使用逗号“，”进行分隔，如“A1，A3”；如果要引用两个区域交叉的部分，多个引用之间可以使用空格进行分隔，如“A1:C3 B2:D3”，引用了“A1:C3”单元格区域与“B2:D2”单元格区域中重合的单元格区域“B2:C3”。

3. 相对引用、绝对引用和混合引用

在 Excel 中，公式单元格可以进行复制和填充，当复制或填充单元格后，公式中各单元格引用的地址是否需要随公式位置变化，是根据单元格引用的类型来确定的。在使用单元格引用时，可以使用【F4】键在不同的引用类型之间进行切换。

公式中的相对单元格引用（如 A1）是基于包含公式和单元格引用的单元格的相对位置。如果公式所在单元格的位置改变，引用也随之改变。如果多行或多列地复制或填充公式，引用会自动调整。默认情况下，新公式使用相对引用。

公式中的绝对单元格引用是固定于指定引用位置的引用方式。如果公式所在单元格的位置改变，绝对引用地址将保持不变。如果多行或多列地复制或填充公式，绝对引用将不作调整。绝对引用地址的写法为“$ 列号 $ 行号”。例如，在 B2 单元格中使用绝对引用“$A$1”，则向下填充或复制该公式单元格后，公式中的引用地址没有发生变化。

混合引用具有绝对列和相对行或绝对行和相对列。绝对引用列采用 $A1、$B1 等形式。绝对引用行采用 A$1、B$1 等形式。如果公式所在单元格的位置改变，则引用中的相对引用将改变，而绝对引用将不变。

单元格区域的引用由两个单元格引用地址构成，其中的单个单元格地址也可以使用以上 3 种不同的引用方式表示，例如“$D$1:D9”。当公式填充或复制后，引用区域的起始单元格始终固定于“D1”单元格，而引用区域的结束单元格位置则随公式所在位置变化而变化。

9.1.4 审核公式

在 Excel 中使用公式时，如果公式输入有误，不但可能得不到正确的结果，还可能导致公式返回意外结果，因此，在输入公式后或当公式出现错误时需要审核公式是否正确。

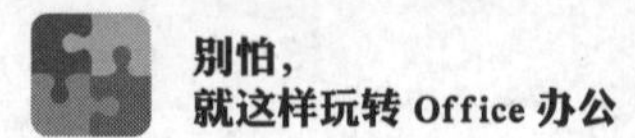

1．追踪引用单元格

在检查公式是否正确时，通常需要查看公式中引用单元格的位置是否正确，使用追踪引用单元格功能，可以查看公式中各引用单元格的位置，该功能的使用方法如下：

步骤❶选择要追踪引用的公式单元格；❷单击“公式”选项卡“公式审核”组中的“追踪引用单元格”按钮，即可看到引用单元格与公式单元格之间出现追踪箭头，如下图所示。

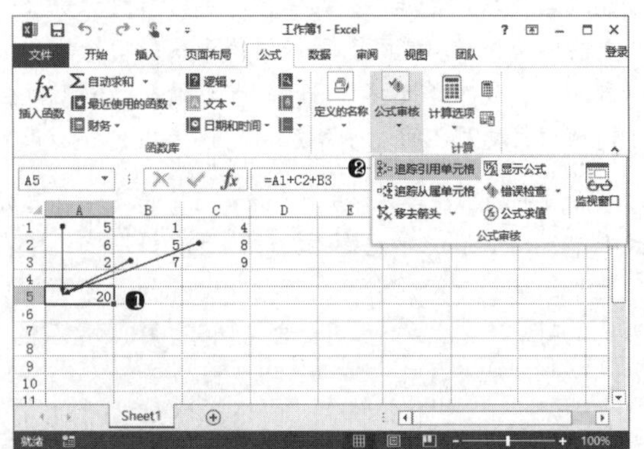

2．追踪从属单元格

在检查公式时，如果要显示出某个单元格被引用于哪个公式单元格，可以使用“追踪从属单元格”功能，该功能的使用方法如下：

步骤❶选择要显示出从属关系的单元格；❷单击“公式”选项卡“公式审核”组中的“追踪从属单元格”按钮，如下图所示。

3．清除追踪箭头

使用了“追踪引用单元格”功能和“追踪从属单元格”功能后，在工作表中将显示出追踪箭头，如果不需要查看公式与单元格之间的引用关系时，可以隐藏追踪箭头，方法如下：

步骤单击“公式”选项卡“公式审核”组中的“移去箭头”按钮，可以将工作表中所有单元格引用的追踪箭头去掉，如下图所示。

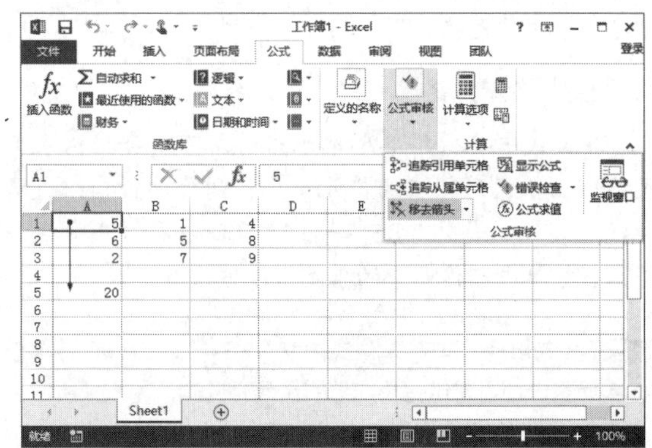

4．显示公式

在单元格中使用公式后，公式单元格中自动显示公式的计算结果，在对公式进行检查和审核时，有时需要在单元格中显示出原始的公式而非结果，此时可以使用以下操作：

步骤单击“公式”选项卡中的“显示公式”按钮，可以将工作表中所有公式单元格的内容显示为公式，如下图所示。

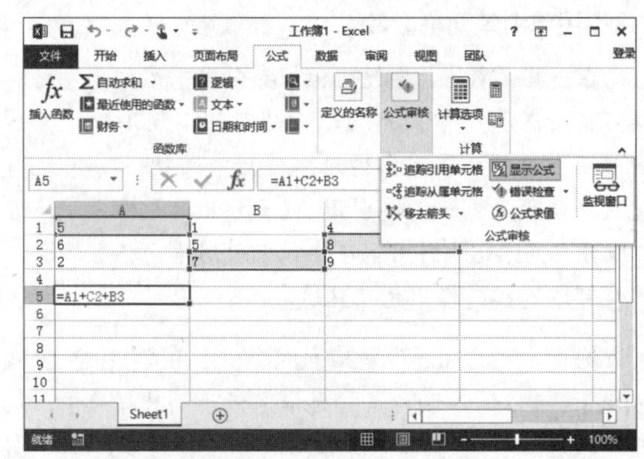

如果将工作表中的公式单元格显示为公式后，要将其转换为计算结果，则可以再次单击“显示公式”按钮。

5．更正公式中的错误值

在输入公式时，有时可能由于用户的误操作或公式函数应用不当，导致公式结果出现错误值提示信息，下面将为读者介绍公式出现常见的错误值的原因及处理办法。

（1）更正 #DIV/0! 错误。

当公式单元格内显示“#DIV/0”错误时，通常是

因为公式中有除数为0或空单元格的现象，要更正一些错误，需要分析公式中作为除数的引用、函数或表达式，使除数部分的结果不为0。

（2）更正#####错误。

当单元格中的内容较长，在单元格内无法完全显示时，将出现“#####”错误提示，通常将该列单元格的列宽增大可以解决该问题；如果增大单元格宽度后仍然出现“######”错误，则是使用公式进行计算时，计算结果为负数，而误将计算结果单元格数字类型设置为“日期”格式所造成。将公式单元格数字类型设置为“常规”格式即可。

（3）更正#NAME?错误。

当公式中包含无法识别的文本时，将显示此错误，如字符串未加引号、函数名称错误、引用地址输入错误等，更正公式中的错误输入即可解决问题。

（4）更正#NULL!错误。

当公式中引用单元格区域时使用交集运算，且交集运算中的多个区域不相交时将出现“#NULL”错误。要更改该错误，先确认要进行计算的单元格区域是否需要使用交集运算。若是交集运算，各引用区域应有相交区域；若为联合运算，则将交集运算符（空格）更改为联合运算符逗号“，”。

（5）更正#NULL!错误。

当公式或函数中某些值不可用于该公式或函数时，将出现“#N/A”的错误提示，例如，将文本类型作为数字类型的参数使用。修改公式或函数中类型错误的值或参数即可修正该错误。

（6）更正#VALUE错误。

当公式进行标准的数学运算时，如果进行计算的一个或多个值或单元格引用中的值为文本内容，Excel无法将其自动转换为数字，此时将出现“#VALUE”错误提示。要更正该错误，需检查公式或函数中的单元格引用位置是否正确、值是否正确，将引用错误的单元格或类型错误的值改为正确的即可。

（7）更正#REF!错误。

当公式中所引用的单元格被删除或引用地址失效等情况，公式结果将出现“#REF”错误，通常在对工作表中的单元格行或列进行删除之类的操作后，公式出现该错误。要更正该错误，可先撤销工作表中的删除行或列的操作或查看公式中是否存在#REF!的值，公式中含有该值则表明该位置原为一个单元格引用，但目前已经被删除，在确认删除单元格无误的情况下，将公式中的“#REF!”删除。

9.1.5 使用数组公式

在Excel中对数据进行计算时，如果需要对一组或多组数据进行多重计算，可以使用Excel中的数组公式。在创建数组公式时，将数组公式括于大括号“{}”中，或在公式输入完成后按【Ctrl+Shift+Enter】组合键。数组公式可以执行多项计算并返回一个或多个结果。数组公式对两组或多组数组参数的值执行运算。每个数组参数都必须有相同数量的行和列。除了用【Ctrl+Shift+Enter】组合键输入公式外，创建数组公式的方法与创建其他公式的方法相同。某些内置函数是数组公式，并且必须作为数组输入才能获得正确的结果。

> **光盘同步文件**
> 原始文件：光盘\原始文件\第9章\数组公式.xlsx
> 结果文件：光盘\结果文件\第9章\数组公式.xlsx
> 教学视频：光盘\视频文件\第9章\9-1-5.mp4

1．利用数组公式计算单个结果

利用数组公式可以代替多个公式，从而简化工作表模式。例如，在表格中记录了多个产品的单价及销售数量，如果要一次性计算出所有产品的的销售总额，可以使用数组公式，方法如下：

步骤01 ❶ 选择要得到计算结果的单元格；❷ 在编辑栏中输入公式“=sum(A2:A12*B2:B12)”，如下图所示。

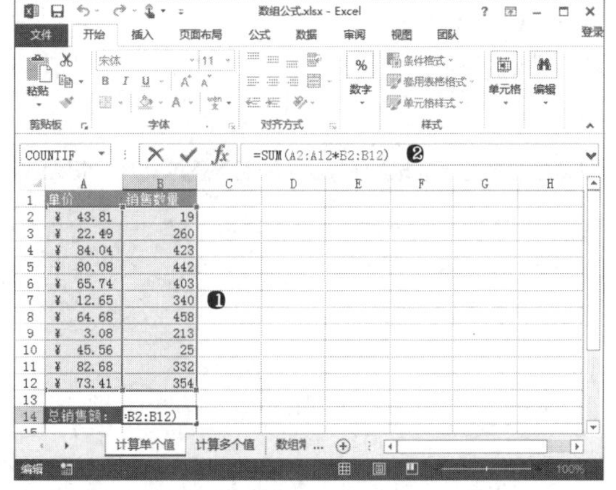

步骤02 按【Ctrl+Shift+Enter】组合键将输入的公式创建为数组公式，计算结果如下图所示。

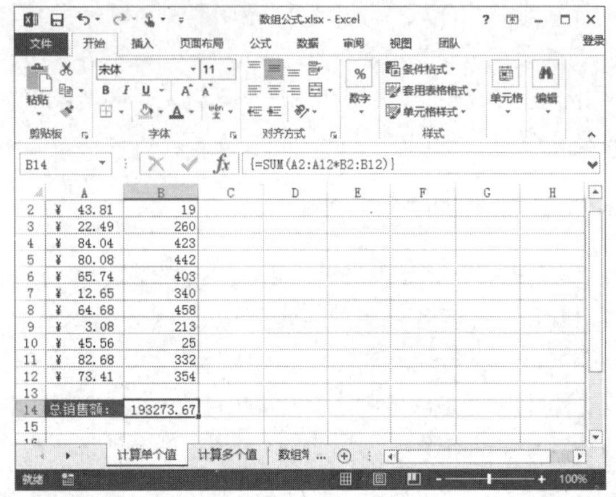

2．利用数组公式计算多个结果

在 Excel 中，某些公式和函数可能会得到多个返回值，有一些函数也可能需要一组或多组数据作为参数。如果要使数组公式能计算出多个结果，则必须将数组输入到与数组参数具有相同的列数和行数的单元格区域中。例如，要分别计算出各产品的销售额，应用数组公式进行计算的方法如下：

步骤 01 ❶选择要得到计算结果的单元格区域；❷在编辑栏中输入公式“=A2:A12*B2:B12”，如下图所示。

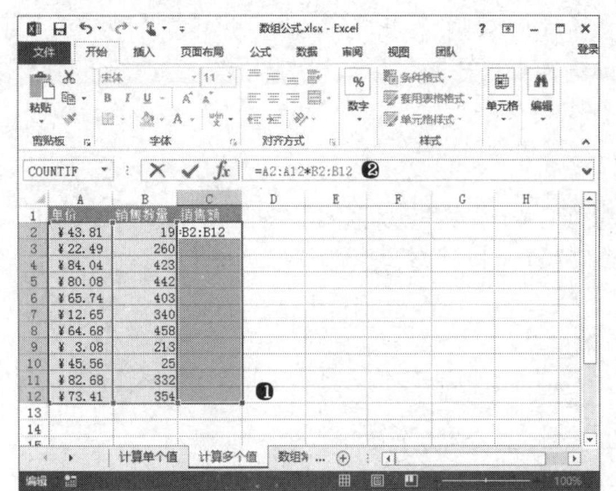

步骤 02 按【Ctrl+Shift+Enter】组合键，将公式创建为数组公式，在各单元格中计算出了相应的结果，计算结果如右上图所示。

C2 {=A2:A12*B2:B12}

	A	B	C
1	单价	销售数量	销售额
2	¥43.81	19	¥ 832.39
3	¥22.49	260	¥ 5,847.40
4	¥84.04	423	¥ 35,548.92
5	¥80.08	442	¥ 35,395.36
6	¥65.74	403	¥ 26,493.22
7	¥12.65	340	¥ 4,301.00
8	¥64.68	458	¥ 29,623.44
9	¥3.08	213	¥ 656.04
10	¥45.56	25	¥ 1,139.00
11	¥82.68	332	¥ 27,449.76
12	¥73.41	354	¥ 25,987.14

平均值：¥17,570.33 计数：11 求和：¥193,273.67

通过数组公式计算出的一组数据将成为一个整体，用户不能对结果中的任何一个单元格或一部分单元格的公式或结果做更改和删除操作。如果要修改数组公式，需要在选择数组公式所有的结果单元格后，在编辑栏中修改公式内容，如果要删除数组公式结果，同样需要先选择整个数组公式的所有结果单元格，然后进行删除操作。

3．使用数组常量

在普通公式中，可输入包含数值的单元格引用，或数值本身，其中该数值与单元格引用称为常量。同样，也可以在数组公式中输入对相应数组的引用或单元格中所包含的值数组，其中该数组或值数组称为数组常量。数组公式可以按与非数组公式相同的方式接受常量，但是必须按特定格式输入数组常量。

数组常量可以包含数字、文本、True 或 False 等逻辑值，以及 #N/A 等错误值。同一个数组常量中可以包含不同类型的值。例如，{1，3，4；True，False，True}。数组常量中的数字可以使用整数、小数或科学记数格式。文本必须包含在半角的双引号内，例如 "Tuesday"。

数组常量不包含单元格引用、长度不等的行或列、公式或特殊字符 $（美元符号）、括弧或 %（百分号）。

创建数组常量时，需要使用大括号“{}”将数组常量括起，使用“，”将不同列的值分开，使用“；”将不同行的值分开。

例如，在单元格中输入公式“=SUM({2,3,4}*{4,5,6})”，按【Ctrl+Shift+Enter】组合键将其创建为数组公式，得到计算结果 47，如下图所示。

该数组公式表示将两组数值中位置相同的数值分

别相乘，然后将所有结果进行求和运算，即与公式“=2*4+3*5+4*6”结果相同。

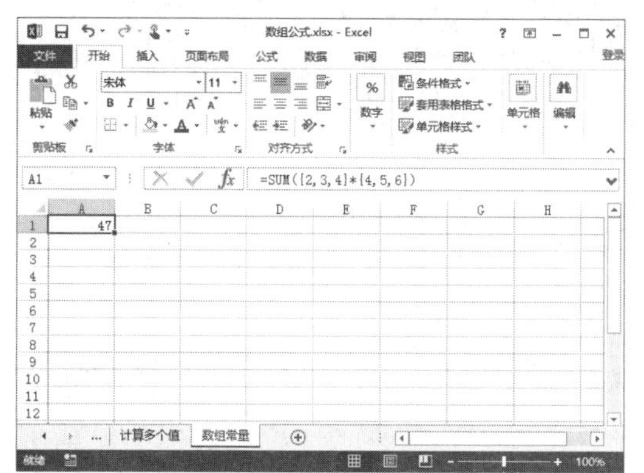

9.1.6 使用函数

在 Excel 中使用函数的方法有多种，通常可以使用以下方法在单元格中使用函数。

1．直接输入函数

如果记得函数名称及函数参数的使用方法，可以在单元格或公式中直接输入函数，输入方法与输入公式相同，例如要使用 SUM 函数计算 A1:A5 单元格数值之和，可以输入公式“=SUM(A1:A5)”。

2．使用“插入函数”对话框

如果对要使用的函数不太熟悉，可以通过对话框来调用函数，以便于选择函数及查看函数参数的作用，方法如下：

步骤 01 选择要使用函数的单元格后，单击编辑栏前的“插入函数”按钮 f_x，如下图所示。

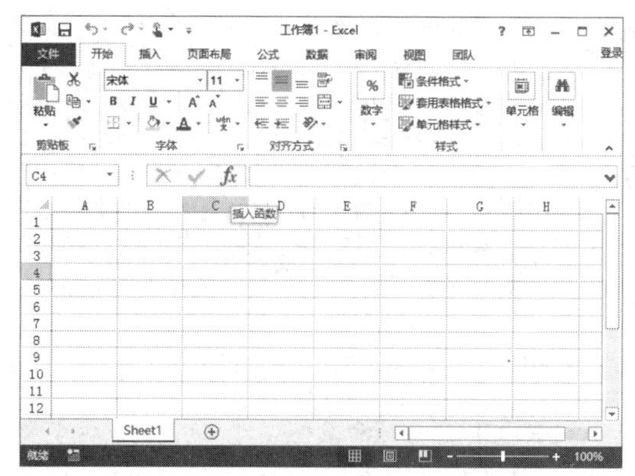

步骤 02 打开“插入函数”对话框，❶选择要应用的函数类别；❷在“选择函数”列表框中选择要应用的函数；❸单击“确定”按钮。

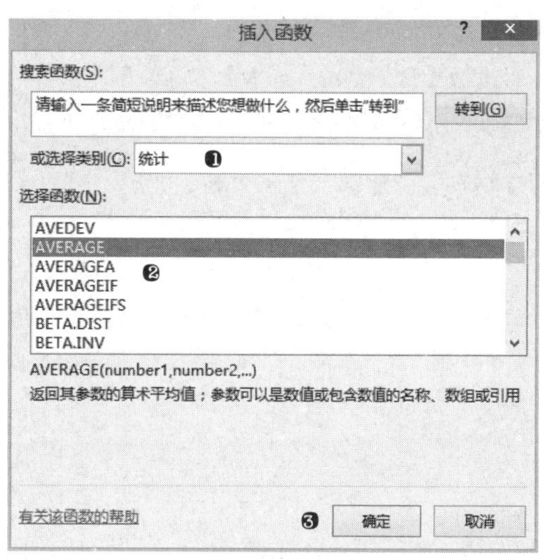

步骤 03 打开“函数参数”对话框，如下图所示。不同函数需要的参数不同，根据各参数的作用填写函数参数内容，完成后单击“确定”按钮即可插入函数。

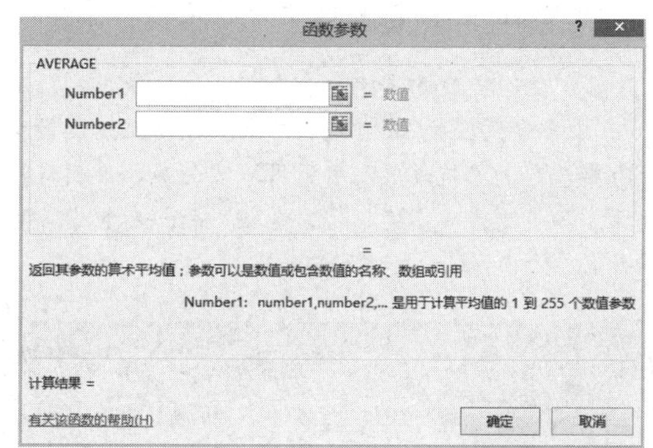

3．使用“求和”按钮插入函数

如果要快速使用常用函数，可以通过单击“求和”按钮来快速调用函数，方法如下：

步骤 选择要使用函数的单元格，❶单击“开始”选项卡“编辑”组中的“求和”按钮；❷选择要使用的函数命令即可，如下图所示。

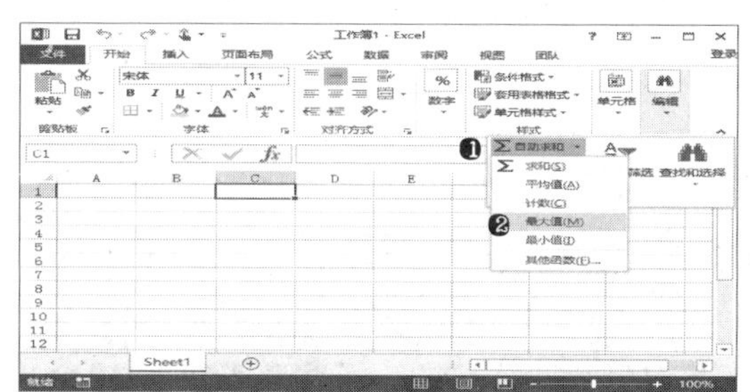

4．使用函数库插入函数

利用功能区“公式”选项卡“函数库”组中的命令按钮也可以快速插入函数，方法如下：

步骤 选择要使用函数的单元格，❶单击“公式”选项卡“函数库”组中的“函数分类”按钮，如“日期和时间”按钮；❷选择要使用的函数命令即可，如右图所示。

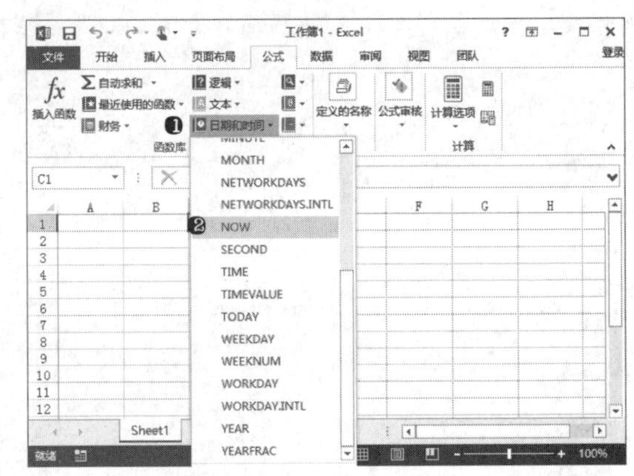

使用函数库插入函数时，如果函数需要参数，Excel 会打开“函数参数”对话框，需要根据不同函数的参数作用及实际情况填写参数。

9.2 常用函数的使用

在使用 Excel 对数据进行计算、处理和统计时，有一些函数非常常用，本节将为读者详细介绍这些函数的应用方法。

9.2.1 使用 SUM 函数求和

求和在各种数据统计和计算都可能会使用到，在 Excel 中要使用函数 SUM 进行求和。使用时，函数参数为要求和的数值或单元格引用，多个参数使用逗号分隔，如果是计算连续单元格区域之和，参数中可直接引用单元格区域，具体方法如下：

光盘同步文件

原始文件：光盘 \ 原始文件 \ 第 9 章 \ 成绩表 .xlsx

结果文件：光盘 \ 结果文件 \ 第 9 章 \ 成绩表（求和）.xlsx

教学视频：光盘 \ 视频文件 \ 第 9 章 \9-2-1.mp4

步骤 01 ❶选择要得到求和计算结果的单元格 G2；❷单击“公式”选项卡中的“自动求和”按钮；❸选择“求和”命令，如下图所示。

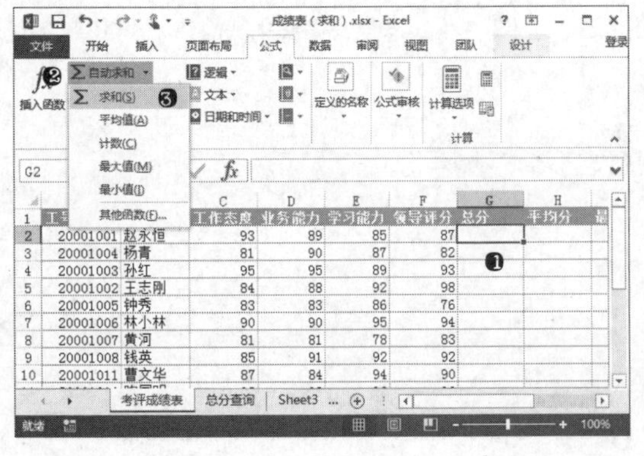

步骤 02 选择要计算和的单元格区域 C2:F2，如下图所示，然后按【Enter】键确定插入公式，得到公式计算结果。

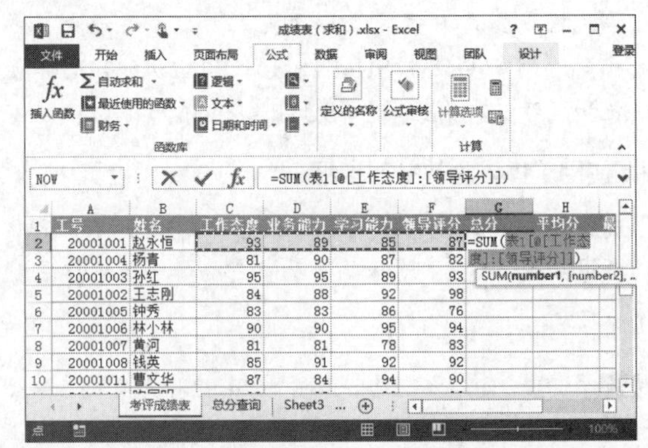

高手指引——快速为所有行应用相同的公式

如果在应用了“表格样式”的单元格区域中使用函数或公式，公式会自动填充至表的整列，并且，在公式中引用表中的单元格时，引用地址会自动转换为表元素引用方式；如果表格区域是普通区域，不是表元素，要使使用的公式应用到整列，可以输入并确定公式后，在选定该公式单元格的情况下，拖动填充柄将公式单元格填充至整列，快速为所有行添加相同的公式。

9.2.2 使用 AVERAGE 函数计算平均值

AVERAGE 函数的参数格式与 SUM 函数的参数格式相同，函数参数为要求平均值的数值或单元格引用，多个参数间使用逗号分隔。如果是计算连续单元格区域之和，参数中可直接引用单元格区域，使用方法如下：

光盘同步文件
原始文件：光盘\原始文件\第 9 章\成绩表 .xlsx
结果文件：光盘\结果文件\第 9 章\成绩表（求平均）.xlsx
教学视频：光盘\视频文件\第 9 章\9-2-2.mp4

步骤 01 ❶选择要得到求和计算结果的单元格 H2；❷单击“公式”选项卡中的“自动求和”按钮；❸选择“平均值”命令，如下图所示。

步骤 02 选择要计算和的单元格区域 C2:F2，如下图所示，然后按【Enter】键确定插入公式，得到公式计算结果。

在使用“自动求和”命令插入函数时，插入的函数参数会自动引用当前单元格左侧的所有数字单元格作为函数参数，所以需要特别注意，确认函数参数需要使用哪些单元格中的数据进行计算。

9.2.3 使用 MAX 函数求最大值

MAX 函数用于返回一组数据中的最大值，函数参数为要求最大值的数值或单元格引用，多个参数间使用逗号分隔。如果是计算连续单元格区域之和，参数中可直接引用单元格区域。该函数的具体应用方法如下：

光盘同步文件
原始文件：光盘\原始文件\第 9 章\成绩表 .xlsx
结果文件：光盘\结果文件\第 9 章\成绩表（最大值）.xlsx
教学视频：光盘\视频文件\第 9 章\9-2-3.mp4

步骤 01 ❶选择要得到求和计算结果的单元格 I2；❷单击“公式”选项卡中的“自动求和”按钮；❸选择“最大值”命令，如下图所示。

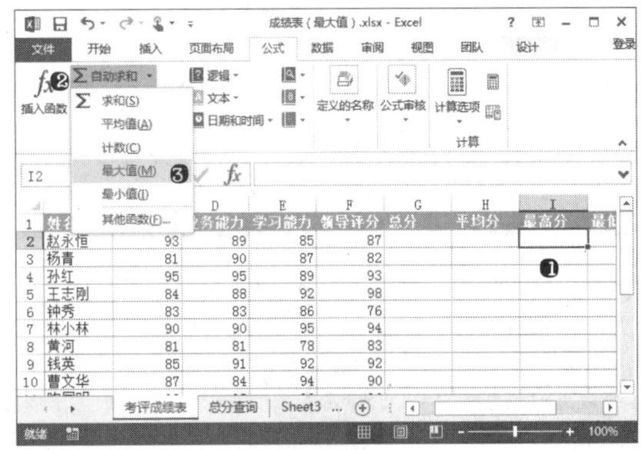

步骤 02 选择要计算和的单元格区域 C2:F2，如下图所示，然后按【Enter】键确定插入公式，得到公式计算结果。

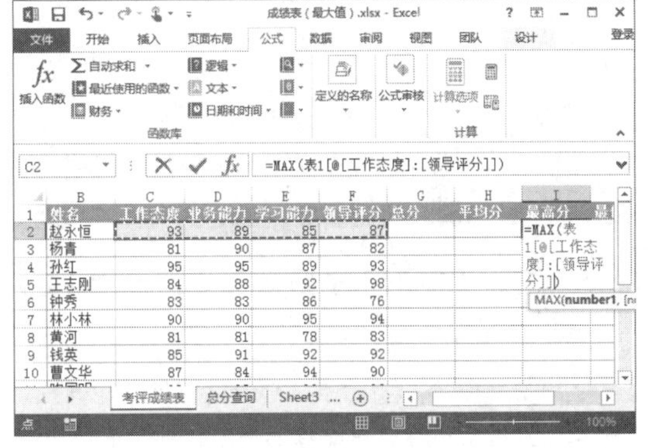

9.2.4 使用 MIN 函数求最小值

MIN 函数用于返回一组数据中的最小值，其使用方法与 MAX 相同，函数参数为要求最大值的数值或单元格引用，多个参数间使用逗号分隔。如果是计算连续单元格区域之和，参数中可直接引用单元格区域。例如，要计算出成绩表中的最低分，具体操作如下：

光盘同步文件
原始文件：光盘\原始文件\第 9 章\成绩表 .xlsx
结果文件：光盘\结果文件\第 9 章\成绩表（最小值）.xlsx
教学视频：光盘\视频文件\第 9 章\9-2-4.mp4

步骤01 ❶选择要得到求和计算结果的单元格 I2；❷单击"公式"选项卡中的"自动求和"按钮；❸选择"最小值"命令，如下图所示。

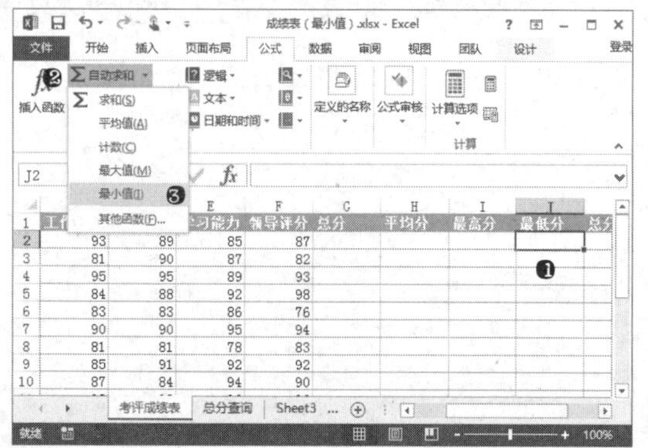

步骤02 选择要计算和的单元格区域 C2:F2，如下图所示，然后按【Enter】键确定插入公式，得到公式计算结果。

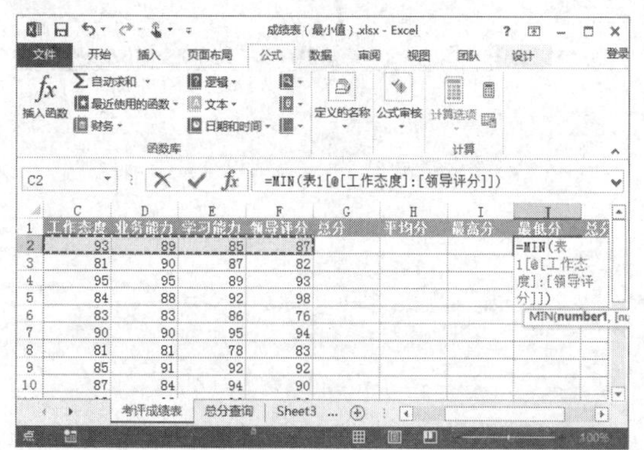

9.2.5 使用 COUNT 函数计算单元格数目

在 Excel 中对数据进行统计时，经常需要统计出指定区域内数据的个数，使用 COUNT 函数可以快速计算出单元格区域中数值单元格的个数，使用方法如下：

光盘同步文件

原始文件：光盘 \ 原始文件 \ 第 9 章 \ 成绩表 .xlsx

结果文件：光盘 \ 结果文件 \ 第 9 章 \ 成绩表（计数）.xlsx

教学视频：光盘 \ 视频文件 \ 第 9 章 \9-2-5.mp4

步骤01 ❶选择要得到求和计算结果的单元格 B17；❷单击"公式"选项卡中的"自动求和"按钮；❸选择"计数"命令，如右上图所示。

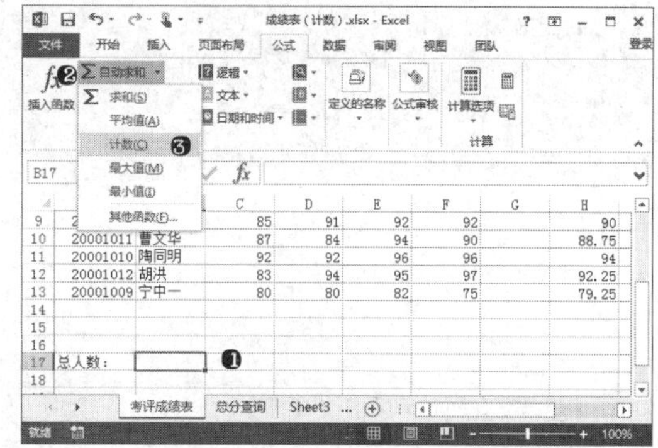

步骤02 选择要计算和的单元格区域 A2:A13，如下图所示，然后按【Enter】键确定插入公式，得到公式计算结果。

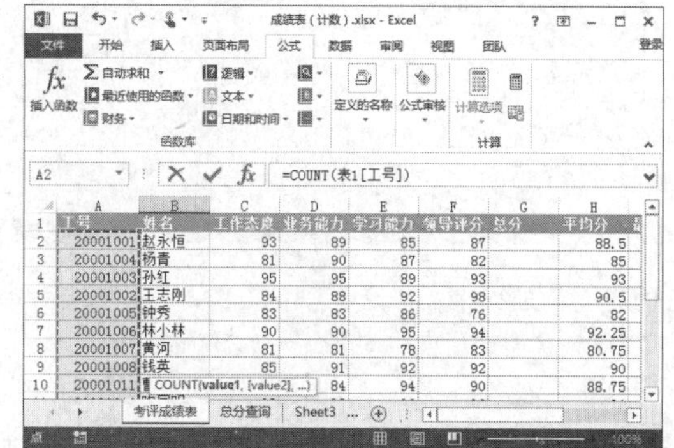

COUNT 函数用于计算参数中的数值个数，参数中的文本单元格不被计算。例如，在本例中，若对"姓名"列计数，则计算出的结果为 0。如果要对文本类型的单元格进行计数，可以使用"统计"函数类中的 COUNTA 函数。

9.2.6 使用 RANK 函数计算排名

要计算一个数值在一组数据中的大小排名，可以使用 RANK 函数。该函数中至少需要两个参数，第一个参数为需要进行排名计算的数值或单元格引用；第二个参数为要进行排名比较的一组数据或单元格区域；第三个参数为可选参数，不输入或该参数为 0 时，排名计算方式为降序，否则为升序。具体使用方法如下：

光盘同步文件

原始文件：光盘 \ 原始文件 \ 第 9 章 \ 成绩表（排名计算）.xlsx

结果文件：光盘 \ 结果文件 \ 第 9 章 \ 成绩表（排名计算）.xlsx

教学视频：光盘 \ 视频文件 \ 第 9 章 \9-2-6.mp4

步骤01 ❶选择要得到排名结果的单元格 K2；❷单击"公式"选项卡中的"其他函数"按钮；❸选择"兼容性"命令；❹选择 RANK 函数，如下图所示。

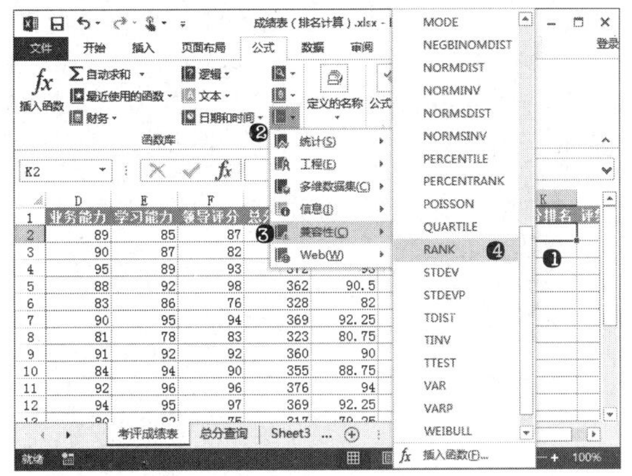

步骤 02 ❶选择要进行排名计算的单元格 G2；❷选择用于排名计算的数据列"总分"（G2:G13）；❸单击"确定"按钮，如下图所示。

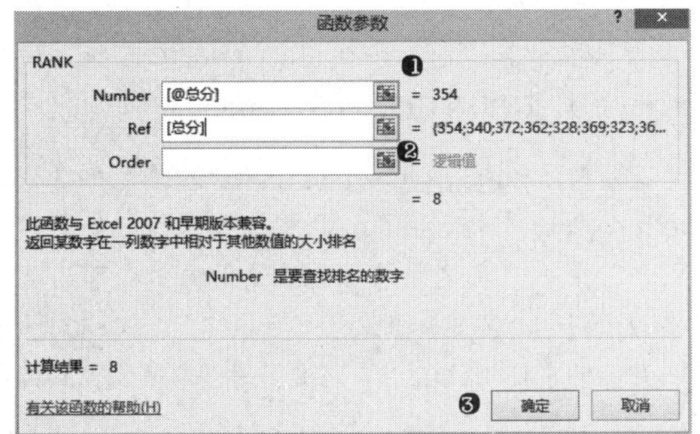

在使用 RANK 函数计算排名时需要注意，如果数据表区域是普通单元格区域，函数中的 REF 参数应使用绝对引用，固定用于排名比较的单元格区域位置，防止公式单元格因填充或复制导致进行排名比较的单元格区域发生变化。

9.2.7 使用 IF 函数进行条件判断

在 Excel 中，可以使用 IF 函数对条件进行判断，并在不同的情况下进行不同的运算或处理，函数的语法格式为：IF(logical_test, [value_if_true], [value_if_false])。

函数中的 logical_test 参数为逻辑判断的条件表达式，Value_if_true 参数为条件为真时的结果表达式，Value_if_false 参数则为条件为假时的结果表达式。函数的返回值根据 logical_test 参数值进行判定，若该参数值为真，则返回 value_if_true 参数表达式的结果，否则返回 value_if_false 参数表达式的结果。例如，要在成绩表中根据平均成绩标注出是否合格，应用 IF 函数的方法如下：

光盘同步文件

原始文件：光盘\原始文件\第 9 章\成绩表（条件判断）.xlsx

结果文件：光盘\结果文件\第 9 章\成绩表（条件判断）.xlsx

教学视频：光盘\视频文件\第 9 章\9-2-7.mp4

步骤 01 ❶选择要得到判断结果的单元格 K2；❷单击"公式"选项卡中的"逻辑"按钮；❸选择"IF"函数，如下图所示。

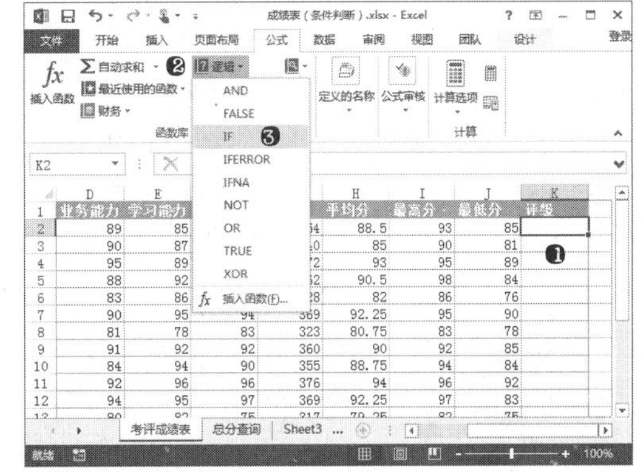

步骤 02 ❶在"Logical_test"参数中选择要进行比较的单元格 H2，然后输入">=85"，即以"平均分大于等于 85"作为判断条件；❷在"Value_if_true"参数中输入满足条件时得到的函数结果""合格""；❸在"Value_if_false"参数中输入满不足条件时得到的函数结果""不合格""；❹单击"确定"按钮，如下图所示。

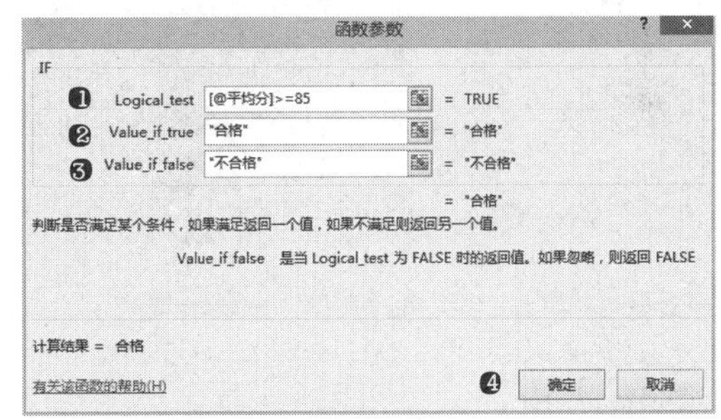

9.2.8 使用 VLOOKUP 函数纵向查找

在查询表格中的数据时，通常需要通过查询表格区域中第一列中的数据，得到对应这一行中指定列中的数据，此时，可以使用 VLOOKUP 函数。

VLOOKUP 函数的作用是搜索某个单元格区域的第一列，然后返回该区域相同行上指定列数中单元格的值。

该函数的语法为：VLOOKUP(lookup_value, table_array, col_index_num, [range_lookup])，各参数的作用及用法如下：

lookup_value 参数为要在表格或区域的第一列中搜索的值。该参数可以是值或引用。如果 lookup_value 参数值小于 table_array 参数第一列中的最小值，则 VLOOKUP 将返回错误值 #N/A。

table_array 参数为包含数据的单元格区域。可以使用单元格区域或区域名称的引用。该函数将在该参数中第一列中搜索 lookup_value 参数的值。这些值可以是文本、数字或逻辑值。文本不区分大小写。

col_index_num 用于设置 table_array 参数中要返回的匹配值所在的列号。col_index_num 参数为 1 时，返回 table_array 第一列中的值；col_index_num 为 2 时，返回 table_array 第二列中的值，以此类推。

range_lookup 为可选参数，用于指定查找方式是精确匹配还是近似匹配。

若 range_lookup 参数的取值为 TRUE 或被省略，则返回精确匹配值或近似匹配值，如果找不到精确匹配值，则返回小于 lookup_value 的最大值；如果 range_lookup 参数取值为 FALSE，则 VLOOKUP 将只查找精确匹配值。

例如，要在成绩表中查找姓名为“王志岗”的“总分”，方法如下：

光盘同步文件

原始文件：光盘 \ 原始文件 \ 第 9 章 \ 成绩表（Vlookup）.xlsx

结果文件：光盘 \ 结果文件 \ 第 9 章 \ 成绩表（Vlookup）.xlsx

教学视频：光盘 \ 视频文件 \ 第 9 章 \9-2-8.mp4

步骤 01 ❶ 选择要得到判断结果的单元格 C3；❷ 单击“公式”选项卡中的“查找与引用”按钮；❸ 选择“VLOOKUP”函数，如下图所示。

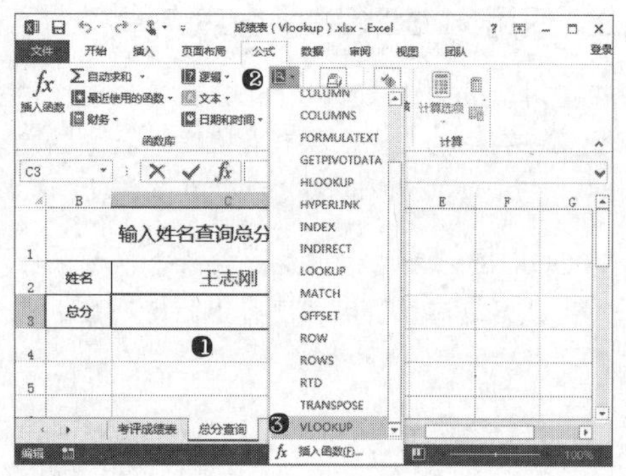

步骤 02 ❶ 在第 1 个参数中选择要用于查找的值所在的单元格 C2；❷ 在第 2 个参数中选择“Sheet1”工作表中的“姓名”列到“总分”列之间的单元格区域；❸ 在第 3 个参数中输入要返回的结果所在的列数 6；❹ 在第 4 个参数中输入逻辑值“false”；❺ 单击“确定”按钮，如下图所示。

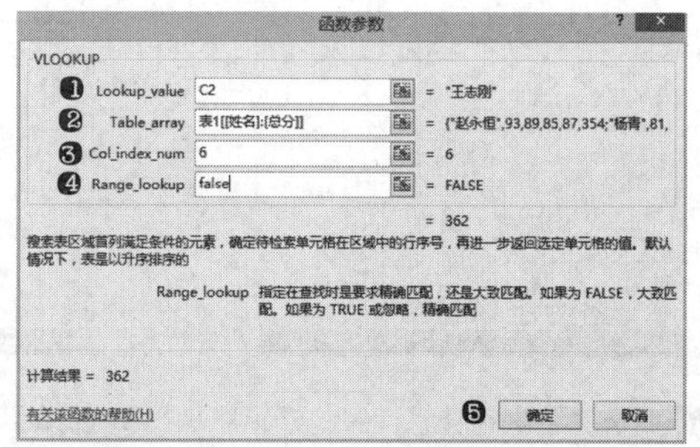

9.2.9 使用 COUNTIF 函数进行条件计数

在对大量数据进行统计时，如果需要统计出符合条件的数据个数，则可以使用 COUNTIF 函数，该函数的语法为：COUNTIF(range, criteria)。

函数中，range 参数用于设置计数的单元格区域，criteria 参数为计数的条件，其形式可以为数字、单元格引用、文本、表达式等，如果使用文本类型的条件需要加上引号，例如“张三”、“>=60”、“<30”等；其他类型的条件（数值、单元格引用、表达式、函数）则无须加引号，如 50、B2、A1+B1、TODAY() 等。例如，要统计出平均分在 90 分以上的人数，方法如下：

光盘同步文件

原始文件：光盘 \ 原始文件 \ 第 9 章 \ 成绩表（COUNTIF）.xlsx

结果文件：光盘 \ 结果文件 \ 第 9 章 \ 成绩表（COUNTIF）.xlsx

教学视频：光盘 \ 视频文件 \ 第 9 章 \9-2-9.mp4

步骤 01 ❶ 选择要得到统计结果的单元格 D18；❷ 单击“公式”选项卡中的“其他函数”按钮；❸ 选择“统计”命令；❹ 选择“COUNTIF”函数，如下图所示。

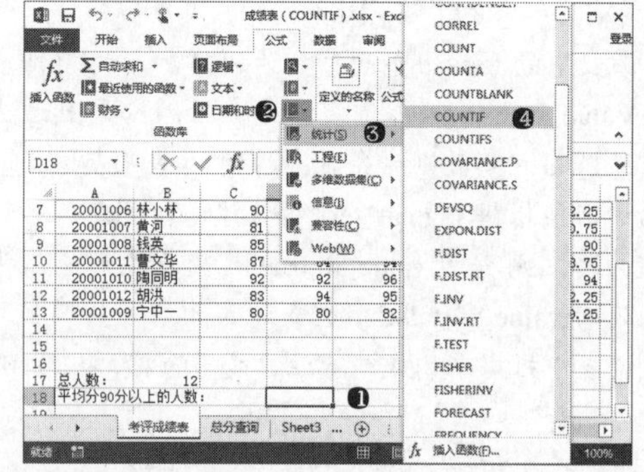

步骤 02❶ 在第 1 个参数文本框中选择工作表中“平均分”列中的数据单元格区域；❷在第 2 个参数中设置计数条件“>90”；❸ 单击“确定”按钮。

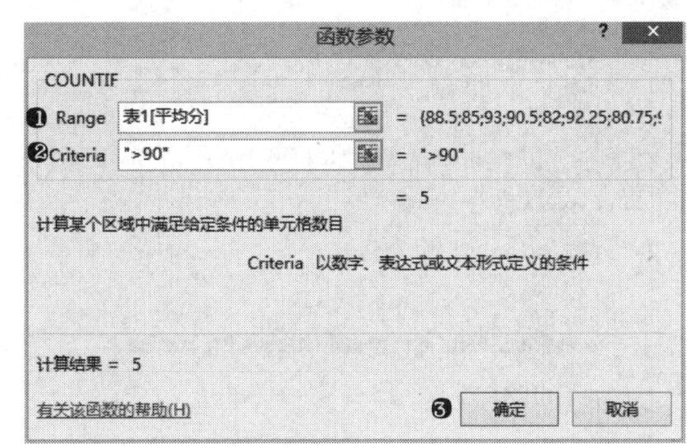

除条件计算外，如果要计算满足条件的数据之和，可以使用函数 SUMIF；如果要计算满足条件的数据的平均值，可以使用函数 AVERAGEIF。这两个函数中的前两个参数与 COUNTIF 函数中的两个参数相同，第 3 个参数的作用单独指定用于求和或平均值计算的单元格区域。

9.3 其他函数的使用

在 Excel 中除了需要对数据进行求和、求平均、计数、判断等常见的数学计算外，常常还会涉及日期、文字、财务等较为特殊或专业的数据计算，在 Excel 中提供了各种类型的函数进行运算支持，可以快速得到一些复杂运算的结果。

9.3.1 日期和时间函数的使用

在自定义公式中，针对日期和时间数据可以进行数学减运算，从而得到两个日期和时间数据之间相关的天数。而在实际运用中，很可能需要对日期数据进行分解或其他类型的计算，此时可以运用 Excel 中日期相关的函数，具体方法如下：

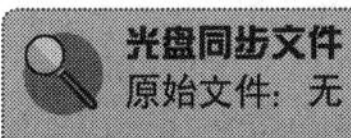

光盘同步文件
原始文件：无
结果文件：光盘\结果文件\第 9 章\日期和时间函数.xlsx
教学视频：光盘\视频文件\第 9 章\9-3-1.mp4

1. 返回当前系统日期和时间

在公式中应用 NOW 函数可以获取当前系统的日期和时间。

步骤选择要得到当前日期和时间的单元格，❶单击“公式”选项卡“函数库”组中的“日期和时间”按钮；❷选择“NOW”命令，如下图所示。然后在打开的对话框中直接单击“确定”按钮即可。

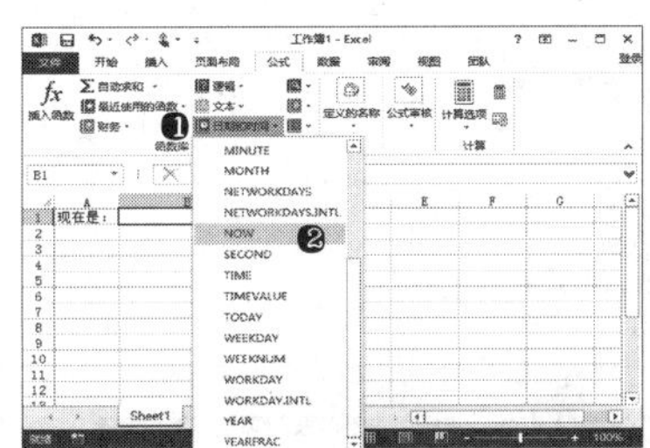

2. 使用相关函数分解日期和时间

如果要在日期数据中获取部分信息，例如获取年份、获取月份、获取日期中的分钟数等，可以使用如下一些日期函数：

（1）YEAR 函数。

将日期数据作为该函数的参数，可得到日期数据中的年份数，如下图所示。

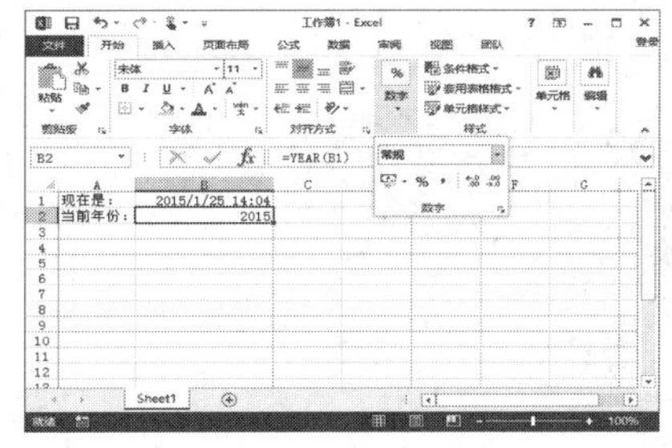

（2）MONTH 函数。

将日期数据作为该函数的参数，可得到日期数据中的月份数，如下图所示。

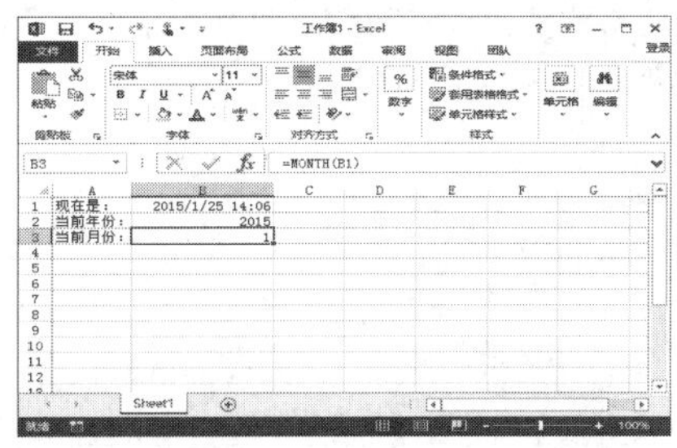

（3）DAY 函数。

将日期数据作为该函数的参数，可得到日期数据中的当前日数，如下图所示。

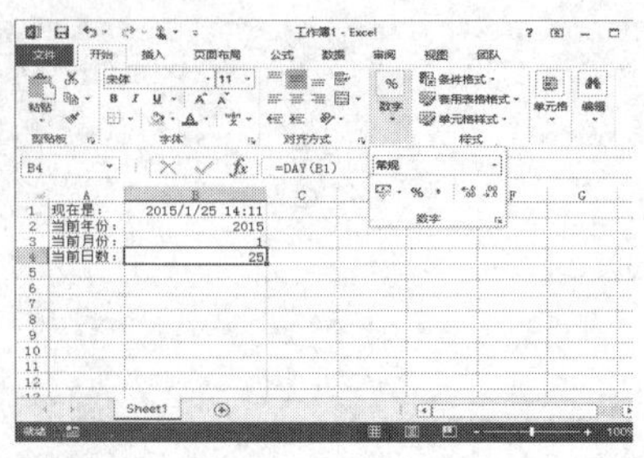

（4）HOUR 函数。

将日期数据作为该函数的参数，可得到日期数据中的小时数，如下图所示。

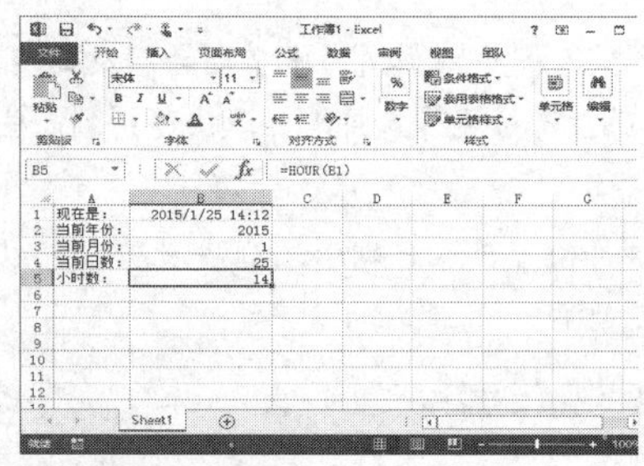

（5）MINUTE 函数。

将日期数据作为该函数的参数，可得到日期数据中的当前分钟数，如下图所示。

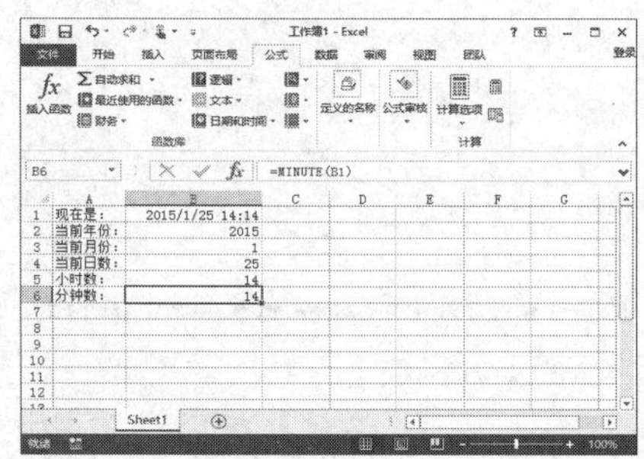

（6）SECOND 函数。

将日期数据作为该函数的参数，可得到日期数据中的秒数，如下图所示。

（7）WEEKDAY 函数。

该函数的作用是获取日期数据中的星期数，即该日期是一周中的第几天。函数中第 1 个参数用于获取星期数的日期数据，第 2 个参数用于设置星期数的计数方式，设置为 1 或不设置时，从星期日开始计数，设置为 2 时从星期一开始计数。如下图所示。

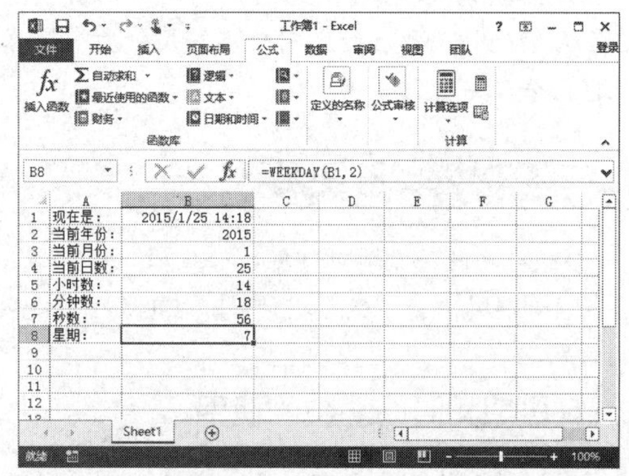

需要注意的是，在应用日期函数返回数值数据后，单元格格式应设置为“常规”格式，不能使用日期格式。

9.3.2 文本函数的使用

在 Excel 中提供了处理文本数据的一些函数，例如获取字符长度、截取字符、查看字符等，在函数库中“文本”下可快速选用要应用的文本函数，常用的文本函数如下：

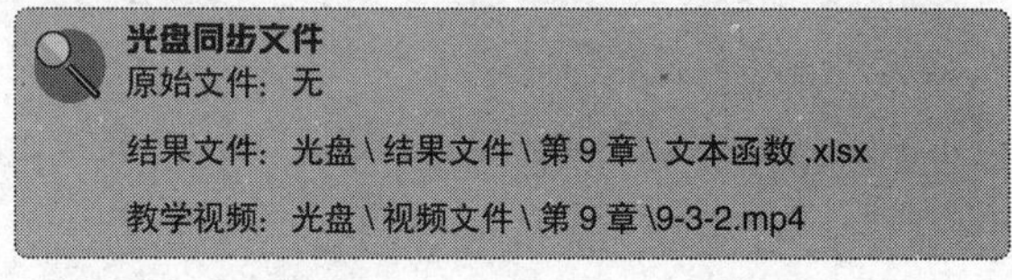
光盘同步文件

原始文件：无

结果文件：光盘 \ 结果文件 \ 第 9 章 \ 文本函数 .xlsx

教学视频：光盘 \ 视频文件 \ 第 9 章 \9-3-2.mp4

（1）LEN 函数。

该函数用于获取文本数据的字符个数，其参数为一个文本数据，如下图所示。

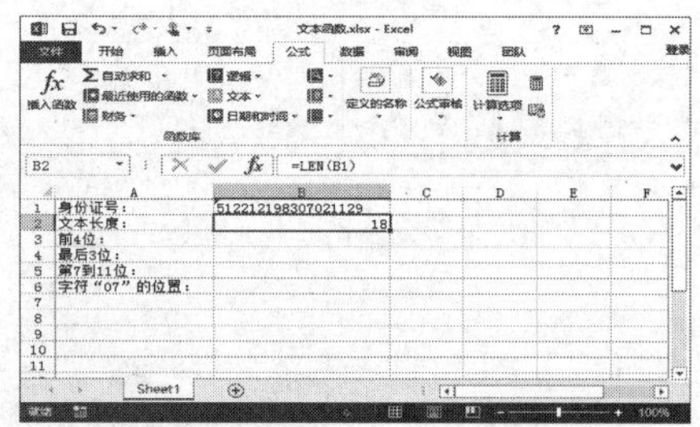

（2）LEFT 函数。

如果要从文本数据中从左起截取出指定长度的字

符串，可以使用 LEFT 函数。该函数中第 1 个参数为文本数据，第 2 个参数为要截取的字符长度，如下图所示。

（3）RIGHT 函数。

如果要从文本数据中从右起截取出指定长度的字符串，可以使用 RIGHT 函数。该函数中第 1 个参数为文本数据，第 2 个参数为要截取的字符长度，如下图所示。

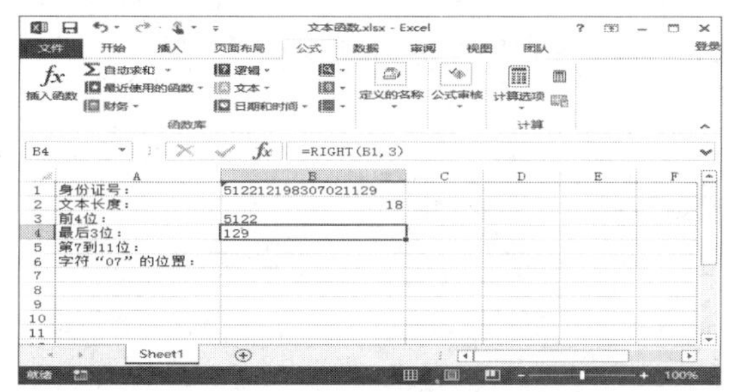

（4）MID 函数。

如果要从文本数据中从中部指定位置起截取出指定长度的字符串，可以使用 MID 函数。该函数中第 1 个参数为文本数据，第 2 个参数为要截取的起始位置，第 3 个参数为截取的字符个数，如下图所示。

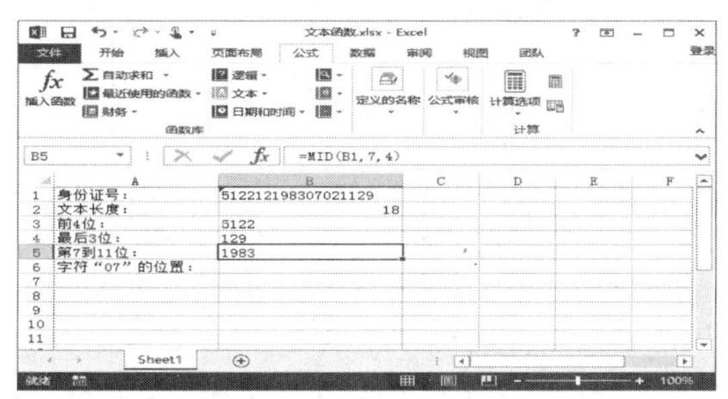

（5）FIND 函数。

要得到一段文本在另一段文本中出现的位置，可以使用 FIND 函数，函数中第 1 个参数为要查找的文本内容，第二个参数为在其中进行查看的文本数据，如下图所示。如果要指定查找的位置，可以添加并设置第 3 个参数为查找的起始位置。如果查找不到文本内容，结果为“#VALUE！”。

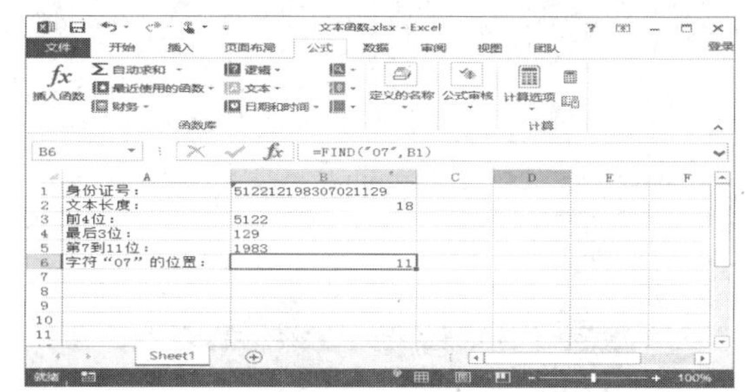

9.3.3 数学和三角函数的使用

在 Excel 中对数据进行计算和分析时，除了应用简单的数学运算外，常常还会应用到一些特殊的数学运算，如四舍五入、求余数、取绝对值、幂运算等，在函数库中的“数学和三角函数”下提供了各种与数学和三角函数相关的 Excel 函数，常用的函数如下：

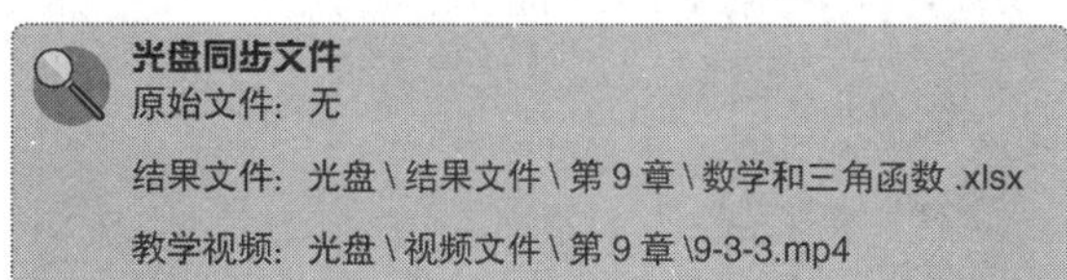
光盘同步文件
原始文件：无
结果文件：光盘 \ 结果文件 \ 第 9 章 \ 数学和三角函数 .xlsx
教学视频：光盘 \ 视频文件 \ 第 9 章 \9-3-3.mp4

（1）INT 函数。

该函数用于向下取整为最接近的整数的函数，将要取整的数据作为函数参数得到取整结果，如下图所示。

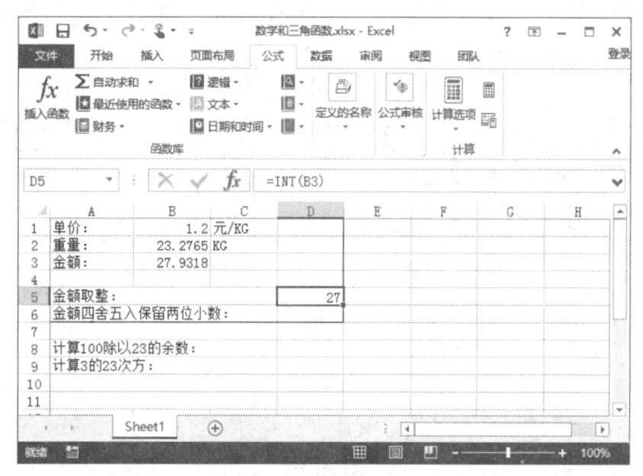

（2）ROUND 函数。

如果需要对数据进行四舍五入，可以应用该函数。函数中第 1 个参数为要进行四舍五入的数据，第二个参数为保留的小数位数，如下图所示。

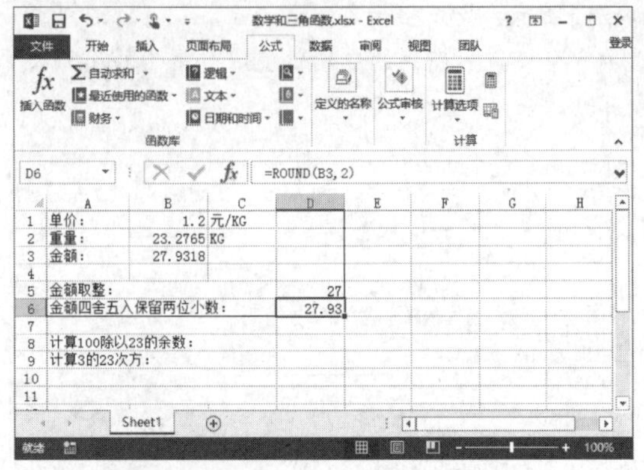

（3）MOD 函数。

该函数用于计算两数相除得到的余数，函数中第 1 个参数为被除数，第 2 个参数为除数，如下图所示。

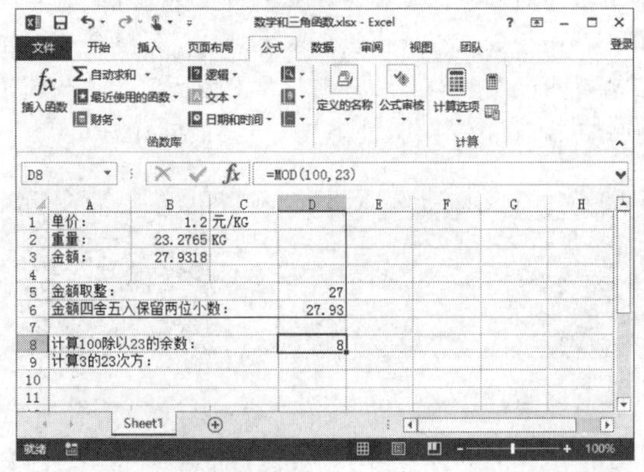

（4）POWER 函数。

该函数用于进行幂运算，函数中第 1 个参数为底数，第 2 个参数为幂值，例如计算 3 的 23 次方，函数写法如下图所示。

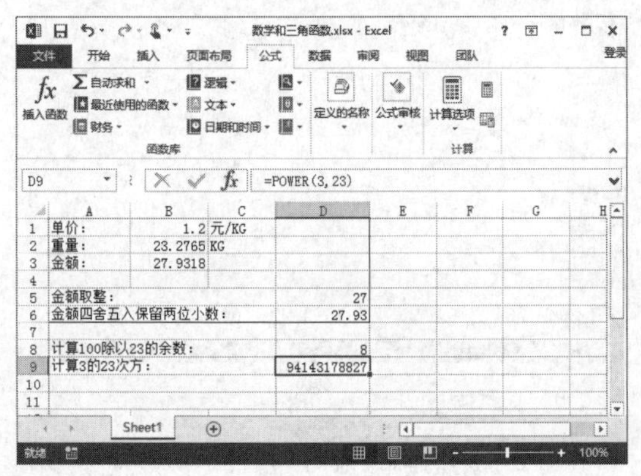

9.3.4 财务函数的使用

在财务工作中，还会用到如投资未来值、年金定期支付额、投资现值、折旧值等财务专业的运算，在 Excel 中也提供了相应的函数，只需要设置好相应的参数，便可快速得到相应的计算结果，常用的函数及其应用方法如下：

光盘同步文件
原始文件：无
结果文件：光盘 \ 结果文件 \ 第 9 章 \ 财务函数 .xlsx
教学视频：光盘 \ 视频文件 \ 第 9 章 \9-3-4.mp4

（1）FV 函数。

要快速计算投资的未来值，则可以使用 FV 函数进行计算。函数中第 1 个参数为各期利率，第 2 个参数为年金的付款总期数，第 3 个参数为各期所应支付的金额，第 4 个参数为现值或一系列未来付款的当前值的累积和，第 5 个参数为数字 0 或 1，用以指定各期的付款时间是在期初还是期末。例如下图所示的是未来值计算。

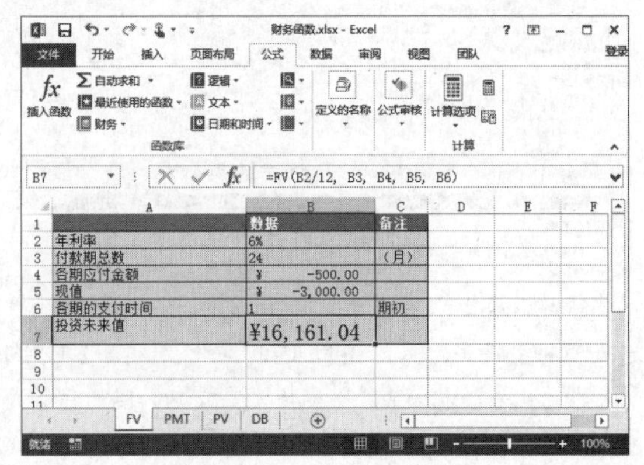

（2）PMT 函数。

PMT 函数用于固定利率及等额分期付款方式，计算贷款的每期付款金额，通常应用于贷款分期金额计算、投资分期金额计算等。函数中第 1 个参数为贷款利率；第 2 个参数为该项贷款的付款总期数；第 3 个参数为现值，或一系列未来付款的当前值的累积和，第 4 个参数为未来值，或在最后一次付款后希望得到的现金余额，如果省略 FV，则假设其值为 0（零），也就是一笔贷款的未来值为 0；第 5 个参数为数字 0（零）或 1，用以指示各期的付款时间是在期初还是期末。例如下图所示的是未来值计算。

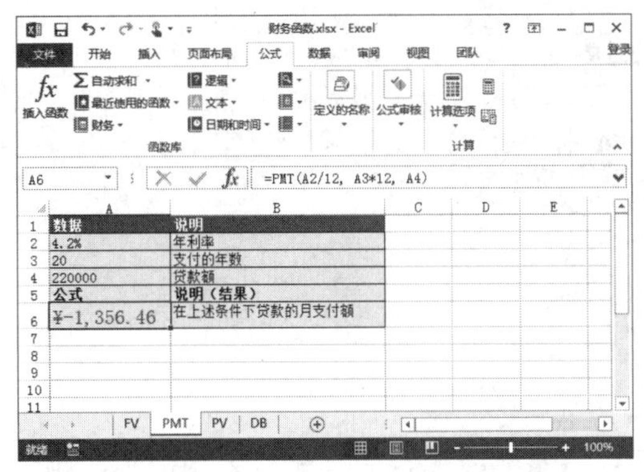

（3）PV 函数。

PV 函数用于计算年金中的现值，现值即一系列未来付款的当前值的累积和。其中第 1 个参数为利率，第 2 个参数为付款总期数，第 3 个参数为各期应支付的金额，第 4 个参数为未来值，第 5 个参数用于设置各期的付款时间是在期初还是期末。例如：每月底有一项保险金支出为 500，投资的收益率为 8%，付款的年限为 20 年，使用 PV 函数计算现值如下图所示。

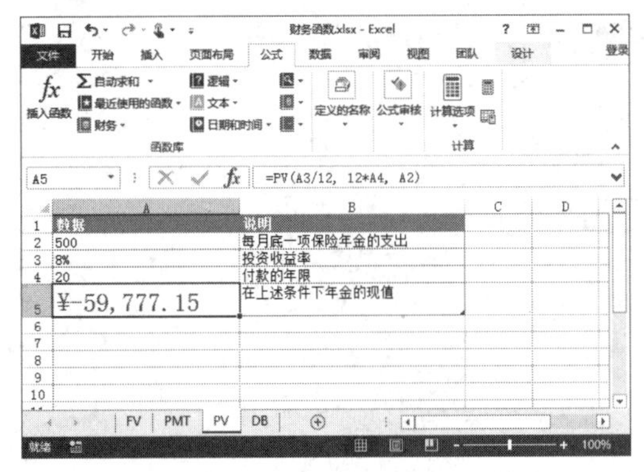

（4）DB 函数。

DB 函数使用固定余额递减法，计算一笔资产在给定期间内的折旧值。其中第 1 个参数为资产原值；第 2 个参数为资产在折旧期末的价值（有时也称为资产残值）；第 3 个参数为资产的折旧期数（有时也称作资产的使用寿命）；第 4 个参数为需要计算折旧值的期间，单位应与前一参数单位一致；第 5 个参数为第一年的月份数，如省略，则假设为 12。例如：某资产原值为 30 000，其使用寿命为 8 年，资产残值为 8 000，现要计算出该资产在第 5 年的折旧值，使用 DB 函数进行计算如下图所示。

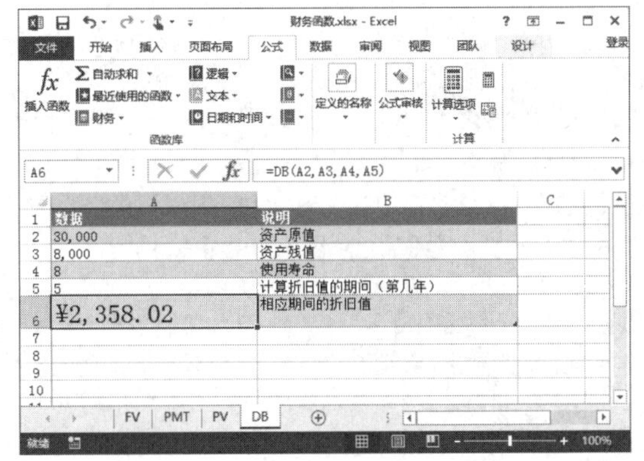

实用技巧——技能提高

前面重点讲解了 Excel 中公式和函数的基本使用方法，以及常用函数的应用，利用这些知识，可以快速对 Excel 表格中的数据进行进一步的计算和处理。在运用公式和函数时，还有以下一些技巧：

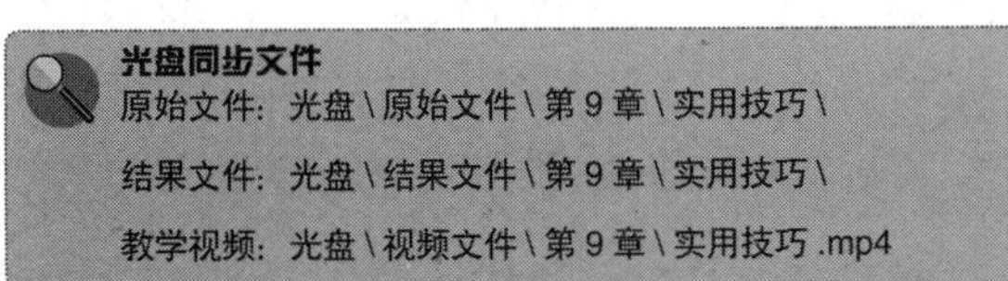

光盘同步文件

原始文件：光盘\原始文件\第 9 章\实用技巧\

结果文件：光盘\结果文件\第 9 章\实用技巧\

教学视频：光盘\视频文件\第 9 章\实用技巧 .mp4

技巧 9.1

应用函数输入提示

在 Excel 中应用函数时，除了使用函数库或对话框插入函数外，还可以在单元格中输入函数，并且在输入函数时，可以使用函数输入提示快速录入函数，具体操作方法如下：

步骤 在单元格中输入“=”及函数起始的一个或多个字母，此时将出现函数输入提示，在提示下拉列表中选择要应用的函数即可快速输入函数，如下图所示。当选择函数后，根据提示手动输入函数的参数内容即可。

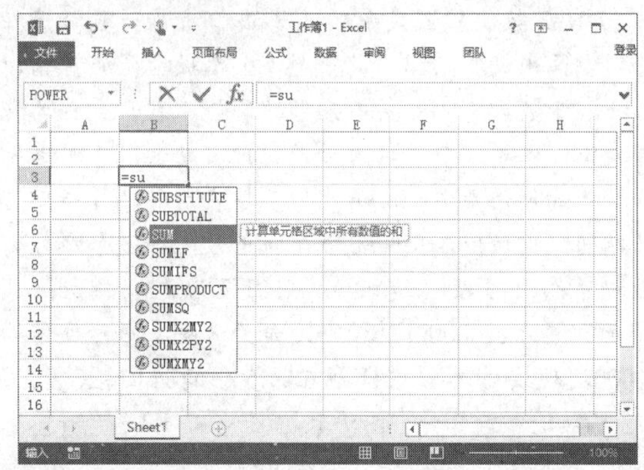

技巧 9.2

产生一个随机的数值

在数据表格中，有时可能会应用一些随机的数据，这类数据可以使用 RAND 函数结合公式来产生，例如要产生一个 1 ～ 33 的任意整数，方法如下：

步骤 使用 RAND 函数可以产生一个 0 ～ 1 的随机小数，用 RAND 函数结果乘以数值 33 后进行取整运算，最后加上数值 1，即可得到 1 ～ 33 的任意整数。每当公式重新计算后，数值会随机变化，如下图所示。

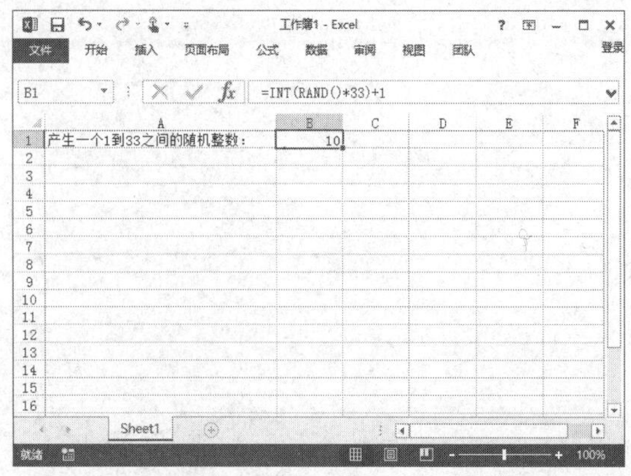

技巧 9.3

计算两日期间的间隔年数

在 Excel 中常常需要计算两个日期之间相差的时间，如果需要得到日期间相差的天数，可以直接使用日期数据相减，如果需要计算日期间相隔的年份，可以使用 YEARFRAC 函数，方法如下：

步骤 在 YEARFRAC 函数中将两个日期数据作为函数参数，即可得到日期之间的间隔年份，如右上图所示。

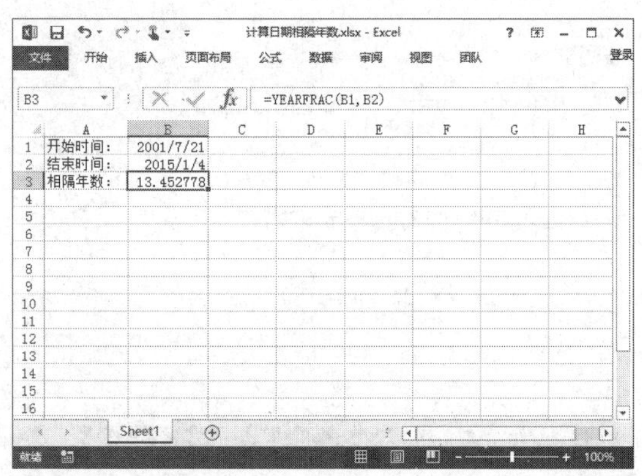

技巧 9.4

定义和使用单元格名称

在公式中引用单元格或单元格区域时，为了让公式更容易理解，便于对公式和数据进行维护，可以为单元格或单元格区域定义名称，当定义了名称后，在公式中可以直接通过该名称引用相应的单元格或单元格区域。定义单元格名称的方法如下：

步骤 ❶ 选择要定义名称的单元格或单元格区域；❷ 在名称框中输入要定义为的单元格名称并按【Enter】键即可，如下图所示。

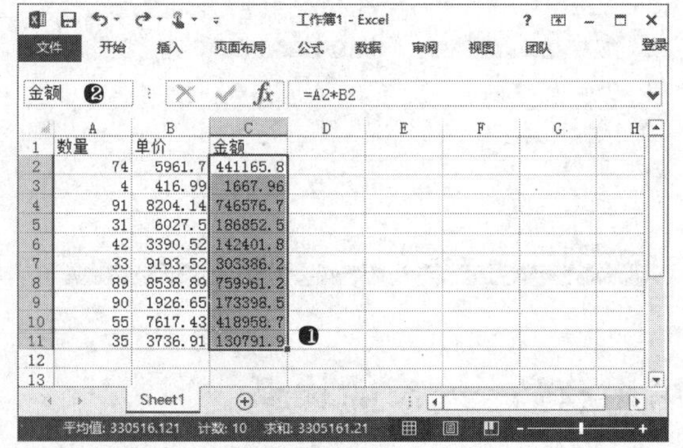

数量	单价	金额
74	5961.7	441165.8
4	416.99	1667.96
91	8204.14	746576.7
31	6027.5	186852.5
42	3390.52	142401.8
33	9193.52	303386.2
89	8538.89	759961.2
90	1926.65	173398.5
55	7617.43	418958.7
35	3736.91	130791.9

如果要删除定义的单元格或单元格区域名称，可以单击“公式”选项卡中的“名称管理器”按钮，在打开的对话框中修改或删除已定义的单元格或单元格区域名称。

技巧 9.5

将年月日数值转换为日期数据

在分析和处理 Excel 中的数据时，有时候需要用年份数、月份数及日数来合成一个日期数据，此时可以使用 DATE 函数，具体方法如下：

在要得到日期数据的单元格中使用 DATE 函数，设置函数第 1 个参数为目标日期数据的年份，设置函数第 2 个参数为目标日期数据的月份，设置函数第 3 个参数为目标日期数据的日数，如右图所示。

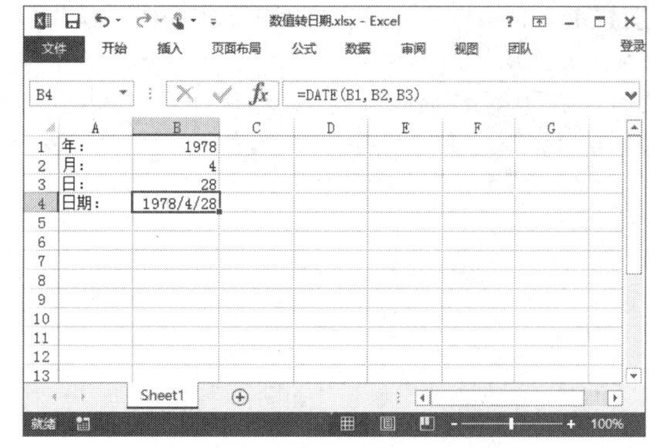

实战训练——统计员工工资

在使用 Excel 对数据资料进行管理、查询与分析时，常常会用到一些公式和各类函数对表格中的数据进行计算和统计，下面以制作“员工工资表”为例，为读者介绍 Excel 中公式和函数的综合应用。

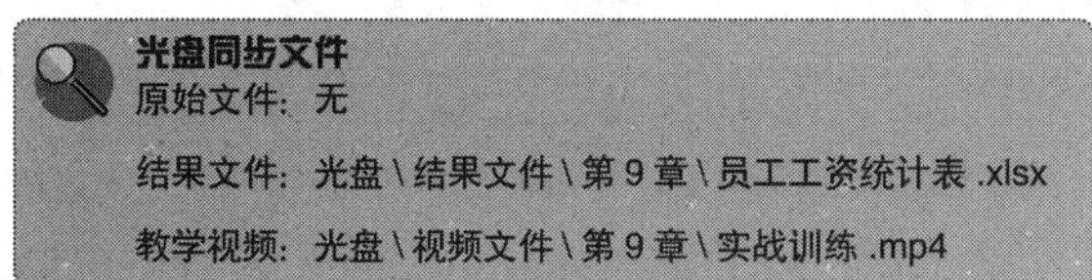

光盘同步文件
原始文件：无
结果文件：光盘 \ 结果文件 \ 第 9 章 \ 员工工资统计表 .xlsx
教学视频：光盘 \ 视频文件 \ 第 9 章 \ 实战训练 .mp4

步骤 01 打开素材工作簿，在 B4 单元格内输入根据岗位计算补贴的公式，如岗位为“经理”，补贴为 800，再判断如果岗位是“主管”，则补贴为 500，否则补贴为 300，如下图所示。

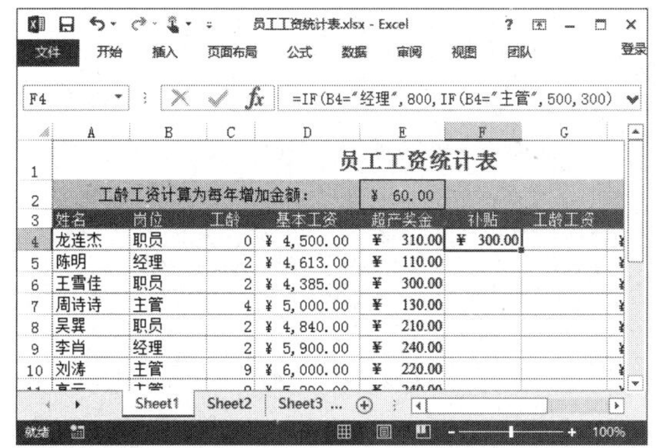

步骤 02 双击 B4 单元格右下角的填充柄填充公式，如右上图所示。

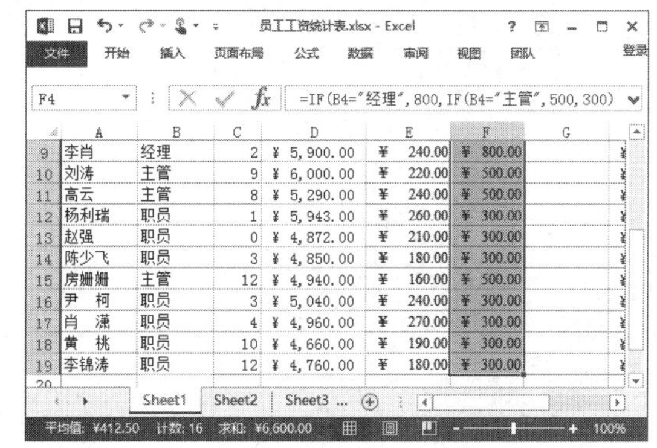

步骤 03 ❶ 在 G4 单元格中输入公式“=C4*$E$2”，用工龄乘以 E2 单元格中的数值，由于公式填充后 E2 单元格填充不能发生变化，故 E2 单元格使用绝对引用；❷ 填充公式至数据表整列，如下图所示。

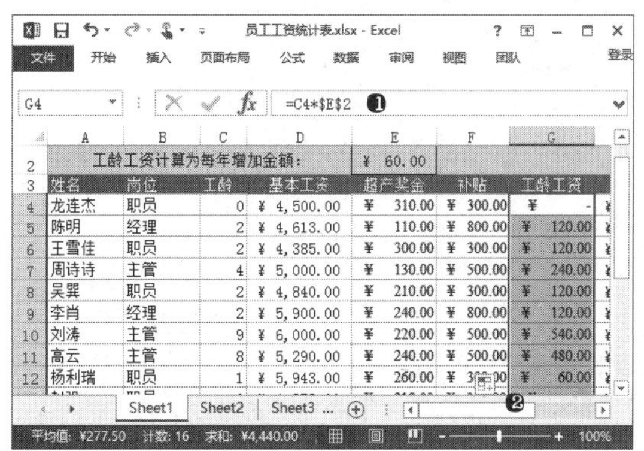

步骤 04 ❶ 在 I4 单元格中输入公式 "=SUM(D4:G4)-H4"，用 SUM 函数计算出 D4:G4 单元格区域的数值之和，减去"扣款"H4 单元格，得到应发工资；❷ 填充公式至数据表整列，如下图所示。

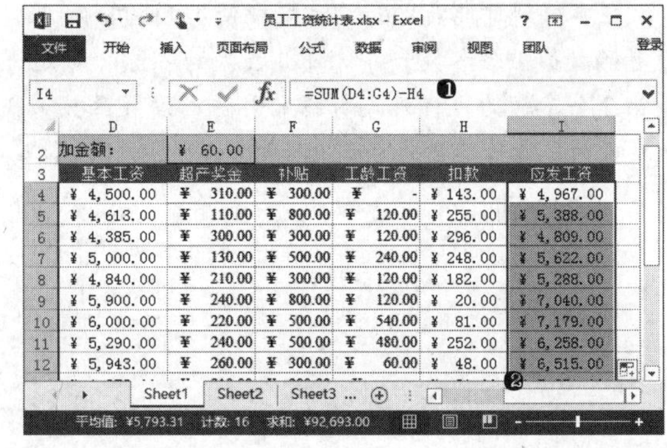

本章小结

本章结合实例主要讲述了 Excel 公式和函数的应用。在日常办公应用中，常常需要对 Excel 数据表中的数据进行各类运算，运用公式可以实现运算功能，使用函数则可以快速实现一些特定的运算过程，快速得到运算结果，综合使用公式和函数，可以让 Excel 中的数据计算、处理和分析更快捷、更方便。

第 10 章 Excel 中数据的分析与处理

本章导读

数据的统计与分析是 Excel 中最强大的功能之一，利用 Excel 可以快速方便地对大量数据进行统计与分析。本章将为读者介绍在 Excel 2010 中数据统计及分析功能的应用方法，例如数据的排序、筛选、分类汇总等，并且还可以应用一些数据分析工具对数据变化及趋势进行预测。

知识要点

◆数据的排序

◆分类汇总

◆数据分析工具的应用

◆数据的筛选

◆条件格式

◆数据分析与处理技巧

案例展示

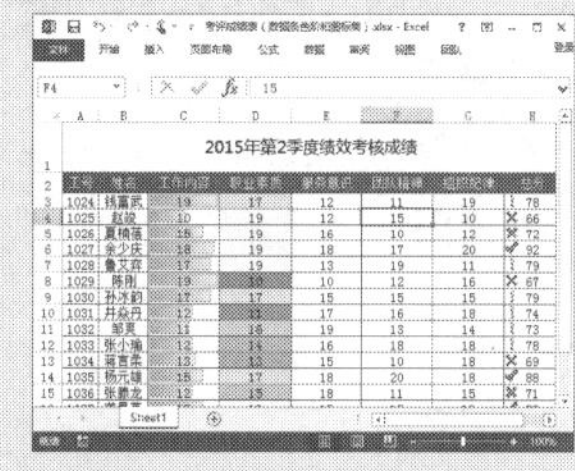

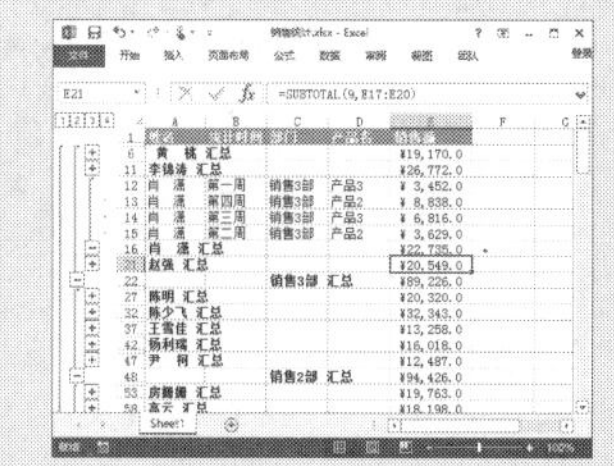

基础入门——必知必会

10.1 表格数据的排序

在查看表格数据时，常常需要让表格中的数据按一定的顺序进行排列，以便于对数据进行查看和分析，本节将介绍对表格数据进行排序的方法。

10.1.1 快速对数据排序

在 Excel 数据表格中，使用排序功能可以使表格中的各条数据依照某列中数据的大小重新调整位置，例如在成绩表中需要根据成绩总分的高低，从大到小对数据进行排序，可以使用以下操作：

光盘同步文件

原始文件：光盘\原始文件\第 10 章\成绩表.xlsx

结果文件：光盘\结果文件\第 10 章\成绩表.xlsx

教学视频：光盘\视频文件\第 10 章\快速排序.mp4

步骤 ❶选择“总分”列中的任意一个单元格；❷单击“数据”选项卡中的“降序”按钮，即可将数据按“总分”从大到小的顺序进行排列，如右图所示。

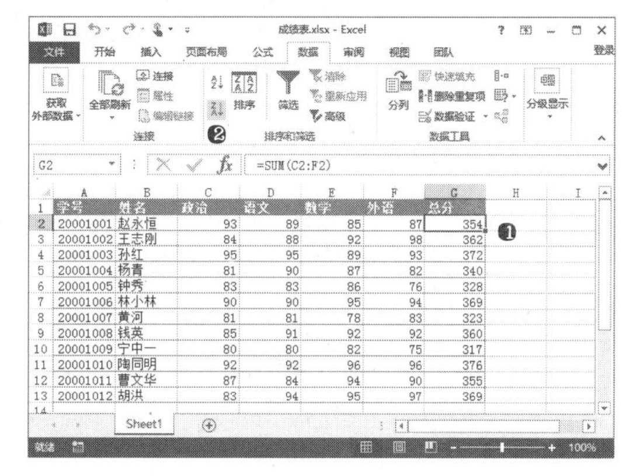

学号	姓名	政治	语文	数学	外语	总分
20001001	赵永恒	93	89	85	87	354
20001002	王志刚	84	88	92	98	362
20001003	孙红	95	95	89	93	372
20001004	杨青	81	90	87	82	340
20001005	钟秀	83	83	86	76	328
20001006	林小林	90	90	95	94	369
20001007	黄河	81	81	78	83	323
20001008	钱英	85	91	92	92	360
20001009	宁中一	80	80	82	75	317
20001010	陶同明	92	92	96	96	376
20001011	曹文华	87	84	94	90	355
20001012	胡洪	83	94	95	97	369

如果要使数据按升序进行排列，可单击“升序”按钮；除以数值类数据列为排序依据外，也可以使用日期、文字等各类数据列作为排序依据。在使用排序命令时，应针对于整个数据表格，如果选择的排序区域不是完整的数据表格区域，则无法进行排序或导致排序后数据出现错误。

10.1.2 多关键字复杂排序

在排序表格中的数据时，当作为排序条件的列中具有大量相同的值，如果要让这些数据的顺序依照另一列中的数据大小进行排列，此时可以将多列数据作为排序条件。例如，在工资表中需要根据“工龄”列中的数据进行降序排列，若“工龄”相同，则根据“基本工资”进行降序排列，具体操作如下：

> **光盘同步文件**
> 原始文件：光盘\原始文件\第 10 章\员工工资统计表 .xlsx
> 结果文件：光盘\结果文件\第 10 章\员工工资统计表 .xlsx
> 教学视频 光盘\视频文件\第 10 章\多关键字复杂排序 .mp4

步骤 01 ❶ 选择要进行排序的数据区域；❷ 单击“数据”选项卡中的“排序”按钮，如下图所示。

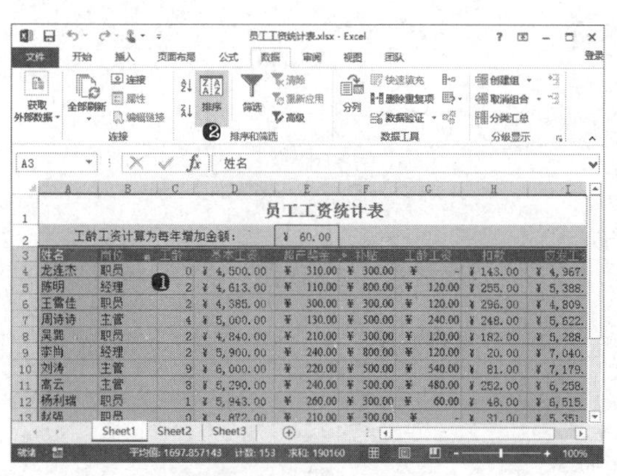

步骤 02 ❶ 在“排序”对话框中设置“主要关键字”为“工龄”；❷ 设置“排序依据”为“数值”；❸ 设置“次序”为“降序”；❹ 单击“添加条件”按钮，如下图所示。

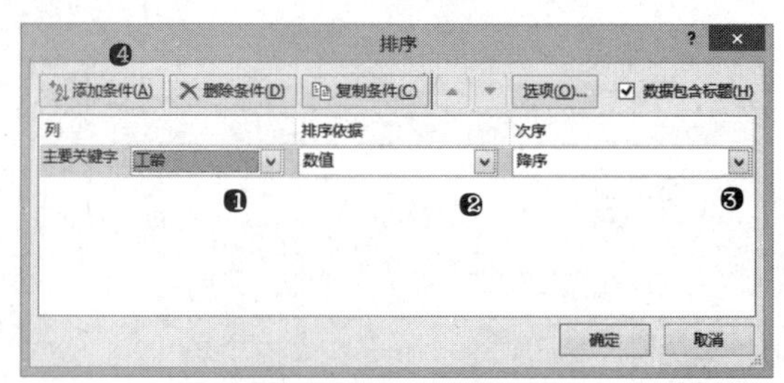

步骤 03 ❶ 设置“次要关键字”为“基本工资”；❷ 设置“排序依据”为“数值”；❸ 设置“次序”为“降序”；❹ 单击“确定”按钮，如下图所示。

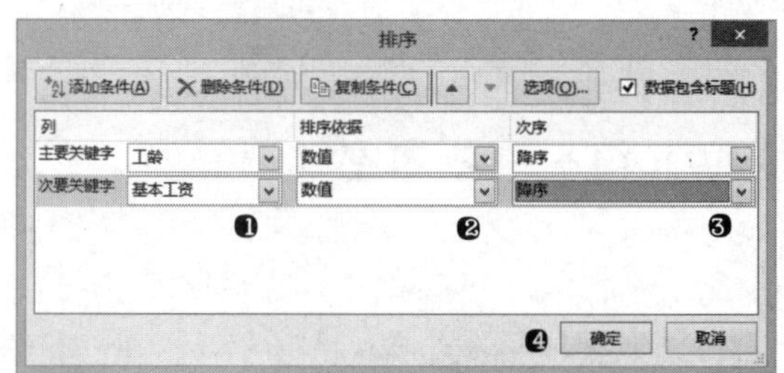

10.2 对数据进行筛选

如果要从含有大量数据的表格中找出符合指定条件的数据，可以使用 Excel 中的筛选功能，该功能可以快速列举出表格区域中所有符合指定条件的数据，接下来为读者介绍该功能的具体使用方法。

10.2.1 自动筛选

要快速根据一列或多列数据中的条件筛选出数据，可以使用“自动筛选”命令，使用自动筛选功能的方法如下：

> **光盘同步文件**
> 原始文件：光盘\原始文件\第 10 章\员工工资统计表 .xlsx
> 结果文件：光盘\结果文件\第 10 章\员工工资统计表（自动筛选）.xlsx
> 教学视频：光盘\视频文件\第 10 章\自动筛选 .mp4

步骤 01 ❶ 选择要应用自动筛选的数据表区域；❷ 单击“数据”选项卡中的“筛选”按钮，如右图所示。

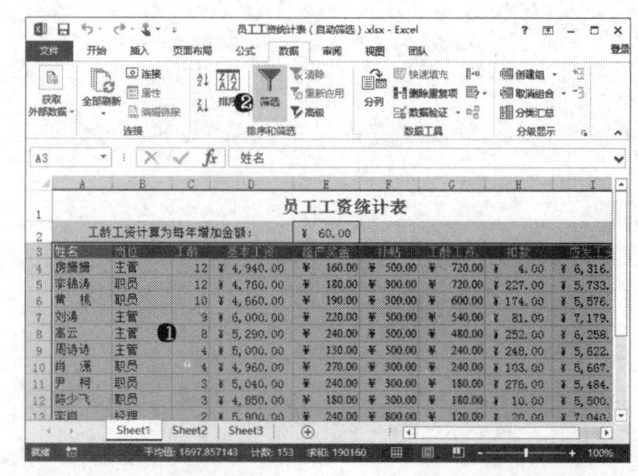

步骤 02 当选择“自动筛选”命令后，在表格数据区域的各列标题单元格上，均出现一个箭头按钮，单击该按钮可以设置

相应列中的数据筛选条件，多个字段可以同时设置不同的筛选条件，设置多列筛选条件时，只需要逐一为不同的列设置筛选条件即可。

10.2.2 高级筛选

在 Excel 中对数据进行筛选时，还可以以输入条件的方式自行定义筛选条件。利用高级筛选功能对数据进行筛选，可以扩展筛选方式和筛选功能。高级筛选功能的应用方法如下：

光盘同步文件

原始文件：光盘 \ 原始文件 \ 第 10 章 \ 员工工资统计表 .xlsx

结果文件：光盘 \ 结果文件 \ 第 10 章 \ 员工工资统计表（高级筛选）.xlsx

教学视频：光盘 \ 视频文件 \ 第 10 章 \ 自动筛选 .mp4

1．制作条件区域

在使用高级筛选命令前，首先需要在空白单元格中输入筛选条件，制作条件区域，如果要以单个条件作为条件区域，可以使用以下方法：

在空白单元格中输入作为筛选条件的列标题文本，亦可将原数据区域中的列标题单元格复制到该空白单元格中，在下方单元格内输入表示筛选条件的文本内容，即使用比较运算符和数值来表示，如下图所示。

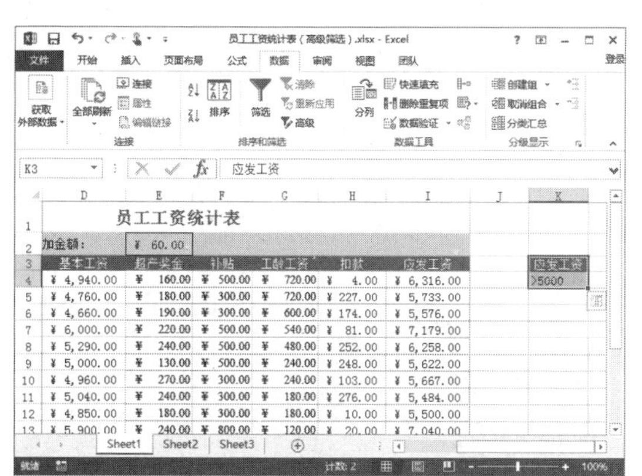

如果要以多个并列条件作为筛选条件，即要筛选出同时满足多个条件的数据时，制作条件区域的方法如下：

将多个列标题文本并排放置于一行中，分别在各列标题文本下方的单元格中输入该列的条件文本，如下图所示的条件区域，表示筛选出“工龄”字段值大于等 8 同时“基本工资”大于 5000 的数据，如右上图所示。

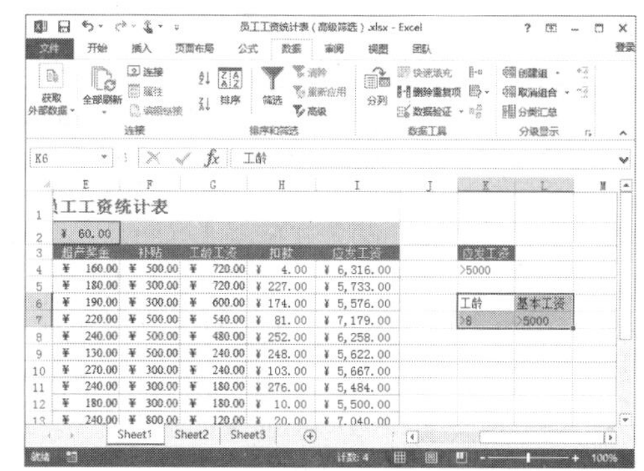

如果要设置多个条件以“或”的关系进行数据筛选，即多个条件中满足任意一个条件的数据都被筛选出，则条件区域可以按以下方式制作。

将多个列标题文本并排放置于一行中，为各列设置条件时将条件放置于不同的行中即可，如下图所示的条件区域，表示筛选出“工龄”大于等于 8 的数据以及“基本工资”大于 5000 的数据。

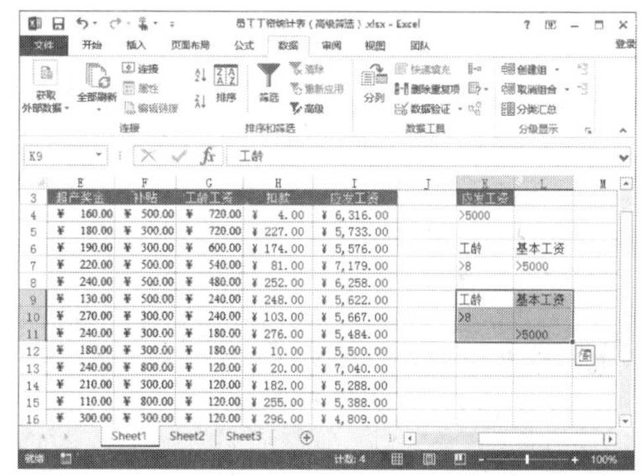

2．开始高级筛选

当设置好筛选条件后，即可使用“高级筛选”命令对数据进行筛选，具体方法如下：

步骤 01 ❶ 选择要进行筛选的数据区域；❷ 单击“数据”选项卡中“排序和筛选”组中的“高级”按钮，如下图所示。

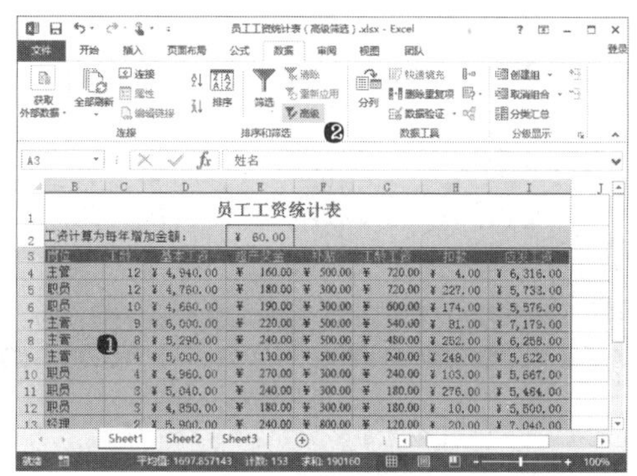

步骤 02 ❶在“高级筛选”对话框中的“列表区域”文本框中输入或选择工作表中要进行筛选的数据单元格区域；❷在“条件区域”文本框中输入或引用条件单元格区域；❸单击“确定”按钮即可筛选出相应的数据。如右图所示。

使用“高级筛选”命令对数据表中的数据进行筛选后，不满足筛选条件的数据行将自动隐藏。如果要取消筛选，可以单击“数据”选项卡“排序和筛选”组中的“清除”按钮；如果需要将筛选结果复制到其他位置，可以在“高级筛选”对话框中选择“将筛选结果复制到其他位置”单选按钮，然后在“复制到”文本框中输入或引用复制到的目标单元格引用地址即可。

10.3 对数据进行分类汇总

在对数据进行查看和分析时，有时需要对数据按照某列中的数据进行分类排列，并计算出不同类别数据的汇总结果，此时可以使用“分类汇总”命令。通过使用“分类汇总”命令可以自动计算数据表中不同类别数据的汇总结果。在使用分类汇总时，表格区域中需要有分类字段和汇总字段。分类字段，即对数据类型进行区分的列，该列中的数据包含多个值，且数据中具有重复值，如性别、学历、职位等；汇总字段，即对不同类别的数据进行汇总计算的列，汇总方式可以为计算、求和、求平均值等。例如，要在全年级成绩表中统计出不同班级的平均成绩，则将班级数据所在的列作为分类字段，将成绩作为汇总项，汇总方式则采用求平均值的方式。

10.3.1 创建分类汇总

要创建分类汇总，首先需要在数据表中根据分类字段进行排序，然后执行“分类汇总”命令，具体方法如下：

光盘同步文件

原始文件：光盘 \ 原始文件 \ 第 10 章 \ 分类汇总 .xlsx

结果文件：光盘 \ 结果文件 \ 第 10 章 \ 分类汇总 .xlsx

教学视频：光盘 \ 视频文件 \ 第 10 章 \ 分类汇总 .mp4

步骤 01 ❶选择“性别”列中的任意单元格；❷单击“数据”选项卡中“排序和筛选”组中的“降序”按钮，如下图所示。

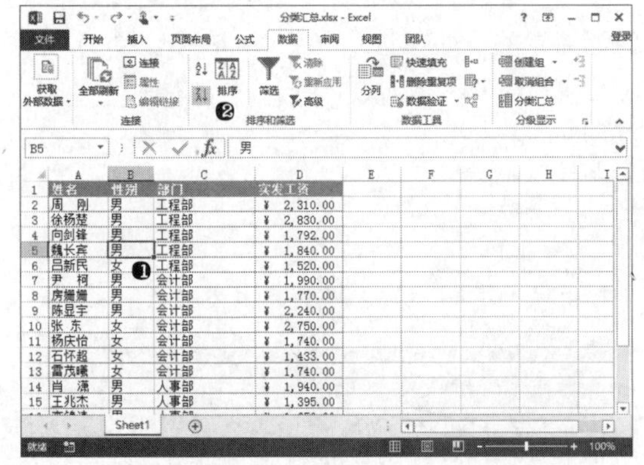

步骤 02 单击“数据”选项卡“分级显示”组中的“分类汇总”按钮，如下图所示。

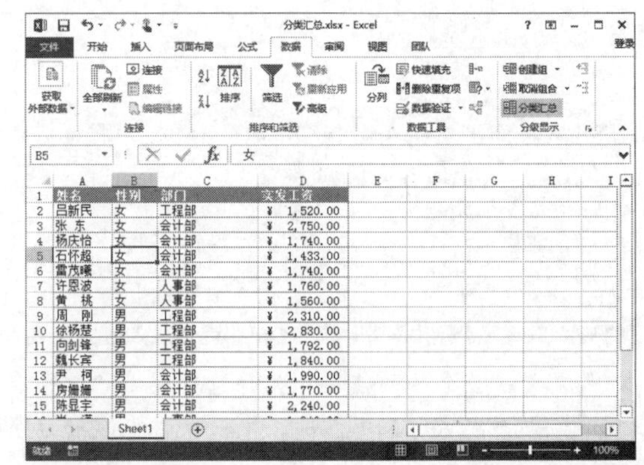

步骤 03 打开“分类汇总”对话框，❶在“分类字段”下拉列表中选择之前排序的字段“性别”；❷在“汇总方式”下拉列表中选择要进行汇总的计算方式“平均值”；❸在“选定汇总项”列表框中选中要进行汇总计算的字段“实发工资”复选框；❹单击“确定”按钮，如下图所示。

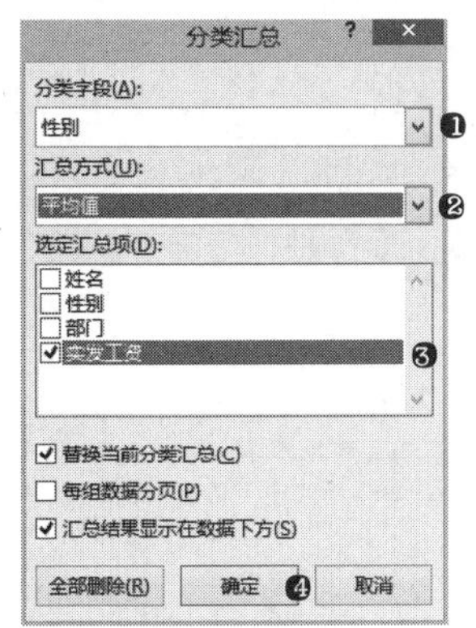

10.3.2　显示与隐藏汇总明细

在对数据表进行了分类汇总之后，表格中将以分级显示的方式显示汇总数据和明细数据，若要隐藏某类别数据的明细数据，操作如下：

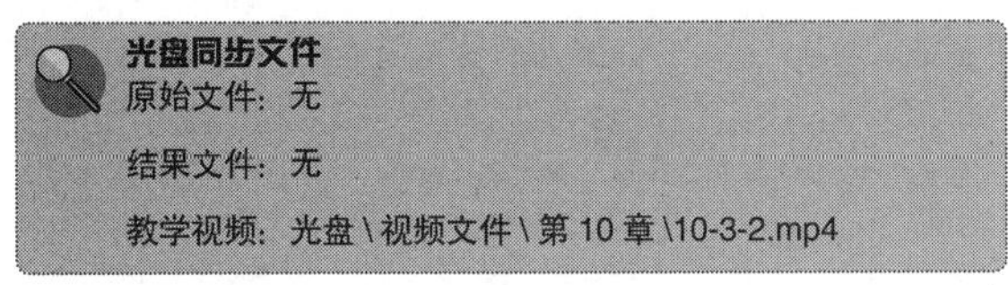

光盘同步文件
原始文件：无
结果文件：无
教学视频：光盘 \ 视频文件 \ 第 10 章 \10-3-2.mp4

单击工作表左侧分级显示栏中的“-”按钮，可以将相应组中的明细数据进行隐藏；单击“+”按钮，可以显示出该分级中的明细数据，具体操作如下图所示。

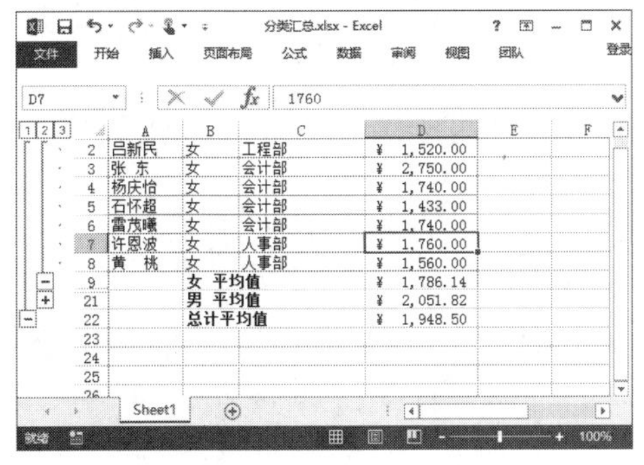

10.3.3　嵌套分类汇总

在使用“分类汇总”命令对数据进行分析和统计时，如果已经对数据进行了一次分类汇总，再对数据采用另一个分类字段进行分类汇总，则为嵌套分类汇总，例如，在工资表中具有“性别”、“部门”和“实发工资”字段，如果需要汇总出不同性别的员工在不同部门中的平均工资，则可先以“性别”为分类字段对“实发工资”进行平均值汇总，再以“部分”为分类字段对“实发工资”进行平均值汇总，即可得到嵌套分类汇总的结果，具体操作如下：

光盘同步文件
原始文件：光盘 \ 原始文件 \ 第 10 章 \ 嵌套分类汇总 .xlsx
结果文件：光盘 \ 结果文件 \ 第 10 章 \ 嵌套分类汇总 .xlsx
教学视频：光盘 \ 视频文件 \ 第 10 章 \ 嵌套分类汇总 .mp4

步骤 01 打开已完成第一次分类汇总的素材文件，❶选择“部门”列中的任意单元格；❷单击“数据”选项卡中“分级显示”组中的“分类汇总”按钮，如下图所示。

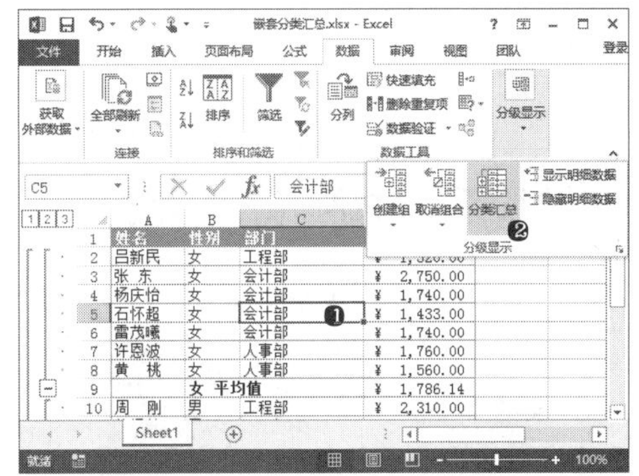

步骤 02 打开“分类汇总”对话框，❶在“分类字段”下拉列表中选择之前排序的字段“部门”；❷在“汇总方式”中选择要进行汇总的计算方式“平均值”；❸在“选定汇总项”列表框中选中要进行汇总计算的字段“实发工资”复选框；❹取消选择“替换当前分类汇总”选项；❺单击“确定”按钮，如下图所示。

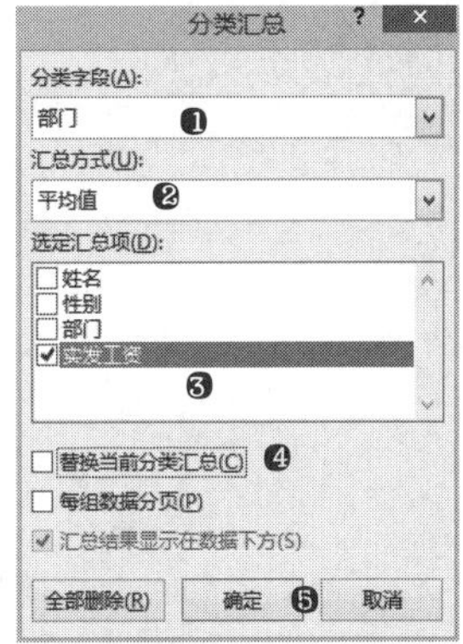

10.3.4　删除分类汇总

如果需要清除数据中的分类汇总，可以使用以下方法：

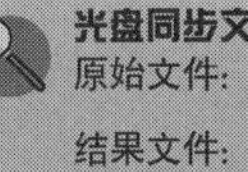

光盘同步文件
原始文件：无
结果文件：无
教学视频：光盘 \ 视频文件 \ 第 10 章 \10-3-4.mp4

步骤再次单击“数据”选项卡中的“分类汇总”按钮，打开“分类汇总”对话框，单击“全部删除”按钮，即可将分类汇总删除，如下图所示。

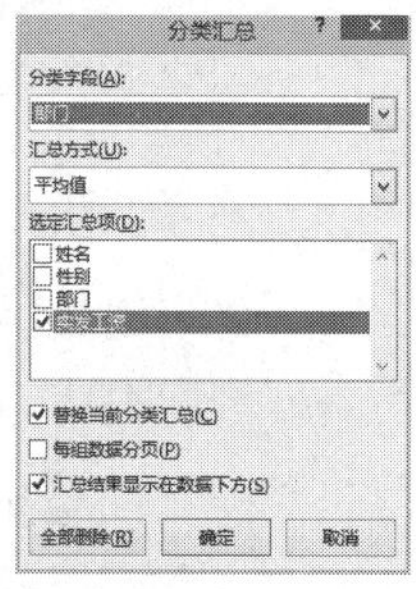

10.4 使用条件格式分析数据

在大型数据表的统计分析中，为了便于区别和查看，可以使用条件格式对内容进行突出显示，让数据变得更加直观，以便在统计分析时，能够轻松地查询与分析。

10.4.1 根据规则突出显示单元格

在数据表中，可以通过一定的规则来突出显示单元格，从而使表格的数据显示更清晰，数据之间的关系也能更直观地体现。例如，在对成绩进行统计分析时，可以标识出指定范围中及格或者不及格的科目，具体操作步骤如下：

光盘同步文件
原始文件：光盘\原始文件\第 10 章\考评成绩表 .xlsx
结果文件：光盘\结果文件\第 10 章\考评成绩表 .xlsx
教学视频：光盘\视频文件\第 10 章\考评成绩表 .mp4

步骤 01 ❶ 选择要应用条件格式的单元格区域；❷ 单击“开始”选项卡中的“条件格式”按钮；❸ 选择“突出显示单元格规则”命令；❹ 选择要应用的规则，如“小于”，如下图所示。

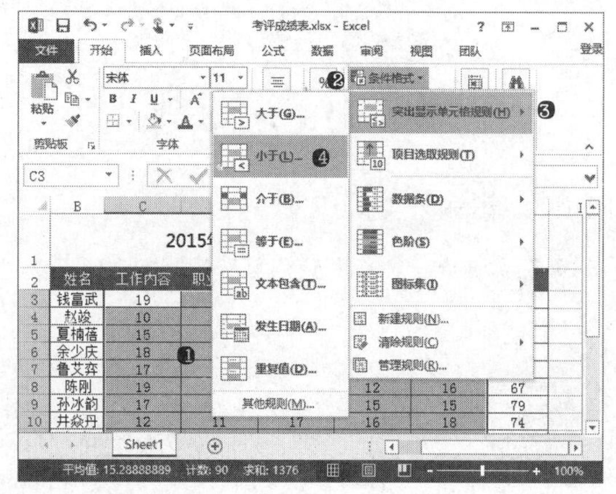

步骤 02 打开“小于”对话框，❶ 输入“15”，对数字小于 15 的单元格应用样式；❷ 选择满足条件的单元格要应用的样式；❸ 单击“确定”按钮，如下图所示。

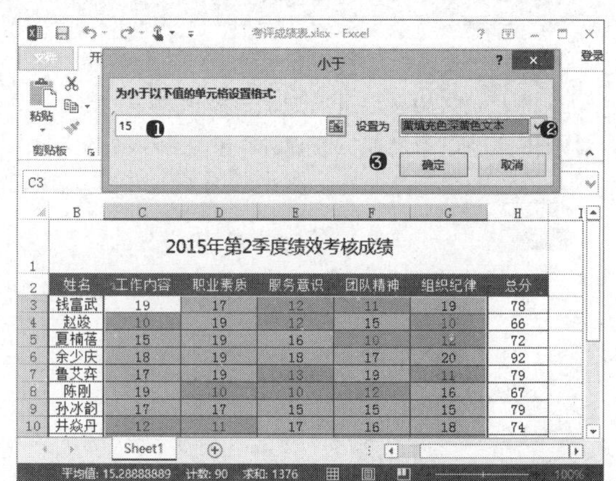

如果要突出显示大于指定数值的单元格时，可以使用“条件格式”中“突出显示单元格规则”中的“大于”命令；如果要突出显示数值在一个区间范围内的单元格，则使用“介于”命令；如果要突出显示单元格数据与指定数据相同的单元格，则使用“等于”命令。使用“突出显示单元格规则”中的“重复值”命令，可以将数据表中唯一的值和有重复值的单元格标识出来；如果要将包含指定日期的单元格标识出来，则可以使用“突出显示单元格规则”中的“发生日期”命令；如果要对规则进行自行定义，则可以在“突出显示单元格规则”子菜单中选择“其他规则”命令，自行设置单元格突出显示的规则。

10.4.2 根据项目选取规则突出显示单元格

在对数据进行查看分析时，如果要将数据中的最大值和最小值所有的单元格突出显示，则可以使用条件格式中的“项目选取规则”命令。该命令将在选择的一个或多个区域中进行最大值、最小值和高于或低于平均值的比较，并将该值所在单元格进行突出显示。应用方法如下：

光盘同步文件
原始文件：光盘\原始文件\第 10 章\考评成绩表 .xlsx
结果文件：光盘\结果文件\第 10 章\考评成绩表（项目选取规则）.xlsx
教学视频：光盘\视频文件\第 10 章\考评成绩表（项目选取规则）.mp4

步骤 01 ❶选择要应用条件格式的单元格区域；❷单击“开始”选项卡中的“条件格式”按钮；❸选择“项目选取规则”命令；❹选择要应用的规则，如“前 10 项”，如下图所示。

步骤 02 在打开的对话框中，❶输入要设置格式的单元格个数，如前 5 项；❷选择满足条件的单元格要应用的样式；❸单击“确定”按钮，如下图所示。

如果要突出显示最小的几项，则可以在“项目选项规则”子菜单中选择“值最小 10 项”命令；在“项目选取规则”子菜单中的“值最大的 10 项”命令用于选取数据中指定个数的符合规则的单元格，而“值最大的 10% 项”命令，则会根据选择区域的总的单元格个数和设置的百分比，自动计算出选择符合条件的单元格的个数；如果要将单元格中的数据与整体区域中数据的平均值作比较，然后来突出显示单元格，可以使用“高于平均值”和“低于平均值”命令。

10.4.3 使用数据条、色阶和图标集标识单元格

除应用普通格式突出显示单元格外，还可使用数据条、色阶、图标等特殊格式。

光盘同步文件
原始文件：光盘\原始文件\第 10 章\考评成绩表 .xlsx
结果文件：光盘\结果文件\第 10 章\考评成绩表（数据条色阶和图标集）.xlsx
教学视频：光盘\视频文件\第 10 章\考评成绩表（数据条色阶和图标集）.mp4

（1）数据条。

步骤 ❶选择要添加数据条标识的数据区域（如“工作内容”列）；❷单击“条件格式”按钮，选择“数据条”命令；❸选择一种数据条标识效果，如下图所示。

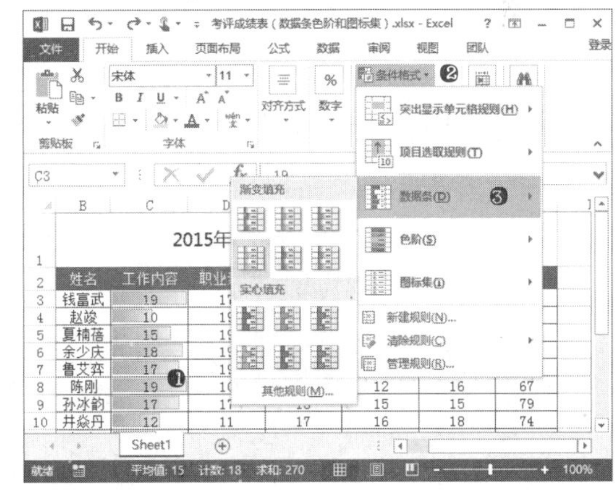

（2）色阶。

步骤 ❶选择要添加色阶标识的数据区域（如“职业素质”列）；❷单击“条件格式”按钮，选择“数据条”命令；❸选择一种色阶标识效果，如下图所示。

（3）图标集

步骤❶ 选择要添加图标集标识的数据区域（如“总分”列）；❷单击“条件格式”按钮，选择“数据条”命令；❸选择一种图标集标识效果，如下图所示。

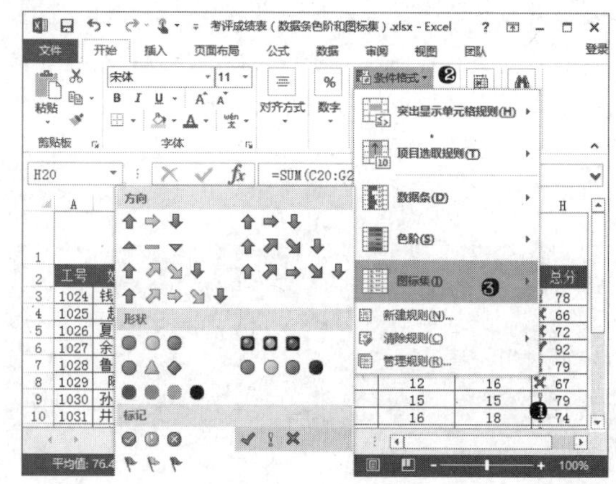

10.5 使用数据分析工具

在对数据进行分析统计时，常常还可能需要对数据的变化趋势进行分析和模拟、对目标变化数据进行推测分析，以及对多条数据根据不同的类别进行合并等操作，在 Excel 中可以应用数据分析工具进行这类分析和计算。

10.5.1 使用单变量求解

当利用公式对单元格中的数据进行计算后，如果要分析在公式达到一个目标值时，公式中所引用的某一个单元格值的变化情况，可以使用“单变量求解”命令。

在使用“单变量求解”命令时，首先需要确定以下几个元素：

（1）目标单元格：即单元格中要达到一个新目标值的单元格，且该单元格为公式单元格。

（2）目标值：要让目标单元格中的公式计算结果达到的值。

（3）可变单元格：通过该单元格的值变化使目标单元格达到目标值，即要存放使用“单变最求解”命令得到的结果值的单元格。

例如，在表格中利用公式计算出了抵押贷款的月供金额，通过“单变量求解”命令，可以对当月供金额为某一目标值时的首付金额进行计算。具体操作如下：

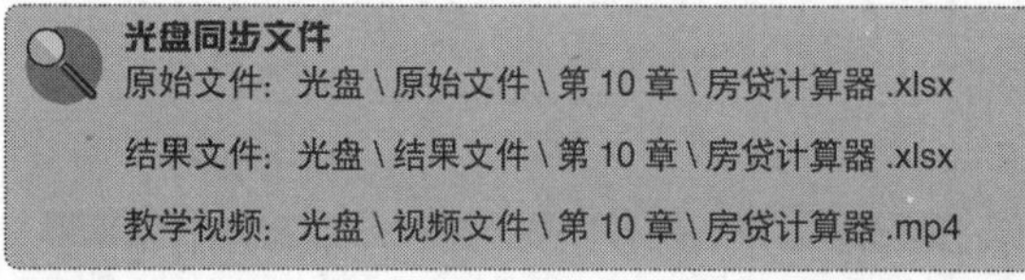
光盘同步文件
原始文件：光盘\原始文件\第 10 章\房贷计算器 .xlsx
结果文件：光盘\结果文件\第 10 章\房贷计算器 .xlsx
教学视频：光盘\视频文件\第 10 章\房贷计算器 .mp4

步骤 01❶ 选择目标单元格“B6”；❷单击“数据”选项卡中的“模拟分析”按钮；❸选择“单变量求解”命令，如右上图所示。

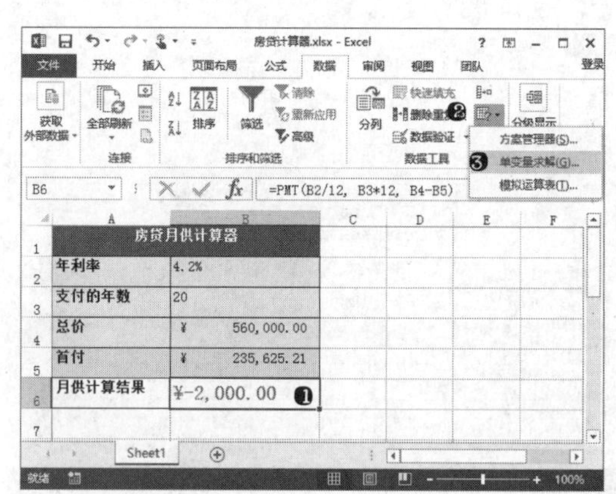

步骤 02 ❶在打开的对话框中设置目标单元格为"B6"；❷设置目标值为要达到的月供计算结果，如要计算出月供为 2500 时的首付金额，则设置目标值为 -2500；❸设置可变单元格为公式中代表首付金额的单元格"B5"；❹单击"确定"按钮，完成单变量求解的设置，如下图所示。

步骤 03 在新打开的对话框中单击"确定"按钮，在可变单元格中将出现新结果，即计算出首付金额为 154531.52，如下图所示。

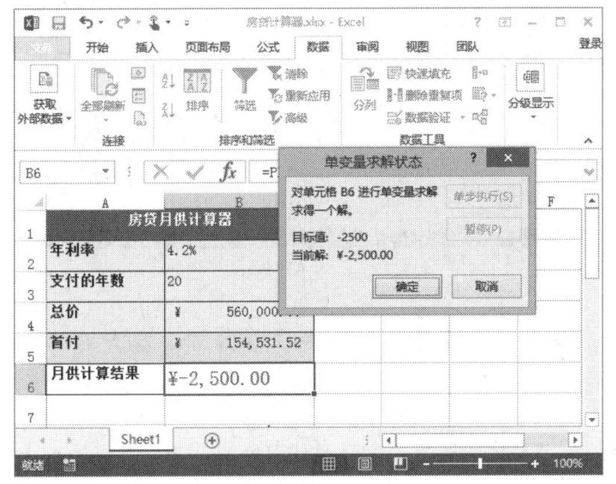

10.5.2 使用模拟运算表

在对数据进行分析处理时，如果需要查看和分析某项数据发生变化时影响到的结果变化的情况，此时，可以使用模拟运算表。

模拟运算表的结果为一个表格区域，变化的数据是表格的行标题和列标题，而根据行标题和列标题数据值计算出的结果则作为表格区域中的数据。故在应用"模拟运算表"命令前，应先建立进行模拟运算表的表格区域，将用做分析变化情况的数据作为表格的行标题和列标题，而该表格区域的左上角单元格则用于放置进行模拟运算的公式。然后应用"模拟运算表"命令，命令会自动将行标题和列标题上的数据作为公式中相应的引用数据，自动计算出相应的公式结果，并放置到对应的数据单元格中。例如，要分析首付金额和贷款期限不同时月供的变化情况，具体方法如下：

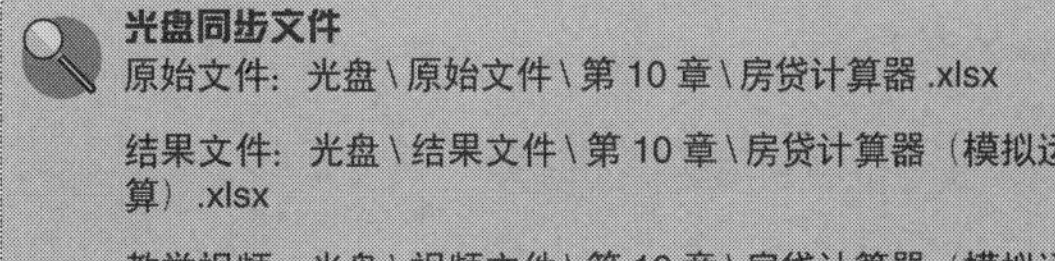

光盘同步文件

原始文件：光盘\原始文件\第 10 章\房贷计算器 .xlsx

结果文件：光盘\结果文件\第 10 章\房贷计算器（模拟运算）.xlsx

教学视频：光盘\视频文件\第 10 章\房贷计算器（模拟运算）.mp4

步骤 01 ❶在公式单元格下方和右侧分别列举用于表示不同首付金额和不同贷款年限的数据，并选择由此构成的表格区域；单击"数据"选项卡中的"模拟分析"按钮；❷选择"模拟运算表"命令，如下图所示。

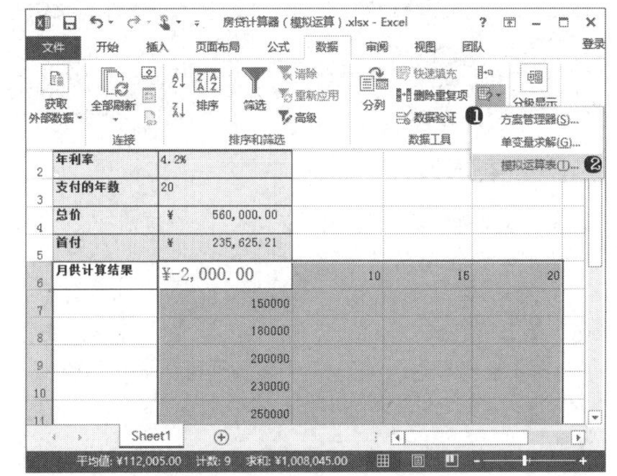

步骤 02 打开"模拟运算表"对话框，❶在"输入引用行的单元格"文本框中输入公式中引用支付年数数据的单元格"$B$3"；❷在"输入引用列的单元格"文本框中输入公式中引用的首付金额的单元格"$B$5"；❸单击"确定"按钮，完成模拟运算表计算，如下图所示。

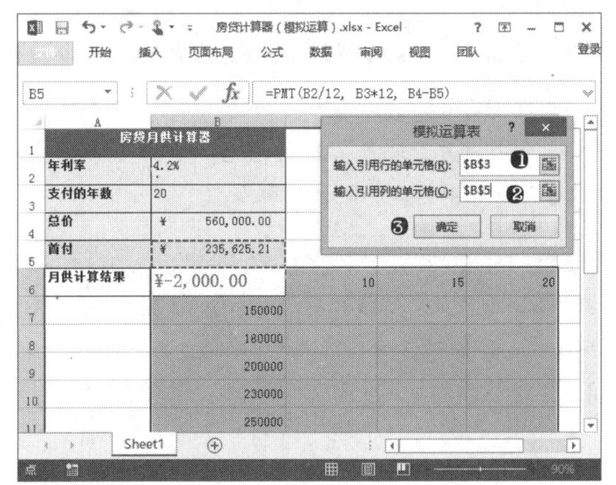

在应用模拟运算表时，必须保证用于分析计算的公式单元格存放于分析表单元格区域的左上角，在“模拟运算表”对话框中引用行的单元格和引用列的单元格都必须是公式中所引用的单元格。如果只需要根据一个变量的变化，引用行的单元格或引用列的单元格可以为空。

10.5.3　使用方案管理器

在进行数据分析管理时，可以使用方案管理器在数据表某些单元格中保留多个不同的取值，以便于保存、查看和分析单元格的不同取值时，数据表中数据的变化情况。方案管理器的具体使用方法如下：

光盘同步文件

原始文件：光盘 \ 原始文件 \ 第 10 章 \ 房贷计算器 .xlsx

结果文件：光盘 \ 结果文件 \ 第 10 章 \ 房贷计算器（方案管理）.xlsx

教学视频：光盘 \ 视频文件 \ 第 10 章 \ 房贷计算器（方案管理）.mp4

1．打开方案管理器

在管理 Excel 表格中的方案时，需要使用方案管理器。打开方案管理器的方法如下：

步骤 ❶ 单击“数据”选项卡中的“模拟分析”按钮；❷ 选择“方案管理器”命令，打开“方案管理器”，如下图所示。

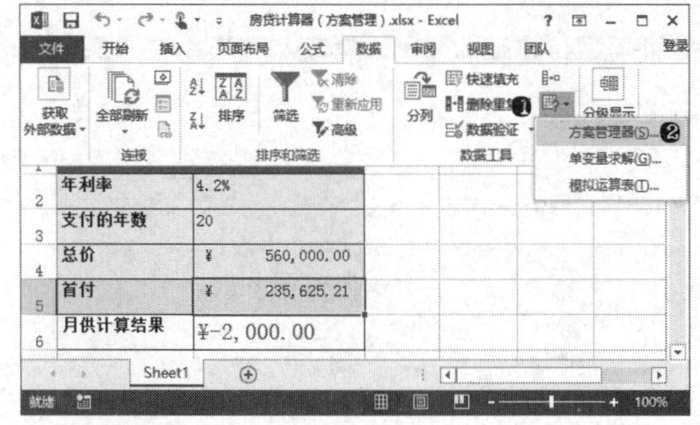

2．添加方案

打开“方案管理器”对话框后，单击“添加”按钮即可开始添加方案。具体步骤如下：

步骤 01 ❶ 在“添加方案”对话框的“方案名”文本框中输入方案名称；❷ 在“可变单元格”中引用 B3 和 B5 单元格；❸ 单击“确定”按钮，如右上图所示。

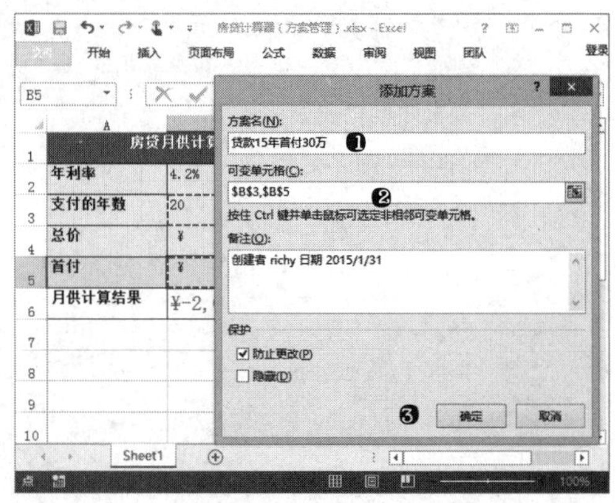

步骤 02 打开“方案变量值”对话框，❶ 设置 1 方案中“$B$3”单元格值为“15”；❷ 设置 2 方案中“$B$5”单元格值为“300000”；❸ 单击“确定”按钮，完成方案的添加，如下图所示。

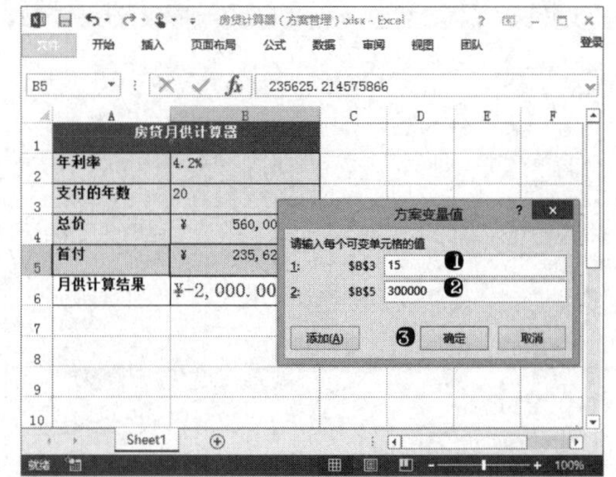

3．显示方案

添加了方案后，如果要显示出所选方案的结果，方法如下：

步骤 在“方案管理器”对话框中，❶ 在“方案”列表框中选择要显示的方案名称；❷ 单击“显示”按钮，即可将方案中存储的数据运用到表格中，如下图所示。

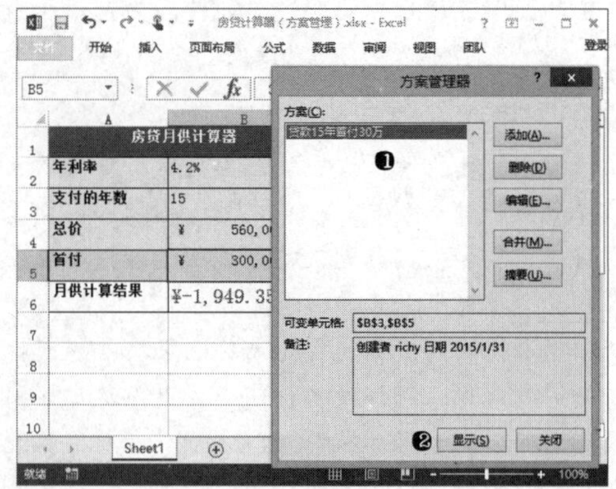

通常可以利用方案管理器添加多个不同的方案，然后对比查看不同的方案对整体数据的影响。在“方案”列表框中选择方案，单击对话框右侧的“删除”按钮，可以删除此方案；单击“编辑”按钮还可以对当前选中的方案内容进行修改。

实用技巧——技能提高

在前面的讲解中重点介绍了 Excel 中常用的数据分析和处理相关功能的基本使用方法，接下来为大家介绍一些数据分析和处理过程中可以运用的技巧。

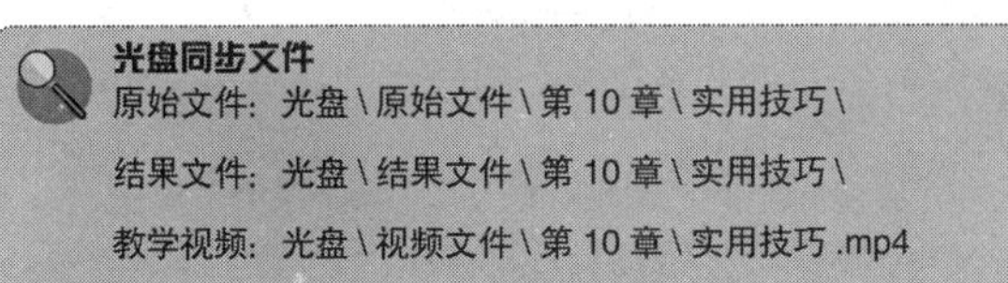

光盘同步文件

原始文件：光盘 \ 原始文件 \ 第 10 章 \ 实用技巧 \

结果文件：光盘 \ 结果文件 \ 第 10 章 \ 实用技巧 \

教学视频：光盘 \ 视频文件 \ 第 10 章 \ 实用技巧 .mp4

技巧 10.1

快速删除表格中重复的数据

在一个存储了大量数据的表格中，如果存在一些重复的数据，对于数据计算和分析的结果可能会产生严重的影响，在 Excel 中提供了快速删除重复数据的方法，具体操作方法如下：

步骤 01 打开“光盘 \ 原始文件 \ 第 10 章 \ 实用技巧 \ 员工信息表（含重复数据）.xlsx”文件，❶选择数据表中的任意单元格；❷单击“数据”选项卡“数据工具”组中的“删除重复项”按钮。

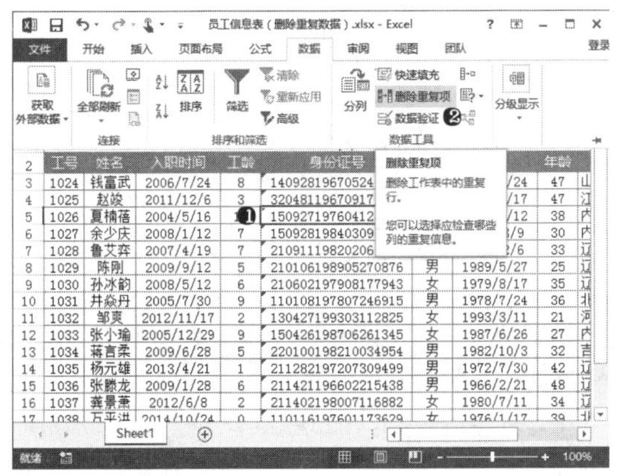

步骤 02 打开“删除重复项”对话框，在对话框中选择用于判断数据是否重复的数据列，例如通过“工号”和“姓名”来判定数据是否重复，选项设置如下图所示，最后单击“确定”按钮。

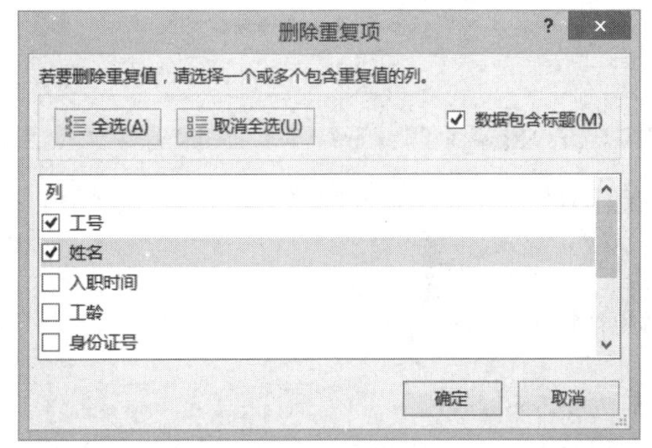

技巧 10.2

快速对数据进行合并计算

如果要将多个工作表或数据区域中的数据进行汇总和分析，可以将各工作表或数据区域中的数据合并到一个数据表区域中。例如，某公司 4 个季度各部门的销售数据分别存在不同的工作表中，则可以利用合并计算将各季度的数据合并到一个工作表中，具体方法如下：

步骤 01 打开“光盘 \ 原始文件 \ 第 10 章 \ 实用技巧 \ 合并计算 .xlsx”文件❶在“汇总”工作表中选择要得到汇总结果的表格区域；❷单击“数据”选项卡中的“合并计算”按钮，如下图所示。

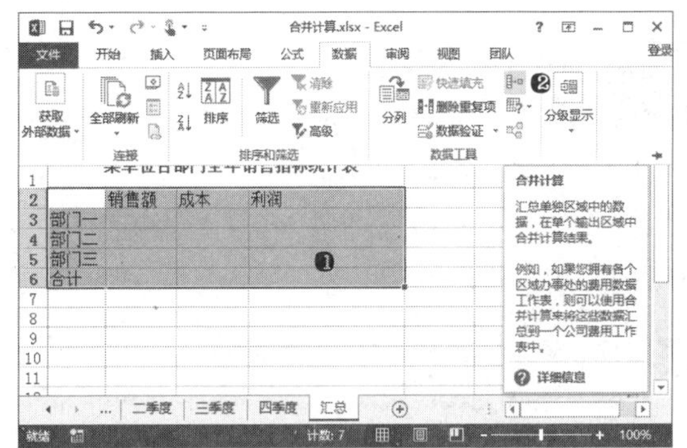

步骤 02 ❶ 在“函数”下拉列表中选择“求和”选项；❷ 在“引用位置”文本框中引用工作表“一季度”中的表格区域；❸ 单击“添加”按钮将区域添加到列表框中，如下图所示。

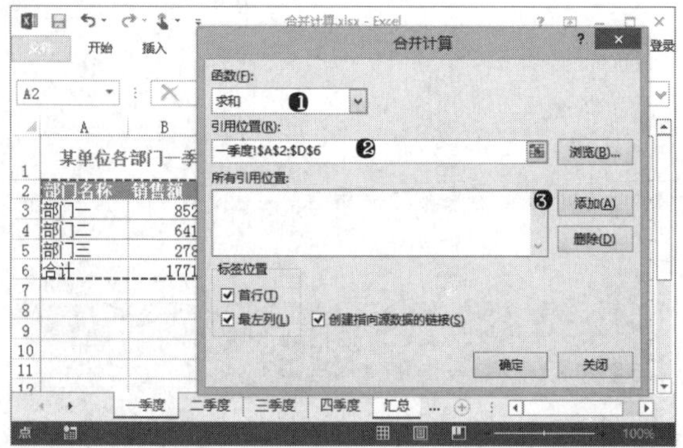

步骤 03 ❶ 用与前一步相同的方式将其他 3 张工作表中的数据区域添加到“所有引用位置”列表框中；❷ 选中“首行”、“最左列”和“创建指向源数据的链接”复选框；❸ 单击“确定”按钮完成合并运算，如下图所示。

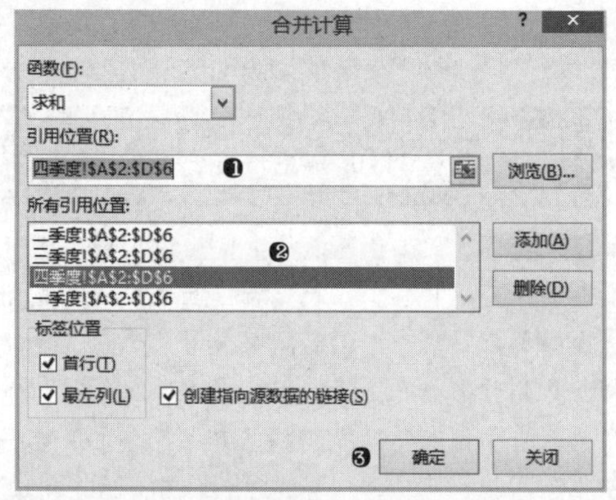

高手指引——关于创建指向源数据的链接

在进行合并计算时，如果选中了“创建指向源数据的链接”复选框，则合并计算的结果将以分级显示的方式呈现数据，并且，当原始数据表中的数据发生变化后，合并计算结果表中的结果也会随之变化。

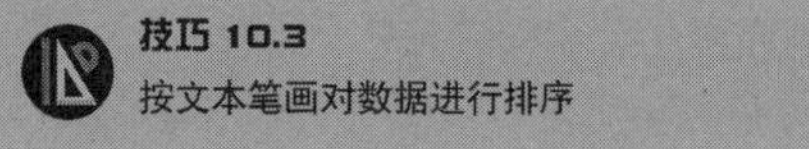

技巧 10.3 按文本笔画对数据进行排序

在对表格中的数据进行排序时，如果需要根据中文汉字的笔画对数据进行排序，例如，在成绩表中按姓名笔画对数据进行排序，方法如下：

步骤 01 打开“光盘\原始文件\第 10 章\实用技巧\成绩表.xlsx”文件，❶ 选择数据表中的任意单元格；❷ 单击“数据”选项卡中的“排序”按钮，如右上图所示。

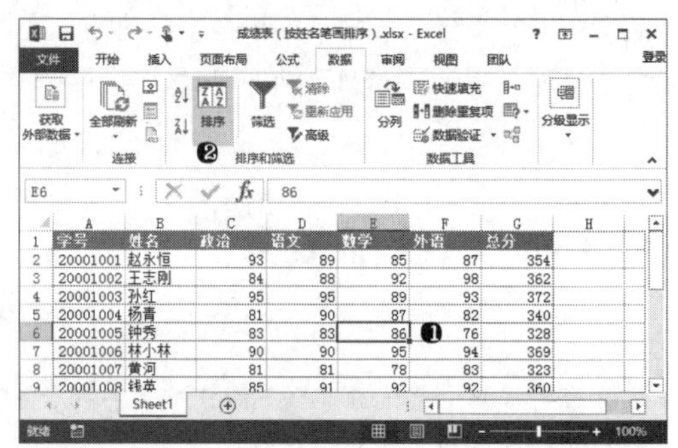

学号	姓名	政治	语文	数学	外语	总分
20001001	赵永恒	93	89	85	87	354
20001002	王志刚	84	88	92	98	362
20001003	孙红	95	95	89	93	372
20001004	杨青	81	90	87	82	340
20001005	钟秀	83	83	86	76	328
20001006	林小林	90	90	95	94	369
20001007	黄河	81	81	78	83	323
20001008	钱苹	85	91	92	92	360

步骤 02 打开“排序”对话框，❶ 在“主关键字”下拉列表中选择“姓名”字段；❷ 单击“选项”按钮，如下图所示。

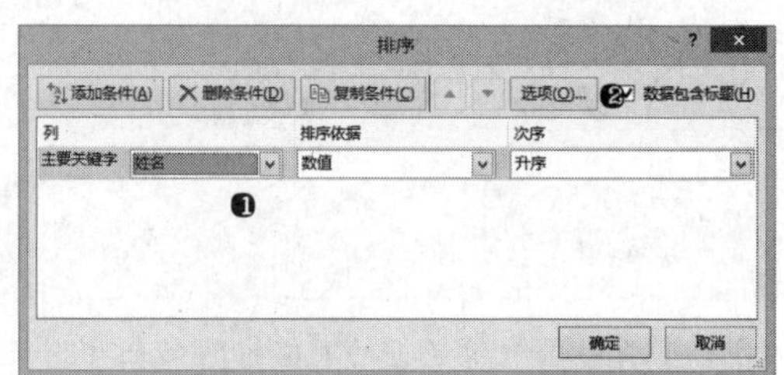

步骤 03 打开“排序选项”对话框，❶ 选择“笔画排序”单选按钮；❷ 单击“确定”按钮，如下图所示。

在“排序”对话框中完成排序设置并单击“确定”按钮后，表中的数据将按姓名笔画数进行排序。

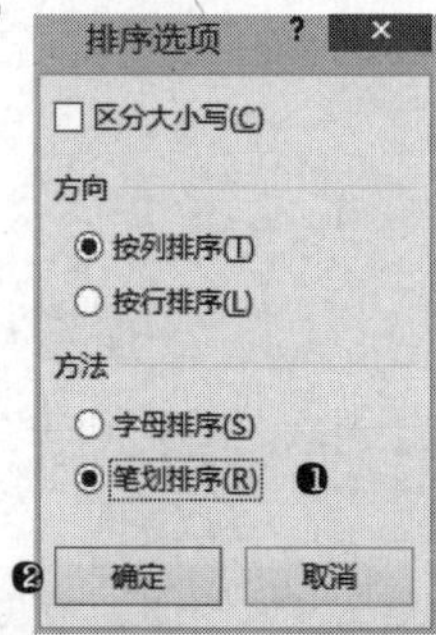

技巧 10.4 应用分级显示

在对数据进行分类汇总后，数据表会自动应用分级显示，可隐藏或显示数据表中的明细数据。在没有应用分类汇总的数据表中，可以自行设置分级显示，使数据明次分明，结构更清晰。方法如下：

步骤 01 打开“光盘\原始文件\第 10 章\实用技巧\成绩表.xlsx”文件，❶ 选择要作为分级显示下级内容的行或列，如 C:F 列；❷ 单击“数据”选项卡“分级显示”组中的“创建组”按钮，如下图所示。

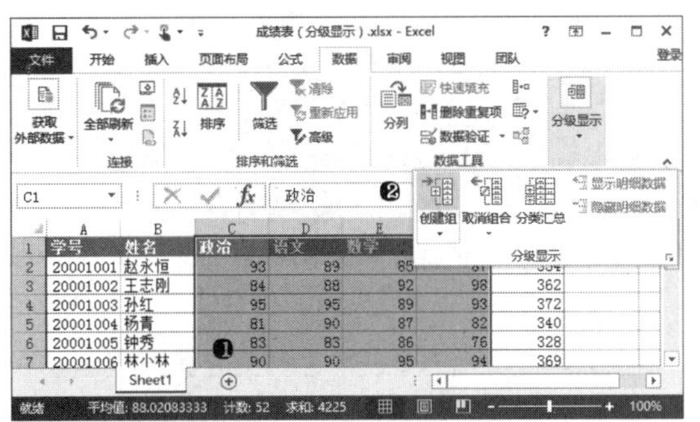

步骤02 单击工作表上方出现的“-”或“+”按钮，可以隐藏和显示分组，如下图所示。

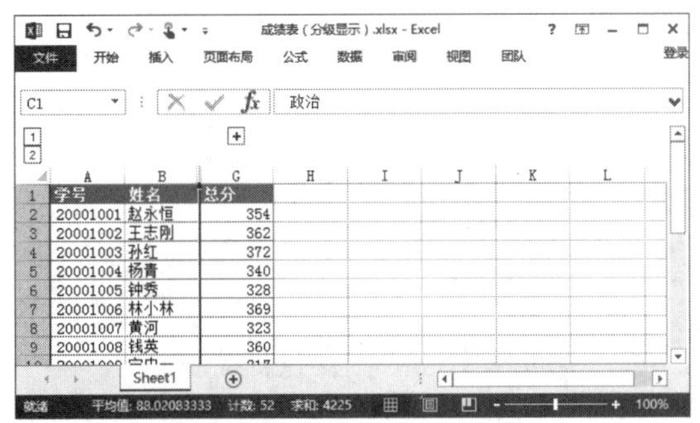

技巧 10.5

按规则对数据分列

在 Excel 中提供了一个特殊数据处理功能，它能将一列数据按特定的规则分解为多例，当我们从其他软件或文件中获取到一些数据并非表格数据时，常常会以逗号、空格等符号来进行数据分隔，在 Excel 中应用这类数据时，可以根据相应的规则，对数据进行分列操作，方法如下：

步骤01 打开“光盘\原始文件\第 10 章\实用技巧\通讯录.xlsx”文件，❶选择要进行分类的数据列；❷单击“数据”选项卡中的“分列”按钮，如下图所示。

步骤02 打开“文本分列向导 - 第 1 步，共 3 步”对话框，❶选择“分隔符号”单选按钮；❷单击“下一步”按钮，如下图所示。

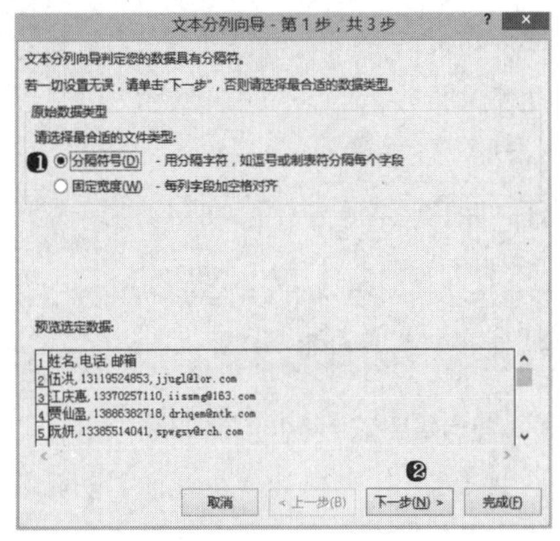

步骤03 打开“文本分列向导 - 第 2 步，共 3 步”对话框，❶选中“逗号”复选框；❷单击“下一步”按钮，如下图所示。

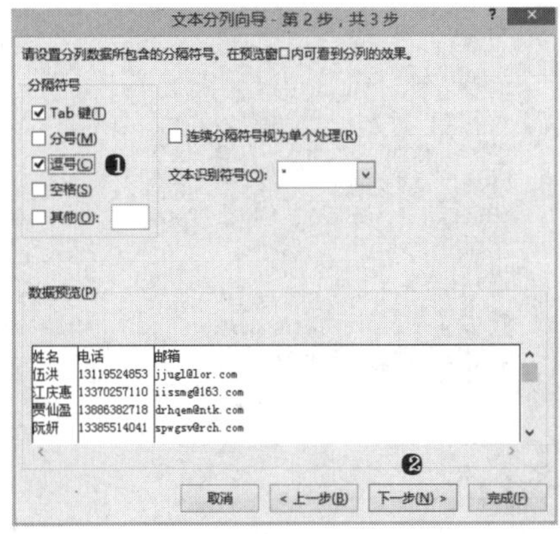

步骤04 打开“文本分列向导 - 第 3 步，共 3 步”对话框，❶在“数据预览”选项区域中选择第二列；❷在“列数据格式”选项区域选择“文本”单选按钮；❸单击“完成”按钮完成分列，如下图所示。

实战训练——分析员工销售情况

在使用 Excel 对数据进行管理时，通常需要对数据进行各种统计与分析，例如对数据进行筛选、汇总及按不同类别查看数据的汇总情况等。例如，要对一个月中不同产品、不同销售部门及不同员工的销售业绩进行统计与分析，具体方法如下：

光盘同步文件
原始文件：光盘 \ 原始文件 \ 第 10 章 \ 销售统计 .xlsx
结果文件：光盘 \ 结果文件 \ 第 10 章 \ 销售统计 .xlsx
教学视频：光盘 \ 视频文件 \ 第 10 章 \ 销售统计 .mp4

1．筛选出周销售额大于 8000 的数据

表格中记录了各部门员工每周的销售额数据，要筛选出销售额大于 8000 的数据，方法如下：

步骤 01 打开素材文件，❶在 A70 和 A71 单元格内输入内容，创建高级筛选条件；❷单击"数据"选项卡"排序和筛选"组中的"高级"按钮，如下图所示。

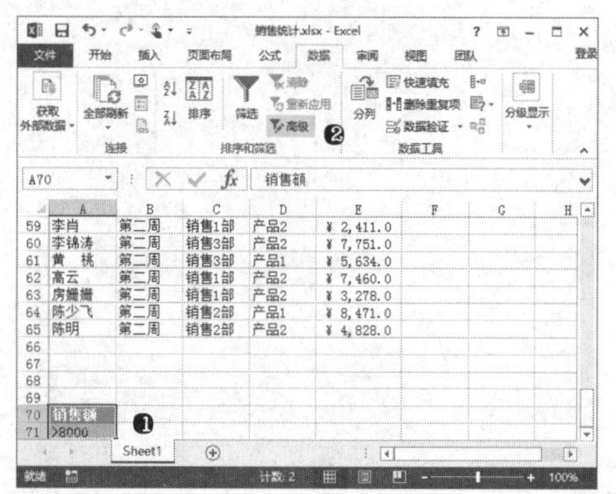

步骤 02 打开"高级筛选"对话框，❶选择"将筛选结果复制到其他位置"单选按钮；❷设置"列表区域"为 A1:E65 单元格区域、"条件区域"为 A70:A71、"复制到"为 A73，并且均使用绝对引用地址；❸单击"确定"按钮，如下图所示。

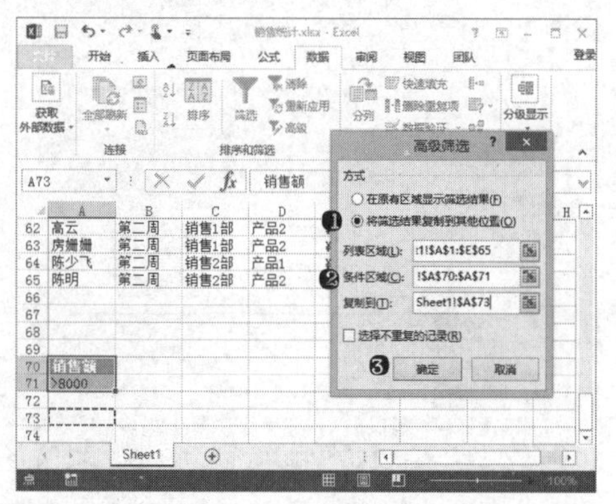

2．用分类汇总统计各部门、各员工的销售额数据

要分析各部门的部销售情况及员工的销售情况，可以运用分类汇总进行统计，方法如下：

步骤 01 ❶选择数据表中的任意单元格；❷单击"数据"选项卡中的"排序"按钮，如下图所示。

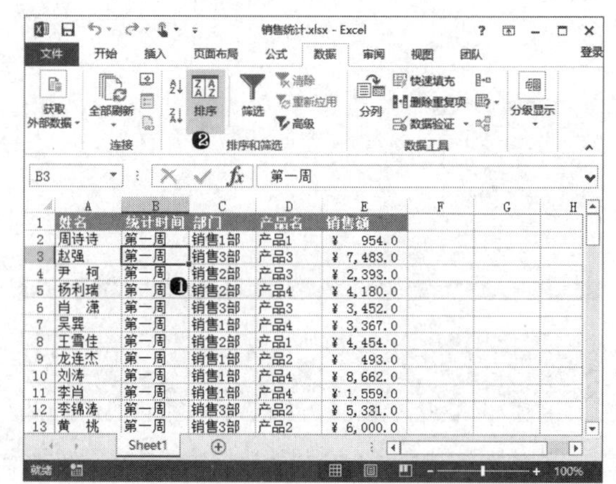

步骤 02 打开"排序"对话框，❶设置"部门"为排序的主要关键字、"姓名"为次要关键字；❷单击"确定"按钮，如下图所示。

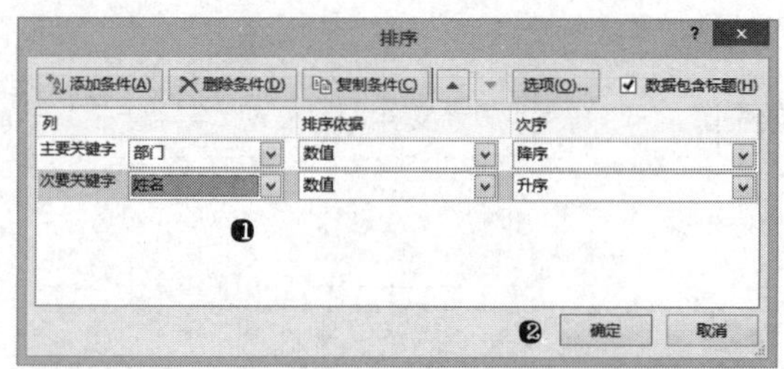

步骤 03 单击"数据"选项卡"分级显示"组中的"分类汇总"按钮，如下图所示。

步骤 04 打开"分类汇总"对话框，❶在"分类字段"下拉列表中选择之前排序的字段"部门"；❷在"汇总方式"下拉列表中选择要进行汇总的计算方式"求和"；❸在"选定汇总项"列表框中选中要进行汇总计算的字段"销售额"复选框；❹单击"确定"按钮，如下图所示。

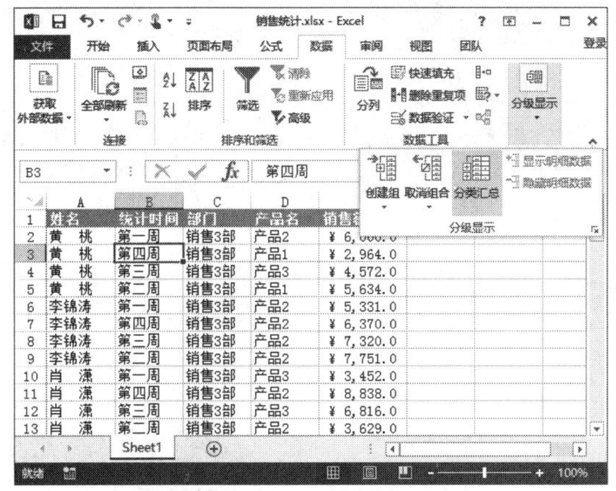

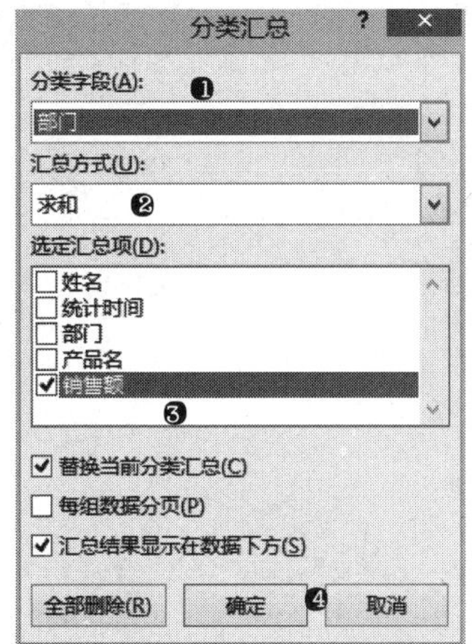

步骤 05 再次单击"数据"选项卡"分级显示"组中的"分类汇总"按钮，打开"分类汇总"对话框，❶在"分类字段"下拉列表中选择之前排序的字段"姓名"；❷在"汇总方式"下拉列表中选择要进行汇总的计算方式"求和"；❸在"选定汇总项"列表框中选中要进行汇总计算的字段"销售额"复选框；❹取消选中"替换当前分类汇总"复选框；❺单击"确定"按钮，如下图所示。

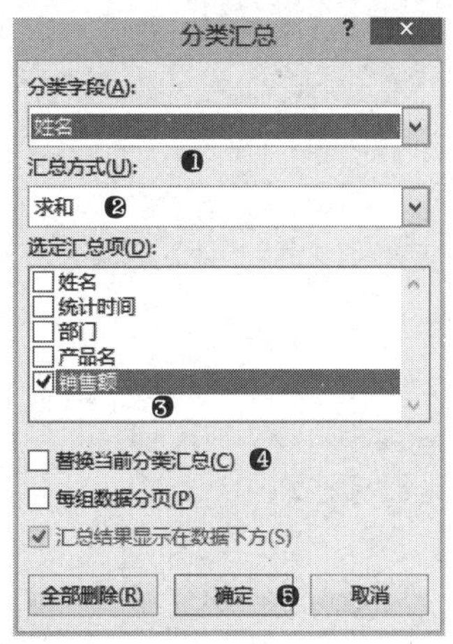

步骤 06 单击工作表左侧"分级显示"栏中的显示或隐藏按钮查看各级数据，如下图所示。

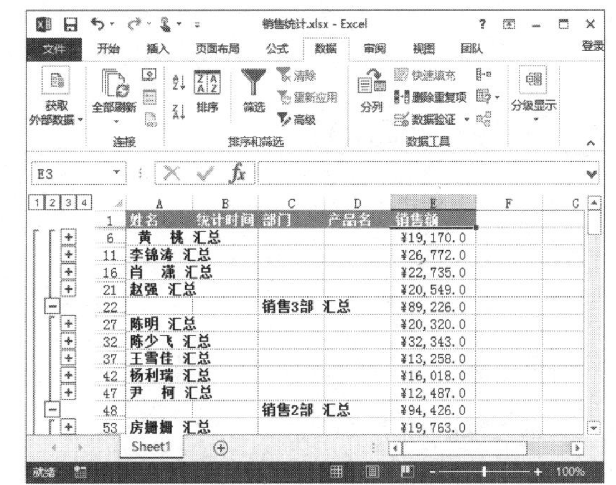

本章小结

本章结合实例主要讲述了Excel数据的分析与预算在日常工作中的应用。本章的重点是让读者掌握数据查看、统计分析、合并计算及模板分析的常用方法。通过本章的学习，让读者熟练掌握数据排序、汇总及数据分析工具的使用。

本章导读

为更直观地展示数据表中不同数据的大小及多个数据之间的比例关系，可以使用各种类型的图形来展示数据，在Excel中提供了丰富的图表功能，可以非常方便地展示各类数据的变化或关系。本章将对Excel中图表及透视图表的相关知识及应用进行讲解。

第11章

Excel中图表和透视图表的应用

知识要点

◆图表的基础知识
◆图表的格式设置
◆迷你图的应用
◆各类图表的创建
◆美化图表
◆透视图表的应用

案例展示

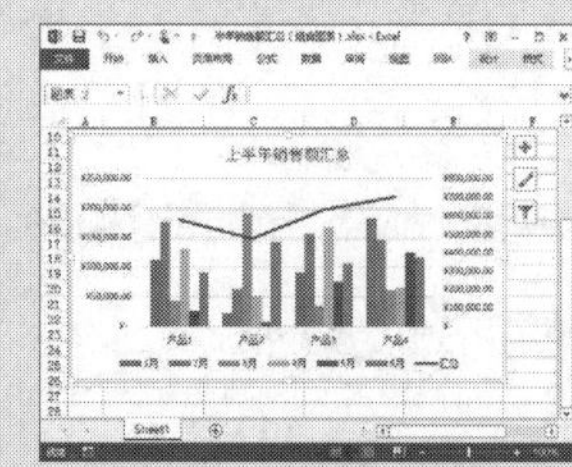

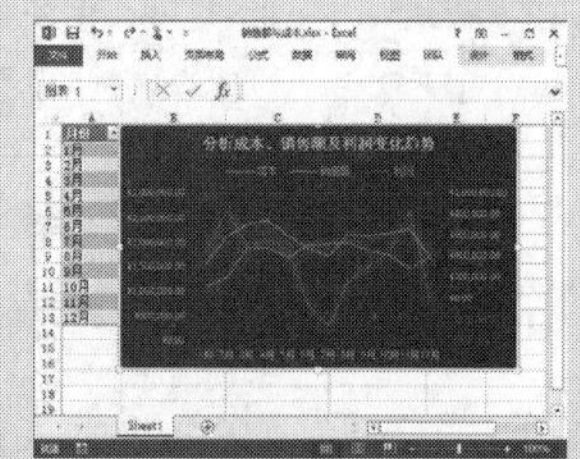

基础入门——必知必会

11.1 图表的应用

在Excel中提供了多种图表类型，不同的图表类型采用不同的图形方式表现数据关系，在应用时应根据不同的数据表现目的和意义，使用相应类型的图形。

11.1.1 创建图表

要将数据区域中的数据使用图表来进行表示，并创建出不同类型的图表，可以通过不同的方法来创建。

光盘同步文件

原始文件：光盘\原始文件\第11章\上半年销售额汇总.xlsx

结果文件：光盘\结果文件\第11章\上半年销售额汇总.xlsx

教学视频：光盘\视频文件\第11章\11-1-1.mp4

1．创建柱形图

柱形图可用于比较多组数据和数据变化趋势，例如要比较不同产品在各月份的销售情况，可以创建簇状柱形图，方法如下：

步骤01 ❶选择用于创建图表的数据区域；❷单击"插入"选项卡中的"插入柱形图"按钮；❸选择要应用的柱形图类型，如"三维簇状柱形图"，如右上图所示。

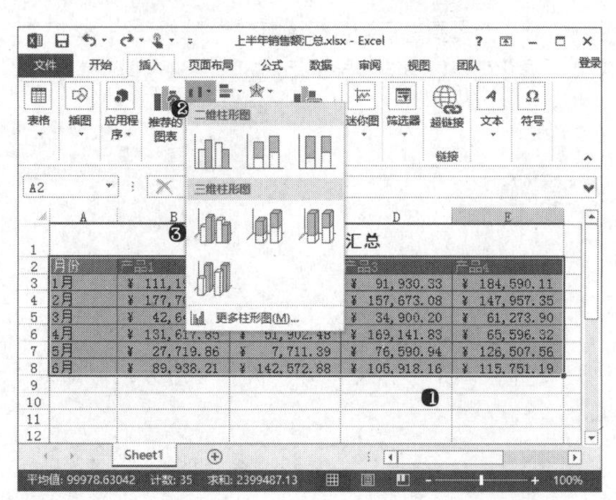

步骤02 创建好图表并移动图表，完成后的效果如下图所示。

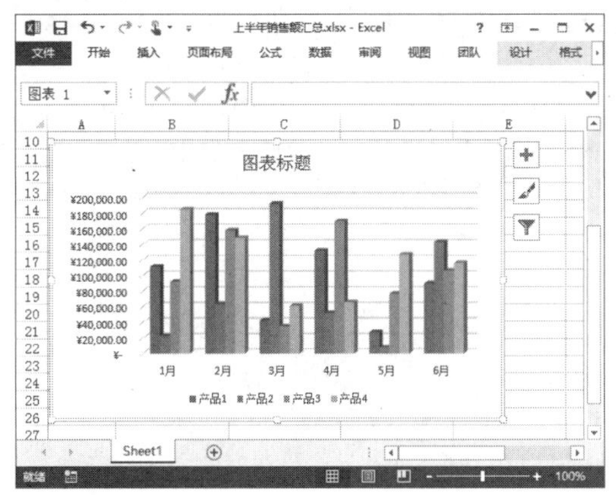

2．创建条形图

条形图和柱形图类似，不同的是图表 Y 轴用于表示分类，X 轴用于表示数据。例如，用条形图表示不同产品在各月份的销售情况，方法如下：

步骤 01 ❶选择用于创建图表的数据区域；❷单击“插入”选项卡中的“插入条形图”按钮；❸选择要应用的条形图类型，如“三维条形图”，如下图所示。

步骤 02 创建好图表并移动图表，完成后效果如下图所示。

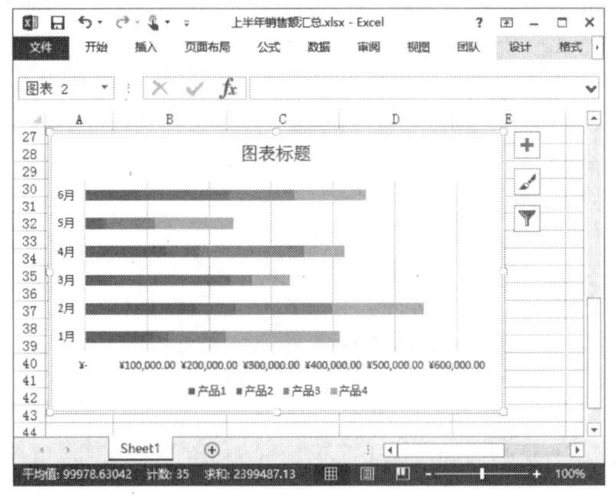

3．创建饼图

饼图用于表现一组数据在这些数据总和中所占的百分比情况。例如，要分析 1 月份各产品销售额在 1 月份总销售额中所占比例情况，方法如下：

步骤 01 ❶选择用于创建图表的数据区域；❷单击“插入”选项卡中的“插入饼图”按钮；❸选择要应用的饼图类型，如“三维饼图”，如下图所示。

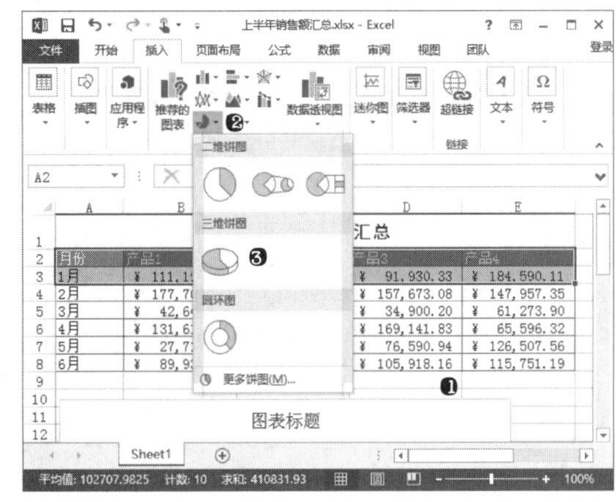

步骤 02 创建好图表并移动图表，完成后效果如下图所示。

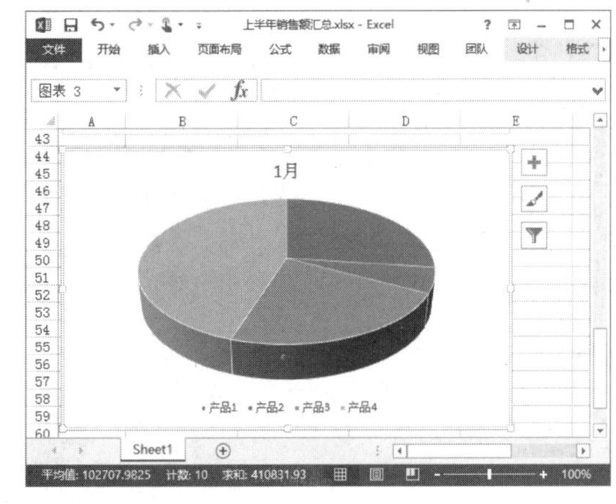

4．创建折线图

折线图用于表现多组数据在不同时间上数据变化情况。例如，要表现各商品从 1 月到 6 月的销售额变化情况，方法如下：

步骤 01 ❶选择用于创建图表的数据区域；❷单击“插入”选项卡中的“插入折线图”按钮；❸选择要应用的折线图类型，如下图所示。

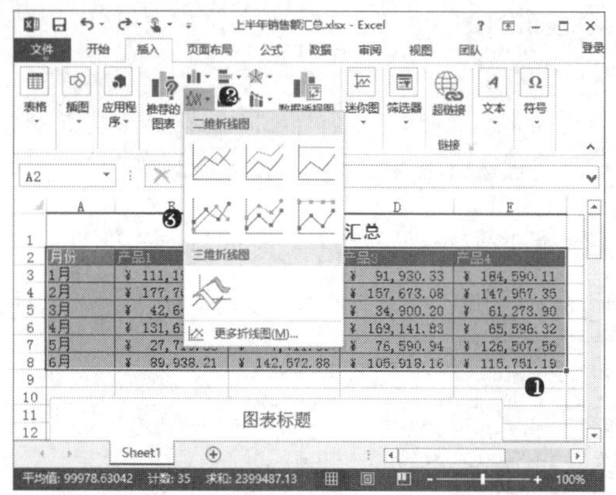

步骤 02 创建好图表并移动图表，完成后效果如下图所示。

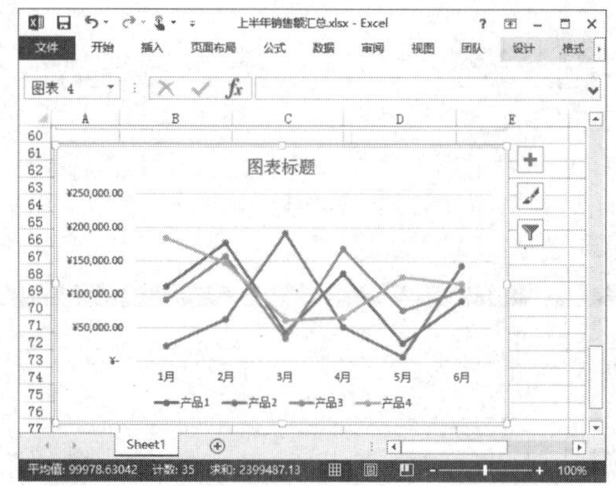

5. 创建面积图

面积图与趋势图类似，不同的是使用面积来表现数据趋势，突出所有类别中的最高点，忽略最低点。例如，要表现各商品从 1 月到 6 月的销售额变化情况，方法如下：

步骤 01 ❶ 选择用于创建图表的数据区域；❷ 单击"插入"选项卡中的"插入面积图"按钮；❸ 选择要应用的面积图类型，如下图所示。

步骤 02 创建好图表并移动图表，完成后效果如下图所示。

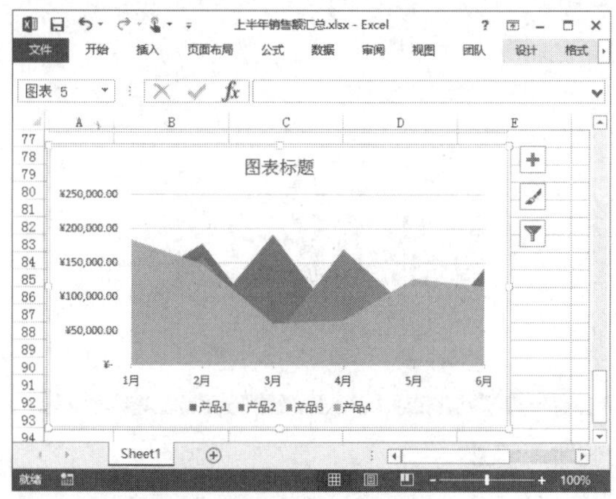

11.1.2 图表的编辑与修改

在表格中插入图表后，常常需要对图表中的内容进行编辑修改，例如修改图表源数据、修改图表布局、修改图表各元素内容及属性等。

光盘同步文件

原始文件：光盘 \ 原始文件 \ 第 11 章 \ 销售数据图表 .xlsx

结果文件：光盘 \ 结果文件 \ 第 11 章 \ 销售数据图表 .xlsx

教学视频：光盘 \ 视频文件 \ 第 11 章 \11-1-2.mp4

1. 设置图表标题

默认情况下，在图表的上方会显示图表的标题，将光标定位于图表标题文本中，即可对图表标题文字进行修改，如果要显示或隐藏图表标题，方法如下：

步骤 ❶ 选择要更改的图表对象；❷ 单击"设计"选项卡中的"添加图表元素"按钮；❸ 选择"图表标题"子菜单；❹ 再选择图表标题是否显示及显示位置，例如不显示标题选择"无"，如下图所示。

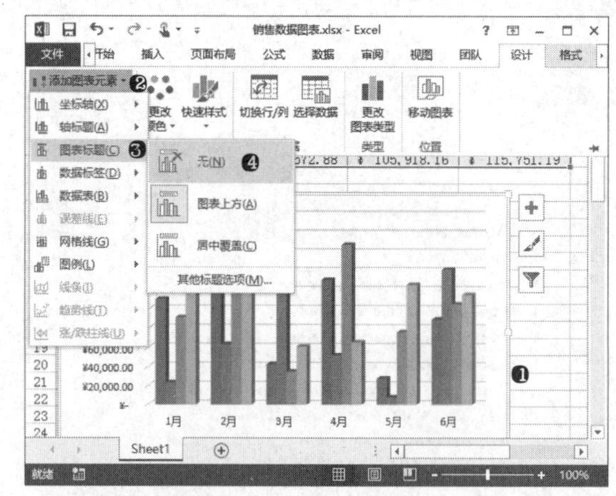

2. 切换行与列

默认情况下，在创建柱形图和条形图时，Excel 会自动以每一行作为一个分类，按每一列作为一个系列，如果要交换图表中的各分类系列，可以使用“切换行与列”命令，方法如下。

步骤❶选择要更改的图表对象；❷单击“设计”选项卡中的“切换行/列”按钮，如下图所示。

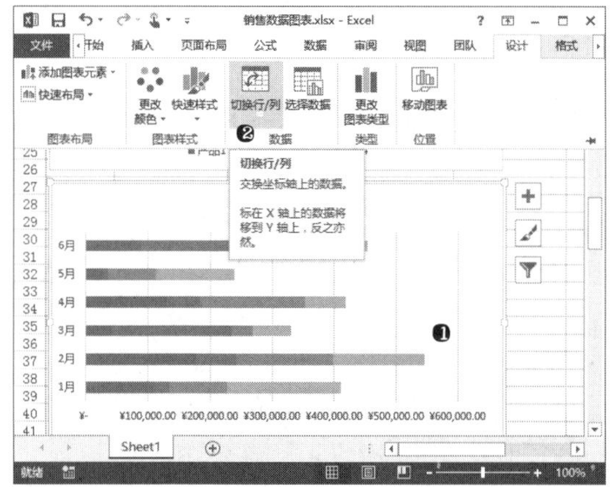

3. 更改数据源

如果要修改图表的数据来源，则需要重新选择数据。例如，要将工作表中饼图中显示的 1 月份数据修改为 6 月份数据，方法如下：

步骤 01❶选择要更改的图表对象；❷单击“设计”选项卡中的“选择数据”按钮，如下图所示。

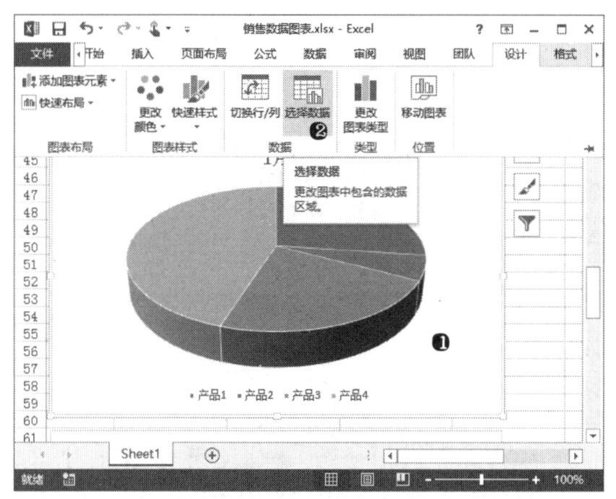

步骤 02 打开“选择数据源”对话框，单击“图例项（系列）”中的“编辑”按钮，如右上图所示。

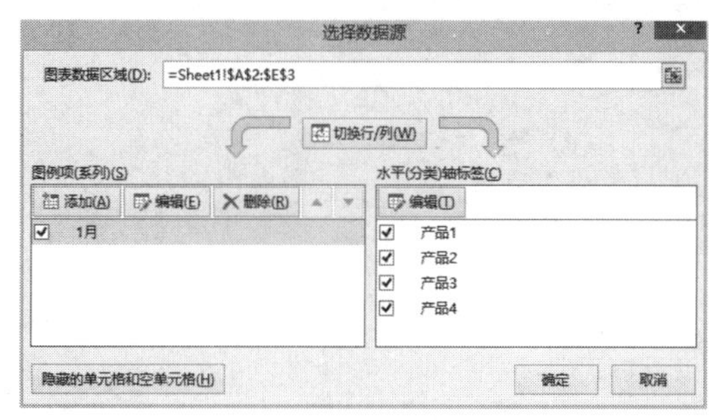

步骤 03❶设置“系列名称”为单元格 B8；❷设置“系列值”为 C8:E8 单元格；❸单击“确定”按钮，如下图所示。

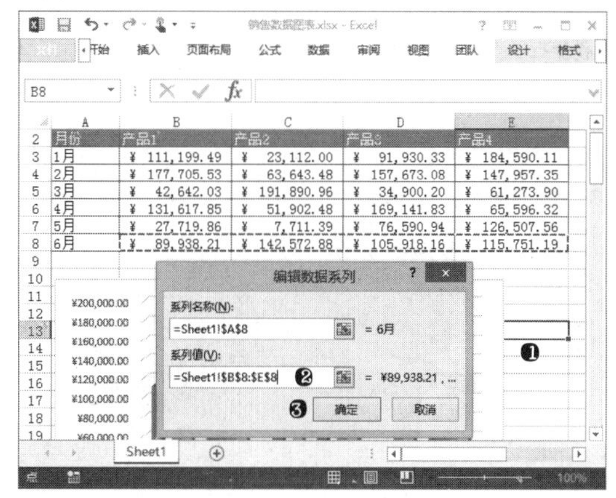

步骤 04 在“选择数据源”对话框中单击“确定”按钮后，图表数据源变化后效果如下图所示。

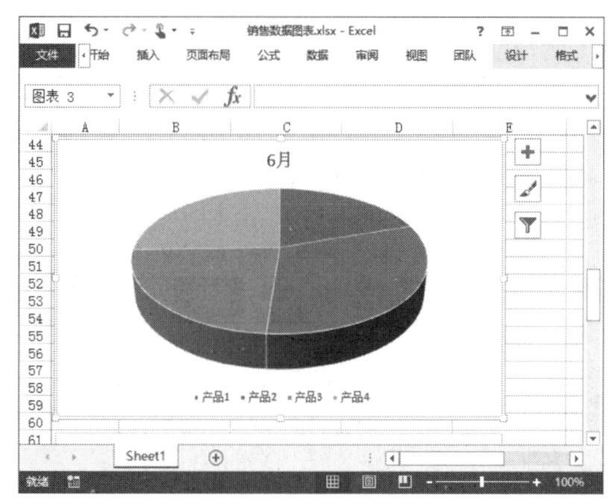

4. 更改图表类型

当创建好图表后，图表类型仍然可以修改。例如，要将工作表中的“面积图”更改为“堆积面积图”类型，方法如下：

步骤 01❶选择要更改的图表对象；❷单击“设计”选项卡中的“更改图表类型”按钮，如下图所示。

步骤02 ❶选择"堆积面积图"类型；❷选择要应用的图表样式；❸单击"确定"按钮，如下图所示。

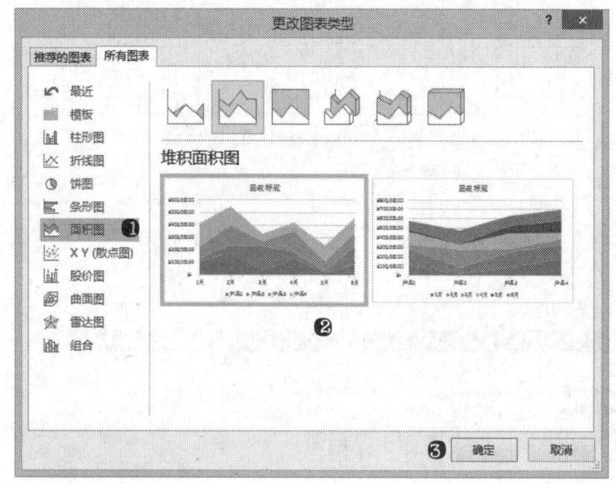

5．更改图表布局

图表中通常包含多种图表元素，如图表区、图例、图表标题等，这些元素的位置均可手动调整。为了提高工作效率，在Excel中为图表提供了多种布局方式，使用方法如下：

步骤 ❶选择要更改的图表对象；❷单击"设计"选项卡中的"快速布局"按钮；❸选择要应用的布局效果，如下图所示。

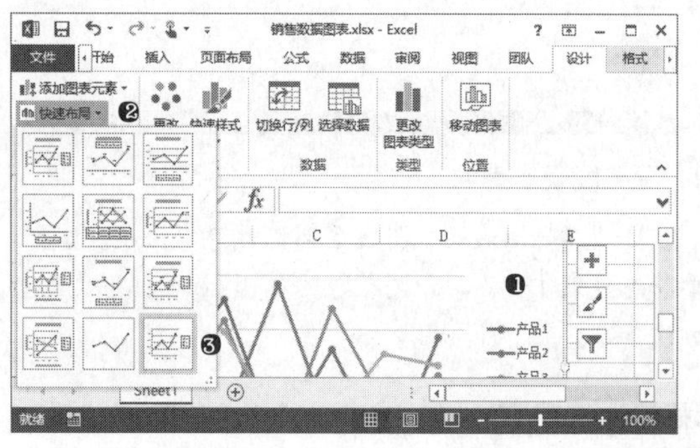

11.1.3 图表的修饰与美化

为了使Excel中的图表更美观、数据展示更清晰，还可以为图表添加各类修饰，如修改图表背景、图表元素颜色和效果等。

光盘同步文件
原始文件：光盘\原始文件\第11章\图表美化.xlsx
结果文件：光盘\结果文件\第11章\图表美化.xlsx
教学视频：光盘\视频文件\第11章\11-1-3.mp4

1．快速设置图表样式

为了快速美化图表，可以为图表选用一种快速样式，方法如下：

步骤 ❶选择要更改的图表对象；❷在"设计"选项卡"快速样式"下拉列表中选择要应用的图表样式，如下图所示。

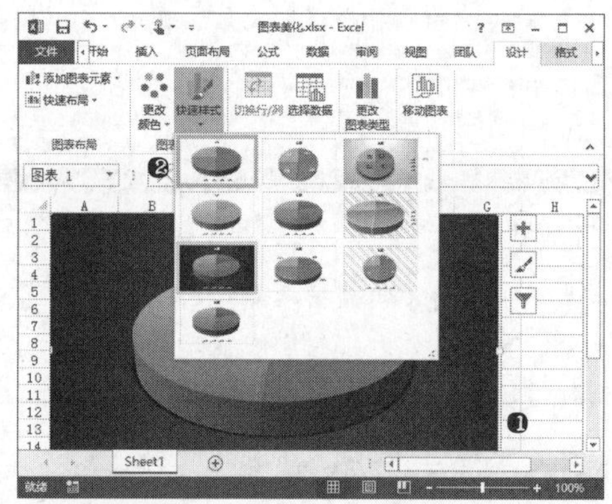

2．快速设置图表颜色

要修改图表中各系列和各元素的颜色，可以快速设置图表中各元素的颜色方案，方法如下：

步骤 ❶选择要更改颜色的图表对象；❷单击"设计"选项卡中的"更改颜色"按钮；❸选择要应用的颜色方案，如下图所示。

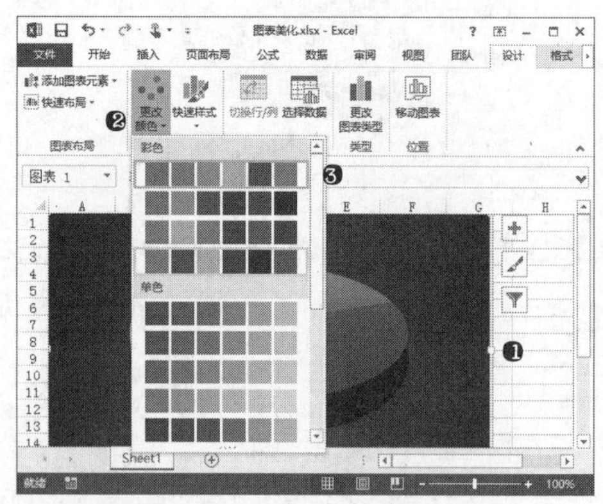

3．设置所选内容格式

单击图表中的元素可以选中该元素，在选中图表元素后，可以在“格式”选项卡中设置所选对象的各种类型，如形状样式、艺术字样式及图表元素特有格式等。利用这些格式设置，可以对图表中的部分元素进行强调或美化，使图表效果与众不同。例如，要更改图表中“产品 4”图形的颜色，方法如下：

步骤 ❶在图表中选择要更改颜色的图表元素；❷单击“格式”选项卡“形状样式”组中的“形状填充”按钮；❸选择要应用的填充颜色。

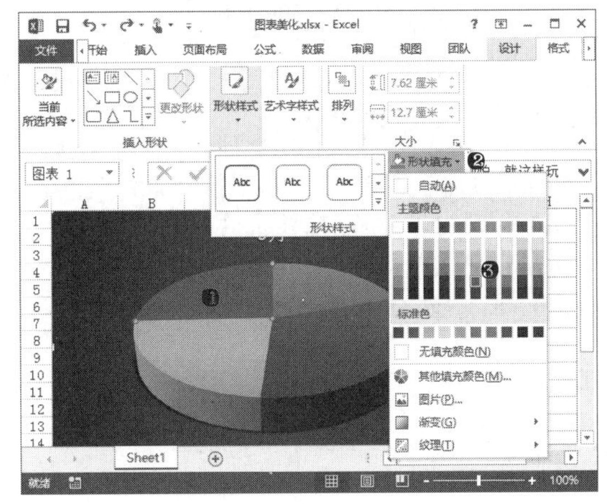

11.2 迷你图的使用

在 Excel 中，除了应用普通的图表元素外，如果需要在数据表格中以简单的图形表现数据的关系或趋势，还可以使用迷你图。

11.2.1 插入迷你图

迷你图是 Excel 中在单元格中显示的小型图表，所以，迷你图通常应用在数据区域附近的空白单元格中，具体插入方法如下：

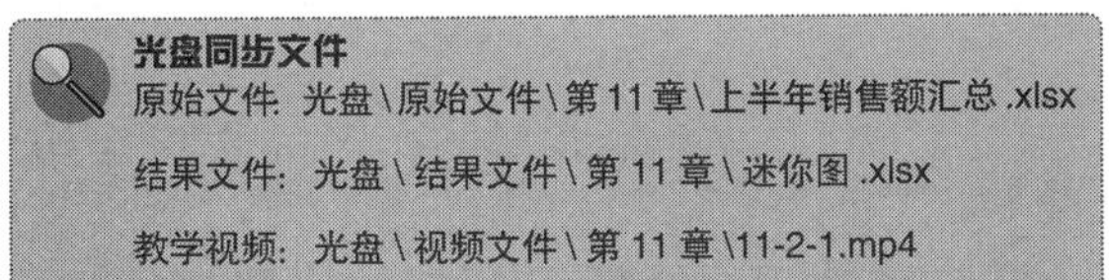
光盘同步文件

原始文件：光盘\原始文件\第 11 章\上半年销售额汇总 .xlsx

结果文件：光盘\结果文件\第 11 章\迷你图 .xlsx

教学视频：光盘\视频文件\第 11 章\11-2-1.mp4

步骤 01 ❶选择要生成单个迷你图的单元格 B9；❷单击“插入”选项卡“迷你图”组中的“折线图”按钮，如下图所示。

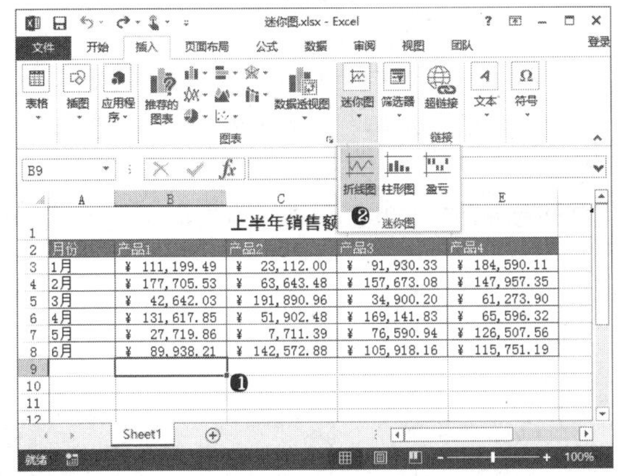

步骤 02 打开“创建迷你图”对话框，❶设置“数据范围”为单元格区域 B3:B8；❷设置“位置范围”为迷你图显示的单元格 B9；❸单击“确定”按钮。

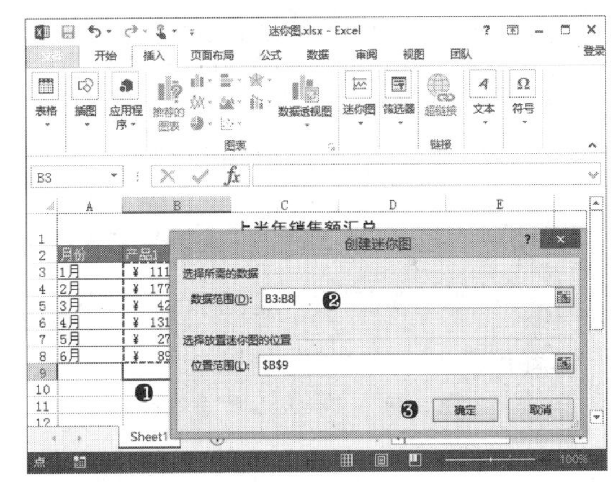

步骤 03 选择 B9 单元格，拖动填充柄至 E9 单元格，向右填充迷你图，使数据表各列均显示相应的迷你折线图，如下图所示。

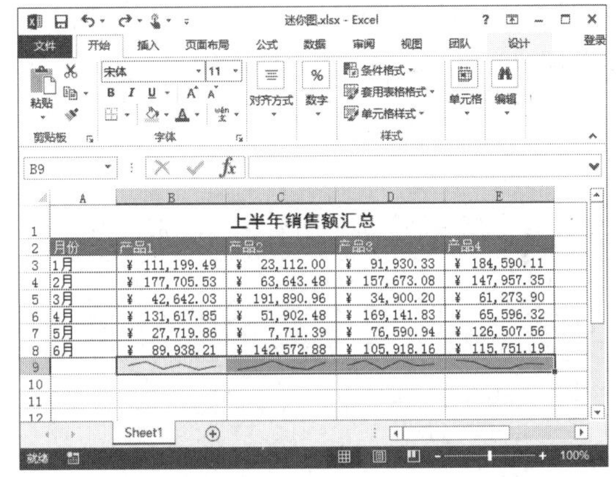

11.2.2 更改迷你图类型

在表格单元格中插入迷你图后，如果要修改迷你图类型，可以使用以下操作：

光盘同步文件

原始文件：光盘\原始文件\第 11 章\迷你图 .xlsx

结果文件：光盘\结果文件\第 11 章\迷你图（更改类型）.xlsx

教学视频：光盘\视频文件\第 11 章\11-2-2.mp4

步骤 ❶ 选择工作表中要修改类型的迷你图单元格区域；❷ 在“格式”选项卡“类型”组中选择要更改为的迷你图类型，如“柱形图”，如下图所示。

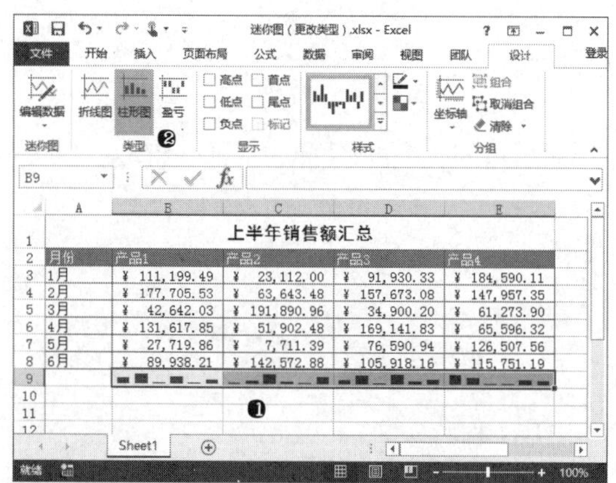

11.2.3 标识迷你图中不同的点

在迷你图中可以用不同的颜色标识出特殊的数据点，如高点（最大值）、低点（最小值）、首点等，具体方法如下：

光盘同步文件

原始文件：光盘\原始文件\第 11 章\迷你图 .xlsx

结果文件：光盘\结果文件\第 11 章\迷你图（标识点）.xlsx

教学视频：光盘\视频文件\第 11 章\11-2-3.mp4

步骤 ❶ 选择工作表中要标识高点的迷你图单元格区域；❷ 在“设计”选项卡“显示”组中选择要标识的不同的数据点，如选中“高点”复选框。

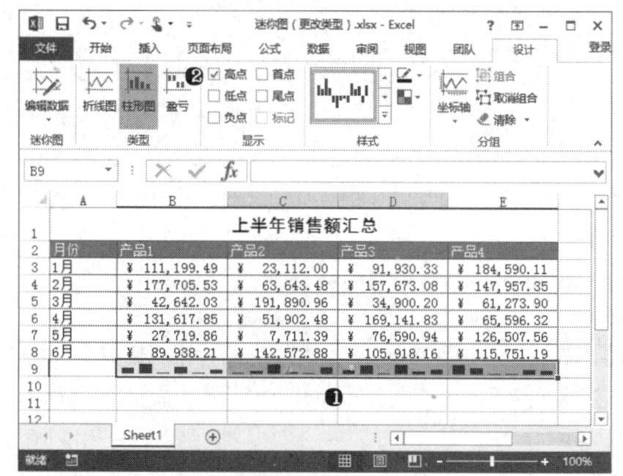

11.2.4 设置迷你图样式

要美化迷你图，还可以为迷你图应用不同的样式，具体方法如下：

光盘同步文件

原始文件：光盘\原始文件\第 11 章\迷你图（修改样式）.xlsx

结果文件：光盘\结果文件\第 11 章\迷你图（修改样式）.xlsx

教学视频：光盘\视频文件\第 11 章\11-2-4.mp4

步骤 ❶ 选择工作表中要标识高点的迷你图单元格区域；❷ 在“设计”选项卡“样式”组中的列表框中选择要应用的迷你图样式，如下图所示。

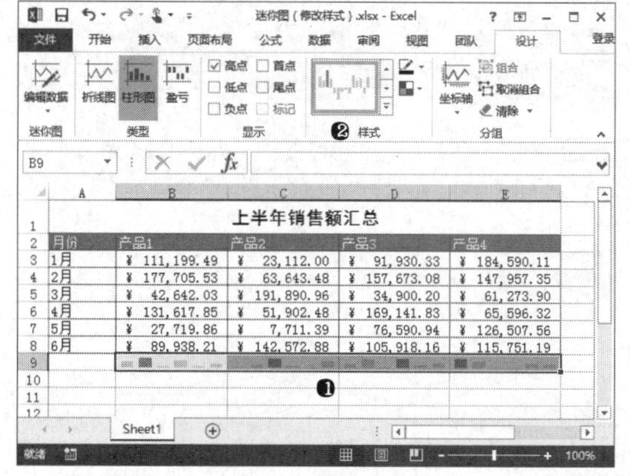

11.3 使用数据透视图表分析数据

在对表格中的大量数据进行分析时，常常需要对表格中的数据按照多种不同的分类进行汇总统计，并且还需要使用图表来表现汇总的结果。为了实现复杂的分类汇总统计，同时快速创建分析结果图表，可以应用数据透视表和数据透视图。

11.3.1 创建数据透视表

数据透视表用于统计不同分类的数据汇总情况，与分类汇总类似，不同的是，数据透视表是由原始数据创建的独立的表格，并且应用多个类别进行交叉汇总。创建数据透视表的方法如下：

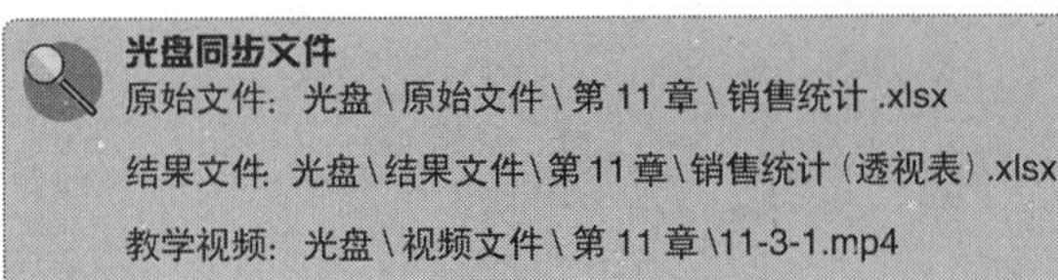

光盘同步文件

原始文件：光盘 \ 原始文件 \ 第 11 章 \ 销售统计 .xlsx

结果文件：光盘 \ 结果文件 \ 第 11 章 \ 销售统计（透视表）.xlsx

教学视频：光盘 \ 视频文件 \ 第 11 章 \11-3-1.mp4

步骤 01 ❶选择要生成数据透视表的数据区域或其中的任意单元格；❷单击“插入”选项卡“表格”组中的“数据透视表”按钮，如下图所示。

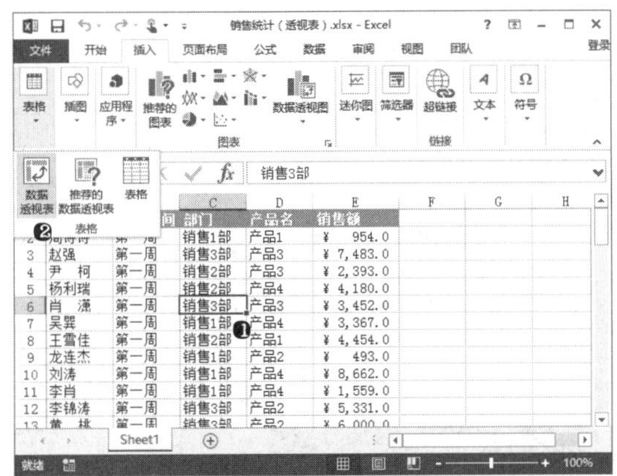

步骤 02 打开“创建数据透视表”对话框，❶设置数据范围为用于创建透视表的单元格区域 A1:E65；❷单击“确定”按钮，如下图所示。

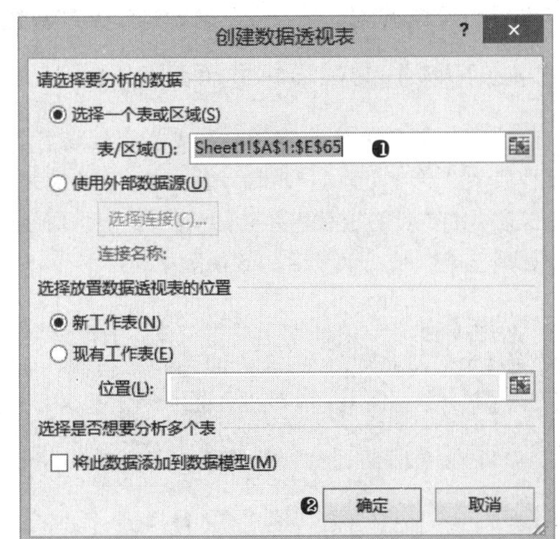

步骤 03 在窗口右侧的“数据透视表字段”窗格中将字段“部门”拖放到“列”字段列表中，将“产品名”字段拖放到“行”字段列表中，将“销售额”字段拖放到“值”字段列表中，创建出统计不同部门、不同产品的销售额数据，如下图所示。

11.3.2 创建数据透视图

数据透视图是在数据透视表基础上以图形方式展示数据关系的一种特殊图表，利用数据透视图可以以交互、交叉的方式展示不同类型的数据之间的关系，具体使用方法如下：

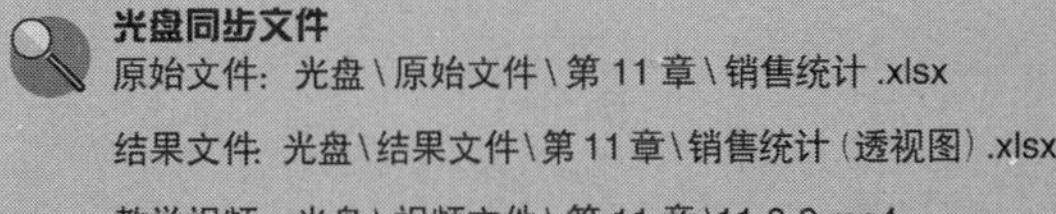

光盘同步文件

原始文件：光盘 \ 原始文件 \ 第 11 章 \ 销售统计 .xlsx

结果文件：光盘 \ 结果文件 \ 第 11 章 \ 销售统计（透视图）.xlsx

教学视频：光盘 \ 视频文件 \ 第 11 章 \11-3-2.mp4

步骤 01 ❶选择要生成数据透视图的数据区域或其中的任意单元格；❷单击“插入”选项卡中的“数据透视图”按钮；❸选择“数据透视图”命令，如下图所示。

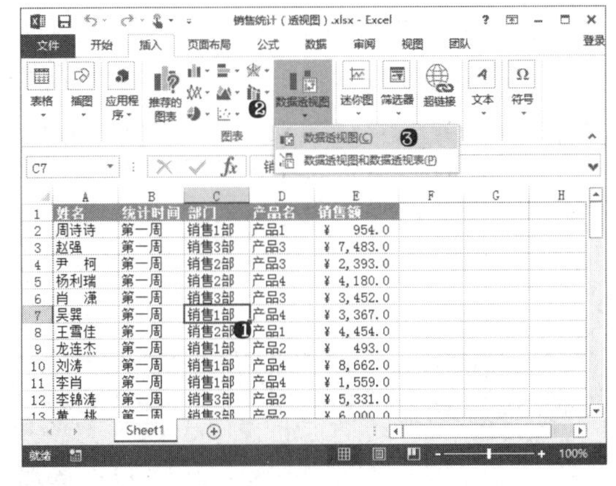

步骤 02 打开“创建数据透视图”对话框，❶设置数据范围为用于创建透视表的单元格区域 A1:E65；❷单击“确定”按钮，如下图所示。

步骤03 在窗口右侧的"数据透视图字段"窗格中将字段"部门"拖放到"图例（列）"字段列表中，将"产品名"字段拖放到"轴（类别）"字段列表中，将"销售额"字段拖放到"值"字段列表中，创建出统计不同部门、不同产品的销售额数据，如下图所示。

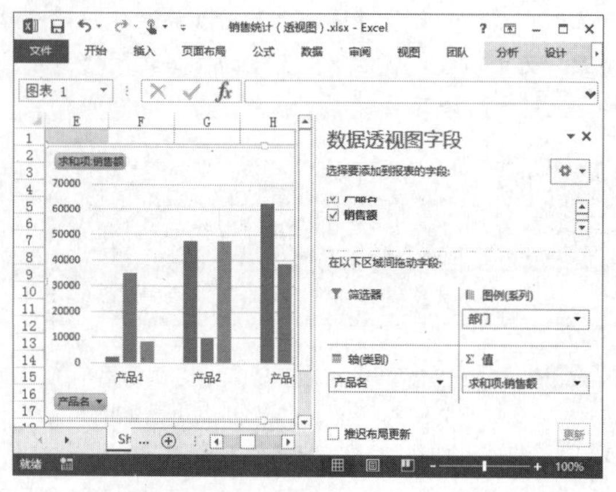

11.3.3 修改数据透视表

创建好数据透视表后，可以对透视表中的内容进行编辑修改，例如更改数据透视表的格式及修饰效果，更好地展示数据。选择数据透视表中的任意单元格，在"设计"选项卡中可以设置和更改数据透视表的各个选项。例如，更改数据透视表的布局和样式，方法如下：

光盘同步文件

原始文件：光盘\原始文件\第 11 章\销售统计（透视表）.xlsx

结果文件：光盘\结果文件\第 11 章\销售统计（修改透视图）.xlsx

教学视频：光盘\视频文件\第 11 章\11-3-3.mp4

（1）修改报表布局。

步骤❶ 选择数据表中的任意单元格；❷单击"设计"选项卡中的"报表布局"按钮；❸选择"以表格形式显示"命令，如下图所示。

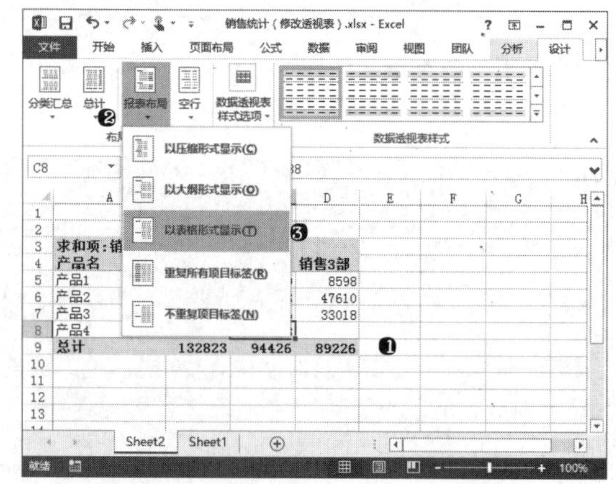

（2）修改报表样式。

步骤 在"设计"选项卡"数据透视表样式"列表框中选择要应用的透视表样式，如下图所示。

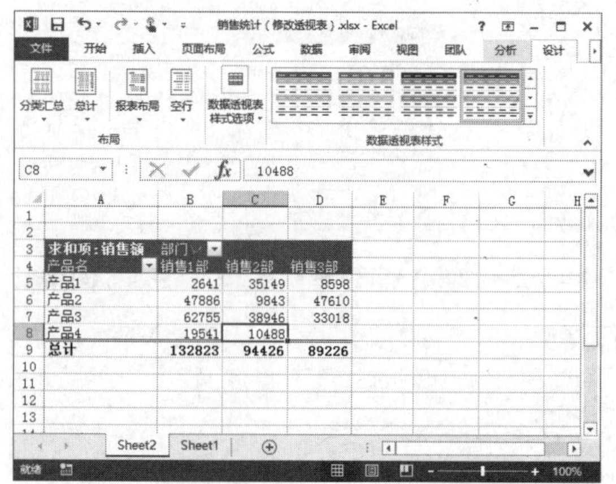

11.3.4 在数据透视表中使用切片器

在进行数据分析展示时，为了更直观地进行将筛选数据展示给观众，可以使用切片器。切片器其实是"数据透视表"和"数据透视图"的拓展，但操作更便捷，演示也更直观。使用切片器的方法如下。

光盘同步文件

原始文件：光盘\原始文件\第 11 章\销售统计（透视表）.xlsx

结果文件：光盘\结果文件\第 11 章\销售统计（切片器）.xlsx

教学视频：光盘\视频文件\第 11 章\11-3-3.mp4

步骤01 ❶ 选择数据表中的任意单元格；❷单击"分析"选项卡中的"插入切片器"按钮，如下图所示。

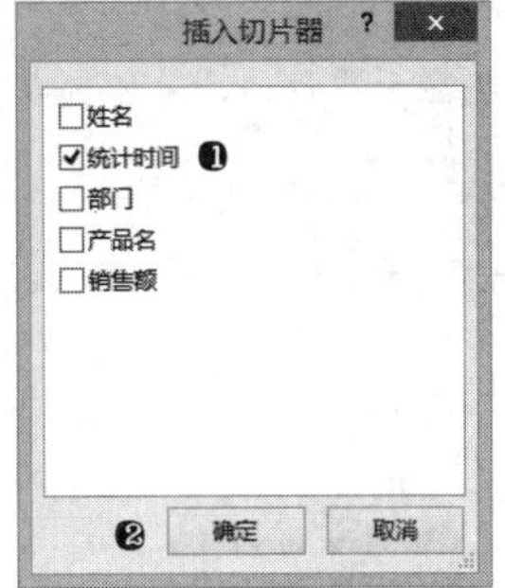

步骤 02 打开"插入切片器"对话框，❶选中"统计时间"复选框；❷单击"确定"按钮，如右上图所示。

步骤 03 在"统计时间"切片器中选择所需选项进行筛选。

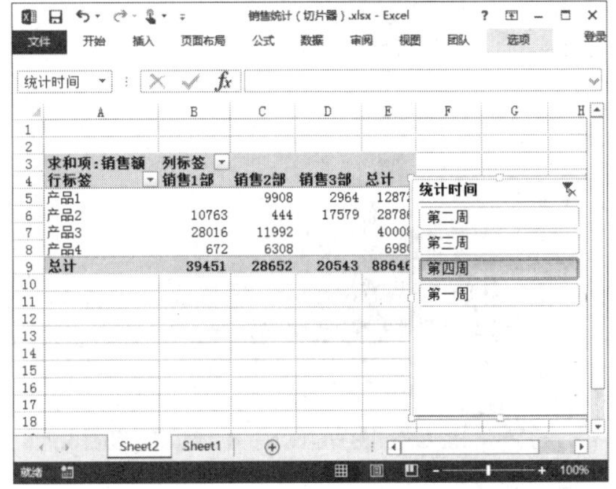

实用技巧——技能提高

通过前面知识的学习，相信初学者已经掌握好图表与透视图表的相关基础知识。下面结合本章内容，向初学者介绍一些实用技巧。

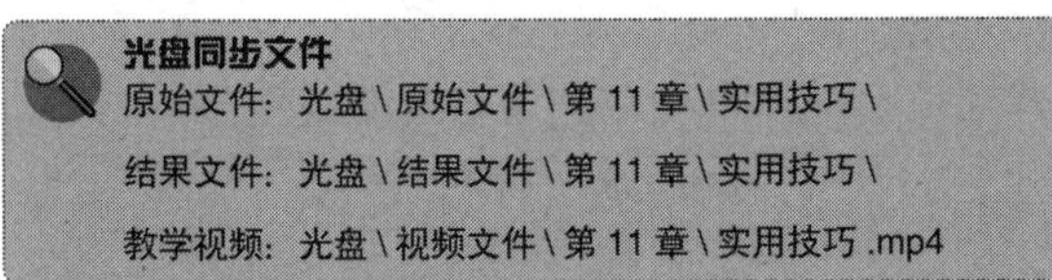

光盘同步文件

原始文件：光盘 \ 原始文件 \ 第 11 章 \ 实用技巧 \

结果文件：光盘 \ 结果文件 \ 第 11 章 \ 实用技巧 \

教学视频：光盘 \ 视频文件 \ 第 11 章 \ 实用技巧 .mp4

技巧 11.1 为图表添加数据标签

在图表中，如果要在图形上标注出相应的数据，可以为图表系列添加数据标签，方法如下：

步骤 打开素材文件"光盘 \ 原始文件 \ 第 11 章 \ 实用技巧 \ 为图表添加数据标签 .xlsx"，❶选择要添加数据标签的图表对象；❷单击"设计"选项卡中的"添加元素"按钮；❸选择"数据标签"命令；❹在子菜单中选择要应用的标签效果，如"数据标注"。

技巧 11.2 更改图表数值轴刻度单位

在使用图表展示数据时，如果数值轴中数值较大，为使图表中数据显示更简洁，可以为数值轴设置数值单位，具体方法如下：

步骤 01 打开"光盘\原始文件\第 11 章\实用技巧\更改图表数值轴刻度单位.xlsx"文件，❶选择图表中的数值轴（Y 轴）元素；❷单击"格式"选项卡"当前所选内容"组中的"设置所选内容格式"按钮。

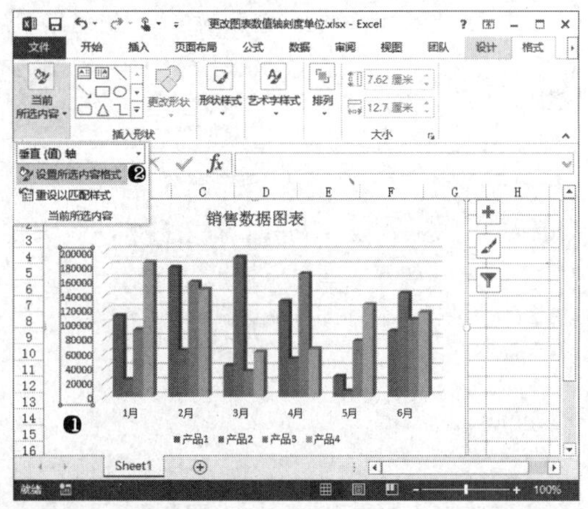

步骤 02 打开"设置坐标轴格式"窗格，❶设置"坐标轴选项"；❷在"显示单位"下拉列表中选择要应用的数值单位"千"；❸如果需要在图表上显示该单位，需要选中"在图表上显示刻度单位标签"复选框，如下图所示。

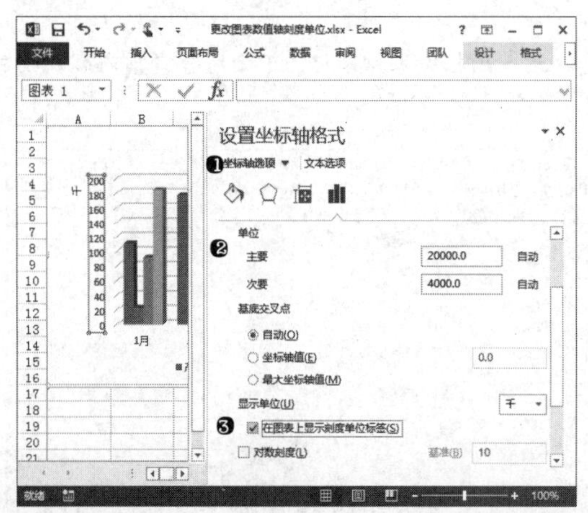

技巧 11.3
为图表添加趋势线

在应用图表时，如果需要在对比数据的同时强调数据变化趋势，可以在柱形图的基础上添加趋势线。例如，要在图表中表现出"产品 2"的销量变化移动平均趋势，方法如下：

步骤 打开"光盘\原始文件\第 11 章\实用技巧\为图表添加趋势线.xlsx"文件，选择图表对象，❶单击"设计"选项卡中的"添加图表元素"按钮；❷选择"趋势线"子菜单；❸选择"移动平均"命令，如下图所示。

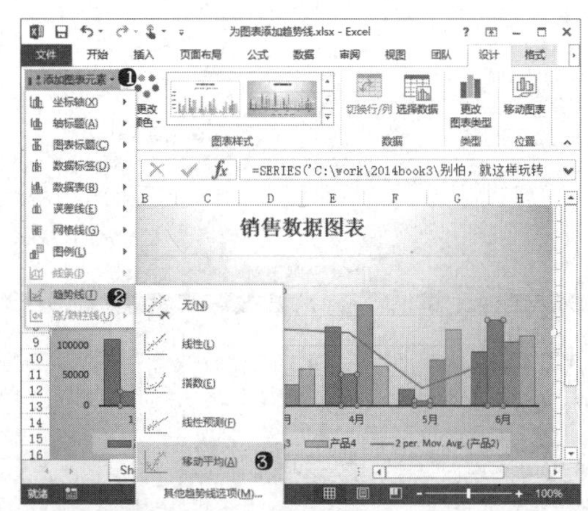

技巧 11.4
为图表添加次坐标

在常规的柱形图表中，只有一个 X 坐标轴和一个 Y 坐标轴，但在一些特殊情况下，需要在一个图表中表示两种不同的数据，可以为图表添加次要横轴坐标和次要纵坐标。例如，在半年销售数据汇总图表中，除展示了每月各产品的销售额外，还展示了半年各产品的总销售额，为了区别总销售额和各月的销售数据，可以将总销售额的数据值用次要纵坐标表示，方法如下：

步骤 01 打开"光盘\原始文件\第 11 章\实用技巧\半年销售额汇总.xlsx"文件，选择图表对象，❶单击"设计"选项卡中的"添加图表元素"按钮；❷选择"坐标轴"子菜单；❸选择"更多轴选项"命令，如下图所示。

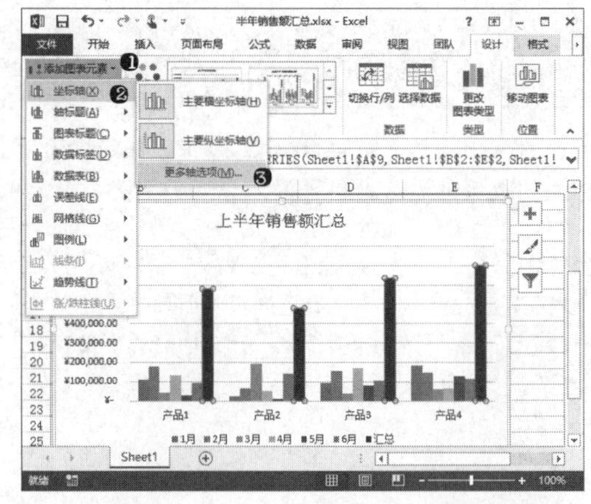

步骤 02 ❶ 单击图表中的"汇总"系列；❷ 在"设置数据系列格式"窗格中设置"系列选项"；❸ 在"系列绘制在"选项组中选择"次坐标轴"单选按钮，并设置"系列重叠"和"分类间距"参数，如下图所示。

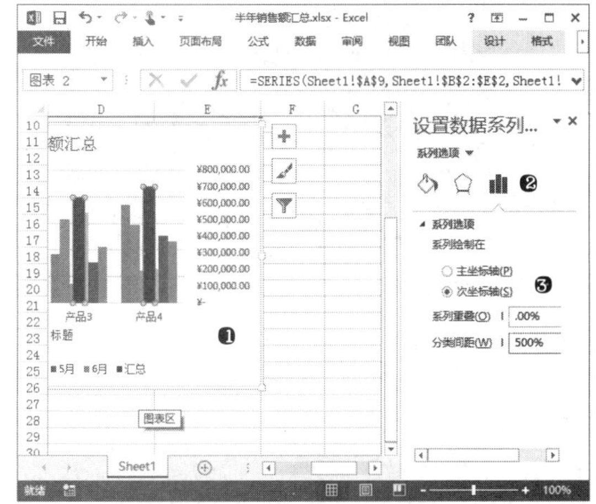

技巧 11.5
创建组合图表

组合图表即在一个图表中应用了多种类型的图表。并非所有类型的图表都能组合，要创建组合图表，可以选择图表后在"更改图表类型"对话框中选择"组合"图表类型。例如要将"上半年销售额汇总"图表中的"汇总"系列更改为折线图类型，方法如下：

步骤 01 打开"光盘\原始文件\第 3 章\实用技巧\半年销售额汇总 .xlsx"文件，❶ 选择图表对象；❷ 单击"设计"选项卡中的"更改图表类型"按钮。

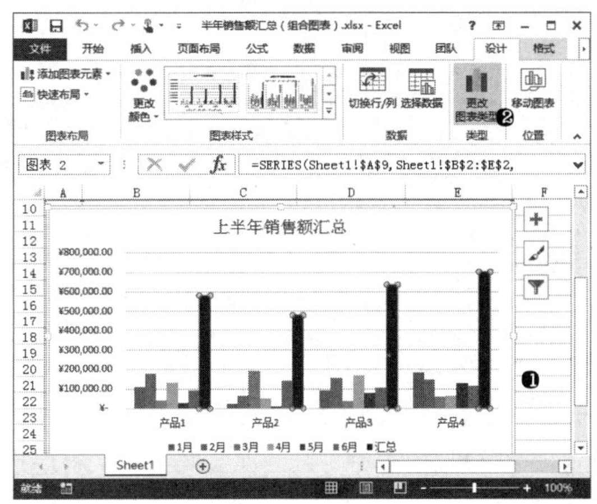

步骤 02 打开"更改图表类型"对话框，❶ 选择"组合"分类；❷ 选择"自定义组合"选项；❸ 设置"汇总"系列的图表类型为"折线图"，并选中"次坐标"复选框；❹ 单击"确定"按钮，如下图所示。

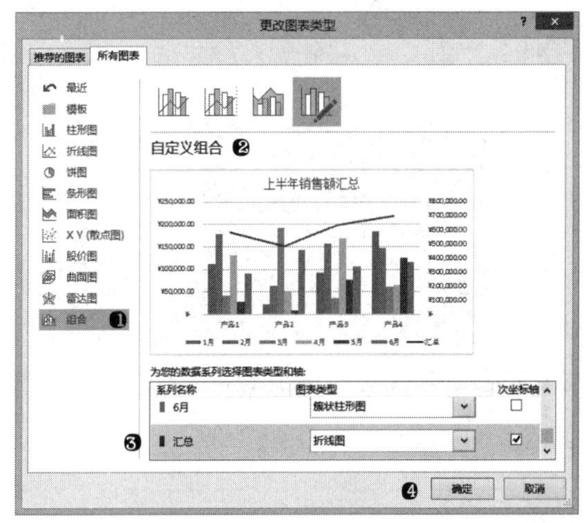

实战训练——分析成本、销售额及利润变化趋势

在日常数据分析和展示时，我们常常需要查看一些数据的变化情况，为了更清晰地体现出数据的变化情况，我们可以应用折线图。本例将对一年中各月的销售额、成本和利润的变化进行分析和展示，利用折线图可以非常方便地表现出这些数据的变化情况，同时，利用趋势图，还可以查看到各数据整体变化的趋势。

光盘同步文件
原始文件：光盘\原始文件\第 11 章\销售额与成本 .xlsx
结果文件：光盘\结果文件\第 11 章\销售额与成本 .xlsx
教学视频：光盘\视频文件\第 11 章\实战训练 .mp4

步骤 01 打开素材文件，❶ 选择数据表中的任意单元格；❷ 单击"插入"选项卡中的"插入折线图"按钮；❸ 选择折线图类型，如下图所示。

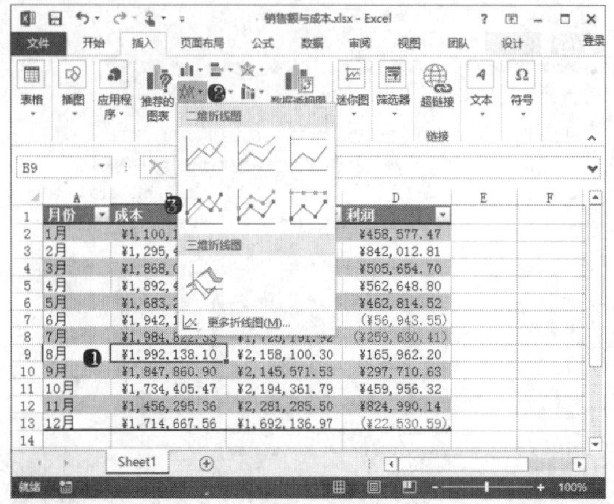

步骤 02 ❶ 选择图表对象；❷ 在“设计”选项卡“图表样式”列表框中选择要应用的图表样式，如下图所示。

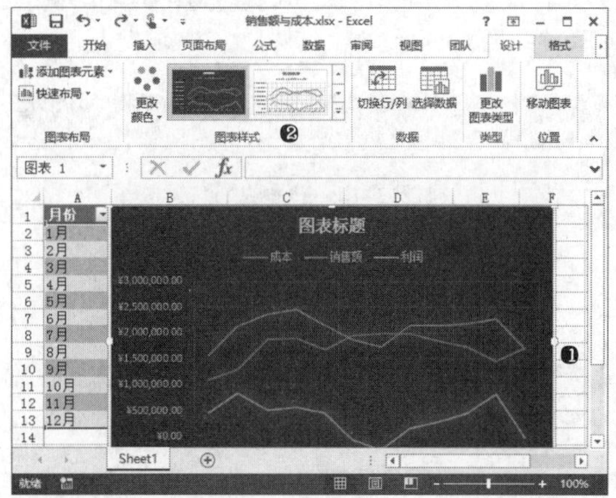

步骤 03 修改图表标题文字，如下图所示。

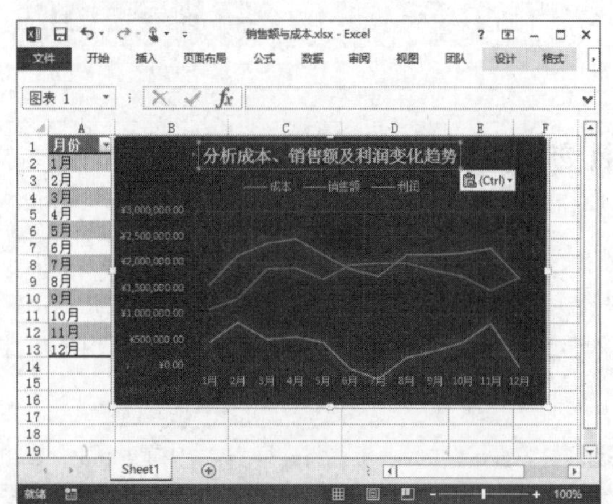

步骤 04 ❶ 选择图表中的“利润”系列；❷ 单击“格式”选项卡中的“设置所选内容格式”按钮，如右上图所示。

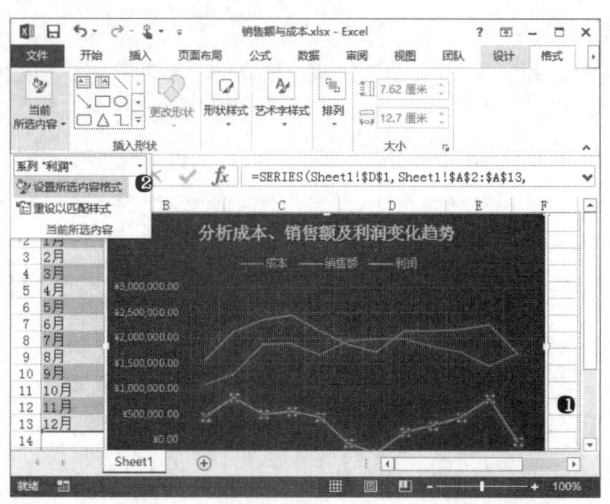

步骤 05 打开“设置数据系列”窗格，❶ 设置“系列选项”；❷ 选择“次坐标轴”单选按钮，如下图所示。

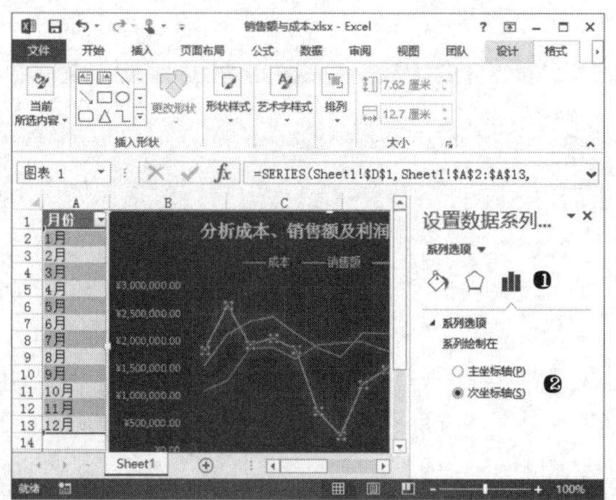

步骤 06 ❶ 单击“格式”选项卡“形状样式”组中的“形状轮廓”按钮；❷ 选择“虚线”类型；❸ 选择“圆点”虚线类型，如下图所示。

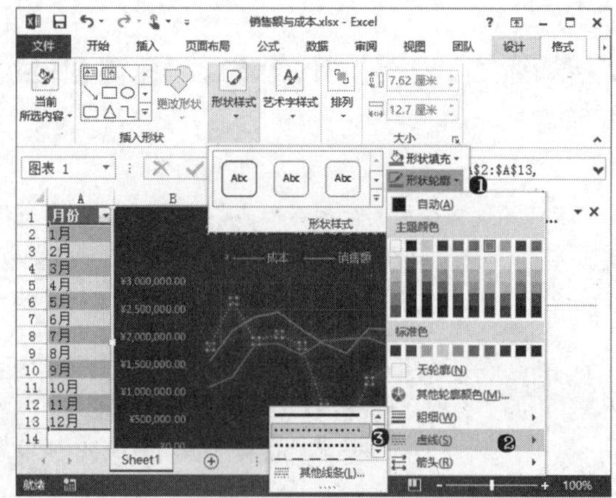

本章小结

本章结合实例主要讲述了 Excel 中图表的应用。图表是表现数据的一种常用手段，在日常工作中无论是在数据分析，还是各种报表、演讲稿、宣传资料中，运用图表可以让数据更简洁明了。所以，用好图表、学会使用图表相关的各种功能和技巧，对我们的工作会有非常大的帮助。

第 12 章

PowerPoint 演示文稿的制作

本章导读

PowerPoint 是微软 Office 套件中的重要软件之一，在办公应用中，常常需要应用 PowerPoint 制作用于演示、会议或教学等工作过程中的演示文稿。本章将对 PowerPoint 软件的基本使用、幻灯片设计及编辑进行讲解。

知识要点

◆幻灯片的基本操作
◆应用幻灯片主题
◆修改幻灯片母版
◆幻灯片内容的编辑与修改
◆自定义幻灯片背景
◆幻灯片编辑与修饰的常用技巧

案例展示

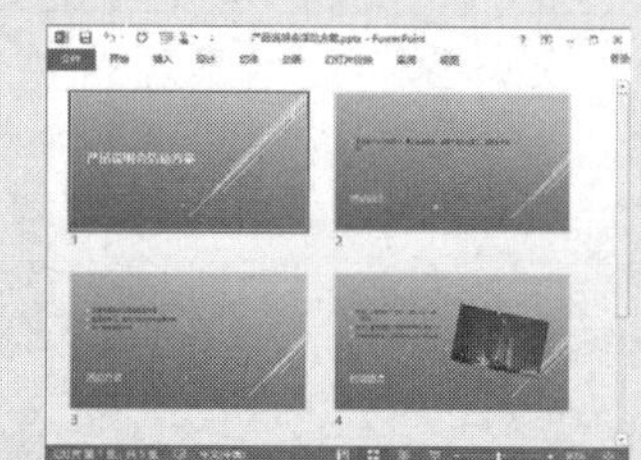

基础入门——必知必会

12.1 PowerPoint 的基本操作

一个 PowerPoint 文件称为一个演示文稿，一个演示文稿由许多幻灯片构成。下面介绍演示文稿中幻灯片相关的基本操作。

12.1.1 新建幻灯片

在 PowerPiont 中新建演示文稿后，演示文稿中默认只有一个幻灯片，要在演示文稿中创建更多的幻灯片，可以使用以下方法：

步骤单击“插入”选项卡中的“新建幻灯片”按钮，即可新建一张幻灯片。

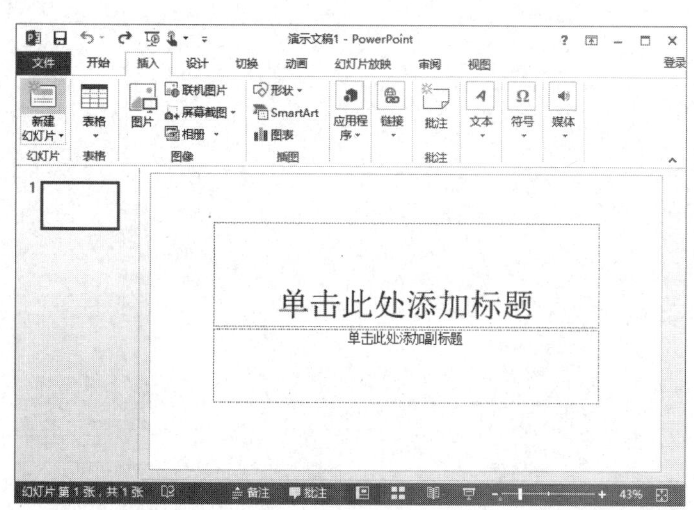

12.1.2 选择与删除幻灯片

在 PowerPiont 左侧的幻灯片列表中列出了当前演示文稿中的所有幻灯片。单击幻灯片缩略图可以选择该幻灯片，如果要选择多个不连续的幻灯片，可以按住【Ctrl】键单击幻灯片缩略图；要选择多个连续的幻灯片，可以按住【Shift】键进行选择。

选择幻灯片后，按【Del】键即可删除所选的幻灯片。

12.1.3 复制和移动幻灯片

在幻灯片列表中选择幻灯片缩略图后，按【Ctrl+C】组合键可以复制幻灯片，单击幻灯片缩略图中间的空隙可定位插入点，按【Ctrl+V】组合键可以粘贴幻灯片。

如果要移动幻灯片的位置，要以拖动幻灯片缩略图，或选择幻灯片后按【Ctrl+X】组合键剪辑幻灯片，然后将光标定位于要插入幻灯片的位置，按【Ctrl+V】组合键粘贴幻灯片。

12.1.4 切换幻灯片视图

在 PowerPoint 中提供了多种视图，以便于在不同情况下对演示文稿内容进行编辑和查看，常用的幻灯片视图及切换方法如下。

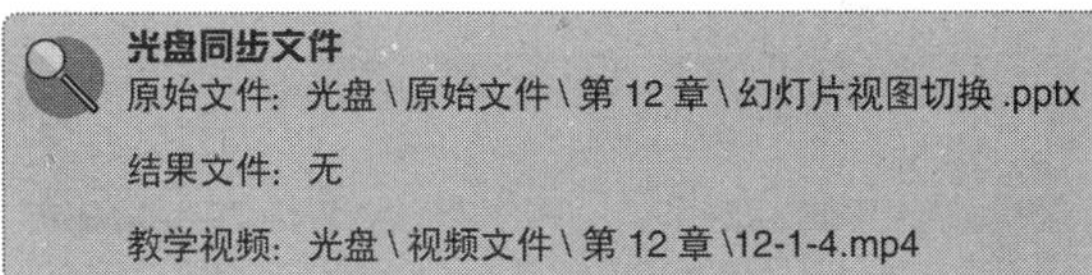

（1）普通视图。

普通视图是 PowerPiont 的默认视图，也是用户使用频率最高的视图。在普通视图中，窗口左侧将显示幻灯片缩略图，右侧为当前所选幻灯片的编辑区。在这种视图下可以方便地对幻灯片内容进行编辑和修改，要从其他视图切换到该视图，可以单击“视图”选项卡中的“普通”按钮，如下图所示。

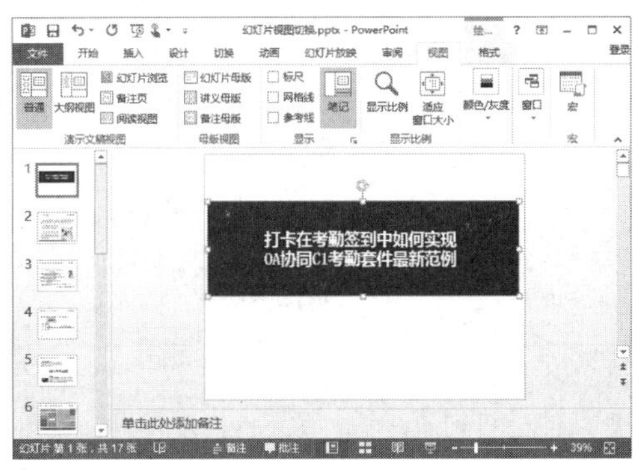

（2）大纲视图。

演示文档中各幻灯片的内容应该由不同级别的标题和内容来构成，即幻灯片中的内容是具备大纲级别关系的。在大纲视图下，窗口左侧列表中的缩略图将显示为各幻灯片中的具有大纲级别的文字内容。要切换到大纲视图，可以单击“视图”选项卡中的“大纲视图”按钮，如右上图所示。

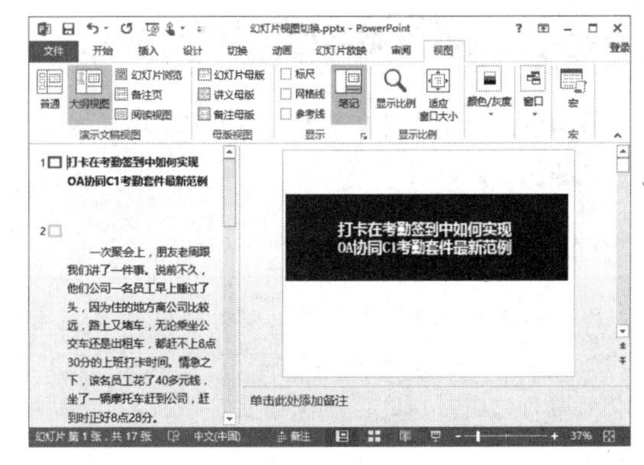

（3）幻灯片浏览。

如果要快速浏览演示文稿中所有幻灯片的大致外观效果，可以切换到“幻灯片浏览”视图。单击“视图”选项卡中的“幻灯片浏览”按钮即可切换到此视图，如下图所示。

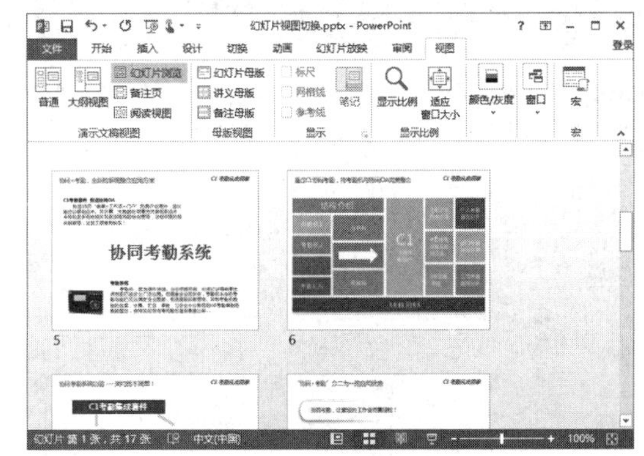

（4）备注页视图。

在备注页视图中可以编辑和查看各幻灯片中的备注信息。幻灯片中的备注信息可以用于讲义打印或通过“演讲者视图”放映时在演讲者屏幕上显示。单击“视图”选项卡中的“备注页”按钮可以切换到“备注页”视图，如下图所示。

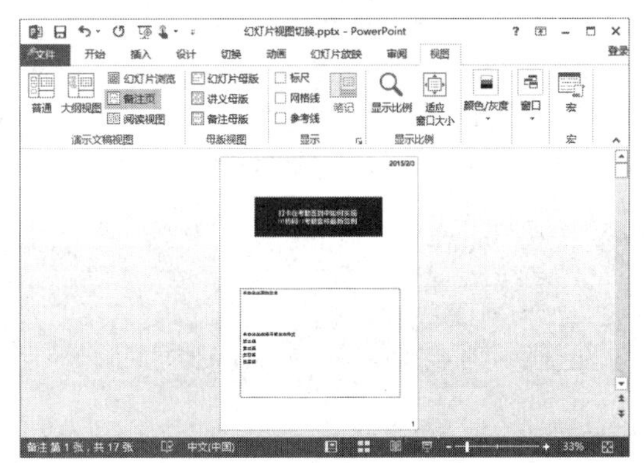

12.2 幻灯片内容的编辑与修改

在幻灯片中不仅可以插入文字内容，还可以插入图片、形状、表格、视频及其他媒体元素，使幻灯片内容更加丰富。

12.2.1 更改幻灯片版式

PowerPoint 中提供了多种幻灯片版式供我们选择应用，例如幻灯片中需要标题文字和副标题，可以使用“标题幻灯片”版式，如果需要应用标题文字和表格、图片、文字或图表等内容，可以选用“标题和内容”版式，如果幻灯片中需要两栏内容，还可以选用“两栏内容”版式。要更改幻灯片版式，方法如下：

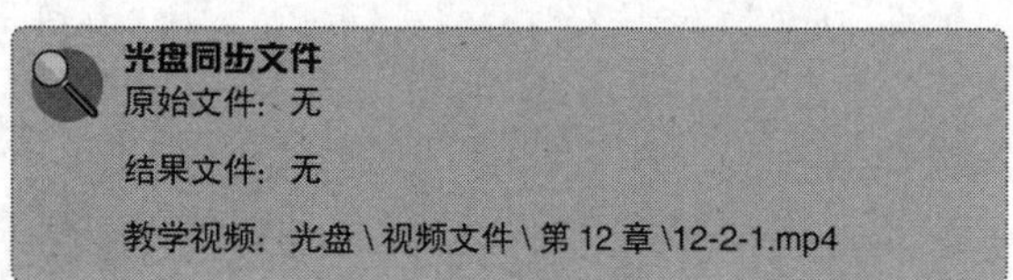
光盘同步文件
原始文件：无
结果文件：无
教学视频：光盘 \ 视频文件 \ 第 12 章 \12-2-1.mp4

步骤 ❶ 选择要更改版式的幻灯片；❷ 单击“开始”选项卡中的“幻灯片版式”按钮；❸ 选择要应用的幻灯片版式，如下图所示。

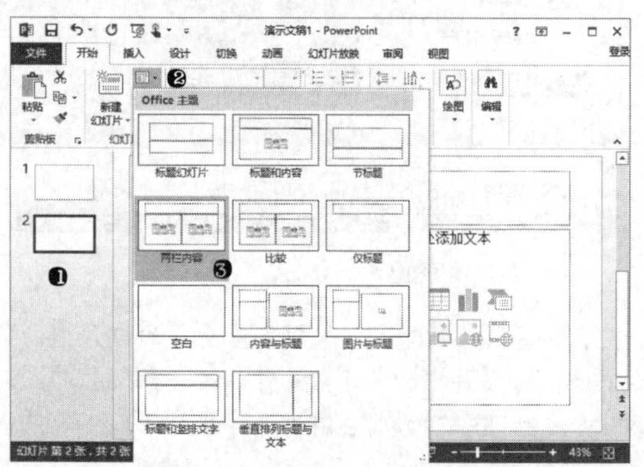

12.2.2 录入文字并设置文字格式

在幻灯片的图文框中单击即可开始输入文字内容，输入及编辑文字内容的方法与 Word 中相同，选择图文框或文字内容后，在“开始”选项卡的“字体”和“段落”组中可设置文字格式，具体方法如下：

光盘同步文件
原始文件：无
结果文件：无
教学视频：光盘 \ 视频文件 \ 第 12 章 \12-2-2.mp4

步骤 ❶ 在幻灯片标题图文框中输入标题文字并选择该段文字；❷ 在“开始”选项卡的“字段”组中设置字体格式，在“段落”组中设置段落格式，如下图所示。

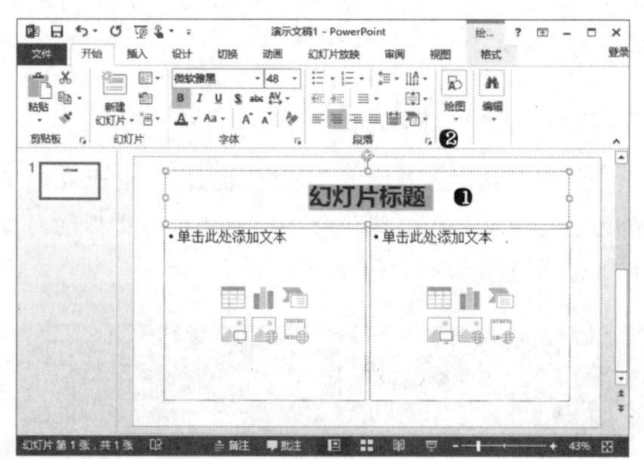

12.2.3 在幻灯片中应用图像

为了使幻灯片更美观、内容更丰富，常常需要在幻灯片中插入图像，具体方法如下：

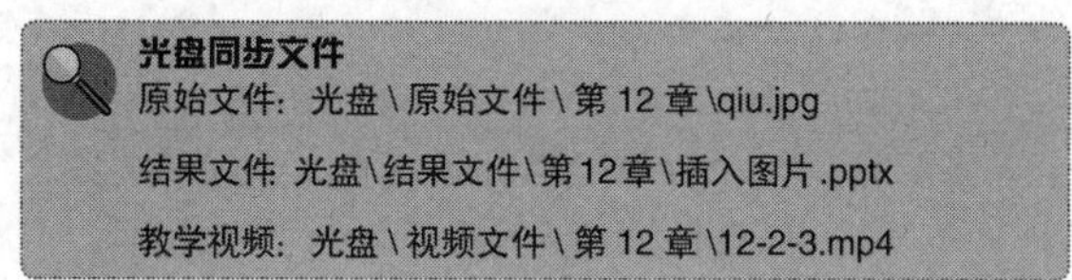
光盘同步文件
原始文件：光盘 \ 原始文件 \ 第 12 章 \qiu.jpg
结果文件：光盘 \ 结果文件 \ 第 12 章 \ 插入图片 .pptx
教学视频：光盘 \ 视频文件 \ 第 12 章 \12-2-3.mp4

步骤 01 单击幻灯片图文框中的“图片”按钮，如下图所示。

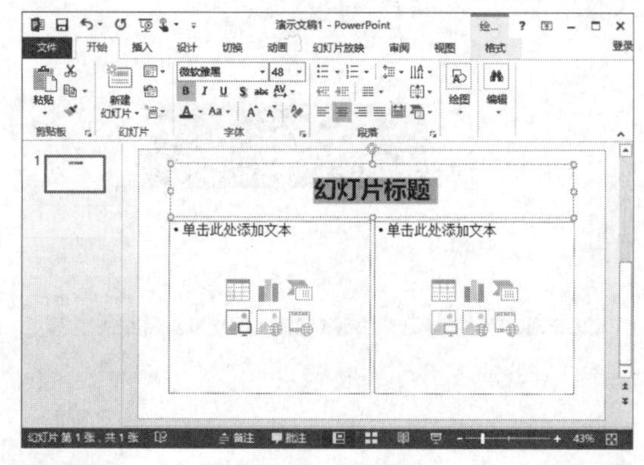

步骤 02 打开“插入图片”对话框，❶ 选择要插入的图片文件；❷ 单击“插入”按钮，如下图所示。

除使用以上方法插入图片外，还可以直接单击“插入”选项卡中的“图片”按钮，然后在“插入图片”对话框中选择图片文件，插入图像。插入图片并选择图片后在“格式”选项卡中可以对图片进行调整和添加样式等，方法与在 Word 中设置和修改图片的方法相同。

12.2.4　在幻灯片中插入表格和图表

在幻灯片中需要展示数据时，也可以像在 Word 和 Excel 中一样应用表格元素，并且为了使数据展示得更直观，还可以运用与 Excel 中相同的图表元素，具体方法如下：

光盘同步文件

原始文件：光盘 \ 原始文件 \ 第 12 章 \ 插入表格与图表 .pptx

结果文件：光盘 \ 结果文件 \ 第 12 章 \ 插入表格与图表 .pptx

教学视频：光盘 \ 视频文件 \ 第 12 章 \12-2-4.mp4

1．插入表格

步骤 01 单击幻灯片要插入表格的图文框中的“插入表格”按钮，如下图所示。

步骤 02 打开“插入表格”对话框，❶设置要插入表格的行数和列数；❷单击“确定”按钮，如下图所示。

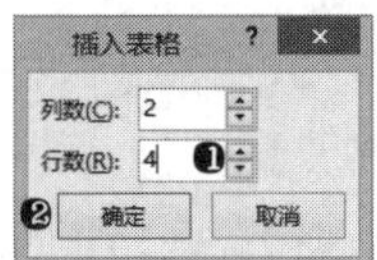

步骤 03 在表格中录入具体的数据内容，如下图所示。

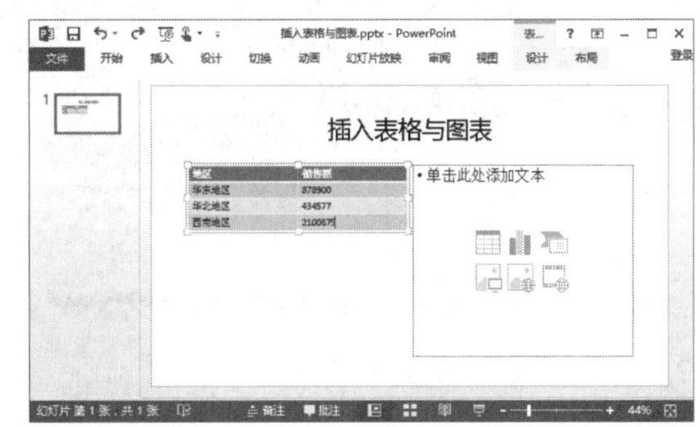

2．插入图表

步骤 01 单击幻灯片中要插入图表的图文框中的“插入图表”按钮，如下图所示。

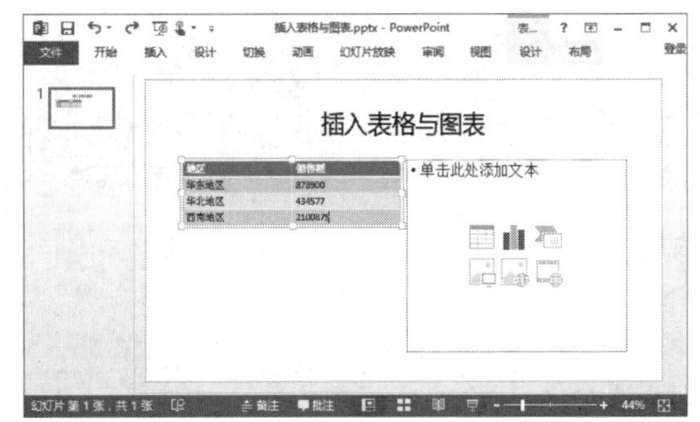

步骤 02 打开“插入图表”对话框，❶选择图表大类；❷选择图表小类；❸选择图表样式；❹单击“确定”按钮，如下图所示。

步骤 03 在打开的图表数据 Excel 窗口内的表格区域中录入图表需要呈现的数据，如下图所示。关闭图表 Excel 窗口后，图表插入成功。

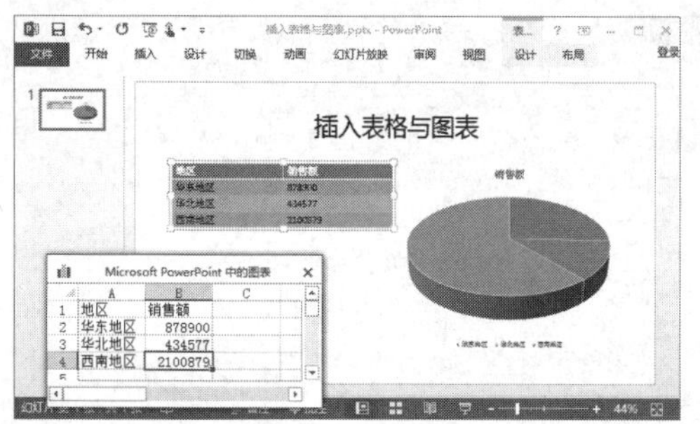

12.2.5 使用 SmartArt 图形

在幻灯片中，为使幻灯片更具吸引力，常常需要使用图形配文字的方式来列举一些重要信息，例如表现结构、流程、关系等，此时可以运用 SmartArt 图形。在 PowerPoint 中应用 SmartArt 图形的方法如下：

光盘同步文件

原始文件：光盘 \ 原始文件 \ 第 12 章 \ 插入表格与图表 .pptx

结果文件：光盘 \ 结果文件 \ 第 12 章 \ 插入表格与图表 .pptx

教学视频：光盘 \ 视频文件 \ 第 12 章 \12-2-5.mp4

步骤 01 单击幻灯片中要插入 SmartArt 图形的图文框中的“插入 SmartArt 图形”按钮，如下图所示。

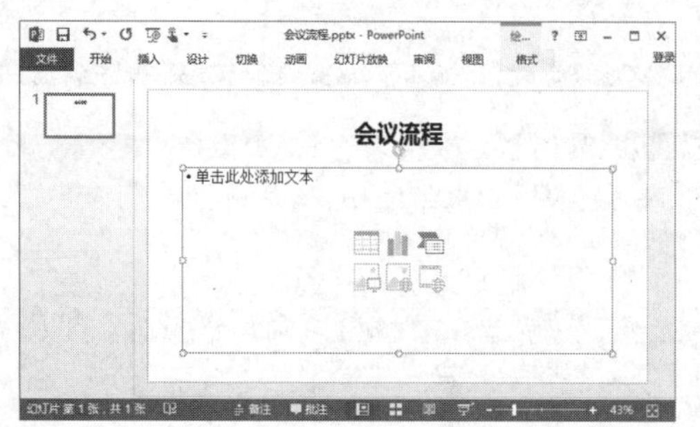

步骤 02 打开“选择 SmartArt 图形”对话框，❶选择要插入的图形类别；❷选择 SmartArt 图形；❸单击“确定”按钮，如下图所示。

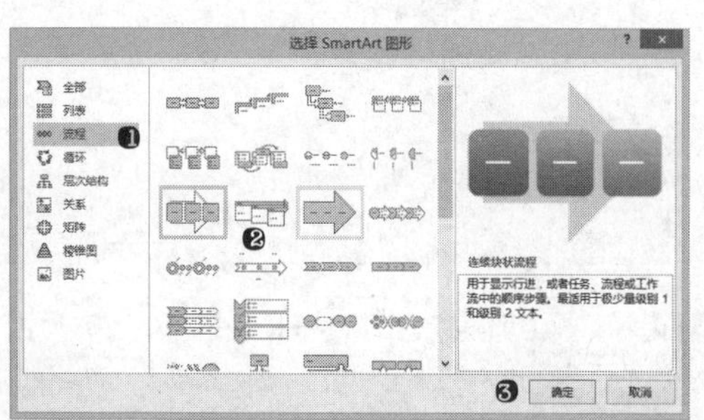

步骤 03 在插入的 SmartArt 图形中各形状内录入文字内容，要添加形状，可以单击“SmartArt 工具 - 设计”选项卡中的“添加形状”按钮，具体方法与 Word 中相同。完成 SmartArt 图形内容的编辑后，效果如下图所示。

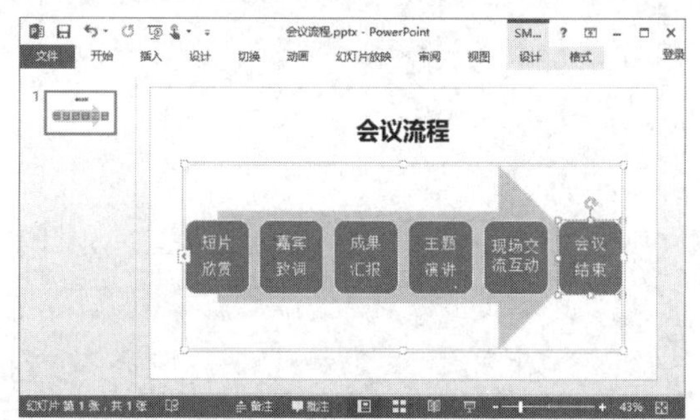

如果要更改 SmartArt 形状的配色方案及外观样式，同样可以单击“SmartArt 工具 - 设计”选项卡中的“更改颜色”按钮。例如，要修改 SmartArt 图表的颜色方案，方法如下：

步骤 ❶单击“SmartArt 工具 - 设计”选项卡中的“更改颜色”按钮；❷选择要应用的颜色效果，如下图所示。

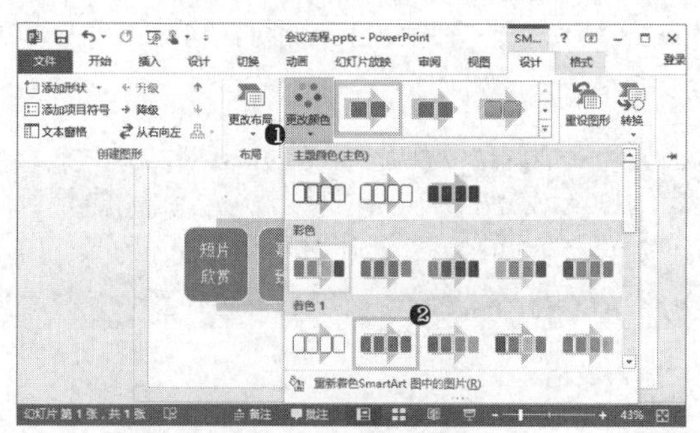

12.2.6 应用自选图形和艺术字

在幻灯片中，如果需要在幻灯片中默认的图文框外添加文字内容，可以使用文本框或艺术字，下面讲解具体方法如下。

光盘同步文件

原始文件：光盘 \ 原始文件 \ 第 12 章 \ 应用自选图表和艺术字 .pptx

结果文件：光盘 \ 结果文件 \ 第 12 章 \ 应用自选图表和艺术字 .pptx

教学视频：光盘 \ 视频文件 \ 第 12 章 \12-2-6.mp4

1．插入形状并设置形状样式

在 PowerPiont 中插入形状和修改形状的方法如下：

步骤 01 ❶单击“插入”选项卡中的“形状”按钮；❷选择要应用的形状，如下图所示。

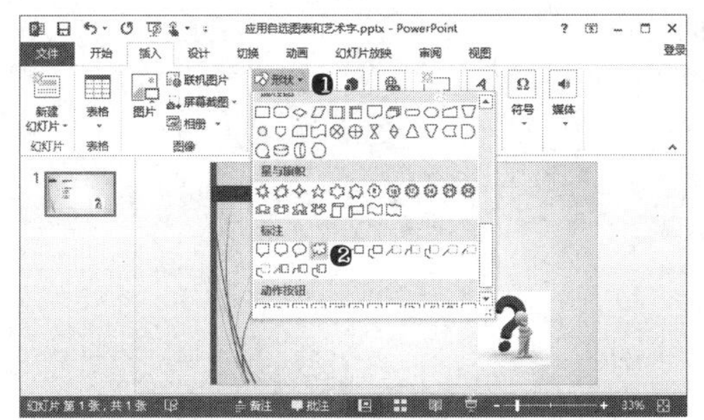

步骤 02 ❶ 在幻灯片中绘制出形状，并调整控制点的位置；❷ 在“格式”选项卡的“形状样式”列表中选择要应用的样式，如下图所示。

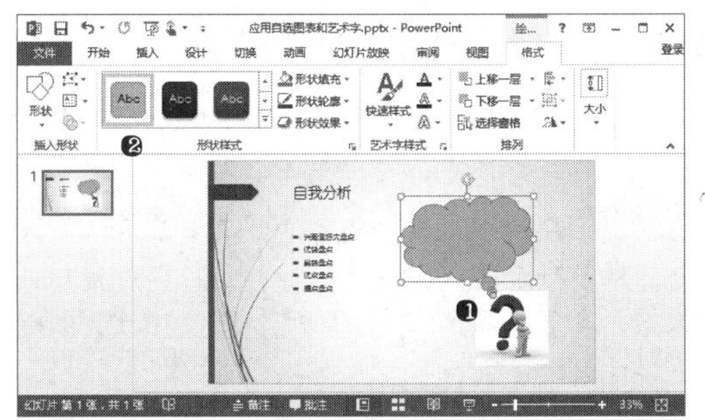

2．应用艺术字

在 PowerPiont 中应用艺术字的方法与 Word 中相同，具体方法如下：

步骤 01 ❶ 单击“插入”选项卡中的“形状”按钮；❷ 选择要应用的形状，如下图所示。

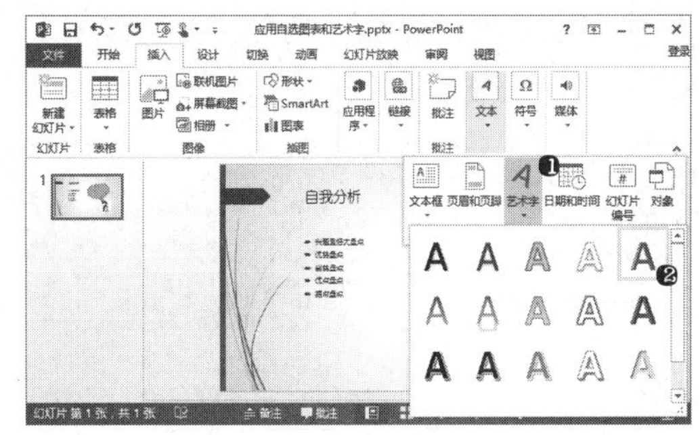

步骤 02 在幻灯片中出现的艺术字框中输入文字内容后，调整艺术字位置，如下图所示。

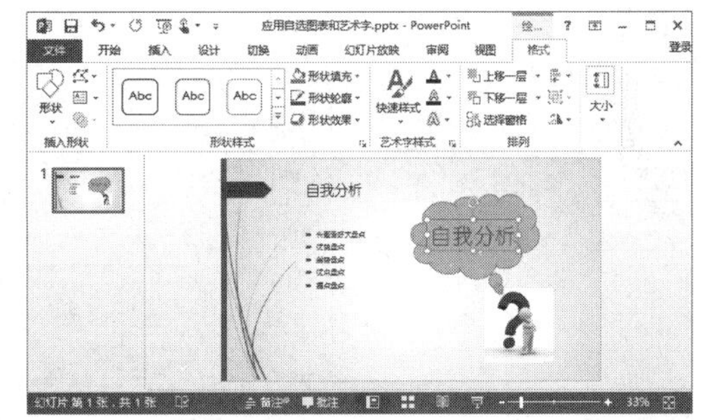

12.3 演示文稿的设计

PowerPoint 中的主题与 Word 中的主题的作用相同，用于设置演示文稿中幻灯片的整体效果，它包含了幻灯片的主题颜色、字体、形状效果、背景样式等，在应用或调整幻灯片设计后，在编辑幻灯片内容时，相应的内容元素会自动应用设计中所包含的颜色、字体及形状效果等。

12.3.1 设置演示文稿的主题

为快速美化演示文稿，可以为演示文稿应用主题效果，方法如下：

步骤 在“设计”选项卡的“主题”组中的列表框中选择要应用的主题样式。

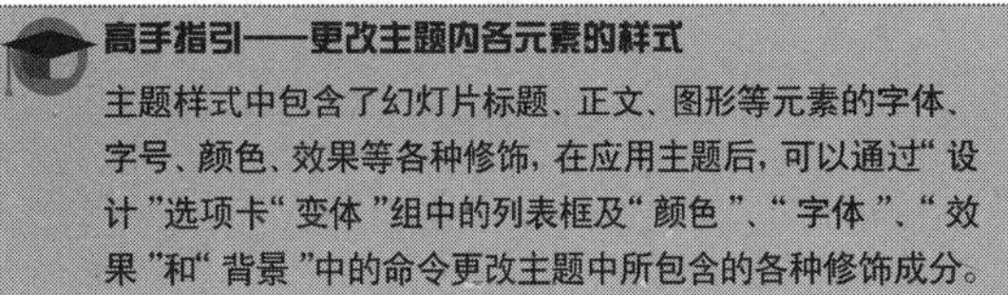

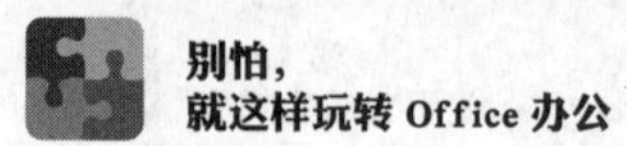

12.3.2 设置幻灯片大小

在不同的显示分辨率的设备上放映幻灯片时，为了使幻灯片能全屏放映，可以设置幻灯片的大小，具体方法如下：

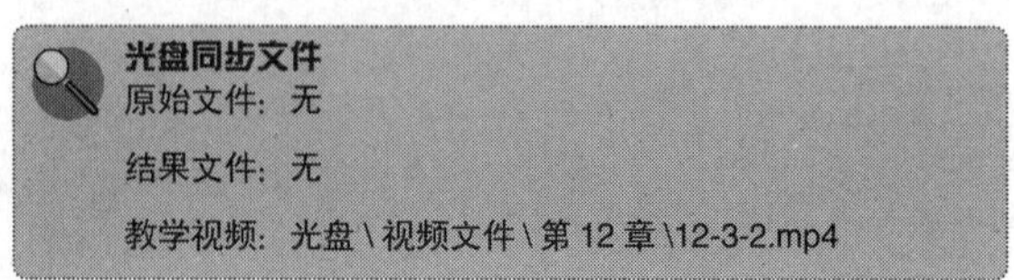
光盘同步文件
原始文件：无
结果文件：无
教学视频：光盘 \ 视频文件 \ 第 12 章 \12-3-2.mp4

步骤 单击“设计”选项卡“自定义”组中的“幻灯片大小”按钮，选择要应用的幻灯片大小比例，如“标准（4:3）”或“宽屏（16:9）”，如下图所示。

如果要自行设置幻灯片页面的宽度和高度值，可以选择“自定义幻灯片大小”命令，然后在弹出的对话框中进行设置。

12.3.3 设置幻灯背景

为适应不同的场景，还可以为幻灯片添加不同的背景。方法如下：

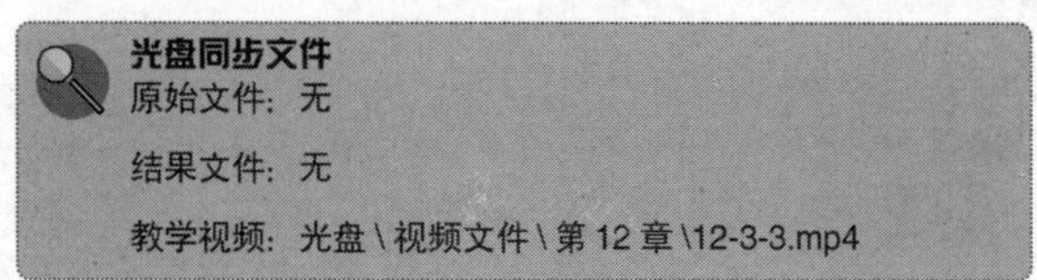
光盘同步文件
原始文件：无
结果文件：无
教学视频：光盘 \ 视频文件 \ 第 12 章 \12-3-3.mp4

步骤 01 单击“设计”选项卡“自定义”组中的“设置背景格式”按钮，如下图所示。

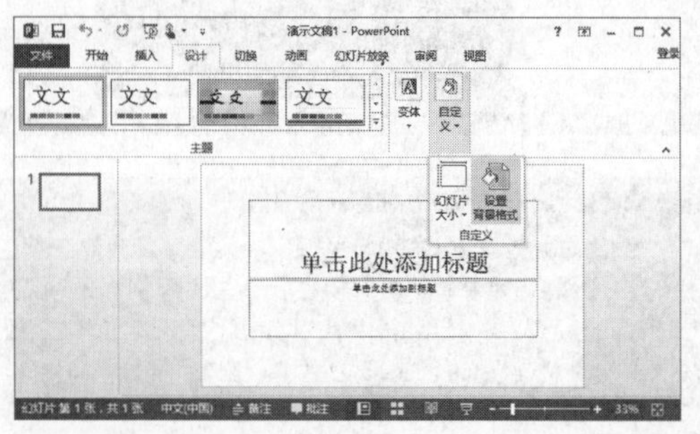

步骤 02 在“设置背景格式”窗格中设置要应用的背景效果，如渐变填充，如下图所示。如果要将背景效果应用于演示文稿中的所有幻灯片上，可以单击“全部应用”按钮。

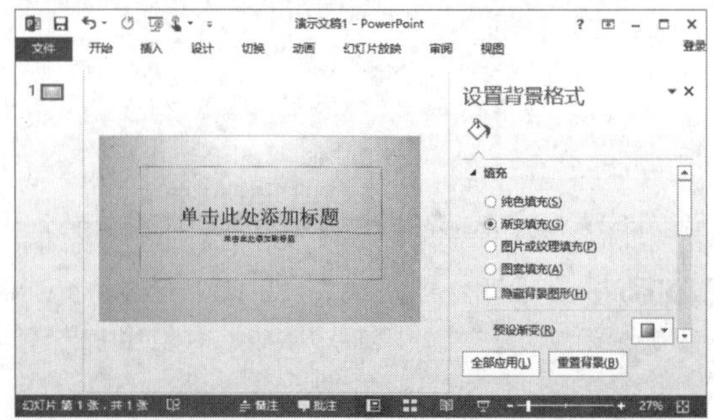

12.3.4 使用母版统一整体风格

幻灯片母版是演示文稿中各幻灯片引用的模板页。在幻灯片母版视图中，可以查看和编辑不同版式的幻灯片页面的内容布局结构、背景效果、内容字体等，并且，在幻灯片的母版页面中插入内容后，该内容将被应用到所有应用该母版的幻灯片中。在 PowerPoint 中编辑母版的方法如下：

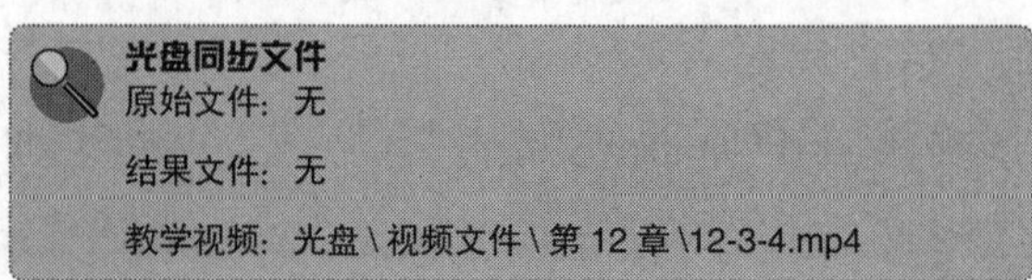
光盘同步文件
原始文件：无
结果文件：无
教学视频：光盘 \ 视频文件 \ 第 12 章 \12-3-4.mp4

步骤 01 单击“视图”选项卡“母版视图”组中的“幻灯片母版”按钮，如下图所示。

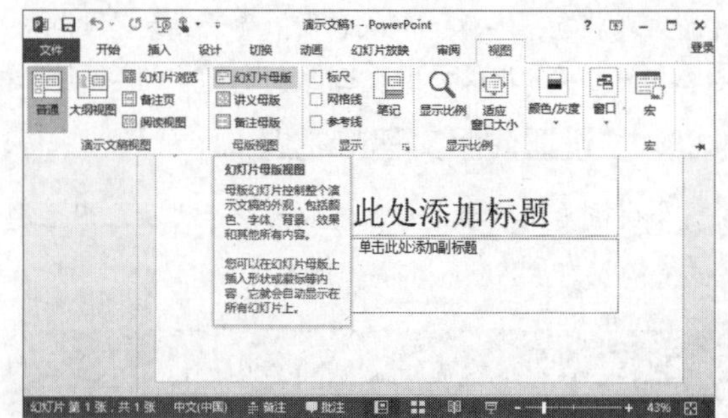

步骤 02 切换到幻灯片母版视图后，可以添加各种版式的幻灯片，并设置各幻灯片的背景、内容格式等，还可以插入各类幻灯片元素。完成幻灯片母版的编辑后，单击“幻灯片母版”选项卡中的“关闭”按钮可退出幻灯片母版视图。在演示文稿中各幻灯片将自动应用与幻灯片母版中版式相同的页面中的背景、格式和内容。

12.4 为幻灯片添加多媒体对象

PowerPoint 是办公工作中应用最广泛的多媒体制作软件，利用 PowerPoint 不仅可以方便地展示文字和图片信息，还可以应用声音、视频和动画等多媒体元素。

12.4.1 在幻灯片中添加音乐文件

在幻灯片放映时，可以配合应用背景音乐或一些音效，使幻灯片放映更为轻松惬意。要在幻灯片中插入音频文件，方法如下：

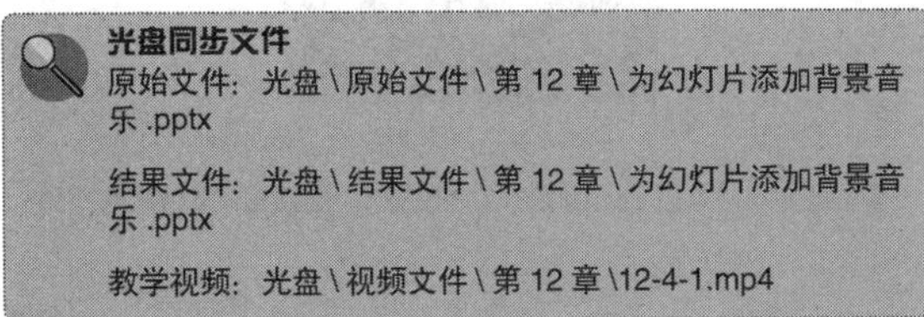

光盘同步文件

原始文件：光盘 \ 原始文件 \ 第 12 章 \ 为幻灯片添加背景音乐 .pptx

结果文件：光盘 \ 结果文件 \ 第 12 章 \ 为幻灯片添加背景音乐 .pptx

教学视频：光盘 \ 视频文件 \ 第 12 章 \12-4-1.mp4

步骤 01 ❶单击“插入”选项卡“媒体”组中的“音频”按钮；❷选择“PC 上的音频”命令，如下图所示。

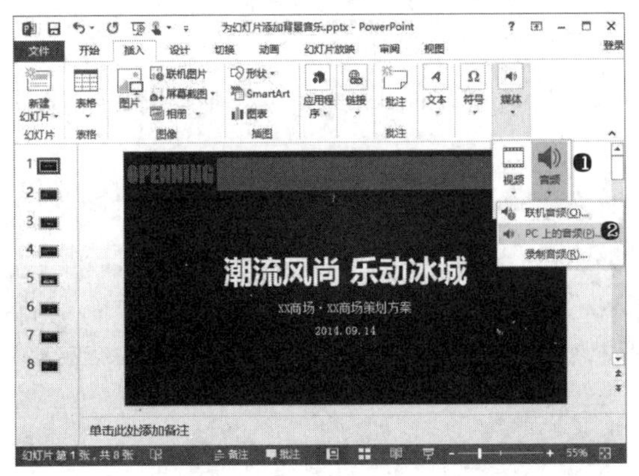

步骤 02 打开“插入音频”对话框，❶选择要应用的音频文件；❷单击“插入”按钮即可插入音频，如下图所示。

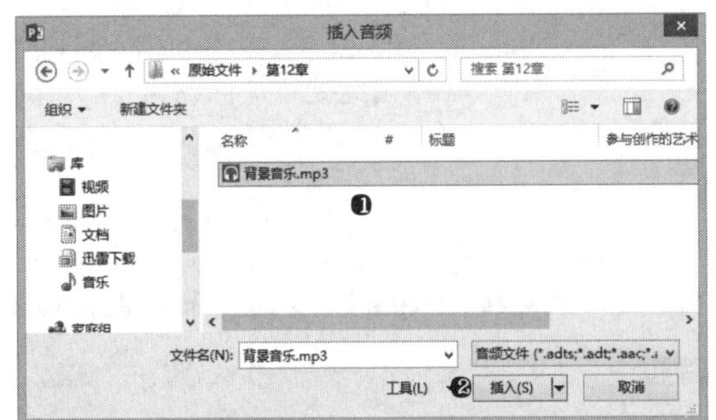

步骤 03 插入音频文件后在当前幻灯片中将显示一个音频图标，在幻灯片放映时并不会出现该图标。选择该图标后在“播放”选项卡中可以设置音频播放的各种效果，如淡入淡出、音频裁剪等，如要使音频作为幻灯片放映的背景音乐，可以单击“在后台播放”按钮，如下图所示。

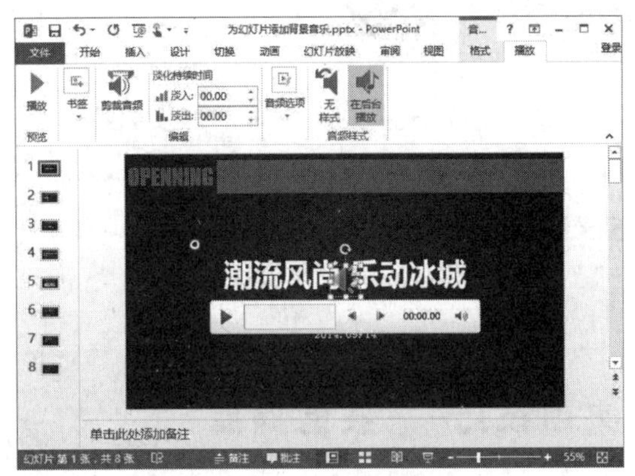

12.4.2 在幻灯片中插入视频

在演讲或应用幻灯片进行信息展示时，有时需要在演讲中或信息展示过程中穿插一些视频，此时，可以将视频嵌入到幻灯片中，使演讲过程、幻灯片放映过程更加流畅自然，具体方法如下：

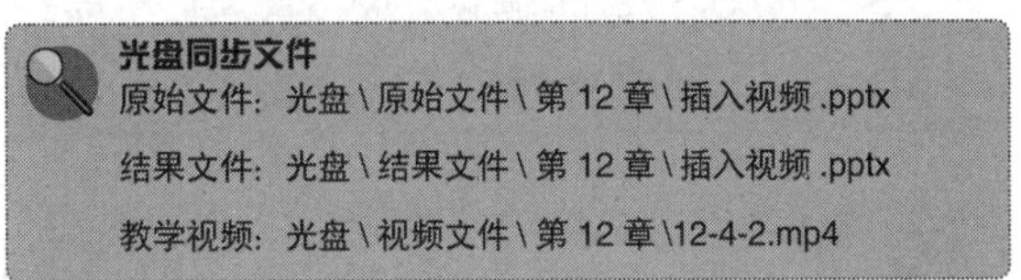

光盘同步文件

原始文件：光盘 \ 原始文件 \ 第 12 章 \ 插入视频 .pptx

结果文件：光盘 \ 结果文件 \ 第 12 章 \ 插入视频 .pptx

教学视频：光盘 \ 视频文件 \ 第 12 章 \12-4-2.mp4

步骤 01 选择要插入视频的幻灯片，❶单击“插入”选项卡“媒体”组中的“视频”按钮；❷选择“PC 上的视频”命令，如下图所示。

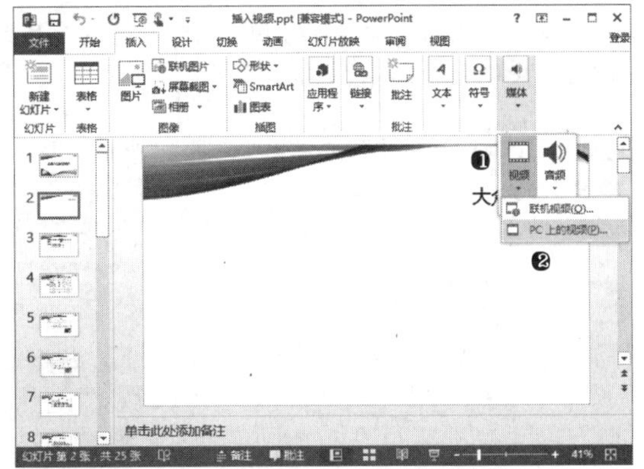

步骤 02 打开“插入视频文件”对话框，❶选择要插入的视频文件；❷单击“插入”按钮，即可在幻灯片中插入视频文件，如下图所示。

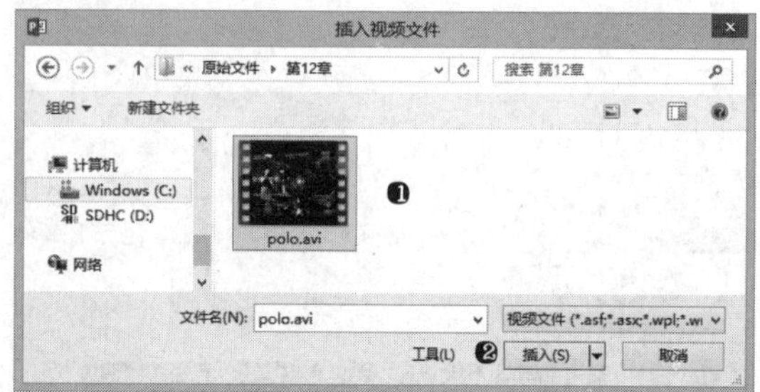

步骤 03 插入视频文件后，在当前幻灯片中将显示一个视频播放区域，选择该视频区域后可调整区域大小、位置，并且在“播放”选项卡中可以单击“播放”按钮预览视频。此外，要设置幻灯片播放到该页面时自动播放视频，可以在“开始”下拉列表中选择“自动”选项，如下图所示。

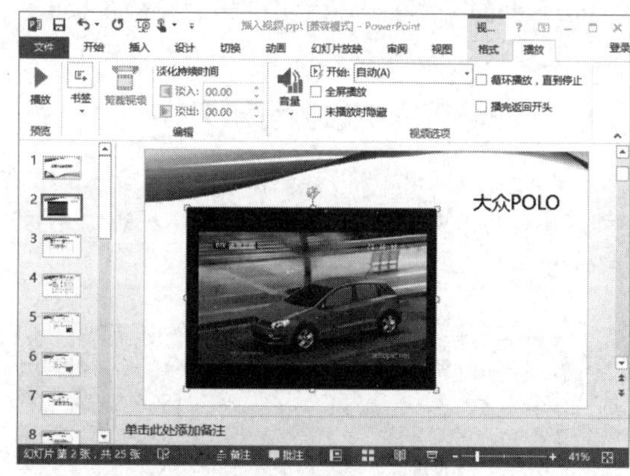

实用技巧——技能提高

通过前面知识的学习，相信初学者已经掌握好PowerPoint 2013入门操作的相关基础知识。下面结合本章内容，向初学者介绍一些实用技巧。

光盘同步文件

原始文件：光盘 \ 原始文件 \ 第 12 章 \ 实用技巧 \

结果文件：光盘 \ 结果文件 \ 第 12 章 \ 实用技巧 \

教学视频：光盘 \ 视频文件 \ 第 12 章 \ 实用技巧 .mp4

技巧 12.1 制作相册幻灯片

在制作幻灯片时，如果需要在幻灯片中连续展示多幅图像，为快速制作多幅图像的幻灯片，可以使用相册幻灯片。制作出包含多幅图像的相册幻灯片后，使用“重用幻灯片”功能可将相册幻灯片快速应用到当前幻灯片中，具体操作如下：

步骤 01 新建演示文稿，单击“插入”选项卡“图像”组中的“相册”按钮，如右图所示。

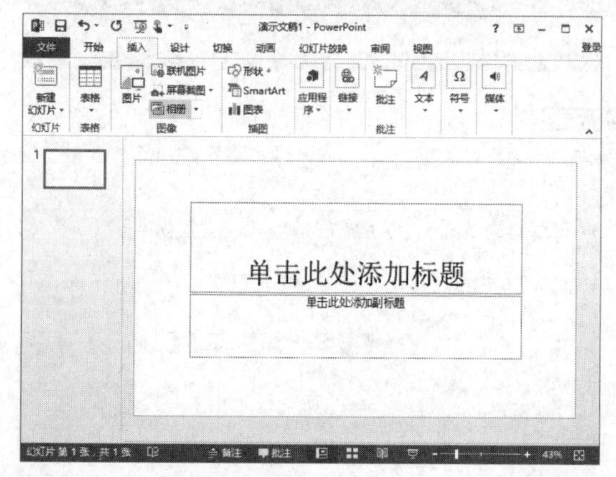

步骤 02 打开“相册”对话框，单击“文件 / 磁盘”按钮，如下图所示。

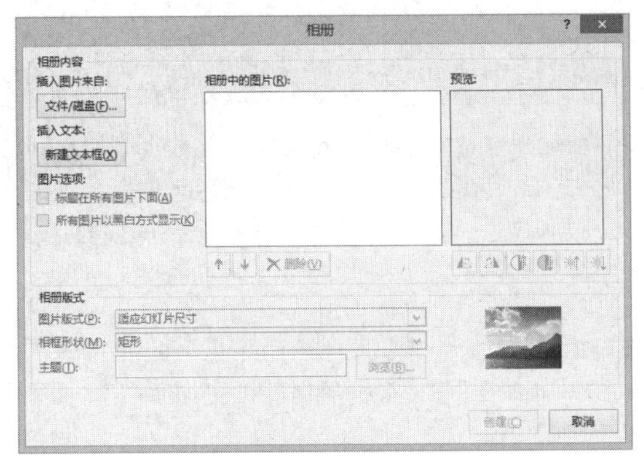

步骤 03 打开“插入图片”对话框，❶选择要用做相册的图片文件；❷单击“插入”按钮。

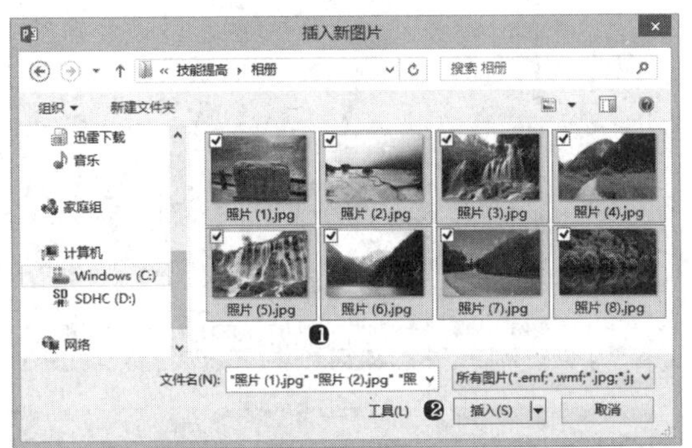

步骤 04 在“相册”对话框中单击“创建”按钮，如下图所示，即可创建出独立的相册演示文稿。

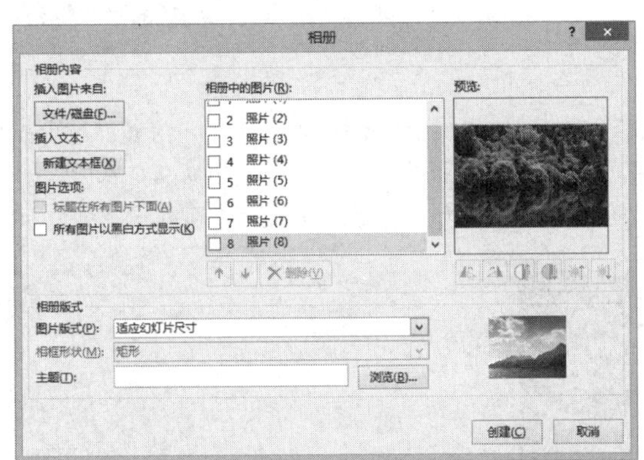

高手指引——相册幻灯片的应用

在创建相册幻灯片时，还可以在“相册”对话框中选择图片的版式及主题效果。创建好相册幻灯片后，相册幻灯片并不会插入到当前幻灯片中，还是一个新建演示文稿，如果要将这些相册幻灯片插入到其他幻灯片中，可以复制这些幻灯片，然后粘贴到要应用的演示文稿中。

技巧 12.2 从大纲文档快速创建幻灯片

如果要从已有的文本或 Word 文档来创建幻灯片，除了在制作幻灯片时复制文档中的内容外，还可以直接应用具有大纲级别的文档快速创建幻灯片，具体方法如下：

步骤 01 新建演示文稿，❶单击“开始”选项卡中的“新建幻灯片”按钮；❷选择“幻灯片（从大纲）”命令，如下图所示。

步骤 02 打开“插入大纲”对话框，❶选择要作为幻灯片内容插入的具有大纲级别的文件；❷单击“插入”按钮，如下图所示。

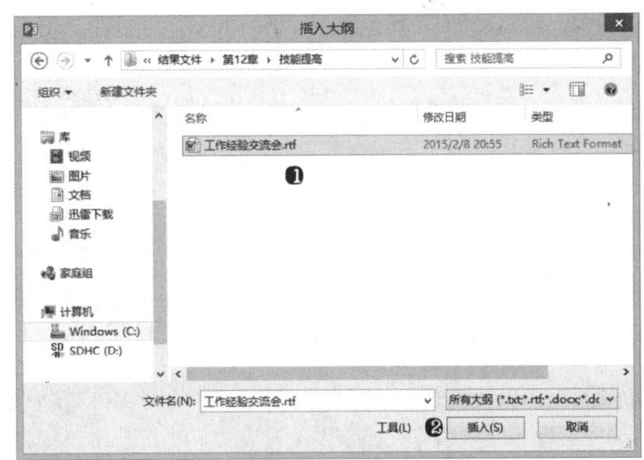

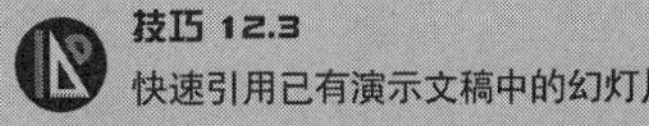

技巧 12.3 快速引用已有演示文稿中的幻灯片

在制作演示文稿时，如果要在当前演示文稿中应用已有演示文稿中的幻灯片，除了打开演示文稿复制幻灯片外，还可以使用“重用幻灯片”命令，快速插入其他文件中的幻灯片，具体方法如下：

步骤 01 新建演示文稿，❶单击"开始"选项卡中的"新建幻灯片"按钮；❷选择"重用幻灯片"命令，如下图所示。

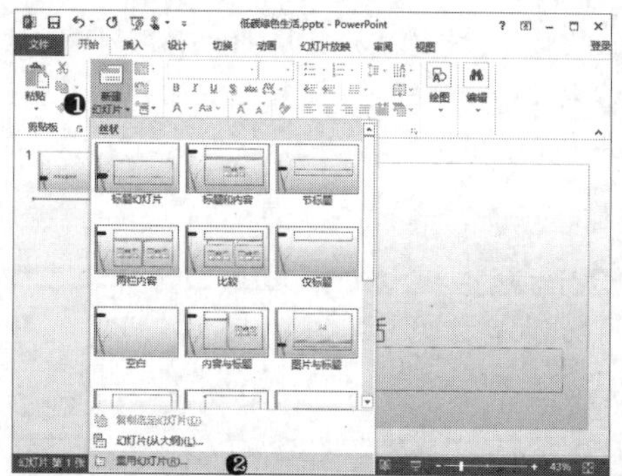

步骤 02 ❶单击"重用幻灯片"窗格中的"浏览"按钮；❷选择"浏览文件"命令，如下图所示。

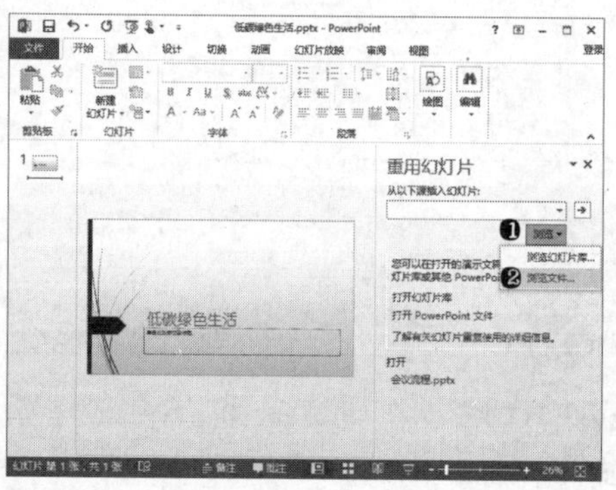

步骤 03 打开"浏览"对话框，❶选择要应用的幻灯片所在的文件；❷单击"打开"按钮，如下图所示。

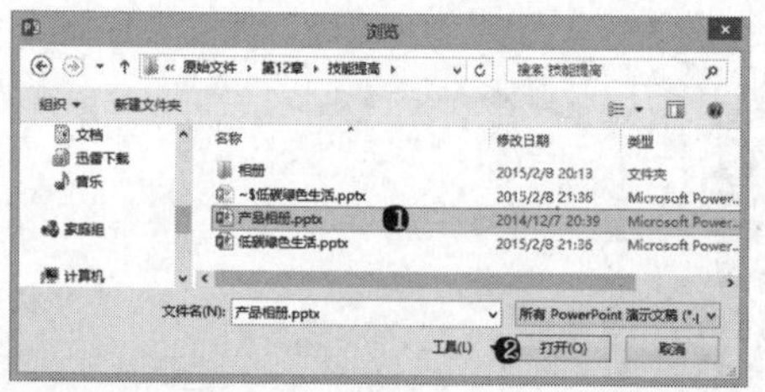

步骤 04 在"重用幻灯片"窗格下方出现的"幻灯片"列表框中选择要重用的幻灯片，如下图所示。

技巧 12.4
为幻灯片添加备注

在制作演示文稿时，有时候需要为幻灯片或幻灯片内容添加一些注释信息，但不希望这些信息在幻灯片放映时显示，此时，可以为幻灯片添加备注，方法如下：

步骤 ❶单击"视图"选项卡中的"笔记"按钮，打开"注释窗格"；❷在"注释窗格"中输入备注文字内容，如下图所示。

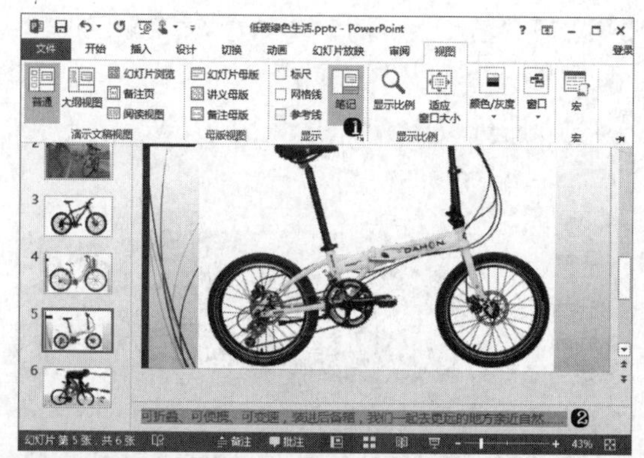

技巧 12.5
打印幻灯片讲义

在演讲或会议前，常常需要为听众或与会人员提供讲义，此时，可以将演示的幻灯片直接打印为幻灯片讲义，方法如下：

步骤 单击"文件"按钮，❶选择"打印"命令；❷在"设置"栏"打印版式"选项中选择"讲义"版式；❸然后单击"打印"按钮，即可打印幻灯片讲义文档，如下图所示。

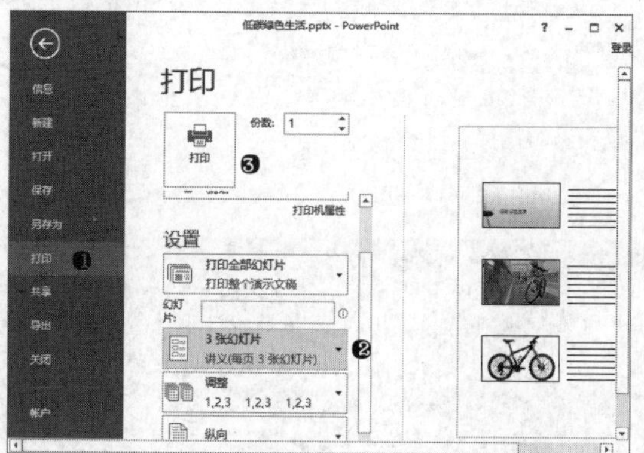

实战训练——制作产品说明会活动方案

在演示文稿中，除了应用文字内容，常常还需要插入图形、图像等各种元素，并且需要应用和修改幻灯片设计、版式及内容格式等，使幻灯片内容更加美观、独特，本例将以产品说明会活动方案演示文稿的制作与美化为例，应用 PowerPoint 中常用的编辑与美化功能。

> **光盘同步文件**
> 原始文件：光盘 \ 原始文件 \ 第 12 章 \ 产品说明会活动方案 .pptx
> 结果文件：光盘 \ 结果文件 \ 第 12 章 \ 产品说明会活动方案 .pptx
> 教学视频：光盘 \ 视频文件 \ 第 12 章 \ 实战训练 .mp4

步骤 01 打开素材文件，在“设计”选项卡的“主题”列表框中选择要应用的主题效果，如下图所示。

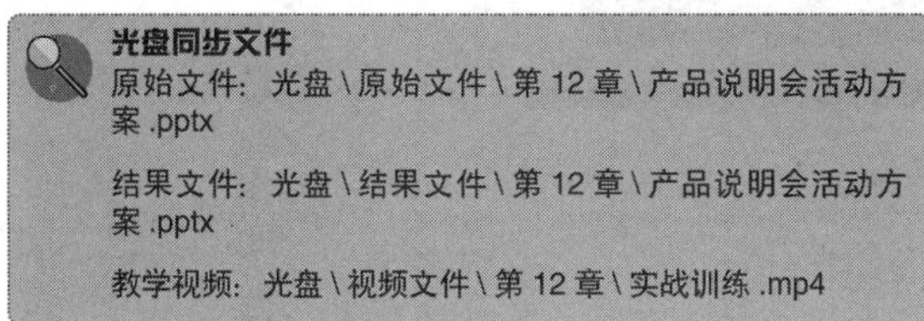

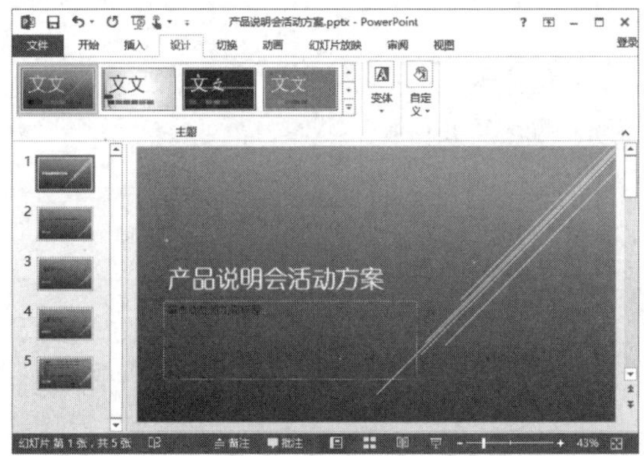

步骤 02 在“设计”选项卡的“变体”列表框中选择要应用的主题变换效果，如下图所示。

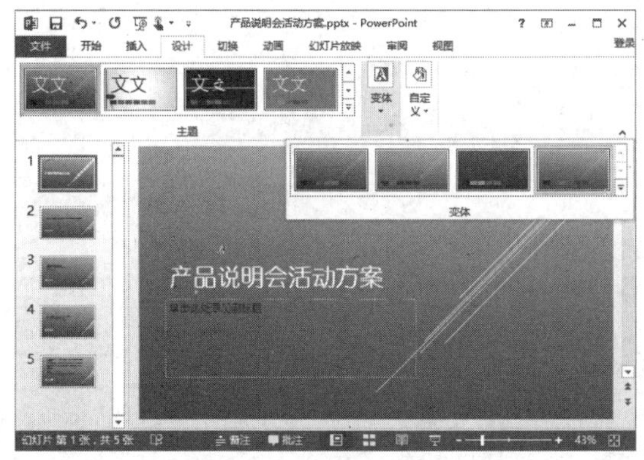

步骤 03 ❶ 选择第 4 张幻灯片；❷ 单击“开始”选项卡中的“幻灯片版式”按钮，如右上图所示。

步骤 04 单击幻灯片右侧图文框中的“插入图片”按钮，如下图所示。

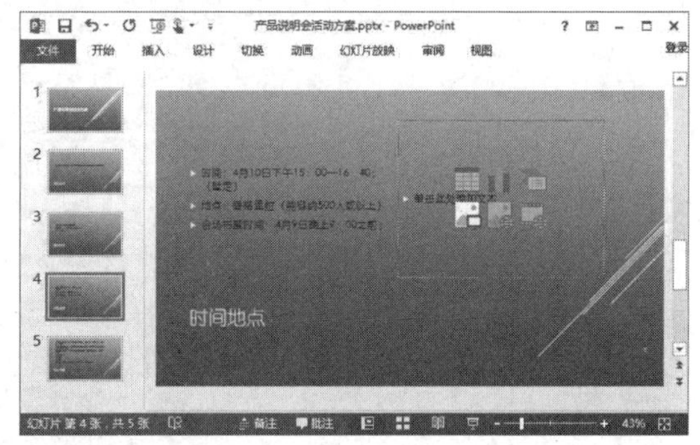

步骤 05 ❶ 选择素材文件“香格里拉 .jpg”；❷ 单击“插入”按钮，如下图所示。

步骤 06 调整插入的图片的大小、位置和方向，最终效果如下图所示。

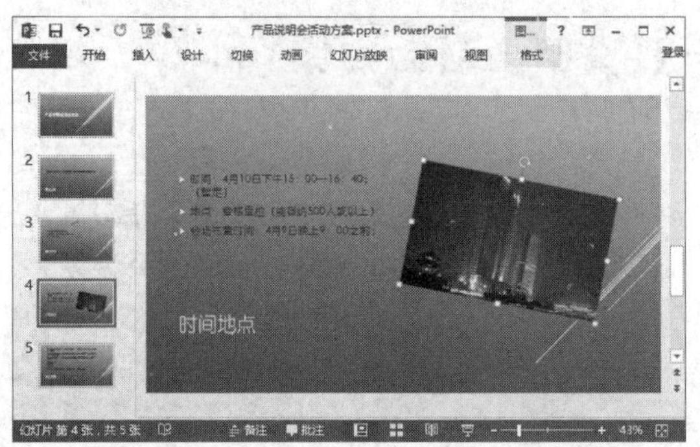

本章小结

本章重点介绍了 PowerPoint 中幻灯片内容的编辑与美化的基本操作，如文字和段落的格式化、图形图像及多媒体元素的插入与应用、幻灯片主题及设计调整等。通过本章学习，读者可熟练掌握 PowerPoint 幻灯片及内容的基本编辑操作与美化。

第 13 章

PowerPoint 幻灯片的动画与交互

本章导读

在放映幻灯片时，为了吸引观众注意，提高幻灯片放映时的观众体验，常常还需要在幻灯片中加入一些动画效果，并且为了方便演讲者或幻灯片浏览者操作幻灯片，还可以为幻灯片添加各种交互动作，使幻灯片的内容更加人性化。

知识要点

◆设置幻灯片切换动画

◆为幻灯片内容添加动画

◆添加动作按钮及动作

◆设置幻灯片切换音效

◆设置与修改自定义动画

◆应用超链接

案例展示

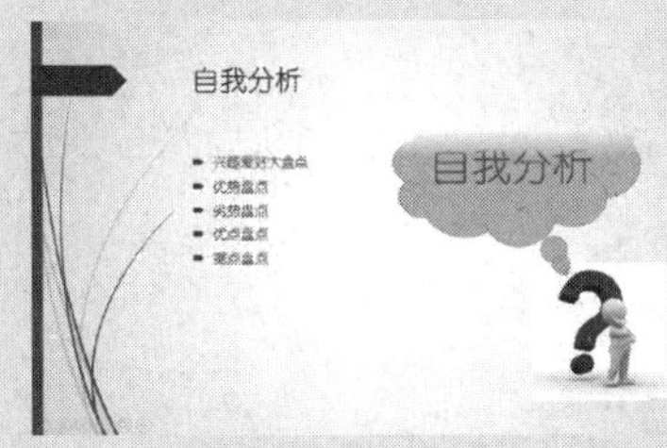

基础入门——必知必会

13.1 幻灯片切换设置

通常一个演示文稿由许多张幻灯片构成，在放映幻灯片时，需要依次切换不同的幻灯片，为使幻灯片切换过程更流畅，可以添加幻灯片切换动画及音效。

13.1.1 设置幻灯片切换动画

如果需要在某张幻灯片上添加幻灯片出现的动画效果，可以先选择该幻灯片，然后执行以下操作：

> **光盘同步文件**
> 原始文件：光盘 \ 原始文件 \ 第 13 章 \ 幻灯片切换设置 .pptx
> 结果文件：光盘 \ 结果文件 \ 第 13 章 \ 幻灯片切换设置 .pptx
> 教学视频：光盘 \ 视频文件 \ 第 13 章 \13-1-1.mp4

（1）选择幻灯片切换样式。

步骤在“切换”选项卡中的“切换到此幻灯片”列表框中选择要应用的幻灯片切换样式，如下图所示。

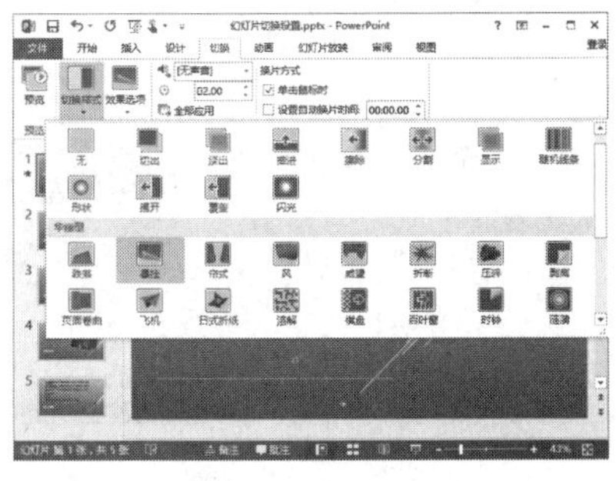

（2）更改切换动画效果。

步骤❶单击“切换”选项卡中的“效果选项”按钮；❷选择当前所选幻灯片切换样式中可以使用的切换效果，如下图所示。

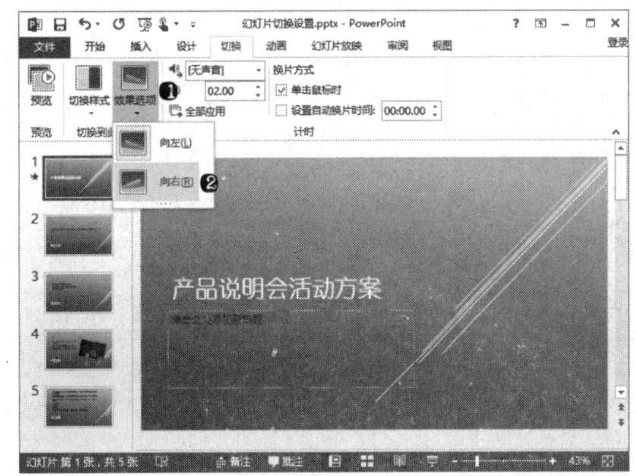

高手指引——将幻灯片切换动画应用到所有幻灯片

要使当前幻灯片切换动画效果应用到演示文稿中的所有幻灯片上，可以单击“切换”选项卡“计时”组中的“全部应用”按钮。

13.1.2 设置幻灯片转换的声音效果

为了使幻灯片放映时更生动，可以在幻灯片切换动画播放的同时添加音效，具体方法如下：

光盘同步文件

教学视频：光盘 \ 视频文件 \ 第 13 章 \13-1-2.mp4

步骤 ❶ 打开“切换”选项卡“计时”组中的“声音”下拉列表框；❷ 选择要应用的声音效果，如下图所示。

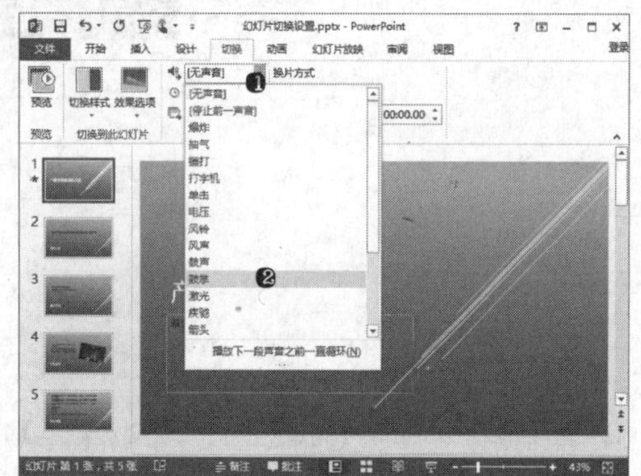

13.1.3 设置幻灯片自动换片方式

默认情况下，在放映幻灯片时，需要通过单击鼠标来切换幻灯片。根据幻灯片不同的应用场景，可以设置幻灯片切换是通过鼠标单击切换或自动切换。例如，要设置幻灯片可以通过鼠标单击切换，如果 30 秒未点击鼠标则自动切换，可以进行以下设置：

光盘同步文件

教学视频：光盘 \ 视频文件 \ 第 13 章 \13-1-3.mp4

步骤 选择幻灯片后，在“切换”选项卡“设计”组中选中“设置自动换片时间”复选框，并在该复选框后的数值框中设置计时时间为 30 秒，如右图所示。

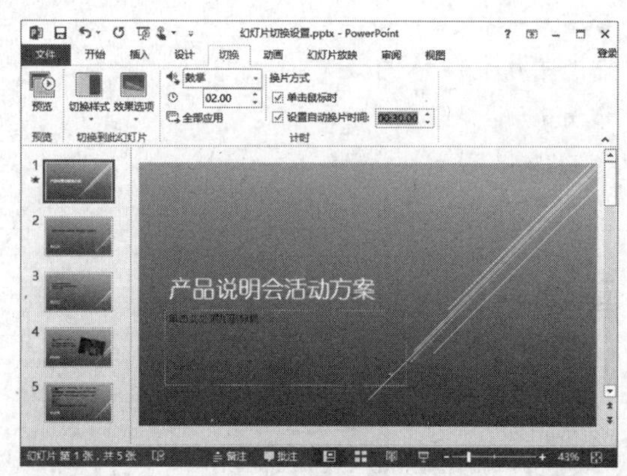

高手指引——禁止单击鼠标换片

如果要让幻灯片按照设置的切换时间自动换片，禁止鼠标单击时切换幻灯片，可以在“切换”选项卡“计时”组中取消选中“单击鼠标时”复选框。

13.2 设置幻灯片中各对象的动画

在 PowerPoint 中除了可以在幻灯片切换时为整个幻灯片添加动画效果外，还可以对幻灯片中的元素单独添加动画，使幻灯片中的动画效果更加丰富。

13.2.1 为指定元素添加动画

对幻灯片页面中的文字、图像等元素均可添加独立的动画效果，要为这些元素添加动画，可以使用以下方法：

光盘同步文件

原始文件：光盘 \ 原始文件 \ 第 13 章 \ 为指定元素添加动画 .pptx

结果文件：光盘 \ 结果文件 \ 第 13 章 \ 为指定元素添加动画 .pptx

教学视频：光盘 \ 视频文件 \ 第 13 章 \13-2-1.mp4

步骤 01 ❶ 选择幻灯片中要添加动画的单个或多个对象；❷ 在“动画”选项卡中的“动画样式”列表框中选择要应用的动画样式，如下图所示。

在 PowerPoint 的动画样式中，提供了"进入"、"强调"、"退出"和"动作路径"4 种类型的动画效果。"进入"动画用于表现元素从无到有出现的动画效果；如果需要元素在可见状态下通过动画效果进行突出和强调，可使用"强调"动画；如果需要使元素以动画方式退出，则使用"退出"动画；如果需要让元素按指定方式或路径运动，可以使用"动作路径"动画效果。

13.2.2 设置动画效果

当为幻灯片中的元素添加上动画样式后，还可以对该动画的效果选项进行更改，以呈现出不同的动画效果。在不同的动画样式中，可以设置的动画效果选项并不相同，但方法相同，具体方法如下：

光盘同步文件
原始文件：光盘 \ 原始文件 \ 第 13 章 \ 设置动画效果 .pptx
结果文件：光盘 \ 结果文件 \ 第 13 章 \ 设置动画效果 .pptx
教学视频：光盘 \ 视频文件 \ 第 13 章 \13-2-2.mp4

步骤❶选择幻灯片中要更改动画效果选项的对象；❷单击"动画"选项卡中的"效果选项"按钮；❸选择要应用的动画选项，如下图所示。

13.2.3 设置动画时长和延时

当为幻灯片中的元素添加上动画样式后，还可以对该动画的播放时长及延迟播放时间进行设置，方法如下：

光盘同步文件
原始文件：光盘 \ 原始文件 \ 第 13 章 \ 设置动画时长和延时 .pptx
结果文件：光盘 \ 结果文件 \ 第 13 章 \ 设置动画时长和延时 .pptx
教学视频：光盘 \ 视频文件 \ 第 13 章 \13-2-3.mp4

步骤❶选择幻灯片中添加了动画的对象；❷在"动画"选项卡"计时"组中的"持续时间"数值框中设置动画播放时长，如下图所示。

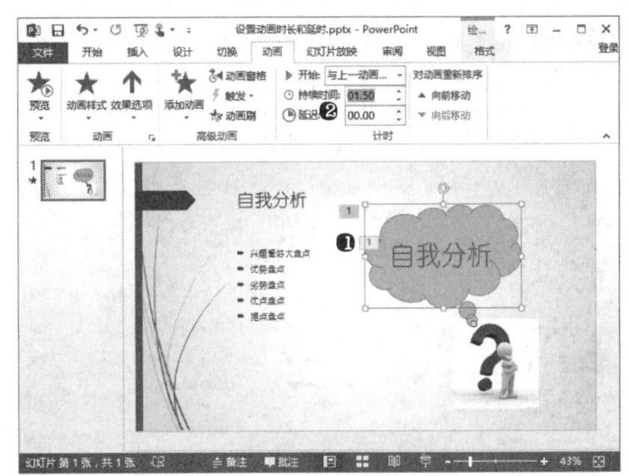

步骤❶选择幻灯片中添加了动画的对象；❷在"动画"选项卡"计时"组中的"延迟"数值框中设置动画延迟播放的时间，如下图所示。

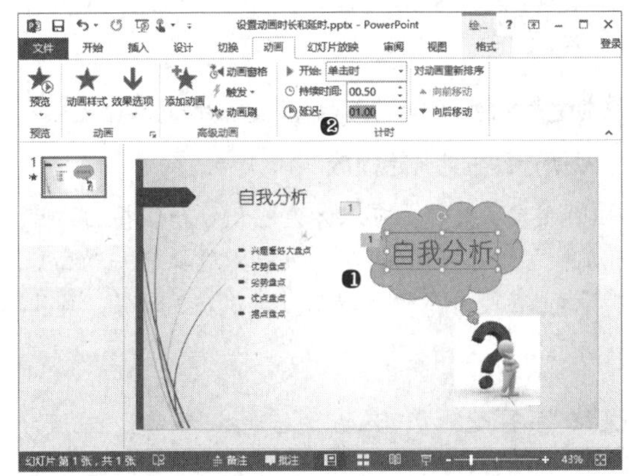

13.2.4 使用动画窗格

在幻灯片中存在多个动画元素或多段动画时，使用动画窗格可以更方便地管理和调整动画。在动画窗格的列表中可以清晰地查看到当前幻灯片中所有的动画及相关设置，单击标签可快速选择动画元素，拖动标签可调整动画的顺序。动画窗格的具体应用方法如下：

光盘同步文件
原始文件：光盘 \ 原始文件 \ 第 13 章 \ 设置动画时长和延时 .pptx
结果文件：光盘 \ 结果文件 \ 第 13 章 \ 设置动画时长和延时 .pptx
教学视频：光盘 \ 视频文件 \ 第 13 章 \13-2-3.mp4

1. 打开动画窗格

要使用动画窗格，首先需要打开动画窗格，方法如下：

步骤 单击"动画"选项卡"高级动画"组中的"动画窗格"按钮，即可打开动画窗格，如下图所示。

在动画窗格列表中依次列出了当前幻灯片中所有动画元素，并通过不同的图标和图形表现出了动画的类型、时长和开始时间，将鼠标指向列表中的元素，可看到具体的信息。

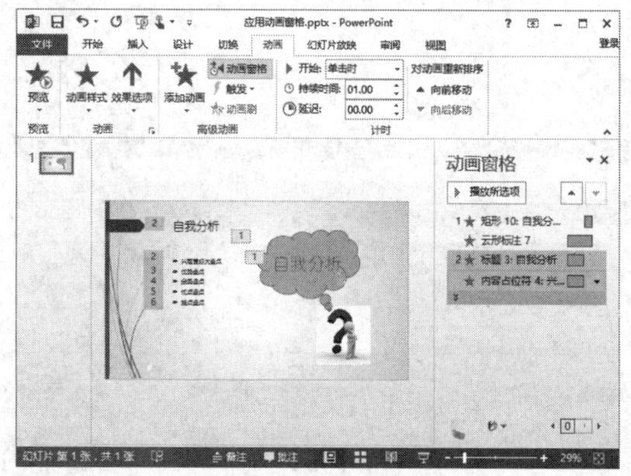

2. 从所选动画处开始播放

利用动画窗格，可以方便地预览和调整幻灯片中的动画效果。在动画窗格的列表中选择某一动画后，可从该动画处开始播放动画，预览动画效果，具体方法如下：

步骤 ❶ 在动画窗格列表中选择动画项目；❷ 单击"播放自"按钮。

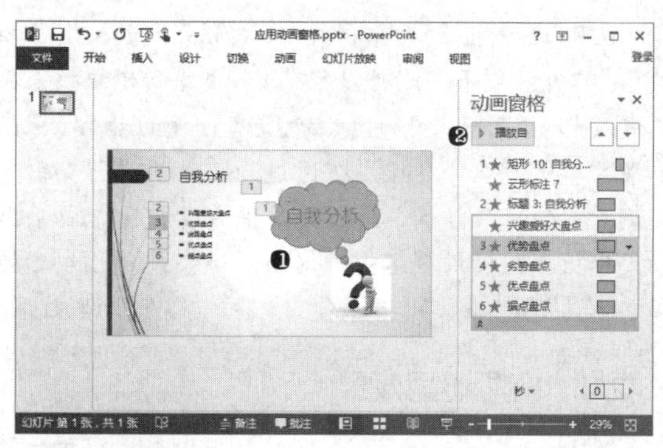

3. 调整动画顺序

动画窗格列表中各动画项目的顺序代表了幻灯片放映时，各元素动画播放的顺序，要调整幻灯片中各动画之间的播放顺序，可以在动画窗格列表中拖动动画项目来改变动画播放的时间，也可以单击上移或下移箭头按钮要调整动画的顺序，方法如下：

步骤 ❶ 在动画窗格中选择要调整顺序的动画项目；❷ 单击动画窗格右上方的上移或下移按钮调整动画顺序，如下图所示。

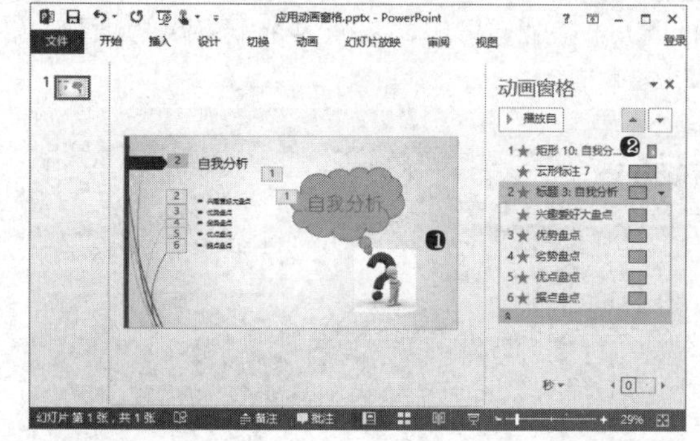

13.3 幻灯片中的链接和交互动作

为了方便幻灯片浏览者或放映者放映幻灯片，常常需要在幻灯片中添加一些交互功能，例如快捷的页面跳转，快速打开网站链接、文件，快速启动系统中的应用程序等。在幻灯片中添加超链接或动作按钮，无须编写任何程序，即可实现这些交互功能。

13.3.1 应用超链接

超级链接也称为超链接，源自于网页中，是指从一个网页指向一个目标的连接关系。在 PowerPoint 中也可以为幻灯片中的文字、图像、形状等元素添加超链接，将这些元素指向某一个网页、文件或者是演示文稿中某一张幻灯片。在幻灯片放映时，单击带有超链接的元素可自动打开目标内容。在 PowerPoint 中添加超链接的方法如下：

光盘同步文件

原始文件：光盘 \ 原始文件 \ 第 13 章 \ 添加超链接 .pptx

结果文件：光盘 \ 结果文件 \ 第 13 章 \ 添加超链接 .pptx

教学视频：光盘 \ 视频文件 \ 第 13 章 \13-3-1.mp4

步骤 01 ❶ 选择幻灯片中要添加超链接的文字或图像等对象，例如，选择第 4 张幻灯片中的图片对象；❷ 单击“插入”选项卡“链接”组中的“超链接”按钮，如下图所示。

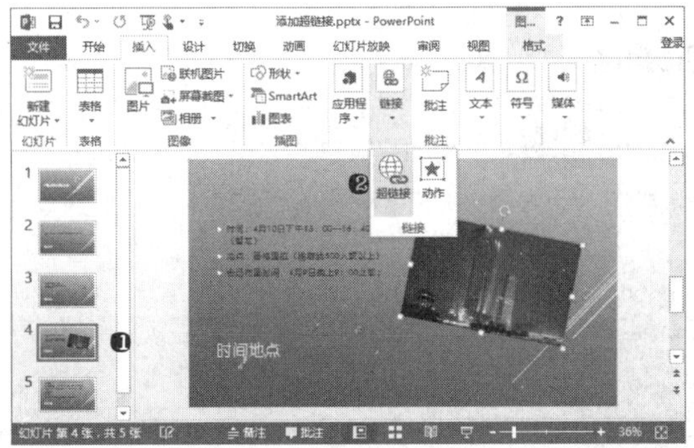

步骤 02 打开“插入超链接”对话框，❶ 在“地址”组合框中输入链接打开的地址；❷ 单击“确定”按钮，即可为所选元素添加上超链接，如下图所示。

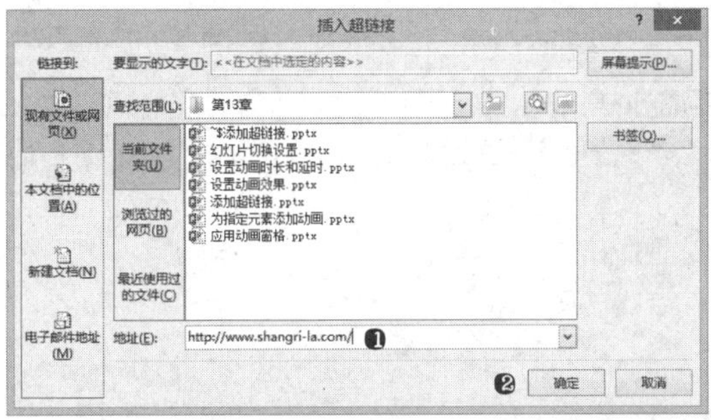

高手指引——超链接的各种用途及注意事项

在 PowerPoint 中允许使用超链接打开网络中的网页地址，如果要使用网络地址，需要输入完整的网络协议标识（如“http://”、“ftp://”等）及详细路径；也可以使用超链接链接到当前计算机中的各类文件，需要注意的是，如果文件路径发生改变或幻灯片不在当前计算机上放映，链接将无法打开文件；此外，应用超链接还可以执行新建文档和发送电子邮件等操作，单击超链接后的具体动作，可以在“插入超链接”对话框中进行设置。

13.3.2 添加动作按钮及动作

在 PowerPoint 中可以自行添加动作按钮，以方便在放映幻灯片时控制幻灯片的放映。动作按钮实际上是一些具有特定意义的按钮形状。在添加动作按钮时，PowerPoint 会打开“操作设置”对话框，通过该对话框可设置单击按钮或鼠标悬停时的动作，具体方法如下。

光盘同步文件

原始文件：光盘 \ 原始文件 \ 第 13 章 \ 添加动作按钮和动作 .pptx

结果文件：光盘 \ 结果文件 \ 第 13 章 \ 添加动作按钮和动作 .pptx

教学视频：光盘 \ 视频文件 \ 第 13 章 \13-3-2.mp4

步骤 01 选择要插入动作按钮的幻灯片，❶ 单击“插入”选项卡中的“形状”按钮；❷ 在“动作按钮”组中选择要应用的动作按钮类型，如“前进或下一项”，如下图所示。

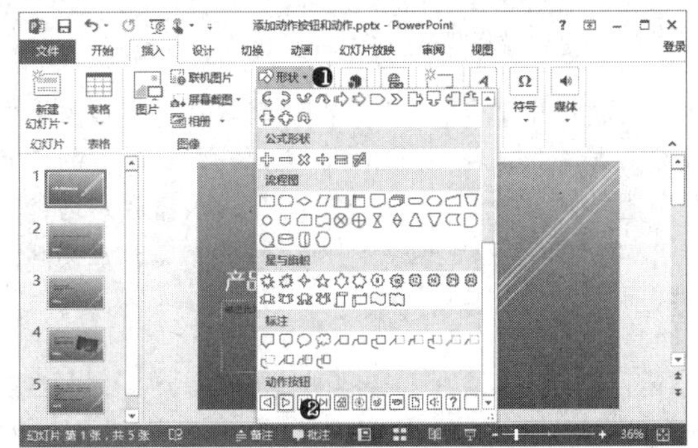

步骤 02 ❶ 在幻灯片中双击按钮图形；❷ 打开“操作设置”对话框，设置单击按钮时的动作；❸ 单击“确定”按钮，如下图所示。

高手指引——动作按钮及动作的各种应用

超链接可以实现的功能，动作按钮都可以实现，并且，在动作按钮中还可以设置音效，在“操作设置”对话框中选中“播放声音”复选框，然后选择要使用的音效即可。此外，在该对话框的“鼠标悬停”选项卡中，还可以设置鼠标经过按钮时的动作。除了应用动作按钮实现动作外，还可以为文字、图片或图形添加动作，只需要选择要添加动作的元素，单击“插入”选项卡“链接”组中的“动作”按钮，然后在“操作设置”对话框中进行相应的设置即可。

实用技巧——技能提高

前面讲解了幻灯片切换动画、元素动画、超链接与动作等幻灯片动画和交互应用的基础知识，灵活应用这些知识便可以创建出动态的具有互动性的演示文稿。下面向读者介绍一些动画和交互应用的技巧，使演示文稿中的动画和交互动作更具魅力。

光盘同步文件

原始文件：光盘\原始文件\第 13 章\实用技巧\

结果文件：光盘\结果文件\第 13 章\实用技巧\

教学视频：光盘\视频文件\第 13 章\实用技巧 .mp4

技巧 13.1 使用触发器控制动画播放

在幻灯片中添加了动画后，默认情况下动画的触发方式是单击鼠标逐个触发，更改动画计时中的“开始”选项，可设置在上一动画播放时或播放后进行播放。如果需要在单击幻灯片中的指定内容后播放动画，可以使用以下方法：

步骤 打开“光盘\原始文件\第 13 章\实用技巧\使用触发器控制动画播放 .pptx”文件，❶选择要设置触发方式并已经添加了动画的元素；❷单击“动画”选项卡中的“触发”按钮；❸选择“单击”子菜单；❹在子菜单中选择幻灯片中用于触发动画的元素，如“图片 5”，如下图所示。

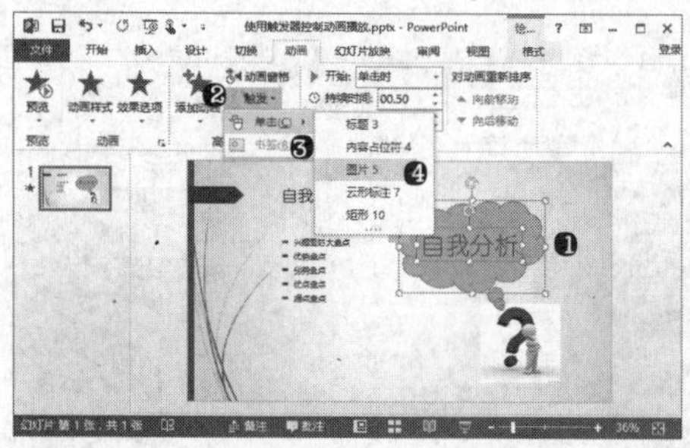

为动画添加触发器后，在放映动画时，只有单击触发动画的元素才会播放该动画，并且，动画的播放顺序与其他动画顺序无关。

技巧 13.2 为同一对象添加多个动画

在幻灯片中可以在同一对象上叠加应用多个动画，为了使动画效果更加流畅，通常需要让对象先有进入动画，再有强调动画，最后添加退出动画。如果要为同一个对象添加多个动画效果，可以选择该对象后多次使用“添加动画”命令，具体操作方法如下：

步骤 01 打开“光盘\原始文件\第 13 章\实用技巧\为同一对象添加多个动画 .pptx”文件，❶选择幻灯片中要添加多个动画的元素；❷单击“动画”选项卡中的“添加动画”按钮；❸选择要应用的第一个动画效果，如下图所示。

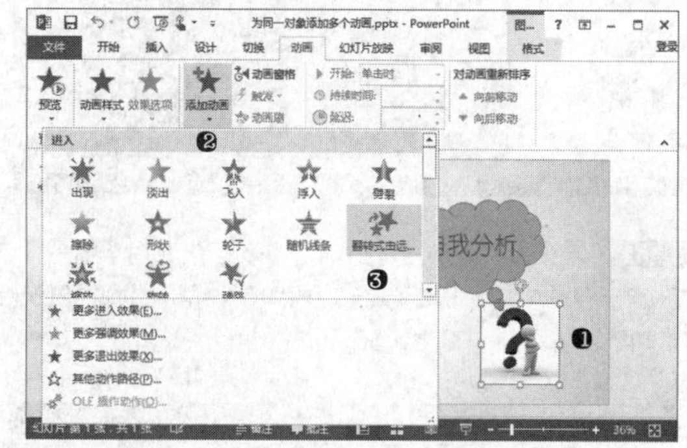

步骤 02 ❶再次单击“动画”选项卡中的“添加动画”按钮；❷选择要在所选元素上应用的第二个动画效果，如下图所示。

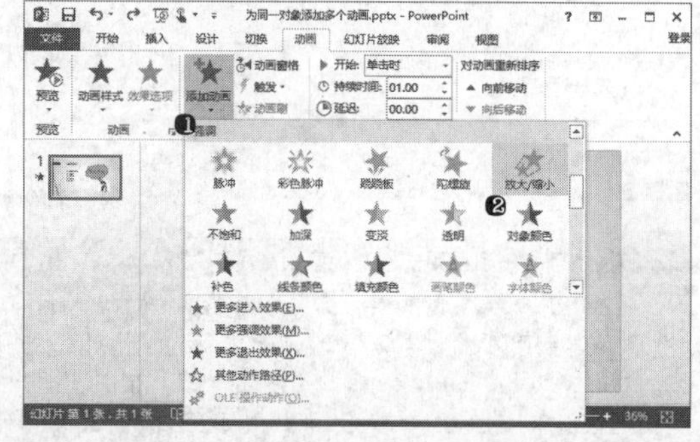

技巧 13.3 沿路径运动的动画

如果需要在幻灯片中表现一些比较复杂的运动动画效果，可以为对象添加路径动画，方法如下：

步骤 01 打开“光盘\原始文件\第 13 章\实用技巧\路径动画 .pptx”文件，❶选择幻灯片中要添加路径动画的元素；❷单击“动画”选项卡中的“动画样式”按钮，如下图所示。

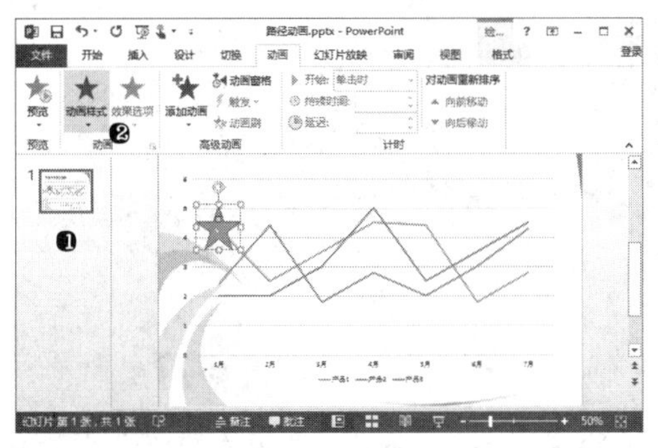

步骤 02 选择“动作路径”组中的“弧形”动画效果，如下图所示。

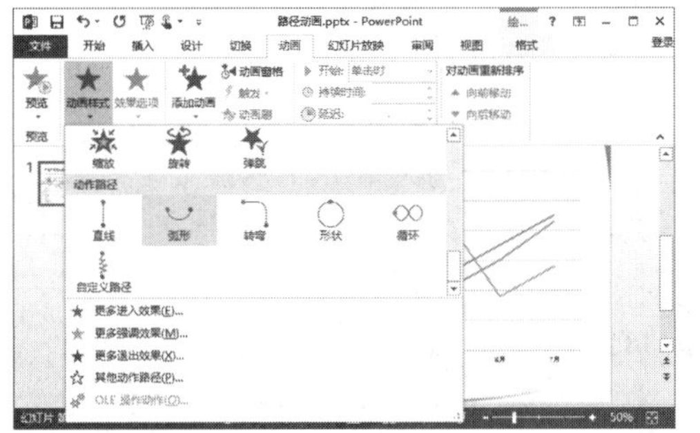

步骤 03 ❶ 在出现的动画路径对象上右击；❷ 选择“编辑顶点”命令，如下图所示。

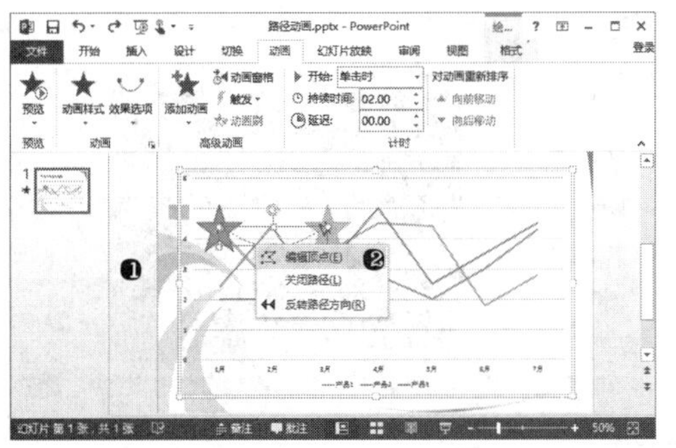

步骤 04 拖动画路径线条中出现的顶点调整曲线形态，最终效果如下图所示。

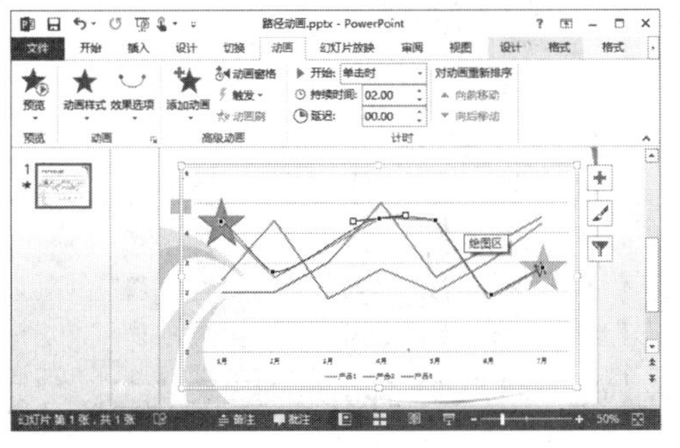

在调整动画路径曲线形状时，如果要添加或删除曲线顶点，可以在曲线上右击，然后选择相应的命令。此外，双击动画路径曲线，还可以打开与路径设置相关的对话框，在对话框中可以设置路径的特殊效果及时间等。

技巧 13.4 为动作按钮添加音效

为了增加幻灯片中动画按钮的操作体验，在为动画按钮添加动画时，还可以为动作按钮添加音效，方法如下：

步骤 01 打开“光盘\原始文件\第 13 章\实用技巧\为动作按钮添加音效 .pptx”文件，❶ 选择幻灯片中的动作按钮；❷ 单击“插入”选项卡“链接”组中的“动作”按钮，如下图所示。

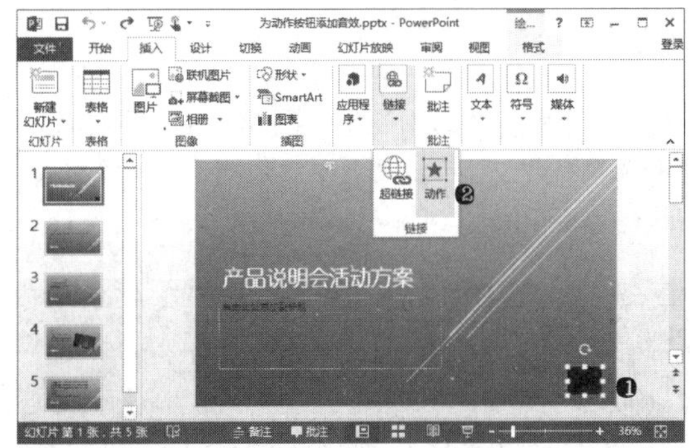

步骤 02 ❶ 选中“播放声音”复选框，并在下方的下拉列表框中选择要应用的声音效果；❷ 单击“确定”按钮，即可为按钮添加上音效。

技巧 13.5
使多个动画自动连续放映

为幻灯片中的元素添加动画后，在放映动画时，需要单击鼠标逐个播放动画。为了使多个动画连续放映，可以使用以下方法：

步骤 打开“光盘\原始文件\第13章\实用技巧\多个动画自动放映.pptx”文件，切换到“动画”选项卡，❶选择要自动放映的动画标签；❷打开“动画”选项卡“计时”组中的“开始”下拉列表框；❸选择“上一动画之后”命令。

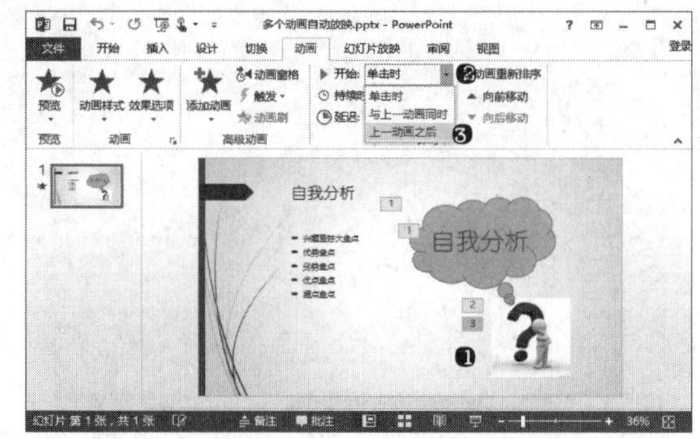

设置“开始”选项为“在上一项之后”，在放映幻灯片时，上一动画播放完成后该动画会自动放映；如果设置“开始”选项为“与上一动画同时”，则上一动画开始播放时，该动画同时开始播放。

实战训练——让产品介绍演示文稿动起来

在演示文稿中合理地应用幻灯片切换动画、元素动画、超链接、动画按钮和音效，不仅可以增加观众体验，提升观众兴趣，还可以起到方便放映者、提示演讲者的作用，所以，在演示文稿中应用动画非常有必要。本例将快速为整个演示文稿添加动画和音效。

光盘同步文件
原始文件：光盘\原始文件\第13章\产品介绍.pptx
结果文件：光盘\结果文件\第13章\产品介绍.pptx
教学视频：光盘\视频文件\第13章\实战训练.mp4

步骤01 打开素材文档，❶选择第1张幻灯片中的LOGO图标；❷单击“动画”选项卡中的“添加动画”按钮；❸选择进入动画效果“旋转”，如下图所示。

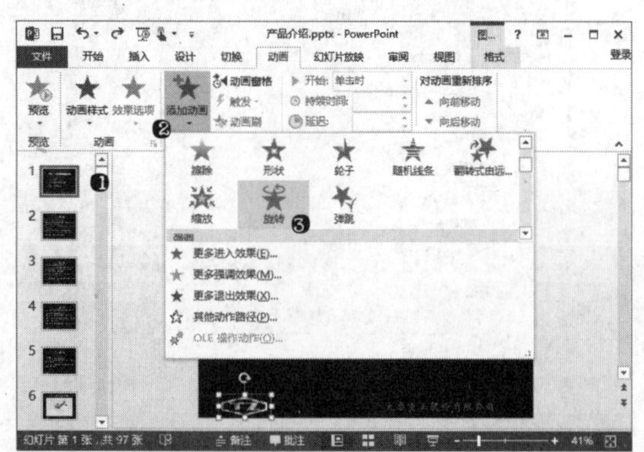

步骤02 ❶在“动画”选项卡中设置“开始”选项为“上一动画之后”；❷设置持续时间为3秒，如右上图所示。

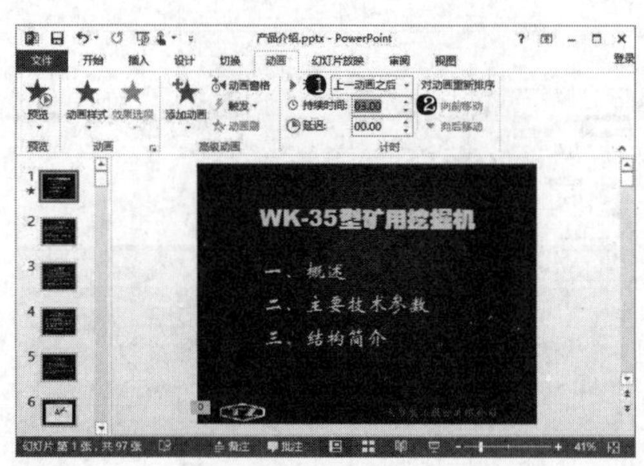

步骤03 ❶单击“切换”选项卡中的“切换样式”按钮；❷选择“华丽型”分类中的“随机”样式，如下图所示。

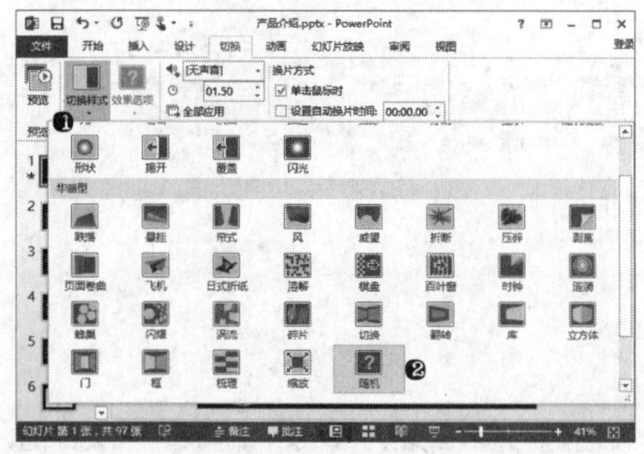

步骤 04 ❶ 在“切换”选项卡中设置“声音”选项为“照相机”；❷ 单击“全部应用”按钮，将切换设置应用到所有幻灯片，如下图所示。

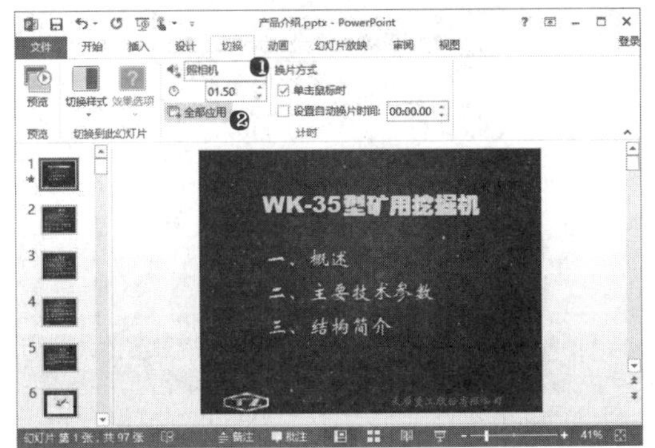

步骤 05 ❶ 选择第 1 张幻灯片中的文字“一、概述”；❷ 单击“插入”选项卡“链接”组中的“动作”按钮，如下图所示。

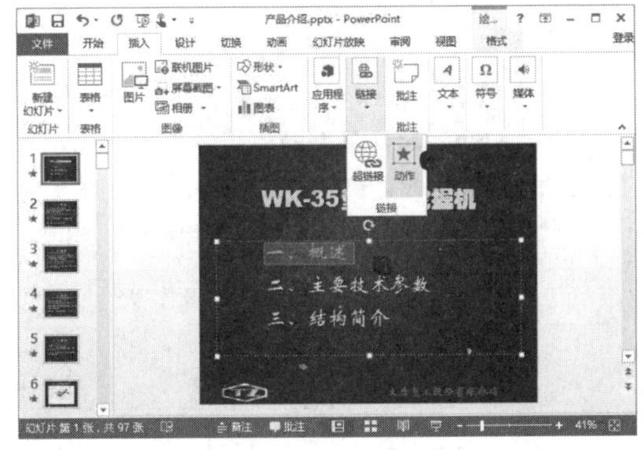

步骤 06 ❶ 选择“超链接到”单选按钮；❷ 在下拉列表框中选择“幻灯片”选项，如下图所示。

步骤 07 打开“超链接到幻灯片”对话框，❶ 在“幻灯片标题”列表框中选择链接到的目标幻灯片“2. 一、概述”；❷ 单击“确定”按钮，如右上图所示。

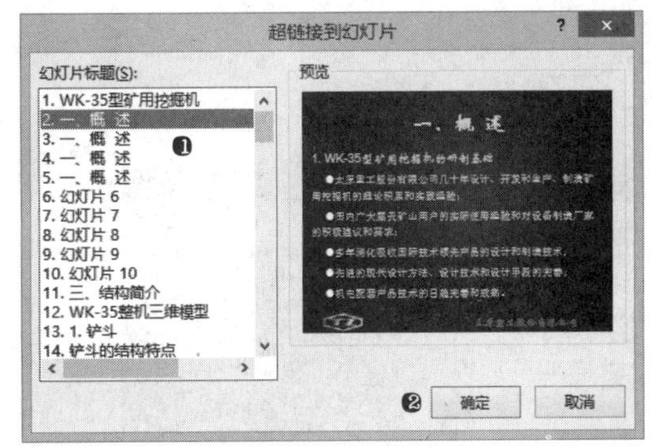

步骤 08 单击“确定”按钮关闭“操作设置”对话框，❶ 选择第 1 张幻灯片中的文字“二、主要技术参数”；❷ 单击“插入”选项卡“链接”组中的“动作”按钮，如下图所示。

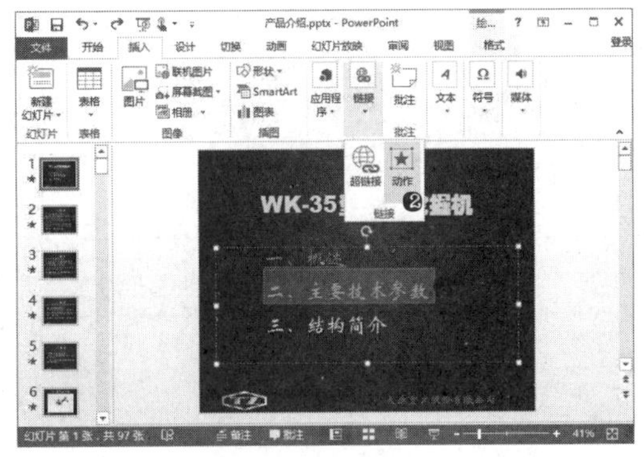

步骤 09 打开“操作设置”对话框，❶ 用与前面相同的方式设置链接到的幻灯片为“幻灯片 6”；❷ 单击“确定”按钮，如下图所示。

步骤 10 ❶ 选择第 1 张幻灯片中的文字“三、结构简介”；❷ 单击“插入”选项卡“链接”组中的“动作”按钮，如下图所示。

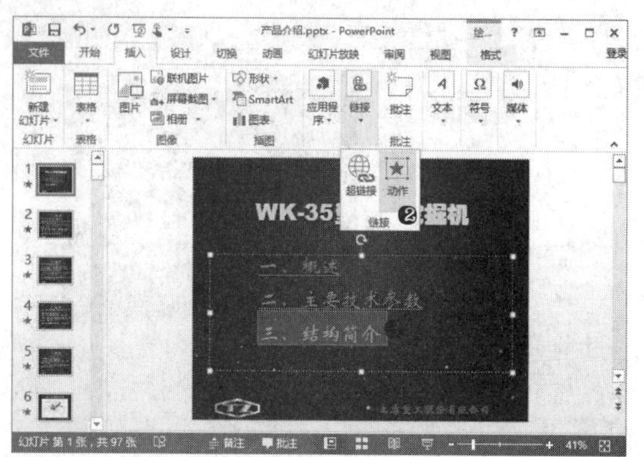

步骤 11 打开"操作设置"对话框，❶用与前面相同的方式设置链接到的幻灯片为"幻灯片 6"；❷单击"确定"按钮，如右栏中的图所示。

本章小结

本章结合实例主要讲述了 PowerPoint 中设置幻灯片切换动画、元素动画、超链接和动作的添加及设置方法，应用这些知识点，可以在幻灯片中实现丰富的动画效果和交互效果，提升演示文稿的观众体验，使幻灯片更具吸引力。

第 14 章

PowerPoint 幻灯片的放映与输出

本章导读

演示文稿通常是需要在屏幕上放映展示给观众的，无论是演示文稿的制作者还是放映者，都可以为演示文稿的放映做好充分的准备。在幻灯片放映前，我们可以对幻灯片的放映进行许多设置，以保证幻灯片放映的效果，在放映幻灯片时，我们也可以对幻灯片的放映进行各种操作和设置。本章将针对幻灯片放映的相关设置及输出进行讲解。

知识要点

◆幻灯片放映方式
◆幻灯片放映设置
◆排练计时与录制
◆幻灯片放映中的操作
◆自定义幻灯片放映
◆导出各类放映文件

案例展示

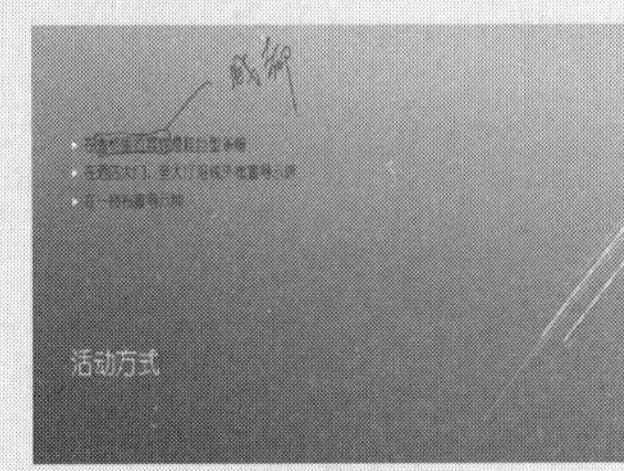

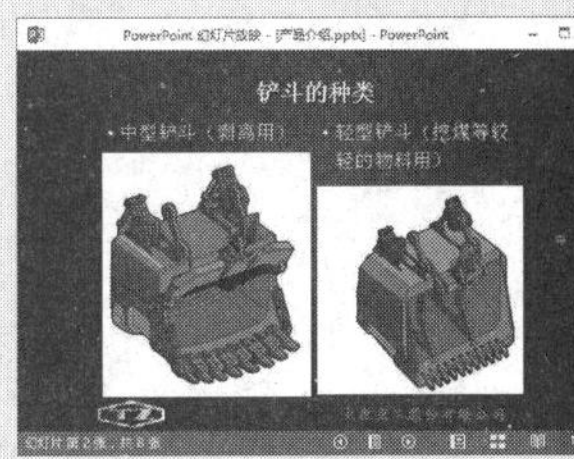

基础入门——必知必会

14.1 幻灯片的放映设置

在放映幻灯片前，可以设置幻灯片开始放映的位置和放映方式，还可以提前设置好幻灯片放映的时间，甚至录制下幻灯片放映的过程（包括声音），使放映过程更加轻松。

14.1.1 开始放映幻灯片

在幻灯片中直接放映幻灯片，可以按 F5 键，也可以使用其他操作开始放映幻灯片，下面具体讲解。

1．从头开始放映

要从演示文稿中第一页起放映幻灯片，可以使用以下操作：

步骤 单击“幻灯片放映”选项卡中的“从头开始”按钮，如下图所示。

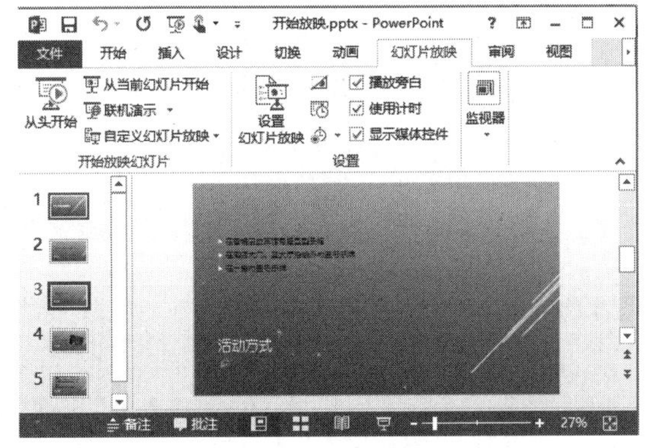

2．从当前位置开始放映

如果要从演示文稿中指定幻灯片的位置开始放映，可以使用以下操作：

步骤 ❶选择要开始放映的幻灯片；❷单击“幻灯片放映”选项卡中的“从当前幻灯片开始”按钮，如下图所示。

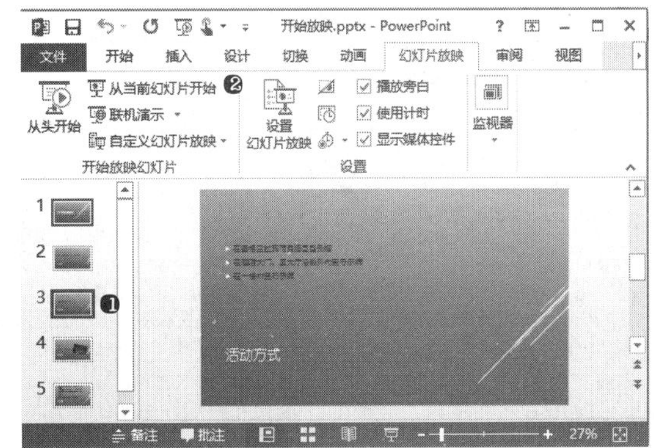

14.1.2 自定义幻灯片放映

在制作好幻灯片后，如果需要在不同的场景中放映的幻灯片页面或顺序不相同，可以使用自定义幻灯片放映，例如在某次放映时只需要放映幻灯片中第 3 ～ 5 张幻灯片，此时可以通过以下方式创建自定义放映：

步骤 01 ❶ 单击“幻灯片放映”选项卡中的“自定义幻灯片放映”按钮；❷选择“自定义放映”命令，如下图所示。

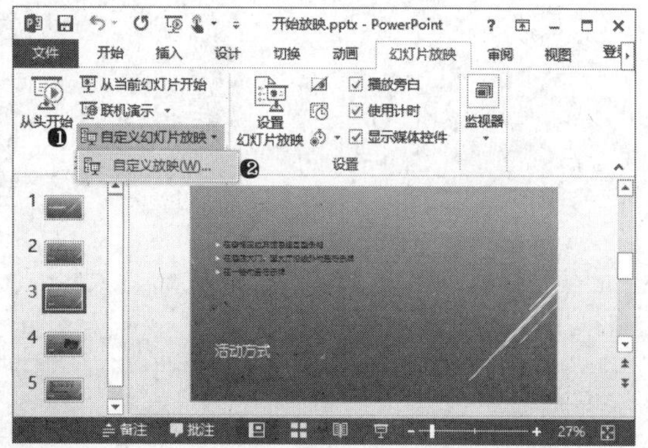

步骤 02 打开“自定义放映”对话框，单击对话框中的“新建”按钮，如下图所示。

步骤 03 ❶ 设置幻灯片放映的名称；❷在左侧列表框中选择该自定义放映中需要放映的幻灯片；❸单击“添加”按钮，如下图所示。

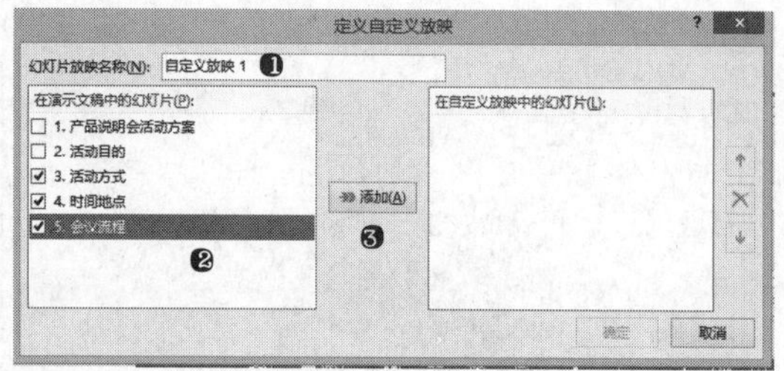

步骤 04 在“定义自定义放映”对话框中单击“确定”按钮，然后在“自定义放映”对话框中单击“放映”按钮即可放映当前选择的自定义放映，如下图所示。

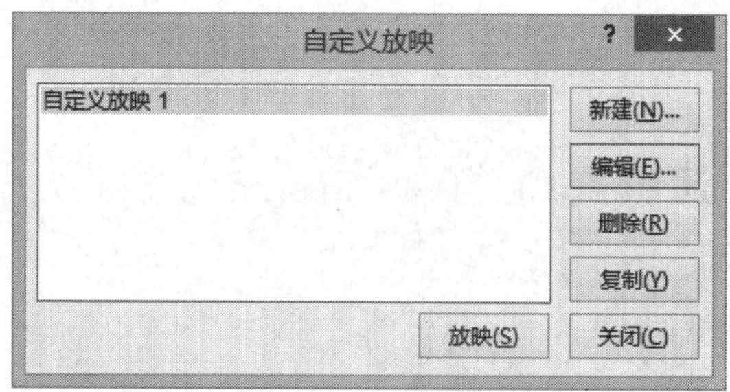

14.1.3 使用排练计时放映

为了控制好演示文稿中各幻灯片的放映时间，可以在正式放映幻灯片之前，通过预演记录下各幻灯片的放映时间，在正式放映幻灯片时，可以直接应用此时间，具体方法如下：

步骤 单击“幻灯片放映”选项卡中的“排练计时”按钮，如下图所示。

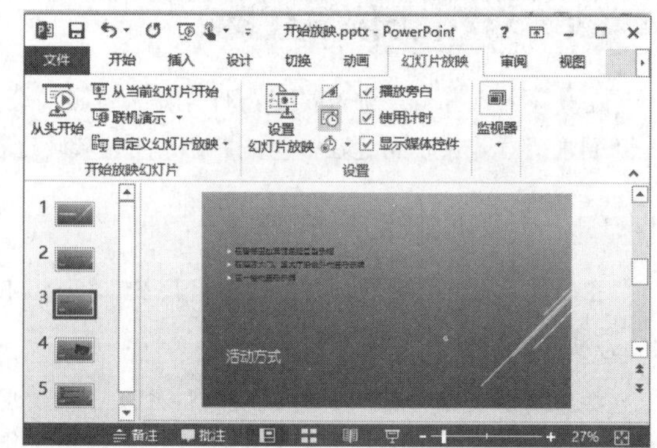

在排练计时状态下放映幻灯片，PowerPoint 会记录下放映过程中各动画及页面停留的时间，退出放映时保存幻灯片计时即可，在下次放映幻灯片时将自动应用排练计时的时间。

14.1.4 录制幻灯片放映过程

除了通过排练计时记录下各幻灯片及动画的放映时间外，还可以通过录制幻灯片放映的方式记录下幻灯片放映的整个过程，包括语音旁白，具体方法如下：

步骤 01 ❶ 单击“幻灯片放映”选项卡中的“录制幻灯片演示”按钮；❷选择“从头开始录制”命令，如下图所示。

步骤 02 在打开的“录制幻灯片演示”对话框中选择需要录制的内容，然后单击“确定”按钮，如下图所示。之后进入幻灯片录制放映状态，在放映过程中 PowerPoint 会自动记录下整个放映过程，放映完成后保存放映录制即可。

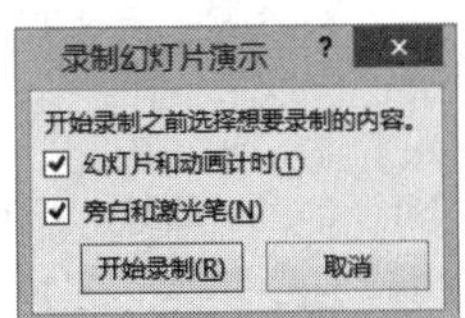

14.1.5 设置幻灯片放映

在放映幻灯片之前，可以设置幻灯片放映类型、放映方式和选项等，以适应在不同情况下放映幻灯片，具体设置方法如下：

步骤 01 单击“幻灯片放映”选项卡中的“设置幻灯片放映”按钮，如下图所示。

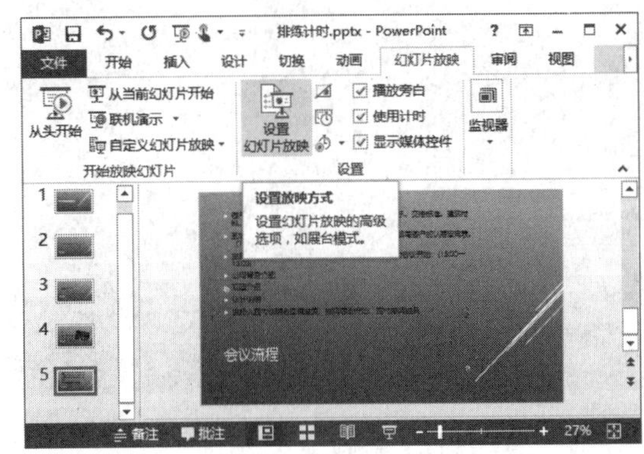

步骤 02 打开“设置放映方式”对话框，在对话框中设置好各参数后单击“确定”按钮，如下图所示。

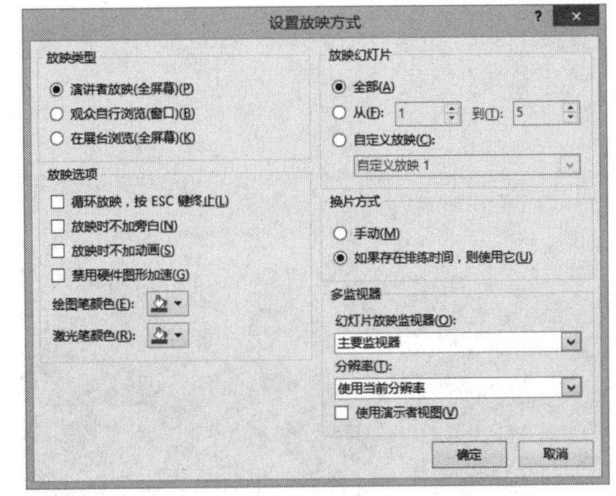

14.2 放映幻灯片

在幻灯片放映过程中，放映者还可以对幻灯片的放映进行控制，并可以在屏幕上进行圈释和书写等操作。

14.2.1 控制幻灯片放映

在放映幻灯片时，除了通过单击鼠标逐个播放动画和切换页面外，还可以在幻灯片放映状态下快速切换幻灯片页面，方法如下：

步骤 ❶ 在幻灯片放映时，单击屏幕左下角的“下一页”按钮，可切换到下一页幻灯片；❷ 单击“上一页”按钮，可切换到上一页幻灯片；❸ 单击“浏览”按钮，可以切换到幻灯片浏览状态，在浏览状态下选择要放映的幻灯片页面，即可转到该页面进行放映，如下图所示。

❶❷ ❸

14.2.2 为幻灯片添加墨迹注释

在放映幻灯片的过程中，如果需要在屏幕上圈释或进行墨迹书写，可以使用以下方法：

步骤 01 ❶在幻灯片放映时，单击屏幕左下角的“笔”按钮；❷弹出的选择要应用的墨迹类型，例如选择“笔”命令，如下图所示。

步骤 02 利用鼠标在屏幕上拖动绘制图形或书写文字，如下图所示。

14.2.3 设置白屏或黑屏

在放映幻灯片的过程中，如果需要暂停幻灯片放映或需要在空白屏幕上绘画或书写时，可以按以下方法设置幻灯片：

步骤 ❶在放映幻灯片时，单击屏幕左下角的“更多”按钮；❷在弹出的菜单中选择“屏幕”子菜单；❸选择要应用的屏幕颜色，如“白屏”，如下图所示。

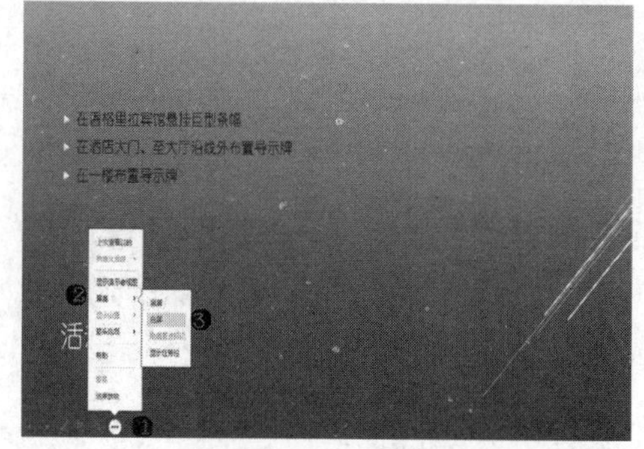

14.3 演示文稿的输出和发布

为了适应不同的系统环境和播放场景，可能需要不同的放映文件，在 PowerPoint 中可以将演示文稿导出为多种常见的格式。

14.3.1 另存为自动放映文件

直接保存的演示文稿文件扩展名为“.pptx”，要放映该格式的演示文稿，需要在 PowerPoint 中打开该文件再进入放映。如果需要打开幻灯片文件即自动开始放映，并且防止幻灯片内容被修改，可以将文件保存为自动放映文件，方法如下：

步骤 01 ❶选择“文件”菜单中的“另存为”命令；❷双击“计算机”图标，如下图所示。

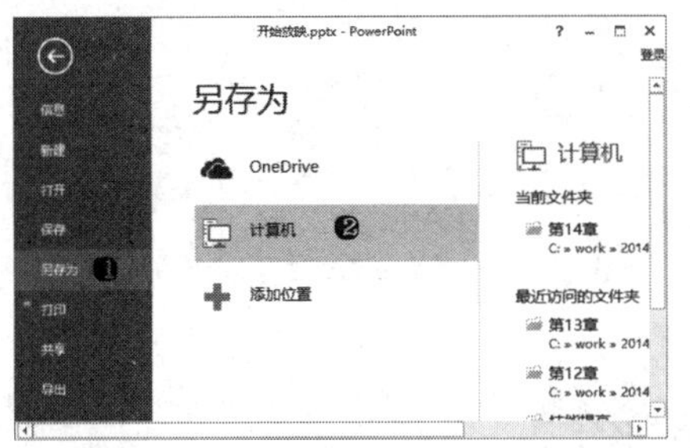

步骤 02 ❶在“保存类型”下拉列表框中选择“PowerPoint 放映（*.pptx）”选项；❷单击“保存”按钮，如下图所示。

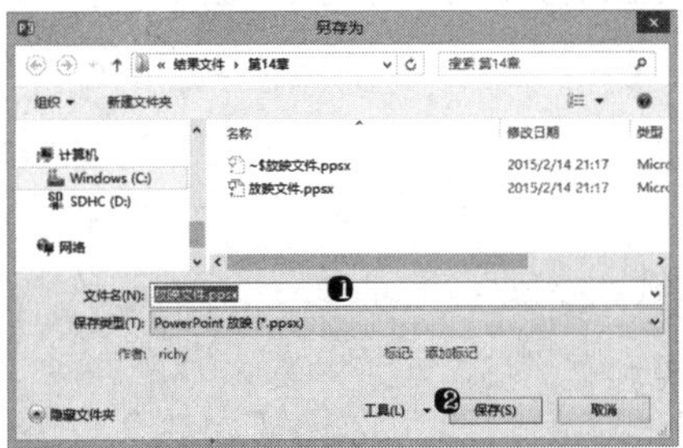

14.3.2 打包演示文稿

如果要将幻灯片的放映文件打包存储到光盘，并且计算机中是有光盘刻录设备的，可以使用以下方法打包放映 CD：

步骤 01 ❶选择“文件”菜单中的“导出”命令；❷再选择“将演示文稿打包成 CD”命令，如下图所示。

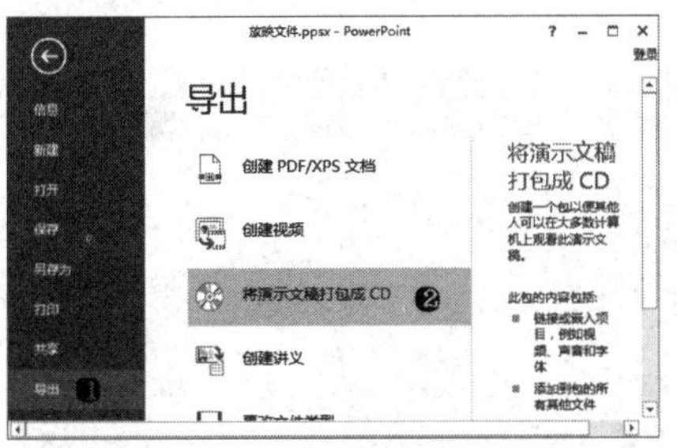

步骤 02 打开“打包成 CD”对话框，将空白光盘放入计算机，单击“复制到 CD”按钮，如下图所示。

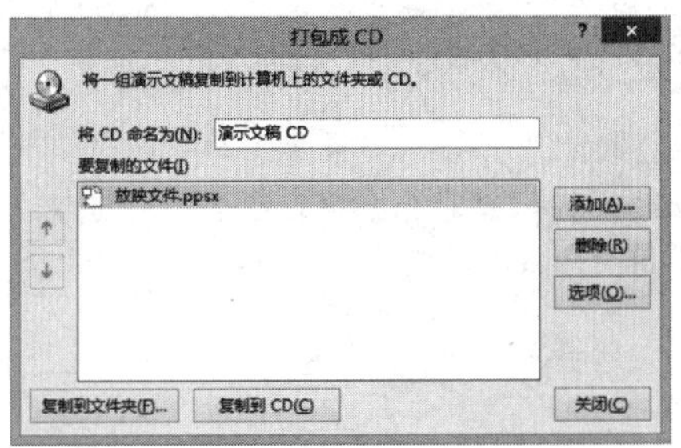

如果计算机中没有光盘刻录设备，也可以在“打开成 CD”对话框中单击“复制到文件夹”按钮，将放映文件以光盘文件格式打包到某一文件夹中，具体方法如下：

步骤 ❶设置文件夹名称；❷选择将文件复制到的路径，如下图所示。

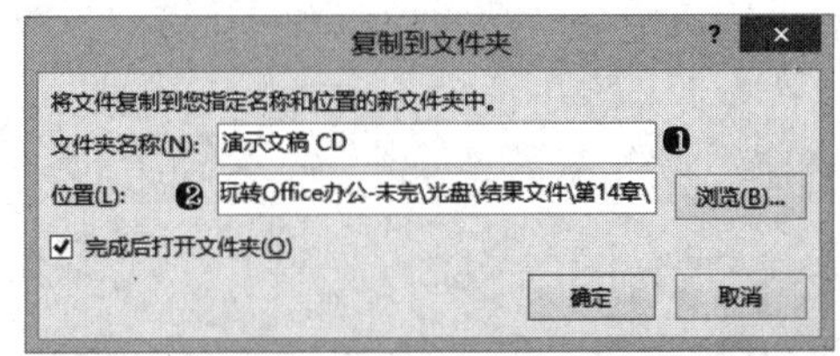

> **高手指引——在打包成 CD 时添加其他文件**
>
> 如果在 PowerPoint 演示文稿中引用了其他文件，或者在 CD 中需要包含其他文件，在“打包成 CD”对话框中可以通过单击“添加”按钮添加这些文件，使打包成的 CD 或文件夹中包含这些文件。

14.3.3 创建为视频文件

除了将演示文稿导出为放映文件外，还可以将演示文稿创建为视频文件，以方便在视频放映设备上直接播放，具体方法如下。

步骤 01 ❶选择“文件”菜单中的“导出”命令；❷双击“创建视频”图标，如下图所示。

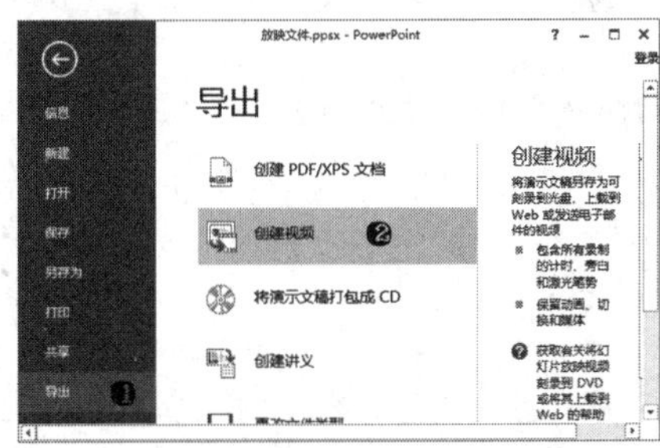

步骤 02 打开“另存为”对话框，❶设置保存的视频文件类型；❷单击“保存”按钮，如下图所示。

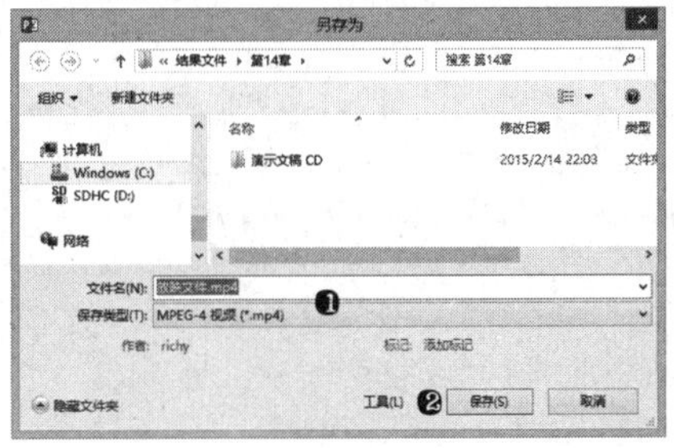

实用技巧——技能提高

通过前面知识的学习，相信初学者已经掌握好幻灯片放映、放映设置和导出的相关操作。下面结合本章内容，向初学者介绍一些幻灯片放映及导出的实用技巧。

光盘同步文件

原始文件：光盘\原始文件\第 14 章\实用技巧\

结果文件：光盘\结果文件\第 14 章\实用技巧\

教学视频：光盘\视频文件\第 14 章\实用技巧 .mp4

技巧 14.1 设置循环放映幻灯片

在放映幻灯片时，有时需要让幻灯片一直循环放映，此时只需要进行以下设置。

步骤 01 单击“幻灯片放映”选项卡中的“设置幻灯片放映”按钮，如下图所示。

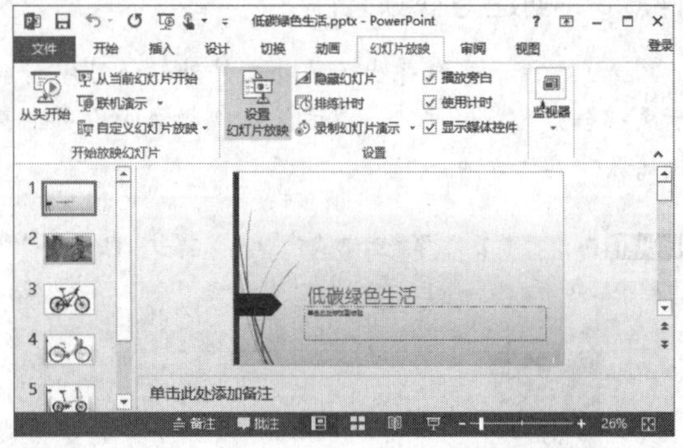

步骤 02 打开“设置放映方式”对话框，❶在“放映选项”选项组中选中“循环放映，按 Esc 键终止”复选框；❷单击“确定”按钮，如下图所示。

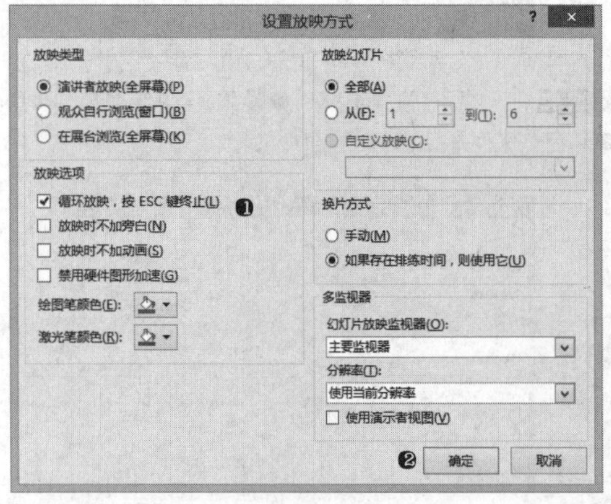

技巧 14.2 使用演示者视图

在放映幻灯片时，为了方便演示者放映幻灯片，PowerPoint 提供了演示者视图，要使用演示者视图放映幻灯片，方法如下：

步骤 01 ❶在幻灯片放映时，单击左下角的“更多”按钮；❷在弹出的菜单中选择“显示演示者视图”命令，如下图所示。

步骤 02 进入演示者视图，此时屏幕上会显示与幻灯片放映相关的各种功能和幻灯片备注内容，如下图所示。

技巧 14.3 在多屏演示时使用演示者视图

在放映幻灯片时，如果有多台显示屏，可以在多个显示屏上同时放映幻灯片，并且，还可以在不同屏幕上使用“演示者视图”，方法如下：

步骤 在“幻灯片放映”选项卡中的“监视器”组中选中“使用演示者视图”复选框，如下图所示。

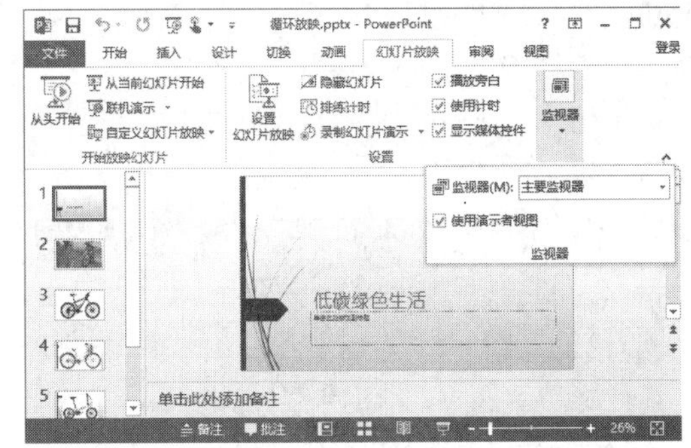

技巧 14.4

在放映幻灯片时隐藏鼠标

在放映幻灯片时，如果不需要观众看到屏幕上的鼠标图标，可以隐藏鼠标，方法如下：

步骤 ❶在幻灯片放映时，单击左下角的“更多”按钮；❷在弹出的菜单中选择“箭头选项”子菜单；❸在子菜单中选择“隐藏”命令，如下图所示。

技巧 14.5

在放映幻灯片时禁用旁白和排练计时

在幻灯片中进行了排练计时或幻灯片录制后，放映幻灯片时会自动使用排练计时和录制的旁白，如果在放映幻灯片时不使用排练计时和旁白，可以使用以下方法：

步骤 在“幻灯片放映”选项卡中取消选中“播放旁白”和“使用计时”复选框，如下图所示。

实战训练——创建并应用自定义放映

在 PowerPoint 中创建演示文稿后，通常都需要在屏幕上进行放映，前面讲解了与幻灯片放映相关的设置和幻灯片放映的技巧，接下来将应用这些知识来创建并应用一个幻灯片的自定义放映。

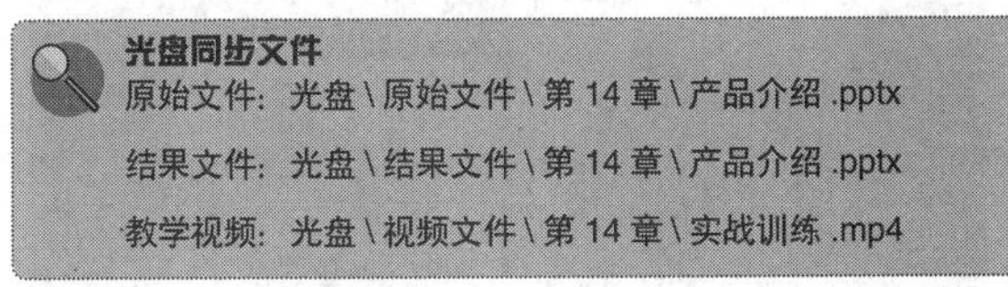

光盘同步文件

原始文件：光盘 \ 原始文件 \ 第 14 章 \ 产品介绍 .pptx

结果文件：光盘 \ 结果文件 \ 第 14 章 \ 产品介绍 .pptx

教学视频：光盘 \ 视频文件 \ 第 14 章 \ 实战训练 .mp4

步骤 01 打开素材文件，❶单击“幻灯片放映”选项卡中的“自定义幻灯片放映”按钮；❷选择“自定义放映”命令，如右图所示。

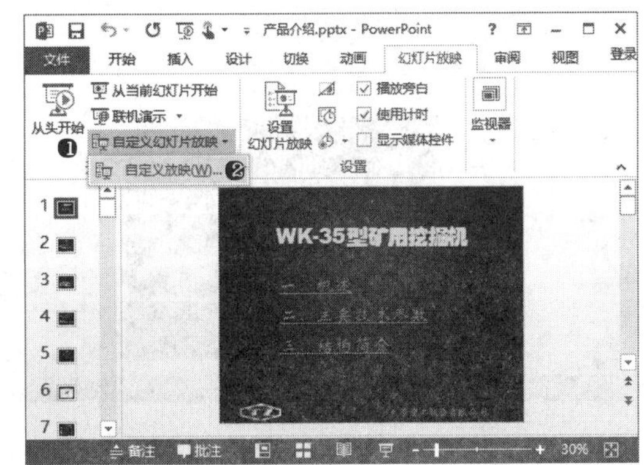

步骤 02 打开“自定义放映”对话框，单击“新建”按钮，如下图所示。

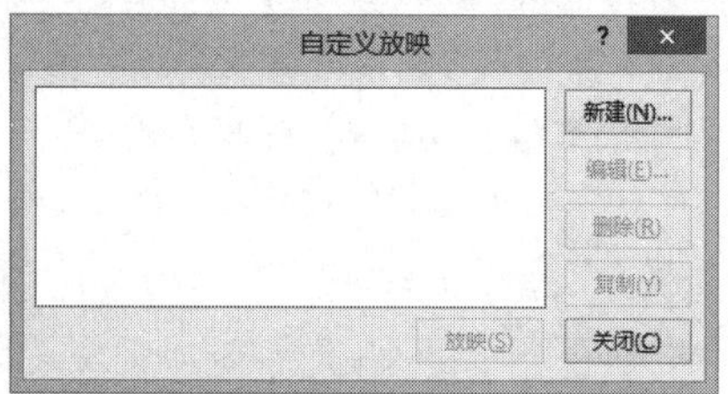

步骤 03 打开“定义自定义放映”对话框，❶设置幻灯片放映的名称；❷在左侧列表框中选择该自定义放映中需要放映的幻灯片；❸单击“添加”按钮，如下图所示。

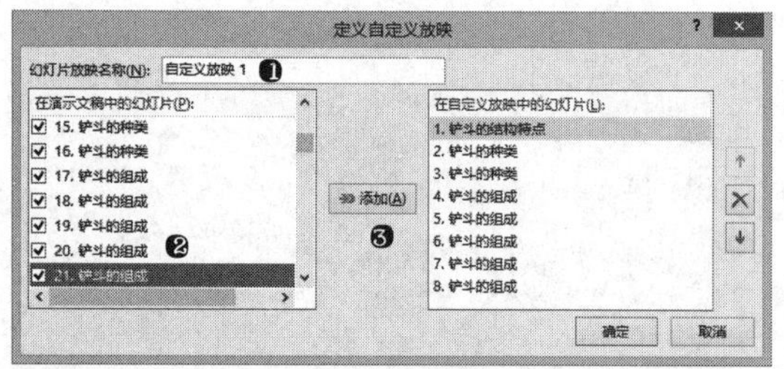

步骤 04 在“定义自定义放映”对话框中单击“确定”按钮，然后在“自定义放映”对话框中单击“关闭”按钮，如下图所示。

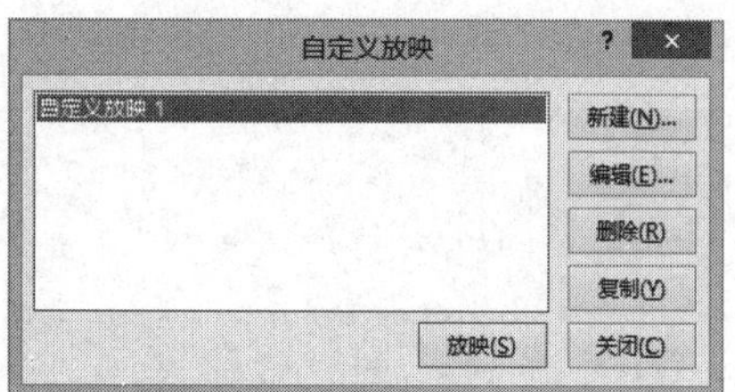

步骤 05 单击“幻灯片放映”选项卡中的“设置幻灯片放映”按钮，如下图所示。

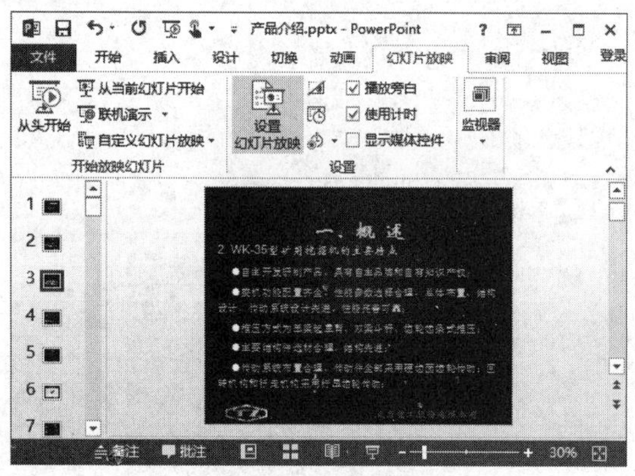

步骤 06 打开“设置放映方式”对话框，❶选择放映类型为“观众自行浏览”；❷在“放映幻灯片”选项组中选择“自定义放映”单选按钮，然后在下拉列表中选择“自定义放映 1”；❸单击“确定”按钮，如下图所示。

步骤 07 单击“幻灯片放映”选项卡中的“从头开始”按钮，如下图所示。

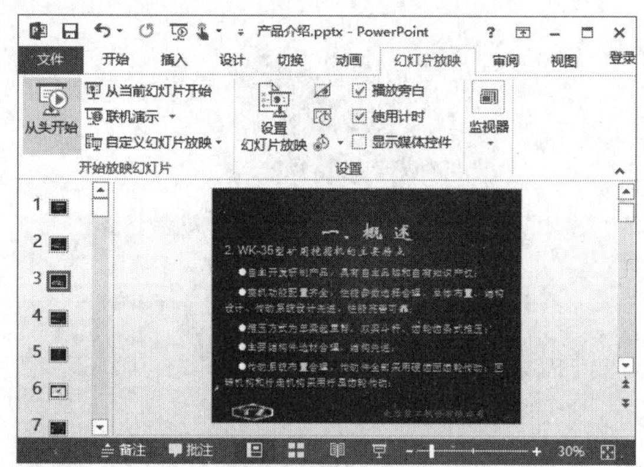

步骤 08 此时幻灯片将在窗口中进行放映，效果如下图所示。

本章小结

本章结合实例主要讲述了 PowerPoint 中的幻灯片放映设置和幻灯片放映技巧，通过放映前的设置，可以使幻灯片适应不同的放映环境；在幻灯片放映时应用一些放映技巧，还可以更加方便地操作幻灯片和控制放映过程。

第 15 章

Office 2013 高级应用篇

本章导读

Office 2013 是微软发布的办公室套装软件，其中包含了 Word 2013、Excel 2013 和 PowerPoint 2013。此外，该套件中还包括其他一些应用软件，不同的软件具有不同的功能和特性，在办公应用时，合理地配合应用这些软件，可以使工作更加轻松便捷。

知识要点

◆了解 Office 2013 套件
◆掌握多软件协同办公的基本方法
◆宏安全设置
◆了解常见的文件类型
◆录制及运行宏命令
◆ VBA 编程基础

案例展示

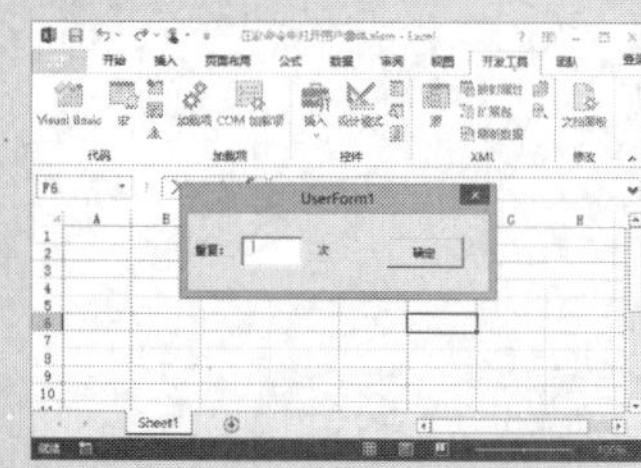

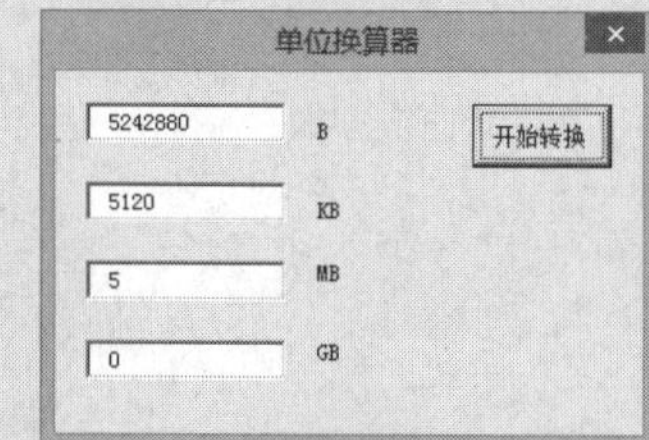

基础入门——必知必会

15.1 多种软件协同办公

在现代化的办公应用中，我们除了应用 Word 处理文档、应用 Excel 处理数据和图表、应用 PowerPoint 设计演示文稿外，我们还可能会用到其他一些辅助我们工作的设备或软件，例如将其他设备或软件中的数据导入到 Excel 中进行计算和处理，再将结果应用到幻灯片中，此时就需要多个软件配合使用了。

15.1.1 Office 2013 各组件简介

Office 2013 中除了我们已经熟悉的 Word、Excel 和 PowerPoint 软件外，还包含其他一些软件，它们各自有着不同的作用，但相互之间又有着很多关联。

1．Access

Access 是由微软发布的关系数据库管理系统，它具有强大的数据处理、统计分析能力，利用 Access 的查询功能，可以方便地进行各类汇总、求平均值等统计，并可灵活设置统计的条件。比如，在统计分析上万条记录、十几万条记录及以上的数据时速度快且操作方便。此外，Access 还可以用来开发软件，比如生产管理、销售管理、库存管理等各类企业管理软件等，在开发一些小型网站的 Web 应用程序时，也可以使用 Access 来存储数据。

Access 数据库文件的扩展名为 .mdb，在一个数据库文件中可以存放多张数据表，并且在各张表的数据之间还可以建立不同的关系。例如，一张数据表中存放了员工的基本信息，另一张数据表中存放了所有员工的销售记录，在 Access 中可以非常方便地通过员工 ID 关联关系，查询出销售最出色的员工基本信息。

Access 数据库的特点在于数据存储、数据关系和查询统计，而对于单条数据的计算、分析、数据完善及图表创建等方面，则是 Excel 的强项，所以，微软提供了 Excel 和 Access 数据相互导入和导出的功能，以便于将相同的数据应用到不同的数据环境中。在 Excel 中导入 Access 数据库的方法如下：

步骤 01 在 Excel 中，单击"数据"选项卡中"获取外部数据"组中的"自 Access"按钮，如下图所示。

步骤 02 打开"选取数据源"对话框，❶选择要导入的 Access 数据库文件；❷单击"打开"按钮，如下图所示。

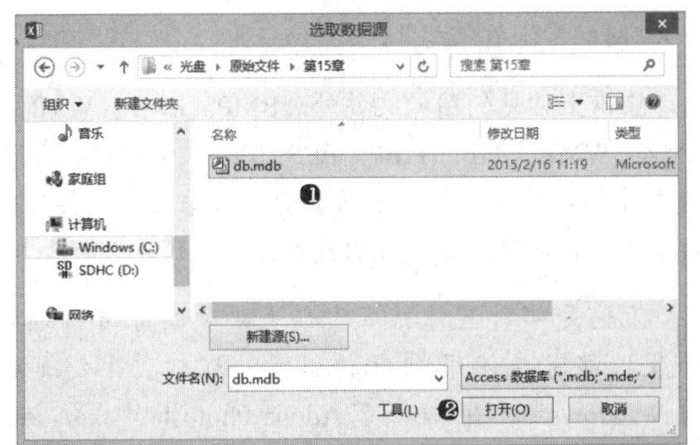

步骤 03 打开"选择表格"对话框，❶在列表框中选择要导入的数据库表；❷单击"确定"按钮，如下图所示。

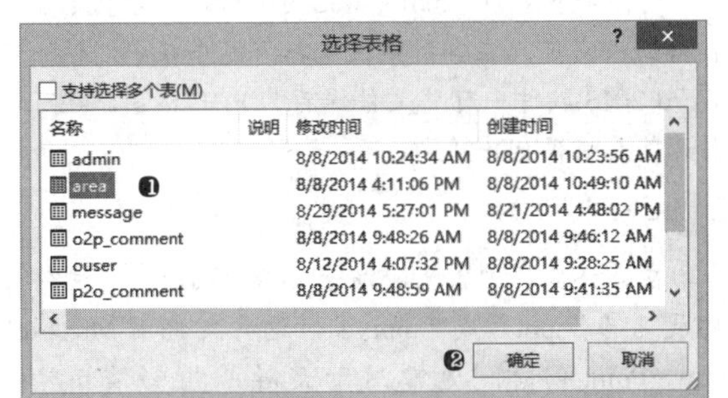

步骤 04 打开"导入数据"对话框，在对话框中选择数据导入到 Excel 后的显示方式及放映的位置，然后单击"确定"按钮，如右上图所示。

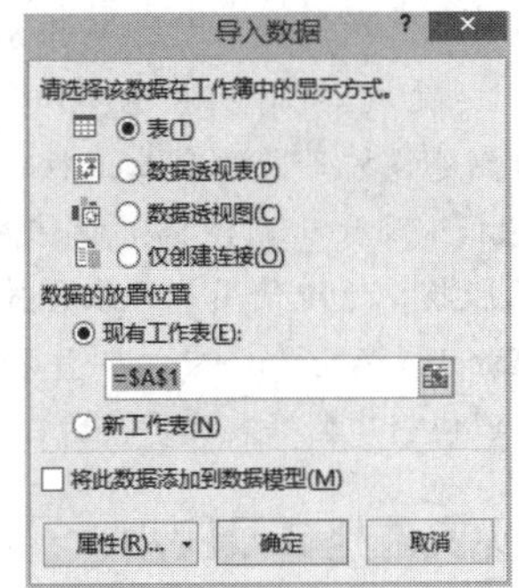

2．OneNote

OneNote 是 Office 办公套件中用于创建和存储笔记的数字笔记本，在 OneNote 中，可以轻松地将文件保存到自己的 OneDrive 账户或组织的网站中。可以方便地查看、编辑、同步和共享笔记，甚至可与家人、同事或同学针对相同的笔记同时进行协作。

在 OneNote 笔记中可以插入图片、文档、视频和其他内容，并且可以使用手指、触笔或鼠标顺利地进行绘制、擦除和编辑，如下图所示。

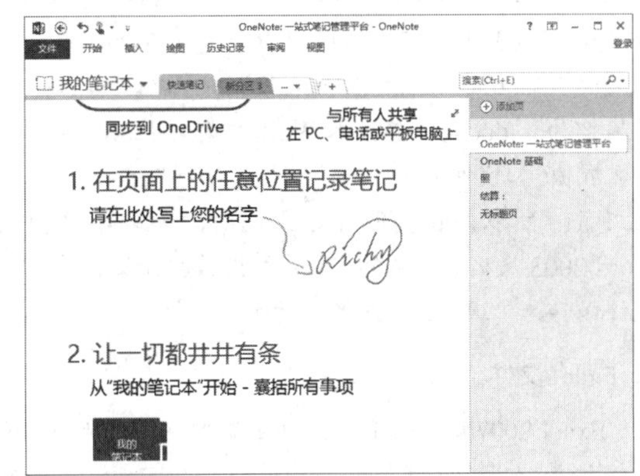

3．Outlook

Outlook 是 Office 办公套件中用于统一管理和组织电子邮件、日历、联系人、任务和待办事项列表的软件。通过查找和组织信息，可以无缝地使用 Office 应用程序。这有助于更有效地交流和共享信息。使用 Outlook，可以集成和管理多个电子邮件账户中的电子邮件、个人日历和组日历、联系人及任务。

4．Publisher

Publisher 是 Office 办公套件中用于出版物设计的桌面软件。使用 Publisher 可以更轻松地设计、创建和发布专业的营销和沟通材料。它能提供比 Word 更强大的页面元素控制功能，但比起专业的页面布局软件来还略逊一筹。

在 Publisher 中，通过使用新的 Web 站点向导（如“简易 Web 站点生成器”）和电子邮件向导（如电子邮件新闻稿）创建各种不同的企业出版物。或创建打印出版物，包括小册子、新闻稿、明信片、CD/DVD 标签及其他出版物。通过使用“目录合并”功能合并数据源（如 Excel 或 Access）中的图片和文字来自动创建出版物，以便创建数据表及复杂的目录等。

15.1.2 常见文件格式及应用

在计算机系统中，每种软件为了区分自己创建的文件类型，都会为文件加上不同的后缀，也就是文件扩展名，例如我们所知道的 Word 2013 创建的文件扩展名为“.docx”、Excel 2013 创建的文件扩展名称为“.xlsx”。那么，除了这些类型的文件外，在我们办公应用中还可能会用到哪些文件类型，我们又如何来应用这些文件？

1．Word 文档

我们已经知道最新版的 Word 文档的扩展名是“.docx”，由于 Word 软件历史悠久，推出过许多版本，在 Word 2003 及之前软件版本中创建的 Word 文档的扩展名为“.doc”，使用 Word 2013 可以编辑和修改扩展名为“.doc”的老版本 Word 文档，但 Word 2003 及之前版本软件则无法打开扩展名为“.docx”的新版文件。所以，在我们传递文档时，如果要让使用 Word 2003 及之前版本的 Word 能正常打开文件，可将文件保存为“Word 97-2003”的文件。

2．Excel 文件

Excel 2007　Excel 2013 版的软件中存储的 Excel 文件扩展名为“.xlsx”，而之前版本的 Excel 文件的扩展名为“.xls”。与 Word 软件相同，新版本软件可以打开老版本文件，但老版本的软件无法打开新版本文件。

3．图像文件

在文档或表格中，我们常常需要添加图像，而图像文件的类型也非常多，下面介绍几种常见的图像文件。

（1）JPG/JPEG。

文件扩展名“.jpg”或“.jpeg”，这是最为常见的图像格式，我们的手机、数码相机等拍摄的照片文件格式均为“JPG”格式。这是一种有损压缩格式，能够将图像压缩在很小的存储空间，为减少文件占用空间，图像中重复或不重要的资料会丢失。

（2）GIF。

文件扩展名为“.gif”的文件也是一种图像文件，这类图像文件采用了与 JPG 格式不同的压缩方式，文件小，图像中可以有透明区域，但图像中最多只能有 256 种颜色，所以色彩丰富的 GIF 图像颜色会失真。另外，GIF 图像内部还可以存在动画，但在 Word 或 Excel 中插入 GIF 动画图像并不能看到动画。

（3）PNG。

文件扩展名“.png”，是一种无损压缩图像文件，与 GIF 图像相比，它可以有丰富的色彩，压缩比例更大，图像质量更高，并具支持“Alpha 通道”，可以实现图像区域中透明度的变化，这也是笔者推荐大家使用的一种图像格式。

（4）其他图像文件。

除以上常见的图像文件外，BMP、EMF、WMF、EMZ、WMZ、TIF、TIFF、EPS、PCT、WPG 等格式的文件都是图像文件，不同类型的图像文件也具有一些不同的特殊性，此处我们就不再一一列举。

无论是哪种图像格式，如果要对图像进行编辑修改，都需要使用相应的图像处理软件，例如使用 Windows 画图程序、Adobe Photoshop 或 Adobe Fireworks 专业图像处理软件。

4．PDF 文档

文件扩展名为“.pdf”，这是一种跨平台的电子文档格式，它可以在各种系统包括智能手机中阅读。在 Word 2013 软件中可将文件保存为 PDF 格式，也可以打开甚至编辑 PDF 文件。

5．PPT

在办公应用中常用的演示文稿（幻灯片）文件的扩展名为“.ppt”或“.pptx”，这种文件由 Microsoft PowerPoint 创建，通常用于大屏幕投影演示。在 PowerPoint 1997 － 2003 版本中创建的文件扩展名为“.ppt”，之后的版本创建的文件扩展名为“.pptx”。另外，用于放映的文件扩展名为“.pps”或“.ppsx”。

6．MDB 数据库文件

Access 存储的数据库文件扩展名为“.mdb”，在 Excel 中可以导入该类数据库进行分析处理。

7. XML

XML 为可扩展标记语言，它可以用来标记数据、定义数据类型，是一种允许用户对自己的标记语言进行定义的源语言。由于它是以纯文本的形式来表现数据的，并具有很强的扩展性，所以在网络中得到广泛运用，在 Excel 中可以导入与编辑 XML 数据。

8. 网页文件

网页是在网络中发布信息的主要方式，网页文件的扩展名为“.html”或“.htm”，Word、Excel、PowerPoint 和 Publisher 都可以将内容存储为网页文件。

9. CSV 文件

CSV 格式的文件是一种纯文本的数据文件，文件中以逗号分隔不同的数据。部分应用软件或设备生成的数据可以导出为 CSV 格式的文件，我们也可将这类文件导入到 Excel 或 Access 中进行进一步的处理和分析。

15.2 Office 2013 中的宏和 VBA

为了实现办公应用的自动化，在 Office 中提供了一个特殊的功能，那就是宏。它是为了避免一再地重复相同的动作而设计出来的一种工具，可以利用简单的语法，把常用的动作写成宏，在工作时，就可以直接利用事先编好的宏自动运行，去完成某项特定的任务，而不必再重复相同的动作。

15.2.1 宏的录制与应用

在 Word 和 Excel 中，可以将需要重复进行的操作录制为宏，下次使用相同的操作时，可以直接运行录制的宏。

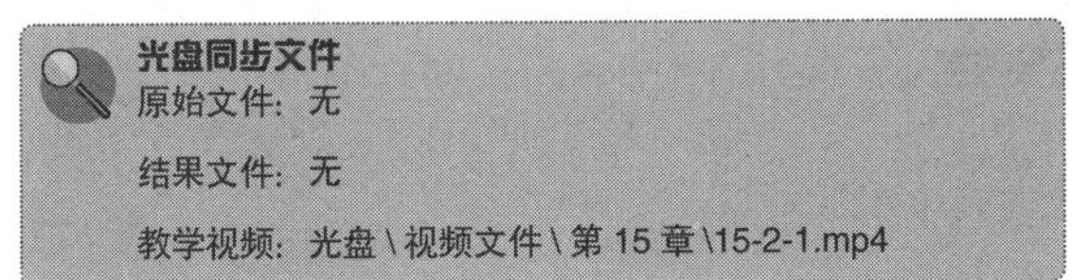
光盘同步文件
原始文件：无
结果文件：无
教学视频：光盘\视频文件\第 15 章\15-2-1.mp4

1. 显示“开发工具”选项卡

要在 Office 中应用宏，需要先打开“开发工具”选项卡，具体方法如下：

步骤 01 ❶ 在选项卡空白处右击；❷ 选择“自定义功能区”命令，如下图所示。

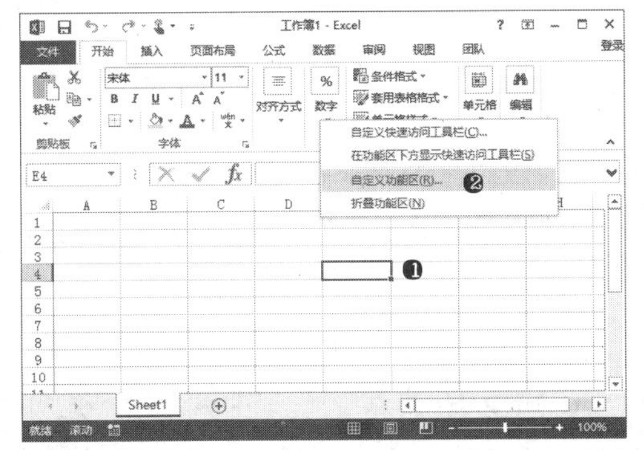

步骤 02 ❶ 在“主选项卡”中选择“开发工具”选项；❷ 单击“确定”按钮，如右上图所示。

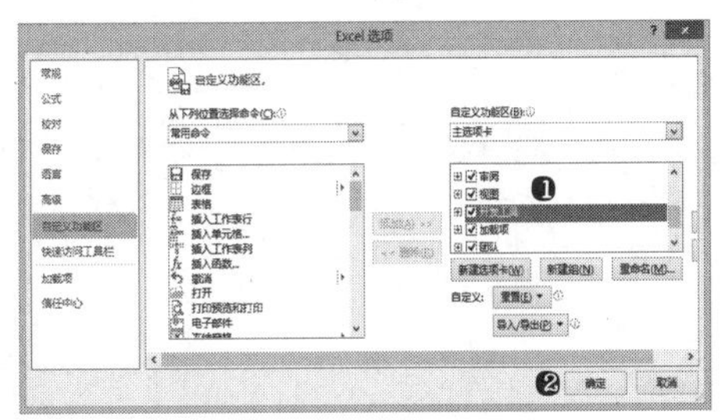

2. 录制宏

录制宏即录制所执行的操作步骤，具体方法如下：

步骤 01 单击“开发工具”选项卡“代码”组中的“录制宏”按钮，如下图所示。

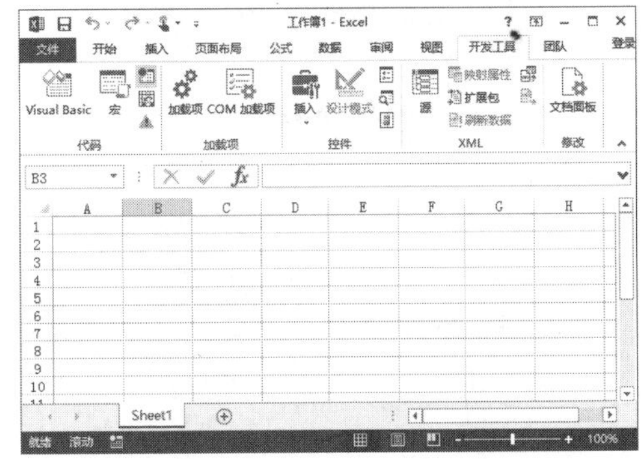

步骤 02 打开“录制宏”对话框，❶在“宏名”文本框中定义宏名称；❷单击“确定”按钮，如下图所示。

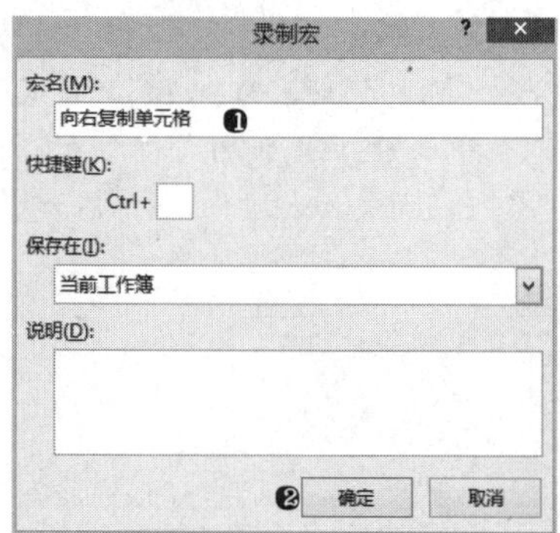

进入宏录制状态后，所做的操作将被录制到宏中，操作完成后要保存宏，单击“开发工具”选项卡“代码”组中的“停止录制”按钮即可。

3．运行宏命令

宏录制完成以后，要使用宏命令，可以使用以下方法：

步骤 01 单击“开发工具”选项卡“代码”组中的“宏”按钮，如下图所示。

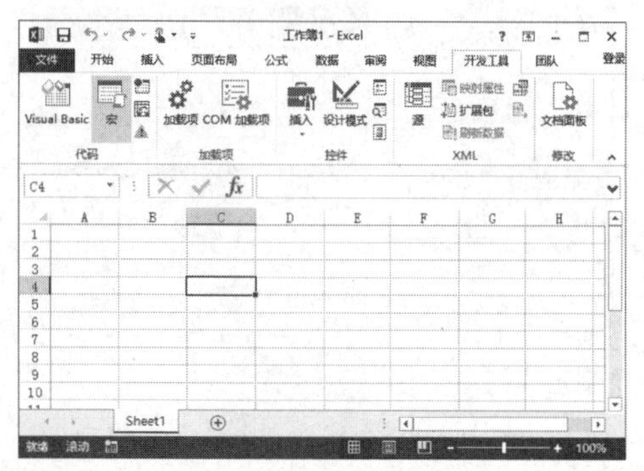

步骤 02 打开“宏”对话框，❶在列表框中选择要执行的宏命令；❷单击“执行”按钮，如下图所示。

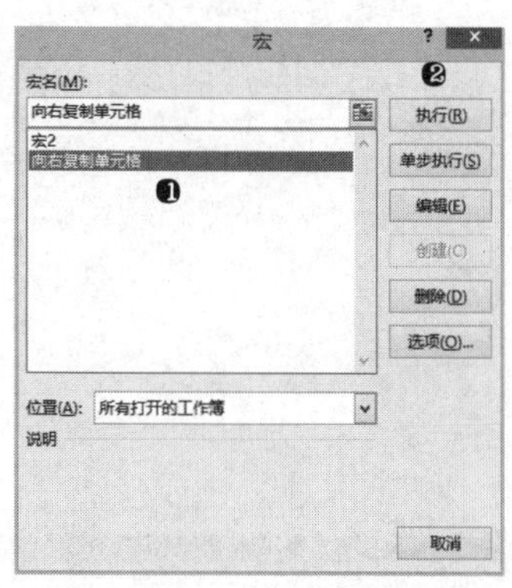

15.2.2 宏安全设置

在 Office 中打开含有宏命令的文件时，默认情况下 Office 会禁用文件中的宏代码，为了能正常运行宏命令，可以对宏的完全性进行设置，方法如下：

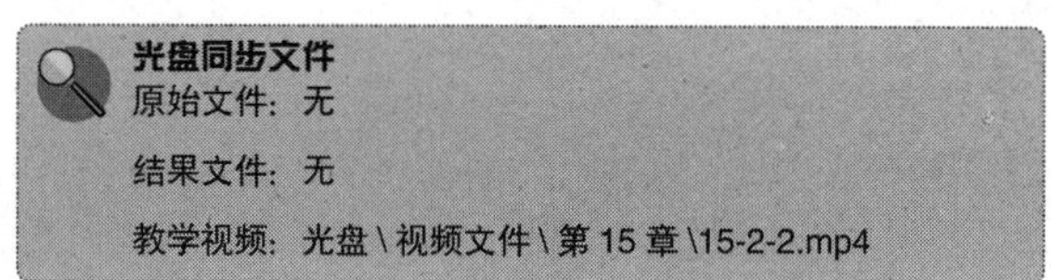
光盘同步文件

原始文件：无

结果文件：无

教学视频：光盘\视频文件\第 15 章\15-2-2.mp4

步骤 01 单击“开发工具”选项卡“代码”组中的“宏”按钮，如下图所示。

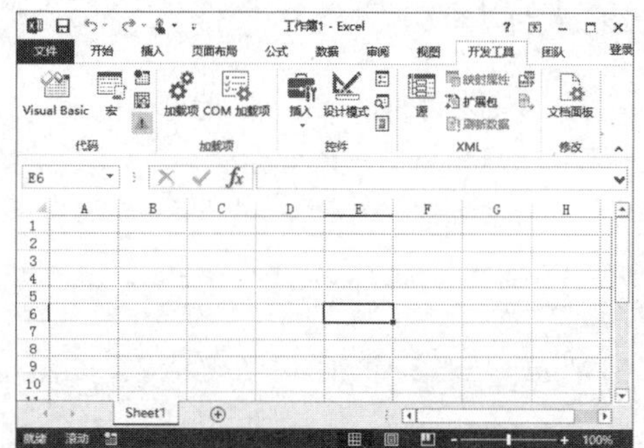

步骤 02 打开“信任中心”对话框，❶选择“启用所有宏（不推荐：可能会运行有潜在危险的代码）”选项；❷单击“确定”按钮，如下图所示。

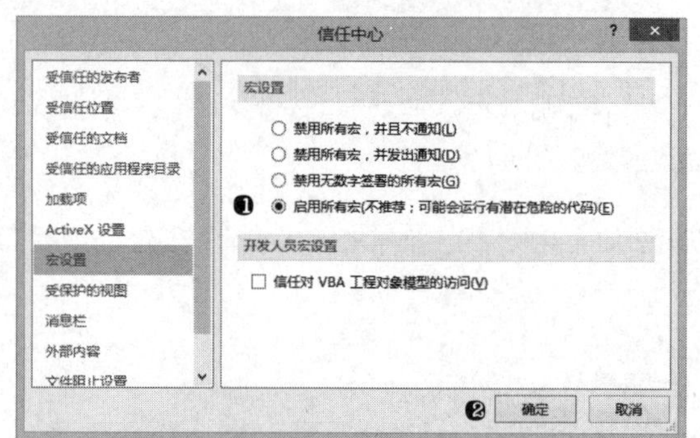

15.2.3 VBA 编程基础

在 Office 中，除了通过录制宏的方式创建宏命令外，还可以使用 VB 程序编写宏命令，从而完成一些复杂的功能。

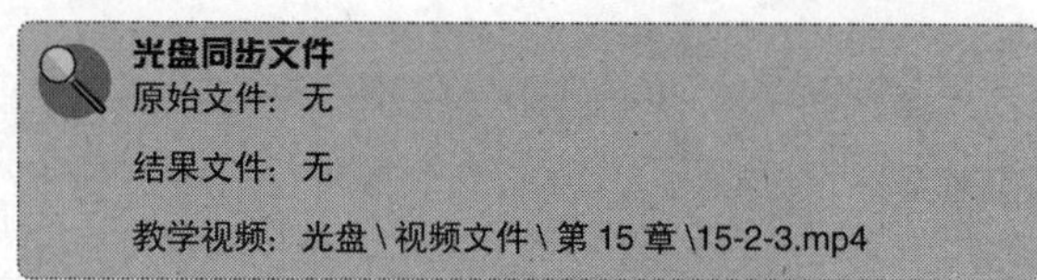
光盘同步文件

原始文件：无

结果文件：无

教学视频：光盘\视频文件\第 15 章\15-2-3.mp4

1．打开 VB 编辑器

Visual Basic 是 Microsoft 的主要图形界面开发工具，VBA 是基于 Visual Basic 发展而来的，它们具有相似的语言结构，VBA 专门用于 Office 的各应用程序。要在 Office 软件中编写 VBA 代码，需要打开 Visual Basic 编辑器，方法如下：

步骤 在任意 Office 软件中，单击“开发工具”选项卡“代码”组中的“Visual Basic”按钮，如下图所示。

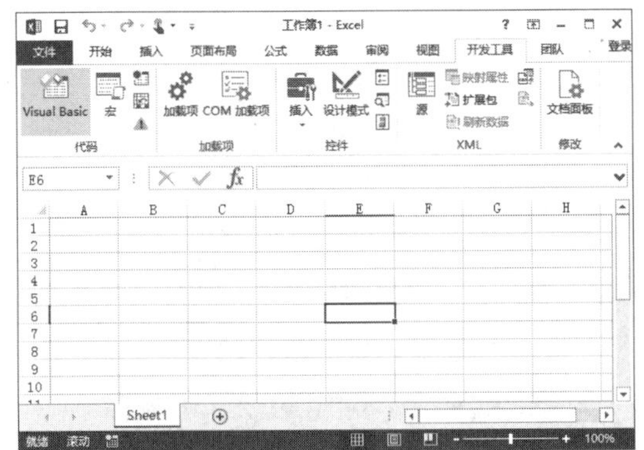

2．使用 VB 编辑器

要使用 VB 编辑器编写代码，首先需要了解 VB 编辑器的基本用法。

如下图所示是 Office 中的 VB 编辑，该编辑器的左侧分别是“工程”窗格和“属性”窗格，右侧则是代码编辑或窗口设计的工作区。

在“工程”窗格中列出了可以用于编程的对象模型，在“属性”窗格中则列出了所先对象可设置或的属性。

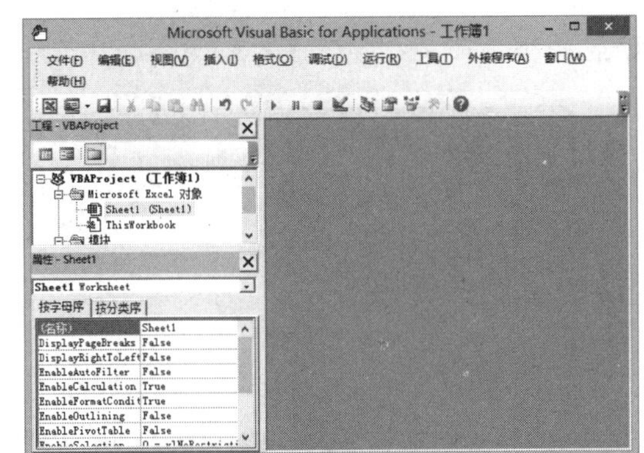

3．添加用户窗体

在 Office 中的 VB 编辑器中除了编写代码控制 Office 对象外，还可以自行添加窗体，设计窗体内容并实现相应的功能。要添加用户窗体，方法如下：

步骤 01 ❶ 单击“插入”菜单；❷ 选择“用户窗体”命令，如下图所示。

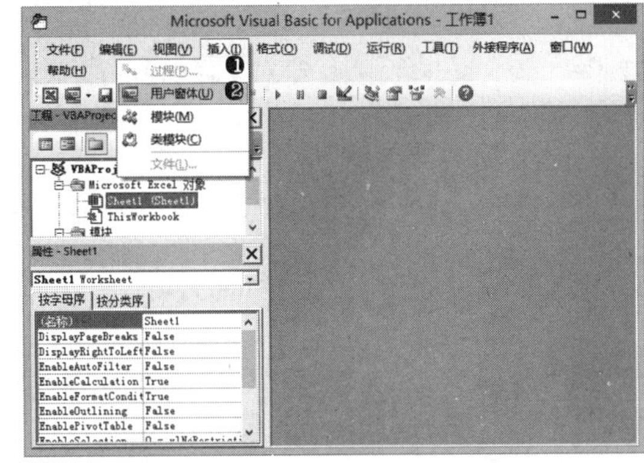

步骤 02 创建用户窗体后，从工具箱中拖动窗体控件到窗体中，选择窗体中不同的元素后可以在“属性”窗格中更改对象的属性，如下图所示。

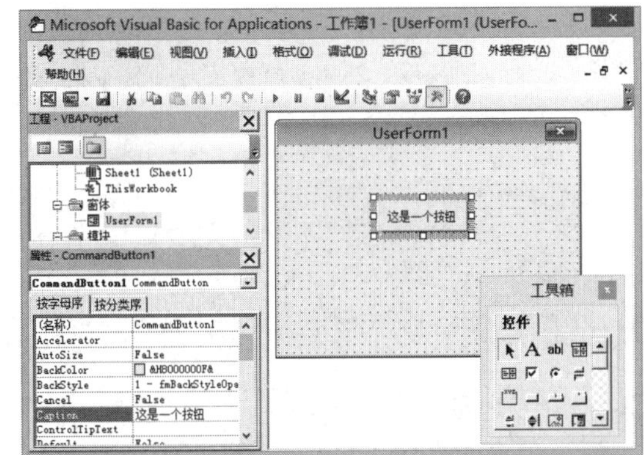

4．为窗体对象添加代码

要为窗体中的对象添加代码，可以在对象上双击鼠标进行代码编辑状态，然后输入代码。例如，要实现单击窗体按钮后弹出一个消息提示对话框，可以双击按钮进入代码编辑状态，然后执行以下操作：

在代码编辑器中输入代码内容，如下图所示。

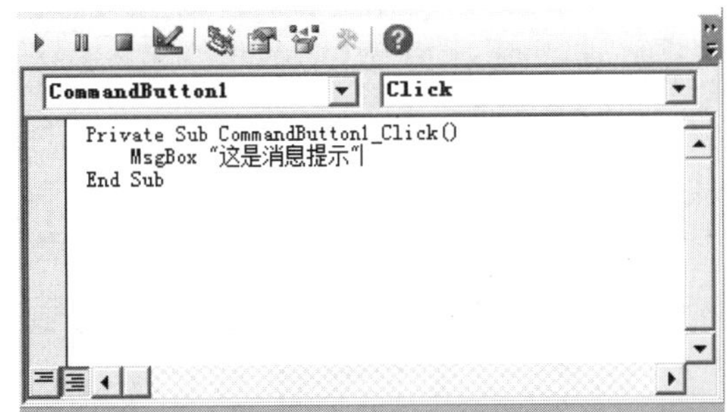

5．运行 VBA 程序

编写好 VBA 程序后，要执行程序，可以使用以下方法：

步骤 单击“标准”工具栏中的“运行子过程”按钮▶，如右图所示。

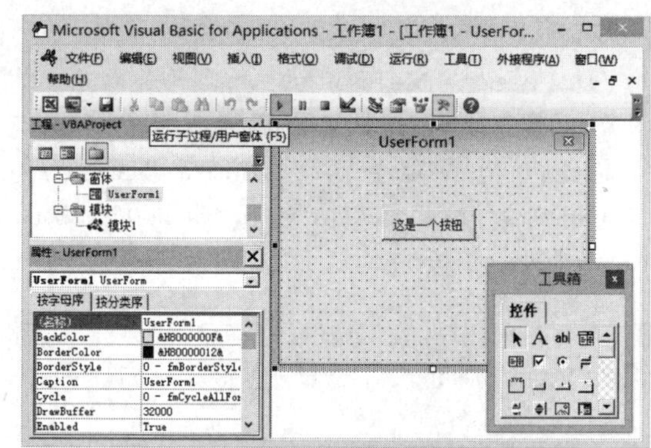

实用技巧——技能提高

通过前面知识的学习，相信初学者已经掌握了 Office 系统软件中各软件协同工作的基本方式，以及宏的基本运用方法。要应用宏和 VBA 实现复杂的功能，还需要有编程基础和一些 VBA 编程技巧。接下来为大家介绍一下宏命令运用的技巧。

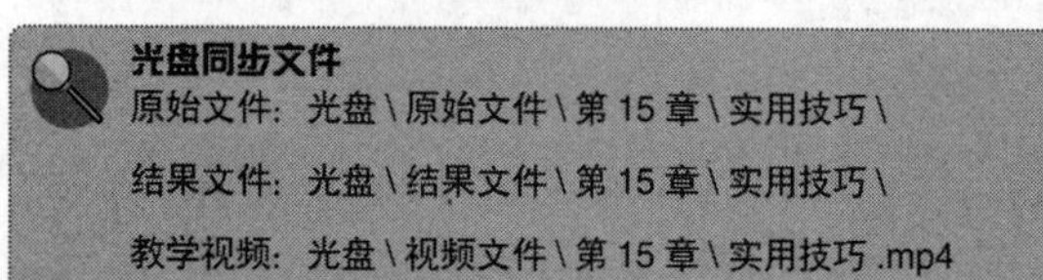

光盘同步文件
原始文件：光盘 \ 原始文件 \ 第 15 章 \ 实用技巧 \
结果文件：光盘 \ 结果文件 \ 第 15 章 \ 实用技巧 \
教学视频：光盘 \ 视频文件 \ 第 15 章 \ 实用技巧 .mp4

技巧 15.1 在 VB 编辑器中修改宏命令

在 Office 软件中通过录制方式录制了宏命令后，如果要修改宏命令，则需要编辑该条宏命令的代码，具体方法如下：

步骤 01 打开“光盘 \ 原始文件 \ 第 15 章 \ 实用技巧 \ 向右复制 .xlsm”文件，单击“开发工具”选项卡中的“宏”按钮，如下图所示。

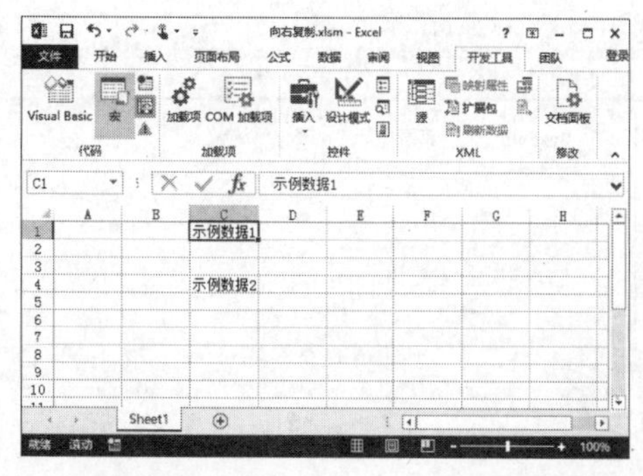

步骤 02 打开“宏”对话框，❶在列表框中选择要修改的宏命令名称；❷单击“编辑”按钮，如下图所示。

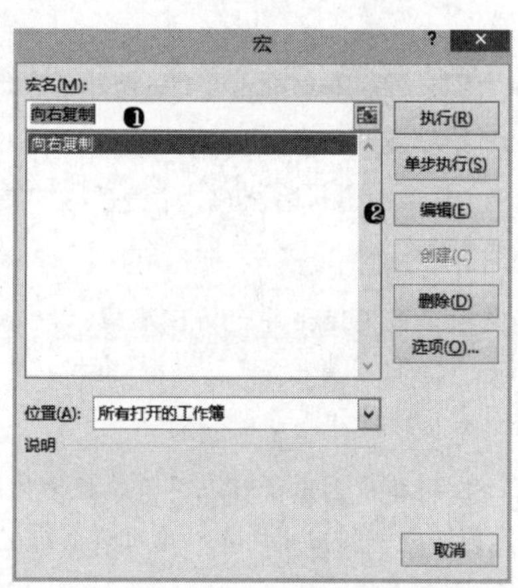

步骤 03 在代码编辑窗口中修改代码，添加内容如下图所示。

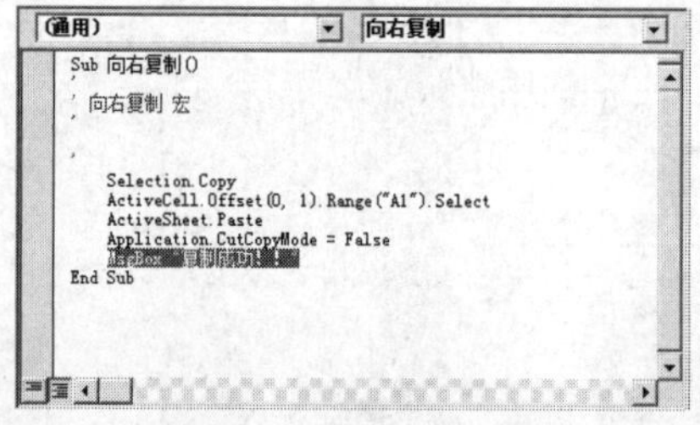

技巧 15.2 通过 VB 编辑器新增宏命令

在 Office 软件中除了通过录制宏的方式新建宏命令外，还可以在 VB 编辑器中通过编写代码的方式创建宏命令，方法如下：

步骤 01 打开"光盘\原始文件\第 15 章\实用技巧\新增宏命令.xlsm"文件，双击"工程"窗格中"模块"文件夹中的"模块 1"，如下图所示。

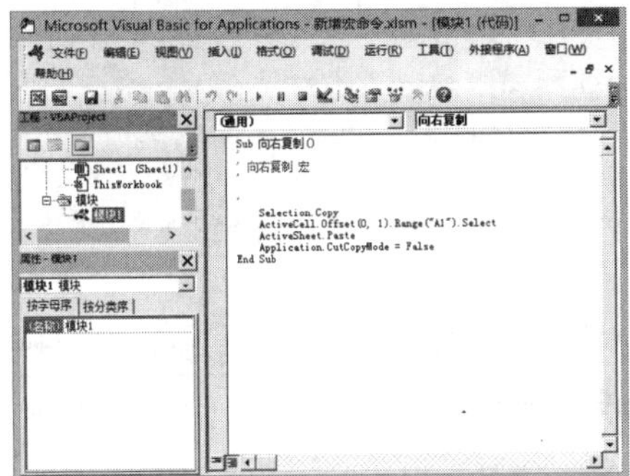

步骤 02 在代码编辑器中编写代码，如下图所示。

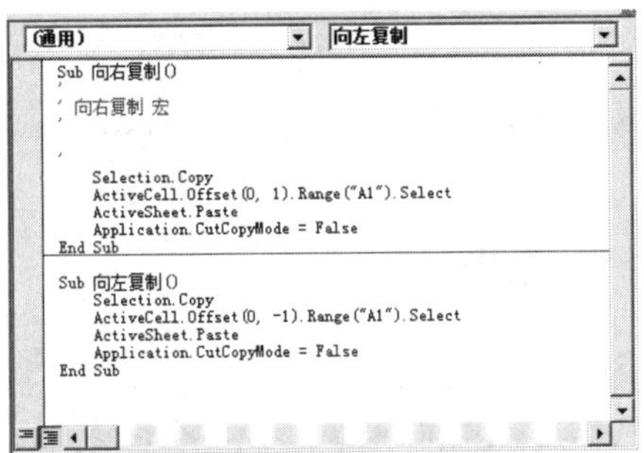

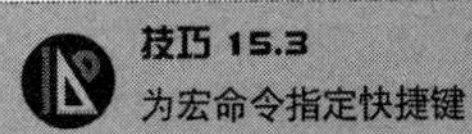

技巧 15.3 为宏命令指定快捷键

为了更快捷地应用宏命令，可以为宏命令指定不同的快捷键，在需要应用宏命令时，只需要按下相应的快捷键即可，方法如下：

步骤 01 打开"光盘\原始文件\第 15 章\实用技巧\为宏命令指定快捷键.xlsm"文件，单击"开发工具"选项卡中的"宏"按钮，如下图所示。

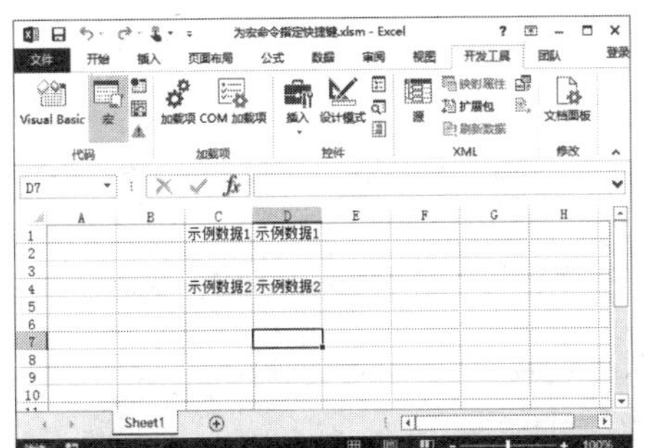

步骤 02 ❶在"宏"对话框的"窗格"列表框中选择要指定快捷键的宏命令；❷单击"选项"按钮，如右上图所示。

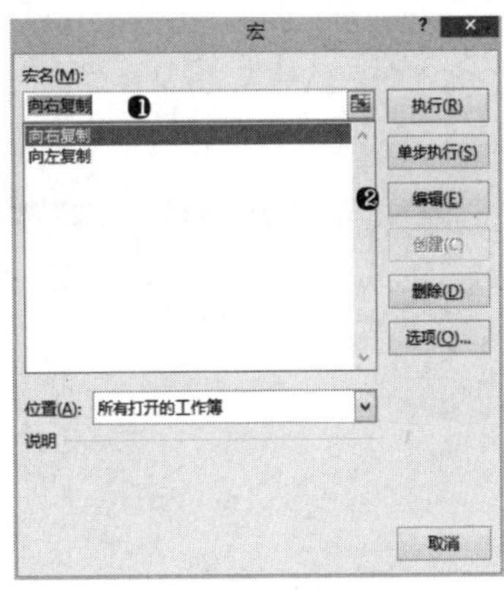

步骤 03 打开"宏选项"对话框，❶在"快捷键"文本框中输入作为快捷键的字母；❷单击"确定"按钮，如下图所示。

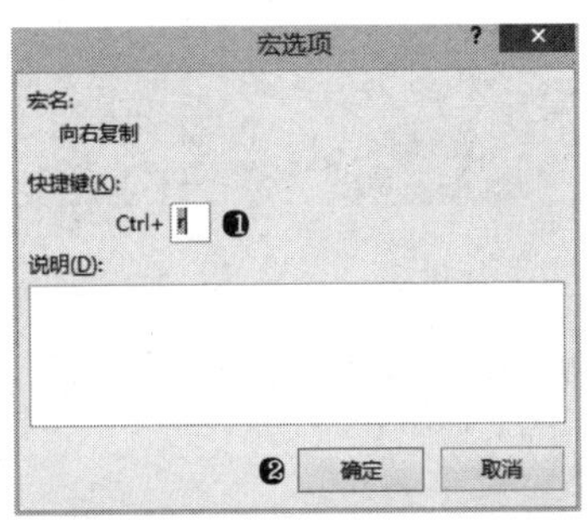

技巧 15.4 在内容中添加宏按钮

在 Office 软件中创建了宏命令后，除了在"宏"对话框中选择宏名后单击"执行"按钮或使用快捷键外，为了方便在内容中使用宏命令，还可以在内容中添加可以运行宏命令的按钮，无论是在 Word、Excel 中，还是在 PowerPoint 中，方法如下。

步骤 01 打开"光盘\原始文件\第 15 章\实用技巧\为宏命令指定快捷键.xlsm"文件，❶单击"开发工具"选项卡中的"插入控件"按钮；❷单击"表单控件"中的"按钮"控件□，如下图所示。

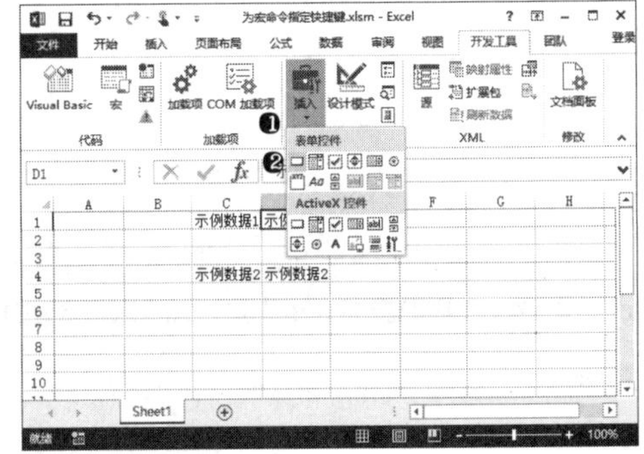

步骤 02 在工作表框中绘制按钮，打开"指定宏"对话框，❶在列表中选择单击按钮后要执行的宏；❷单击"确定"按钮，如下图所示。

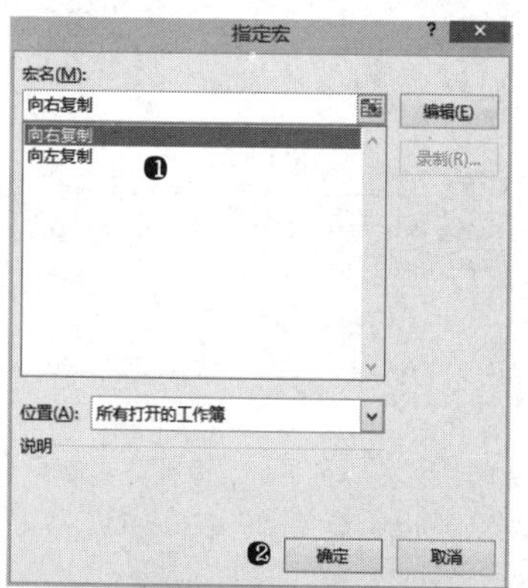

技巧 15.5
在宏命令中打开用户窗体

在 VB 编辑器中创建了用户窗体后，常常需要在使用宏命令时使用，此时，可以在宏命令中调用用户窗体，具体方法如下：

步骤 01 打开"光盘\原始文件\第 15 章\实用技巧\在宏命令中打开用户窗体 .xlsm"文件，打开 VB 编辑器，在宏代码中输入代码"UserForm1.Show"，如下图所示。

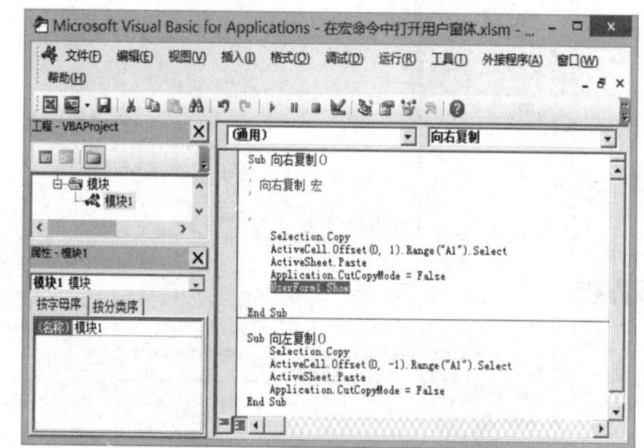

实战训练——在 Office 软件中嵌入单位转换程序

无论是在 Word、Excel 中，还是在 PowerPoint 中，都可以通过 VBA 编程的方式添加宏命令甚至扩展软件的功能，本例将在 Office 软件中添加一个单位转换的小程序。

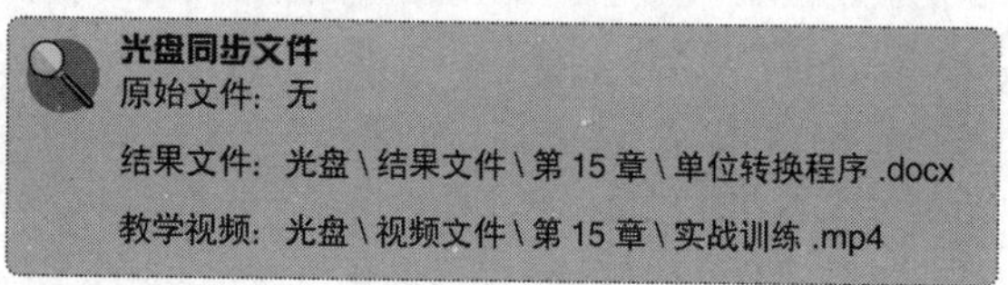

光盘同步文件
原始文件：无
结果文件：光盘\结果文件\第 15 章\单位转换程序 .docx
教学视频：光盘\视频文件\第 15 章\实战训练 .mp4

步骤 01 新建 Word 文档，单击"开发工具"选项卡中的"Visual Basic"按钮，如下图所示。

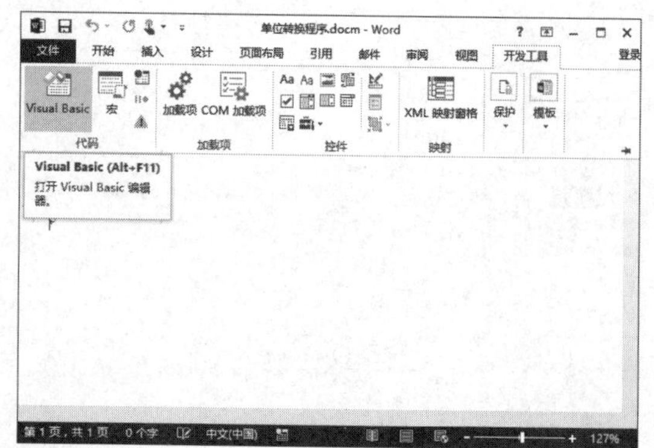

步骤 02 ❶单击"插入"菜单；❷选择"用户窗体"命令，如下图所示。

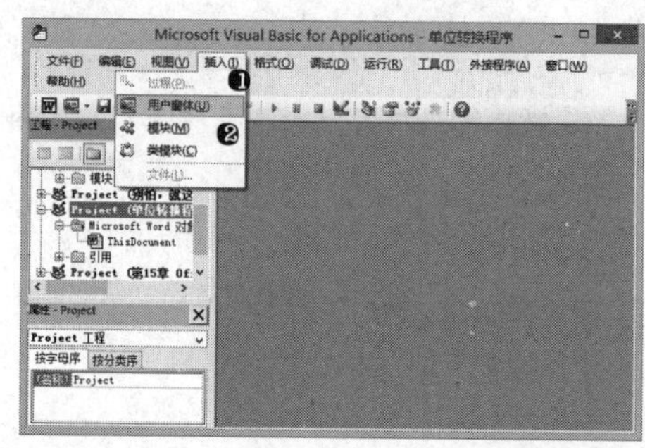

步骤 03 在"属性"空格中设置"Caption"属性为"单位换算器"，如下图所示。

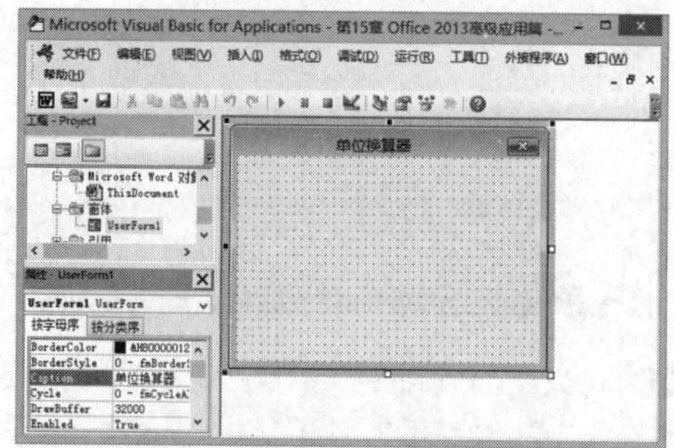

步骤 04 应用工具箱中的“文本框”、“标签”和“按钮”控件，制作出如下图所示的窗体内容。

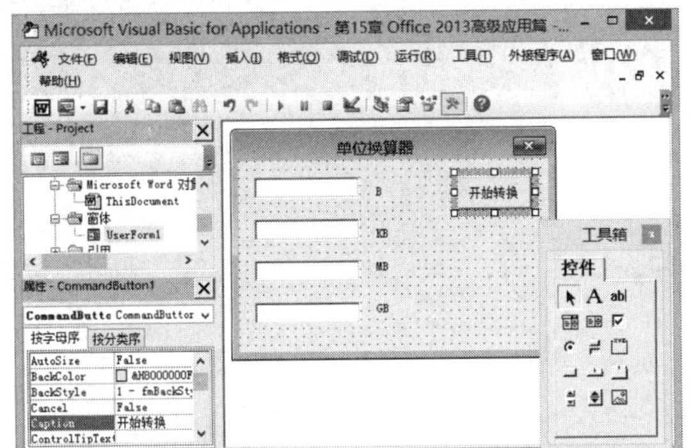

步骤 05 双击用户窗体中的按钮对象，在代码编辑器中编写程序，如下图所示。

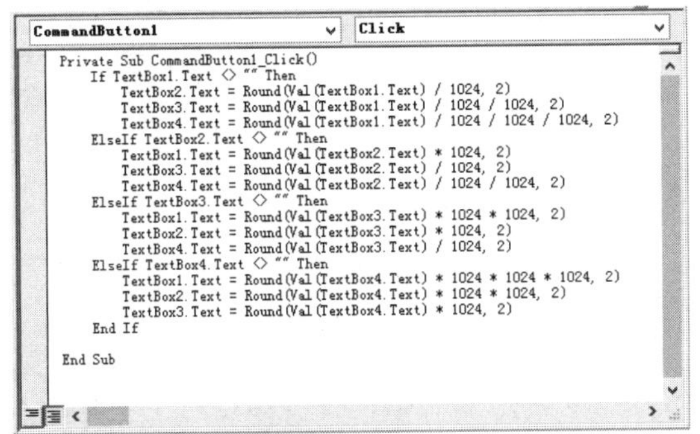

步骤 06 单击“标准”工具栏中的“运行子过程/用户窗体”按钮 ▶，如下图所示。

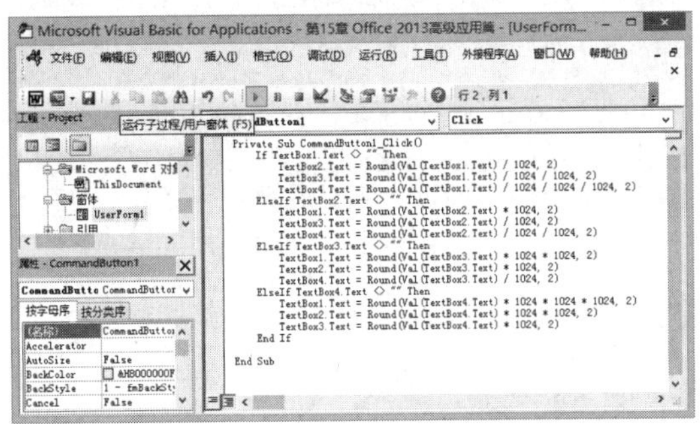

步骤 07 打开“单位换算器”对话框，❶在第三个文本框内输入数字 5；❷单击“开始转换”按钮，如下图所示。

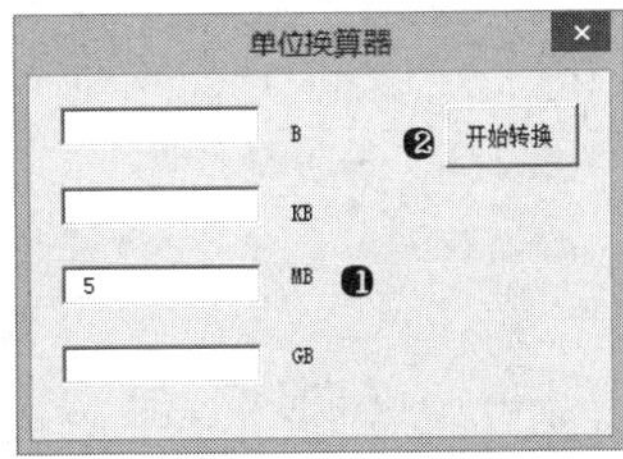

步骤 08 此时在对话框内各文本框中得到单位换算结果，如下图所示。

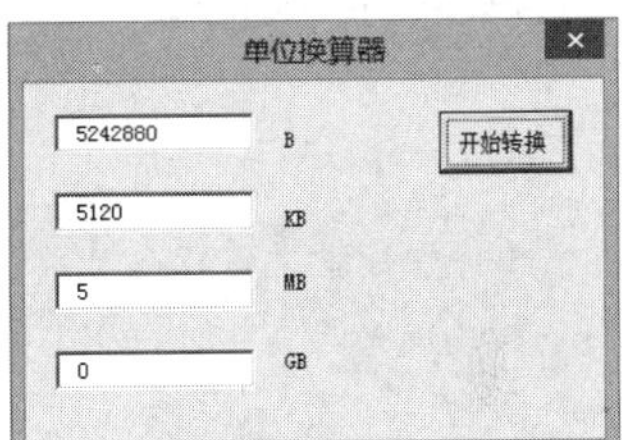

本章小结

在办公应用中，合理地应用 Office 套件中的各个组件，可以有效地提高工作效率。此外，应用宏和 VBA 可以实现自动化。本章重点介绍了 Office 套件中各个组件协同办公的技巧，同时介绍了宏与 VBA 的应用基础和使用技巧。

第 16 章

行业案例——Office 在行政办公中的应用

本章导读

在行政办公工作中，常常需要应用 Word、Excel 和 PowerPoint 等办公软件来辅助办公，例如编排公司制度、公司内外公关宣传、日程管理、决策性分析支持、办公用户采购登记与管理等，借助 Office 中的各组件，可以更轻松地完成这些工作。本章将通过几个实例来讲解 Office 软件在行政办公工作中的应用。

知识要点

- Office 文档编排
- 邮件合并的应用
- PowerPoint 幻灯片设计
- Excel 表格制作
- Excel 中数据的统计与分析
- 创建演示文稿模板

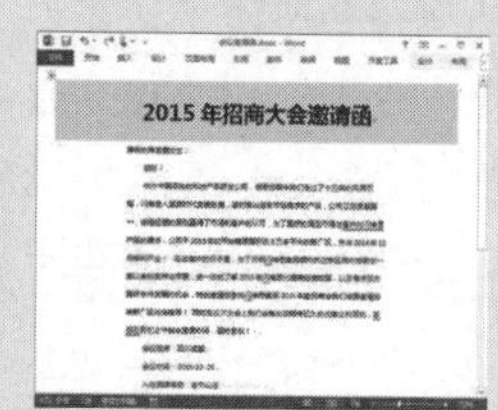

基础入门——必知必会

16.1　群发会议邀请函

案例概述

在行政办公工作中，常常需要向公司内、外人员发出一些通知或信函。应用 Word 可以高效地完成通知和信函内容的编写、格式调整与美化，并且，结合 Excel 中的数据，还可以快速地实现邮件群发或批量打印等。

案例效果

要向不同的人员发出会议邀请函，除了收信人的邮件地址不同外，在信函中的称呼也不相同，并且，不同人员在会场的座位、就餐的桌位、住宿房号等均不相同，为了快速制作出与收信人对应的邮件，可以先制作好与收件人信息相关的数据表和信函模板，然后运用 Word 中的邮件合并功能，快速生成与收件人对应的信函，并自动发送邮件。制作完成后的效果如下图所示。

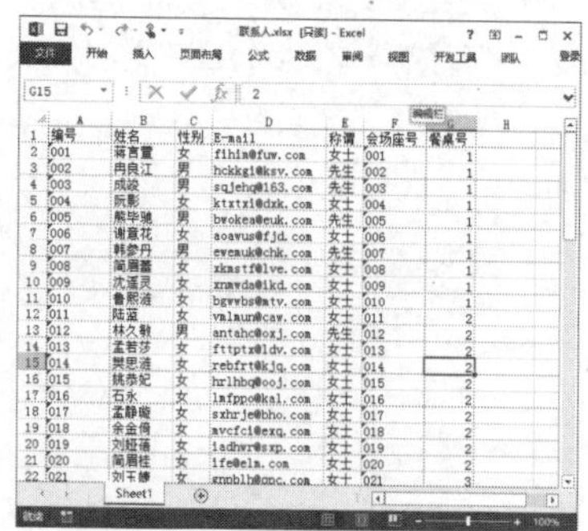

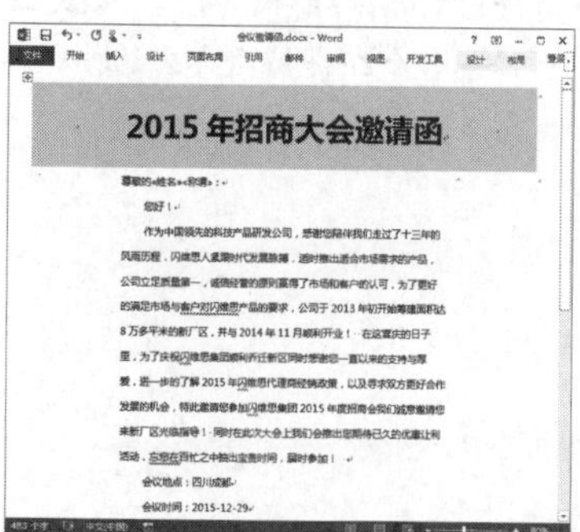

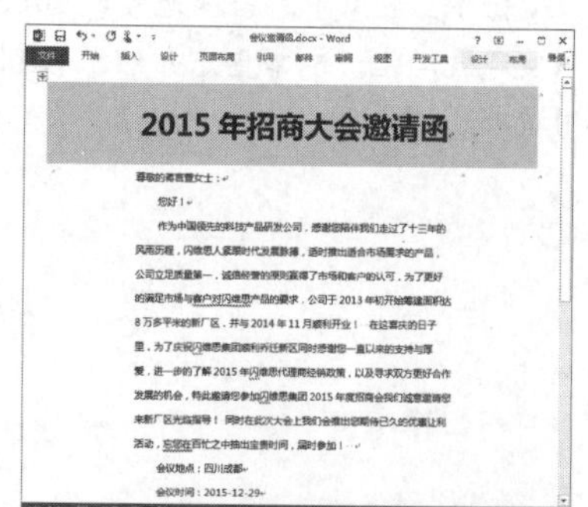

光盘同步文件
原始文件：光盘 \ 原始文件 \ 第 16 章 \ 会议邀请函素材 \
结果文件：光盘 \ 结果文件 \ 第 16 章 \ 会议邀请函 .docx
教学视频：光盘 \ 视频文件 \ 第 16 章 \ 会议邀请函 \16.1.1.mp4　16.1.3.mp4

制作思路

要为每位联系人创建会议邀请函，并执行邮件群发操作，思路如下：

16.1.1　创建收件人 Excel 数据表

在创建邮件内容前，需要先确定信函邮件的收件人及相关信息，以便在邮件合并时快速引用这些数据。

1. 另存通讯录并为联系人添加称谓数据

在素材文件“联系人 .xlsx”中列举了所有收件人的基本信息，包括姓名、性别和邮件地址，但在邮件中，为了表现出对收件人的尊敬，需要根据不同的性别冠以不同的称谓，例如“王女士”、“周先生”等，具体方法如下：

步骤 01 编辑并另存文件。打开素材文件“联系人 .xlsx”，在 E1 单元格中输入“称谓”，并另存文件，如下图所示。

编号	姓名	性别	E-mail	称谓
001	蒋言萱	女	fihim@fuw.com	
002	冉良江	男	hckkgi@ksv.com	
003	成竣	男	sqjehq@163.com	
004	阮影	女	ktxtxi@dxk.com	
005	熊毕驰	男	bwokea@euk.com	
006	谢意花	女	aoawus@fjd.com	
007	韩参丹	男	ewemuk@chk.com	
008	简眉蕾	女	xkmstf@lve.com	
009	沈遥灵	女	xnmvda@ikd.com	
010	鲁熙涟	女	bgwvbs@mtv.com	
011	陆蓝	女	vmlmun@caw.com	
012	林久毅	男	antahc@oxj.com	
013	孟若莎	女	fttptx@ldv.com	
014	樊思涟	女	rebfrt@kjq.com	

步骤 02 录入称谓计算公式。❶选择 E2 单元格；❷在编辑栏中输入称谓计算公式，如右上图所示。

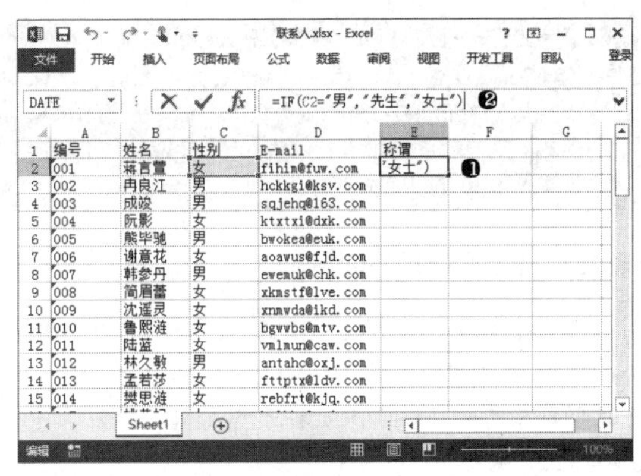

步骤 03 填充公式。打开素材文件“联系人 .xlsx”，在 E1 单元格中输入“称谓”，并另存文件，如下图所示。

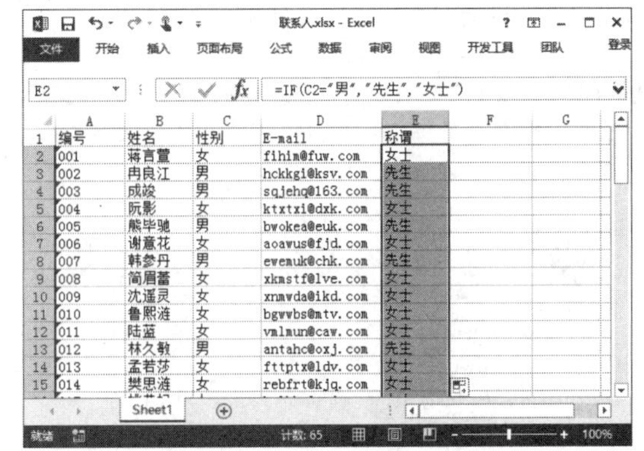

2. 添加其他数据

在数据表中还需要分配人员的会场座位及就餐位置，在便在邮件中告知联系人，具体方法如下：

在 F 列和 G 列分别添加“会场座号”和“餐桌号”信息，如下图所示。

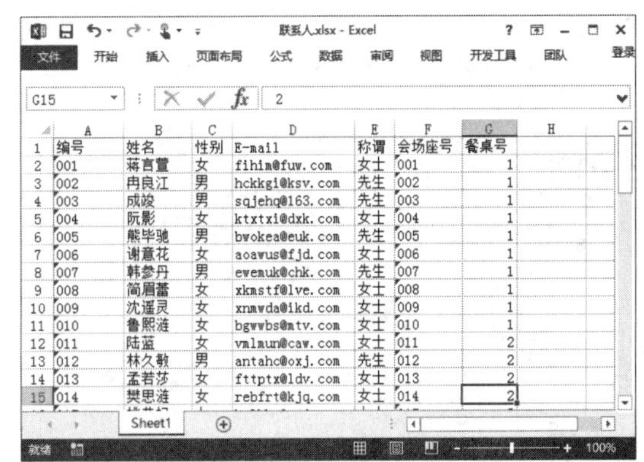

高手指引——创建邮件合并数据源的注意事项

要将 Excel 工作表作为 Word 中邮件合并的数据源，应保证数据表中没有特殊格式和特殊数据，如表格中有合并单元格、表格首行不是列标题行、表格中存在零散的数据等，都会导致 Word 中进行邮件合并时出错。

16.1.2 制作邮件模板

邮件内容通常以 Web 方式来呈现，在 Word 中可以在 Web 版式视图中编排邮件内容。由于邮件内容中的部分内容需要从联系人数据表中引用，所以，先创建邮件正文的模板。

1．用表格制作邮件内容布局

为了使邮件内容更整齐，美观，可以使用表格对内容结构进行布局规划，具体操作如下：

步骤 01 新建文档并切换视图。启动 Word 软件并新建文档，单击"视图"选项卡中的"Web 版式视图"按钮，如下图所示。

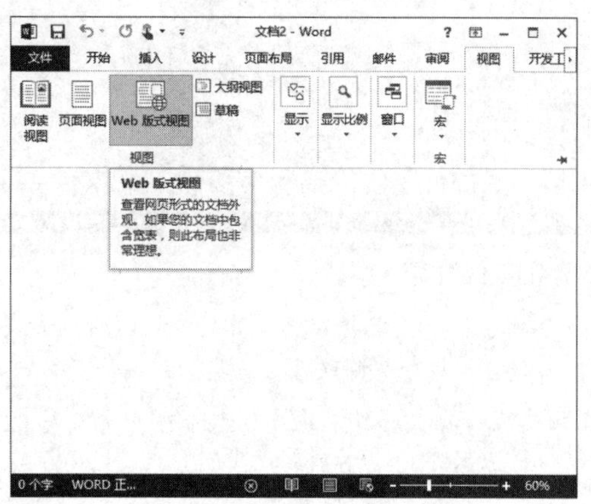

步骤 02 执行"插入表格"命令。❶单击"插入"选项卡中的"表格"按钮；❷选择"插入表格"命令，如下图所示。

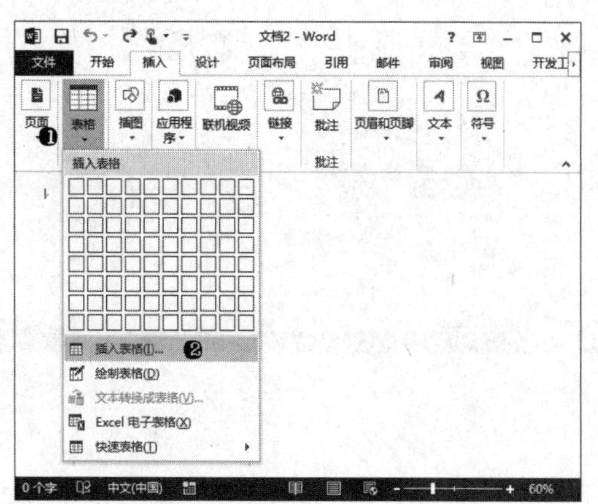

步骤 03 设置表格尺寸。打开"插入表格"对话框，❶设置表格列数和行数均为 3；❷选择"根据窗口调整表格"单选按钮；❸单击"确定"按钮，如下图所示。

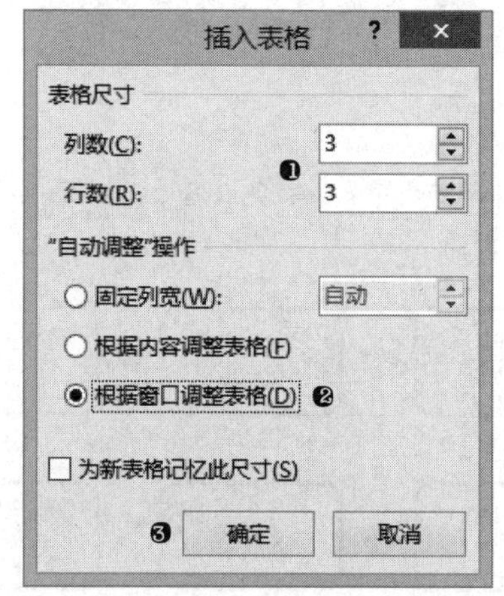

步骤 04 调整表格。拖动表格内的边框线调整各列的宽度和各行的高度，效果如下图所示。

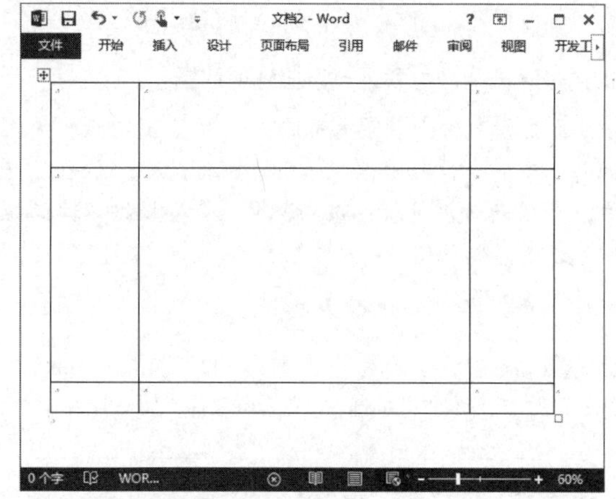

2．添加邮件内容

制作好邮件模板的布局结构后，则可以在布局表格中添加相应的邮件内容，具体方法如下：

步骤 01 添加邮件标题文字。在第 1 行中间的单元格中输入标题文字，设置文字字体为"微软雅黑"、字号为"小初"并加粗，如下图所示。

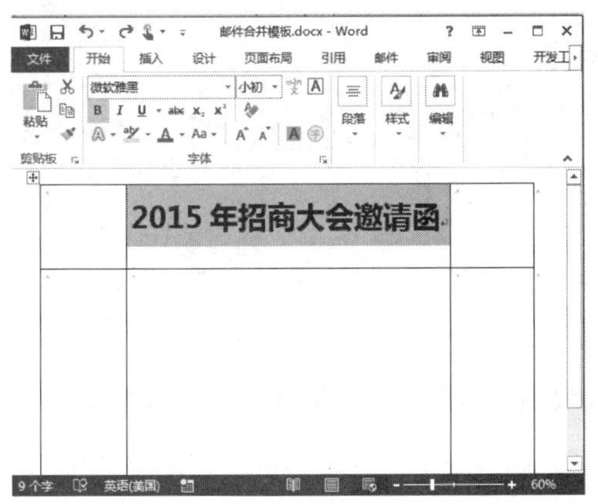

步骤 02 录入邮件模板正文。在第 2 行中间的单元格中输入邮件正文内容，设置文字字体为"微软雅黑"、字号为"小四"，如下图所示。

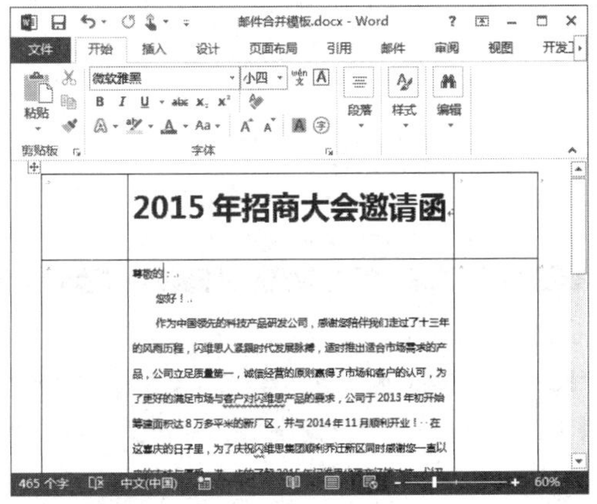

3. 美化邮件模板

为了使邮件内容更整齐、美观，需要对邮件内容添加一些修饰，具体操作如下：

步骤 01 设置表格单元格背景。选择表格中的第 1 行，❶单击"设计"选项卡中的"底纹"按钮；❷选择底纹颜色，如下图所示。

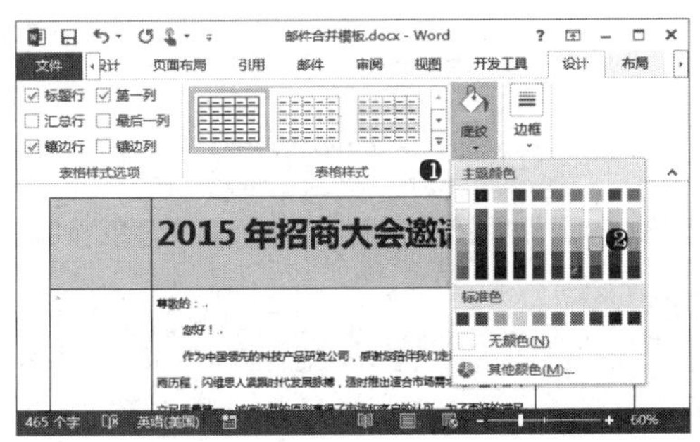

步骤 02 设置单元格对齐方式。单击"布局"选项卡"对齐方式"组中的"水平居中"按钮，如下图所示。

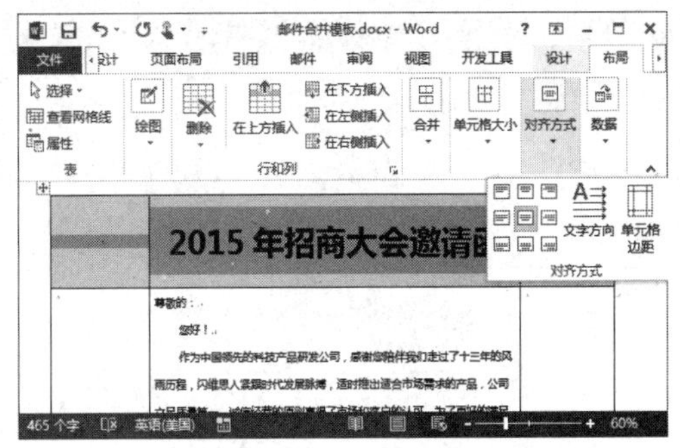

步骤 03 设置表格单元格边框。选择整个表格，❶单击"设计"选项卡中的"边框"按钮；❷选择"无边框"命令，如下图所示。

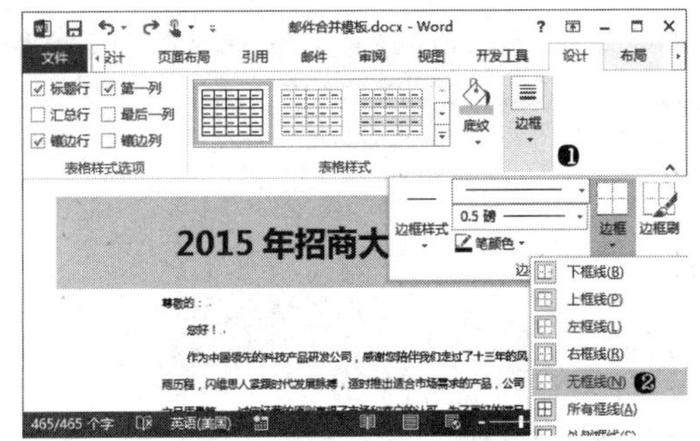

16.1.3 合并到邮件

创建好邮件模板后，需要将数据表中的数据嵌入到模板中，并合并到文档或邮件，下面介绍具体操作。

1. 导入邮件合并数据表

要在邮件中引用数据表中的数据，可以将这些数据作为联系人数据表导入到文中，具体操作如下：

步骤 01 执行"选择收件人"命令。❶单击"邮件"选项卡中的"选择收件人"按钮；❷选择"使用现有列表"命令，如下图所示。

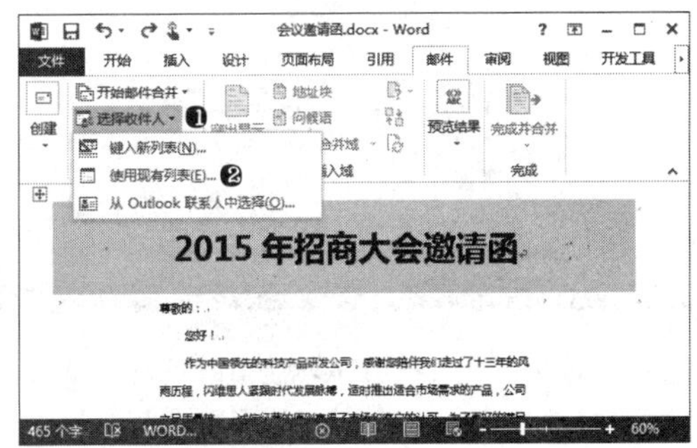

步骤 02 选择数据源文件。打开“选取数据源”对话框，❶选择文件“联系人 .xlsx”；❷单击“打开”按钮，如下图所示。

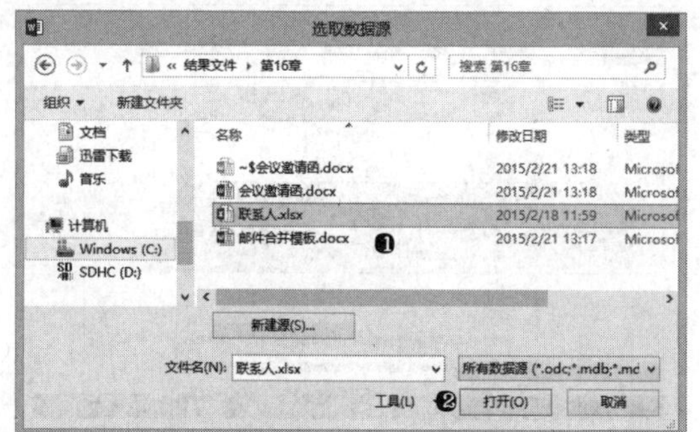

步骤 03 选择数据源中的表格。打开“选择表格”对话框，❶选择要导入为联系人数据的工作表；❷单击“确定”按钮，如下图所示。

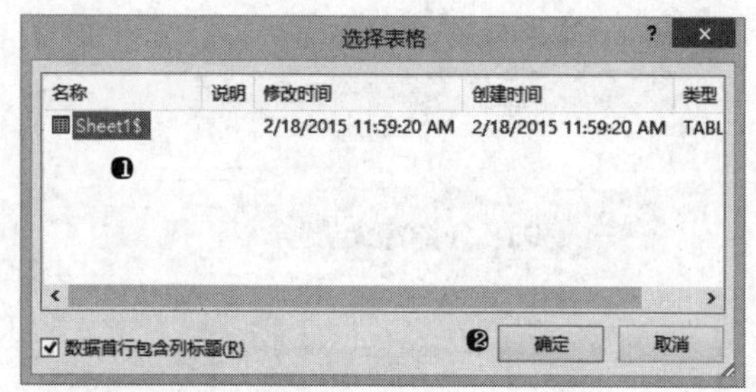

2．插入邮件合并域

导入邮件合并数据后，在邮件模板中需要引用相应的数据，此时可在文档中插入邮件合并域，通过不同的邮件合并域来引用合并数据表中不同的字段，具体方法如下。

步骤 01 插入姓名邮件合并域。❶将光标定位于邮件模板中要插入姓名的位置；❷单击“邮件”选项卡中的“插入合并域”按钮；❸选择“姓名”字段，如下图所示。

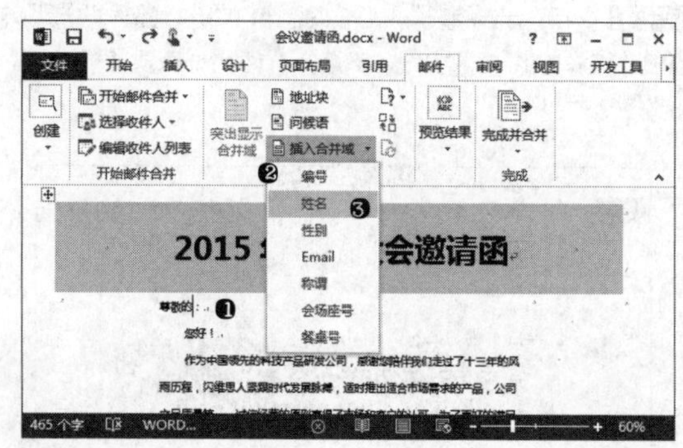

步骤 02 插入称谓邮件合并域。❶再次单击“邮件”选项卡中的“插入合并域”按钮；❷选择“称谓”字段，如右上图所示。

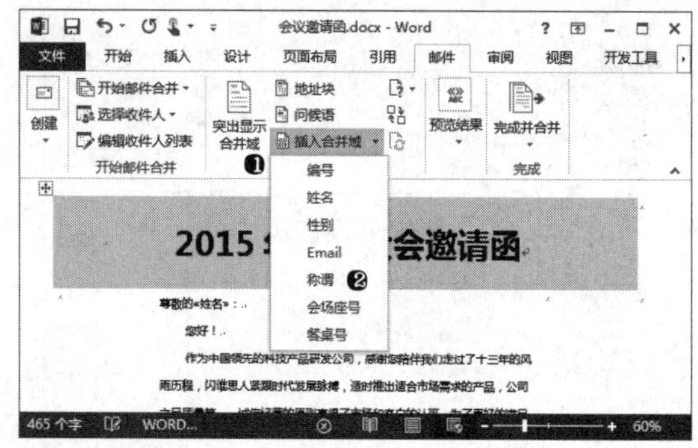

步骤 03 插入其他邮件合并域。在邮件正文中座位号和餐桌号相应的位置插入相应的合并域，如下图所示。

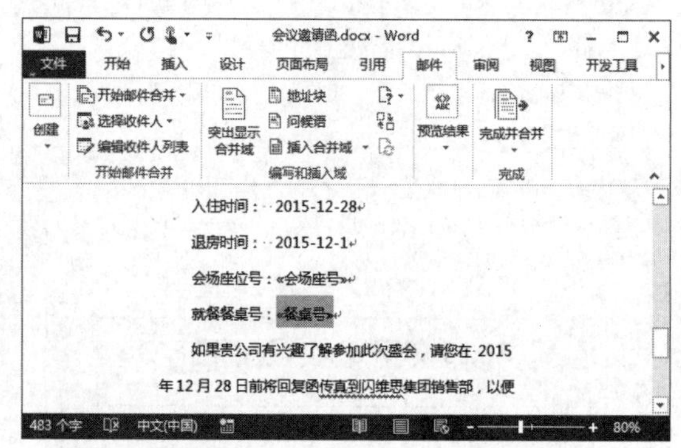

3．合并到电子邮件

插入完成邮件合并后，可以将各条数据对应到文档合并到单独的文档或电子邮件，具体操作如下：

步骤 01 完成合并发送电子邮件。❶单击“邮件”选项卡中的“完成并合并”按钮；❷选择“发送电子邮件”命令，如下图所示。

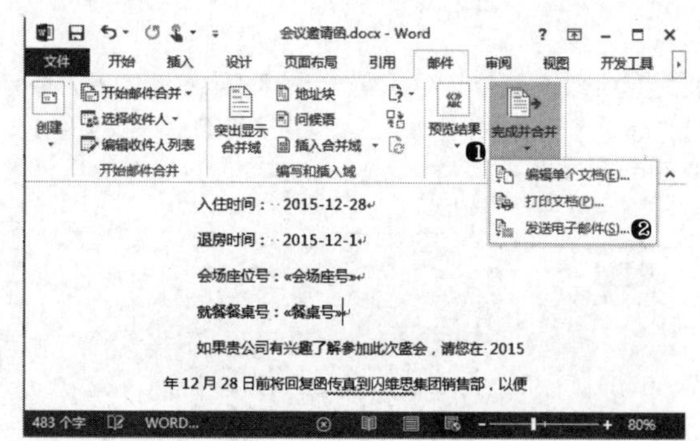

步骤 02 设置邮件选项。打开“合并到电子邮件”对话框，在对话框中设置收件人为联系人数据源中的“Email”字段，设置主题行文字及其他参数，最后单击“确定”按钮，如下图所示。

完成以上操作后，Word 会自动调用 Office Outlook 软件开始群发电子邮件。

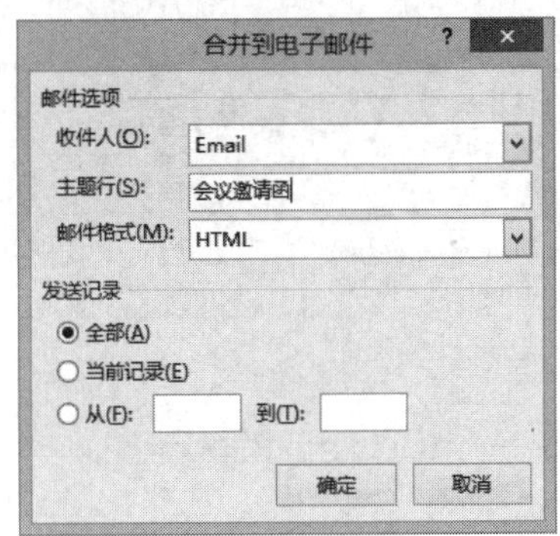

16.2 统计员工考勤

案例概述

考勤记录与统计是行政工作中常见的工作内容。在现代化的企业中，考勤通常会采用打卡机进行采集，但由于打卡机及配套软件对考勤记录处理不够灵活，要统计员工迟到、早退、旷工、请假、调休等数据时，常常需要借助 Excel 来进行统计分析。本例将应用考勤机导出的打卡记录进行考勤数据分析与统计，为大家介绍 Excel 在考勤管理工作中的应用。

案例效果

在本例中，考勤记录原始数据为考勤设备导出的文本文件，因此需要将文本文件导入到 Excel 表格，并对考勤数据进行统计分析，制作完成后的效果如下图所示。

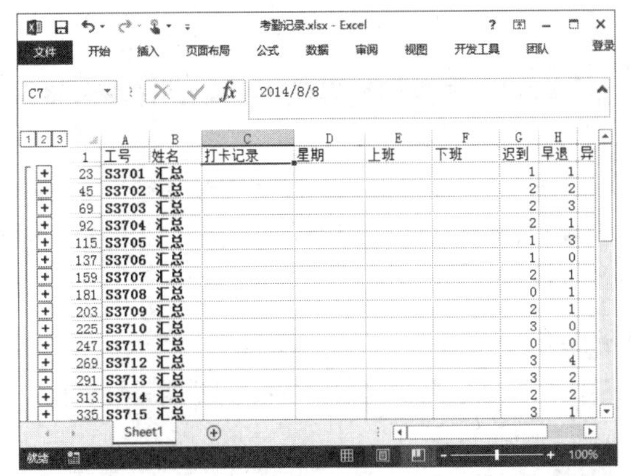

> **光盘同步文件**
> 原始文件：光盘 \ 原始文件 \ 第 16 章 \ 本月打卡记录 .txt
> 结果文件：光盘 \ 结果文件 \ 第 16 章 \ 考勤记录 .xlsx
> 教学视频：光盘 \ 视频文件 \ 第 16 章 \ 会议邀请函 \16.2.1.mp4　16.2.2.mp4

制作思路

要导入文本格式的考勤数据并对数据进行分析，思路如下：

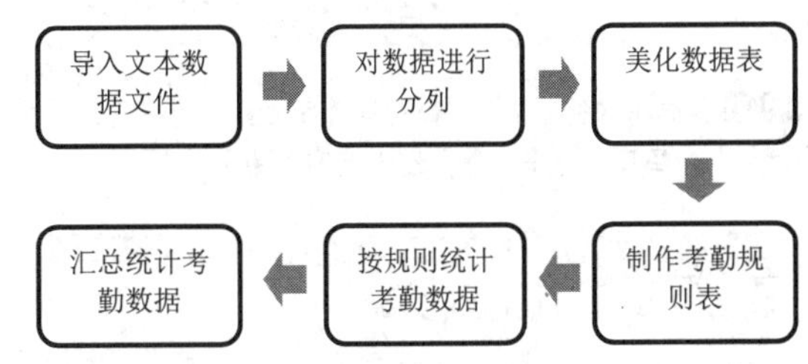

16.2.1 导入并处理考勤数据

使用考勤设备导出了本月的打卡记录，此打卡记录中记录了各员工在有打卡记录的日期中第一次和最后一次打卡的时间，我们需要从这些数据中统计出各员工迟到、早退、加班和异常考勤的数据。为方便统计，需要将导出的文本格式数据导入到 Excel 表格中，调整并处理数据格式。

1. 在 Excel 中导入文本格式的考勤记录

在 Excel 中导入文本的方法如下：

步骤 01 执行“获取外部数据”命令。新建 Excel 工作簿，单击“数据”选项卡“连接”组中的“获取外部数据”按钮，选择“自文本”命令，如下图所示。

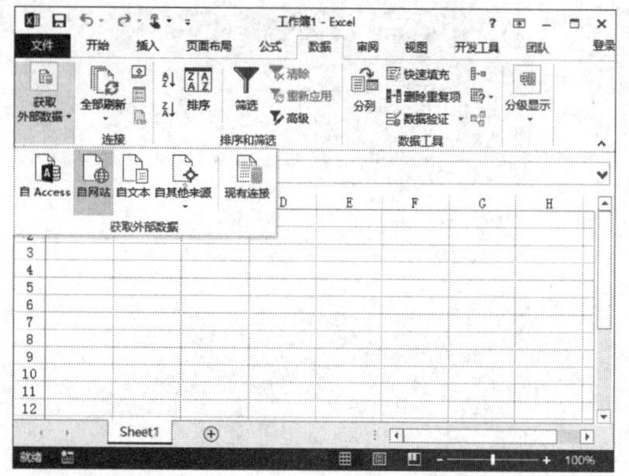

步骤 02 选择并导入文件。打开“导入文本文件”对话框，❶选择要导入的文本文件；❷单击“导入”按钮，如下图所示。

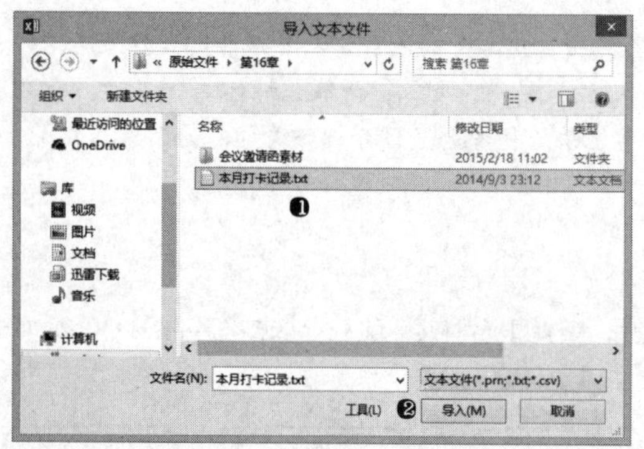

步骤 03 选择原始数据类型。❶选择“原始数据类型”为“分隔符号”；❷单击“下一步”按钮，如下图所示。

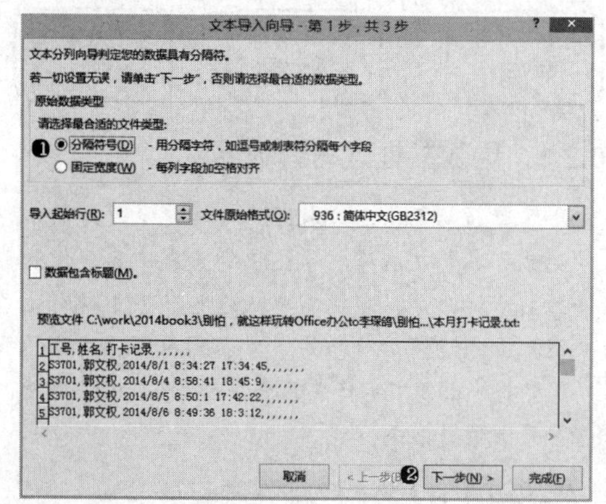

步骤 04 选择并导入文件。❶选择分隔符号为“逗号”；❷单击“完成”按钮，如右上图所示。

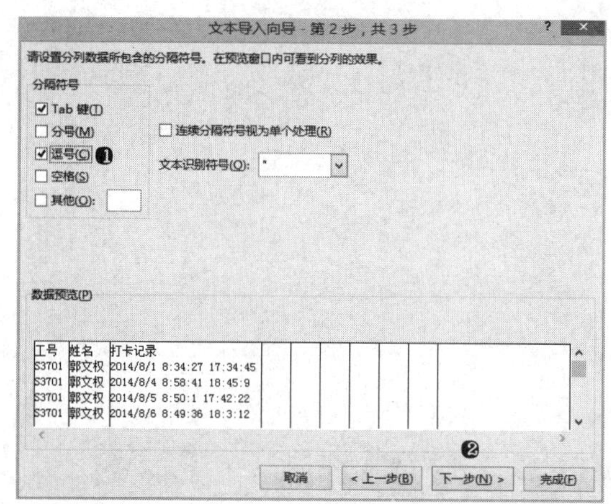

步骤 05 选择数据导入位置。打开“导入数据”对话框，❶选择数据导入的位置为当前工作表中的 A1 单元格；❷单击“确定”按钮，如下图所示。

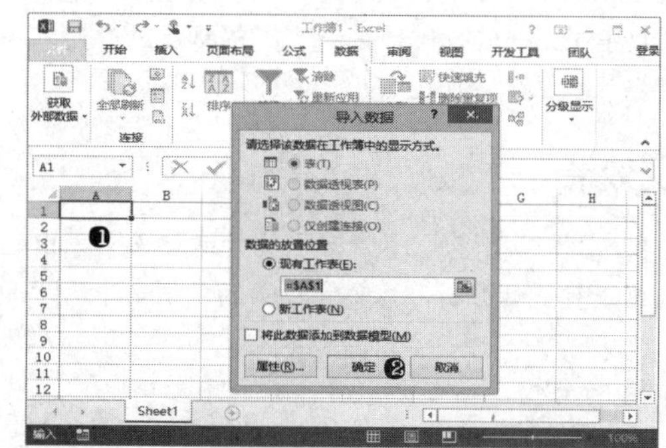

2．分列并设置数据格式

由于导入的打卡时间数据记录在一列中，需要对该列数据进行分列并设置数据格式后才能进行计算和统计，具体操作如下：

步骤 01 执行“分列”命令。❶选择要分列的数据列 C；❷单击“数据”选项卡中的“分列”按钮，如下图所示。

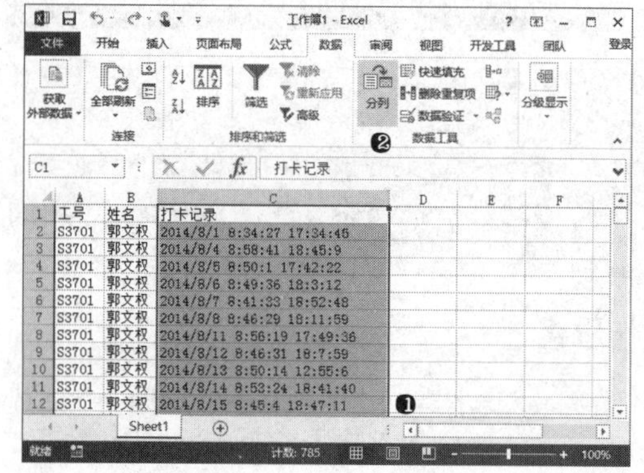

步骤 02 选择原始数据类型。打开“文本分列向导 - 第 1 步，共 3 步”对话框，❶选择“原始数据类型”为“分隔符号”；❷单击“下一步”按钮，如下图所示。

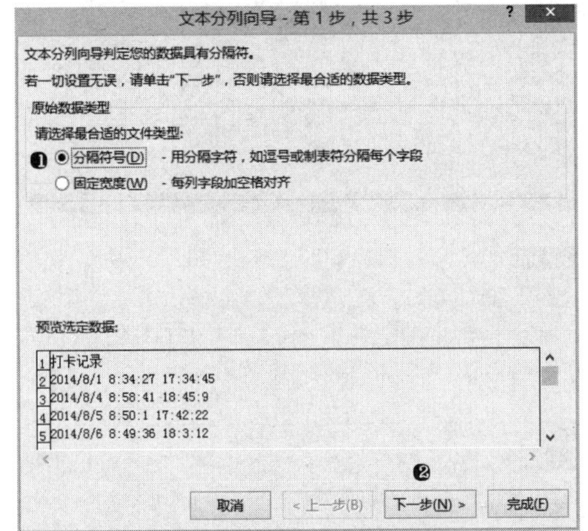

步骤 03 选择分隔符号。❶在“分隔符号”选项区域选择“空格”复选框；❷单击“下一步”按钮，如下图所示。

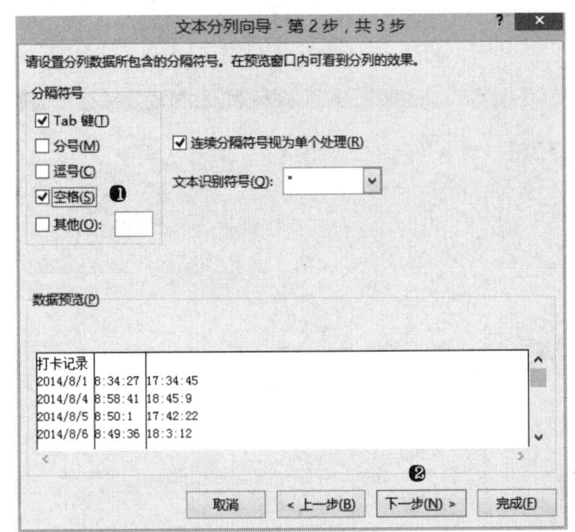

步骤 04 选择列数据类型。❶选择“数据预览”选项区域中的第一列数据；❷在“列数据格式”选项区域选择“日期”单选按钮；❸单击“完成”按钮，如右上图所示。

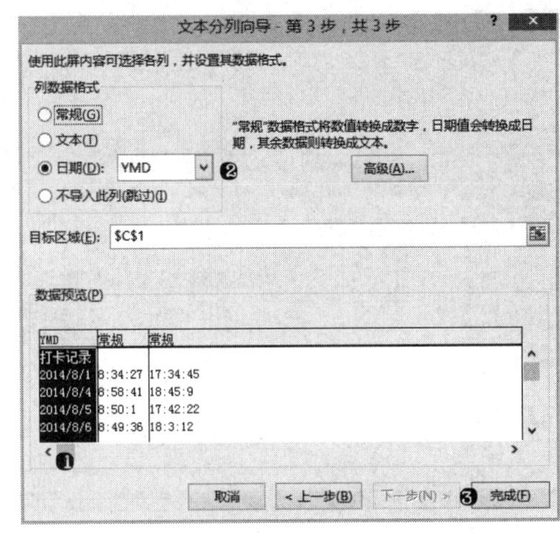

步骤 05 添加表头文本。在数据表 D1 和 F1 单元格内输入表头文字内容并调整表格格式，如下图所示。

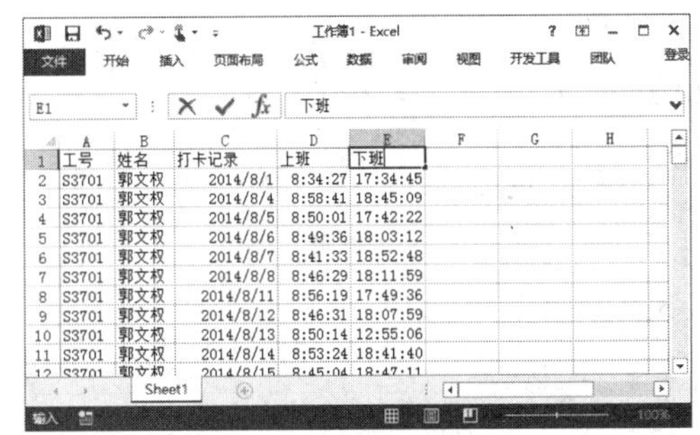

16.2.2 计算和统计考勤数据

在 Excel 中导入了基础的考勤数据表后，则需要通过计算和数据统计得到各员工的考勤结果，如是否迟到、早退等，具体方法如下：

步骤 01 添加数据列。在“打卡记录”日期数据列后插入列“星期”，然后在 G1:J1 单元格区域中依次添加表头文字，如下图所示。

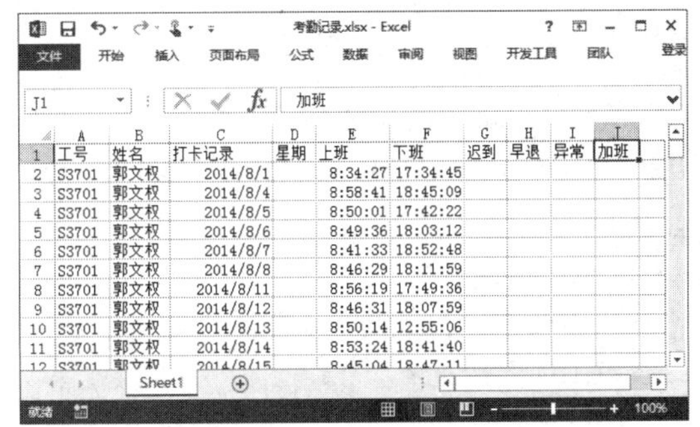

步骤 02 根据日期计算星期。选择 D2 单元格，在单元格内输入函数"=WEEKDAY(C2,2)"，根据左侧的日期计算出相应的星期数，如下图所示。

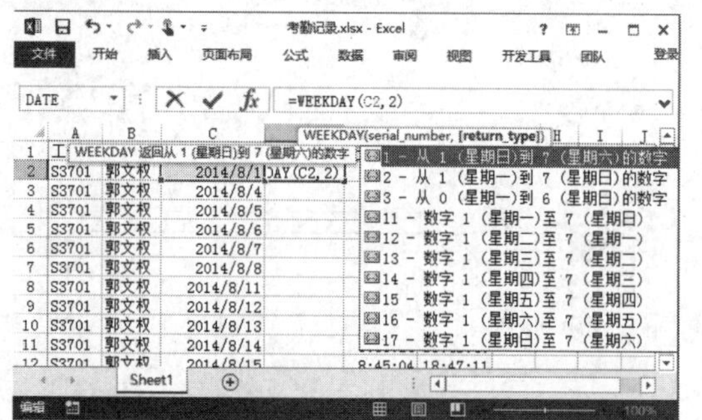

步骤 03 设置星期数单元格格式。❶选择等到星期数结果的单元格 D2；❷在"开始"选项卡"数字"组中的"数字格式"下拉列表中选择"常规"选项，如下图所示。

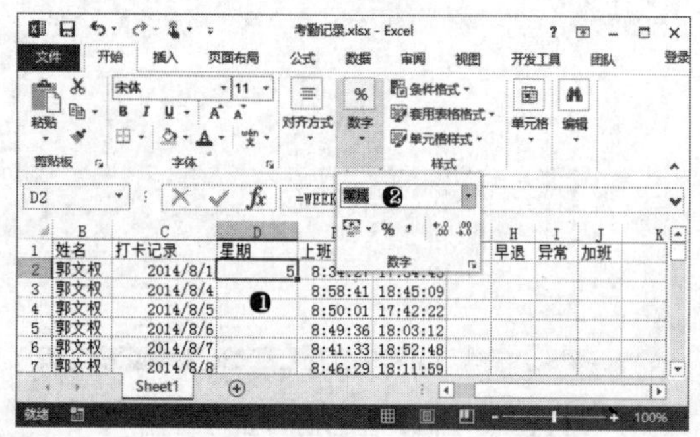

步骤 04 填充星期数据。双击 D1 单元格右下角的"填充柄"将函数填充至整列，如下图所示。

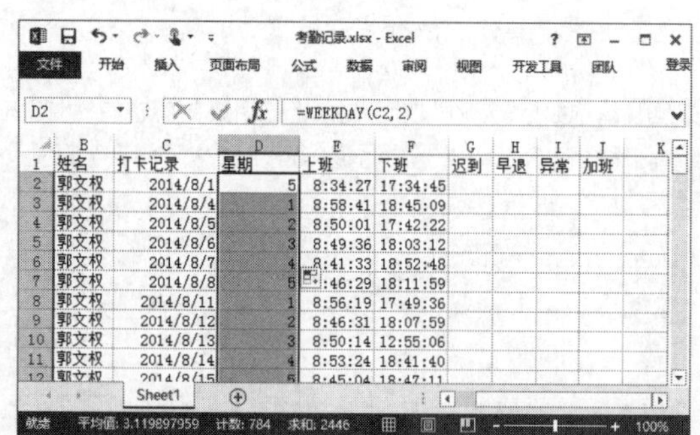

步骤 05 判断各条考勤记录是否为迟到。设置上班打卡时间在"9:05"后为迟到，在 G1 单元格中输入公式"=IF(AND(E2<>"-",D2<6), IF(TIME(9,5,0)-E2>=0,"",1),"")"，然后将公式填充至整列，如右上图所示。

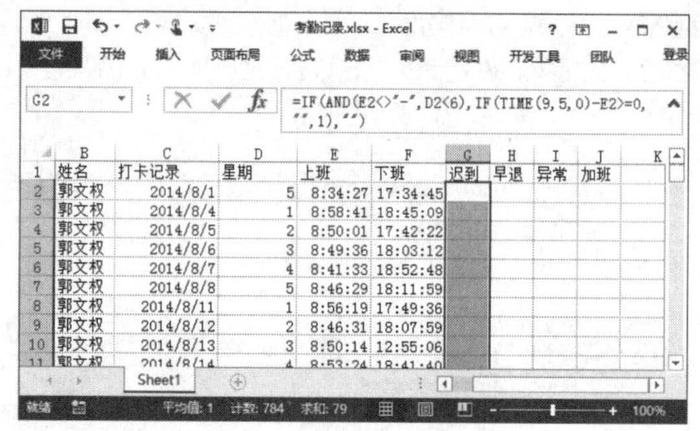

步骤 06 判断各条考勤记录是否为早退。设置下班打卡时间在"17:30"前为早退，在 H1 单元格中输入公式"=IF(AND(F2<>"-",D2<6), IF(TIME(17,30,0)-F2<=0,"",1),"")"，然后将公式填充至整列，如下图所示。

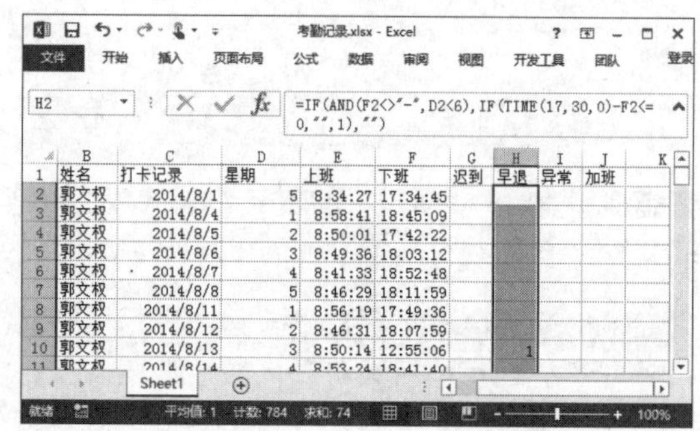

步骤 07 判断各条考勤记录是否为异常。如果某日某员工打卡记录仅有一次，则需要在"异常"列中标记出考勤异常，所以，在"异常"列 I2 单元格中输入公式"=IF(OR(E1="-",F1="-"),1,"")"，并填充至整列，如下图所示。

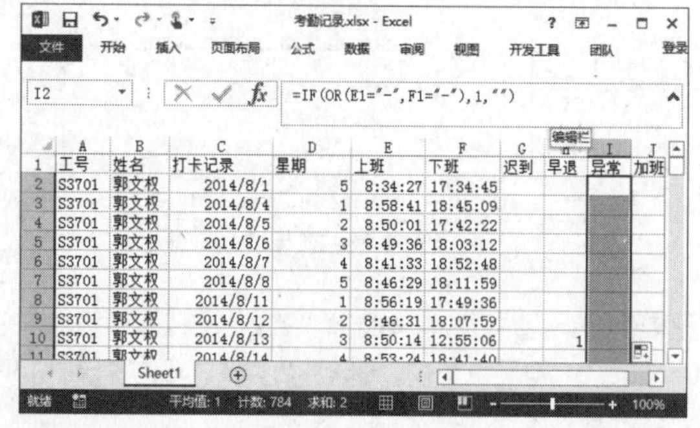

步骤 08 判断各条考勤记录是否为加班。要计算加班的时间，需要先判断星期数是否大于 5，然后计算出下班时间与上班时间相差的小时数，所以在 J2 单元格中输入公式"=IF(D2>5,INT((F2-E2)*24),"")"并填充至整列，如下图所示。

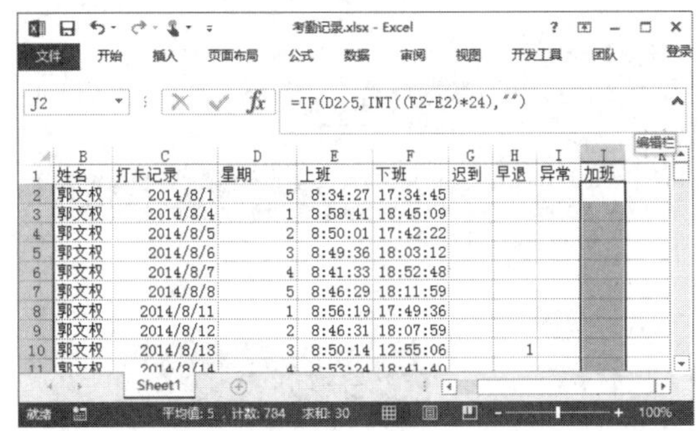

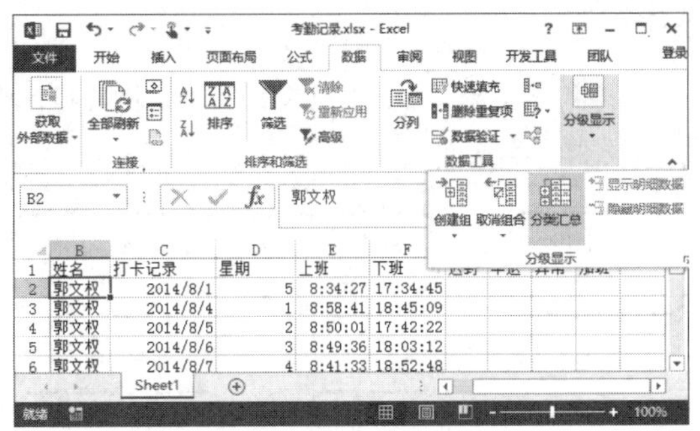

步骤 09 执行分类汇总命令。单击“数据”选项卡中的“分类汇总”按钮，如右上图所示。

步骤 10 设置分类汇总字段。打开“分类汇总”对话框，设置“分类字段”为“工号”、“汇总方式”为“求和”，设置“选定汇总项”为“迟到”、“早退”、“异常”和“加班”，然后单击“确定”按钮，如右下图所示。

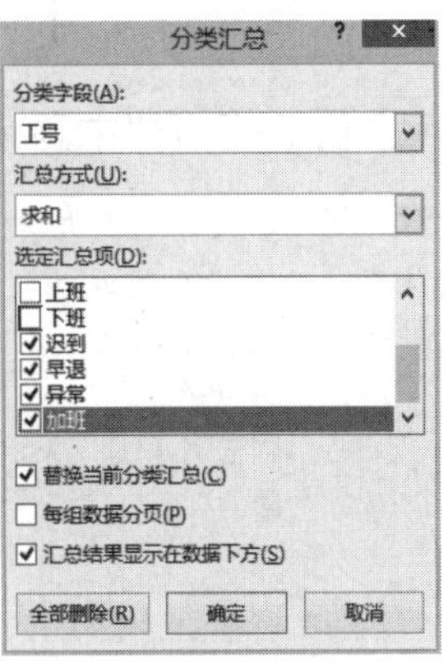

16.3 创建企业幻灯片模板

案例概述

在各类工作中，常常都需要应用幻灯片。在同一个企业中，为了使各部门应用的幻灯片风格统一，与企业文化相融合，可以创建一个幻灯片模板，以使在创建其他幻灯片时应用此模板来快速创建。

案例效果

本例幻灯片模板中需要准备多个不同版式的幻灯片，在便制作不同版式的演示文稿模板，各版式幻灯片模板效果如下图所示。

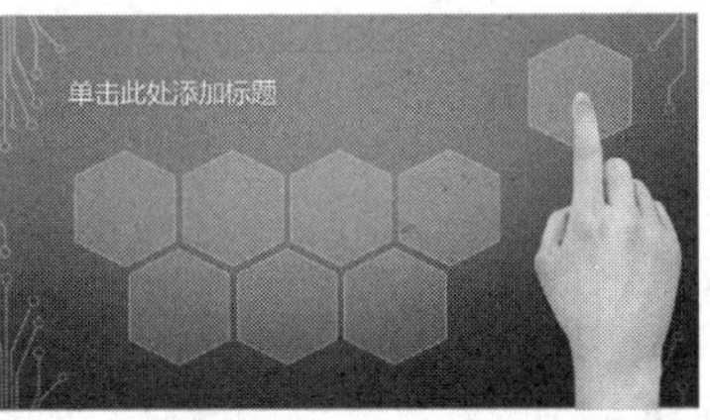

光盘同步文件
原始文件：光盘 \ 原始文件 \ 第 16 章 \ 幻灯片模板素材 \
结果文件：光盘 \ 结果文件 \ 第 16 章 \ 幻灯片模板 .potx
教学视频：光盘 \ 视频文件 \ 第 16 章 \ 幻灯片模板 \16.1.1.mp4　16.1.3.mp4

制作思路

要为每位联系人创建会议邀请函，并执行邮件群发操作，思路如下：

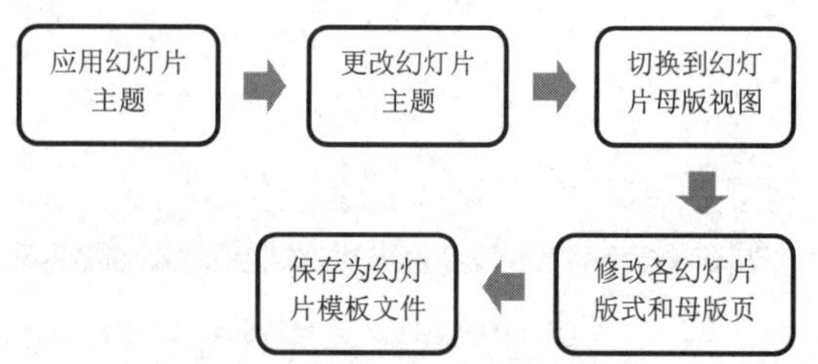

16.3.1 应用及修改幻灯片主题

要制作幻灯片模板，可以先应用幻灯片主题并通过修改幻灯片主题，快速为幻灯片模板应用统一的字体方案和色彩方案，具体方法如下：

步骤01 新建演示文稿并应用主题。新建PowerPoint演示文稿，在"设计"选项卡的"主题"列表框中选择"电路"，如下图所示。

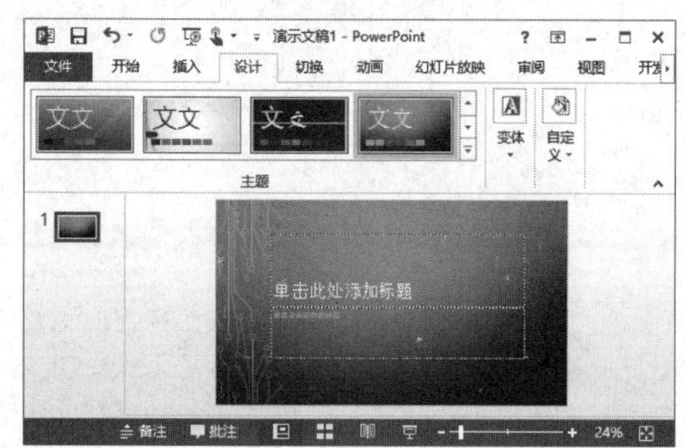

步骤02 选择主题变体。在"设计"选项卡"变体"组中的列表框中选择绿色的变体，如下图所示。

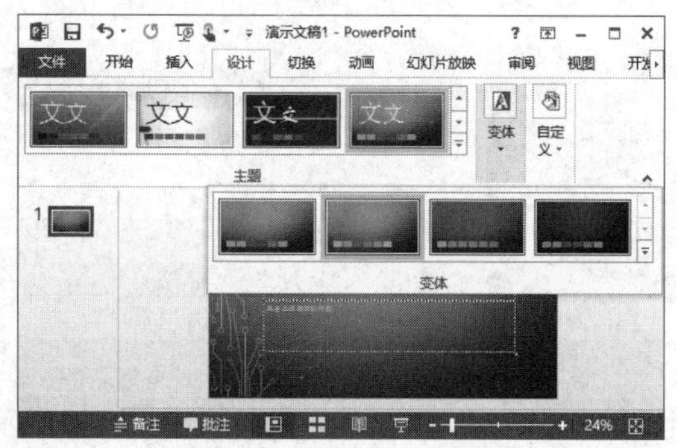

步骤03 修改字体方案。单击"设计"选项卡的"变体"列表框中的"更多"按钮，❶选择"字体"子菜单；选择要应用的字体方案，如右上图所示。

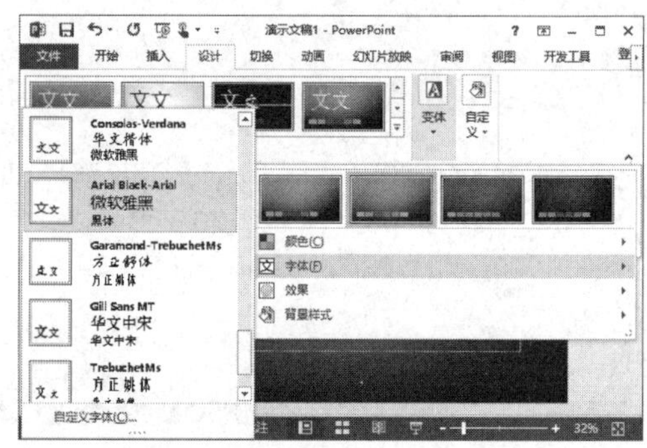

16.3.2 更改幻灯片母版

要为不同版式的幻灯片应用不同的排版效果及修饰效果，可以在幻灯片母版视图中修改各版式幻灯片中的布局及修饰内容，具体方法如下：

步骤01 切换至母版视图。单击"视图"选项卡中的"幻灯片母版"按钮，如下图所示。

步骤02 调整标题母版格式。选择标题母版页面，调整该页面中各图文框的位置，并插入素材图像，如下图所示。

步骤03 插入版式。单击"幻灯片母版"选项卡中的"插入版式"按钮，如下图所示。

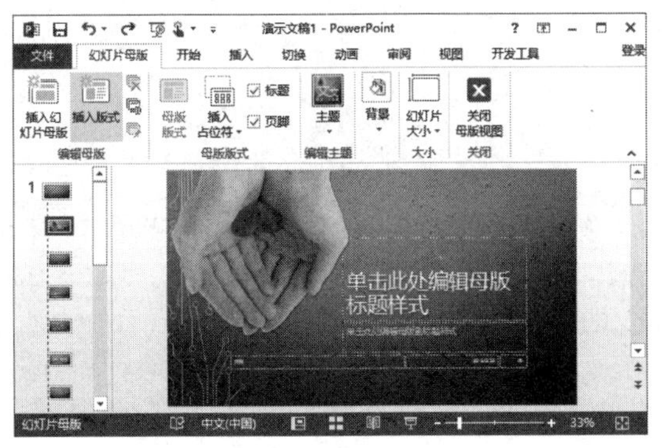

步骤 04 设计版式内容。在新插入的版式幻灯片中插入素材图像，绘制一个多边形形状，设置形状边框颜色为白色、填充颜色为白色半透明，并复制多个，排列为如下图所示的效果。

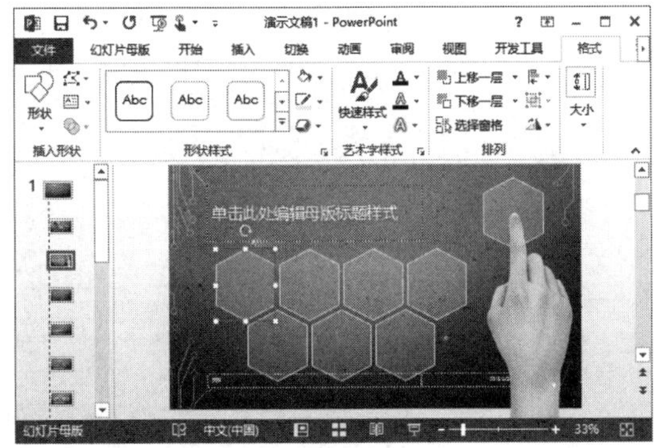

步骤 05 更改版式背景。❶选择母版中的“标题和内容”幻灯片版式；❷单击“幻灯片母版”选项卡“背景”组中的“背景样式”按钮；❸选择背景样式“样式 6”，如下图所示。

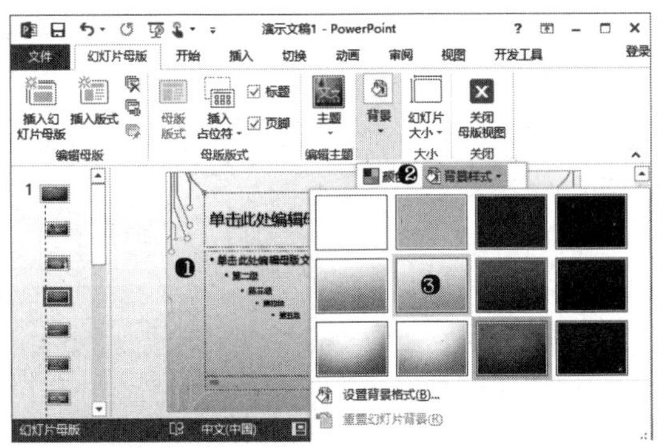

步骤 06 调整版式。调整该版式母版中标题占位符的背景颜色和文字颜色，并调整标题和内容占位符的大小和位置，如下图所示。

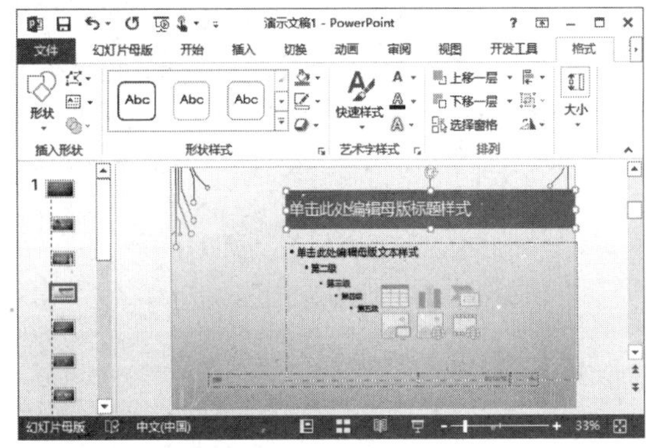

16.3.3　保存幻灯片模板

要使幻灯片中的设计及母版可以方便地在其他幻灯片中应用，可以将幻灯片保存为模板，具体方法如下：

执行“文件”菜单中的“另存为”命令，打开“另存为”对话框，在对话框中设置“保存类型”为“PowerPoint 模板（*.potx）”，并设置文件名，单击“保存”按钮，即可将文件保存为模板，如下图所示。

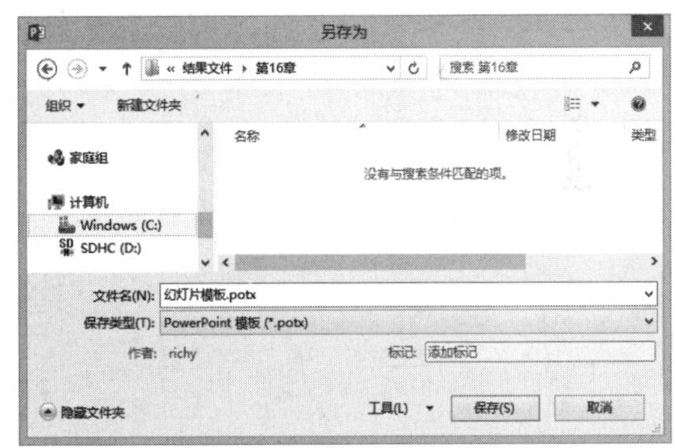

本章小结

Office 系列软件是在行政管理和文秘工作中必不可少的工作软件，我们需要应用 Word 来完成制度、通知等文档的编排等工作，还需要应用 Excel 来完成一些基础的数据存储、统计和分析工作。此外，还需要应用 PowerPoint 来制作各类演示文稿，本章通过实例介绍了这些软件在这些工作中的实际应用。

第 17 章

行业案例——Office 在人力资源管理中的应用

本章导读

每个企业都是从原始积累跨越到发展阶段的，其经营逐步显现为“人本”的经营。因为 21 世纪是人才的竞争，企业管理更是“人”与“事”的管理。这是企业稳、强和大的关键所在。在人力资源管理中当然也少不了 Word 和 Excel 软件的应用，本章将重点介绍 Word 和 Excel 在人力资源管理工作中的应用。

知识要点

◆ Office 文档编排

◆邮件合并的应用

◆ PowerPoint 幻灯片设计

◆ Excel 表格制作

◆ Excel 中数据的统计与分析

◆创建演示文稿模板

案例展示

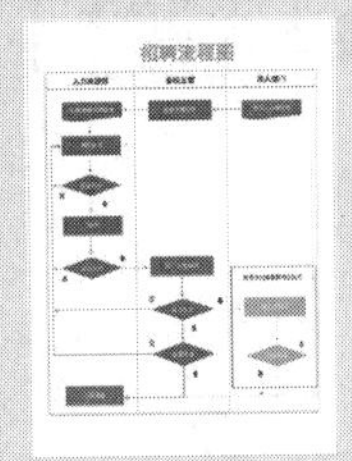
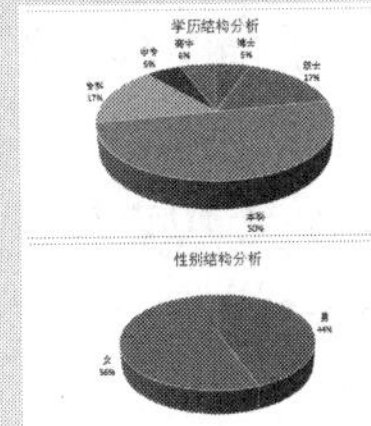

基础入门——必知必会

17.1 设计公司招聘流程图

案例概述

在人力资源管理工作中，许多工作过程都需要有一定的规范。很多招聘官都遇到过这样的状况，招聘进度经常是一笔糊涂账，员工能够正常招进来，皆大欢喜；一旦出了问题，相关部门自然无法避免责任。如果能够制定一整套系统的招聘流程，将流程责任到人，不仅糊涂账能算清楚，工作效率也会快很多。本例将应用 Word 来设计招聘流程图，从而提高招聘工作效率。

案例效果

流程图中应表现出招聘流程中各部门需要完成的工作及整体的操作过程，因此，本例流程图的效果如右图所示。

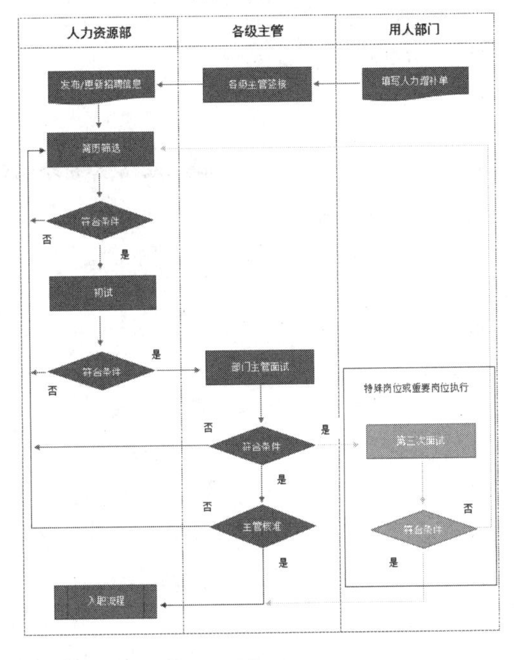

光盘同步文件

原始文件：无

结果文件：光盘\结果文件\第 17 章\招聘流程图 .docx

教学视频：光盘\视频文件\第 17 章\招聘流程图\17.1.1.mp4　17.1.3.mp4

制作思路

要为每位联系人创建会议邀请函，并执行邮件群发操作，思路如下：

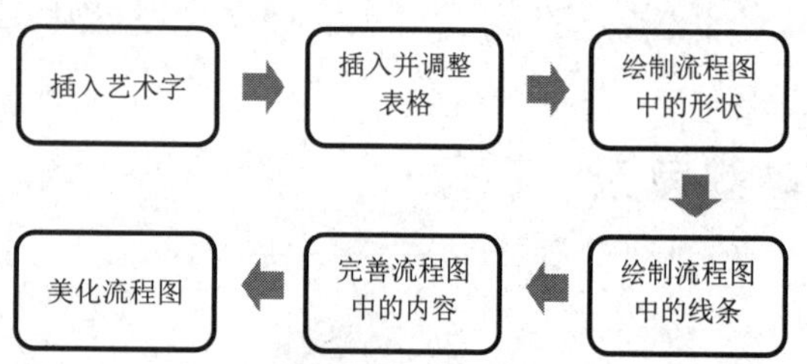

17.1.1 插入艺术字和表格

流程图上需要有流程图的标题，可以使用艺术字制作流程图的标题。此外，还需要清晰地表现各部门在招聘工作中的职责，可以使用表格来进行整体的流程规划，具体操作过程如下：

步骤 01 设置页边距。新建 Word 文档，❶单击“页面布局”选项卡中的“页边距”按钮；❷选择“窄”选项，如下图所示。

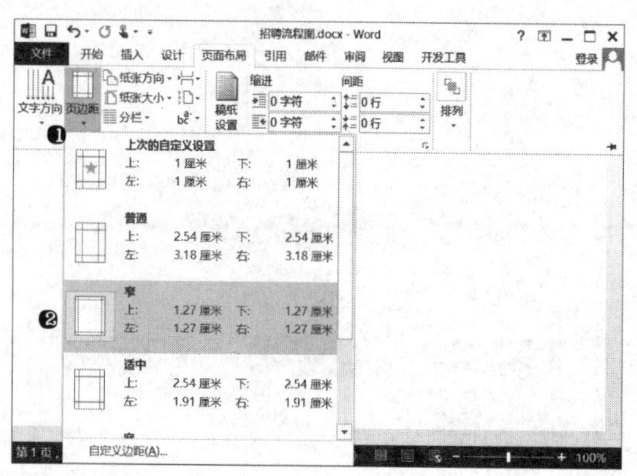

步骤 02 插入艺术字。❶单击“插入”选项卡中的“艺术字”按钮；❷选择要应用的艺术字样式，如下图所示。

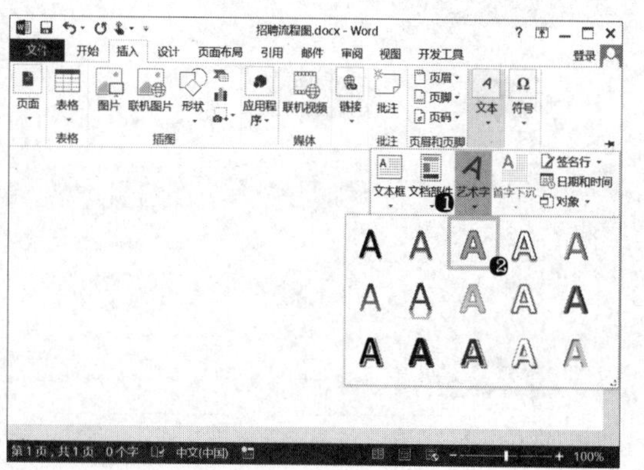

步骤 03 输入艺术字内容并设置格式。在艺术字文本框中输入文字内容，然后将其拖动至页面上方居中的位置，并设置文字字体格式，如下图所示。

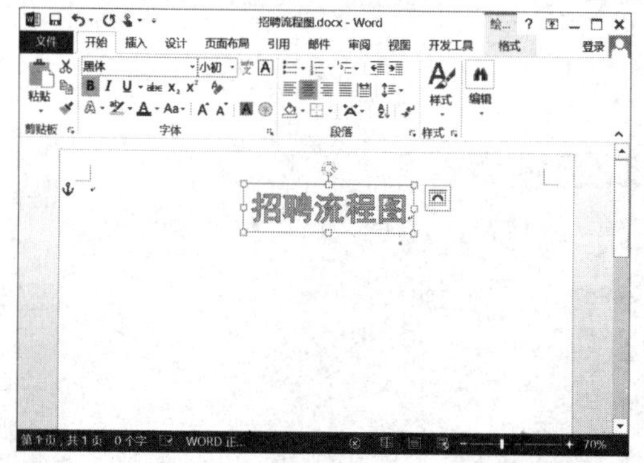

步骤 04 插入表格。在标题艺术字下方左侧空白区域双击，将光标定位于标题下方第一个字符处，❶单击“插入”选项卡中的“表格”按钮，❷插入一个3列2行的表格，如下图所示。

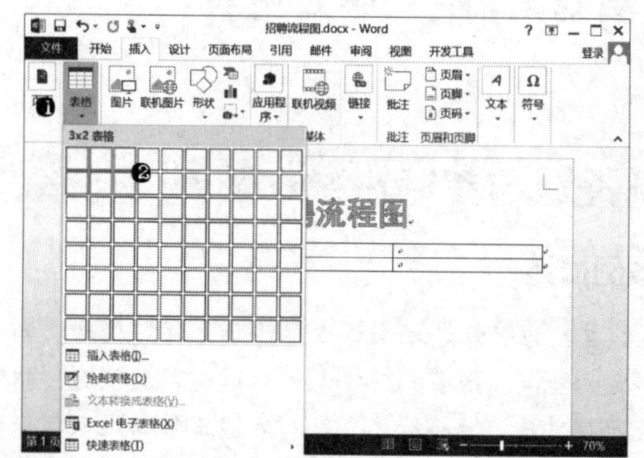

步骤 05 输入表格内容并设置格式。在表格第一行各单元格内输入文字内容；选择该行后在“开始”选项卡中设置段落对齐方式为“居中对齐”、字体为“黑体”、字号为“四号”，如下图所示。

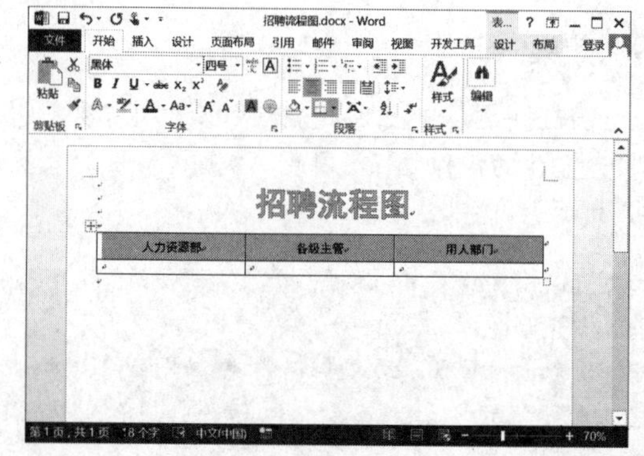

步骤 06 调整表格行高。拖动表格底部边框线，调整表格高度至页面底部，如下图所示。

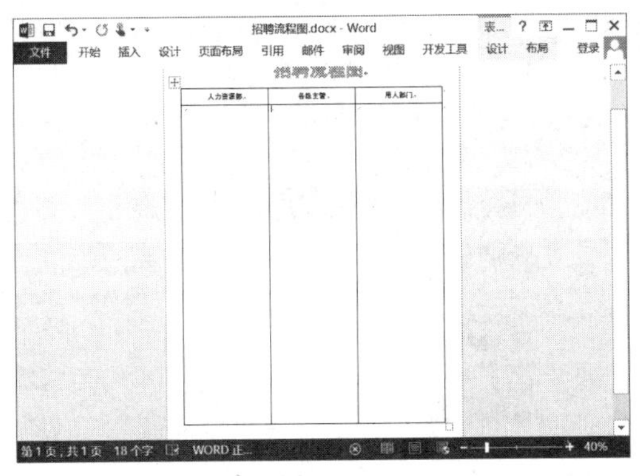

步骤 07 设置表格边框样式。选择整个表格，在"表格工具 - 设计"选项卡"边框"组中设置边框样式为虚线、颜色为深灰色，然后单击"边框"按钮，选择所有框线，将表格所有边框设置为虚线边框，如下图所示。

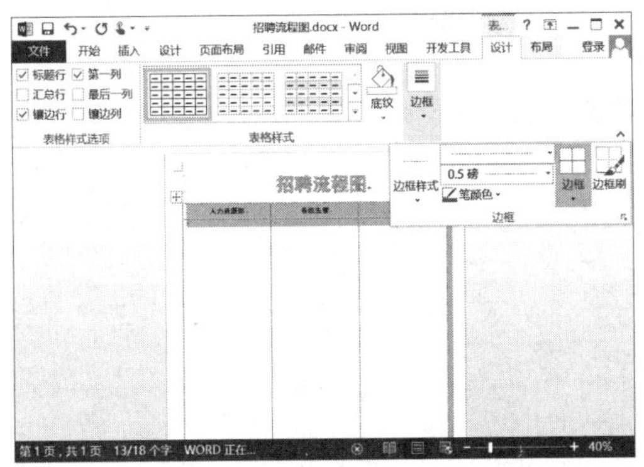

17.1.2 绘制图形和线条

流程图中需要使用形状和线条来表现工作流程，因此，需要在文档中绘制多个具有不同意义的流程图形状，并使用线条表现流程，具体操作过程如下：

步骤 01 插入"流程图 - 文档"形状。❶单击"插入"选项卡中的"形状"按钮，❷在"流程图"组中选择"文档"形状，如下图所示。

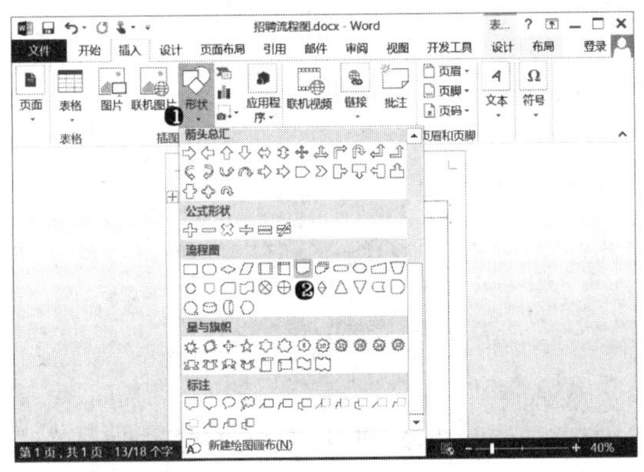

步骤 02 绘制图形并输入文字。在表格"用人部门"列中绘制出形状，并输入文字内容"填写人力增补单"，如下图所示。

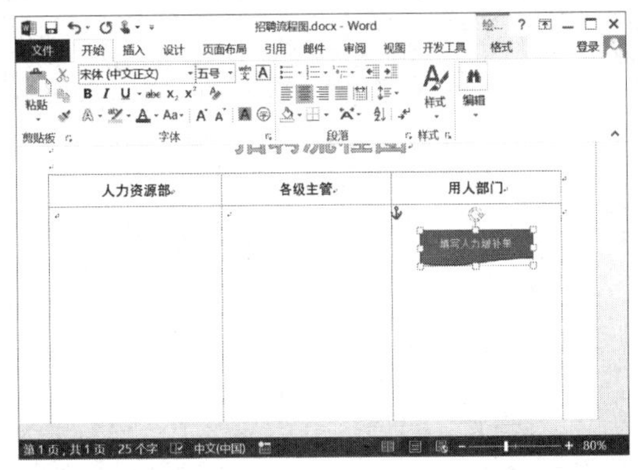

步骤 03 插入"流程图 - 过程"形状。单击"插入"选项卡中的"形状"按钮，在"流程图"组中选择"过程"形状，在"各级主管"列中绘制形状并输入文字内容，如下图所示。

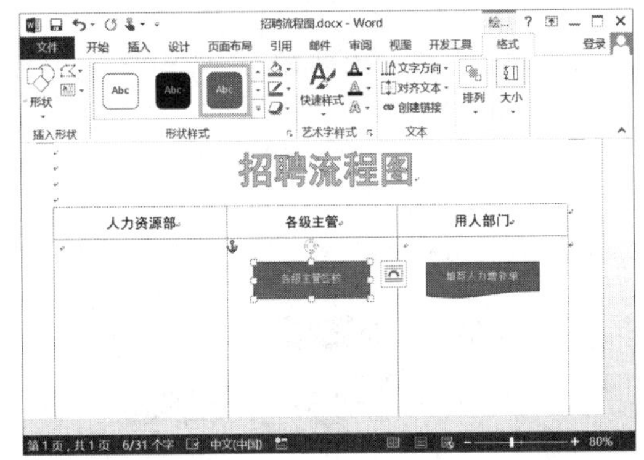

步骤 04 绘制其他过程形状。用与前面步骤中相似的方式在表格各列中绘制出不同含义的流程图形状，并添加相应的文字内容，如下图所示。

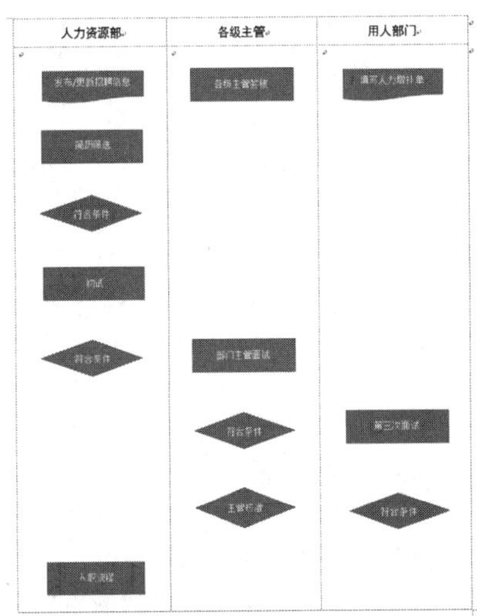

步骤 05 插入直线箭头形状。❶单击“插入”选项卡中的“形状”按钮；❷在“线条”组中选择“箭头”形状，如下图所示。

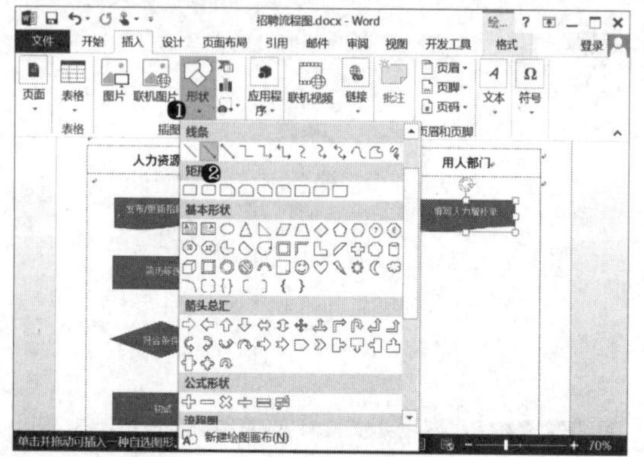

步骤 06 绘制直线箭头。应用所选的箭头形状绘制出流程图中的所有直线箭头，如下图所示。

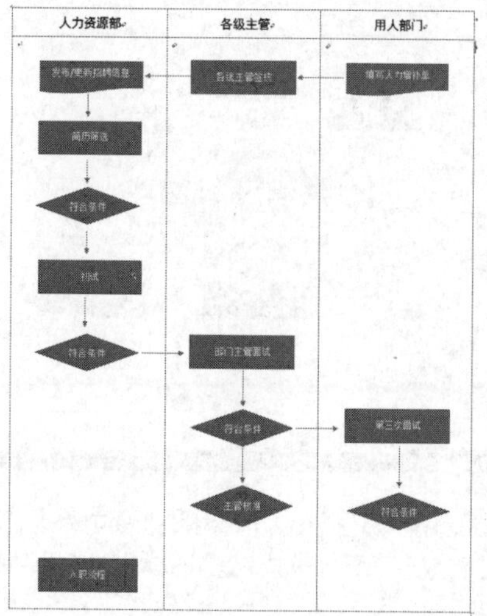

步骤 07 选择任意多边形线条形状。❶单击“插入”选项卡中的“形状”按钮；❷在“线条”组中选择“任意多边形”形状，如下图所示。

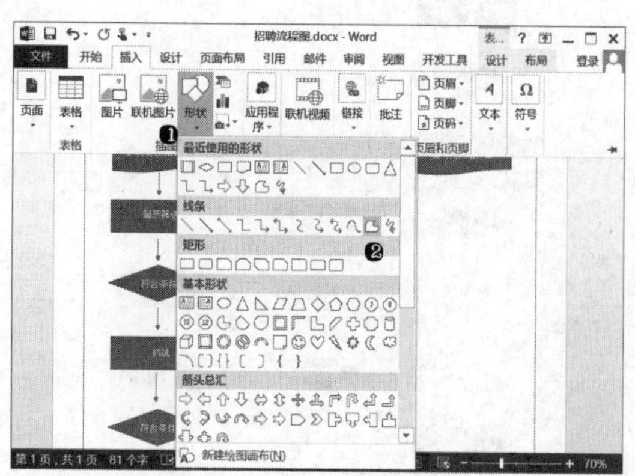

步骤 08 绘制折线。应用所选的任意多边形形状绘制出流程图中的所有折线箭头，如下图所示。

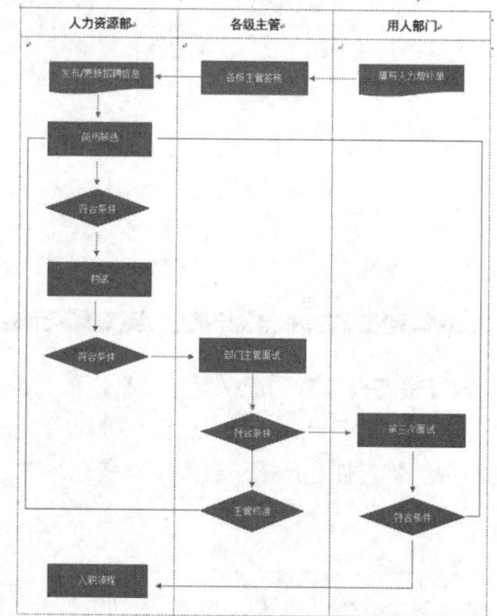

步骤 09 设置折线形状格式。同时选中绘流程图中的多个折线图形，单击“格式”选项卡“形状样式”组中的“设置形状格式”按钮，如下图所示。

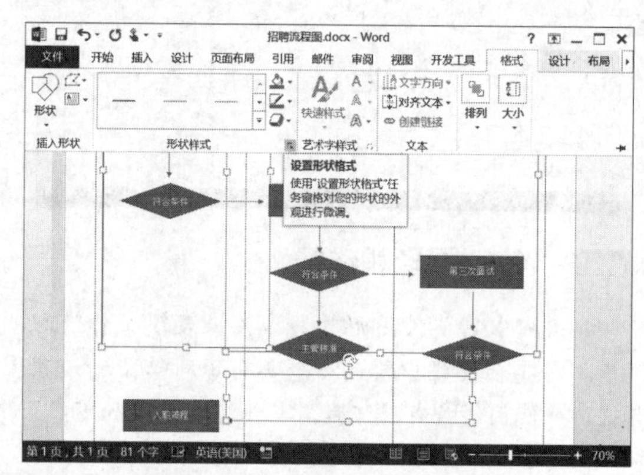

步骤 10 设置线条末端样式。在打开的“设置形状格式”窗格中单击“箭头末端类型”按钮，选择箭头末端样式，如下图所示。

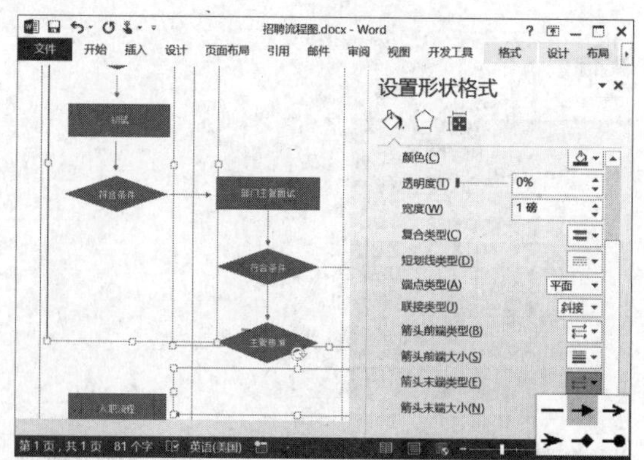

17.1.3 完善与美化流程图

流程图中还需要一些独立的文字或形状线条等元素，可以利用文本框和其他形状来完善流程图，为使流程图更美观，还需要对流程图中的形状和线条应用不同的图形样式，具体操作过程如下：

步骤 01 插入文本框。❶单击“插入”选项卡“文本”组中的“文本框”按钮；❷选择“绘制文本框”命令，如下图所示。

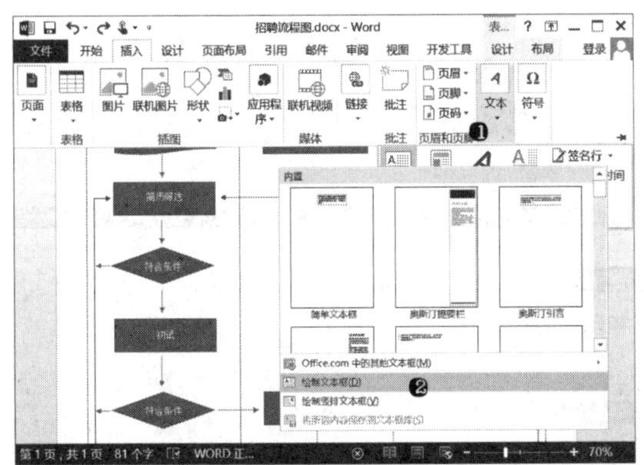

步骤 02 绘制文本框并输入文字。分别在所有“判断”流程位置绘制用于标识判断结果的文本框，并在文本框中输入内容“是”或“否”，如下图所示。

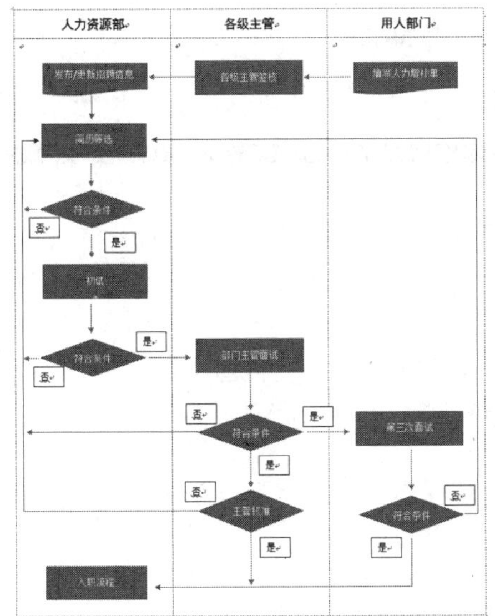

步骤 03 隐藏文本框边框。选择所有文本框，❶单击“格式”选项卡中的“形状轮廓”按钮，❷选择“无轮廓”命令，如右上图所示。

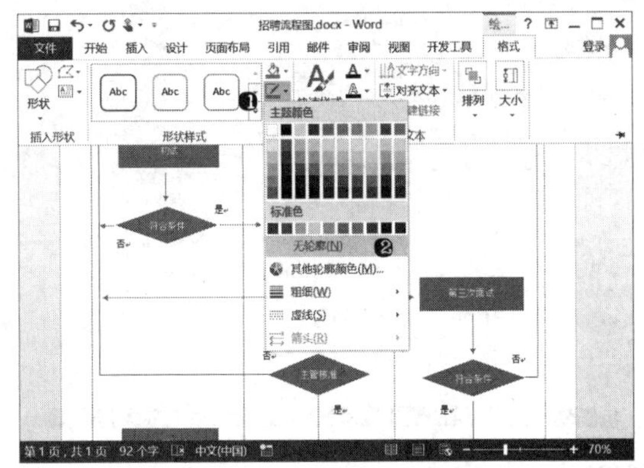

步骤 04 设置虚线样式。选择“第三次面试”部分相关的箭头线条，❶单击“格式”选项卡中的“轮廓线”按钮；❷在“虚线”子菜单中选择虚线样式，如下图所示。

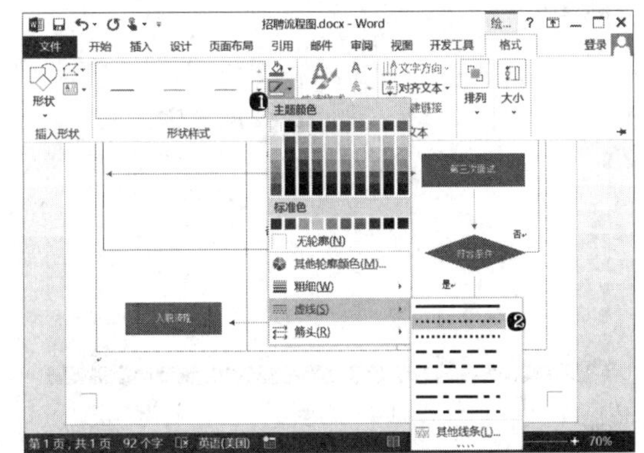

步骤 05 修改虚线颜色。❶再次单击“轮廓线”按钮；❷在菜单中选择颜色“金色”，如下图所示。

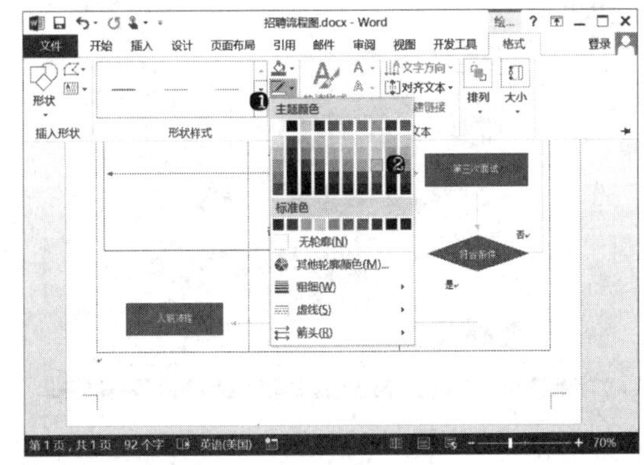

步骤 06 设置形状样式。选择“第三次面试”部分的流程图形状，在“格式”选项卡“形状样式”组中选择样式“彩色填充 - 金色，强调颜色 4”，如下图所示。

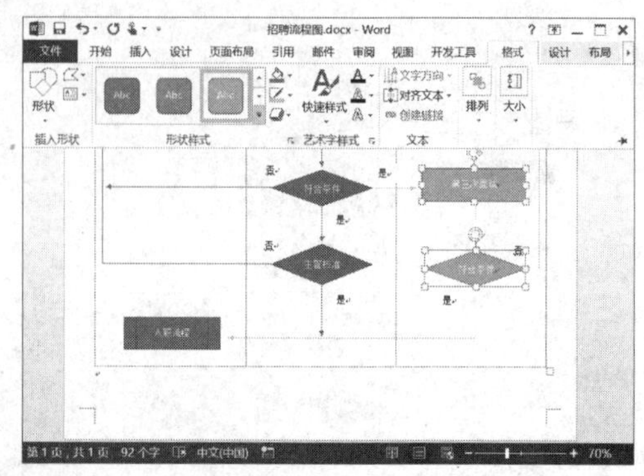

步骤 07 绘制无填充矩形。在“第三次面试”部分形状上方绘制一个矩形形状，设置矩形轮廓颜色为红色，填充颜色为“无填充”，如下图所示。

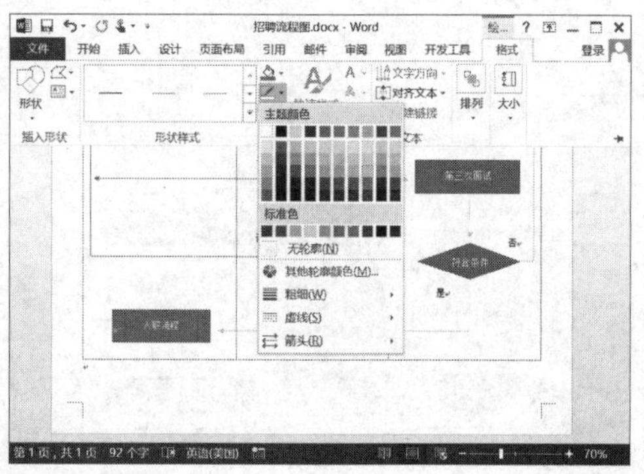

步骤 08 添加说明文字。在红色矩形框内绘制一个文本框，输入说明文字内容，设置文本框轮廓为“无轮廓”，设置文字颜色为红色，如下图所示。

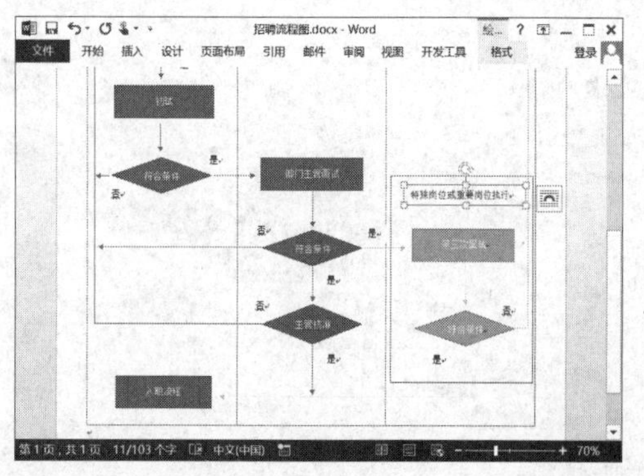

步骤 09 修改形状样式。选择“入职流程”形状，在“格式”选项卡“形状样式”组中选择形状样式为“彩色填充 - 绿色，强调颜色 6”，如下图所示。

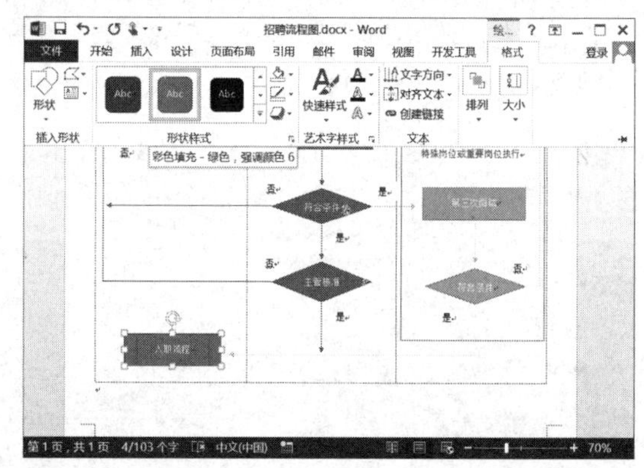

步骤 10 修改线条。删除“入职流程”步骤前的两段箭头线条，重新绘制折线箭头形状，如下图所示。

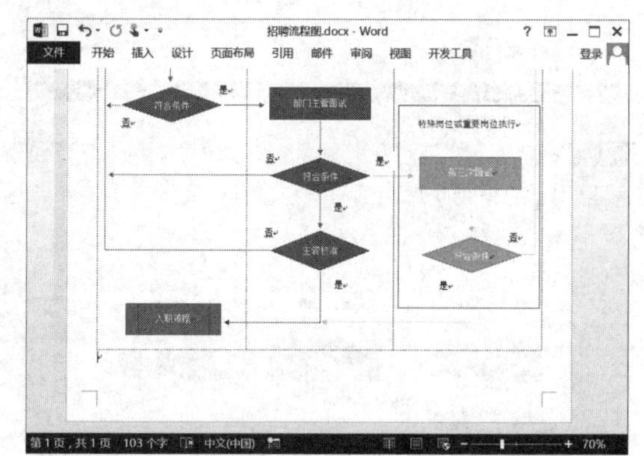

17.2 企业员工结构分析

案例概述

企业人力资源规划包括 3 方面：人力资源数量规划、人力资源质量规划和人力资源结构规划。人力资源数量规划通常又称为定编，目的是确定企业目前有多少人，以及企业未来需要多少人；人力资源质量规划通常又

称为能力模型和任职要求规划，是为了确定企业目前的人怎么样，未来需要什么样的人；人力资源结构规划又称为层级规划，是为了确定企业目前的分层分级结构，以及未来合理的分层分级结构。本例将对现有人员的组成结构进行统计分析，为进行人力资源规划奠定基础。

案例效果

在本例中，将对企业人员的学历结构、年龄结构、性别结构和职级结构的占比情况进行分析，制作完成后的效果如下图所示。

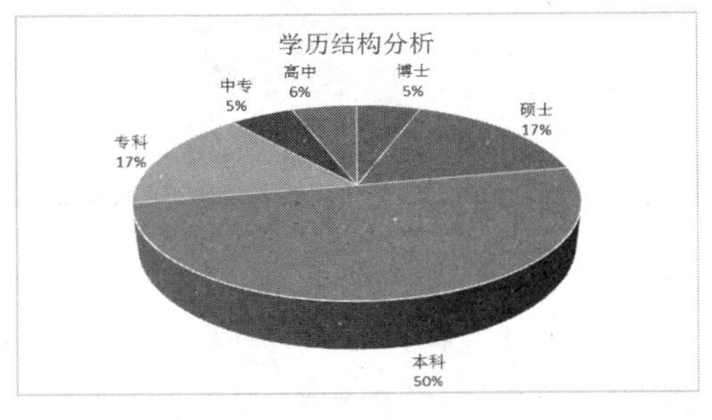

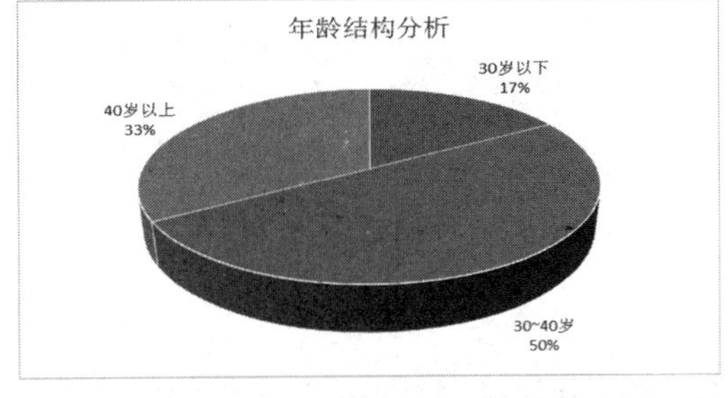

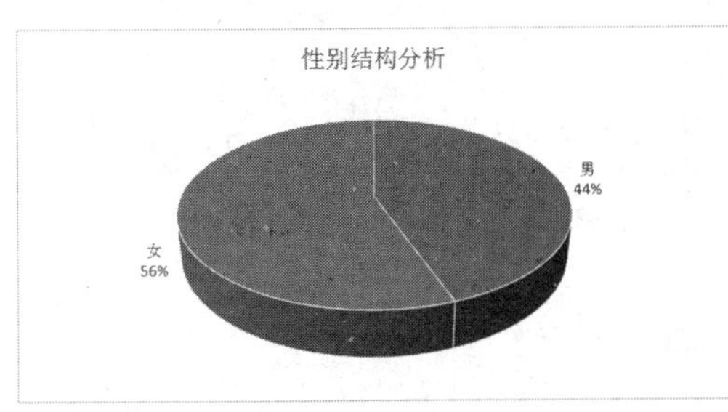

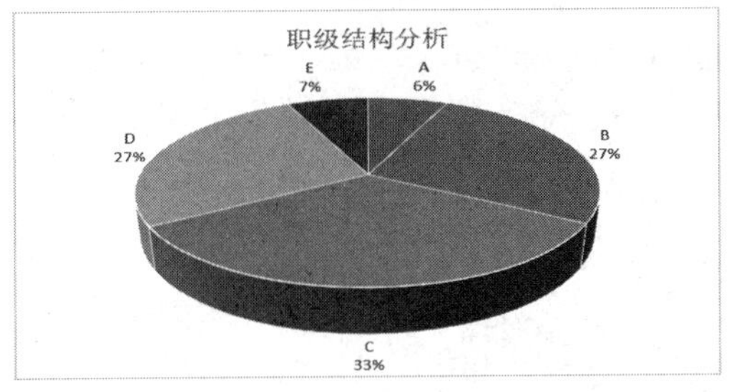

> **光盘同步文件**
>
> 原始文件：光盘 \ 原始文件 \ 第 17 章 \ 员工信息表 .xlsx
>
> 结果文件：光盘 \ 结果文件 \ 第 17 章 \ 员工结构分析 .xlsx
>
> 教学视频：光盘 \ 视频文件 \ 第 17 章 \ 员工结构分析 \17.2.1.mp4、17.2.2.mp4

制作思路

根据现有的员工信息表，对各类数据进行统计并生成对应的分析图表，通过图表使可清晰地展示不同的人力资源结构分析结果，思路如下：

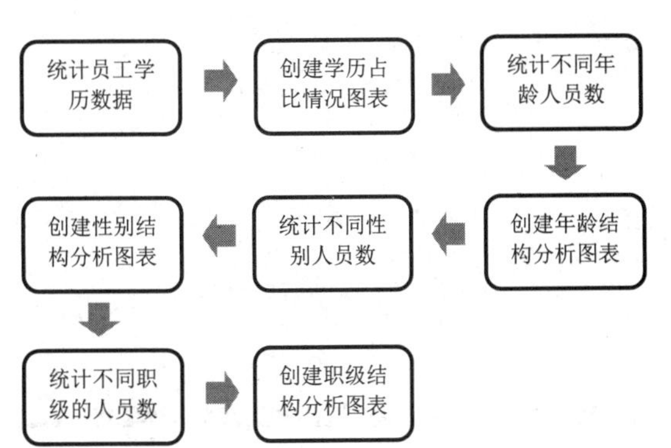

17.2.1 员工学历结构分析

要分析不同学历的人员占比情况，需要先统计出不同学历的人员数量，然后再应用统计结果创建相应的图表，操作步骤如下：

步骤 01 新建工作表。打开素材文件“员工信息表 .xlsx”，新建工作表，将工作表重命名为“学历结构分析”，在 A1:A6 单元格中列举出需要统计的学历标签，如下图所示。

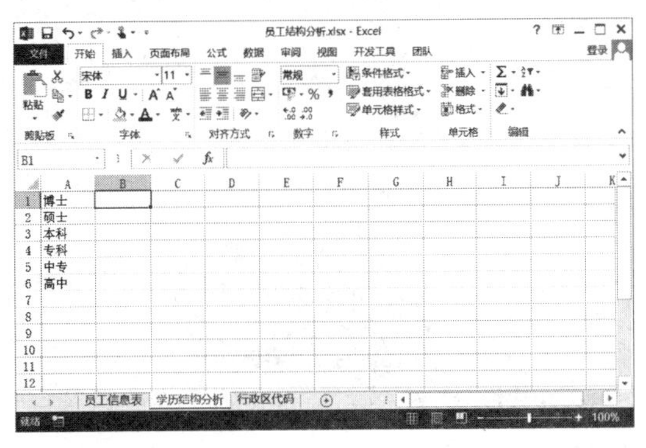

步骤 02 利用公式统计数据。在 B1 单元格中输入公式“=COUNTIF(员工信息表!$C$3:$C$20,学历结构分析!A1)”，统计“员工信息表”工作表中 C3 C20 单元格区域表中与当前工作中 A1 单元格相同的单元格个数，即统计“员工信息表”中“博士”学历的个数，公式中引用统计的单元格区域时使用绝对引用，然后将公式填充到 B6 单元格，如下图所示。

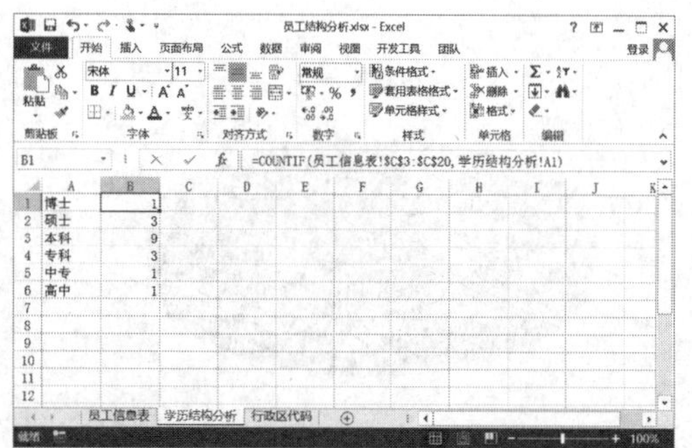

步骤 03 插入图表。❶选择 A1 B6 单元格区域；❷单击“插入”选项卡中的“插入饼图或圆环图”按钮；❸选择“三维饼图”图表类型，如下图所示。

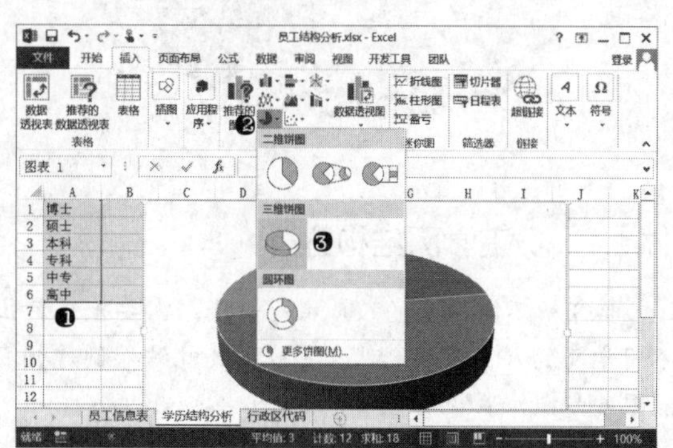

步骤 04 更改图表布局。❶单击“图表工具 - 设计”选项卡中的“快速布局”按钮；❷选择“布局 1”选项，如下图所示。

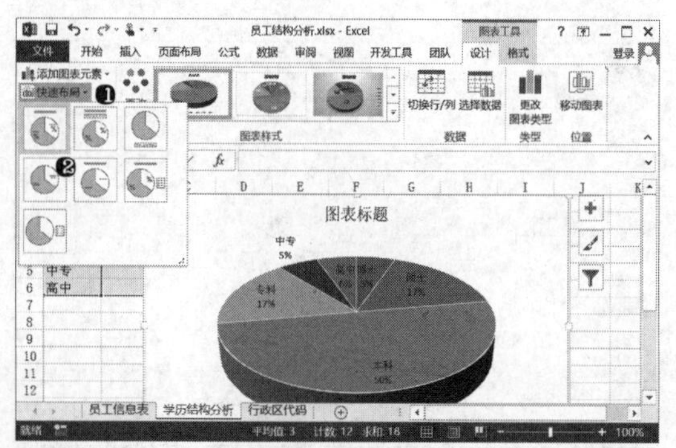

步骤 05 设置图表标题及数据标签位置。修改图表标题文字内容；❶单击“图表工具 - 设计”选项卡中的“添加图表元素”按钮；❷在“数据标签”子菜单中选择“数据标签外”命令，如下图所示。

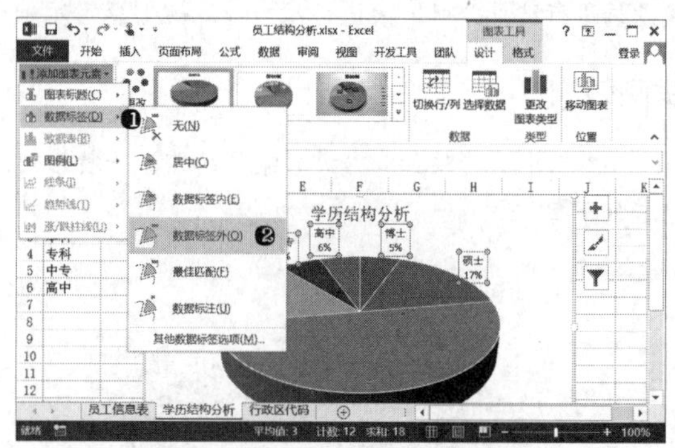

17.2.2 员工年龄结构分析

要分析员工的年龄结构，需要先统计出不同年龄范围的人员数量，然后再应用统计结果创建相应的图表，操作步骤如下：

步骤 01 新建年龄结构分析工作表。新建工作表，重命名工作表为“年龄结构分析”，然后在 A1:A3 单元格区域中输入数据统计的标签，如下图所示。

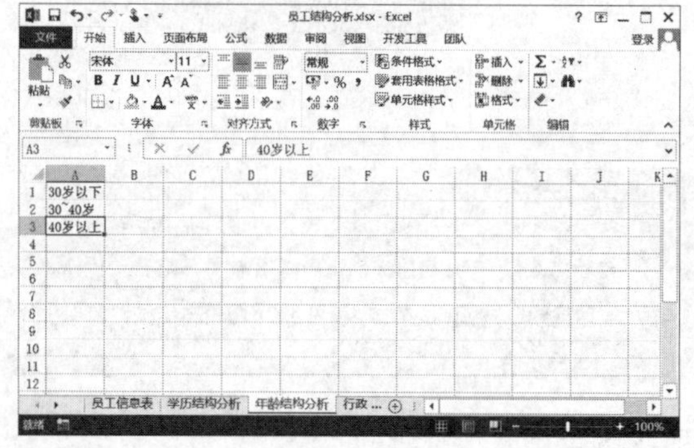

步骤 02 统计 30 岁以下的员工数量。在 B1 单元格内输入公式“=COUNTIF(员工信息表!$J$3:$J$20,"<30")”，统计出员工信息表中年龄小于 30 的记录数量，如下图所示。

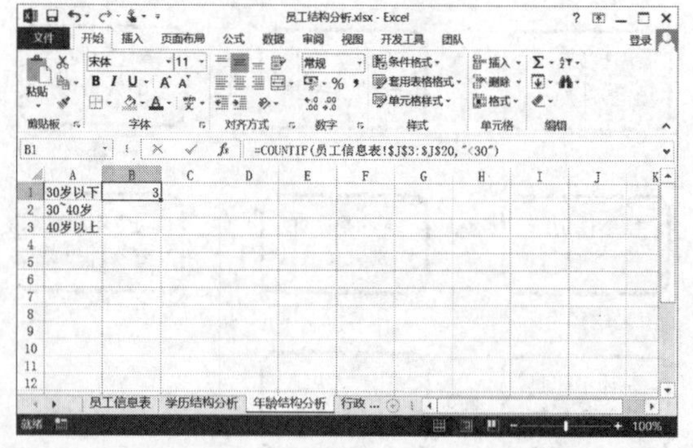

步骤 03 统计 40 岁以上的员工数量。在 B3 单元格内输入公式“=COUNTIF(员工信息表!$J$3:$J$20,">40")”，统计出员工信息表中年龄大于 40 的记录数量，如下图所示。

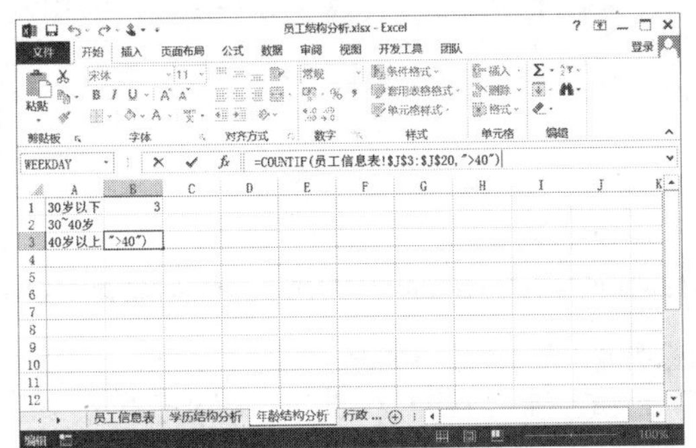

步骤 04 计算 30 40 岁的员工数量。在 B1 单元格内输入公式“=COUNT(员工信息表!J2:J20)-B1-B3”，即利用员工总数减去 30 岁以下的人数和 40 岁以上的人数，如下图所示。

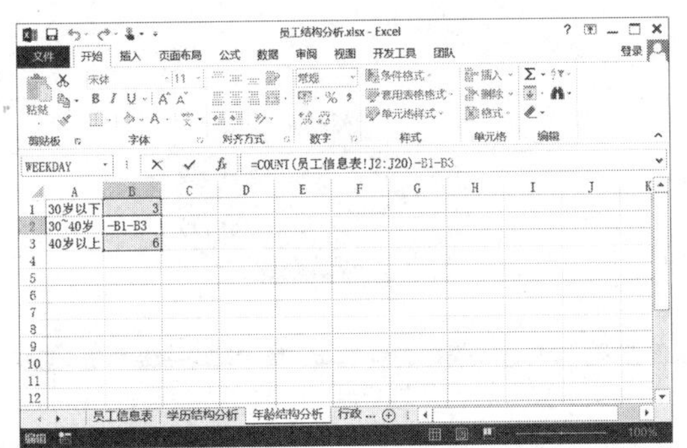

步骤 05 插入图表。选择 A1:B3 单元格区域，单击“插入”选项卡中的“插入饼图或圆环图”按钮，选择“三维饼图”图表类型，然后设置图表样式与“学历结构分析”图表样式相同，并修改图表标题文字，如下图所示。

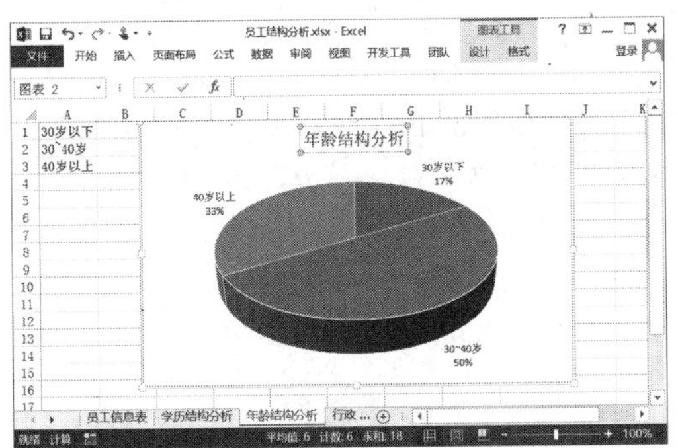

17.2.3 员工性别结构分析

与学历结构分析和年龄结构分析相同，要分析员工的年龄结构，需要先统计出不同性别的人员数量，然后再应用统计结果创建相应的图表，操作步骤如下：

步骤 01 新建性别结构分析工作表。新建工作表，重命名工作表名称为“性别结构分析”，然后在 A1:A2 单元格区域中输入数据统计的标签，如下图所示。

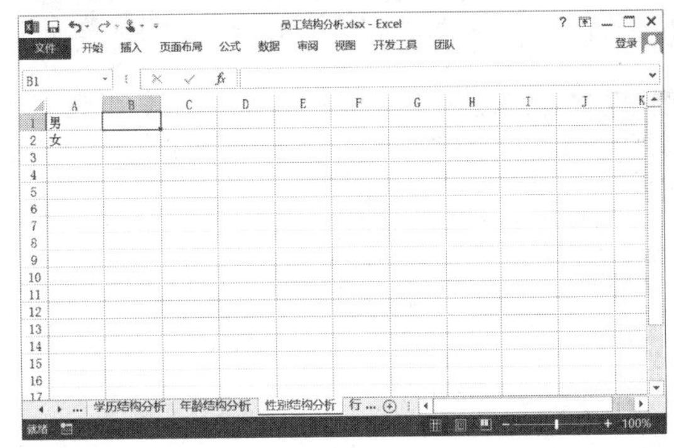

步骤 02 统计性别数据。在 B1 单元格中输入公式“=COUNTIF(员工信息表!$H$3:$H$20,性别结构分析!A1)”，即统计“员工信息表”中性别为“男”的员工个数，公式中引用统计的单元格区域时使用绝对引用，然后将公式填充到 B2 单元格，如下图所示。

步骤 03 插入图表。选择 A1:B2 单元格区域，单击“插入”选项卡中的“插入饼图或圆环图”按钮，选择“三维饼图”图表类型，然后设置图表样式与“学历结构分析”图表样式相同，并修改图表标题文字，如下图所示。

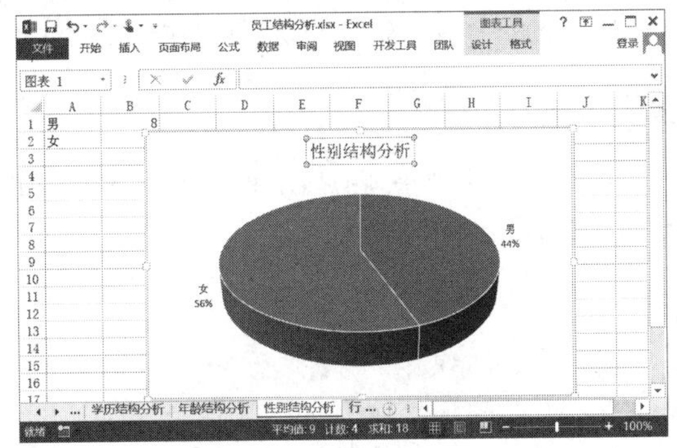

17.2.4 员工职级结构分析

与学历结构分析和年龄结构分析相同，要分析员工的职级结构，需要先统计出不同职级的人员数量，然后再应用统计结果创建相应的图表，操作步骤如下：

步骤 01 新建职级结构分析工作表。新建工作表，重命名工作表为“员工结构分析”，然后在 A1:A5 单元格区域中输入数据统计的标签，如下图所示。

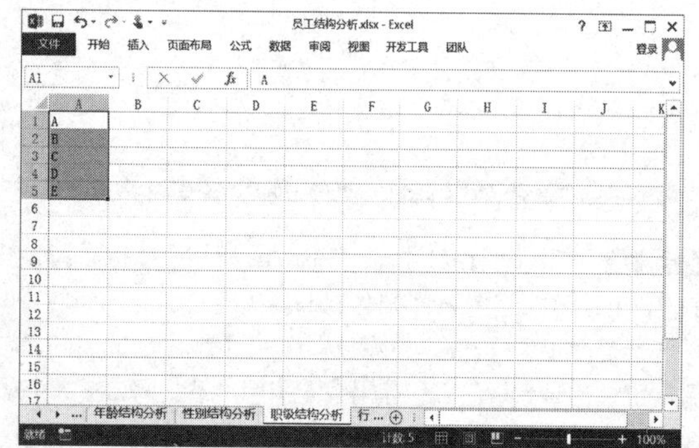

步骤 02 统计职级数据。在 B1 单元格中输入公式“=COUNTIF(员工信息表!$D$3:$D$20,职级结构分析!A1)”，即统计“员工信息表”中职级为“A”的员工个数，公式中引用统计的单元格区域时使用绝对引用，然后将公式填充到 B5 单元格，如下图所示。

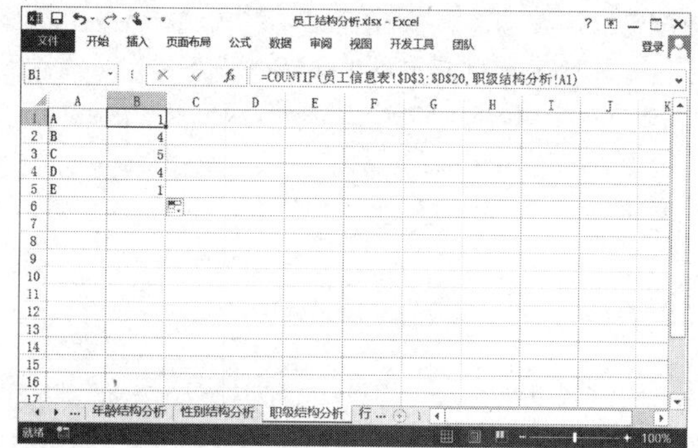

步骤 03 插入图表。选择 A1:B5 单元格区域，单击“插入”选项卡中的“插入饼图或圆环图”按钮，选择“三维饼图”图表类型，然后设置图表样式与“学历结构分析”图表样式相同，并修改图表标题文字，如下图所示。

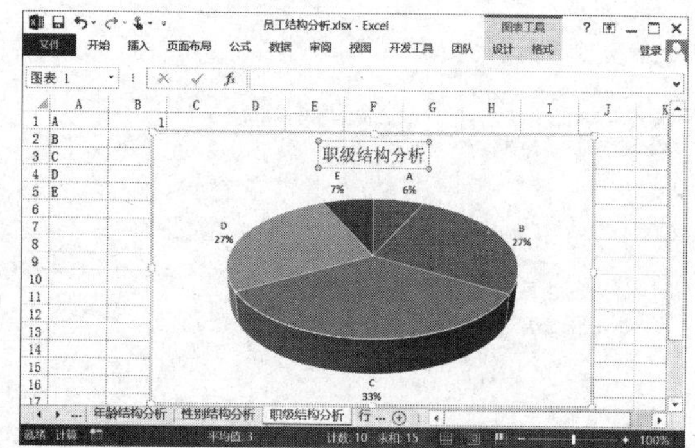

17.3 为内训幻灯片添加动画和交互

案例概述

企业内训是企业内部开展的提高企业内部人员素质、能力、工作绩效和对组织的贡献，而实施的有计划、有系统的培养和训练活动。目标就在于使得员工的知识、技能、工作方法、工作态度及工作的价值观得到改善和提高，从而发挥出最大的潜力，提高个人和组织的业绩，推动组织和个人的不断进步，实现组织和个人的双重发展。企业培训是推动企业不断发展的重要手段之一，市场上常见的企业培训形式包括企业内训和企业公开课。本例将为企业内训幻灯片添加动画和交互，使幻灯片放映更加流畅，更具吸引力，从而提高培训质量。

案例效果

在本例中，将为培训幻灯片中所有页面添加切换动画，并有针对性地对部分幻灯片添加交互动作和自定义动画，案例效果如下页上图所示。

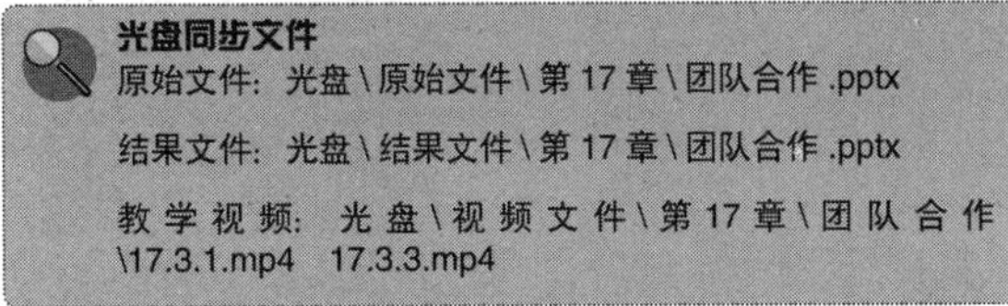

制作思路

本例在现有的演示文稿中添加动画和交互动作的思路如下：

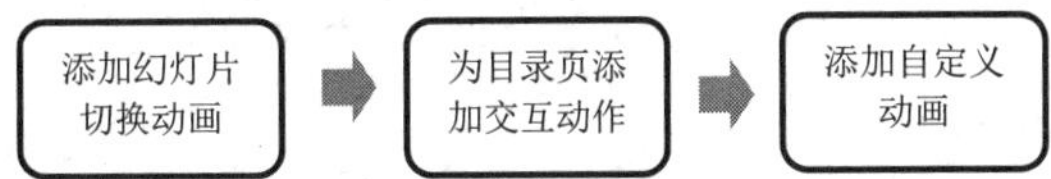

17.3.1　为所有幻灯片添加切换动画

为快速为演示文稿中的幻灯片添加动画效果，可以为所有幻灯片应用幻灯片切换动画，方法如下：

步骤 01 应用随机切换样式。打开素材文件“团队合作 .pptx”，在“切换”选项卡“切换样式”列表框中选择要应用的幻灯片切换样式“随机”，如下图所示。

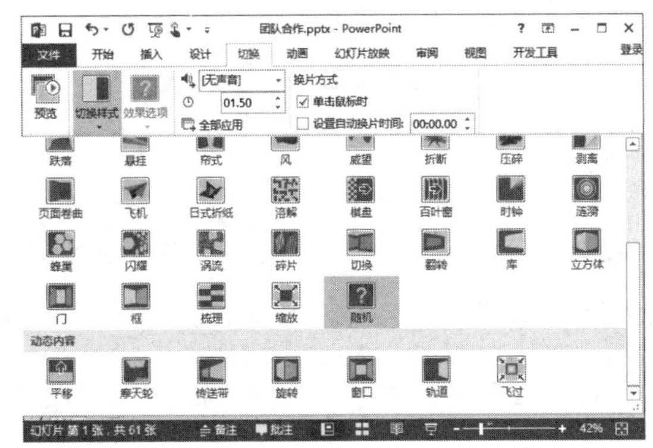

步骤 02 将切换样式应用于所有幻灯片。单击“切换”选项卡中的“全部应用”按钮，将切换样式应用到所有幻灯片，如右上图所示。

17.3.2　为目录幻灯片添加动作交互

为使幻灯片放映时操作更便捷，可以在目录页中为相应的内容添加超链接到相应幻灯片的动作，具体方法如下：

步骤 01 为目录中第一个按钮添加超链接。❶选择目录幻灯片；❷选择第一部分内容对应的图片对象；❸单击“插入”选项卡“链接”组中的“超链接”按钮，如下图所示。

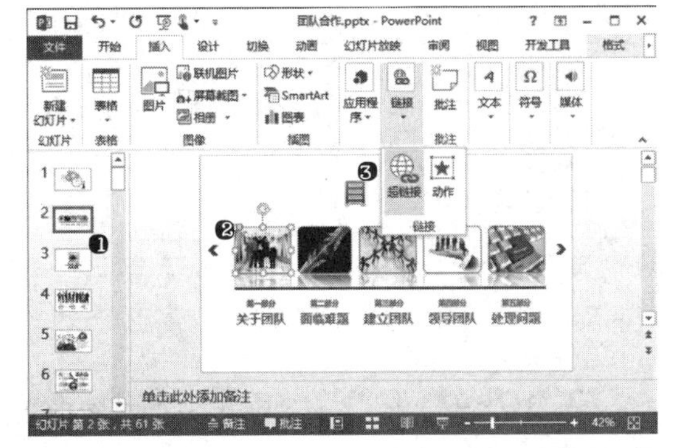

步骤 02 设置超链接位置。打开“插入超链接”对话框，❶单击“本文档中的位置”按钮；❷选择链接到的目标幻灯片“幻灯片 3”；❸单击“确定”按钮，如下图所示。

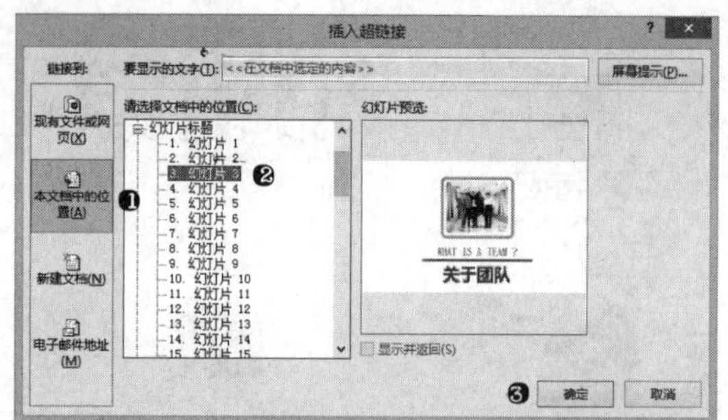

步骤03 为目录中其他按钮添加超链接。用与前面相同的方式，分别为目录中各图片添加链接到相应幻灯片的超链接，最后一个图片链接到幻灯片 38，如下图所示。

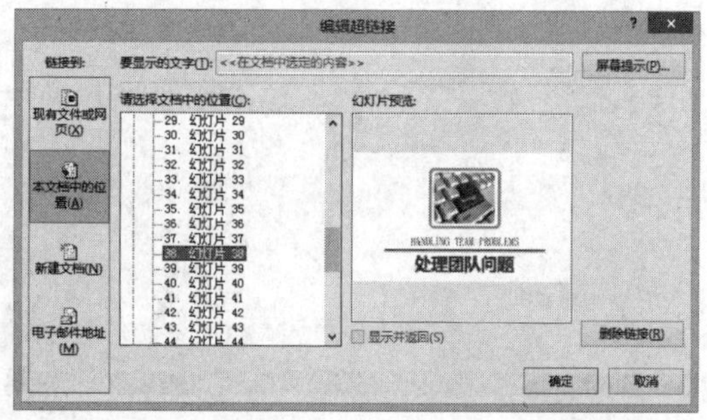

17.3.3　为首页和目录页添加自定义动画

为使幻灯片放映时的动画效果更加独特，可以为部分幻灯片添加自定义动画效果，具体方法如下：

步骤01 为首页元素添加动画。选择第一张幻灯片中的所有元素，在“动画”选项卡“动画样式”列表框中选择要应用的动画效果“缩放”，如下图所示。

步骤02 设置动画开始时间。在“动画”选项卡“开始”下拉列表中选择“上一动画之后”选项，如右上图所示。

步骤03 选择目录页中需要添加动画的元素。选择目录幻灯片（幻灯片 2），依次选择目录中各部分的图片和文字元素，如下图所示。

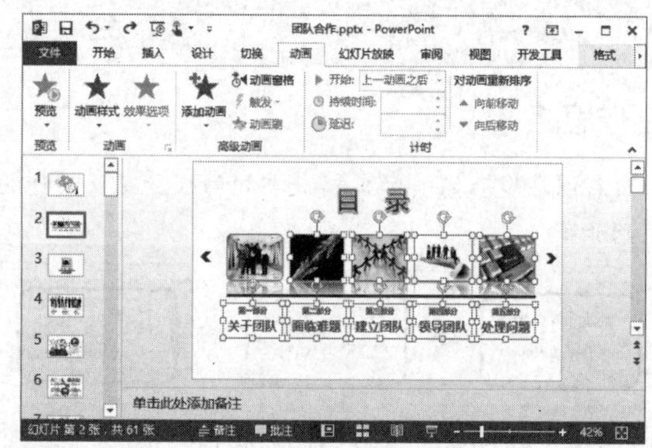

步骤04 为多个元素同时添加动画。在“动画”选项卡“动画样式”列表框中选择要应用的动画效果“浮入”，如下图所示。

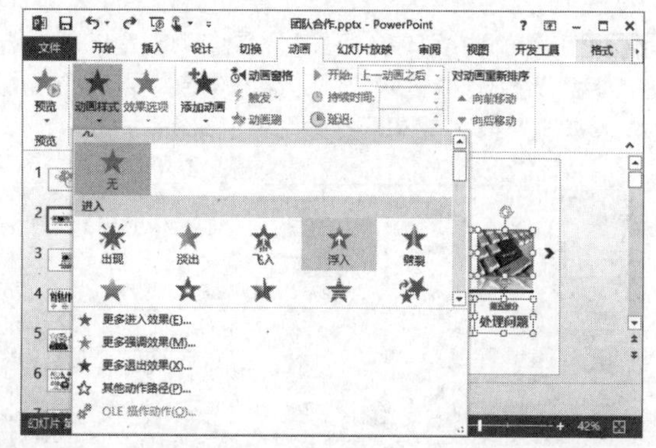

步骤05 设置动画依次自动播放。❶单击“动画”选项卡中的“动画窗格”按钮；❷在动画窗格中选择所有动画项后单击最后一项右侧的按钮；❸选择“从上一项之后开始”选项，如下图所示。

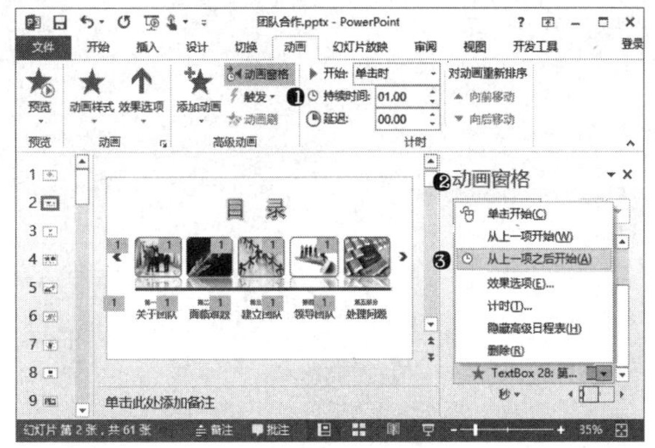

本章小结

本章结合实例主要讲述了 Office 系列软件在人力资源管理工作中的应用。在实际工作中用到 Office 软件时，大家可以多考虑是否可以应用软件中的某些功能来减少工作量，尽管分析和思考软件应用方法会耽误一些时间，但一旦掌握应用软件提高工作效率的方法后，以后遇到相同的工作便可以更轻松地应对。

第 18 章

行业案例——Office 在市场营销领域中的应用

本章导读

市场营销就是商品或服务从生产者手中移交到消费者手中的一种过程，是企业或其他组织以满足消费者需要为中心进行的一系列营销活动。随着生产技术的发展，市场竞争的日益激烈，市场营销工作就显得更加重要。要提高营销管理及相关工作中的效率，同样离不开 Office 软件的应用。

知识要点

◆ Word 中的图文混排
◆ Excel 图表的应用
◆ PowerPoint 中动画的应用
◆ Excel 中数据的统计与分析
◆ PowerPoint 幻灯片的设计与编辑
◆幻灯片放映技巧的应用

案例展示

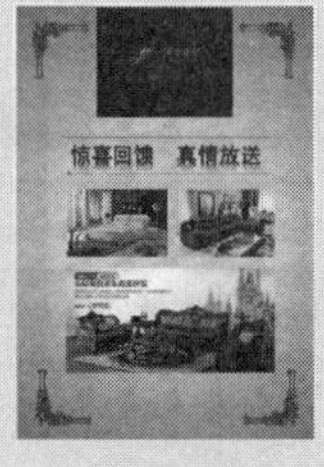

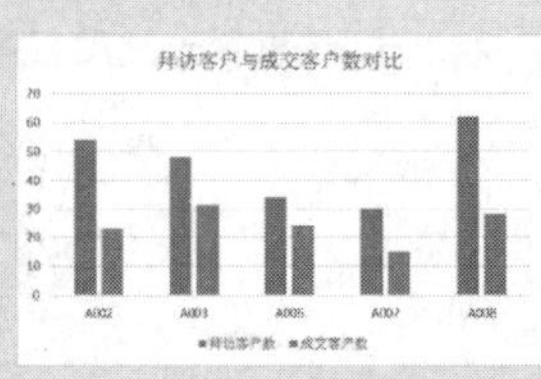

基础入门——必知必会

18.1 设计宣传海报

案例概述

宣传海报、宣传单、画册等是营销推广中常用的广告载体，通常这些设计可以交给专业广告设计公司，但由于第三方设计人员可能对产品和广告的内涵把握不够，在广告设计过程中会出现一些不满意或多次反复的情况。因此，如果有好的广告创意或设计方案，不防利用 Word 设计出一个草图，甚至一些不需要太专业的广告效果，可以直接应用 Word 进行设计。本例将应用 Word 设计一个宣传海报效果。

案例效果

本例要设计制作的宣传海报效果如右图所示。

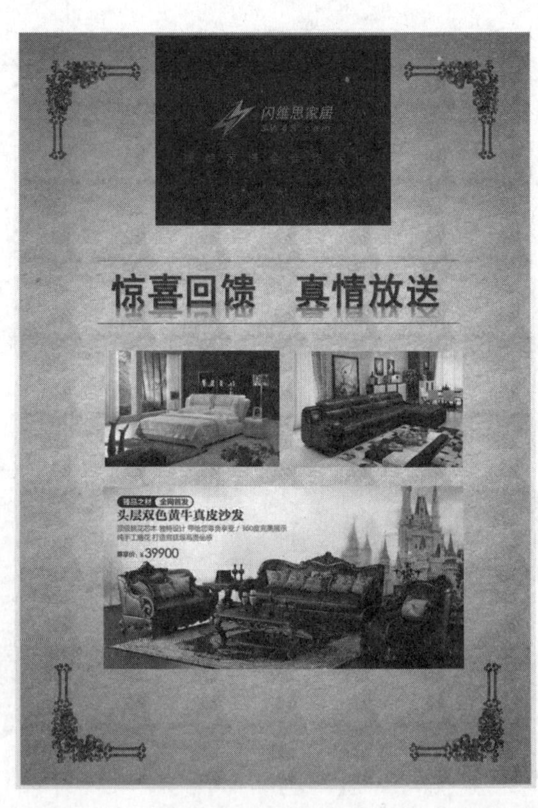

光盘同步文件
原始文件：光盘 \ 原始文件 \ 第 18 章 \ 宣传海报素材 \
结果文件：光盘 \ 结果文件 \ 第 18 章 \ 宣传海报 .docx
教学视频：光盘 \ 视频文件 \ 第 18 章 \ 宣传海报 \18.1.1.mp4、18.1.2.mp4

制作思路

要为每位联系人创建会议邀请函，并执行邮件群发操作，思路如下：

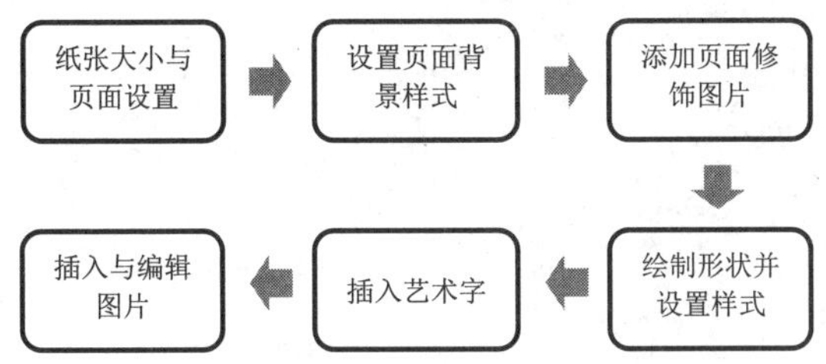

18.1.1 设计宣传海报页面格式及背景

宣传海报通常需要使用较大的纸张，并且应用华丽的背景颜色或纹理作为背景，而设置页面背景可能无法达到效果，因此，可以使用衬于文字下方的图片或形状来作为页面背景，具体操作过程如下：

步骤 01 设置纸张大小。新建 Word 文档，❶单击“页面布局”选项卡“页面设置”组中的“纸张大小”按钮；❷在弹出的下拉菜单中选择“A3”命令，如下图所示。

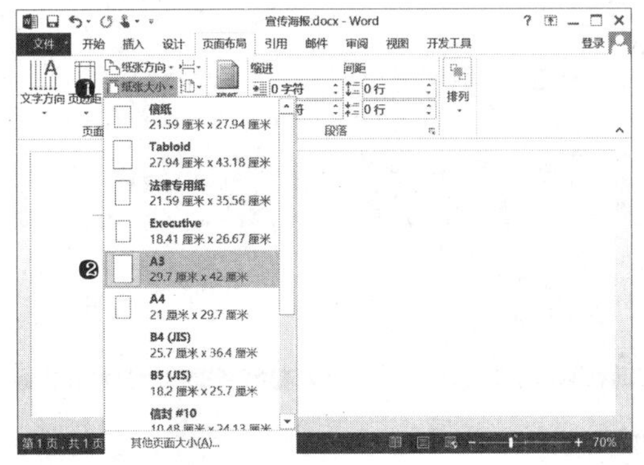

步骤 02 设计宣传海报页面格式及背景。应用“插入”选项卡“形状”下拉列表中的“矩形”图形，绘制一个与页面大小相同的矩形，并调整矩形位置与页面对齐，如下图所示。

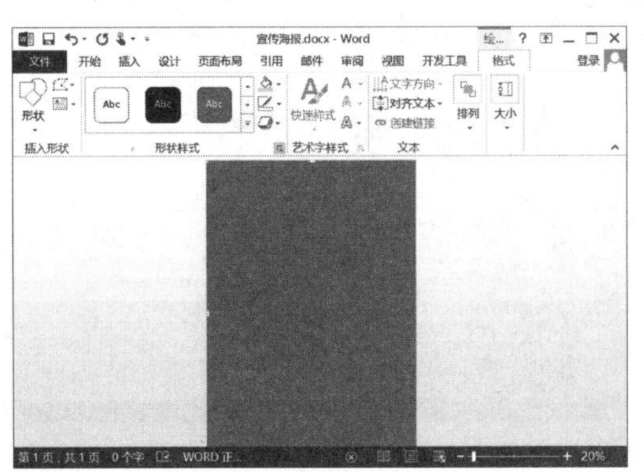

步骤 03 去掉矩形轮廓线。❶单击“绘图工具 - 格式”选项卡“形状样式”组中的“形状轮廓”按钮；❷选择“无轮廓”命令，如下图所示。

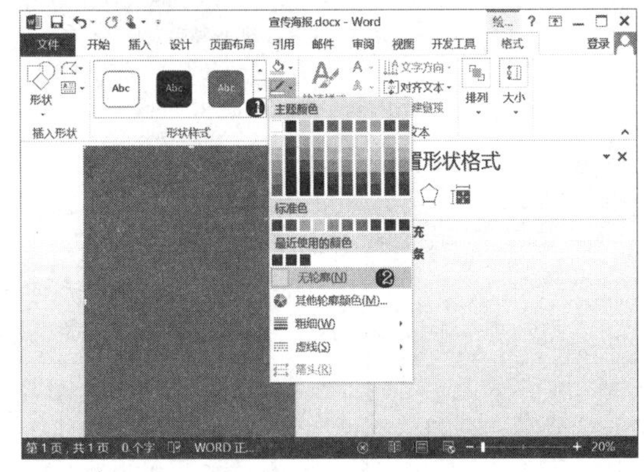

步骤 04 选择填充纹理。❶单击“绘图工具 - 格式”选项卡“形状样式”组中的“形状填充”按钮；❷在“纹理”子菜单中选择“信纸”纹理样式，如下图所示。

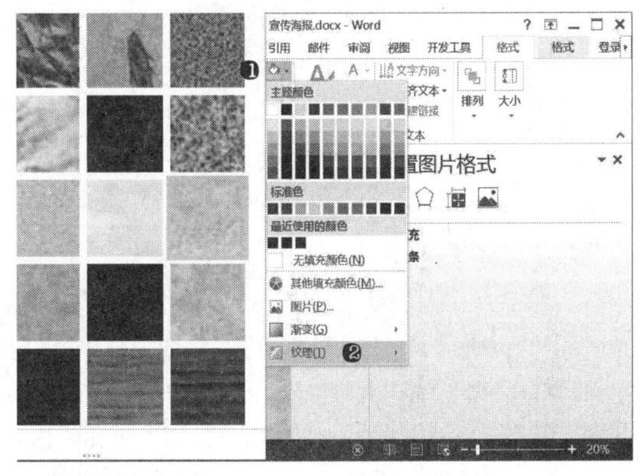

步骤 05 复制并粘贴矩形。复制一个矩形图形，并调整矩形与页面对齐，然后单击“绘图工具”选项卡“形状样式”组中的“设置形状格式”按钮，打开该窗格，如下图所示。

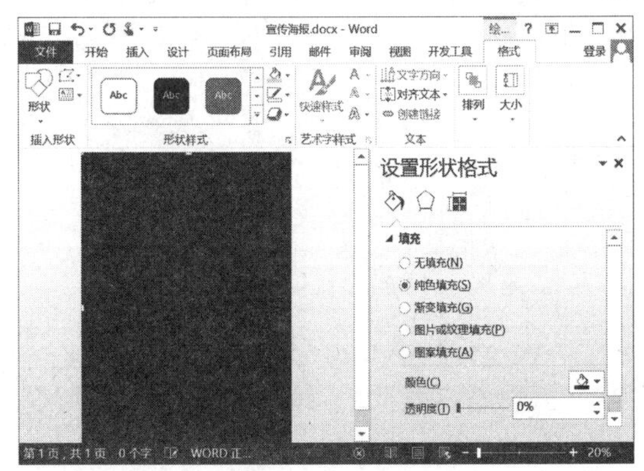

步骤 06 设置形状格式。在右侧的“设置形状格式”窗格中选择“填充”组中的“渐变填充”选项；设置渐变类型为“光圈”，在“渐变光圈”中设置渐变中两个色块的颜色值均为“黑色，文字 1，淡色 25%”，然后设置左侧色块的透明度为 100%，右侧色块的颜色值为 50%，并调整左侧色块的位置，如下图所示。

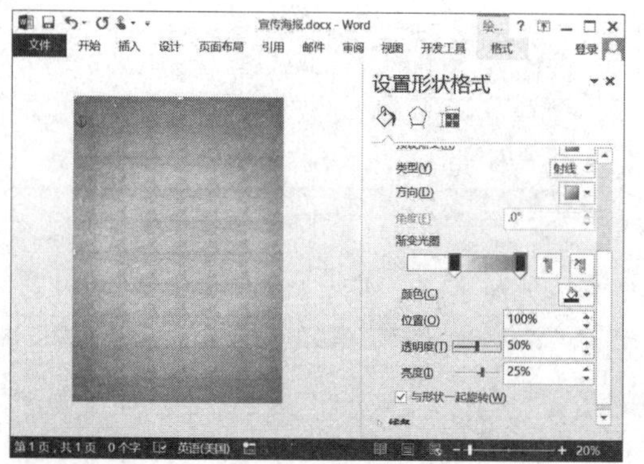

步骤 07 设置渐变矩形层次。❶单击“绘图工具 - 格式”选项卡“排列”组中的“下移一层”按钮；❷选择“衬于文字下方”命令，将使用渐变半透明的矩形移至最底层，如下图所示。

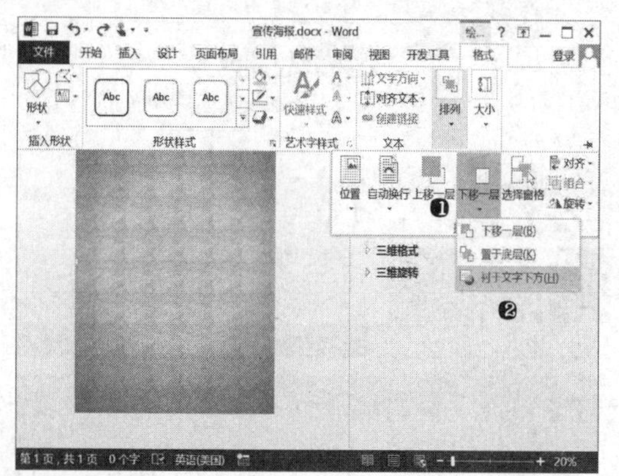

步骤 08 设置纹理矩形的层次。❶单击“绘图工具 - 格式”选项卡“排列”组中的“下移一层”按钮；❷选择“衬于文字下方”命令，将使用纹理的矩形移至最底层，如下图所示。

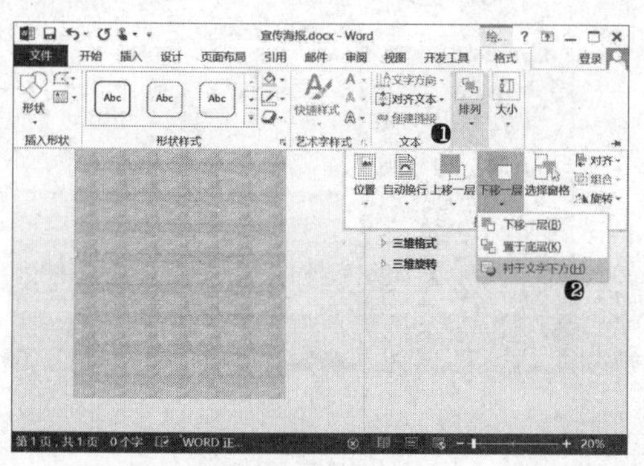

步骤 09 插入素材图片并设置换行方式。插入素材图像“tuan.png”；选择 Word 中插入的图片，❶在“绘图工具 - 格式”选项卡中单击“自动换行”按钮；❷选择“浮于文字上方”命令，如下图所示。

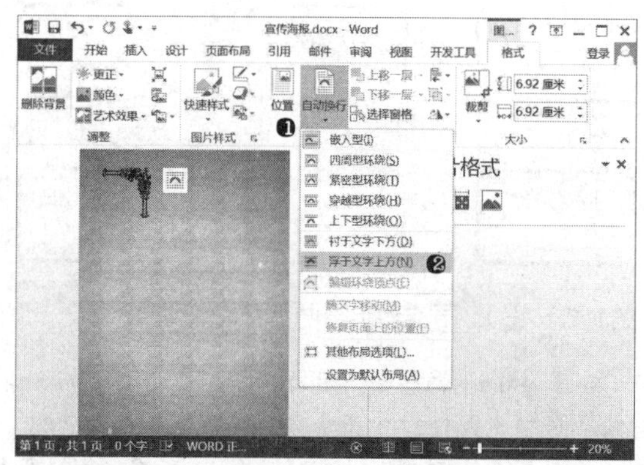

步骤 10 设置图片的层次。选择图片元素后，在“图片工具 - 格式”选项卡中设置图片宽度为“5.5 厘米”，然后调整图片到页面右上角的位置，如下图所示。

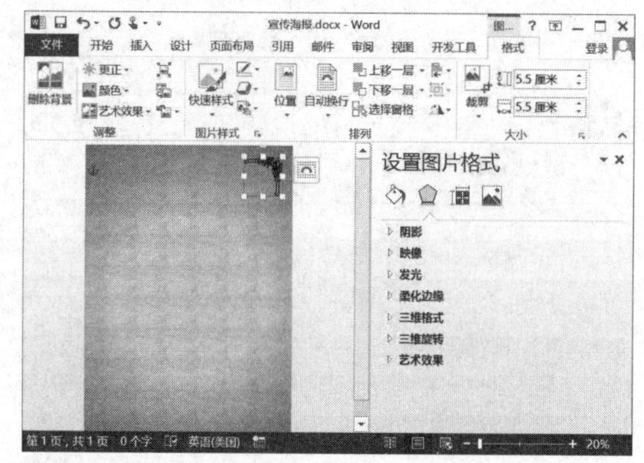

步骤 11 调整图片对比度。在右侧的“设置图片格式”窗格中单击“图片”图标，设置“图片更正”组中“对比度”的参数值为“-60%”，如下图所示。

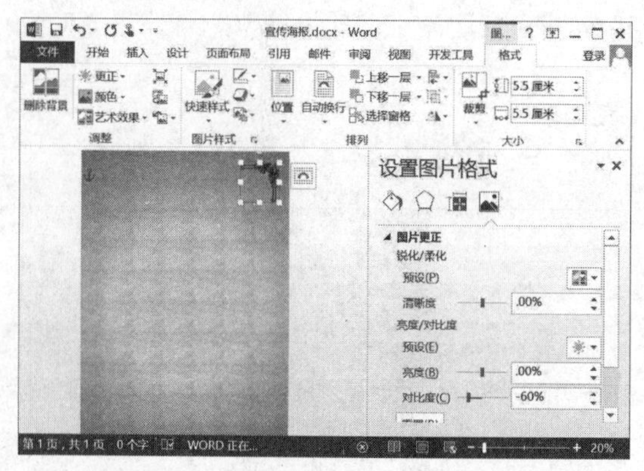

步骤 12 复制并翻转图片。复制一个图片到页面左上角，❶单击“绘图工具 - 格式”选项卡“排列”组中的“旋转对象”按钮；❷选择“水平翻转”命令，如下图所示。

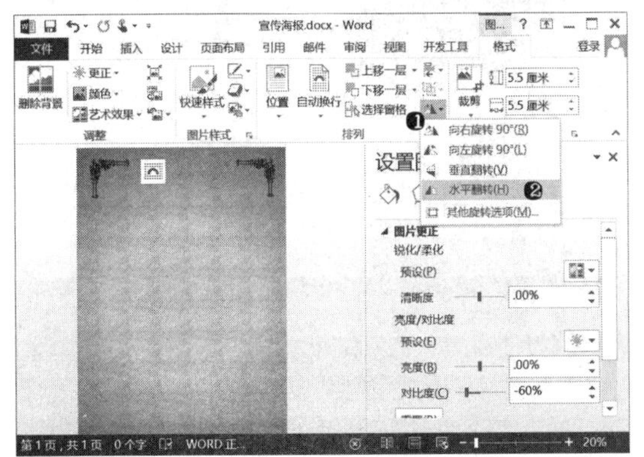

步骤 13 复制并翻转图片。同时选择两个图案图片，复制到页面底部，❶单击“绘图工具 - 格式”选项卡“排列”组中的“旋转对象”按钮；❷选择“垂直翻转”命令，如下图所示。

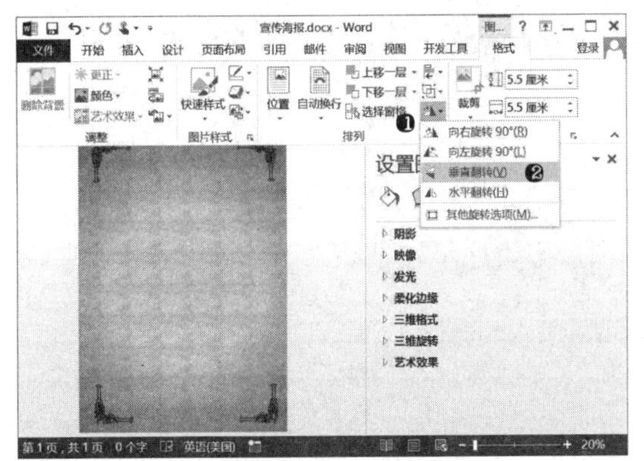

18.1.2 添加和修饰页面内容

设计好海报背景效果后，则需要在页面中添加内容及内容修饰元素，如绘制形状、设置形状样式、插入图片、设置图片格式、插入艺术字等，具体操作过程如下：

步骤 01 绘制矩形形状。绘制一个矩形图形，设置矩形无轮廓，以纯色填充，颜色为“深红”（R:75，G:21，B:21），并调整矩形大小和位置，如右上图所示。

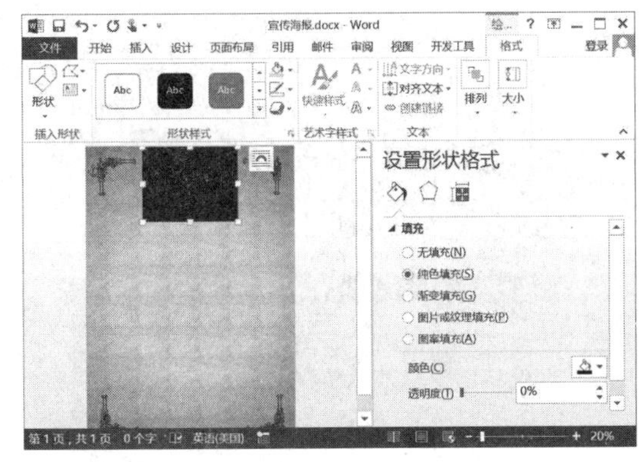

步骤 02 插入图片并设置换行方式。插入素材图片“3w4slogo.png”并选择该图片，❶单击“格式”选项卡中的“自动换行”按钮；❷选择“浮于文字上方”选项，如下图所示。

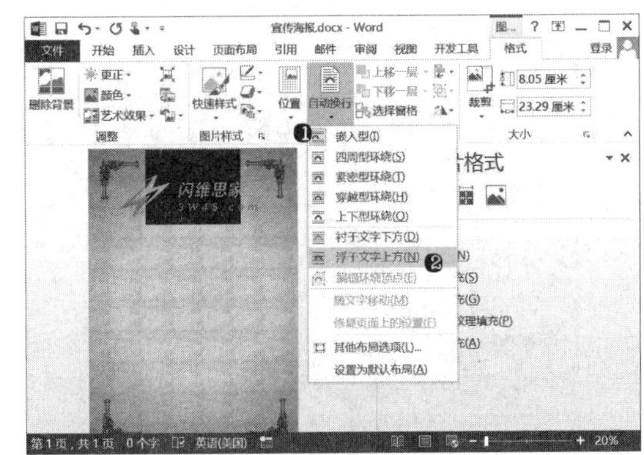

步骤 03 设置图片宽度和位置。设置图片宽度为 2.8 厘米，并设置图片位置，如下图所示。

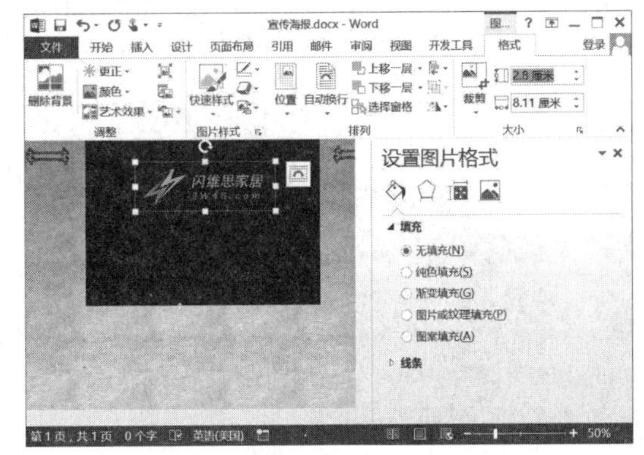

步骤 04 设置图片饱和度。选择 LOGO 图片，❶在“设置图片格式”窗格中选择“图片”选项；❷在“图片颜色”中设置“饱和度”参数值为“40%”，如下图所示。

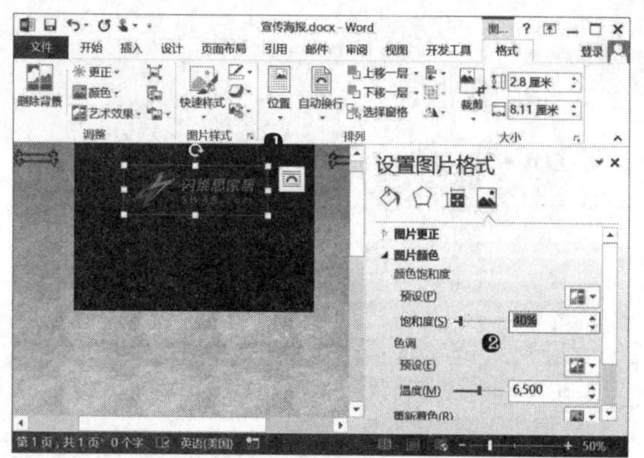

步骤 05 插入艺术字。❶插入艺术字，选择艺术样式“填充-黑色，文本 1，阴影”；输入文字内容，设置字体为黑色、字号大小为“小二”、文字颜色为“金色，着色 4，深色 40%”；❷单击“开始”选项卡“段落”组中的“中文版式”按钮；❸选择“调整宽度”命令，如下图所示。

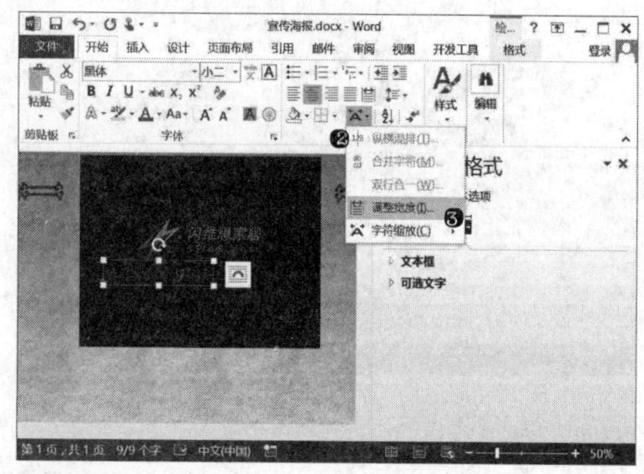

步骤 06 设置文字宽度。在打开的“调整宽度”对话框中设置新文字宽度为“16.6 字符”，如下图所示。

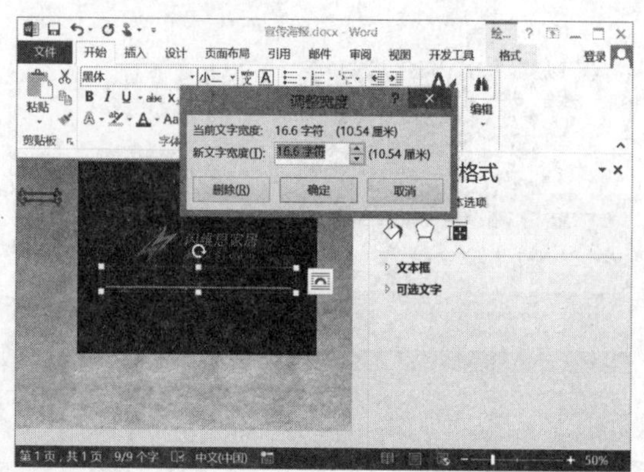

步骤 07 绘制直线形状。使用“直线”形状，在页面中绘制两条直线，并设置线条轮廓颜色为“金色，着色 4，深色 40%”，线条位置如右上图所示。

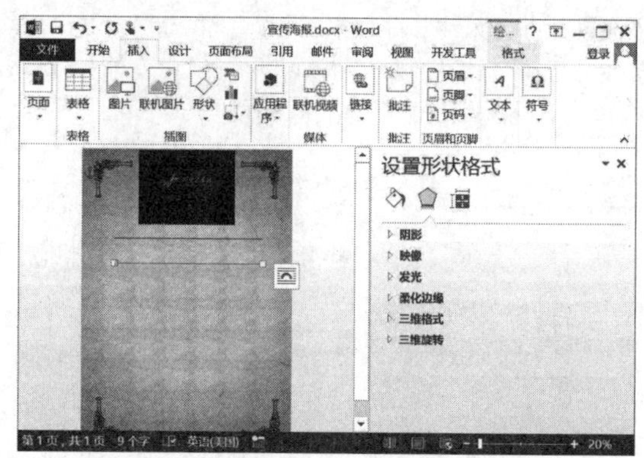

步骤 08 插入艺术字。插入样式为“填充 - 黑色，文本 1，阴影”的艺术字，输入文字内容，设置艺术字字体为“黑色”、字号为 60、文字颜色为“深红”（R:75，G:21，B:21），如下图所示。

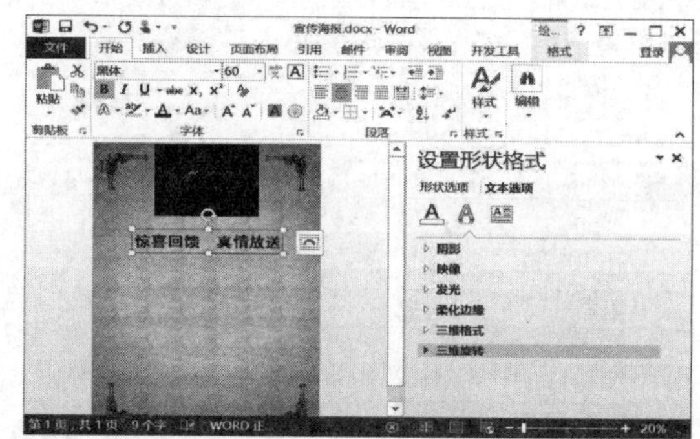

步骤 09 插入产品图片。插入素材文件夹中的产品图片“jj1.jpg”、“jj2.jpg”和“jj3.jpg”，设置图片“自动换行”方式为“浮于文字上方”，并调整图片的大小、位置或对图像进行裁剪，使图像整齐排列，如下图所示。

18.2 月拜访客户及成交量分析

案例概述

许多销售团队每月需要拜访大量的客户以促进商品销售，每月需要对销售团队中每人拜访客户的情况及销售任务的完成情况进行分析。本例将对团队成员每月拜访客户的情况和销售情况从多个方位进行系统分析。

案例效果

在本例中，需要利用图表从不同的方位分析不同的销售人员拜访客户的情况及销售任务完成的情况，制作完成后的效果如下图所示。

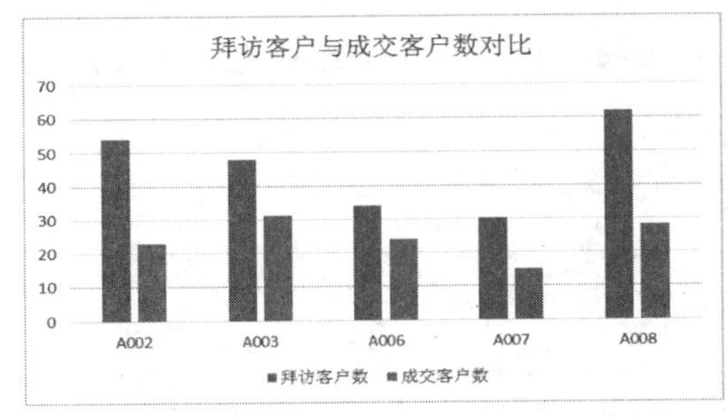

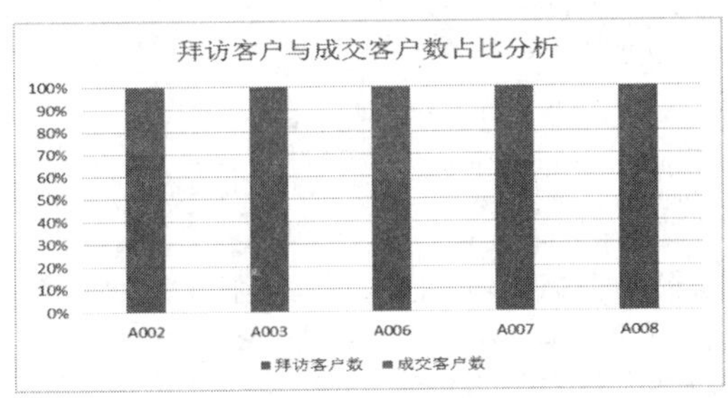

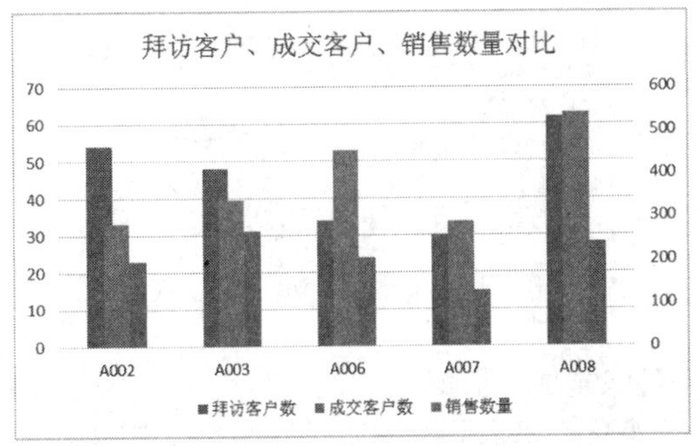

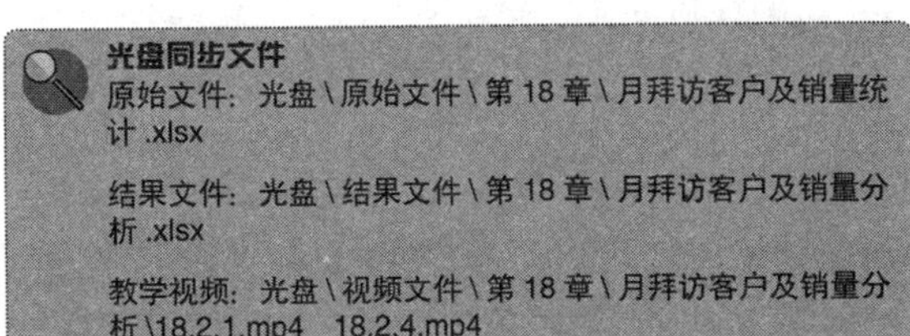

光盘同步文件

原始文件：光盘\原始文件\第 18 章\月拜访客户及销量统计 .xlsx

结果文件：光盘\结果文件\第 18 章\月拜访客户及销量分析 .xlsx

教学视频：光盘\视频文件\第 18 章\月拜访客户及销量分析\18.2.1.mp4　18.2.4.mp4

制作思路

本例将应用同一数据表创建出 4 个表现不同意义的图表，这 4 个图表创建的思路均相同：

18.2.1　创建拜访客户与成交客户数对比图表

要同时对各销售人员拜访客户数及成交客户数进行对比，可以应用各销售人员对应的拜访客户数和成交客户数创建簇状柱形图，操作步骤如下：

步骤 01 选择数据源并创建图表。打开原始文件“月拜访客户及销量统计 .xlsx”，❶选择 A2:C7 单元格区域；❷单击“插入”选项卡中的“插入柱形图”按钮；❸选择“二维簇状柱形图”图表样式，如下图所示。

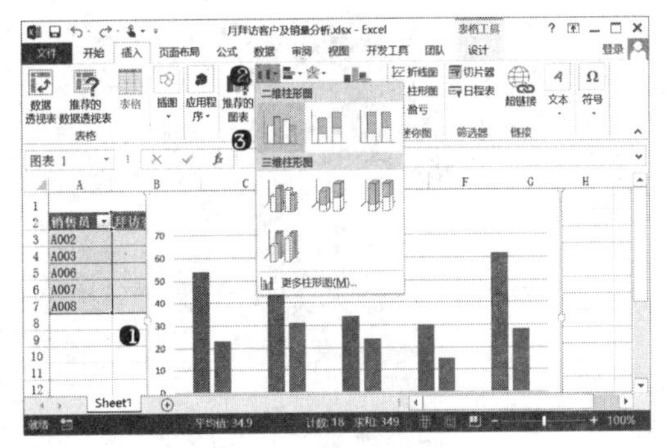

步骤 02 完善并调整图表。修改图表标题，将图表移至表格下方，如下图所示。

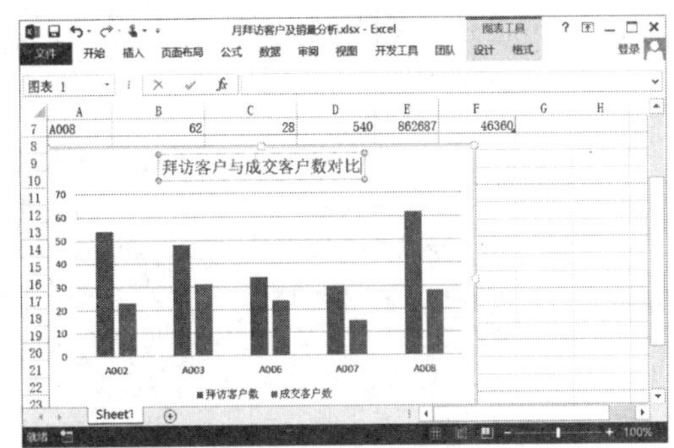

18.2.2 创建拜访客户与成交客户数占比图表

要重点表现拜访客户数与成交客户数之间的占比情况，可以将这两个数据以百分比的方式来进行表现，此时，可以将“拜访客户与成交客户数对比”图表更改为“百分比堆积柱形图”，操作步骤如下：

步骤 01 复制并更改图表。❶复制一个图表，修改复制出的图表标题；❷单击“图表工具 - 设计”选项卡中的“更改图表类型”按钮，如下图所示。

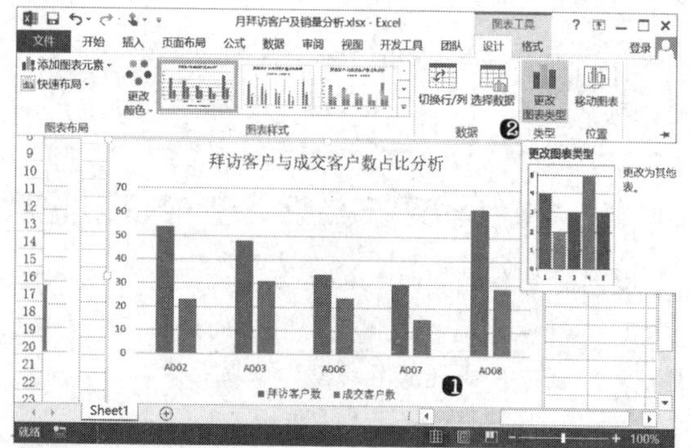

步骤 02 选择图表类型。❶打开“更改图表类型”对话框；❷选择“百分比堆积柱形图”类型，然后单击“确定”按钮，如下图所示。

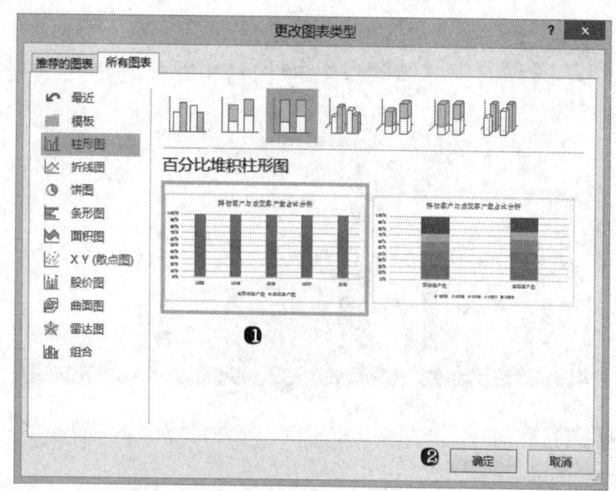

18.2.3 创建拜访客户与成交客户及销量对比图表

在拜访客户与成交客户数对比图表的基础上还需要表现出销量情况，可以将销量数据添加到图表中，为了图表的美观，可以添加一个次要坐标轴，将销量数据对应到次坐标轴，操作步骤如下：

步骤 01 复制并更改图表 ❶复制一个“拜访客户与成交客户数对比”图表，修改复制出的图表标题；❷单击“图表工具 - 设计”选项卡中的“选择数据”按钮，如下图所示。

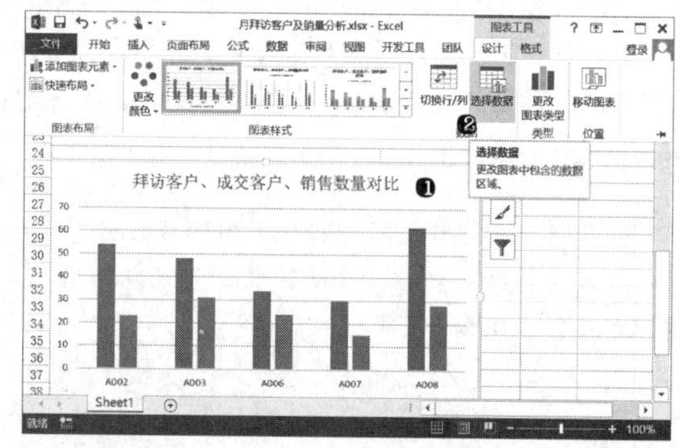

步骤 02 添加图例项。在打开的“选择数据源”对话框中，在“图例项（系列）”列表中单击“添加”按钮，如下图所示。

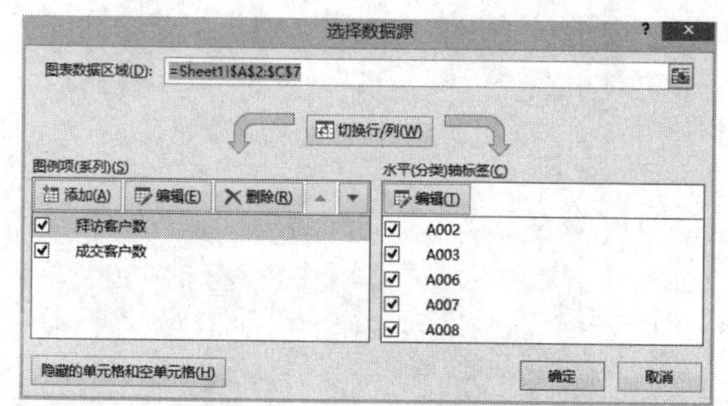

步骤 03 选择数据系列。打开“编辑数据系列”对话框，❶设置“系列名称”为“D2”单元格；❷设置“系列值”为 D3:D7 单元格区域；❸单击“确定”按钮，如下图所示。

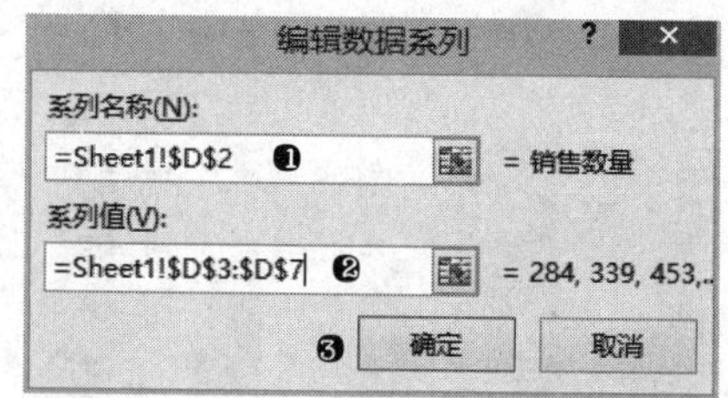

步骤 04 设置轴选项。单击“选择数据源”对话框中的“确定”按钮，❶单击“图表工具 - 设计”选项卡中的“添加图表元素”按钮；❷在“坐标轴”子菜单中选择“更多轴选项”命令，如下图所示。

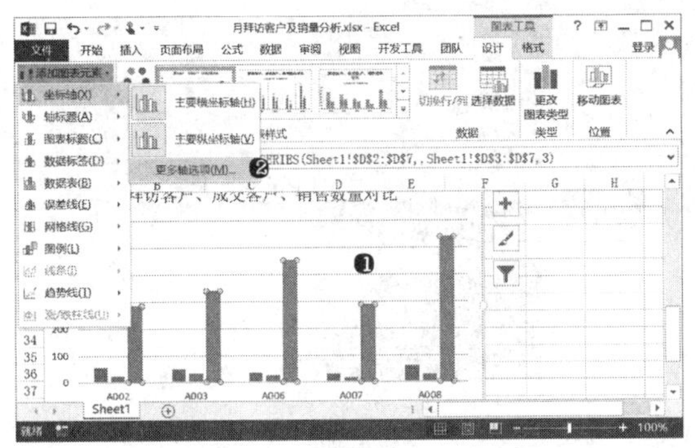

步骤 05 添加次要坐标轴。选择图表中的系列“销售数量”，在“设置数据系列格式”窗格的“系列绘制在”选项组中选择“次要坐标轴”单选按钮，然后设置“分类间距”值为 350%，如下图所示。

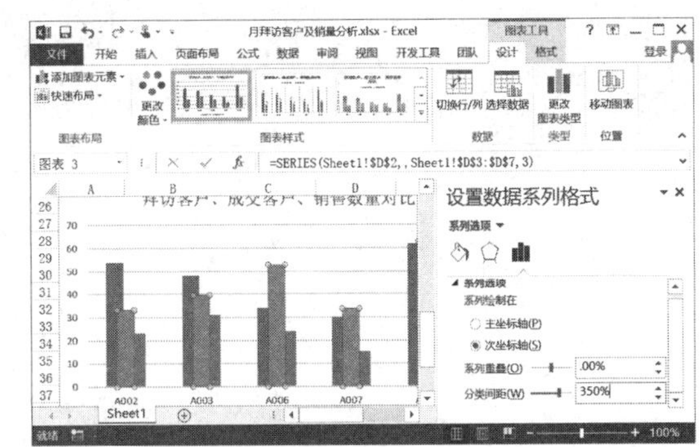

18.3 制作交互式产品展示幻灯片

案例概述

在市场营销工作中，常常需要为客户讲解和宣传产品，通常我们需要应用幻灯片来辅助讲解或进行产品展示，使宣传讲解或产品展示过程更为生动，更能吸引客户。

案例效果

本例将制作一个交互式的产品展示幻灯片，在幻灯片放映时，单击幻灯片图像中的不同部位可展示产品的局部特写，效果如下图所示。

光盘同步文件

原始文件：光盘\原始文件\第 18 章\产品宣传 PPT 素材\

结果文件：光盘\结果文件\第 18 章\产品宣传 .pptx

教学视频：光盘\视频文件\第 18 章\产品宣传\18.3.1.mp4　18.3.3.mp4

制作思路

要制作交互式产品展示幻灯片，思路如下：

18.3.1 制作幻灯片内容

首先，应用素材文件夹中的图像制作幻灯片内容，具体步骤如下：

步骤 01 创建空白幻灯片。新建幻灯片，❶单击“开始”选项卡中的“幻灯片版式”按钮；❷选择“空白”版式，如下图所示。

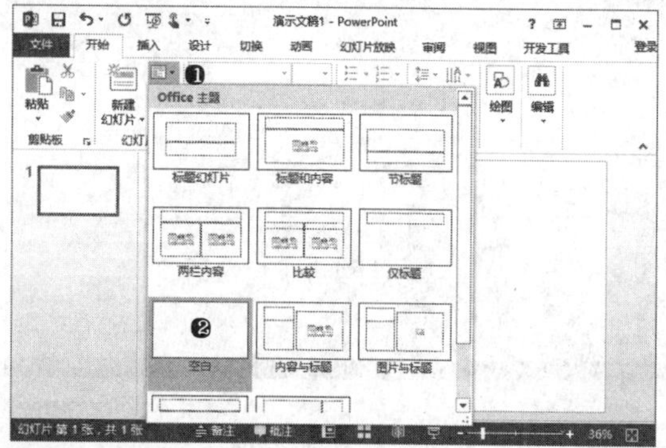

步骤 02 插入背景图像。插入素材文件夹中的图像文件“bg.jgp”，并设置图像高度为 15 厘米，如下图所示。

步骤 03 插入素材图片。插入素材文件夹中的图像文件“kvcar.png”，并调整图片的位置，如下图所示。

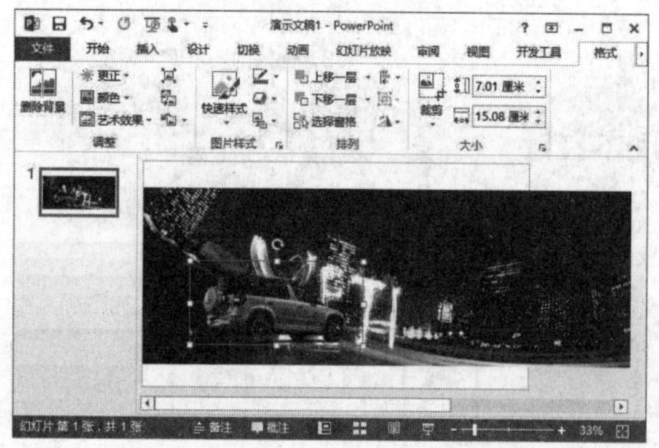

步骤 04 插入艺术字。❶单击“插入”选项卡中的“艺术字”按钮；❷选择如下图所示艺术字样式。

步骤 05 输入艺术字内容并设置字体格式。输入艺术字内容，并设置字体为“微软雅黑”，如下图所示。

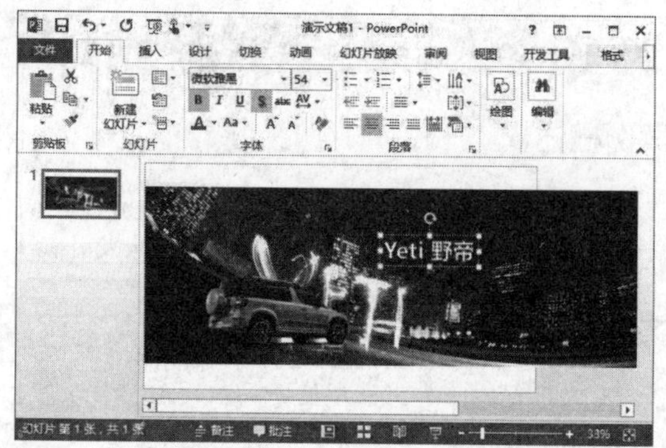

步骤 06 新建幻灯片并插入图片。新建空白幻灯片，在幻灯片中插入素材图片“P1_bg.jpg”，如下图所示。

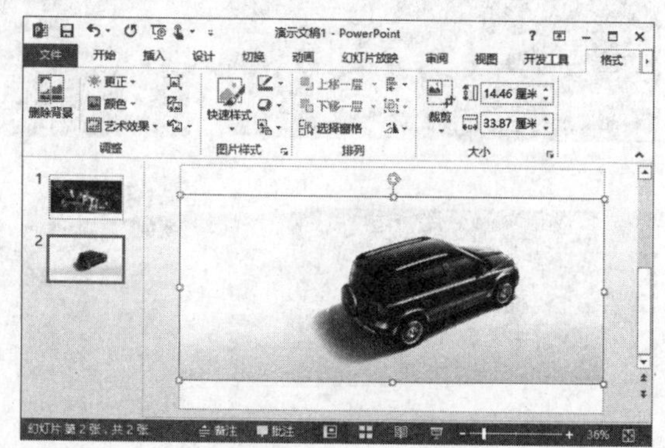

步骤 07 插入艺术字。❶单击“插入”选项卡中的“艺术字”按钮；❷选择如下图所示的艺术字样式。

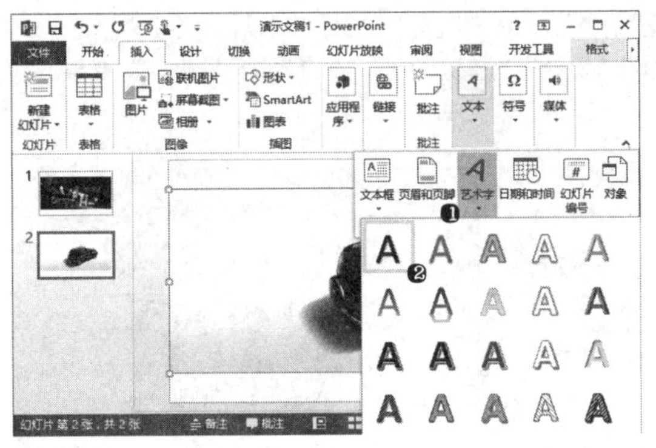

步骤 08 输入艺术字内容并设置字体格式。输入艺术字内容，并设置字体为“微软雅黑”、字号为 48，如下图所示。

步骤 09 新建幻灯片并插入图片。新建 4 张空白幻灯片，并在各幻灯片中插入图片“P1_1.jpg”、“P1_2.jpg”、“P1_3.jpg”和“P1_4.jpg”，如下图所示。

18.3.2 添加幻灯片交互动作

制作好幻灯片内容后，则可以应用超链接或动作为幻灯片添加上交互动作，具体操作如下：

1．设置主界面交互动作

本例中产品展示主界面中需要有多个区域响应鼠标单击动作，各区域的动作实现方法如下：

步骤 01 绘制图形并添加超链接。选择幻灯片 2，❶在如下图所示的位置绘制一个椭圆形形状；❷单击“插入”选项卡上的“超链接”按钮。

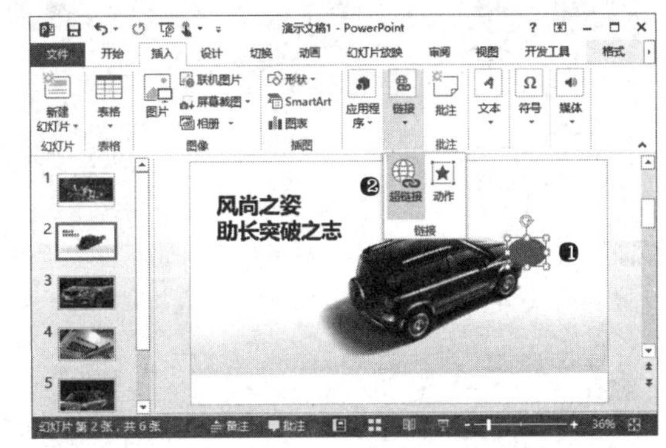

步骤 02 设置超链接位置。打开“插入超链接”对话框，❶选择“本文档中的位置”选项；❷选择“幻灯片 3”；❸单击“确定”按钮，如下图所示。

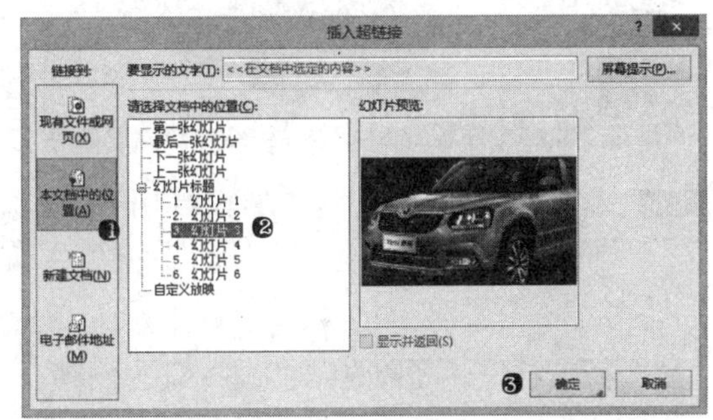

步骤 03 复制图形并添加超链接。❶复制一个椭圆形形状到如下图所示的位置；❷单击“插入”选项卡上的“超链接”按钮。

步骤 04 设置超链接位置。打开“插入超链接”对话框，❶选择“本文档中的位置”选项；❷选择“幻灯片 4”；❸单击“确定”按钮，如下图所示。

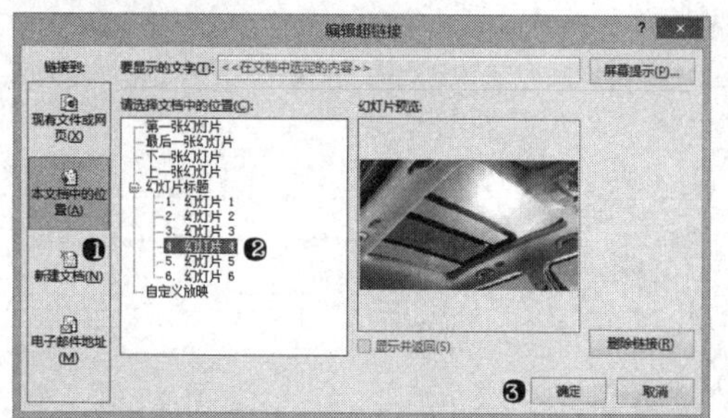

步骤 05 复制图形并添加超链接。❶复制一个椭圆形形状到如下图所示的位置；❷单击"插入"选项卡上的"超链接"按钮。

步骤 06 设置超链接位置。打开"编辑超链接"对话框，❶选择"本文档中的位置"选项；❷选择"幻灯片 5"；❸单击"确定"按钮，如下图所示。

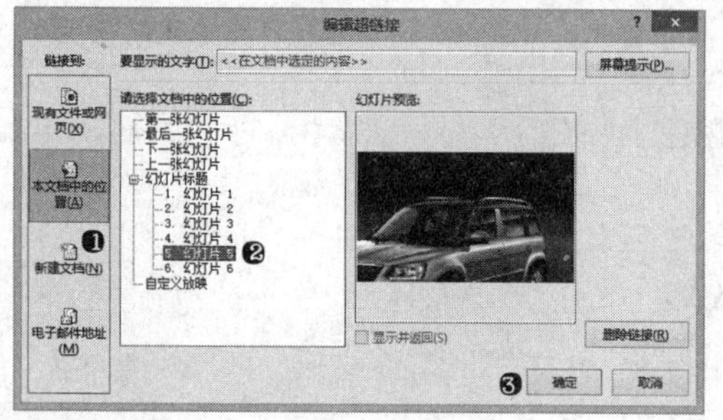

步骤 07 复制图形并添加超链接。❶复制一个椭圆形形状到如下图所示的位置；❷单击"插入"选项卡上的"超链接"按钮。

步骤 08 设置超链接位置。打开"编辑超链接"对话框，❶选择"本文档中的位置"选项；❷选择"幻灯片 5"；❸单击"确定"按钮，如下图所示。

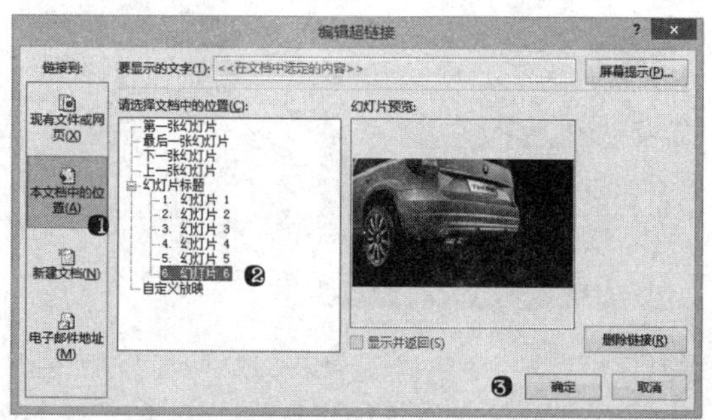

步骤 09 设置形状样式。同时选择 4 个椭圆形形状，在"格式"选项卡中设置"形状轮廓"为"无"，设置"形状填充"的透明度为"70%"，效果如下图所示。

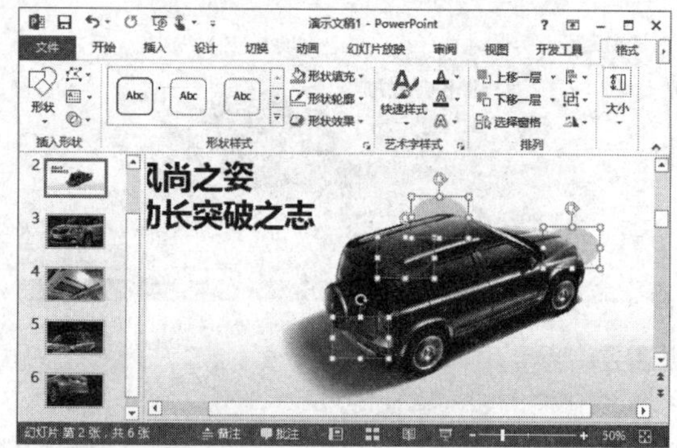

2. 设置其他界面的交互动作

本例中，单击产品展示主界面中的响应区域后，将显示相应的幻灯片，为使这些幻灯片显示后能回到主界面，可以为这些幻灯片中的图片添加到主界面的超链接，方法如下：

步骤 01 设置图片链接。选择幻灯片 3 中的图片，单击"插入"选项卡中的"超链接"按钮，如下图所示。

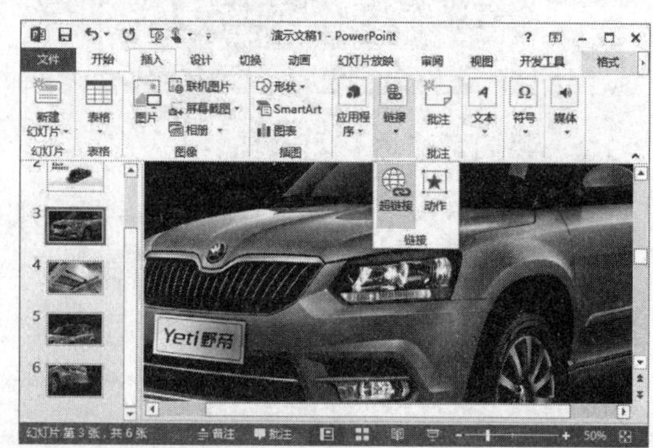

步骤 02 设置超链接位置。打开“插入超链接”对话框，❶选择“本文档中的位置”选项；❷选择“幻灯片 2”；❸单击“确定”按钮，如下图所示。

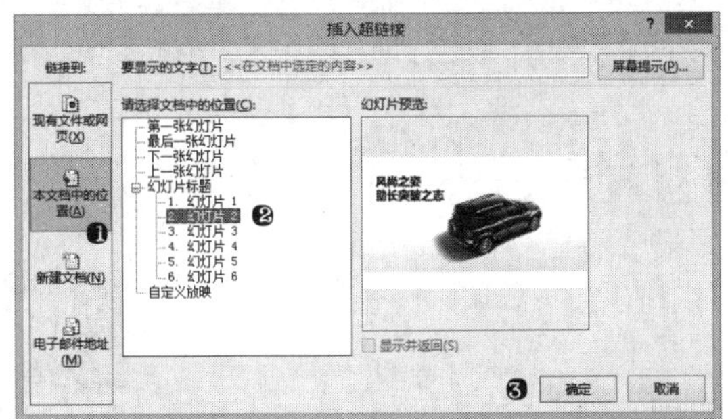

用相同的方式，为幻灯片 4 ～幻灯片 6 中的图片添加超链接，超链接目标位置均为“幻灯片 2”，使这些幻灯片中的图片被单击时返回“幻灯片 2”进行显示。

18.3.3 添加幻灯片动画

为使幻灯片更具动感，更富有感染力，需要为幻灯片添加动画效果，具体操作如下：

步骤 01 幻灯片切换设置。❶选择幻灯片 3　幻灯片 6；❷取消选中“切换”选项卡“切换方式”组中的“单击鼠标时”复选框；❸在“切换样式”列表框中选择要应用的切换动画样式“窗口”，如下图所示。

步骤 02 设置首页背景动画。❶选择幻灯片 1 中的背景图片；❷在“动画”选项卡“动画样式”列表框中选择“直线”动作路径；❸在“效果选项”菜单中选择“靠左”命令，如下图所示。

本章小结

本章结合实例主要讲述了 Office 系列软件在市场营销领域中的应用，无论是营销方案、宣传海报、宣传幻灯片，还是销售数据统计、客户信息分析等，都可以应用 Office 软件中的强大功能，在市场竞争中赢得机遇及主动权。

第 19 章

行业案例——Office 在财务管理中的应用

本章导读

现代企业管理当中，财务管理是一项涉及面广、综合性和制约性都很强的系统工程，它是通过价值形态对资金运动进行决策、计划和控制的综合性管理，是企业管理的核心内容。Office 系列软件是财务管理工作中必不可少的辅助工具，无论是报表文档编写，还是财务数据的统计和管理，都需要应用 Office 软件。

知识要点

- ◆ Word 文档的排版与美化
- ◆ Word 文档中页眉和页脚的应用
- ◆ Excel 中的数据透视图与透视表
- ◆ 在 Word 中自动插入目录
- ◆ Excel 中的数据统计与分析
- ◆ 幻灯片的设计与制作

案例展示

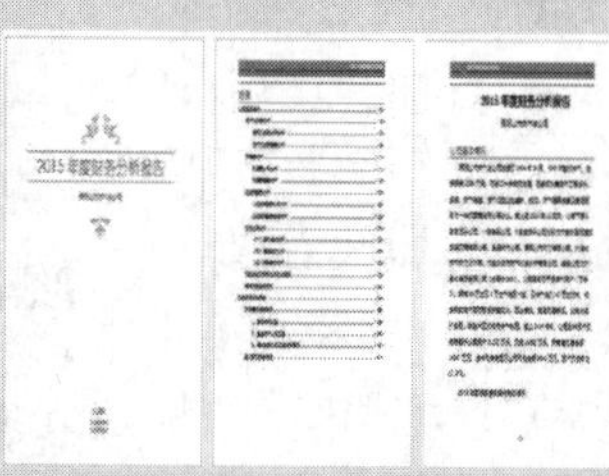

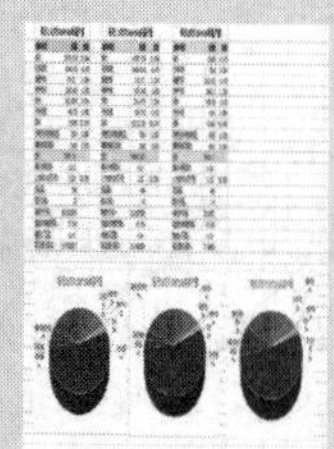

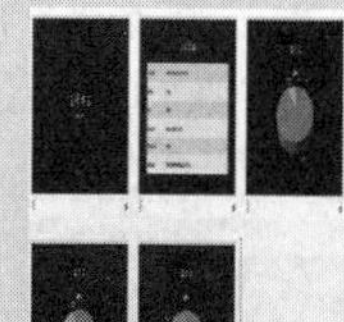

基础入门——必知必会

19.1 完善和美化财务分析报告

案例概述

财务分析报告是依据会计报表、财务分析表及经营活动和财务活动所提供的丰富的、重要的信息及其内在联系，运用一定的科学分析方法，对企业的经营特征，利润实现及其分配情况，资金增减变动和周转利用情况，税金缴纳情况，存货、固定资产等主要财产物资的盘盈、盘亏、毁损等变动情况，以及对本期或下期财务状况将发生重大影响的事项做出客观、全面、系统的分析和评价，并进行必要的科学预测而形成的书面报告。

案例效果

本例将对一份财务分析报告进行完善和美化，使报告内容更加完整、清晰和美观，完成后的效果如下图所示。

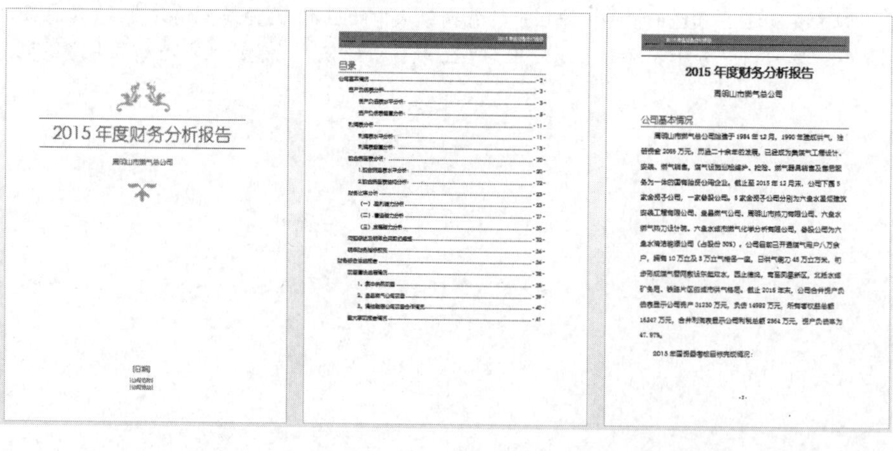

光盘同步文件

原始文件：光盘 \ 原始文件 \ 第 19 章 \ 宣传海报素材 \

结果文件：光盘 \ 结果文件 \ 第 19 章 \ 宣传海报 .docx

教学视频：光盘 \ 视频文件 \ 第 19 章 \ 宣传海报 \19.1.1.mp4、19.1.2.mp4

制作思路

宣传海报通常具有丰富的修饰效果和视觉冲击力，并且具有较强的整体感，因此，在宣传海报中需要应用背景、图片素材、形状和艺术字等应用更灵活的图文元素，制作思路如下。

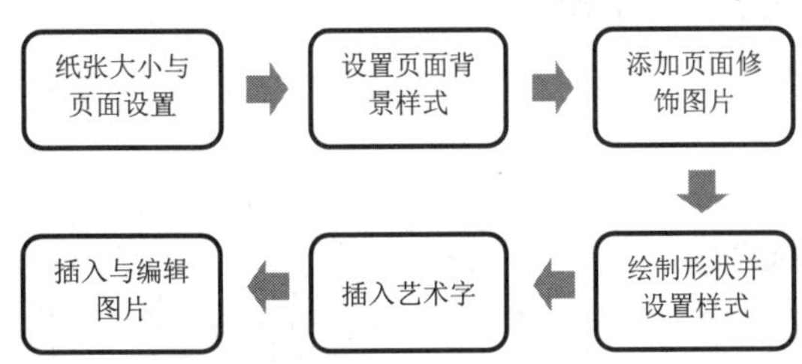

19.1.1 应用主题和文档样式

要快速美化文档内容，可以为文档应用主题和样式，方法如下：

步骤 01 插入文档封面。打开素材文档，❶单击“插入”选项卡“页面”组中的“封面”按钮；❷选择“丝状”封面样式，如下图所示。

步骤 02 编辑封面内容。在封面页面中各内容区域内输入相应的封面内容，如右上图所示。

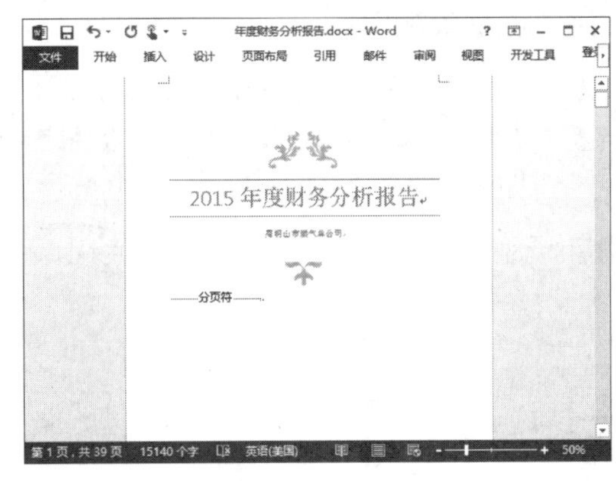

19.1.2 应用主题和文档样式

在应用了默认样式的 Word 文档中，通过应用主题和样式集可以快速更改文档中各级元素的样式和修饰效果，因此，应用主题和样式集可以快速对报告文档进行修饰，具体操作如下：

步骤 01 应用主题。❶单击“设计”选项卡中的“主题”按钮；❷选择“切片”主题样式，如下图所示。

步骤 02 应用样式集。在“设计”选项卡中的“样式集”下拉列表中选择要应用的样式集“线条（简单）”，如下图所示。

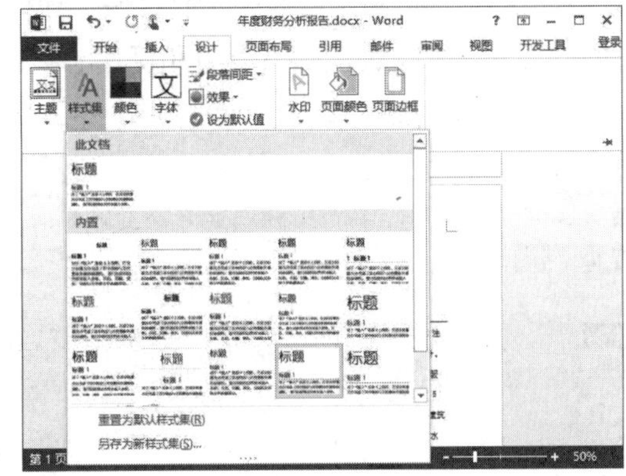

19.1.3 快速添加目录

为了使报告更完整，可以为报告文档添加目录，如果文档中应用了较为准确的标题级别样式，则可以应用自动目录快速为文档添加目录，具体操作如下：

步骤 01 插入空白页。将光标定位于封面后第 1 页的标题文字前，单击“插入”选项卡“页面”组中的“分页”按钮，如下图所示。

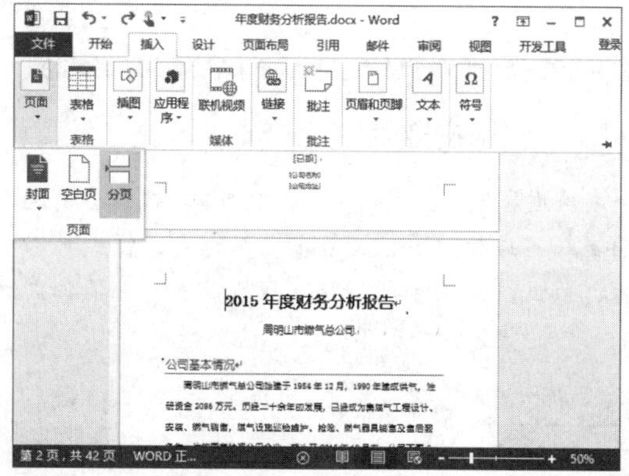

步骤 02 插入自动目录。将光标定位于新页面中的分页符前，❶单击“引用”选项卡中的“目录”按钮；❷选择“自动目录 2”目录样式，如下图所示。

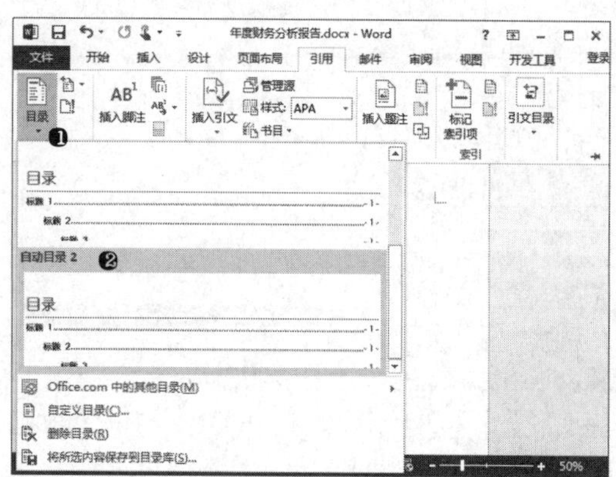

19.1.4 添加奇偶页不同的页眉和页脚

为了使报告文档更加规范，可以为文档添加上页眉和页脚，在打印成册的文档中，奇数页和偶数页的页眉页脚常常不相同，要为文档添加奇偶页不同的页眉页脚，操作如下。

步骤 01 插入页眉。❶单击“插入”选项卡“页眉和页脚”组中的“页眉”按钮；❷选择“积分”页眉样式，如右上图所示。

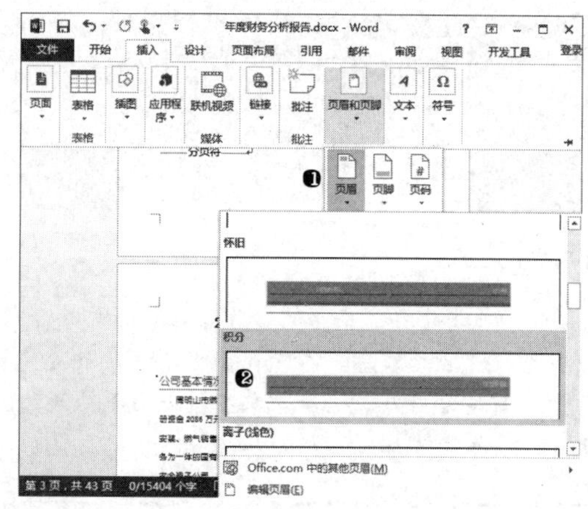

步骤 02 设置奇偶页不同。在“页眉页脚工具 - 设计”选项卡的“选项”组中选中“奇偶页不同”复选框，如下图所示。

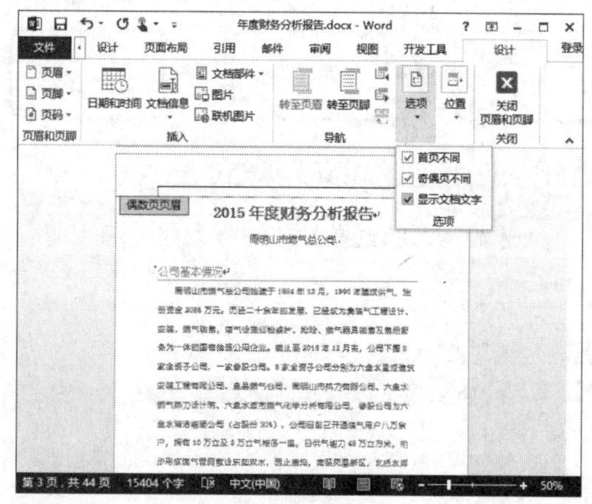

步骤 03 插入偶数页页眉。将光标定位于偶数页页面中，❶单击“插入”选项卡“页眉和页脚”组中的“页眉”按钮；❷选择“积分”页眉样式，如下图所示。

步骤 04 设置偶数页页眉内容的对齐方式。将光标定位于偶数页的页眉中，单击“开始”选项卡“段落”组中的“左对齐”按钮，如下图所示。

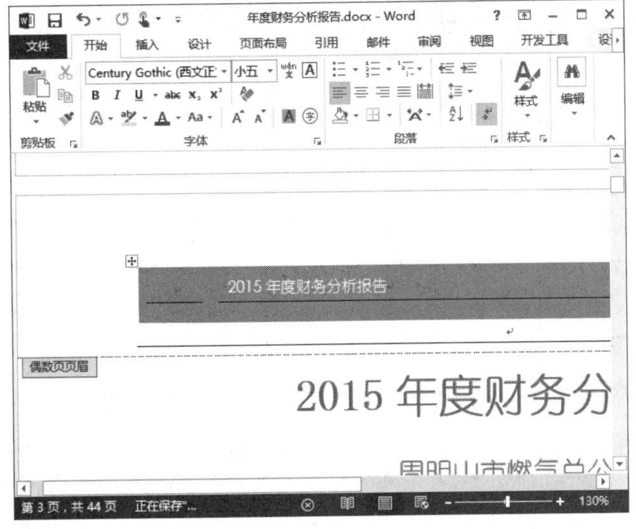

19.2 产品生产成本分析

案例概述

财务工作中常常需要对与企业经营相关的各类数据进行统计和分析。本例将对生产企业中产品生产的成本进行统计和分析，通过统计和分析可以计算出单个产品的生产成本、人力成本、电力成本、场地成本等各类成本的占比情况。

案例效果

在本例中，需要先应用公式计算出各类成本，然后再应用图表表现出各类成本的占比情况，制作完成后的效果如下图所示。

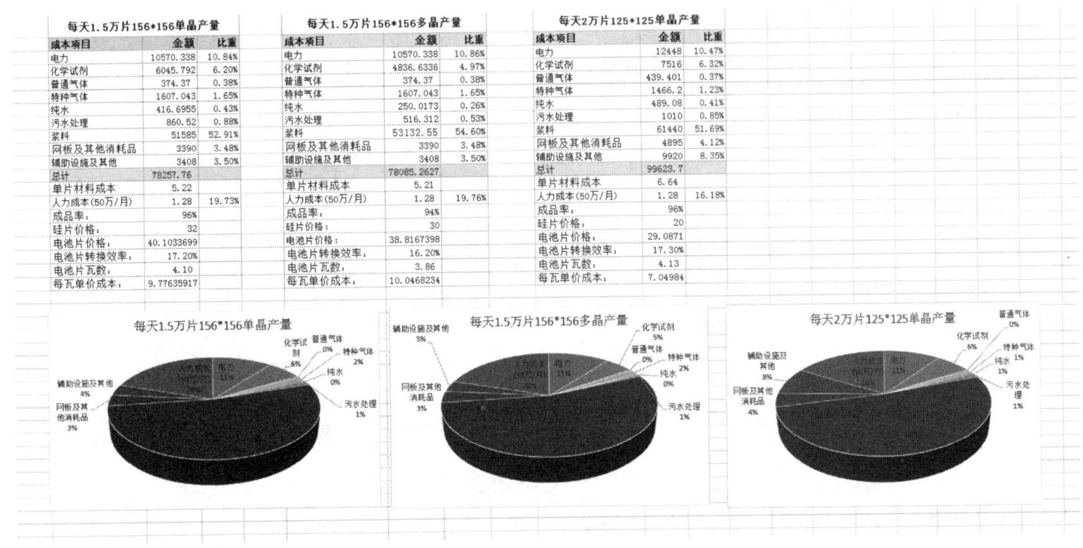

每天1.5万片156*156单晶产量

成本项目	金额	比重
电力	10570.338	10.84%
化学试剂	6045.792	6.20%
普通气体	374.37	0.38%
特种气体	1607.043	1.65%
纯水	416.6955	0.43%
污水处理	860.52	0.88%
浆料	51585	52.91%
网板及其他消耗品	3390	3.48%
辅助设施及其他	3408	3.50%
总计	78257.76	
单片材料成本	5.22	
人力成本(50万/月)	1.28	19.73%
成品率：	96%	
硅片价格：	32	
电池片价格：	40.1033699	
电池片转换效率：	17.20%	
电池片瓦数：	4.10	
每瓦单价成本：	9.77635917	

每天1.5万片156*156多晶产量

成本项目	金额	比重
电力	10570.338	10.86%
化学试剂	4836.6336	4.97%
普通气体	374.37	0.38%
特种气体	1607.043	1.65%
纯水	250.0173	0.26%
污水处理	516.312	0.53%
浆料	53132.55	54.60%
网板及其他消耗品	3390	3.48%
辅助设施及其他	3408	3.50%
总计	78085.2627	
单片材料成本	5.21	
人力成本(50万/月)	1.28	19.76%
成品率：	94%	
硅片价格：	30	
电池片价格：	38.8167398	
电池片转换效率：	16.20%	
电池片瓦数：	3.86	
每瓦单价成本：	10.0468234	

每天2万片125*125单晶产量

成本项目	金额	比重
电力	12448	10.47%
化学试剂	7516	6.32%
普通气体	439.401	0.37%
特种气体	1466.2	1.23%
纯水	489.08	0.41%
污水处理	1010	0.85%
浆料	61440	51.69%
网板及其他消耗品	4895	4.12%
辅助设施及其他	9920	8.35%
总计	99623.7	
单片材料成本	6.64	
人力成本(50万/月)	1.28	16.18%
成品率：	96%	
硅片价格：	20	
电池片价格：	29.0871	
电池片转换效率：	17.30%	
电池片瓦数：	4.13	
每瓦单价成本：	7.04984	

光盘同步文件

原始文件：光盘\原始文件\第 19 章\成本分析表 .xlsx

结果文件：光盘\结果文件\第 19 章\成本分析表 .xlsx

教学视频：光盘\视频文件\第 19 章\成本分析表\19.2.1.mp4、19.2.1.mp4

制作思路

本例要得到多个产品生产成本的占比情况，各产品的生产成本占比图表增多可以使用以下思路进行制作：

19.2.1　应用公式计算生产成本

通常在生产型企业中，生产成本包含了各类原料成本、加工成本、人力成本等，在已知生产一定数量产品及各类成本的情况下，要得到单个产品的成本价格，则需要用总成本及产量及人力资源消耗等数据进行计算，具体方法如下。

步骤01 计算总成本。打开素材工作簿"成本分析表 .xlsx"，在 C12 单元格中输入公式"=sum(C3:C11)"计算出第一组分析数据中的成本总计，如下图所示。

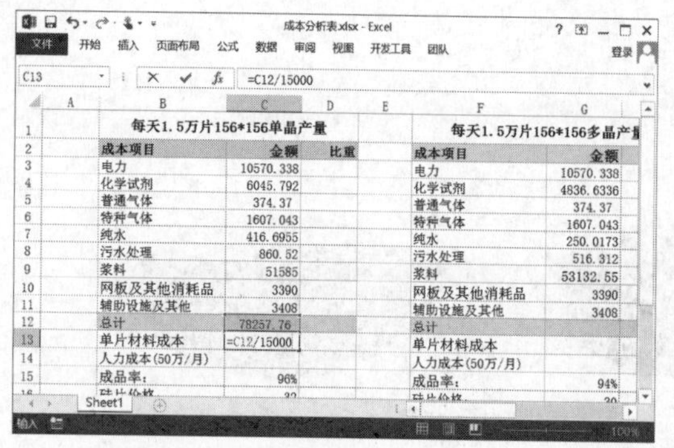

步骤02 计算单片材料成本。在 C13 单元格中输入公式"=C12/15000"，用总成本除以总产量 15000，如下图所示。

步骤03 计算单片产品人力成本。在 C14 单元格中输入公式"=500000/26/150000"，计算出每月生产 26 天，50 万每月的人力成本，产量 1.5 万片时的单片生产人力成本，如下图所示。

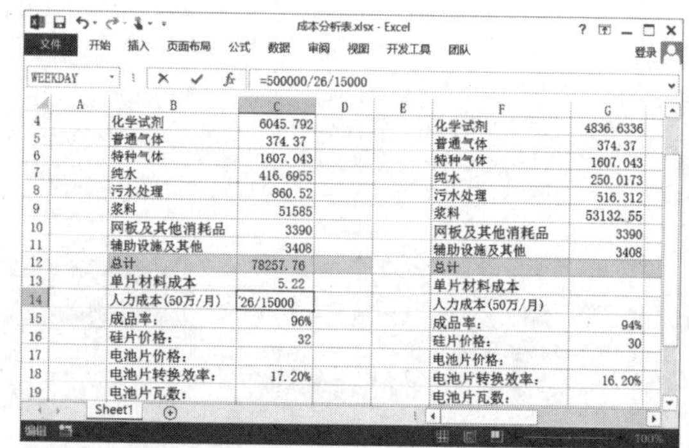

步骤04 计算电池片价格。电池片的价格需要用"单片材料成本"加上"人力成本"和"硅片价格"，然后根据"成品率"计算得到，所以，在 C17 单元格中输入公式"=(C13+C14+C16)/C15"，如下图所示。

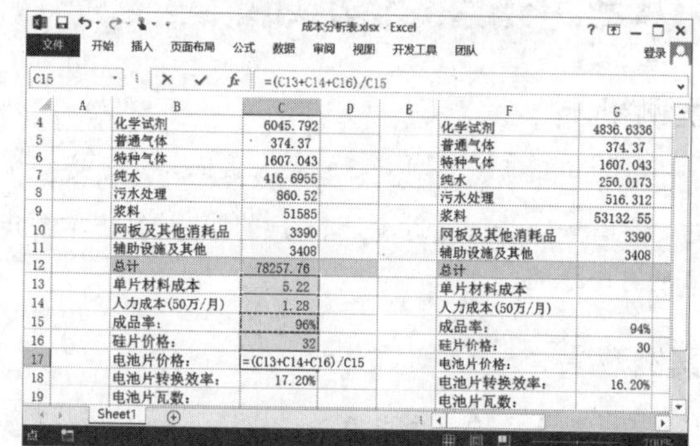

步骤05 计算电池片瓦数。电池片瓦数计算公式为"156^2×0.98÷电池片转换效率"，所以在 C19 单元格中输入公式"=156*156*0.98*C18/1000"，如下图所示。

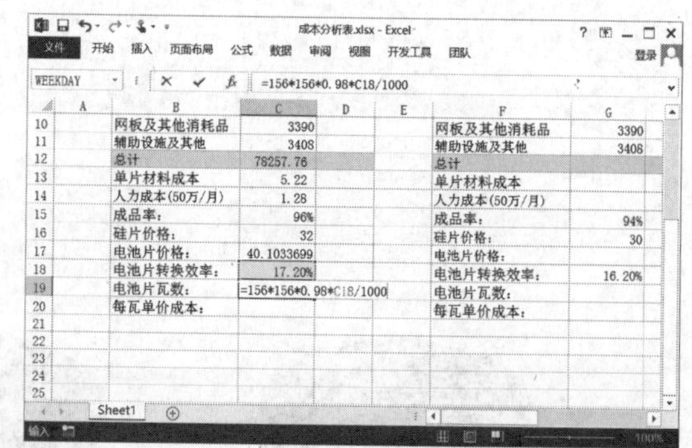

步骤06 计算每瓦单价成本。每瓦单价成本由电池片价格除以电池片瓦数得到，故在 C20 单元格中输入公式"=C17/

C19”，如下图所示。

步骤 07 计算电力成本比重。本例中“总计”项未包含人力成本，在计算比重时，需要将人力成本合计到总成本中，所以在 D3 单元格中输入公式“=C3/(C$12+C$14* 15000)”，其中 15000 是当月的总产量。为方便公式填充和复制，公式中引用的 C12 和 C14 单元格采用混合引用，固定行号，当填充或复制单元格后，C12 和 C14 单元格所引用的行不会发生变化，不仅可方便于当前列的公式填充，也可以方便复制公式单元格至其他相对位置相同的单元格中，如下图所示。

步骤 08 填充公式。将 D3 单元格中的公式填充至 D11 单元格，如下图所示。

步骤 09 计算人力成本比重。人力成本的比重应由总产量对应的总人力成本与总成本相比得到，故在 D14 单元格中输入公式“=C14*15000/($C$12+$C$14*15000)”，如右上图所示。

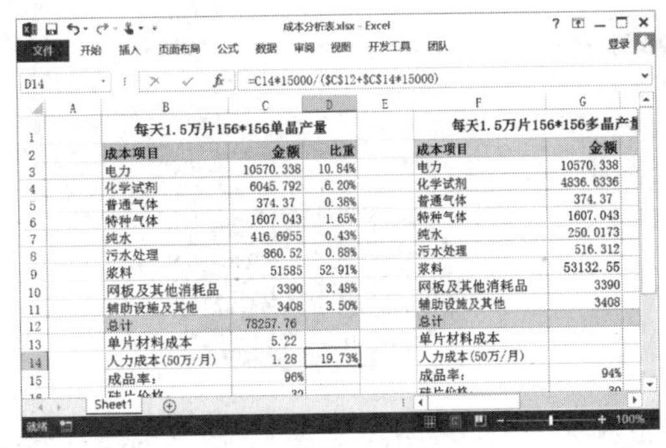

步骤 10 分析其他表格中的数据。用相同的方式计算出 F2:H20 单元格区域和 J2 到 L20 单元格区域中的成本和比重数据，如下图所示。

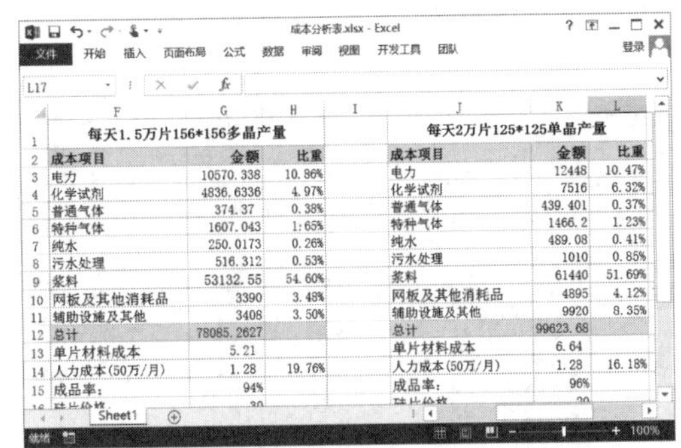

19.2.2 应用图表比较产品成本构成

要清晰地查看各产品的成本构成，需要为各产品创建饼图，操作步骤如下：

步骤 01 插入第一个饼状图。❶选择 B3:B11 单元格区域，然后按住【Ctrl】键依次选择 B14 单元格、D3:D11 单元格区域和 D14 单元；❷单击“插入”选项卡中的“插入饼状图”按钮，如下图所示。

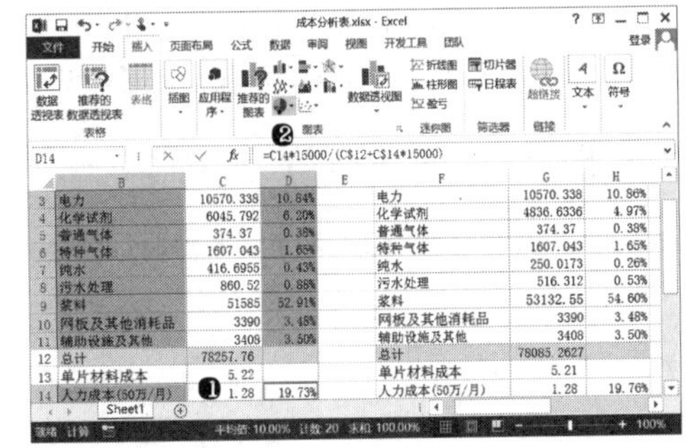

步骤 02 选择图表类型。在“插入饼状图”下拉列表中选择“三维饼图”，然后单击“图表工具 - 设计”选项卡中的“快速布局”按钮，选择“布局 1”选项，然后修改图表标题文字，如下图所示。

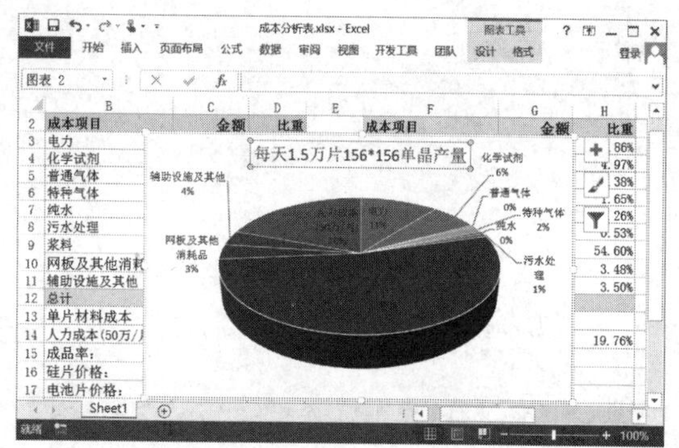

步骤 03 插入第二个饼状图。将图表移动到数据表格下方，❶选择 F3:F11 单元格区域，然后按住【Ctrl】键依次选择 F14 单元格、G3:G11 单元格区域和 G14 单元格；❷单击“插入”选项卡中的“插入饼状图”按钮，如下图所示。

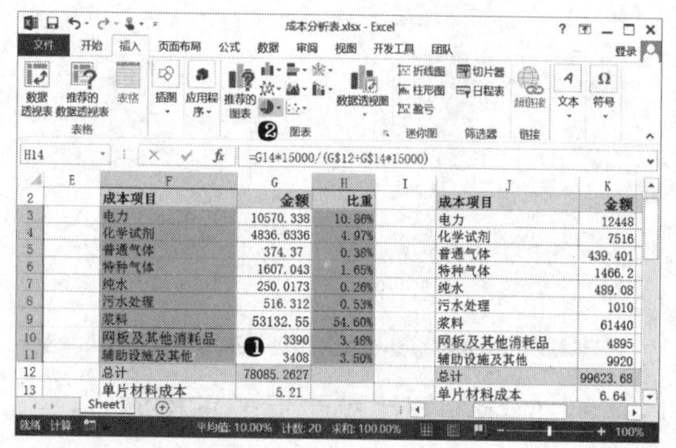

步骤 04 选择图表类型。在“插入饼状图”下拉列表中选择“三维饼图”，然后单击“图表工具 - 设计”选项卡中的“快速布局”按钮，选择“布局 1”选项，然后修改图表标题文字，并移动图表位置，如下图所示。

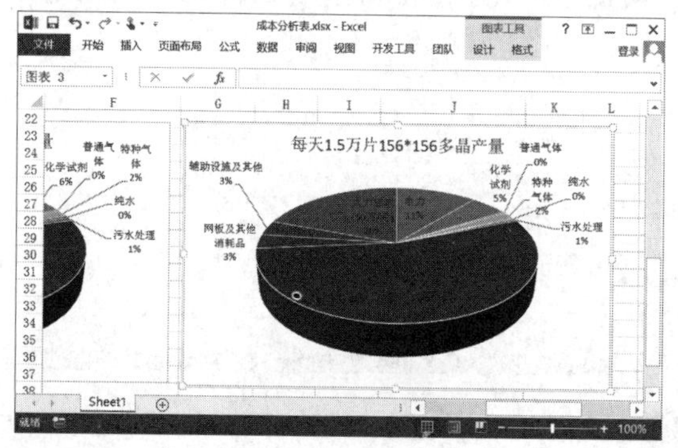

步骤 05 插入第三个饼状图。用与前面相同的方式，应用第三个表格中的数据，创建出第三个成本占比图表，并设置图表的布局格式及标题文字等，如下图所示。

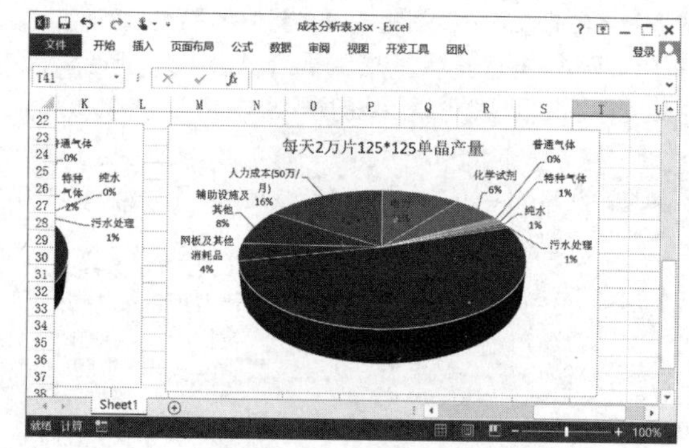

19.3 制作财务报告幻灯片

案例概述

为了更清晰地展示企业的财务状况，可以通过幻灯片的方式来展示重要的财务数据。本例将通过幻灯片来展示按不同方式统计的收入和成本数据，并配合图表展示，使数据更清晰、直观。

案例效果

本例幻灯片中将按行业、按产品、按地区来展示收入和成本数据，使数据展示更清晰、美观，效果如下图所示。

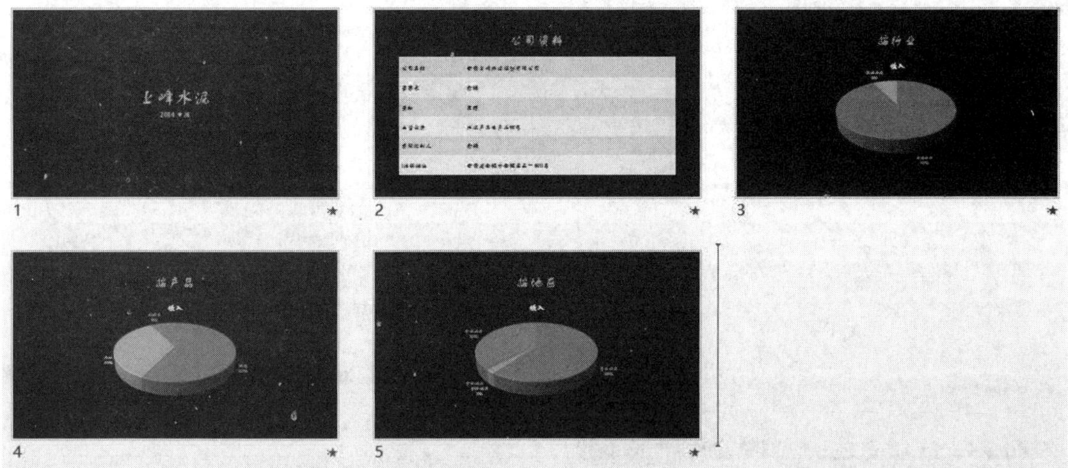

光盘同步文件

原始文件：光盘\原始文件\第 19 章\年度财务分析报告\

结果文件：光盘\结果文件\第 19 章\年度财务分析报告.docx

教学视频：光盘\视频文件\第 19 章\年度财务分析报告\19.1.1.mp4 ~ 19.1.3.mp4

制作思路

本例中制作财报幻灯片的思路如下。

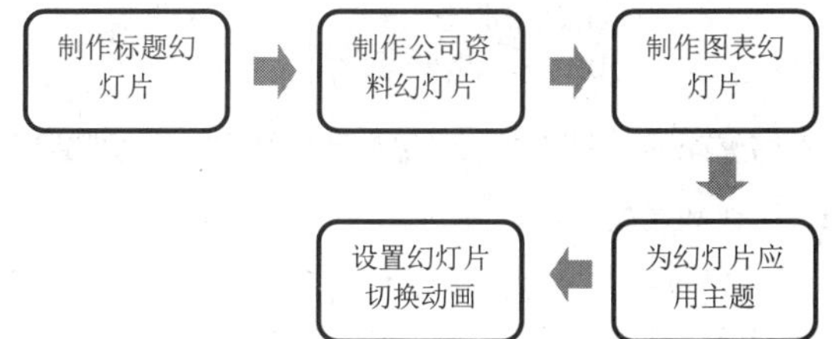

19.3.1 制作幻灯片内容

在制作幻灯片时，可以先将需要展示的内容添加到幻灯片中，然后再进行美化和修饰。本例幻灯片内容制作过程如下：

1．添加幻灯片标题内容

首先在标题幻灯片中输入标题内容，具体方法如下：

在 PowerPoint 中新建演示文稿，在默认的标题幻灯片中录入标题文字和副标题文字，如右上图所示。

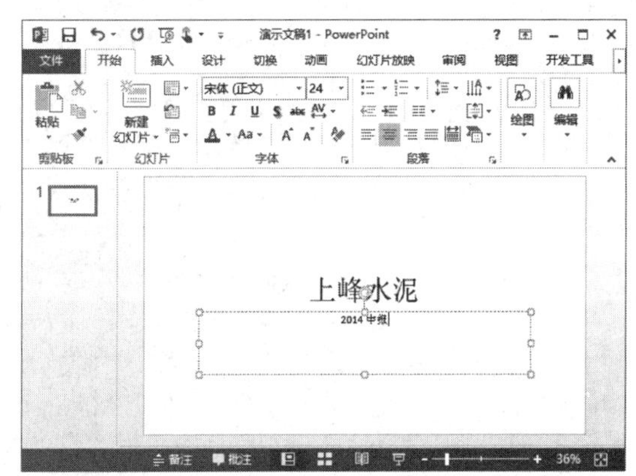

2．制作公司资料幻灯片

在财报幻灯片中，需要展示公司的基本资料，制作公司资料幻灯片的过程如下：

步骤 01 新建幻灯片。单击“开始”选项卡中的“新建幻灯片”按钮或按【Ctrl+M】组合键新建一张幻灯片，如下图所示。

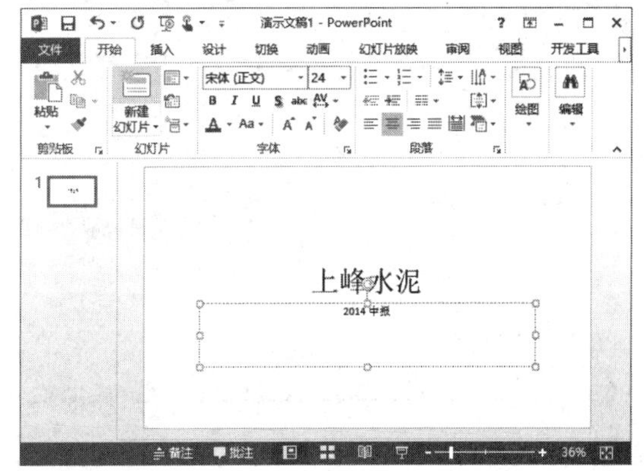

步骤 02 插入文字和表格。❶在标题图文框中录入标题文字；❷单击内容图文框中的“插入表格”按钮，如下图所示。

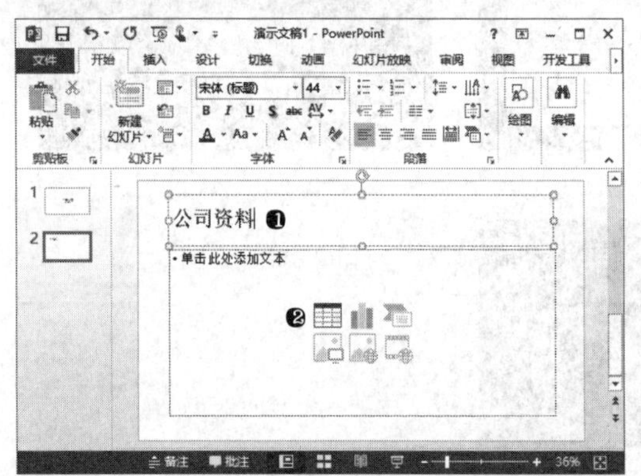

步骤 03 设置表格行列数。❶设置表格列数为 2；❷设置表格行数为 6；❸单击“确定”按钮插入表格，如下图所示。

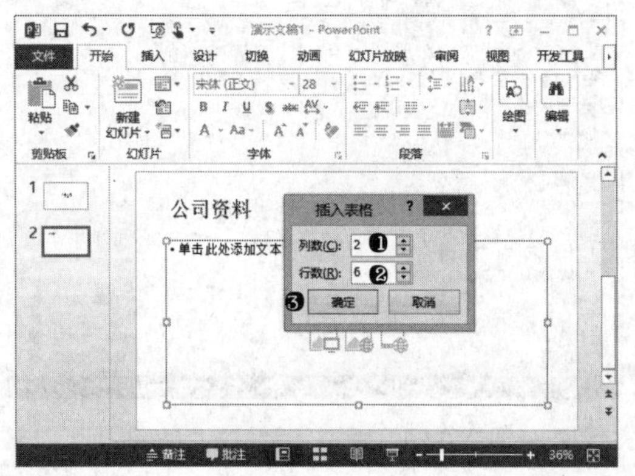

步骤 04 录入表格内容。❶在“表格工具 - 设计”选项卡中取消选中“标题行”复选框；❷在表格中录入相关文字内容，如下图所示。

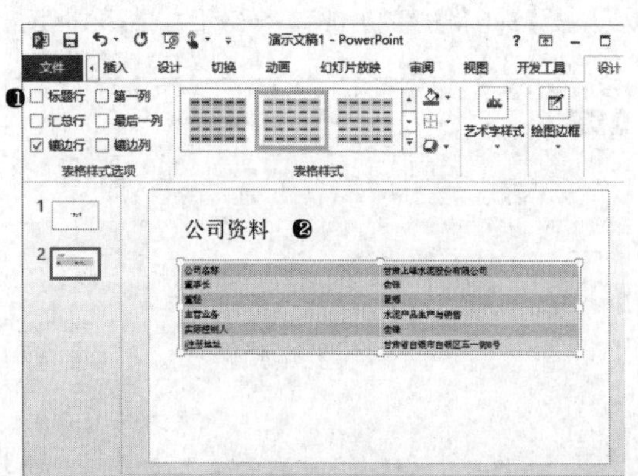

步骤 05 设置表格高度。选择整个表格，在“表格工具 - 布局”选项卡中设置表格“高度”为 12 厘米，如右上图所示。

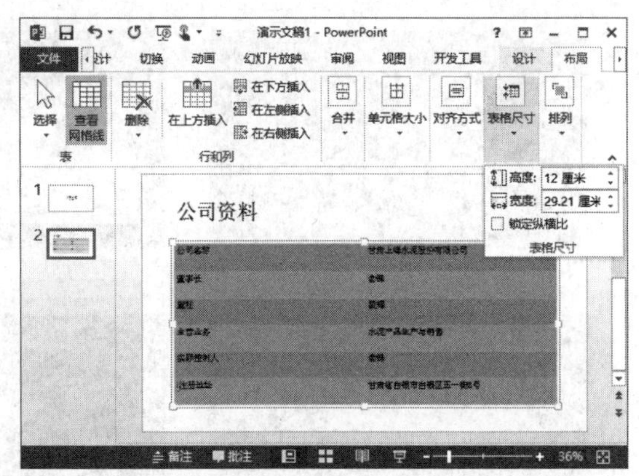

步骤 06 录入表格内容。调整表格第一列的宽度，然后在“表格工具 - 布局”选项卡中单击“对齐方式”组中的“垂直居中”按钮，如下图所示。

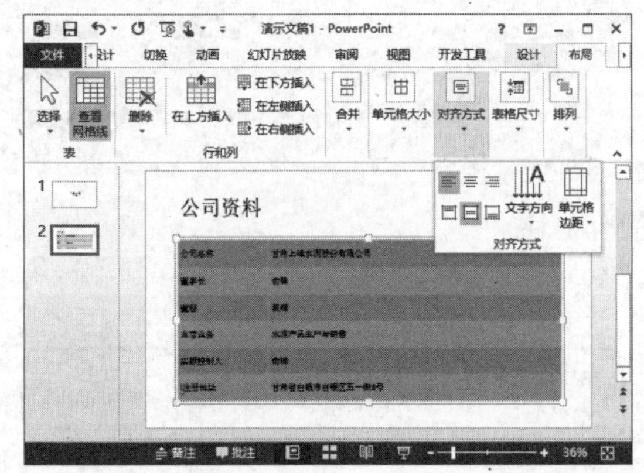

3．制作数据图表幻灯片

在财报幻灯片中，需要使用图表展示按行业、按产品、按地区统计的收入与成本情况，具体操作如下：

步骤 01 新建幻灯片。按【Ctrl+M】组合键新建一张幻灯片，录入幻灯片标题后单击内容图文框中的“插入图表”按钮，如下图所示。

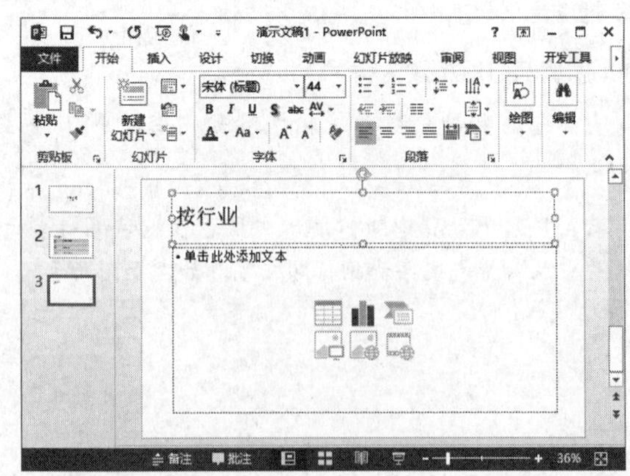

步骤 02 选择图表类型。❶选择“饼图”类型；❷选择“三维饼图”图表样式；❸单击“确定”按钮，如下图所示。

步骤 03 更改图表数据。在打开的“Microsoft PowerPoint 中的图表”窗口中修改图表数据，如下图所示。

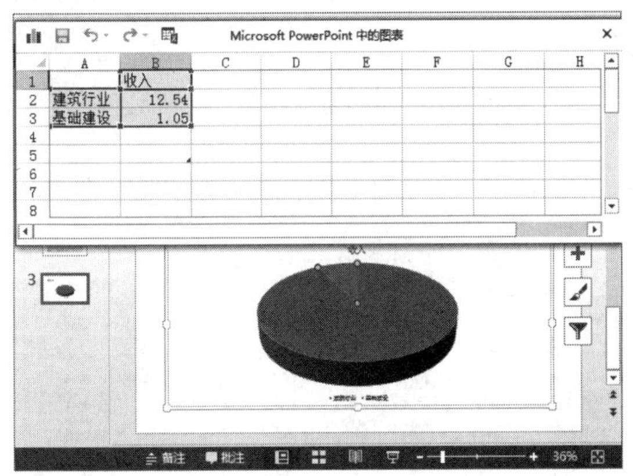

步骤 04 更改图表样式。选择 PowerPoint 中的图表，在“图表工具 - 设计”选项卡的“快速样式”列表框中选择要应用的图表样式，如下图所示。

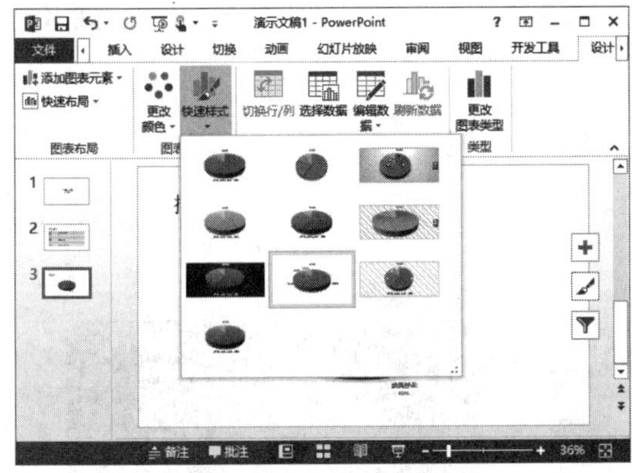

步骤 05 复制幻灯片。在幻灯片列表栏中选择第三张幻灯片，按【Ctrl+C】组合键复制幻灯片，再按【Ctrl+V】组合键粘贴幻灯片，如下图所示。

步骤 06 更改幻灯片及图表。修改幻灯片的标题文字，然后选择幻灯片中的图表元素，单击“图表工具 - 设计”选项卡中的“编辑数据”按钮，如下图所示。

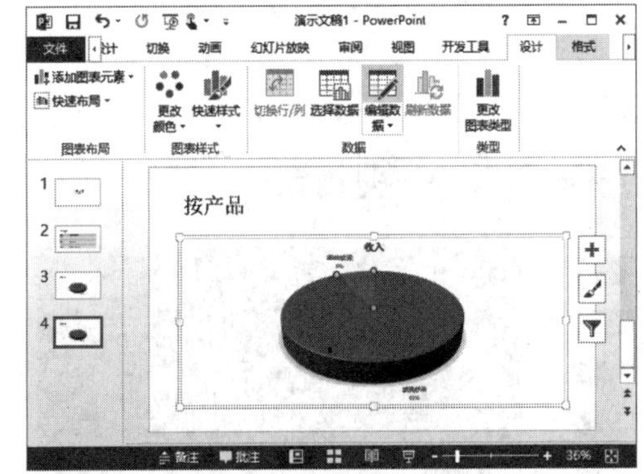

步骤 07 更改图表数据。在打开的“Microsoft PowerPoint 中的图表”窗口中修改图表数据，如下图所示。

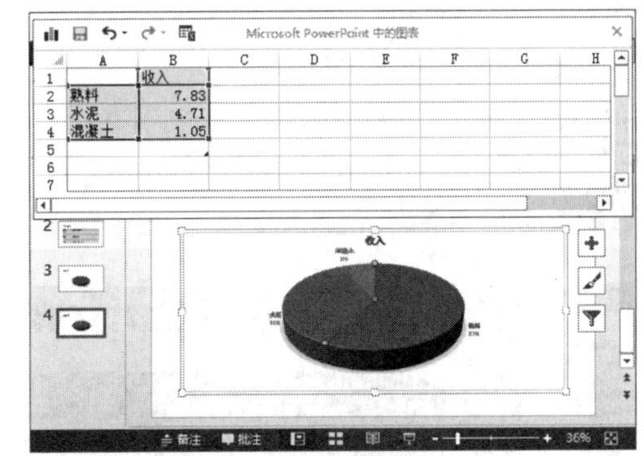

步骤 08 复制和修改幻灯片。复制第 4 张幻灯片并粘贴为幻灯片 5，修改幻灯片标题，编辑图表数据，如下图所示。

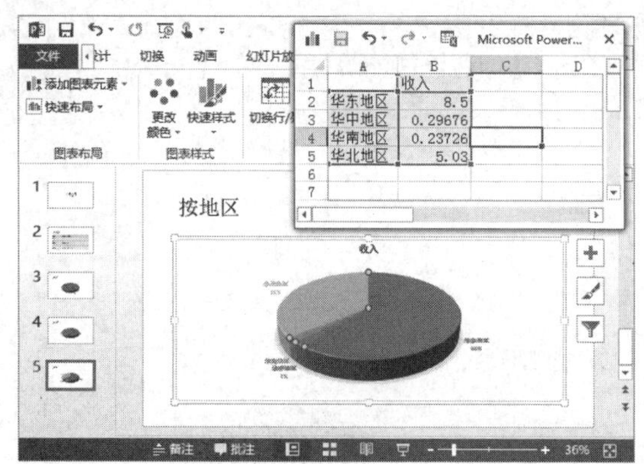

19.3.2 应用幻灯片设计

制作好幻灯片内容后，还需要对幻灯片进行美化和修饰。要快速美化幻灯片，可以应用幻灯片设计及主题变体，具体方法如下：

步骤 01 应用幻灯片主题。在“设计”选项卡“主题”列表框中选择要应用的幻灯片主题样式，如下图所示。

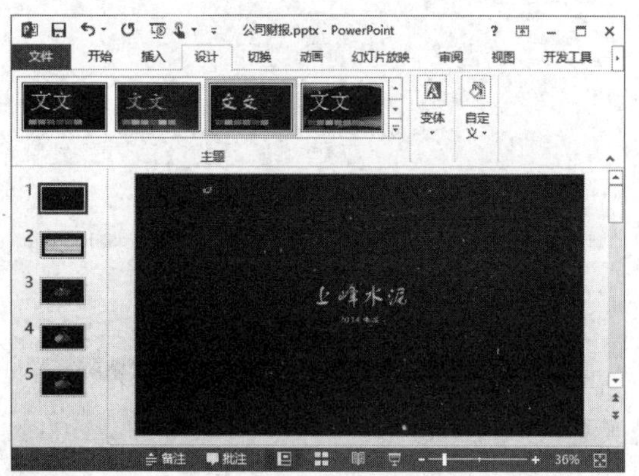

步骤 02 应用变体主题。在“设计”选项卡的“变体”列表框中选择要应用的幻灯片主题变体样式，如下图所示。

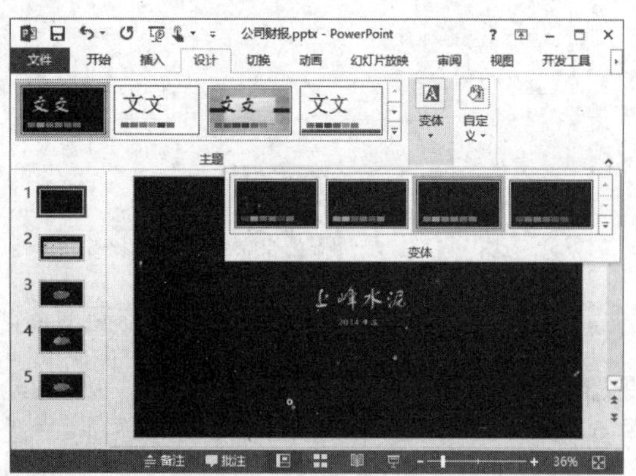

19.3.3 添加幻灯片切换动画

为了使幻灯片放映时更具吸引力，需要为幻灯片添加切换动画，具体方法如下：

步骤 01 设置标题幻灯片切换动画。选择第一张幻灯片，在“切换”选项卡的“切换样式”列表中选择样式“分割”，如下图所示。

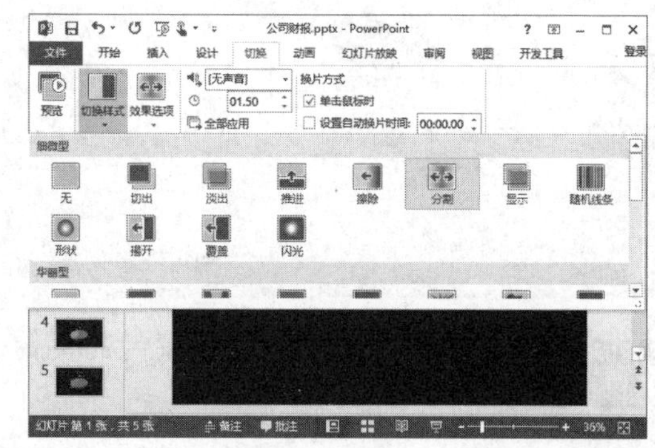

步骤 02 设置第二张幻灯片的切换动画。选择第二张幻灯片，在“切换”选项卡“切换样式”列表框中选择样式“页面卷曲”，如下图所示。

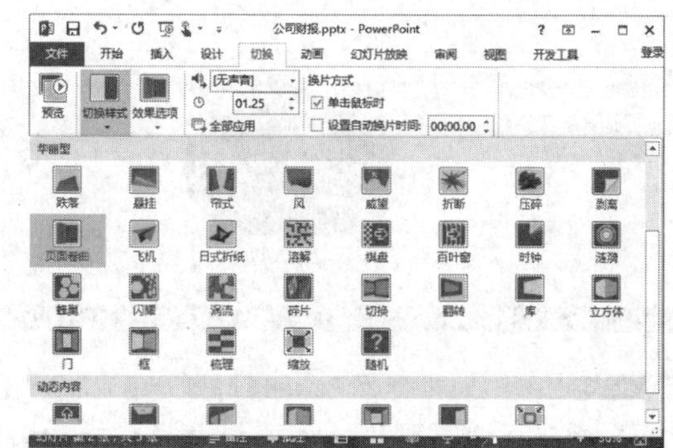

步骤 03 设置标题幻灯片的切换动画。❶同时选择幻灯片 3～幻灯片 5；❷在“切换”选项卡的“切换样式”列表框中选择样式“日式折纸”，如下图所示。

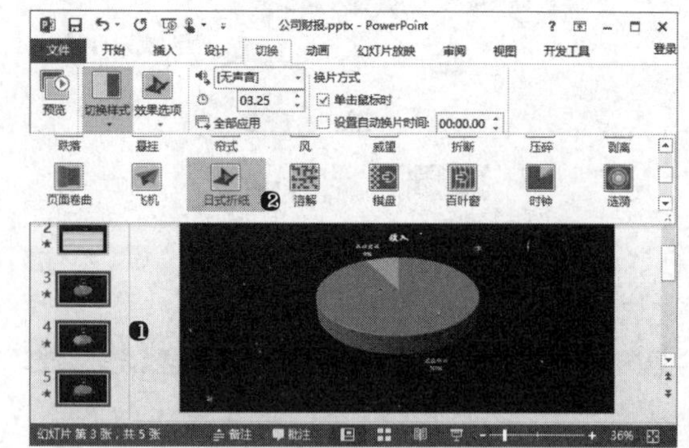

本章小结

本章结合实例主要讲述了 Office 系列软件在财务管理工作中的应用，例如应用 Word 排版财务分析报告、应用 Excel 进行数据计算与统计分析、应用 PowerPoint 设计与制作财报幻灯片等。此外，在财务规划、成本费用管理和预算等财务工作中，Office 系列软件均可发挥强大的功能与作用。